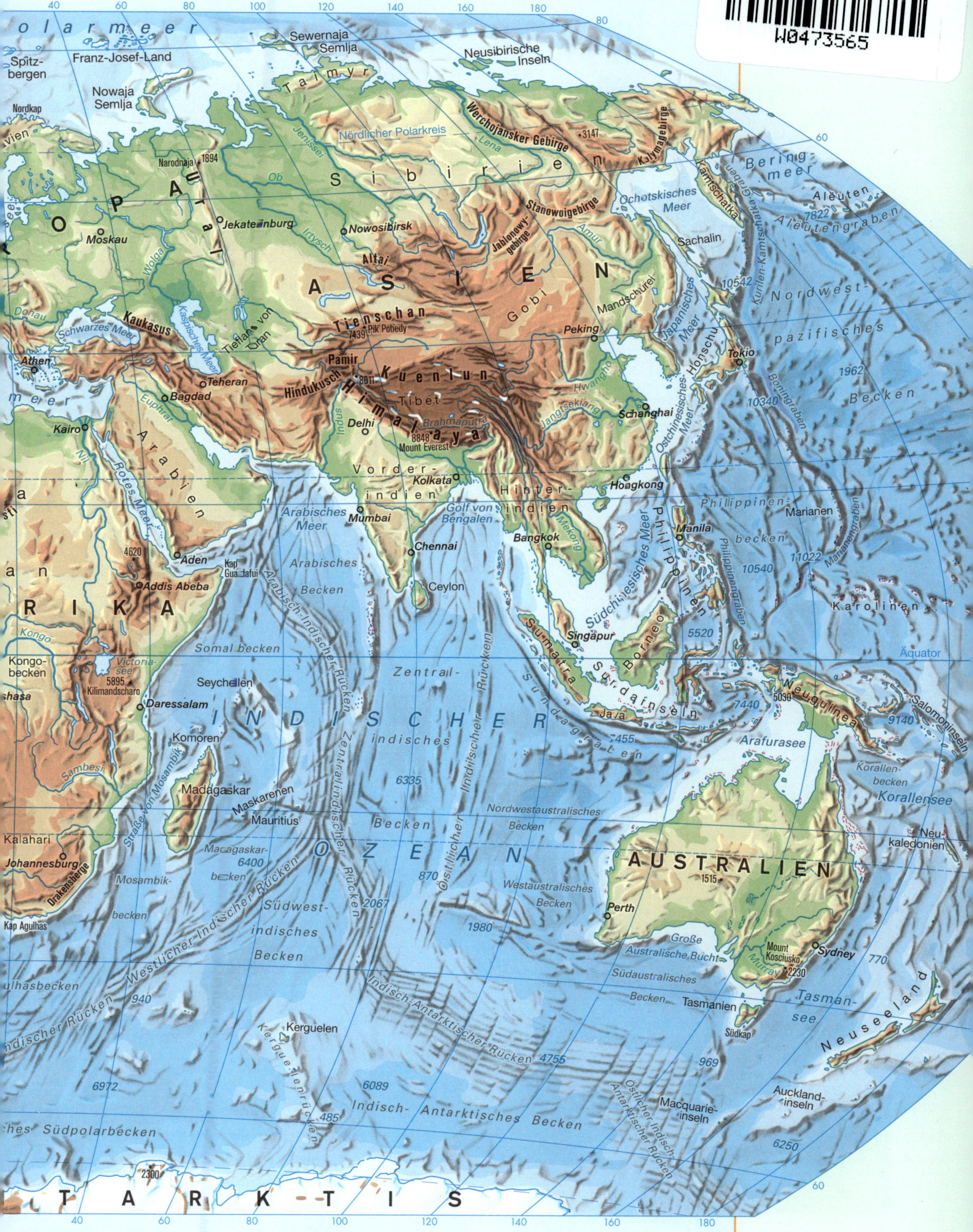

Sewernaja Semlja
Franz-Josef-Land
Spitzbergen
Nowaja Semlja
Nordkap
Neusibirische Inseln
Taimyr
Nördlicher Polarkreis
Werchojansker Gebirge
3147
Kolymagebirge
Narodnaja 1894
Ural
Jenissei
Lena
Ob
Sibirien
Beringmeer
Kamtschatka
Aleuten
7822
Aleutengraben
Ochotskisches Meer
Stanowoigebirge
Jablonowyjgebirge
Amur
Sachalin
Jekaterinburg
Nowosibirsk
Irtysch
Moskau
Wolga
Altai
ASIEN
Gobi
Mandschurei
10542
Nordwestpazifisches Becken
Kurilen-Kamtschatka-Graben
Japanisches Meer
Peking
Tokio
Honschu
Donau
Schwarzes Meer
Kaukasus
Kaspisches Meer
Tiefland von Turan
Tienschan
7439 Pik Pobedy
Pamir
Hindukusch
8611
Kuenlun
Tibet
Himalaya
Hwangho
Jangtsekiang
Schanghai
1962
10340
Boningraben
Becken
Athen
Teheran
Bagdad
Euphrat
Indus
Delhi
Brahmaputra
8848
Mount Everest
Ostchinesisches Meer
Kairo
Nil
Arabien
Rotes Meer
Vorderindien
Kolkata
Hinterindien
Hongkong
Philippinenbecken
Marianen
Marianengraben
Arabisches Meer
Mumbai
Golf von Bengalen
Mekong
Bangkok
Philippinen
Manila
Philippinengraben
Südchinesisches Meer
11022
10540
4620
Aden
Kap Guardafui
Chennai
Arabisches Becken
Addis Abeba
Ceylon
Karolinen
AFRIKA
Kongo
Arabisch-Indischer Rücken
Sumatra
Singapur
Borneo
5520
Äquator
Somalbecken
Kongobecken
Victoriasee
5895
Kilimandscharo
Zentralindisches Becken
Seychellen
Sundainseln
Neuguinea
5030
7440
Salomoninseln
9140
Daressalam
INDISCHER OZEAN
Sundagraben
Java
7455
Arafurasee
Komoren
Zentralindischer Rücken
Ostindischer Rücken
Sambesi
6335
Korallenbecken
Korallensee
Madagaskar
Straße von Mosambik
Maskarenen
Mauritius
Nordwestaustralisches Becken
Neukaledonien
Kalahari
Madagaskarbecken
6400
AUSTRALIEN
1515
Johannesburg
Drakensberge
Mosambikbecken
870
Westaustralisches Becken
Perth
Südwestindisches Becken
2067
1980
Kap Agulhas
Westlicher Indischer Rücken
Große Australische Bucht
Mount Kosciusko
Sydney
Murray
2230
770
Agulhasbecken
Südaustralisches Becken
Tasmanien
Tasmansee
940
Indisch-Antarktischer Rücken
4755
Südkap
Neuseeland
Kerguelen
Kerguelenrücken
969
6972
6089
Indisch-Antarktisches Becken
Macquarieinseln
Aucklandinseln
485
Östlicher Indisch-Antarktischer Rücken
Südpolarbecken
6250
2300
ANTARKTIS
40
60
80
100
120
140
160
180

Das Titelfoto zeigt eine Dschunke
vor dem Central District
in Hongkong, China.
(Foto: Nik Wheeler/CORBIS)

Mensch und Raum

Geographie

Nordrhein-Westfalen 2

Herausgegeben von
Erich A. Kron
und Jürgen Neumann

Cornelsen

Autorinnen und Autoren: Dr. Thomas Breitbach, Dr. Magret Buder, Jutta Dreßler, Peter Fischer, Horst Georg, Dr. Klaus Kaden, Rainer Koch, Hans-Peter Konopka, Frank V. Kühnen, Prof. Dr. Elmar Kulke, Winfried Kunz, Dr. Wolfgang Mittag, Jürgen Neumann, Dr. Dieter Richter, Prof. Dr. Gabriele Saupe, Dr. Ulrich Theißen, Dr. Gudrun Weinert

Redaktion: Hans-Ragnar Steininger
Bildredaktion: Elke Schirok
Karten: Cornelsen Kartographie, Berlin; Peter Kast, Ingenieurbüro für Kartographie, Schwerin
Grafik: Dr. Volkhard Binder, Franz-Josef Domke, Lisa Gangwisch, Otto Götzl, Dietmar Griese, Volkmar Rinke, Dieter Stade, Karl-Heinz Wieland, Hans Wunderlich, Wolfgang Zieger
Layoutkonzept und Umschlaggestaltung: werkstatt für gebrauchsgrafik, Berlin
Technische Umsetzung: Bernd Schirok

www.cornelsen.de

1. Auflage, 1. Druck 2007

Alle Drucke dieser Auflage sind inhaltlich unverändert und können im Unterricht nebeneinander verwendet werden.

Druck: CS-Druck CornelsenStürtz, Berlin

ISBN 978-3-06-064581-7

Inhalt gedruckt auf säurefreiem Papier aus nachhaltiger Forstwirtschaft.

Inhaltsverzeichnis

Tipps zur Arbeit mit dem Buch

Liebe Schülerin,
lieber Schüler,

auf dieser Doppelseite findest du einige Hinweise zur Arbeit mit deinem neuen Erdkundebuch. Sie werden dir dabei helfen, dich in diesem Buch gut zurecht zu finden.
Im Inhaltsverzeichnis findest du außerdem einen Überblick über die Kapitelgliederung; die verschiedenfarbige Schrift weist dabei darauf hin, um welche Art Seiten es sich jeweils handelt

Übersicht
Jedes Großkapitel endet mit einer mehrseitigen Zusammenfassung, mit deren Hilfe du deine neu erworbenen Kenntnisse und Fähigkeiten ordnen und anwenden kannst. Die Aufgaben bieten dir hierbei Übungsmöglichkeiten.

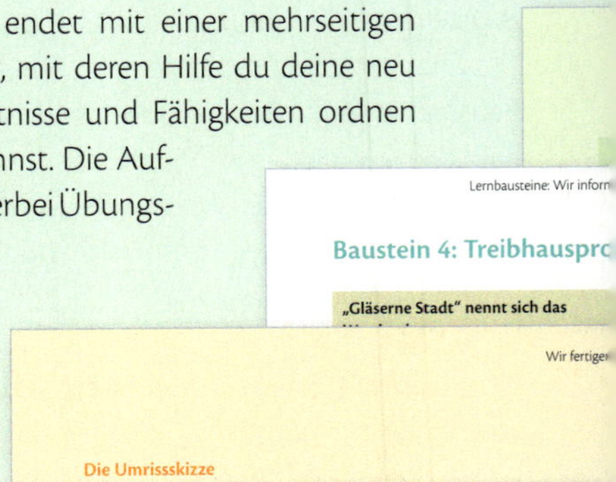

Thema
des Kapitels

Thema
der Doppelseite

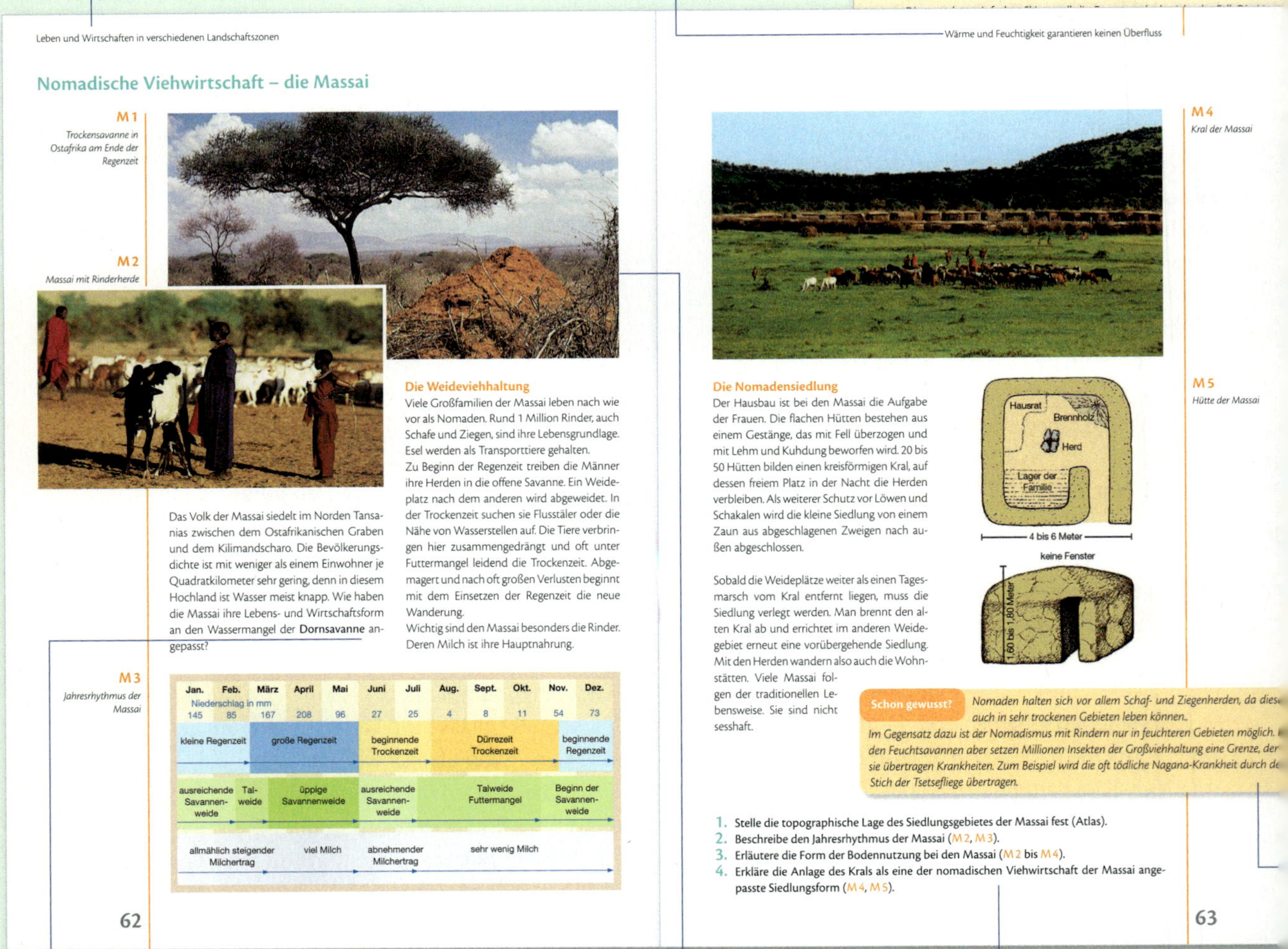

Leben und Wirtschaften in verschiedenen Landschaftszonen

Nomadische Viehwirtschaft – die Massai

M 1
Trockensavanne in Ostafrika am Ende der Regenzeit

M 2
Massai mit Rinderherde

Das Volk der Massai siedelt im Norden Tansanias zwischen dem Ostafrikanischen Graben und dem Kilimandscharo. Die Bevölkerungsdichte ist mit weniger als einem Einwohner je Quadratkilometer sehr gering, denn in diesem Hochland ist Wasser meist knapp. Wie haben die Massai ihre Lebens- und Wirtschaftsform an den Wassermangel der **Dornsavanne** angepasst?

Die Weideviehhaltung
Viele Großfamilien der Massai leben nach wie vor als Nomaden. Rund 1 Million Rinder, auch Schafe und Ziegen, sind ihre Lebensgrundlage. Esel werden als Transporttiere gehalten.
Zu Beginn der Regenzeit treiben die Männer ihre Herden in die offene Savanne. Ein Weideplatz nach dem anderen wird abgeweidet. In der Trockenzeit suchen sie Flusstäler oder die Nähe von Wasserstellen auf. Die Tiere verbringen hier zusammengedrängt und oft unter Futtermangel leidend die Trockenzeit. Abgemagert und nach oft großen Verlusten beginnt mit dem Einsetzen der Regenzeit die neue Wanderung.
Wichtig sind den Massai besonders die Rinder. Deren Milch ist ihre Hauptnahrung.

M 3
Jahresrhythmus der Massai

Jan.	Feb.	März	April	Mai	Juni	Juli	Aug.	Sept.	Okt.	Nov.	Dez.
Niederschlag in mm											
145	85	167	208	96	27	25	4	8	11	54	73
kleine Regenzeit		große Regenzeit			beginnende Trockenzeit		Dürrezeit Trockenzeit				beginnende Regenzeit
ausreichende Savannenweide		Talweide	üppige Savannenweide		ausreichende Savannenweide		Talweide Futtermangel			Beginn der Savannenweide	
allmählich steigender Milchertrag			viel Milch		abnehmender Milchertrag		sehr wenig Milch				

62

Wärme und Feuchtigkeit garantieren keinen Überfluss

M 4
Kral der Massai

Die Nomadensiedlung
Der Hausbau ist bei den Massai die Aufgabe der Frauen. Die flachen Hütten bestehen aus einem Gestänge, das mit Fell überzogen und mit Lehm und Kuhdung beworfen wird. 20 bis 50 Hütten bilden einen kreisförmigen Kral, auf dessen freiem Platz in der Nacht die Herden verbleiben. Als weiterer Schutz vor Löwen und Schakalen wird die kleine Siedlung von einem Zaun aus abgeschlagenen Zweigen nach außen abgeschlossen.

Sobald die Weideplätze weiter als einen Tagesmarsch vom Kral entfernt liegen, muss die Siedlung verlegt werden. Man brennt den alten Kral ab und errichtet im anderen Weidegebiet erneut eine vorübergehende Siedlung. Mit den Herden wandern also auch die Wohnstätten. Viele Massai folgen der traditionellen Lebensweise. Sie sind nicht sesshaft.

Hausrat
Brennholz
Herd
Lager der Familie
4 bis 6 Meter
keine Fenster
1,60 bis 1,80 Meter

M 5
Hütte der Massai

Schon gewusst? *Nomaden halten sich vor allem Schaf- und Ziegenherden, da diese auch in sehr trockenen Gebieten leben können..*
Im Gegensatz dazu ist der Nomadismus mit Rindern nur in feuchteren Gebieten möglich. In den Feuchtsavannen aber setzen Millionen Insekten der Großviehhaltung eine Grenze, der sie übertragen Krankheiten. Zum Beispiel wird die oft tödliche Nagana-Krankheit durch den Stich der Tsetsefliege übertragen.

1. Stelle die topographische Lage des Siedlungsgebietes der Massai fest (Atlas).
2. Beschreibe den Jahresrhythmus der Massai (M 2, M 3).
3. Erläutere die Form der Bodennutzung bei den Massai (M 2 bis M 4).
4. Erkläre die Anlage des Krals als eine der nomadischen Viehwirtschaft der Massai angepasste Siedlungsform (M 4, M 5).

63

Wichtige Fachbegriffe
musst du lernen, da mit ihnen geographische Sachverhalte exakt benannt werden können. Sie sind fett gedruckt; hinter einigen steht ein Pfeil (▶) der auf Begriffserklärungen im Register am Ende des Buches verweist.

Materialien
sind mit dem Buchstaben M und einer fortlaufenden Nummer je Doppelseite gekennzeichnet (z. B. M 2). Materialien können Karten, Bilder, Grafiken, Tabellen, Quellentexte u. a. sein.

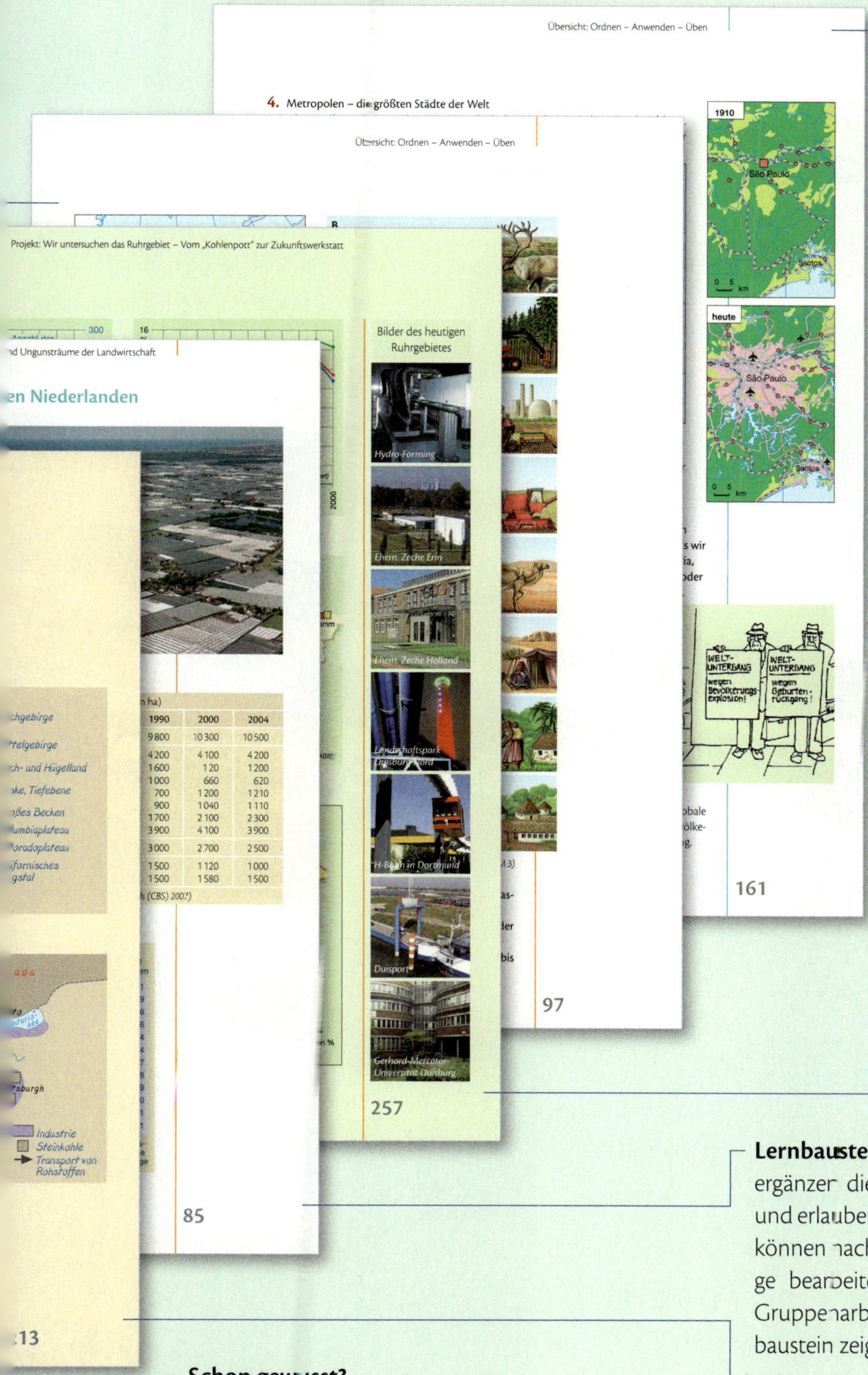

Kompetenztraining
Im Laufe der Jahrgangsstufen 7–9 wirst du deine fachbezogenen Kompetenzen weiterentwickeln.
Deine *Sachkompetenz* erweiterst du, indem du neue Inhalte und Fachbegriffe beherrschst und dich auf der Erde immer besser topographisch orientieren kannst.
Deine *Methodenkompetenz* verbesserst du durch Auswertung und Gestaltung geographischer Darstellungen, wozu du Arbeitsmethoden benötigst.
Deine *Urteilskompetenz* entwickelst du allmählich weiter, indem du geographische Gegebenheiten, Prozesse, Planungsvorhaben u.a. zu bewerten lernst.
Deine *Handlungskompetenz* erweiterst du, indem du dich z.B. ökologisch verantwortungsbewusst in deiner räumlichen Umgebung verhältst.

Projektarbeit
Ein Projekt kann über mehrere Unterrichtsstunden oder in einer Projektwoche in Arbeitsgruppen bearbeitet werden. Es ist sinnvoll, die Ergebnisse der Projektarbeit als Poster, Wandzeitung oder Ausstellung in der Schule vorzustellen. So könnt ihr noch mehr Schülerinnen und Schüler dafür interessieren.

Lernbausteine
ergänzen die Informationen zu den Fallbeispielen und erlauben eine individuelle Vorgehensweise. Sie können nacheinander oder in beliebiger Reihenfolge bearbeitet werden, in Einzel-, Partner- oder Gruppenarbeit. Arbeitshinweise zum ersten Lernbaustein zeigen die Erarbeitungsrichtung auf.

Schon gewusst?
Unter diesem Schlagwort findest du auf einigen Seiten weiterführende Informationen zum jeweiligen Thema.

Aufgaben
stehen als Block meist am Ende jeder Doppelseite. Sie helfen dir bei der Aneignung, Anwendung und Überprüfung deiner Kenntnisse und Fähigkeiten. Für ihre Lösung musst du unterschiedliche geographische Arbeitsmethoden anwenden.

Erweiterung der Methodenkompetenz
An verschiedenen Stellen findest du Seiten, auf denen geographische Arbeitsmethoden schwerpunktmäßig vorgestellt werden; hierzu zählen auch die WebGIS-Seiten. Diese Methoden musst du im Erdkundeunterricht regelmäßig anwenden.
Die grundlegenden Arbeitsschritte sind jeweils zusammengestellt und erlauben eine schnelle Orientierung und Wiederholung. Zudem findest du Anwendungsbeispiele für die jeweilige Methode.

Wir orientieren uns auf der Erde

Die Internationale Raumstation (ISS).
13 Nationen kooperieren beim Bau. Die Vereinigten Staaten, Russland, Kanada, Japan und neun Nationen der ESA (Belgien, Dänemark, Frankreich, Deutschland, Italien, Norwegen, Spanien, Niederlande und Großbritannien) bauen die erste Raumstation des 21. Jahrhunderts.

Abwechslungsreich und vielgestaltig ist die Erde. Obwohl es heute kaum noch unbewohnte und unveränderte Naturlandschaftsräume gibt, prägen sie, aus großer Höhe betrachtet, noch immer ihr Erscheinungsbild. Seit Tausenden von Jahren gestalten Menschen auf der Erde Kulturlandschaftsräume. Dahinter steckt das Wechselspiel zwischen Umwelt und Menschen. Wenn wir es verstehen lernen, können wir uns das Leben erleichtern und unsere Lebensgrundlagen bewahren.

Wir arbeiten mit dem Gradnetz

M 1

Hier ging die Titanic unter

Titanic: größtes Passagierschiff seiner Zeit (Länge 269 m, Breite 28 m); 1308 Passagiere, 898 Mann Besatzung. Beim Untergang 1912 konnten nur 703 Personen gerettet werden.

In der Nacht des 14. 04. 1912 hatte das Luxusschiff „Titanic" im Nordatlantik eine Havarie mit einem Eisberg. Es sank binnen kurzer Zeit. Schnelle Hilfe war geboten. Wie konnte man den Ort des Unglücks finden?

Das Gradnetz der Erde

Das **Gradnetz** (▸) besteht aus Linien, den Breitenkreisen und Längenkreisen, die die Erde netzartig umspannen. Mit seiner Hilfe kann man die **topographische Lage** (▸) eines jeden Punktes auf der Erde genau bestimmen.

Die Breitenkreise

Der Äquator ist mit rund 40 000 km der längste Breitenkreis. Er teilt die Erde in eine nördliche und eine südliche Halbkugel. Alle Breitenkreise verlaufen parallel zum Äquator. Sie haben überall den gleichen Abstand von 111 km zueinander. Zu den Polen hin werden die Breitenkreise aber immer kleiner. An den beiden Polen sind sie nur noch Punkte.

Die Längenkreise

Alle Längenkreise verlaufen durch den Nordpol und den Südpol. Sie kreuzen sich in den Polen. Deshalb haben sie nur am Äquator einen Abstand von 111 km. Zu den Polen hin werden die Abstände immer kleiner.

Halbe Längenkreise führen vom Nordpol zum Südpol. Sie werden als **Meridiane** (▸) bezeichnet.

Die Gradzählung

Die Nord- und Südhalbkugel sind in je 90 Breitenkreise eingeteilt, deren Zählung am Äquator beginnt. Der Äquator trägt die Bezeichnung 0° (null Grad). Die Breitenkreise werden vom Äquator zum Nordpol von 0° bis 90° N (90 Grad nördliche Breite) und vom Äquator zum Südpol von 0° bis 90° S (90 Grad südliche Breite) gezählt.

Die Längenkreise zählt man vom Nullmeridian (0° = Null Grad) aus. Dieser Längenkreis führt durch Greenwich, einen Vorort von London. Von hier aus zählt man bis 180° W (180 Grad westliche Länge) und bis 180° O (180 Grad östliche Länge).

Ein Gradnetz, das nur nach den ganzen Gradzahlen zählen würde, wäre aber zu grobmaschig. Damit könnte die Lage vieler Orte nur sehr ungenau angegeben werden. Deshalb unterteilt man das Grad noch in Minuten und Sekunden.

Es gilt: 1 Grad = 60 Minuten (1° = 60'),
1 Minute = 60 Sekunden (1' = 60"). Im Alltag genügt es meist, die Lage eines Ortes bis auf Minuten genau anzugeben.

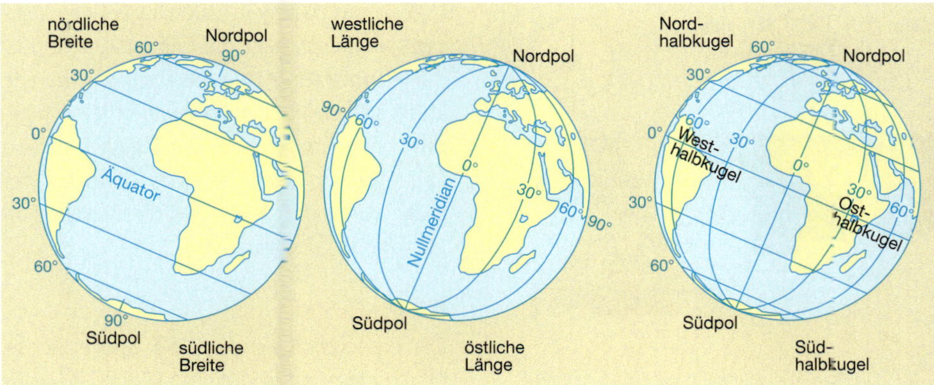

M 2

Das Gradnetz der Erde
links: Breitenkreise
Mitte: Längenkreise
rechts: Gradnetz der Erde

Schrittfolge bei der Lagebestimmung eines Ortes im Gradnetz

1. **Schritt:** Liegt der Ort nördlich oder südlich des Äquators (N oder S)?
2. **Schritt:** Zwischen welchen beiden Breitenkreisen liegt der Ort?
3. **Schritt:** Bestimmen der geographischen Breite in Grad (ggf. auch in Minuten). Zur Lageangabe wird die niedrigere Gradzahl benutzt.
4. **Schritt:** Liegt der Ort westlich oder östlich des Nullmeridians (W oder O)?
5. **Schritt:** Zwischen welchen beiden Längenkreisen liegt der Ort?
6. **Schritt:** Bestimmen der geographischen Länge in Grad (ggf. auch in Minuten). Zur Lageangabe wird die niedrigere Gradzahl benutzt.

Beispiel: Lagebestimmung der Stadt Leipzig unter Benutzung einer physischen Karte.

1. Leipzig liegt nördlich des Äquators (N).
2. Leipzig liegt zwischen 51° N und 52° N.
3. Genaue Breitenangabe: 51° 20′ N.
4. Leipzig liegt östlich des Nullmeridians (O).
5. Leipzig liegt zwischen 12° O und 13° O.
6. Genaue Längenangabe: 12° 25′ O.

Ergebnis der Lagebestimmung:
Leipzig 51° 20′ N/12° 25′ O.

Schon gewusst? *Wer auf See das Notsignal SOS empfängt, muss nach internationaler Übereinkunft Hilfe leisten oder den Hilferuf sofort weitergeben.*
Das SOS-Signal wird optisch, akustisch oder durch Funk nach dem Morsealphabet (von Samuel Morse 1837 entwickelt) ausgesendet (Signal: kurz-kurz-kurz-lang-lang-lang-kurz-kurz-kurz).

1. Erläutere das Gradnetz der Erde (M 2). Benutze auch den Globus: a) Unterscheide Breiten- und Längenkreise. b) Beschreibe die Gradzählung. c) Begründe die Notwendigkeit, Längenhalbkreise (Meridiane) zu verwenden.
2. Bestimme den Untergangsort der Titanic auf der Karte (M 1) mithilfe des Gradnetzes. Orientiere dich an der oben genannten Schrittfolge.
3. Nenne je einen Breitenkreis, der durch folgende Länder läuft: Kanada, Australien, China, USA, Türkei, Kenia.
4. Bestimme die geographische Breite folgender Orte: Wittenberge, Münster, Erfurt, Köln, Mainz, Regensburg, Karlsruhe, Oslo, Helsinki, Prag, Madrid, Ankara, Kairo, Durban, Baku, Peking, Denver, New Orleans, Caracas, Quito.
5. Gib die geographische Länge folgender Orte an: Hamburg, Rostock, Halle/Sa., Gera, Köln, Nürnberg, Ulm, London, Reims, Bukarest, Accra, Tunis, Mekka, Colombo, Bangkok, Jakutsk, Acapulco, Santa Clara, Manaus.
6. Suche die Städte, für die folgende Lageangaben gelten: 54° N/12° O; 50° N/20° O; 58° N/18° O; 53° N/7° W; 50° N/97° W; 30° N/90° W; 10° N/67° W; 23,5° S/70° W; 32° N/20° O; 30° S/31° O; 36° N/140° O; 12° N/80° O.
   Hinweis: Wähle für jede Aufgabe jeweils eine geeignete Atlaskarte.

Ortszeiten und Zeitzonen

M 1 *Gleichzeitig – aber nicht zur gleichen Uhrzeit*

Wenn du dich gegen 12.00 Uhr auf dein Mittagessen freust, geht das Miranda in Jaunde, der Hauptstadt Kameruns, vielleicht gerade ähnlich. In China sitzt man wahrscheinlich gerade beim Abendessen. Die Tageszeit ist also abhängig von der Lage eines Ortes auf der Erde. Wie ist das zu erklären und welche Folgen ergeben sich daraus?

Die Ortszeit

Die Erde dreht sich um die eigene Achse. Durch diese Erdumdrehung (Rotation) wandert scheinbar die Sonne in 24 Stunden einmal über alle 360 Meridiane des Gradnetzes von Ost nach West. Die Sonne benötigt also 4 Minuten, um von einem Längengrad zum nächsten zu wandern. Der Stand der Sonne bestimmt dabei die Zeit eines Ortes auf der Erde. Alle Orte auf dem gleichen Meridian haben die gleiche Zeit. Sie wird als **Ortszeit** (▸) bezeichnet.

Die Mittagszeit zum Beispiel wird durch den höchsten Stand der Sonne am Himmel bestimmt. Wenn die Sonne über einem Meridian ihren Höchststand erreicht hat, ist es in allen Orten, die auf diesem Meridian liegen, 12.00 Uhr mittags. Das geschieht einmal am Tag über jedem Meridian. Über den Meridianen östlich davon hat die Sonne früher ihren Höchststand erreicht, dort tritt die Mittagszeit früher, westlich davon später ein.

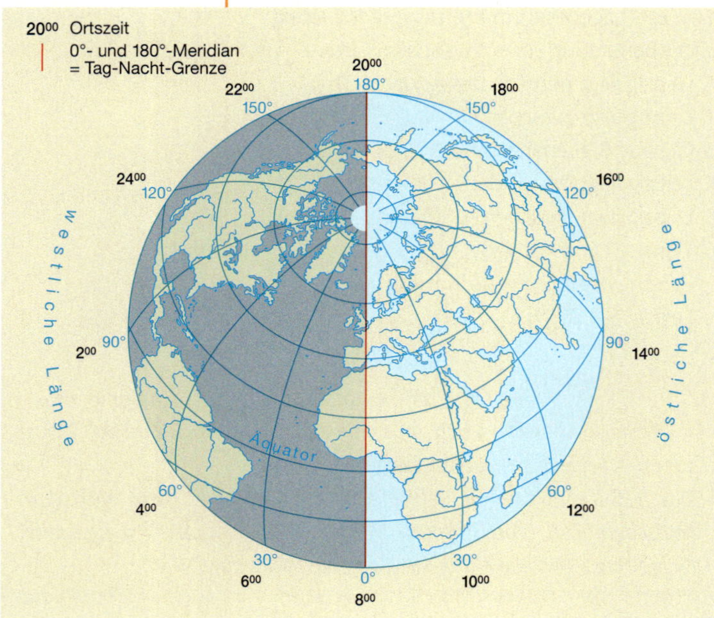

M 2 *Meridiane und Ortszeiten*

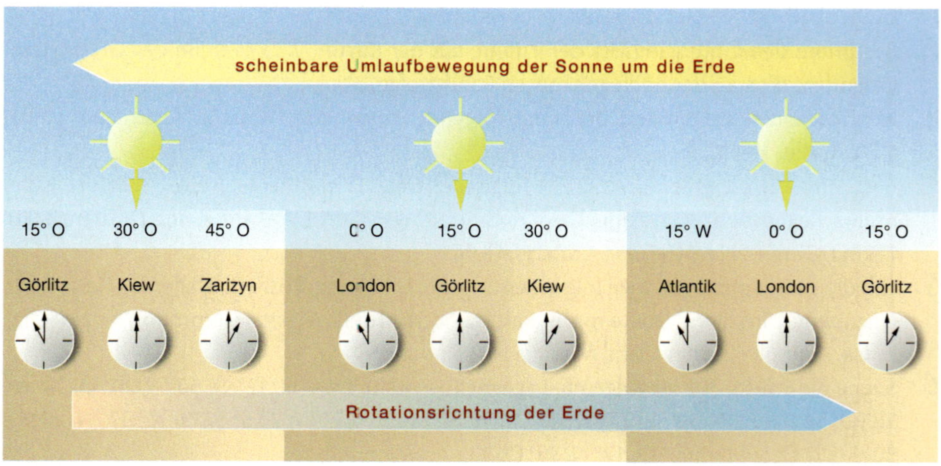

M 3 *Höchststand der Sonne und Ortszeit*

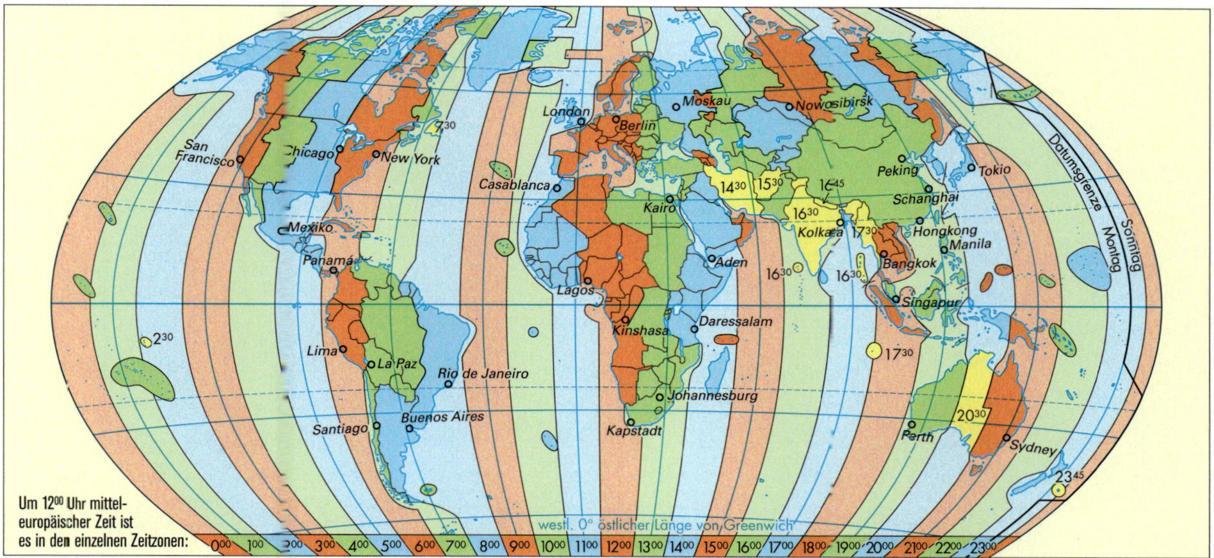

M4 *Zeitzonen der Erde*

Zeitzonen

Da die Wanderung des Höchststandes der Sonne von einem Meridian zum nächsten genau 4 Minuten dauert, benötigt die Sonne für 15 Meridiane eine volle Stunde. Deshalb musste man früher sogar bei kürzeren Reisen die Uhrzeit ständig umstellen. Dies war sehr aufwändig. Heute wäre es gar nicht mehr auszudenken, wenn für jeden Ort eine eigene Ortszeit gelten würde.

Damit dieser Zeitwirrwarr ein Ende fand, wurde im 19. Jh. die Erde in 24 **Zeitzonen** (▸) eingeteilt. In jeder Zeitzone gilt die gleiche Zeit. Jeder Meridian, dessen Zahlenwert durch 15 teilbar ist, ist Mittellinie einer Zeitzone. Zwischen benachbarten Zeitzonen besteht immer eine Stunde Zeitunterschied.

Deutschland liegt in der Mitteleuropäischen Zeitzone (MEZ). Deren Mittellinie ist der 15. Meridian östlicher Länge. Er verläuft u.a. genau durch die Stadt Görlitz.

Damit die Grenzen von Zeitzonen kleinere Länder nicht durchschneiden oder das Zusammenleben benachbarter Völker stören, weichen die Begrenzungen von Zeitzonen manchmal vom direkten Meridianverlauf ab.

Die Datumsgrenze

Bei einer Reise, die nach Osten führt, wird die Uhr in jeder Zeitzone eine Stunde vorgestellt. Das ergibt bei 24 Zeitzonen einen vollen Tag. Somit wäre der Kalender schließlich einen ganzen Tag voraus. Umgekehrt wäre es bei einer Reise um die Erde in westlicher Richtung. Die Uhr wird 24-mal eine Stunde zurückgestellt. Man bliebe schließlich einen ganzen Tag zurück. Zum Ausgleich dieser Unterschiede wurde im Jahre 1846 die **Datumsgrenze** (▸) eingeführt. Sie verläuft annähernd entlang des 180. Meridians. Überquert man die Datumsgrenze von Ost nach West, wird ein Kalendertag übersprungen, während von West nach Ost das gleiche Datum weiter gilt.

M 5 *Sonnenuhr*

1. Der Stand der Sonne bestimmt die wahre Ortszeit. Begründe diese Aussage (M 2).
2. In welchen Ländern und Gebieten der Erde ist es zur gleichen Zeit Mittag wie in London und Bangkok (Atlas)?
3. Erläutere den Zusammenhang zwischen Meridianen und der Ortszeit (M 2, M 3).
4. Erkläre, wie eine Sonnenuhr aufgestellt werden muss. Warum zeigt sie die Ortszeit an (M 5)?
5. Begründe die Notwendigkeit der Zonenzeit und der Datumsgrenze (M 4).

Wir lernen die physischen Erdteile und Kulturräume der Menschen kennen

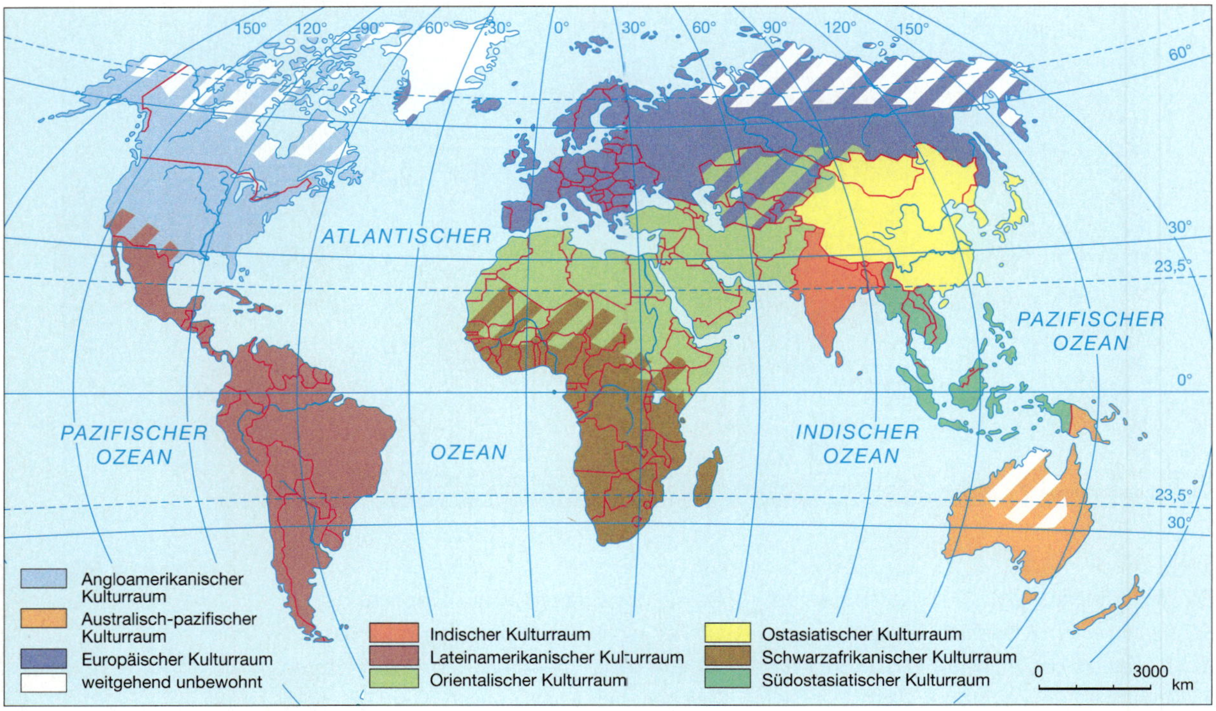

M1

Kulturräume der Erde – grobe Gliederung nach Gemeinsamkeiten wie Religion, Geschichte, Lebensform

Die Gliederung des Festlandes der Erde in sieben Erdteile ist dir bekannt. Nun begegnet dir als weiterer Gliederungsbegriff der „Kulturraum". Was ist damit gemeint?

Physische Erdteile oder Kontinente

Die Festlandflächen der Erde unterscheiden sich durch ihre Umrissgestalt voneinander. Europa ist durch Meere gegliedert, Asien infolge seiner Größe vielgestaltig. Die anderen Kontinente erscheinen als geschlossene Landmassen. Abgesehen von Europa und Asien sind die Begrenzungen der Kontinente klar umrissen.

Die Erdteile verändern ihre Gestalt

Das Entstehen und Vergehen der Erdteile, ihrer Tiefländer, Bergländer und Hochgebirge vollzog sich über einen langen Zeitraum. Geologen haben herausgefunden, dass Naturkräfte wie Strömungen im Erdinneren, Vulkanismus, Wind und Wasser dies in Millionen von Jahren bewirkten. Wegen der natürlichen (physischen) Kräfte spricht man daher von **physischen Erdteilen** (▸).

Völker und ihre Kulturen

Außer in Erdteilen untergliedert man die Erde in kulturelle Großräume. Man spricht von **Kulturerdteilen** (▸) oder „Kulturräumen". Im Gegensatz zu den physischen Erdteilen sind die Kulturräume nicht durch klare Grenzlinien voneinander getrennt. Vielmehr überlappen und durchdringen sich benachbarte Kulturen. Insbesondere seit den Entdeckungsreisen im 15. Jh. beginnen sich die Völker der Erde mehr und mehr zu mischen.

Völker und Kulturen entstehen

Seit mehr als zwei Millionen Jahren gibt es Menschen auf der Erde. Von ihrer Urheimat Afrika aus besiedelten sie vor etwa 100 000 Jahren die anderen Kontinente. Aus anfänglich kleinen Familienverbänden gliederten sich nach und nach größere Gruppen aus, deren Siedlungsgebiete oft durch Gebirge, Wüsten oder Meere voneinander getrennt waren. In dieser räumlich bedingten Abgeschiedenheit entwickelte jede Gruppe über Tausende von Jahren hinweg ihre eigene **Kultur** (▸). Es bildeten sich die vielen Völker der Erde heraus.

M 2

In verschiedenen Kulturräumen der Erde

Wir leben in der einen Welt

In der Schule oder im Alltag begegnen wir Menschen, die aus anderen Kulturräumen stammen. Viele von ihnen sind in Deutschland geboren. Sie haben hier ihre Heimat.

Bei Reisen in andere Länder lernen wir auch andere Kulturräume kennen. Die Menschen begegnen uns meist offen und freundlich. Auch wir sollten offen sein für andere Kulturen und ihnen mit Achtung begegnen.

In einer Welt, in der wirtschaftliche und kulturelle Verflechtungen zum Alltag gehören, sind alle Menschen der Erde aufeinander angewiesen.

1. Vergleiche die Inhalte der Fotos in M 2. Beschreibe Merkmale, in denen sich die Bildinhalte voneinander unterscheiden. Achte auf die Baustile.
2. Ordne die Fotos in M 2 Kulturräumen der Erde (M 1) zu. Begründe deine Entscheidungen.
3. Unterscheide physische Erdteile von Kulturräumen. Lege dazu eine Tabelle an und erläutere die Unterschiede anhand der wirkenden Kräfte, der Abgrenzung der Räume und der Dauer der Entwicklung (M 2).
4. Nenne die verschiedenen Kulturräume innerhalb der physischen Erdteile und beschreibe ihre räumliche Ausdehnung (M 1, Atlas).

Begegnung mit Entdeckern und Erforschern der Erde

Hernán Cortés (1485 – 1547)
Mit List und Gewalt bezwang der spanische Glücksritter Cortés das mächtige Aztekenreich. Bevor er kam, hatten die Bewohner Mexikos noch nie ein Pferd gesehen. Sie erschraken zutiefst und Cortes wusste ihre Ängste geschickt für seine Ziele zu nutzen.

Christoph Kolumbus (1451 – 1506)
Mit seiner Landung auf der Insel San Salvador betrat Kolumbus als erster Europäer die neue Welt. Neben der Erkundung und Eroberung fremder Gebiete war die Verbreitung des Christentums ein wesentliches Ziel damaliger Weltreisen.

Fernando Magellan (1480 – 1521)
Er entdeckte die nach ihm benannte Magellanstraße an der Südspitze Südamerikas. Bei dem Versuch, die Philippineninsel Mactan für Spanien zu erobern, wurde er getötet. Seine Expedition umsegelte erstmals die Erde und wies damit nach, dass die Erde eine Kugelgestalt hat.

M 1 *Berühmte Entdecker und Erforscher der Erde*

Alexander von Humboldt

Ludwig Leichhardt

Alfred Wegener

Heute gibt es kaum noch unbekannte und unerforschte Gebiete auf der Erde. Das war nicht immer so. Von jeher haben aber die Menschen versucht, ihre Umwelt immer besser zu erkennen.
Begünstigt durch die „moderne Seefahrt" begann im 15. Jh. das Zeitalter der großen Entdeckungen und Eroberungen. Was bewog die Forscher dazu, unter oftmals schwierigen Bedingungen in ferne Welten vorzudringen, und wie sind ihre Leistungen einzuschätzen?

Überblick

An der Entdeckung der Erde haben sehr viele mutige Seefahrer und Forschungsreisende mitgewirkt.
Im 14. Jh. gingen wichtige Impulse von dem Portugiesen Heinrich dem Seefahrer aus. Später waren es vor allem Entdecker im Dienste der Königshäuser Spaniens (z. B. Kolumbus: Entdeckung Amerikas) und Portugals (z. B. Vasco da Gama: Entdeckung des Seeweges nach Indien). In der Folgezeit kamen auch Engländer dazu (z. B. Francis Drake: erste englische Weltumsegelung).
Mit der Entdeckung neuer Seewege setzte auch die Eroberung von fremden Ländern ein (z. B. Bartolomëu Diaz, Hernán Cortés, Francisco Pizarro).
Im 19. Jh. leitete der deutsche Afrikareisende Heinrich Barth die Zeit der Sahara- und Sudanforschung ein. Besonderen Ruhm erwarben sich der Brite Henry Morton Stanley und der Schotte David Livingstone als Afrikaforscher. Der deutsche Naturwissenschaftler Ludwig Leichhardt machte sich als Entdecker in Australien verdient. Zu den bedeutendsten Asienforschern zählen der Russe Nikolai Michailowitsch Prschewalski, der Ende des 19. Jhs. auf mehreren Reisen den Westen Chinas erkundete, sowie der Schwede Sven Hedin. Bei der Erforschung der Arktis machten sich vor allem Fridtjof Nansen, Umberto Nobile und Roald Amundsen einen Namen. Letzterer kann sich auch rühmen, als Erster, vor dem Engländer Robert Falcon Scott, den Südpol erreicht zu haben. Der Geophysiker Alfred Wegener arbeitete an der Erforschung Grönlands und entwickelte als Erster die Theorie von der „Wanderung" der Kontinente (vgl. S. 108).

Alexander von Humboldt

Zu den bekanntesten Forschungsreisenden zählt der deutsche Naturforscher Alexander von Humboldt (1796 – 1859). In den Jahren 1799 – 1804 bereiste er Amerika. Zunächst wandte er sich nach Kuba und Kolumbien. Lange Zeit widmete er sich dem Studium der äquatornahen Vulkane. Er bestieg den Chimborazo in Ecuador bis zu einer Höhe von 5881 m. Später ging Alexander von Humboldt nach Peru und Mexiko. Hier setzte er seine Vulkanstudien fort und erforschte u. a. den Popocatepetl. Von Veracruz führte seine Erkundungsreise über Havanna bis nach Philadelphia und Washington.

Die Ergebnisse seiner Reisen wurden bahnbrechend für die Ziele und Methoden der wissenschaftlichen Forschung überhaupt. Fast alle Zweige der Naturwissenschaften wurden durch ihn bereichert und vertieft. Auf dem Gebiet der Geographie wurde er zum Schöpfer neuer Wissenszweige wie der Lehre vom Vulkanismus, des Erdmagnetismus, der Pflanzengeographie und der Klimatologie.

Humboldt zeigte, wie die Gegebenheiten der Natur – Oberflächengestalt, Klima, Pflanzen und Tierwelt – ursächlich zusammenwirken und wie Störungen des bestehenden Gleichgewichts zu schweren Schäden in der Natur führen können. Damit war er Wegbereiter einer modernen Landschaftsökologie. Auch wenn Humboldt keine neuen Länder entdeckte, so hat er doch durch seine Art des Beobachtens und Vergleichens neue Welten erschlossen. Reiche Sammlungen aller Art, von denen die botanische allein 6000 Exemplare umfasste, brachte er mit nach Europa. Außerdem setzte sich Humboldt für die Menschenrechte ein und ergriff für die Befreiungsbewegung in den spanischen Kolonien Partei. Er war auch ein Künstler, indem er das in der Natur Geschaute in Bildern von einzigartiger Schönheit darstellte.

M 2
Alexander von Humboldts Reise nach Amerika (1799 – 1804)

M 3
Ausschnitt aus Alexander von Humboldts Darstellung des Chimborazo

1. Nenne Ziele, die die Eroberer der „neuen Welt" verfolgten (M 1 bis M 3). Informiere dich über geschichtliche Hintergründe.
2. Bereite einen Vortrag über Alexander von Humboldt vor (M 2, M 3, weitere Literatur und Internet).
3. Wähle dir einen der auf Seite 16 genannten Erforscher der Erde aus. Informiere dich über seine Forschungsreisen und trage sie in einem Referat vor.
4. Diskutiert auf der Grundlage weiterführender Literatur die Leistungen der bedeutendsden Entdecker und Erforscher fremder Länder.

Leben und Wirtschaften in verschiedenen Landschaftszonen

Dorf der Massai im Amboseli National Park, Kenia

In vielen Gebieten der Erde sind die naturräumlichen Bedingungen extremer als in Mitteleuropa. Kälte, Hitze, Trockenheit oder hohe Niederschläge bestimmen das Leben von Menschen, Pflanzen und Tieren. Wollen wir die Lebensgrundlagen auf unserer Erde bewahren, dürfen wir Möglichkeiten und Probleme in fernen Räumen jedoch nicht nur mit unseren Augen sehen, sondern müssen die Eigenheiten fremder Räume erforschen, verstehen und respektieren lernen. Kann der Einblick in die Vielfalt von Natur- und Kulturlandschaftsräumen unser Leben bereichern? Kann die Entdeckung von Faszination und Schönheit ferner Welten uns helfen, uns verantwortlich und respektvoll Fremdem gegenüber zu verhalten?

Kälte setzt Grenzen

Die Polargebiete – Landschaftsräume des ewigen Eises

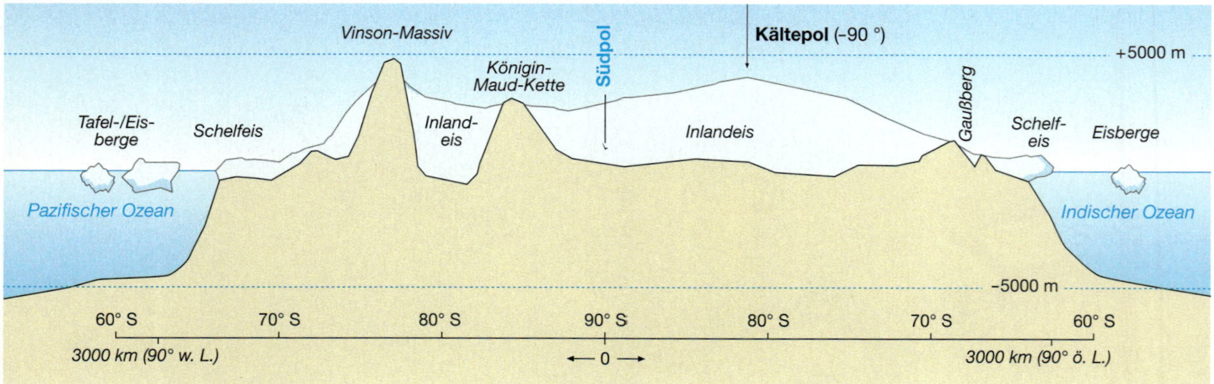

M 1 *Profil Antarktis*

Die Landschaftsräume an den Erdpolen werden Polargebiete genannt, am Nordpol liegt die Arktis, am Südpol die Antarktis (der Arktis gegenüberliegend). Sie gehören zu den unzugänglichsten Landschaften auf der Erde, weil sie vom ewigen **Eis** (▸) geprägt sind. Erst zu Beginn des 20. Jahrhunderts gelang es Forschern, die Pole selbst zu erreichen.

Pinguine

Roald Amundsen, erster Mensch am Südpol (1911)

Der Wettlauf zum Südpol

Anfang 1912 schleppen sich fünf zu Tode erschöpfte Männer über das Eis der Antarktis. Der Engländer Robert Falcon Scott und seine Begleiter möchten als Erste am südlichsten Punkt der Erde sein. Unter größten Mühen erreichen sie am 18. Januar den Pol. Doch welche Enttäuschung! Dort weht bereits eine norwegische Flagge!

Roald Amundsen gewann den Wettlauf zum Südpol. Schon am 14. 12. 1911 steht er mit seinen Begleitern dort. Als Scott ankommt, ist die norwegische Expedition längst auf dem Rückmarsch. Amundsen erreicht mit seinen Hundeschlitten die Küstenstation und verlässt die Antarktis.

Für Scotts Team beginnt ein qualvoller Rückweg; 1500 km liegen vor ihnen. Ihre Ponys haben sie längst verloren. Die Männer müssen die schweren Schlitten selbst ziehen. Temperaturen unter −40 °C und orkanartiger Sturm erschweren den Rückweg. Proviant und Brennstoff gehen zur Neige. Nur 18 km vom rettenden Depot entfernt erfrieren Scott und seine Begleiter. Die letzte Eintragung in Scotts Tagebuch am 29. 03. 1912 lautet: „Der Tod kann nicht mehr fern sein. Sorgt für unsere Hinterbliebenen!"

M 2 *Eroberung des Südpols*

Eine Wissenschaftlerin der deutschen Neumayer-Station berichtet:

„Mit Abenteuer hat die Forschung hier wenig zu tun. Jeder der etwa 30 Wissenschaftler und Techniker, die in den Sommermonaten in die Antarktis kommen, hat viel Arbeit zu erledigen. Wenn das Wetter gut ist, geht es mit Schneefahrzeugen, Hubschraubern oder Flugzeugen hinaus. Neben der Wetterbeobachtung messen wir auch die Dicke des Eises, untersuchen seine Zusammensetzung und versuchen herauszufinden, ob die Masse des Eises zu- oder abnimmt. Die Biologen erforschen das Leben in den Ozeanen. Oft erleben wir Wetterstürze. Dann stürmt und schneit es, sodass man jegliche Orientierung verliert. Während der langen Wintermonate sind die wenigen Überwinterer in der Station bis auf den Funkverkehr von der Außenwelt abgeschnitten. An Außenarbeiten ist bei totaler Finsternis und Temperaturen bis −45 °C nicht zu denken. Gut, dass wir eine reichhaltige Bibliothek haben und eine gute Verpflegung. Da kann man die Einsamkeit schon ertragen, bis im Sommer das Schiff ‚Polarstern' kommt, um die Überwinterungsmannschaft abzuholen."

M 3 *Forscher in der Antarktis*

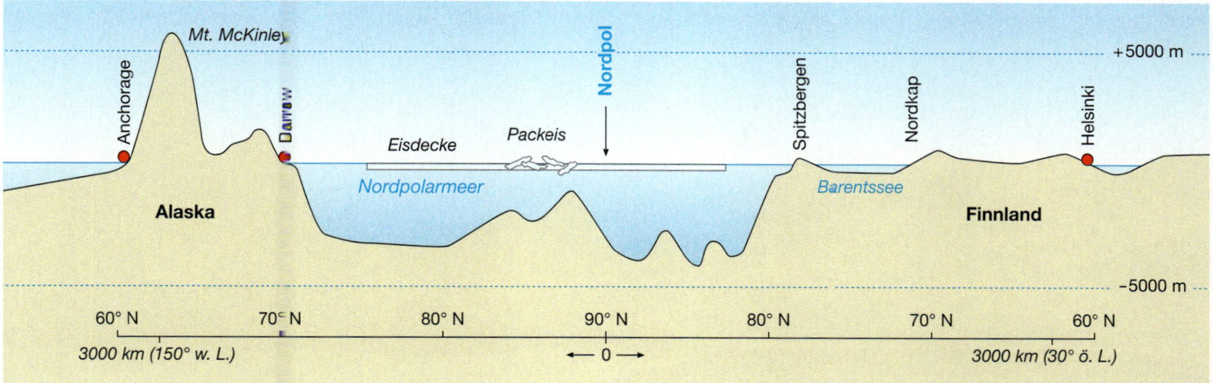

M 4
Profil Arktis

Forschung in der Antarktis

Unter den internationalen Forschungsstationen ist die der USA die größte. Die deutsche Station wurde 1981 errichtet.

Antarktis

Die Neumayer-Station liegt am Rande des Schelfeises. Das **Schelfeis** ist eine riesige, teilweise auf dem Meer schwimmende Eisplatte, deren Rand meist 30 bis 40 Meter hoch aus dem Wasser ragt. Nahe der Küste liegt das Schelfeis dem Meeresboden auf und geht schließlich in das **Inlandeis** über. So nennt man die Eismassen, die den Kontinent bedecken. Von Zeit zu Zeit brechen vom Schelfeisrand riesige **Tafeleisberge** ab, die das Zwei- bis Dreifache der Größe Berlins haben können.
Über 95 % des antarktischen Kontinents sind ständig vereist. Das Inlandeis erreicht in manchen Gebieten eine Mächtigkeit von 4500 Metern. Weite Teile der antarktischen Meere sind auch außerhalb der Schelfeisgebiete im Winter von **Meereis** bedeckt. Nur im Sommer können Schiffe an einigen Stellen an den Kontinent heranfahren. Die Antarktis ist das kälteste Gebiet der Erde. Im Winter wurden schon Temperaturen von fast -90 °C gemessen.

Arktis

Rings um den Nordpol erstreckt sich das Nordpolarmeer, das in großen Gebieten auch im Sommer eine Decke aus Meereis trägt. Dieses Eis wird meist nur zwei bis vier Meter dick, weil das Meerwasser mit einer Temperatur um den Gefrierpunkt eine weitere Eisbildung von unten her verhindert. Durch Windeinwirkung und Gezeitenkräfte zerbricht das Polareis immer wieder in einzelne Schollen. Oft werden diese Schollen gegeneinander gepresst und zu mehr als zehn Meter hohen bizarren Bergen aufgetürmt. Diese Art Eis nennt man **Packeis.** Die Temperaturen liegen in der Arktis wesentlich höher als in der Antarktis. Sie überschreiten selbst am Nordpol im Sommer manchmal den Gefrierpunkt. Vergleichbare Verhältnisse wie in der Antarktis findet man im Nordpolargebiet nur auf Grönland, das zu 84 % von Eis bedeckt ist und ebenfalls ein bis zu 3000 m mächtiges Inlandeis aufweist.

Eisbär

Robert E. Peary, erster Mensch am Nordpol (1909)

Schon gewusst? *In der Antarktis gibt es Forschungsstationen vieler Länder. Einige Länder erheben Gebietsansprüche, denn unter dem Eis lagern Kohle, Erze, Erdöl und Erdgas. Aber ein Vertrag zum Schutz der Antarktis von 1961 verbietet bis 2041 jeglichen Abbau von Bodenschätzen.*

1. Bildet zwei Gruppen. Jede Gruppe stellt ein Polargebiet vor. Berücksichtigt dabei: topographische Lage, Flächengröße, Oberflächengestalt, Vereisung, Klima, Zugänglichkeit für den Menschen, Besiedlung (M 1, M 4, Atlas).
2. Berichte über die Erforschung der Antarktis früher und heute (M 2, M 3).
3. Bereite einen Vortrag vor oder gestalte eine Wandzeitung: „Die Erforschung der Arktis".

Tag und Nacht in den Polargebieten

M 1

Sonnenstand im Laufe von 24 Stunden nördlich des Polarkreises im Sommer

Im Sommer sind in Deutschland die Tage erheblich länger als im Winter. Allerdings geht die Sonne jeden Tag auf und unter. Tag und Nacht wechseln sich ab. In den Polargebieten ist dies anders. Viele Menschen fahren im Juni oder Juli nach Nordnorwegen, z. B. ans Nordkap, um ein besonderes Naturschauspiel zu beobachten – die Mitternachtssonne.

M 2

Beleuchtung der Nordhalbkugel am 21. 6.

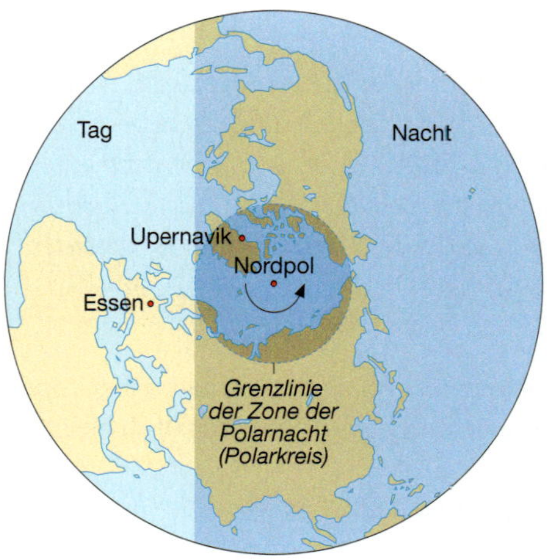

M 3

Beleuchtung der Nordhalbkugel am 21. 12.

Polartag und Polarnacht

Im hohen Norden sinkt die Sonne im Sommer für einige Wochen auch nachts nicht unter den Horizont. Es ist **Polartag** (▸). Weil die Sonne in dieser Zeit um Mitternacht im Norden über dem Horizont steht, spricht man auch von der **Mitternachtssonne** (▸). In unseren Breiten steht die Sonne im Norden nie über dem Horizont. Am nördlichen Polarkreis geht die Sonne nur an einem Tag nicht unter, nämlich am 21. Juni, dem Tag des Sommeranfangs. Je weiter man nach Norden kommt, desto länger dauert der Polartag.

Im Winter ist es genau umgekehrt. Je weiter man nach Norden fährt, desto kürzer werden die Tage. Am nördlichen **Polarkreis** (▸) geht die Sonne am 21. Dezember überhaupt nicht mehr auf. Ein fahles Licht im Süden zeigt dort um die Mittagszeit, wo die Sonne knapp unter dem Horizont steht. Die Zeit der ständigen Finsternis in den Polargebieten wird **Polarnacht** (▸) genannt.

Polartag und Polarnacht gibt es auch in der Antarktis. Sie sind dort allerdings gegenüber der Arktis um ein halbes Jahr verschoben. Wenn am Nordpol Polartag ist, herrscht am Südpol die Polarnacht.

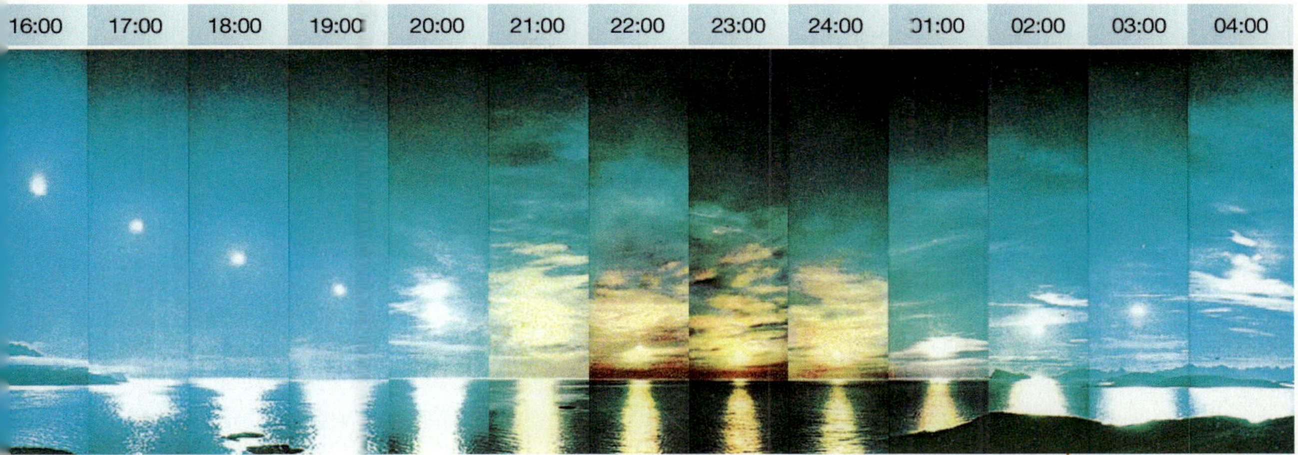

Temperaturen in den Polargebieten

Da die Polargebiete während der Polarnacht zum Teil für Monate keine wärmende Sonneneinstrahlung erhalten, sinken die Temperaturen dort im Winter besonders stark. Aber auch im Sommer wird es in den Polargebieten nie so warm wie in unseren Breiten. Dies liegt daran, dass die Sonne auch während des Polartages immer nahe am Horizont steht und die Sonnenstrahlen sehr schräg einfallen. So kann die Erdoberfläche kaum erwärmt werden.

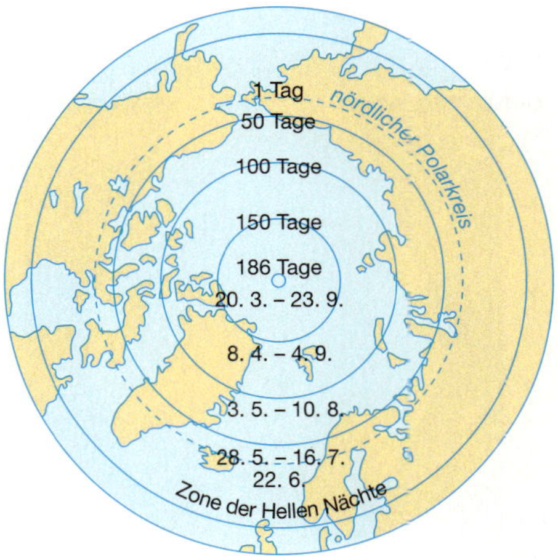

M 4
Die Länge des Polartages

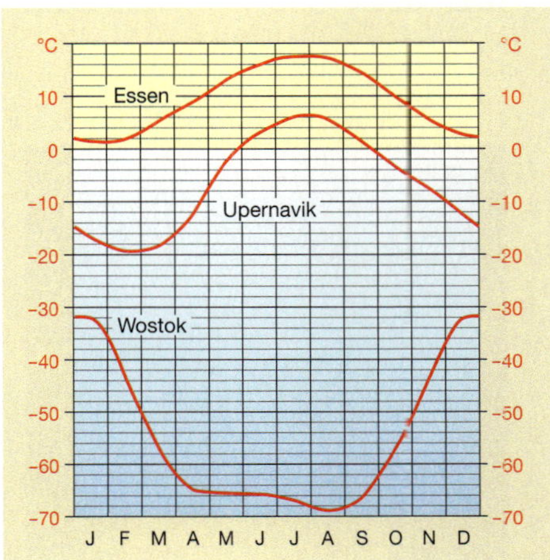

M 5
Temperaturkurven

1. Versuch: Verdeutliche mithilfe einer starken Taschenlampe und eines Globus im verdunkelten Klassenraum die Entstehung von Polartag und Polarnacht (vgl. Seite 89).
2. Arbeite mit M 1 und dem Text. Der Fotograf hat innerhalb von 24 Stunden jede Stunde ein Bild vom Sonnenstand gemacht. Bestimme die Himmelsrichtungen um 6 Uhr, 12 Uhr, 18 Uhr und 24 Uhr.
3. Erkläre die Entstehung von Polartag und Polarnacht und begründe die unterschiedliche Länge von Polartag und Polarnacht in verschiedenen geographischen Breiten (M 2 bis M 4). Verwende auch die Seiten 24/25.
4. Nenne Städte in Europa, Asien und Amerika, die Polartag und Polarnacht haben (M 2, M 3, Atlas).
5. Vergleiche die Temperaturkurven in M 5. Erkläre die Unterschiede (nutze dazu auch die Informationen auf Seite 36).

Die Entstehung der Jahreszeiten

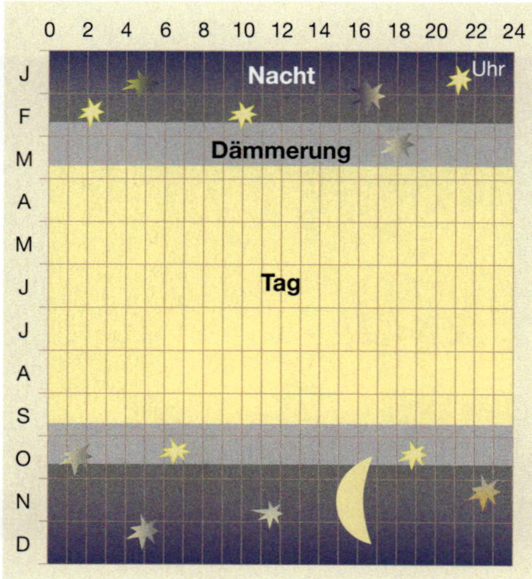

Tageslängen am Nordpol (90° N)

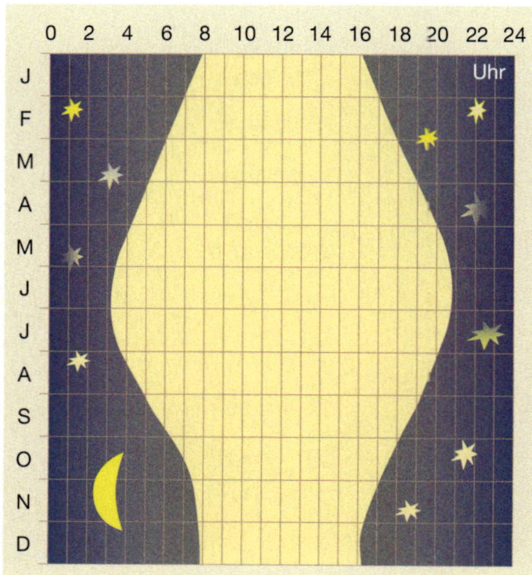

Tageslängen in 50° nördl. Breite (z. B. Mainz)

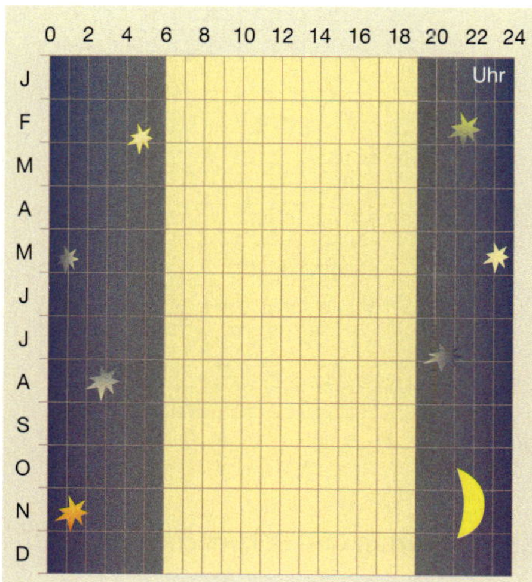

Tageslängen am Äquator = 0° Breite (z. B. in Kisangani/Demokratische Republik Kongo)

M 1 *Tageslängen in verschiedenen geographischen Breiten*

Bei uns können Bauern im Sommer noch spätabends bei Sonnenlicht auf dem Feld arbeiten. In der Demokratischen Republik Kongo ist es zur gleichen Zeit stockdunkel. Wie entstehen die unterschiedlichen Tageslängen und Jahreszeiten?

Tageslängen unterscheiden sich

Von Europa aus betrachtet geht die Sonne im Osten auf. Mittags erreicht sie ihren höchsten Stand im Süden und geht abends im Westen unter. In Wirklichkeit steht die Sonne zwar immer an der gleichen Stelle, doch durch die Drehung der Erde um ihre Achse scheint es so, als bewege sich die Sonne. Sie beschreibt scheinbar einen Bogen am Himmel.

Aus eigener Erfahrung weißt du, dass die Tage des Jahres bei uns unterschiedlich lang sind. Die Sonnenbahn ist länger oder kürzer. Im Sommer geht die Sonne früher auf, steht mittags hoch am Himmel und geht erst spätabends unter. Im Winter dagegen geht die Sonne später auf und schon am frühen Nachmittag wieder unter. Selbst mittags steht sie im Süden nur tief am Himmel. Andere Gebiete der Erde haben andere Beleuchtungsverhältnisse (M 1).

Entstehung der Jahreszeiten

Die unterschiedlichen Beleuchtungsverhältnisse und die Jahreszeiten haben ihre Ursache in der Schrägstellung der Erdachse. Beim Lauf der Erde um die Sonne (**Revolution** ▶) hat die Erdachse eine ständig gleich bleibende Neigung von 23,5°. Daraus folgt, dass im halbjährigen Wechsel einmal die Nord- und einmal die Südhalbkugel der Sonne zugeneigt ist (M 2).

Zenitstand der Sonne

Nur in der tropischen Zone, zwischen dem nördlichen und dem südlichen Wendekreis der Sonne, kann die Sonne über einem Ort zur Mittagszeit senkrecht stehen. Man spricht vom **Zenitstand** (▶) der Sonne. Er wandert im Verlauf des Jahres zweimal zwischen den Wendekreisen. Am 21.3. und 23.9. ist der Zenitstand der Sonne über dem Äquator (M 3).

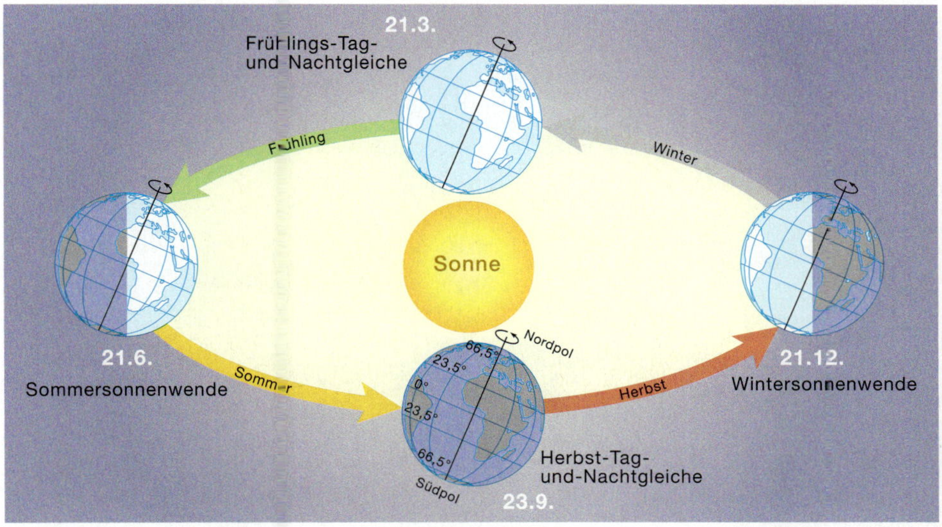

M 2

Bewegung der Erde um die Sonne (nicht maßstabsgerecht).
Die Benennung der Jahreszeiten bezieht sich auf die Nordhalbkugel.

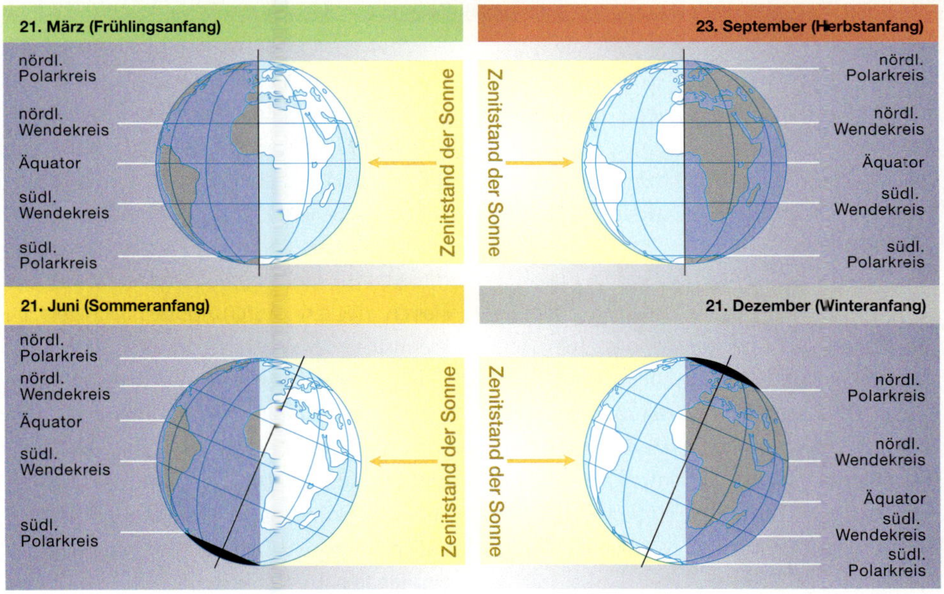

M 3

Die Beleuchtung der Erde und der Zenitstand der Sonne.
Die Benennung der Jahreszeiten bezieht sich auf die Nordhalbkugel.

1. Beschreibe die Bewegung der Erde um die Sonne (M 2). Beachte die Stellung der Erdachse und die Neigung der Erdhalbkugel zur Sonne. Erkläre nun, warum es zum Beispiel in Deutschland vier Jahreszeiten gibt (M 3).
2. Vergleiche die Tageslängen am Nordpol, in Deutschland und am Äquator (M 1) und erkläre die Unterschiede (M 2).
3. Über welchen Breitenkreisen steht die Sonne am 21.3., 21.6., 23.9., 21.12. im Zenit? Warum steht sie nie über Deutschland im Zenit (M 3)?
4. Erkläre mithilfe von M 2 und M 3, warum es in den Tropen im Jahresverlauf keinen ausgeprägten Temperaturwechsel wie in Deutschland gibt.

Schon gewusst? *Auf der Südhalbkugel der Erde ist vieles anders, als wir es gewohnt sind.*
So ist die scheinbare Bewegung der Sonne am Himmel auf der Nordhalbkugel und Südhalbkugel entgegengesetzt: Auf der Südhalbkugel steht die Sonne am Mittag im Norden und nicht im Süden. Wenn man von der Südhalbkugel zum Urlaub in wärmere Gebiete „abdüsen" möchte, dann muss man nach Norden fliegen.

Das Leben der Inuit in früheren Zeiten

M 1
Küstenlandschaft in Südgrönland im Sommer

„Eskimo" – „Rohfleischesser", so bezeichneten die Indianer Kanadas ihre weiter im Norden lebenden Nachbarn. Die Eskimos selbst nennen sich dagegen „Inuit", das heißt „Menschen". Heute ist der Name Inuit für dieses Volk allgemein anerkannt.

Vor etwa 12 000 Jahren wanderten die Inuit von Sibirien aus über die Beringstraße nach Nordamerika ein. Damals, während der letzten Kaltzeit des Eiszeitalters, lag der Meeresspiegel erheblich tiefer als heute. Daher bestand zwischen Nordasien und Nordamerika eine Landverbindung. Im Laufe der Zeit besiedelten die Inuit die Küsten Alaskas, Nordkanadas und Grönlands (vgl. S. 29 M 5).

Die Inuit früher

In ihrer traditionellen Lebensweise versorgten sich die Inuit fast ausschließlich durch die Jagd. Robben und kleinere Wale stellten die Hauptnahrungsquellen dar. Da die Inuit über keinerlei pflanzliche Nahrungsmittel verfügten, mussten sie auch ihren Vitaminbedarf aus Fleisch decken. Aufgrund des Mangels an Brennmaterial und weil die Vitamine im Fleisch durch Kochen weitgehend zerstört werden, verzehrten die Inuit einen Teil ihrer Beute roh, vor allem die vitaminreiche Leber. Knochen und Felle der Beutetiere sowie Treibholz bildeten die Grundlage für Kleidung, Waffen und Gebrauchsgegenstände. Als einziges Haustier wurden Schlittenhunde gehalten.

M 2 *Seehundjagd im Sommer*

M 3 *Seehundjagd im Winter*

Das traditionelle Leben der Inuit

Sakaris Bech, ein alter Grönländer, der heute in Ilulissat (dänisch: Jakobshavn) lebt, erzählt in einem Fernsehbericht:

„Wir lebten in einer Großfamilie zusammen: meine Eltern, meine Frau und meine Kinder, meine Brüder mit ihren Frauen und Kindern. Mit fast allem versorgten wir uns selbst. In den Sommermonaten jagten wir Robben (Seehunde) vom Kajak aus mit der Harpune, später auch mit dem Gewehr. Im Winter erbeuteten wir die Robben an ihren Atemlöchern im Eis. Fleisch und Speck der Robben ernährten uns und unsere Hunde. Manchmal erlegten wir auch einen kleinen Wal. Die Knochen von Robben und Walen verarbeiteten wir zu Werkzeug und Waffen. Aus den Fellen nähten die Frauen Bekleidung, Bootsbespannungen und Sommerzelte. Auch das Fischen war Frauensache. Mit den Umiaks, den großen Frauenbooten, konnten wir die schweren wetterfesten Zelte zu den jeweils günstigsten Fanggebieten bringen. Einige von uns fuhren mit den Umiaks auch auf Walfang. Von den Walen und den Robben hatten wir Tran für Lampen und Öfen in unseren Winterhütten. Das waren flache Gebäude aus Steinen, Torf und Grassoden mit einem langen, schmalen Eingang, der Wind und Kälte abhielt. Wenn die Vorräte verbraucht waren, spannte ich den Hundeschlitten an und versuchte Vögel und Füchse zu schießen. Zur Winterjagd bauten wir Hütten aus Schnee- und Eisblöcken, die Iglus. Wenn die Robben ausblieben oder Schneestürme längere Zeit keine Jagd erlaubten, herrschte bittere Not."

M 4 *Aus einem Fernsehbericht*

M 5 *Verwertung eines Seehundes*

M 6 *Querschnitt durch einen Iglu*

M 7 *Wintervorrat wird getrocknet*

1. Erläutere die Namengebung „Eskimo" und „Inuit".
2. Verfolge auf einer Atlaskarte die Besiedlung der Arktis durch die Inuit.
3. Erkläre anhand des Fotos M 1 den Begriff der „polaren Siedlungsgrenze".
4. Berichte über die ursprüngliche Lebensweise der Inuit: Anpassung der Versorgung mit Nahrung und Gütern des täglichen Bedarfs sowie der Wohnverhältnisse an die natürlichen Bedingungen (M 2 bis M 7).
5. Man sagt, die Inuit haben eine Fell- und Knochenkultur entwickelt. Erläutere diese Bezeichnung (M 4, M 5, M 7).

Grönland heute

Gegen Ende des 17. Jahrhunderts kamen europäische Walfänger nach Grönland. Ihnen folgten Missionare und Kaufleute, vor allem aus Dänemark. 1953 wurde Grönland zu einer Provinz Dänemarks erklärt. Der Einfluss der Dänen führte dazu, dass sich die Inuit immer mehr von ihrer traditionellen Lebensweise entfernten und europäische Lebensgewohnheiten annahmen. Durch Vermischung mit den Europäern entstand das Volk der Grönländer. Heute versuchen die Grönländer zunehmend ihr Schicksal selbst zu bestimmen. 1979 wurde ihnen eine Selbstverwaltung in der Innenpolitik zugestanden.

M 1
Nuuk im Februar

M 2
Grönländerin in einer Fischfabrik

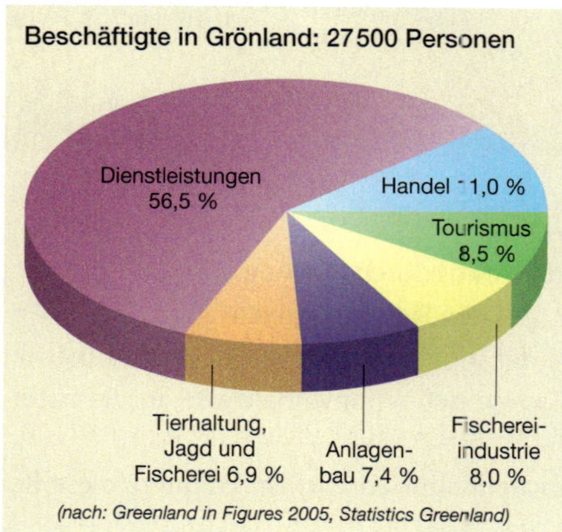

M 3
Beschäftigte nach Wirtschaftszweigen

Grönland heute

Ausschließlich von der Jagd leben heute nur noch wenige Inuit im Norden Grönlands. Wichtigste Einnahmequelle des Landes ist gegenwärtig die Fischereiwirtschaft, die nach dem Zweiten Weltkrieg mithilfe der Dänen aufgebaut wurde. Die Fangergebnisse und die Einkünfte aus der Fischerei sind von Jahr zu Jahr starken Schwankungen unterworfen. Dies liegt unter anderem daran, dass die Fischgründe nicht immer gleich ergiebig sind. Zudem blockiert das Packeis die Häfen manchmal bis weit ins Frühjahr hinein, sodass die Fangschiffe erst spät auslaufen können. Zusätzliche Einnahmen aus der Fischerei bekommt Grönland aus der Vergabe von Fischereirechten für Staaten der EU.

Seit einigen Jahren bemüht sich die grönländische Regierung, weitere Wirtschaftszweige zu entwickeln, um die Abhängigkeit von der Fischerei zu vermindern. So hofft man, in Zukunft Vorkommen an Bodenschätzen erschließen zu können, zum Beispiel Erdöl- und Erdgasquellen sowie Gold- und Platinlagerstätten. Heute werden Bodenschätze erst vereinzelt abgebaut. Zunehmend an Bedeutung gewinnt auch der Tourismus. Jährlich kommen über 45 000 Besucher ins Land.

Probleme für die weitere Entwicklung ergeben sich aus den großen Entfernungen zwischen den einzelnen Siedlungen und der geringen Bevölkerungszahl. Immer mehr Menschen ziehen in die Hauptstadt Nuuk, wo eine große Wohnungsnot herrscht, während kleinere Siedlungen aufgegeben werden müssen. Straßen gibt es nur in den Städten. Der Fernverkehr wird mit Schiffen, Flugzeugen und Hubschraubern abgewickelt.

Das Leben in Grönland heute

Grönland ist ein modernes Land mit sozialen Errungenschaften wie in Dänemark, deren Erhalt und Ausbau sehr teuer sind. Alle Städte haben Krankenhäuser, in den kleineren Siedlungen gibt es meist eine kleine Krankenstation mit einer Krankenschwester. Seit mehr als 100 Jahren gibt es in Grönland Schulen, Analphabetismus ist unbekannt. Unterrichtet wird sowohl in Grönländisch als auch in Dänisch, die offizielle Landessprache ist Grönländisch.
Die Situation in den Städten hat sich in den letzten Jahren deutlich verbessert. So hat man dafür gesorgt, dass der Müll nicht mehr einfach herumfliegt, sondern gesammelt wird. Zudem versucht man die sicher nicht sehr schönen Wohnblöcke gut in Stand zu halten. Große Vielfalt an Häusertypen findet man in Grönland nicht, sondern meist die von staatlichen Bauunternehmen errichteten Fertigbauten. Der Standard der Häuser und Wohnungen entspricht dem europäischen. Der oft beschriebene hohe Alkoholkonsum hat sich in den letzten Jahren deutlich verringert. Vor allem viele junge Leute lehnen Alkohol strikt ab. Sie besinnen sich immer mehr auf die Traditionen und so trifft man in vielen Orten Kajakvereine an, in denen der Bau der schnittigen Boote genauso gelernt wird wie der Umgang mit ihnen. Mehrmals im Jahr finden Wettkämpfe statt.
Nachdem erkannt wurde wie wichtig ein Sportangebot für die Jugend ist, hat man in vielen Orten Sporthallen gebaut, die sich zu Treffpunkten entwickelt haben. Da die Grönländer begeisterte Fußballspieler sind, sieht man viele Fußballplätze, auf denen im Sommer zahlreiche Spiele – auch Meisterschaften – ausgetragen werden.
Wie überall spielen die neuen Kommunikationsmittel eine große Rolle, vor allem vom Internet verspricht man sich eine bessere Anbindung an den Rest der Welt. Mobiltelefone gehören zum Alltag.

(nach: Barth, S.: Grönland. 2001, S. 39 ff.)

M 4 *Modernes Leben der Inuit*

Inuit außerhalb Grönlands

Auch in den arktischen Gebieten Nordamerikas sowie in Nordasien leben Inuit. In Kanada wurde den Inuit 1999 ein Landgebiet zur Selbstverwaltung überlassen (Nunavut), das fast ein Fünftel der Fläche Kanadas umfasst. Die dort lebenden etwa 28 000 Inuit hoffen, durch die Vergabe von Schürfrechten für Erdöl-, Erdgas- und Erzlagerstätten in Zukunft eine eigenständige wirtschaftliche Basis entwickeln zu können. Aus diesen Einnahmen müssen das Gesundheitswesen, Schulen, kulturelle Einrichtungen sowie der Wohnungsbau finanziert werden.

Steckbrief Grönland
(Kalaallit Nunaat)

Einwohnerzahl:	57 000
Fläche:	2 175 699 km²
Bevölkerungsdichte:	<1 Einw./km²
Hauptstadt:	
Nuuk	14 900 Einw.

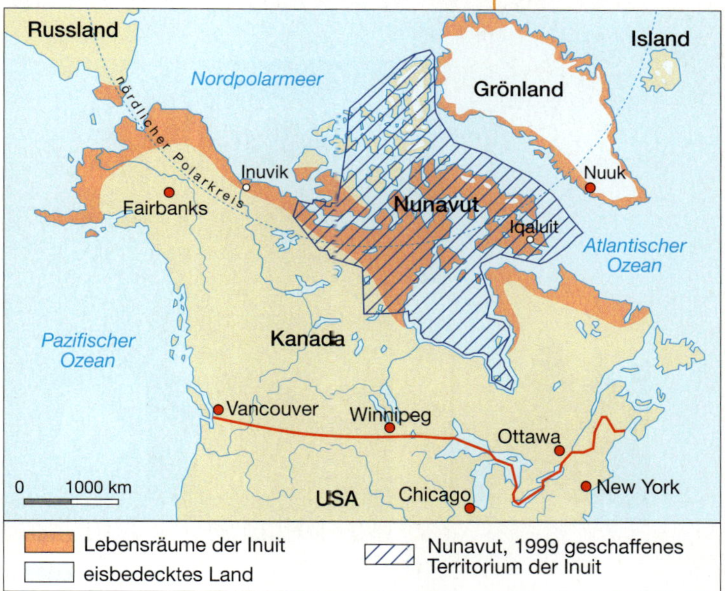

M 5
Gebiete, in denen Inuit leben

1. Beschreibe anhand von M 5 die topographische Lage der Gebiete, in denen Inuit leben (Atlas).
2. Erläutere die Verteilung der Beschäftigten nach Wirtschaftszweigen (M 2, M 3). Beachte sowohl Probleme, die sich daraus ergeben, als auch Lösungsansätze der Regierung.
3. Beschreibe Veränderungen in den Wohnverhältnissen für die Inuit (M 1, M 4, S. 27 M 6).
4. Vergleiche das Leben in Grönland früher und heute (M 4). Stelle die Veränderungen in einer Liste zusammen.

Vegetationszonen und Polargrenze des Ackerbaus in den kalten Gebieten

M 1
Sommergrüner Laubwald

M 2
Borealer Nadelwald

M 3
Tundra

Eine Fahrt in den Norden Kanadas

Unsere Reise beginnt in Regina im Süden Kanadas. Riesige Weizenfelder säumen die Straße. In Gebieten, die nicht landwirtschaftlich genutzt werden, kommen Laubmischwälder vor. Bei Edmonton ändert sich das Aussehen der Wälder: Laubbäume werden seltener, Nadelbäume nehmen zu. Auf unserem weiteren Weg nach Norden begleitet uns dieser Nadelwald für mehrere Tage. Bei Hay River am Großen Sklavensee wird der Wald lichter. Die niedrigen und oft nur krüppelig wachsenden Fichten haben Abstände von 10 Metern und mehr voneinander. Bald haben wir die Waldgrenze erreicht. An der kanadischen Eismeerküste wachsen keine Bäume mehr. Dort erstreckt sich die Tundra mit vielen kleinwüchsigen Pflanzen.

(P. Konopka, aus einem Reisetagebuch)

M 4 *Vegetationszonen in Kanada*

Sommergrüner Laubwald und borealer Nadelwald

In Kanada ändert sich von Süden nach Norden die natürliche Zusammensetzung der Pflanzenarten, sie prägen **Vegetationszonen** (▸). Maßgeblich für deren Ausbildung ist das Klima. In den mittleren Breiten herrscht ein **sommergrüner Laubwald** (▸) vor. Wo die Winter länger und strenger sind und die jährliche Wachstumszeit, die **Vegetationsperiode** (▸), abnimmt, setzen sich die Wälder vorwiegend aus Nadelbäumen zusammen, immergrünen Kiefern, Fichten und Tannen sowie den Nadeln abwerfenden Lärchen. An Laubbäumen kommen meist nur Birken vor. Dieser Wald, der nur auf der Nordhalbkugel vorkommt, wird **borealer Nadelwald** (▸) genannt (nach griech. boreas = nördlich). In Russland heißt diese Vegetationszone Taiga.

Tundra

Nadelbäume brauchen im Jahr mindestens zwei Monate mit einer Durchschnittstemperatur von 10 °C oder mehr. Am Rande der Arktis wird das Klima so rau, dass diese Bedin-

gung nicht mehr erfüllt ist. Dort wachsen nur noch Zwergsträucher, kleine Blumen, Gräser, Moose und Flechten.
Diese Vegetationszone nennt man **Tundra** (▸). Wegen der kurzen Vegetationsperiode von nur wenigen Wochen und den niedrigen Temperaturen wachsen alle Pflanzen der Tundra nur sehr langsam. In sehr hohen nördlichen Breiten können überhaupt keine Pflanzen mehr gedeihen. Die Tundra geht allmählich in die polare Eiswüste über.

Dauerfrostboden

Teile der Tundra und des borealen Nadelwaldes liegen im Bereich des **Dauerfrostbodens** (▸). Dort bleibt der Boden in der Tiefe ständig gefroren, während die Oberfläche im Sommer auftaut. Da das Schmelzwasser nicht versickern kann, bilden sich im Sommer an manchen Stellen Sümpfe.

Polargrenze des Anbaus

Kurze Sommer und der Dauerfrostboden setzen der ackerbaulichen Nutzung im Übergangsgebiet zwischen der Arktis und den gemäßigten Breiten, dem Subpolargebiet, enge Grenzen. Nur einige wenige Nutzpflanzen wie Kartoffeln, Sommergerste und Sommerroggen, die kühle Sommer und eine kurze Vegetationsperiode vertragen, können angebaut werden. In der Vergangenheit hat man versucht, die polare **Anbaugrenze** (▸) weiter nach Norden voranzutreiben. Die Züchtung neuer Getreidesorten hat dies möglich gemacht.
Auf Dauerfrostboden muss allerdings für Entwässerung gesorgt werden. Durch plötzliche Frosteinbrüche kann es zu Missernten kommen. Dies führt immer wieder zur Aufgabe landwirtschaftlicher Betriebe am Rande der Polargrenze des Anbaus.

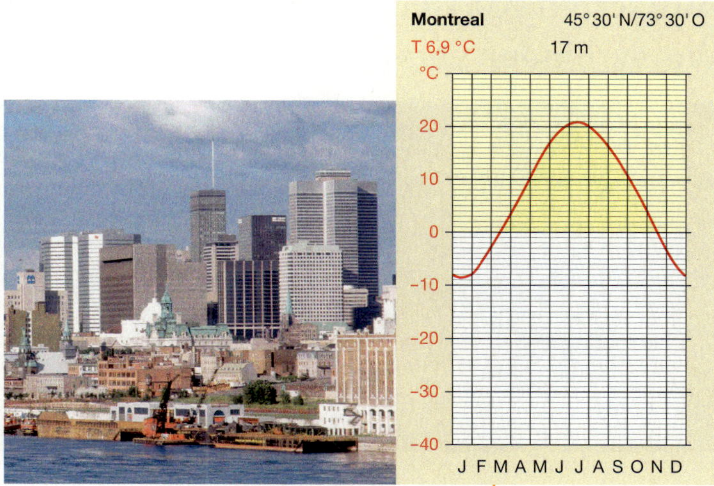

M 5 *Montreal mit Temperaturdiagramm*

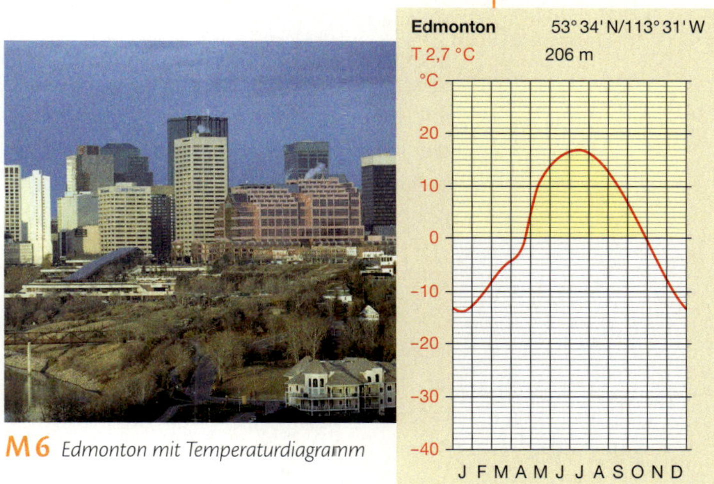

M 6 *Edmonton mit Temperaturdiagramm*

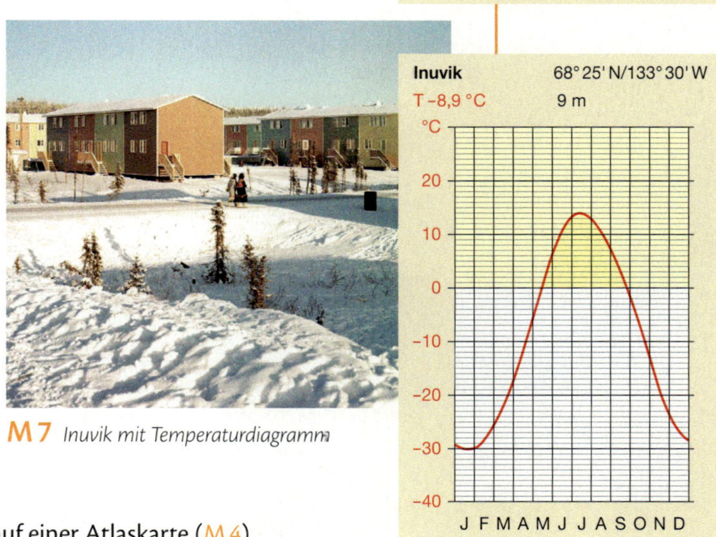

M 7 *Inuvik mit Temperaturdiagramm*

1. Verfolge die Fahrt in den Norden Kanadas auf einer Atlaskarte (M 4).
2. Vergleiche das Erscheinungsbild eines sommergrünen Laubwaldes mit dem des borealen Nadelwaldes und der Tundra (M 1 bis M 3).
3. Erkläre anhand der Temperaturverhältnisse die Veränderungen der Vegetation in Kanada (M 5 bis M 7, Atlas).
4. Erläutere den Einfluss des Dauerfrostbodens auf das Pflanzenwachstum.

Auswerten von Bild – Karte – Kausalprofil: Wir verbinden verschiedene Darstellungsweisen

M 1

Bilder aus verschiedenen Vegetationszonen Nordasiens

Auf dieser Seite findest du verschiedene Darstellungsweisen eines Raumes, in diesem Beispiel von Nordasien (Sibirien). Jede Darstellungsweise hat ihre eigenen Merkmale und ihre besondere Aussagekraft. Verbindest du die Informationen der verschiedenen Darstellungsweisen, kannst du wichtige geographische Zusammenhänge erarbeiten.

Bild – Karte – Kausalprofil

In der Geographie gibt es verschiedene Möglichkeiten, Landschaften (Räume) darzustellen. **Bilder** (Fotos) zeigen beispielsweise die Oberflächengestalt, die Vegetation oder die Bodennutzung, manchmal auch mehrere Eigenschaften des Raumes. Der Raumausschnitt ist dabei meist klein. Manchmal sind auf einem Bild die Hauptmerkmale einer Landschaft zu erkennen, es kann aber auch sein, dass der Fotograf zufällig ein Motiv ausgewählt hat, das für die Landschaft nicht charakteristisch ist. Ein Bild kann also eine eher zufällige Momentaufnahme eines kleinen Raumausschnitts sein. **Karten** informieren über prägende Merkmale eines Raumes. Auf **physischen Karten** (▶) erkennt man die Oberflächengestalt, Gewässer, Siedlungen und Verkehrswege. **Thematische Karten** (▶) berücksichtigen meist nur eine bestimmte Fragestellung, beispielsweise die Vegetation oder die Bodennutzung.

M 2

Vegetationskarte Nordasiens

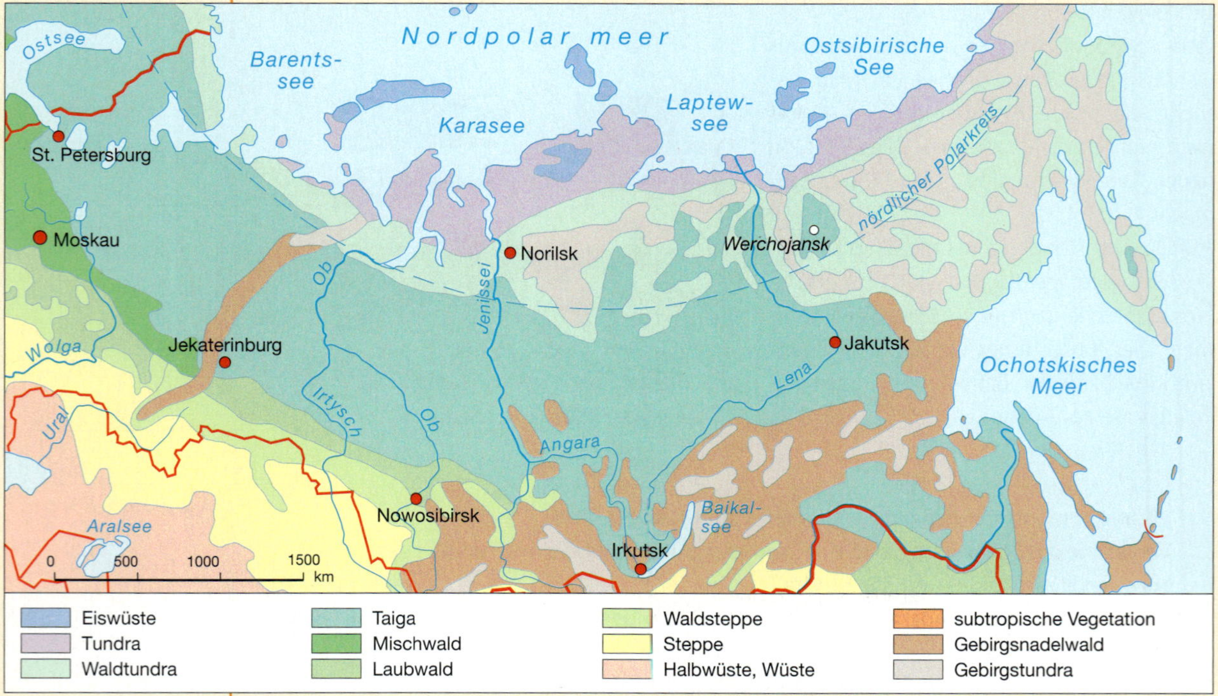

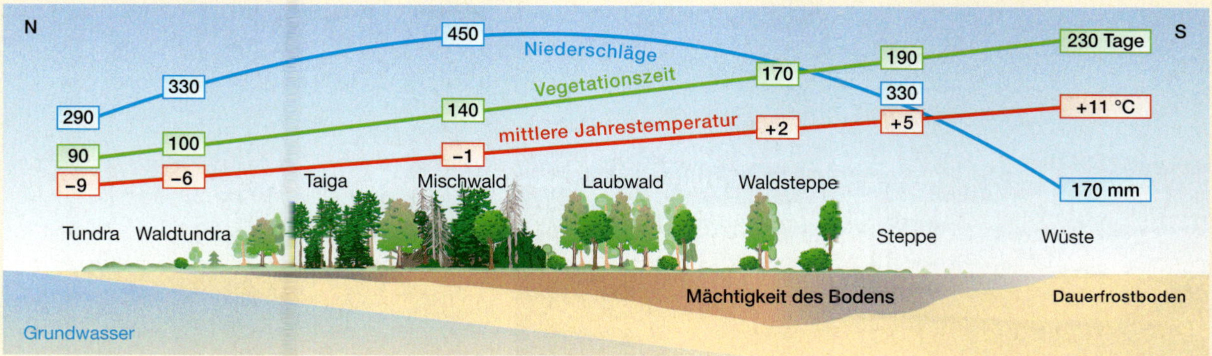

M 3

Kausalprofil Nordasiens

Karten zeigen Räume in der Aufsicht. Es kann sinnvoll sein, einen Schnitt durch eine Landschaft anzufertigen, ein so genanntes **Profil** (▶). Damit kann man Zustände des Raumes einzeichnen, die sich von Nord nach Süd oder von Ost nach West unterscheiden. Man kann – wie in einer thematischen Karte – bestimmte Eigenschaften des Raumes berücksichtigen, etwa die Vegetation, Informationen über das Klima und die Bodennutzung. Lassen sich aus diesen Informationen Zusammenhänge erkennen, die das Erscheinungsbild des Raumes erklären, spricht man von einem **Kausalprofil** (▶). Karten und Kausalprofile verallgemeinern, sie generalisieren. Sie sind eine Art **Modell** eines Raumes.

Wir verbinden die Informationen von Bild, Karte und Kausalprofil

1. Ermittle die Aussagen der einzelnen Darstellungsweisen. Beispiel:

– Die Bilder (Fotos M 1) sind Momentaufnahmen eines kleinen Landschaftsausschnitts. Im vorliegenden Beispiel lassen sich die Bilder drei Vegetationszonen zuordnen. Ermittle die Merkmale der Vegetation (z. B. Nadelwald, Laubwald, Baumdichte, Baumhöhe, Laubabwurf).

– Die Karte (M 2) macht Aussagen über die räumliche Verbreitung der einzelnen Vegetationszonen. Ermittle die geographische Breite und ihre räumliche Ausdehnung.

– Das Kausalprofil (M 3) lässt erkennen, wie die Vegetation in Nordasien sich von Nord nach Süd ändert. Zusätzlich sind Klima- und Bodenmerkmale angegeben.
Beschreibe zunächst die Veränderung der einzelnen Merkmale von Nord nach Süd: Vegetation, Temperaturen usw. Dann stelle Zusammenhänge her: Inwiefern ist die Abfolge der Vegetationszonen abhängig von z. B. Temperatur und Niederschlägen? Gibt es Zusammenhänge mit Boden und Nutzung?

2. Vergleiche die Informationen der verschiedenen Darstellungsweisen und stelle fest, inwiefern sie sich ergänzen.
Beispiel: Ordne die Bilder (M 1) den Vegetationszonen in M 2 und M 3 zu. Welche Aussagen bieten die Bilder zusätzlich zur Karte oder zum Kausalprofil? Kannst du einzelne Vegetationsmerkmale (M 1) mit Klimamerkmalen (M 3) erklären? Wie beurteilst du die Nutzungsmöglichkeiten Nordasiens (Vergleich M 2 und M 3)?

1. Beschreibe die Bilder (M 1) und ordne sie den zugehörigen Vegetationszonen zu. Begründe an Beispielen, warum es sich hierbei um kleinräumige Momentaufnahmen eines Landschaftsaumes handelt.

2. Beschreibe anhand der Karte (M 2) den Verlauf der Vegetationszonen in Nordasien. Orientiere dich am Gradnetz sowie an Städten, Flüssen und Gebirgen (Atlas).

3. Arbeite mit dem Kausalprofil (M 3). Erläutere, welche Zusammenhänge zwischen dem Klima, der Mächtigkeit des Bodens und der Vegetation bestehen.

4. Übertrage ein vereinfachtes Profil der Vegetationszonen in Nordasien (M 2, M 3) in dein Heft. Ergänze die Bodennutzung und Viehhaltung in den Zonen (Atlas).

5. Fertige ein vergleichbares Kausalprofil für Kanada an (Atlas).

Lebensfeindliche Trockenheit kann überwunden werden

Eine Reise in die Sahara

M 1 *In der Sandwüste (Erg)*

M 2 *In der Kieswüste (Serir)*

M 3 *In der Fels- und Schuttwüste (Hamada)*

Das Gebiet der Sahara mit 8,6 Millionen Quadratkilometern entspricht etwa der Fläche Australiens. Die Sahara besteht allerdings nicht nur aus Sand. Am Tag brennt die Sonne gnadenlos auf die Gesteine der **Wüste** (▸), nachts hingegen können sogar Minustemperaturen erreicht werden. Besonders in den Gebirgen betragen die Temperaturdifferenzen zwischen Tag und Nacht nicht selten mehr als 40 °C. Bei einer Wüstenreise ist also auch warme Kleidung wichtig.

M 4 *Aus einem Reiseprospekt*

Wüstenformen

Die Sahara gestaltet verschiedene **Wüstenformen** (▸). **Sandwüsten (Erg)** liegen in den Beckenlandschaften, sie nehmen gerade einmal 20 % der Fläche der Sahara ein. Die Fernstraßen werden nicht selten durch **Wanderdünen** blockiert, sodass ein „Schneepflug" in der Wüste die Sandhindernisse beiseiteräumen muss. Die „Dünenmeere" haben für das Überleben in der Wüste eine wichtige Funktion. Sie wirken wie Wasserspeicher, sodass am Rande der Ergs viele Brunnen zu finden sind. Auch zeigt der Verlauf der kilometerlangen Dünenkämme die Hauptwindrichtung an. Große Dünen können bis 200 Meter hoch aufragen.

Kieswüsten (Serire) bilden weite Ebenen, die mit kleinen und größeren Steinen übersät sind. Mal liegen einzelne Steine auf der Ebene, mal liegen die Kiesel scharfkantig dicht an dicht.

Zwei Drittel der Gesamtfläche der Sahara bestehen aus der **Fels- und Schuttwüste (Hamada).** Sie liegt rings um die Gebirge. Felsbrocken und Gesteinsschutt prägen diese Landschaft.

Als **Wadi** (▸) werden die Trockentäler bezeichnet, die ausgehend von den Gebirgsmassiven tiefe kastenförmige Einschnitte in die Plateauflächen schneiden. Eng und schmal mit groben Steinen beginnen die Wadis im Gebirge. Sie verbreitern sich und enden in weiten **Schwemmton-Ebenen.** Das Wadi Igharghar z. B. verläuft vom Hoggar-Gebirge aus über 600 Kilometer nach Norden.

Mit dem Motorrad durch die Sahara: Hassi Messaoud – Bordj Omar Driss – Tamanrasset

4. Tag: Endlich, die 400 km über glühenden Asphalt von Hassi Messaoud quer durch den Großen Östlichen Erg bis Hassi Bel Guebbour sind geschafft. Noch liegen ca. 70 km bis Bordj Omar Driss vor uns. Keine Dünen mehr, Felsbrocken und Steine liegen in der Ebene und säumen unsere Fahrstrecke. Wir sind in der Serir auf dem Plateau du Tinrhert. Auch das noch: Ein Sandsturm zieht auf. Wir setzen unsere Sturmhauben und Gletscherbrillen unter den Helmen auf. Wir sehen fast nichts, holpern im Schritttempo über die Piste.

5. Tag: Das Abenteuer beginnt. Hinter Bordj Omar Driss orientieren wir uns an Eisenstangen, es geht über lange Dünenfelder im Erg Issaouane am Berg Gara Kranfoussa vorbei. Am Rande eines Ausläufers des Tassili-Gebirges übernachten wir in einem Dünental.

6./7. Tag: Brrrr – ... nur 3 °C am Morgen. Die Sonne wirft erste Strahlen auf eine Hamada im Tassili-Gebirge. Da sollen wir durch? Den Eingang ins Gebirge weist uns ein Wadi. Wir folgen dem trockenen Flussbett, entlang an steilen Felswänden, bis zur Südspitze des Erg Tifernine.

8./9. Tag: Nach Amguid queren wir den westlichen Teil des Tassili und erreichen zwei Tage später Tamanrasset.

M 5 *Nach einem Reisebericht*

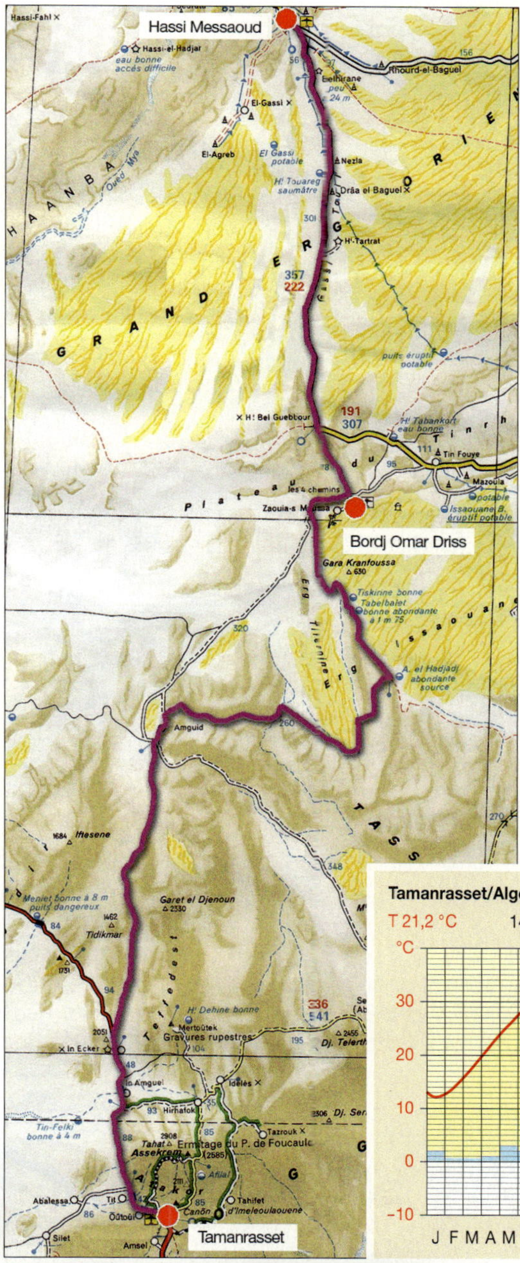

M 6 *Route der Motorradfahrer*

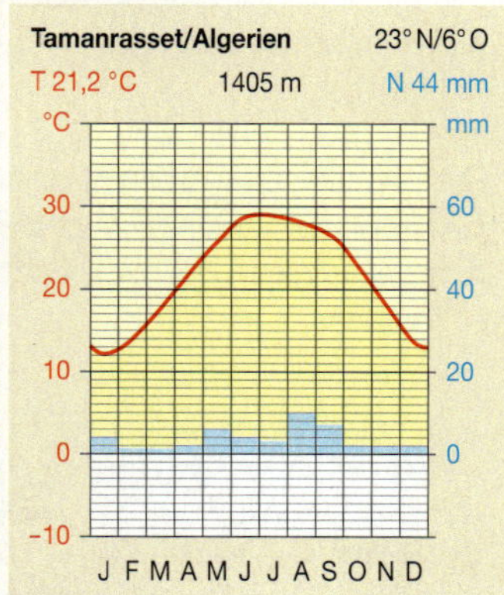

M 7 *Klimadiagramm Tamanrasset*

M 8 *Wadi*

1. Verfolge die Wegstrecke der Motorradfahrer und berichte über Schwierigkeiten, denen sie ausgesetzt sind (M 1 bis M 6 und Atlas).
2. Unterscheide die Oberflächenformen der Wüste: Sandwüste, Kieswüste, Fels- und Schuttwüste, Trockental (M 1 bis M 3, M 8).
3. Beschreibe das Klima der Wüste (M 4, M 7). Nutze hierfür auch deine erworbenen Fähigkeiten zur Methode „Klimadiagramme lesen und auswerten“ (Seiten 36/37).

Klimadiagramme lesen und auswerten

Die Mess- und Beobachtungsergebnisse werden in Klimatabellen erfasst. Neben Temperatur- und Niederschlagswerten gehören dazu z. B. auch Angaben zur Windstärke oder zur Sonnenscheindauer.

Berlin/Deutschland

	J	F	M	A	M	J	J	A	S	O	N	D
T °C	0,6	−0,3	3,6	8,7	13,8	17,0	18,5	17,7	13,9	8,9	4,5	1,1
N mm	43	40	31	41	46	62	70	68	46	47	46	41

Jahresmittel Temperatur: 8,9 °C

Jahressumme Niederschlag: 661 mm

Das Klimadiagramm steht in einem Rechteckgitter:
Auf der Rechtsachse werden die Monate Januar (J) bis Dezember (D) in gleichmäßigen Abständen (z. B. 0,5 cm) eingetragen.

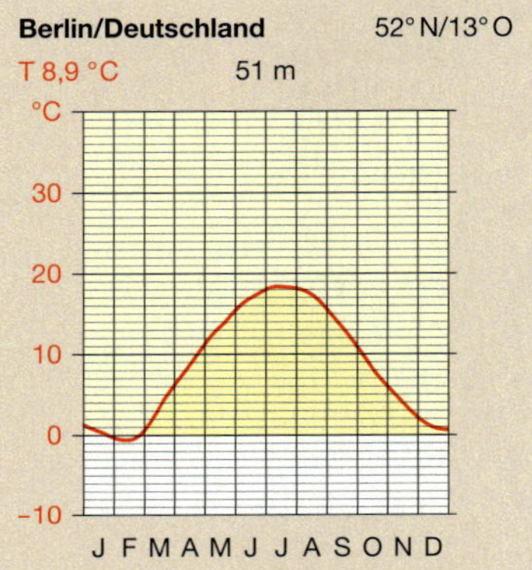

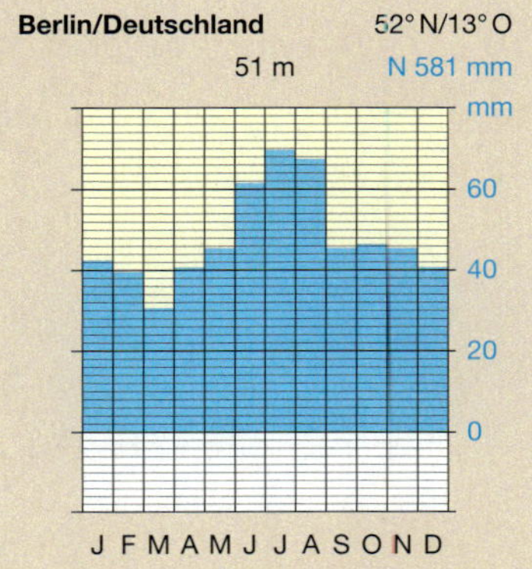

Temperaturdiagramm
Auf der linken Hochachse werden die Monatsmittelwerte der Temperatur aufgetragen:
10 mm entsprechen 10 °C.
Die Monatsmittel werden durch kleine Kreuze gekennzeichnet und durch eine (rote) Linie miteinander verbunden.

Niederschlagsdiagramm
Auf der rechten Hochachse werden die Niederschlagssummen der Monate aufgetragen:
10 mm entsprechen 20 mm Niederschlag.
Die Monatssummen werden durch (blaue) Säulen gekennzeichnet.

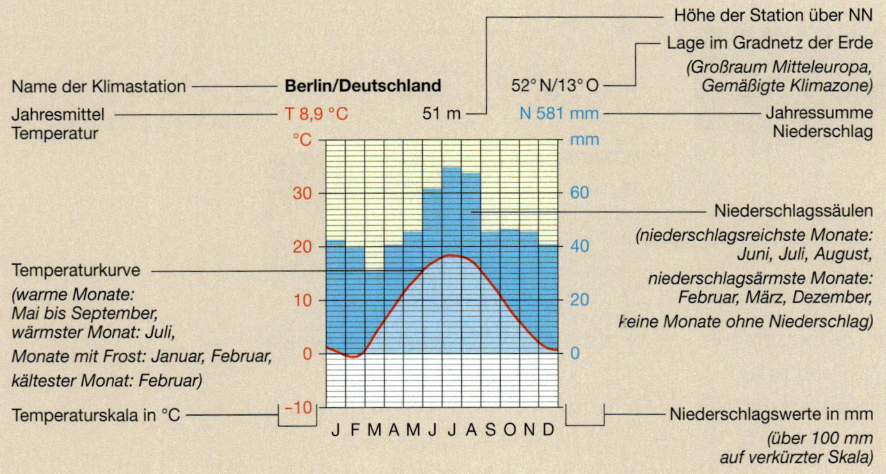

M 1 *Aufbau eines Klimadiagramms*

Wir werten ein Klimadiagramm aus

1 Lagebeschreibung der Klimastation
(Gradnetz, Großraum, Höhenlage)

2 Beschreiben der Temperatur
2.1 Jahresmitteltemperatur
2.2 warme und kalte Monate (Monate mit Frost)
2.3 Temperatur des wärmsten und des kältesten Monats (mit Monatsnamen)

3 Beschreiben der Niederschläge
3.1 Niederschlagssumme des Jahres
3.2 niederschlagsarme und -reiche Monate (mit Niederschlagsmenge)

M 2 *Checkliste*

Vom Wetter reden alle. Es ist zu kalt, zu warm, zu trocken, zu nass, zu stürmisch und anderes mehr. Wetter ist immer ein aktuelles Ereignis. Die Beobachtungs- und Messergebnisse gelten stets nur für einen bestimmten Zeitpunkt.

Das **Klima** (▶) erfasst den durchschnittlichen Wetterablauf, der aus jahrzehntelangen Mess- und Beobachtungsergebnissen errechnet worden ist. Klimawerte sind immer Durchschnittswerte (Mittelwerte).

In Klimadiagrammen werden die Temperaturen (Monats- und Jahresmittel) und der Niederschlag (Monats- und Jahressumme) dargestellt. Sie geben einen anschaulichen Überblick über den Temperatur- und Niederschlagsverlauf für den betreffenden Ort über den Zeitraum eines Jahres. Weil das Klima eines Ortes auch durch dessen topographische Lage im Gradnetz und durch seine Höhenlage bestimmt wird, werden diese Angaben im Klimadiagramm mit aufgeführt.

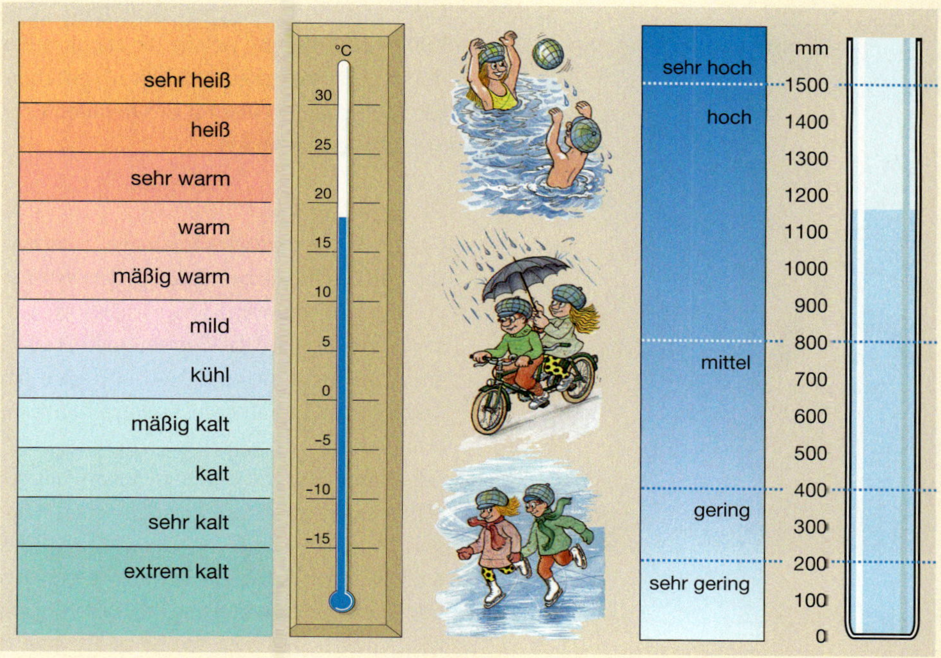

M3

Stufen der Monatsmitteltemperaturen und des Jahresniederschlags

Ökologisches Klimadiagramm

Pflanzen sind vom Klima abhängig, denn sie brauchen zum Wachsen Wärme und Wasser. Die Wärme spendet die Sonne, das Wasser der Niederschlag. Für die Pflanzen ist das Zusammenwirken von Temperatur und Niederschlag von Bedeutung. Das ökologische Klimadiagramm stellt diesen Zusammenhang anschaulich dar. Es zeigt neben den warmen und kalten auch die trockenen und feuchten Jahreszeiten.

Den Pflanzen steht nicht der gesamte Niederschlag zur Verfügung. Eine Teilmenge des Niederschlags verdunstet. Je wärmer und trockener es ist, desto mehr Wasser verdunstet. Stellt man die Temperatur- und die Niederschlagswerte eines Monats im Maßstab 2 : 1 (10 °C zu 20 mm) dar, so sind feuchte (humide) und trockene (aride) Monate leicht zu erkennen. Eine Dürrezeit der Pflanzen ist gegeben, wenn die Niederschlagssäulen nicht über die Temperaturkurve hinausragen.

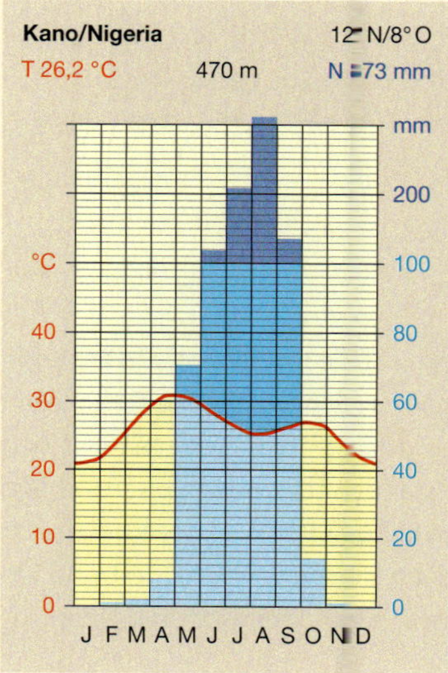

Beziehung zwischen Niederschlag und Temperatur	Eigenart des Klimas	Beschaffenheit der Vegetation
Die Niederschlagssäulen ragen zum Teil über die Temperaturkurve hinaus, zum Teil bleiben sie unterhalb der Temperaturkurve.	wechselfeucht N > V oder N < V	Savanne: Grasland mit Baumgruppen und vereinzelt stehenden Bäumen

M4

Auswerten von ökologischen Klimadiagrammen am Beispiel Kano/Nigeria

Entstehung von Wüstenformen

M 1
Temperaturverwitterung

M 2
Absolute Maxima und Minima der Temperatur

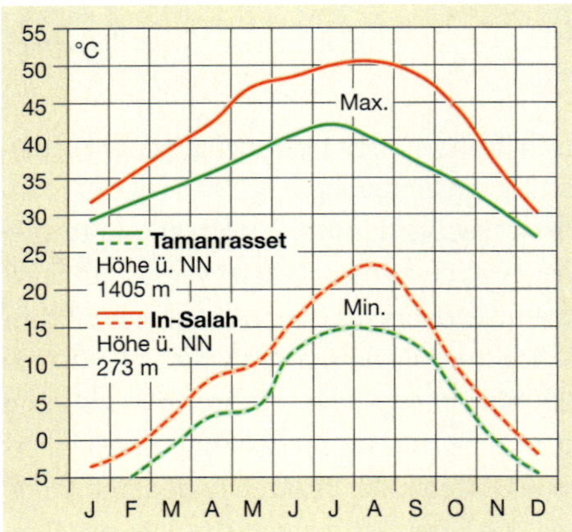

M 3
Schott el Djerid, Tunesien

Oberflächenformen geben Aufschluss über Kräfte und Prozesse, welche die Natur in der Wüste prägen. Ihre Kenntnis hilft zu verstehen, wie Menschen in einer für uns fremden Umwelt überleben können.

Physikalische Verwitterung

Große Temperaturschwankungen zwischen Tag und Nacht, die besonders in den Wüsten vorkommen, bewirken Spannungen im Gestein. Tagsüber wird das Gestein auf über 60 °C erhitzt, es dehnt sich aus. Nachts kühlt es ab und zieht sich zusammen. Es entstehen feine Haarrisse, die sich allmählich vergrößern, das Felsgestein wird aufgesprengt. Scharfkantiger Schutt sammelt sich am Fuß der Gebirgsmassive. Diese Zerkleinerung des Gesteins, das schließlich zu feinem Sand wird, nennt man **physikalische Verwitterung** (▸). Der Vorgang wiederholt sich ständig, sodass die Gebirge in ihrem eigenen Schutt versinken können.

Erosion durch Wasser

„Am Rande des Tibesti erlebte ich, wie ein ausgetrocknetes **Wadi** (▸) sich in wenigen Stunden mit einer gurgelnden, rasend dahinschießenden gelbbraunen Schlammflut füllte. Hinter den Bergen war ein Gewitter niedergegangen. Plötzlich hörten wir ein merkwürdiges Geräusch, ein fernes Dröhnen, das immer mehr anschwoll, und dann schoss diese meterhohe Schlamm- und Wassermasse heran und füllte im Augenblick das ganze Flussbett aus. Nomaden suchen gern Wadis auf, weil es hier Grundwasser gibt. Am nächsten Morgen waren die Fluten schon wieder verschwunden."

M 4 *Aus einem Reisebericht*

Schotts

An der tiefsten Stelle der Becken und am Ende der Wadis liegen Schotts. Der seltene Regen trägt in den umliegenden Gebieten Ton, den feinsten Bestandteil des Bodens, ab und löst Salze. In den abflusslosen Becken sammelt sich das Wasser und verdunstet. Der Ton und ein dünner Teppich aus Salzkristallen bleiben zurück.

Winderosion

Wegen der großen Höhenunterschiede zwischen den Gebirgen und den Beckenlandschaften entstehen aufgrund der Temperaturunterschiede Winde, die vom Gebirge in die Tallandschaften und Becken wehen. Diese zum Teil heftigen Stürme transportieren den feinen Verwitterungssand mit sich und sorgen dafür, dass Felsen und Steine regelrecht glattgeschmirgelt werden. In den Beckenlandschaften lagert sich der Sand ab. Eine Sandwüste entsteht. In ihr bilden sich durch den Wind Dünen.

Im Sandsturm

Zu Sandstürmen kommt es in der Wüste häufig. Unmerklich steigert sich ihre Kraft. Der Sand hüpft und wirbelt. Bald springen kleine Steine gegen die Beine. Das Sandgebläse klettert am Körper hoch, sprüht ins Gesicht und schlägt über dem Kopf zusammen. Der Himmel verdunkelt sich. Der Sand dringt in die Kleider, ins Gepäck, in die Nahrungsmittel. Man atmet den Sand und glaubt zu ersticken. Feine Splitter dringen in die Poren der Haut und erzeugen einen quälenden Juckreiz. Im Sandsturm muss man weitergehen. An ruhenden Gegenständen häuft sich der Sand, überdeckt sie allmählich. Wenn das Gehen eine Folter ist, so ist das Halten der Tod. Bis zu sechs Stunden kann der Sturm toben. Dabei heißt es, mit nie erlahmender Wachsamkeit auf die Wegrichtung zu achten.

M 5 *Aus einem Reisebericht*

M 6
Pilzfelsen

Schon gewusst? *Der Harmattan, ein trockener Wind, der von Dezember bis Februar von der Sahara aus in westliche und südwestliche Richtung weht; er trägt über eine Million Tonnen an Sand weg. Das entspricht der Ladung eines 500 Kilometer langen Güterzuges Tag für Tag. Sogar bis Brasilien gelangt der Sand mit dem Nordostpassat, wo er dem Regenwald Nährstoffe zuführt.*

M 7
Wüstenformen am Beispiel des Tassiligebirges

1. Unterscheide die Oberflächenformen der Sahara (M 3, M 4, M 7).
2. Erkläre die Entstehung der Oberflächenformen in der Sahara (M 3, M 4, M 7).
3. Begründe die verschiedenen Verwitterungsformen in der Wüste (M 1, M 2, M 6, M 7).
4. Erläutere die Aussagen der Araber: „Bahr bela ma" (Meer ohne Wasser) sowie „In der Wüste ertrinken mehr Menschen als im Ozean".
5. Berichte über die Gefahren, denen Reisende in der Wüste ausgesetzt sind (M 4, M 5).
6. Stelle für eine Reise in die Sahara die Ausrüstung zusammen. Schreibe Verhaltensregeln auf. Nenne den günstigsten Monat der Reise und begründe deinen Vorschlag (M 2).

Spezialisten in der Wüste

Trockenwüsten sind wegen ihres Wassermangels und ihrer hohen Temperaturunterschiede im Tagesverlauf extreme Lebensräume. Kaum sieht man Pflanzen oder Tiere. Und doch ist die Wüste nicht ohne Leben. Wie haben sich Pflanzen und Tiere an diese extremen Wachstums- und Lebensbedingungen angepasst?

Leben in Extremen

Die innere Sahara ist völlig vegetationsfrei. Im nördlichen und südlichen Randbereich der Wüste leben jedoch Pflanzen und Tiere. Sie

Überlebenskünstler in der Pflanzenwelt

Wüstenpflanzen besitzen besondere Schutzmechanismen gegen die Trockenheit und die starke Sonneneinstrahlung. Die Rose von Jericho legt ihre Deckblätter übereinander und schützt so ihre Früchte. Ein viele Meter tiefes Wurzelwerk erschließt der Schirmakazie das Grundwasser (M 1).

Andere Pflanzen schützen sich gegen Verdunstung, indem sie ihre Blätter parallel zu den Sonnenstrahlen stellen. Die Blätter sind oft stark verdickt oder sehr klein oder dicht mit Haaren besetzt.

Manchen Wüstenpflanzen fehlen die Schutzeinrichtungen gegen die Verdunstung dagegen gänzlich. Sie haben ihren gesamten Lebenslauf auf die wenigen Wochen verkürzt, in denen Wasser zur Verfügung steht. Ihre Samen liegen mehrere Jahre im Boden, ohne sich zu verändern. Nach einem Regen beginnen sie zu keimen und in kürzester Zeit bedeckt ein Blütenteppich den Boden. Insekten bestäuben den Fruchtknoten. Schnell verblühen die Pflanzen und aus den reifen Früchten fallen die Samen. Die Pflanze stirbt. Milliarden von Samen werden von Nagetieren gefressen und trotzdem bleiben noch genug übrig, um die Trockenheit zu überdauern.

M1 *Spezialisten der Flora*

Überlebenskünstler in der Tierwelt

Die Trockenheit, Hitze und den heißen Wüstenboden der Sahara können nur wenige Tiere aushalten. Für Schlangen, deren Körpertemperatur von der Umgebung abhängig ist, ist die Wüste keineswegs ein feindlicher Lebensraum. Ihre mit Hornschuppen bedeckte Haut schützt sie vor dem Austrocknen, das Wasser nehmen sie mit der Nahrung auf.

Auch Spinnen und Skorpione (M 5) haben eine harte, feste Haut. Sie liegen tagsüber meist unter kühlen Steinen oder graben sich in den Sand ein.

Die riesigen Ohren des Wüstenfuchses dienen der Wärmeabgabe. Nachts geht er auf Jagd und meidet so die Tageshitze (M 5).

M3 *Spezialisten der Fauna*

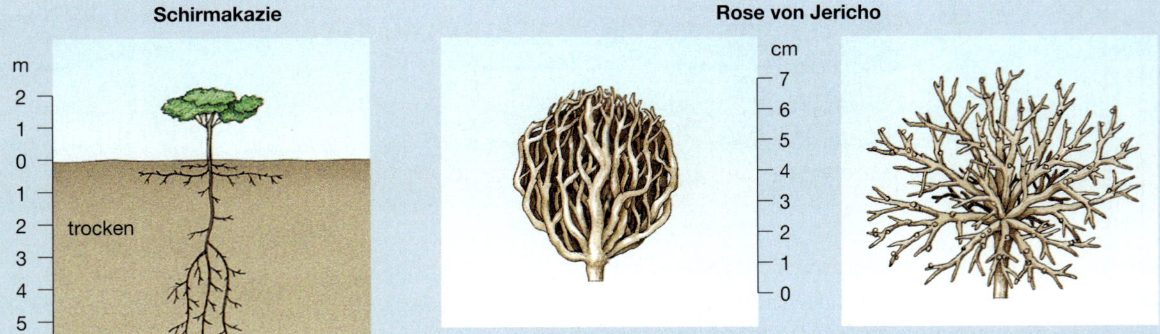

Die Früchte sind reif.
Die trockenen Zweige rollen sich schützend nach innen.
Durch die Kugelform kann die Rose vom Wind leicht verweht werden.

Die Pflanze rollt sich an feuchten Standorten (oder bei Regen) wieder auseinander.
Die freigesetzten Samen keimen.

M2 *Pflanzen in der Wüste – wie sie Trockenheit und Hitze überstehen*

M 4 *Dromedar – an das Leben in der Wüste angepasst*

sind Spezialisten, die sich durch eine entsprechende Gestalt und ihren Stoffwechsel an die klimatischen Bedingungen angepasst haben. Kahler Fels, geröllübersäte Senken und sandige Dünen stellen mögliche Lebensräume für Pflanzen und Tiere dar, die geschützte Plätze, Risse im Felsen oder feuchtere Mulden ausnutzen. Das Wasser fehlt in der Wüste zwar nicht gänzlich, doch es ist rar. Irgendwann fällt Regen, die Nachtluft enthält Feuchtigkeit, Grundwasser sammelt sich an. Deshalb ist ein Überleben in der Wüste möglich. Voraussetzung aber ist die Anpassung. Das bedeutet: warten, auch den kleinsten Tropfen Wasser auffangen und sparsam damit umgehen.

M 5 *Skorpion und Wüstenfuchs (Fennek)*

Schon gewusst? *Die Sahara ist mit einer Fläche von 9 Mio km² die größte Wüste der Erde. Die Namib-Wüste erstreckt sich 1300 km entlang der namibischen Küste und ist etwa 350 000 km² groß. Die Mojavewüste in den USA ist etwa 40 000 km² groß und mit ausgetrockneten Salzseen bedeckt. Die Atacamawüste in Chile ist etwa 700 km lang. Hier befindet sich der trockenste Ort der Welt, wo es seit Hunderten von Jahren nicht geregnet haben soll.*

1. Überprüfe die Richtigkeit der Aussage „Wüsten sind Landschaften der Leere".
2. Tiere und Pflanzen hatten Millionen von Jahren Zeit, sich an die wechselnden Klimabedingungen ihrer Lebensräume anzupassen. Erläutere am Beispiel der Sahara, wie ihnen das gelungen ist (M 1 bis M 5).
3. In Geschenkeläden bei uns kannst du die Rose von Jericho kaufen (M 2). Wer sie verschenkt, wünscht dem Beschenkten ewiges Leben. Erkundige dich über diesen Brauch.

Oasen – grüne Inseln in der Wüste

M1
Grundwasseroase in der Sahara

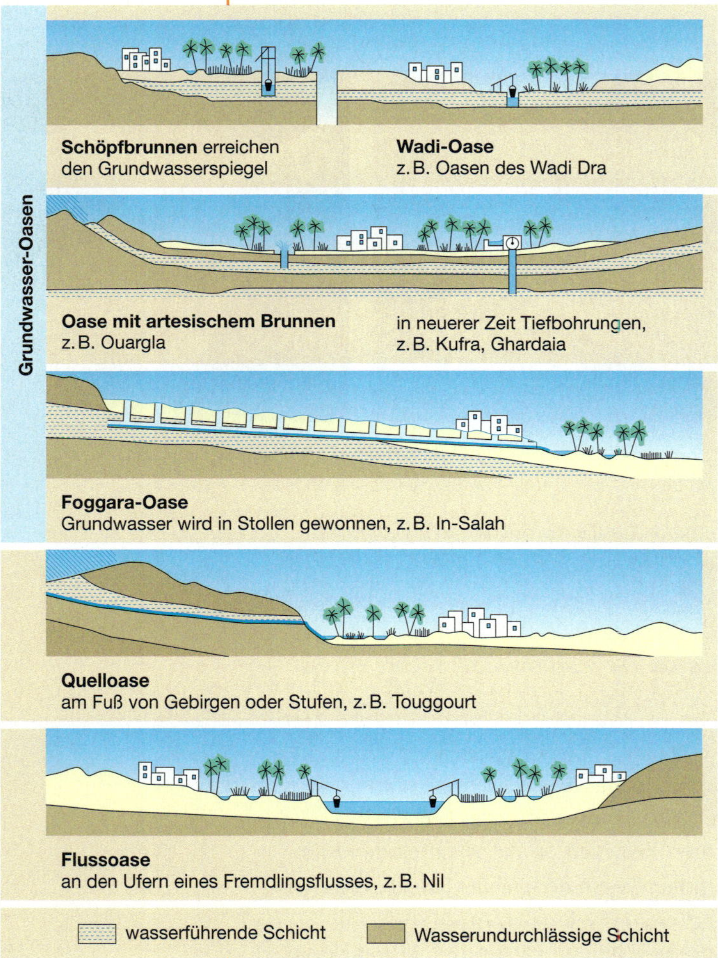

M2 *Oasentypen*

Grundwasser- und Flussoasen

Oasen können nur da entstehen, wo Wasser ist. Manche Oasen sind an das durch Brunnen erreichbare Grundwasser gebunden, sie werden daher als **Grundwasseroasen** (▸) bezeichnet. Wasserquellen, die das Grundwasser speisen, gibt es im Gebirge.

In einigen Oasen steht das Grundwasser unter Druck. Wird es angebohrt, so schießt es in Form eines **artesischen Brunnens** (▸) von selbst an die Oberfläche.

Eine traditionelle Form der Oasenbewässerung sind die **Foggaras** (▸). Kilometerlange, vom Menschen gegrabene Stollen sammeln Sickerwasser und leiten es mit leichtem Gefälle in die Oase.

Die **Flussoase** (▸) des Nil ist die größte Oase der Erde. Der Nil führt ganzjährig Wasser, obwohl er über 2000 km durch die Wüste fließt. Im nördlichen Sudan und in Ägypten ist er ein **Fremdlingsfluss** (▸), der sein Wasser aus niederschlagsreicheren – fremden – Zonen in den feuchten Tropen mitbringt. Auf seinem Weg zur Mündung verdunstet und versickert Wasser oder wird für die Bewässerung entnommen, ohne dass durch Niederschläge oder Nebenflüsse Wasser hinzugefügt wird. Daher führt er nicht wie die Flüsse in Deutschland seine größte Wassermenge an der Mündung, sondern fast 2000 km stromauf.

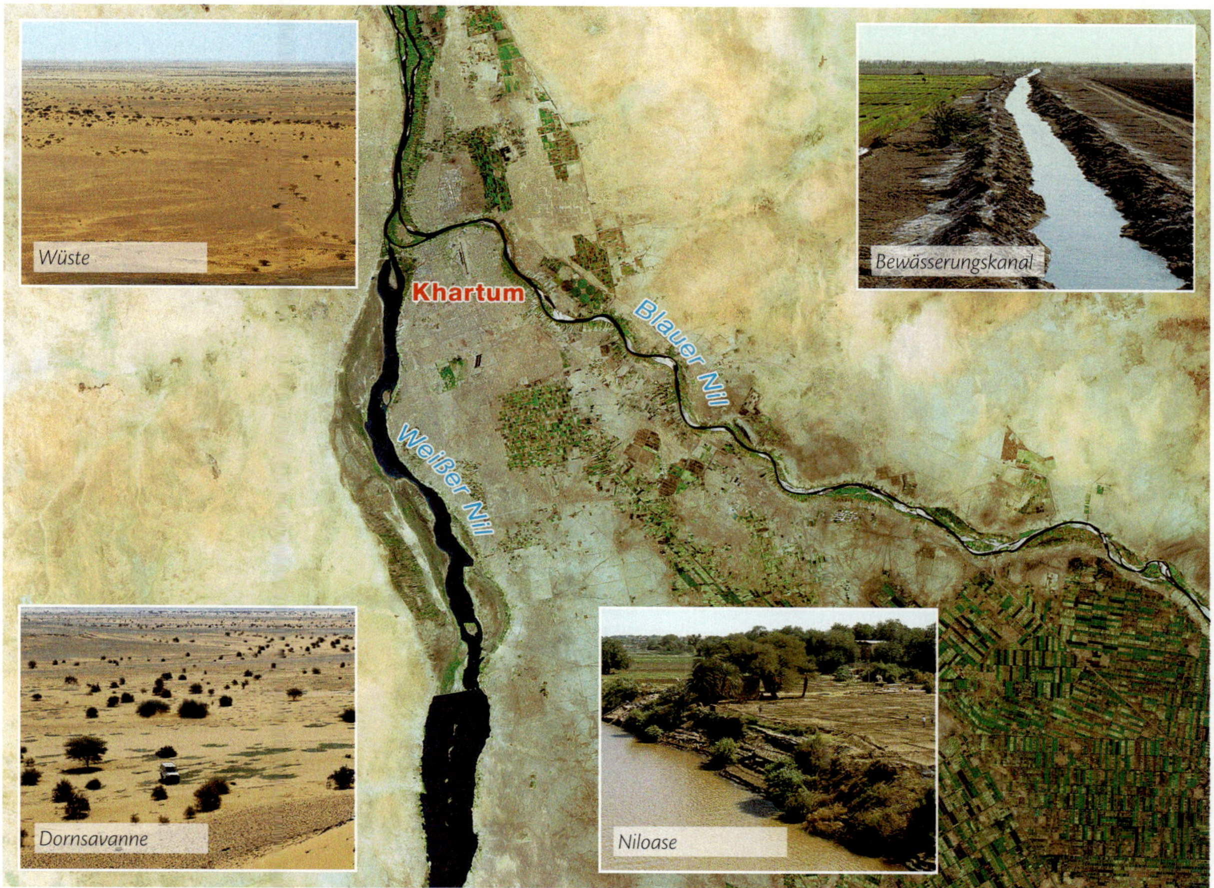

M 3

Satellitenbild vom 16. 11. 1992 Landsat-TM, Niloase Al-Djazira bei Khartum und Landschaftsansichten

Auch in großen Tiefen befindet sich Grundwasser. In vielen Oasen gibt es moderne Tiefbrunnen, die große Mengen Wasser aus bis zu 2000 m Tiefe fördern. Dieses Wasser ist mindestens 6000 Jahre alt. Es bildete sich, als das Klima in der Sahara noch feuchter war. Wasser aus dieser Tiefe hat jedoch den Nachteil, dass es mit einer Temperatur von etwa 60 °C aus dem Boden kommt. Es muss gekühlt werden, bevor es auf die Pflanzen geleitet wird.

Im „Zwischenstromland"

Der Sudan ist eines der flächengrößten Länder Afrikas. Er verfügt über sehr wenig Ackerland, über die Hälfte davon liegt im Bewässerungsgebiet Al-Djazira. Das Gebiet liegt südlich Khartums zwischen Weißem und Blauem Nil (M 3) und ist das größte Bewässerungsgebiet der Erde. Nilwasser fließt über Bewässerungskanäle zu den Feldern. Auch Pumpen werden zur Wasserverteilung eingesetzt.

1. Erläutere die Aussage: „Oasen sind fruchtbare Vegetationsinseln in der Wüste" (M 1).
2. Beschreibe die unterschiedlichen Möglichkeiten des Wasservorkommens und die jeweiligen Methoden der Wassergewinnung in verschiedenen Oasentypen (M 2).
3. Erkläre die Bezeichnungen Grundwasser-, Quell- und Flussoase.
4. Begründe mithilfe geeigneter Atlaskarten und S. 42, M 1, ab wann der Nil als ein Fremdlingsfluss bezeichnet werden kann.
5. Ordne das Satellitenbild M 3 in eine Atlaskarte ein. Begründe die Verteilung des bewässerten Landes. Wie gestaltet sich der Übergang von der Wüste zur Oase?
6. Beschreibe das Erscheinungsbild und erläutere die natürlichen Bedingungen der in M 3 abgebildeten Landschaften.

Leben in der Sahara – Nomaden und Bauern

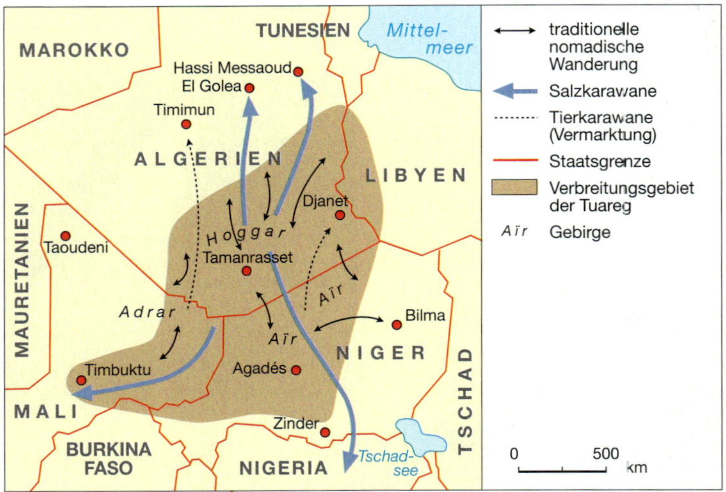

M 1 *Karawanenweg*

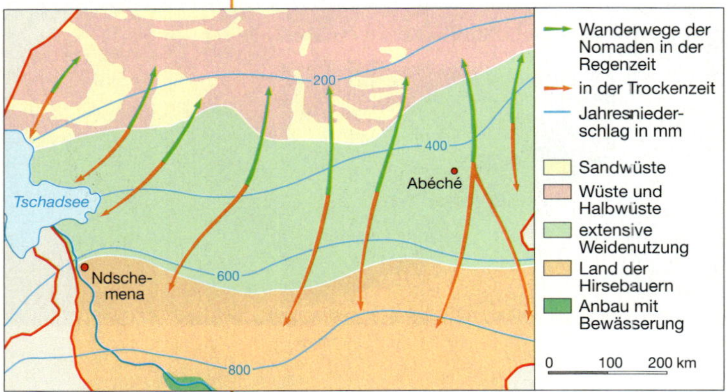

M 2

Wege der Austauschbeziehungen von Nomaden und Bauern

M 3 *Lagerplatz der Tuareg-Nomaden*

Wassermangel – große Hitze tagsüber kennzeichnen die Wüste. Welche Strategien entwickelten Menschen, um diesen anscheinend lebensfeindlichen Landschaftsraum zu besiedeln? Die Tuareg betreiben in der Wüste **Nomadismus** (▸). Noch leben drei Millionen der „Freien", wie sie sich in ihrer Sprache nennen, über die Länder der Sahara verstreut.

Djibrilla, ein Nomade

In den unwirtlichen Regionen der Saharawüste, im östlichen Niger, sind die Tuareg-Nomaden ein vertrauter Anblick. Einer von ihnen ist der 14-jährige Djibrilla, der mit seiner Familie in einem traditionellen runden Tuareg-Zelt lebt.

Tag für Tag hilft er beim Hüten und Melken der Kamele. Die Kamele liefern Milch, und sie sind unersetzlich für den Transport von Waren durch die Wüste, dort wo Straßen fehlen. Er besucht keine Schule. Sein Volk lehrt ihn die Sprache und das Leben der Tuareg. Wenn im Oktober die Hitze etwas nachlässt, dann beginnt die Zeit der Karawanen. Djibrilla ist schon zum vierten Mal bei einer Salzkarawane dabei. Von den Lagerplätzen im Aïr-Gebirge geht es in die lebensfeindliche Ténéré-Wüste zur Oase Bilma. Nach tagelangem kräftezehrendem Marsch nähert sich die Karawane dem Rast- und Umschlagplatz Bilma. Dort gibt es Wasser und Salz, das die Nomaden gegen ihre Ziegen eintauschen. Schwer beladen – jedes Kamel trägt ca. 200 kg – mit dem Viehsalz und Datteln geht es auf den Weg zurück zu ihrem Lagerplatz ca. 200 km nördlich von Agadés. Dafür brauchen sie von der Oase Bilma etwa 16 Tage. Nach drei Erholungstagen bricht die Karawane nach Süden auf, um Datteln und Salz bei den Viehzüchtern in der Trockensavanne in der Nähe von Zinder zu verkaufen. Wieder sind die Männer vier Wochen von ihren Familien getrennt. Dort kaufen sie Tee, Zucker, Hirse und junge Ziegen ein, die sie im nächsten Oktober wieder gegen Salz in der Oase Bilma eintauschen können.

M 4 *Traditionelle Lebensweise der Nomaden*

Feldbau in der Oase

Wo Grundwasser ist, können **Oasen** (▶) entstehen. Die vorwiegend im Gebirge in unregelmäßigen Abständen fallenden Niederschläge versickern im Boden und sammeln sich als Grundwasser in den Wadis. Sesshafte Bauern nutzen es an geeigneten Stellen durch **Bewässerungsfeldbau** (▶).

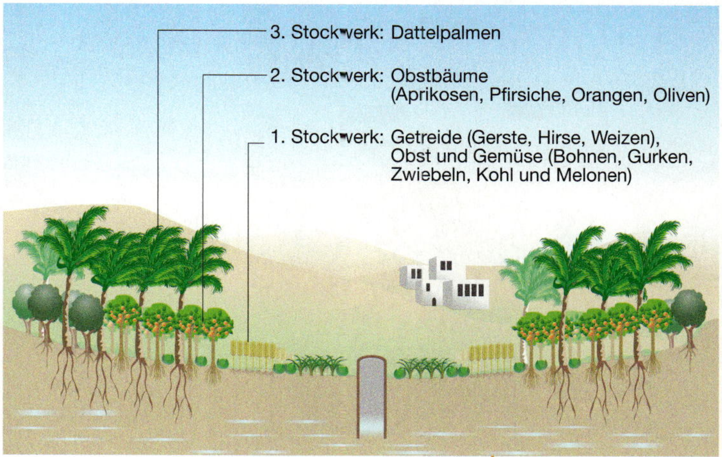

M 7 *Stockwerkanbau in der Oase*

In Bilma

In einigen Oasen verläuft das Leben heute noch so wie vor hundert Jahren: Im Schutz der Dattelpalmen breiten sich die Oasengärten aus. Die Oasenbauern bearbeiten mit der Hacke ihre kleinen Beete und kümmern sich um die Bewässerung. Ernteertrag und Wohlstand der Bauern hängen von der verfügbaren Wassermenge ab.

Es kommt vor, dass in einer Oase üppige und wasserreiche Gärten neben anderen Parzellen liegen, auf denen kaum etwas gedeiht. In diesem Fall müssen kleine Oasengärtner, die in Not geraten sind, Anteile ihres Wassers verkaufen oder verpachten.

(nach H. Achenbach: Sahara. Merian 9/1985)

M 5 *Traditionelle Lebensweise der Oasen-Bauern*

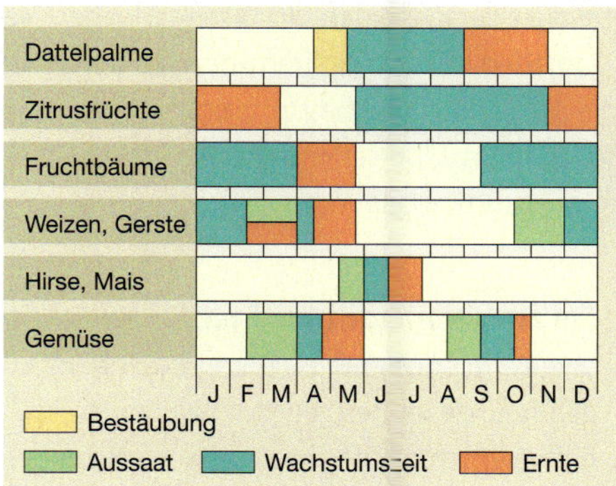

M 6 *Anbaukalender in der Oase*

M 8 *Nutzungsmöglichkeiten der Dattelpalme*

1. Verfolge im Atlas den Weg der Salzkarawane (M 1 bis M 4) und beschreibe die Austauschbeziehung zwischen den Nomaden und den Oasenbauern (M2).
2. Beschreibe den Stockwerkanbau (M 7).
3. Erläutere den Anbaukalender (M 5, M 6).
4. Die Dattelpalme gilt als „Königin der Oase". Erkläre (M 8).
5. Ordne folgende Begriffe den Nomaden oder Oasenbewohnern in einer Tabelle zu: Zelt, Vieh, Wasserrecht, Lehmhaus, Gemüse, extensiv, Weide, Parzelle, intensiv, mobil, Dattelpalme, Karawane. Finde noch weitere Begriffe.

Moderne Technik und Wandel

M 1
Tankstelle in der Oase

M 2
Folklore-Gruppe der Tuareg in der Oase Bilma

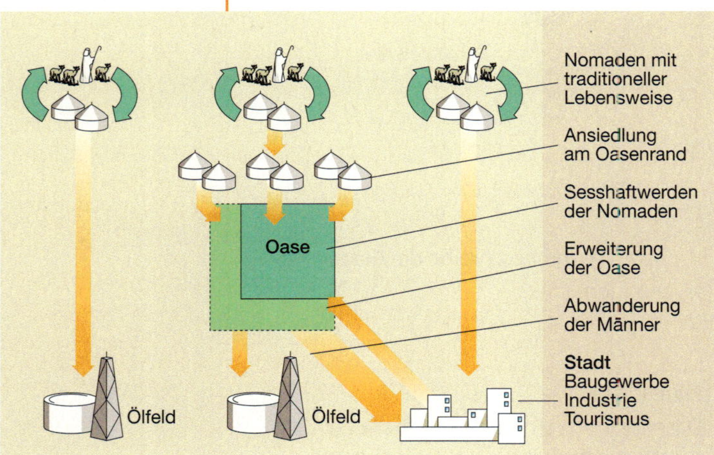

M 3 *Wandel der Lebensweisen der Nomaden*

Oasenbauern und Nomaden ergänzten sich in ihrer Lebensweise jahrhundertelang und sicherten so das Überleben in der Sahara. Moderne Technik und neue Erwerbsmöglichkeiten haben das Leben der Oasenbewohner und Nomaden verändert.

Die Oasen verändern sich

Die jungen, arbeitsfähigen Bewohner wandern ab in die Städte. Die mühsam der Wüste abgetrotzten Gärten verfallen. Und es gibt die Busse mit den Touristen, die auf der Suche nach der alten Oasen-Romantik sind und kunsthandwerkliche Gebrauchsgüter, wie Decken, Palmwedel-Flechtarbeiten und Körbe, aufkaufen. Diese Produkte sind so teuer geworden, dass Oasenbewohner sie sich nicht mehr leisten können und auf billige Plastikwaren ausweichen.

M 4 *Nach einem Exkursionsbericht*

Lkw kontra Karawane

Die Konkurrenz der Lkw wird immer größer. Mit dem Bau der Straßen können die Waren schneller und billiger transportiert werden, die Karawanen wurden überflüssig. Die Staatsgrenzen zerschneiden die Wanderwege. Die Nomaden müssen Steuern bezahlen, sich an die Pass- und Zollbestimmungen halten, ja sogar beim Überschreiten der Grenzen Ein- und Ausfuhrabgaben leisten.

Ein alter Nomade berichtet

„Heute ist alles anders. Das Land soll dem gehören, der es bestellt. Nur wenn wir sesshaft werden, dürfen wir Land besitzen – und sollen es selbst bestellen. Allah bewahre mich vor dieser Sklavenarbeit.
Doch wovon sollen wir leben? Unsere jungen Männer wandern nach Norden, um bei der Wein- und Olivenernte zu helfen. Einige gehen sogar als Gastarbeiter nach Europa, andere arbeiten auf den Ölfeldern. Wer großes Glück hat, wird Lkw-Fahrer oder Fremdenführer."

M 5 *Nach einem Exkursionsbericht*

M 6

Bewässerungsflächen in Kufra (Libyen)

Wasser aus der Libyschen Wüste

Kaum vorstellbar, aber unter dem „Meer aus Sand“ liegen in den Beckenlandschaften der Sahara in 2000 m Tiefe unermessliche Süßwasserseen aus einer Zeit, als es in der Sahara noch feuchter war.

Mit der Entdeckung des Erdöls in den 1960er-Jahren entdeckten Wissenschaftler auch die **fossilen Süßwasserreserven** (▸). Mit diesen Wasserreserven nahmen Pläne Gestalt an, dass Libyen eines Tages die Versorgung seiner rasch wachsenden Bevölkerung mit landwirtschaftlichen Produkten aus eigenem Aufkommen sichern kann und darüber hinaus diese Erzeugnisse exportiert. Die Wüste sollte zu einem fruchtbaren Garten werden. Nomaden und landlose Bauern sollten in neuen Oasen mit modernster landwirtschaftlicher Technik reiche Ernten einfahren. Doch die Bauern wollten nicht die Küstenebene zwischen Tripolis und Bengasi verlassen und in die Wüste umsiedeln. Also musste das kostbare Wasser zu den Bauern an die Küste gebracht werden. Der „Fluss durch Menschenhand“, das „Man-made-river-Projekt“ nahm ab 1984 Gestalt an. Das Projekt verschlingt zwei Drittel des Staatshaushaltes und wird wie 95 % der Landeskosten aus dem Verkauf von Erdöl finanziert.

In gewaltigen Röhren (4 m Durchmesser) wird das kostbare Gut an die Küste gepumpt. Nach Abschluss der Arbeiten besteht ein 3400 km langes Netzwerk aus Pipelines, durch das pro Tag zwei Millionen Kubikmeter Wasser strömen. Diese Menge entspricht 10 Millionen gefüllter Badewannen (200 Liter/Wanne).

M 7

Erdöl-, Erdgas- und Brunnenfelder

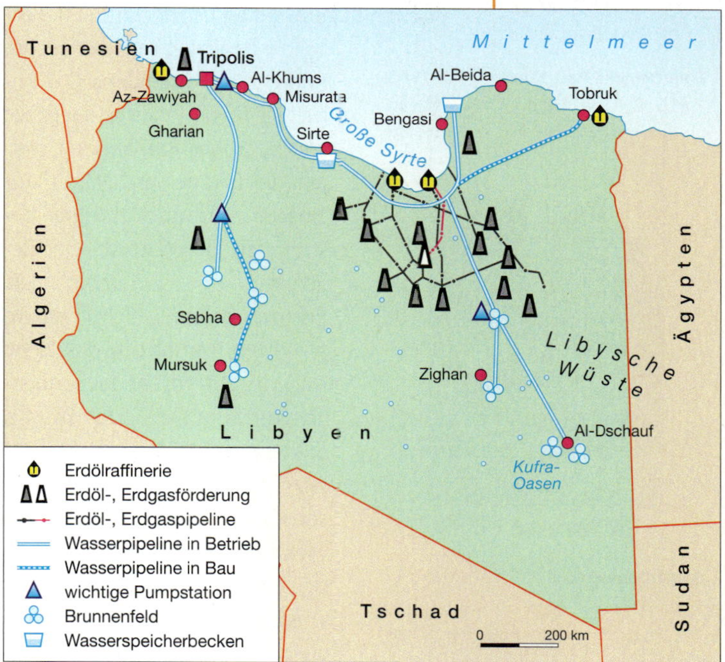

1. Erörtert den Zwiespalt, in dem die Nomaden stehen. Bildet zwei Gruppen: pro traditionelle Lebensweise, pro moderne Lebensweise (M 1, M 2, M 4, M 5).
2. Beschreibe den Wandel der Lebensweisen der Nomaden. Unterscheide dabei die traditionelle Lebensweise von neueren Entwicklungen (M 3).
3. Erläutere das „Man-made-river-Projekt“ in Libyen. Beachte Auswirkungen auf Landwirtschaft, Industrie, Grundwasser und Menschen (M 6, M 7).

Wärme und Feuchtigkeit garantieren keinen Überfluss

Im Regenwald

M 1

Blick über den tropischen Regenwald Amazoniens

M 2

Klimadiagramme

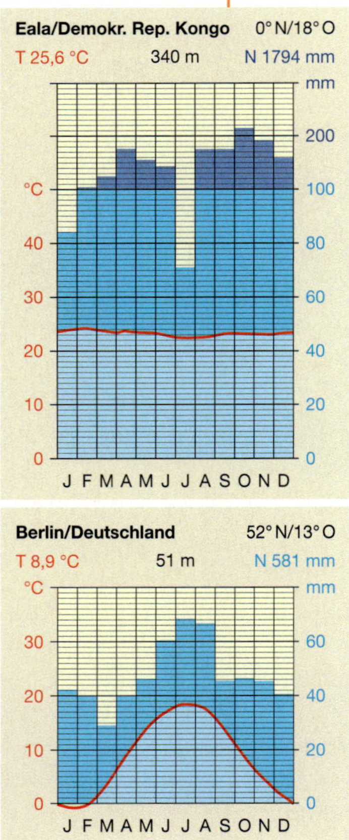

Regenwälder und Tropenklima

Die Tiefländer um den Äquator werden von dichten Wäldern, dem immergrünen **tropischen Regenwald** (▶), bedeckt. Die Regenwälder haben sich auf das feuchte und heiße **Tropenklima** (▶) eingestellt. Da die Pflanzen das ganze Jahr über wachsen können, werfen die Bäume ihre Blätter nur einzeln, nicht aber zu einer bestimmten Jahreszeit ab. Der Regenwald ist „immergrün". Die Pflanzen befinden sich in einem ständigen Kampf um das Licht, nur etwa ein Prozent des Sonnenlichts erreicht den Boden. Bäume, Sträucher und Gräser wachsen im warmen Tropenklima sehr schnell, sodass der Regenwald 2,5-mal mehr Pflanzenmaterial je Hektar und Jahr produziert als unsere Buchenwälder. Im Regenwald gibt es auch die größte Vielfalt an Tier- und Pflanzenarten auf der Erde. Von schätzungsweise 4,5 Millionen Tier- und Pflanzenarten leben etwa 3 Millionen in den Tropen, die meisten davon wiederum im Regenwald. Aber nur 0,5 Millionen sind bisher wissenschaftlich

Eine Trekkingtour im Regenwald

Vom Fluss drangen wir in den Regenwald vor. Dichtes Gestrüpp von Gräsern und Sträuchern machte ein Fortkommen nur mit dem Buschmesser möglich. In einiger Entfernung vom Fluss hörte der Unterwuchs jedoch nahezu auf. Durch das dichte Dach der Baumkronen drang kaum Licht. Wir wanderten durch ein Gewirr von Lianen und schnurgerade gewachsenen Baumstämmen, viele davon kaum dicker als Hochsprungstangen. Nur vereinzelt trafen wir auf gewaltige Stämme mit weit ausladenden Brettwurzeln.

Wir hatten uns schnell an die mittäglichen Wolkenbrüche und die feuchte und schwüle Luft, welche auch in der Nacht nur wenig abkühlte, gewöhnt. Am angenehmsten waren die Stunden kurz nach Sonnenaufgang. Die Luft war zu dieser Tageszeit mit etwa 22 °C angenehm kühl und klar, bevor die Hitze des Tages das Thermometer auf über 35 °C im Schatten ansteigen ließ.

Säugetiere und Vögel bekamen wir kaum zu Gesicht, die meisten hielten sich in den Baumkronen hoch über uns auf. Aber vor Reptilien und Insekten mussten wir uns hüten. Zunächst hatte ich ein dauerndes mulmiges Gefühl, welches später einer seltsamen Mischung aus Gleichgültigkeit und Vorsicht wich. Ich lernte Vogelspinnen als tägliche Begleiter zu sehen und giftige von weniger giftigen Arten zu unterscheiden. An manchen Stellen waren Blutegel eine Plage, welche sich unbemerkt am Körper festsaugten. Aber auch damit lernte ich umzugehen, ebenso wie ich mich an die ständig feuchte und klamme Kleidung gewöhnt hatte. Am schlimmsten war jedoch das ständige Dämmerlicht unter dem Kronendach und erst recht die absolute Dunkelheit während der Nacht, denn kein Stern drang durch das Kronendach des Waldes und die Wolkenschicht.

M 3 *Aus einem Reisetagebuch, nach: Th. Breitbach*

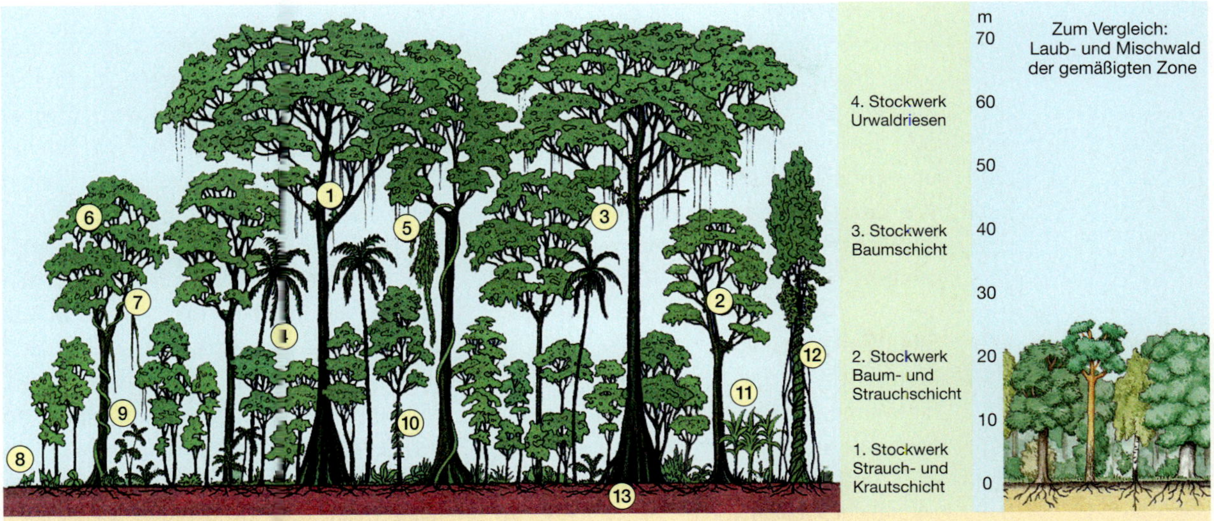

1 hartblättrige Epiphyten
2 weichblättrige Epiphyten
3 epiphytische Orchideen
4 Palmen
5 Spreizklimmer
6 kleinkronige, schlanke Bäume mit dünner Rinde
7 Rankenlianen
8 weichblättrige Kräuter
9 Farne
10 Kauliforien (Bäume, deren Blüten direkt am Stamm treiben)
11 Hochstauden
12 Würger
13 Brettwurzeln (Wurzelmasse in den oberen 20 bis 30 cm des Bodens konzentriert)

M 4 *Besonderheiten des immergrünen tropischen Regenwaldes*

erfasst. Auf zwei Hektar Fläche finden sich im Regenwald dreihundert Baumarten, in unseren Wäldern dagegen nur etwa 10 bis 20 Arten.

Tropen

Als Tropen bezeichnet man die Klimazone, in der der Temperaturunterschied zwischen Tag und Nacht größer als zwischen den Monaten eines Jahres ist (**Tageszeitenklima** ▶). Dies ist bis etwa 20° nördlicher und südlicher Breite der Fall. In unseren Breiten entsteht dagegen durch die unterschiedlichen Temperaturen im Laufe eines Jahres eine Abfolge von Jahreszeiten (**Jahreszeitenklima** ▶). Mathematisch reichen die Tropen bis zu den Wendekreisen (23,5° nördlicher und südlicher Breite).

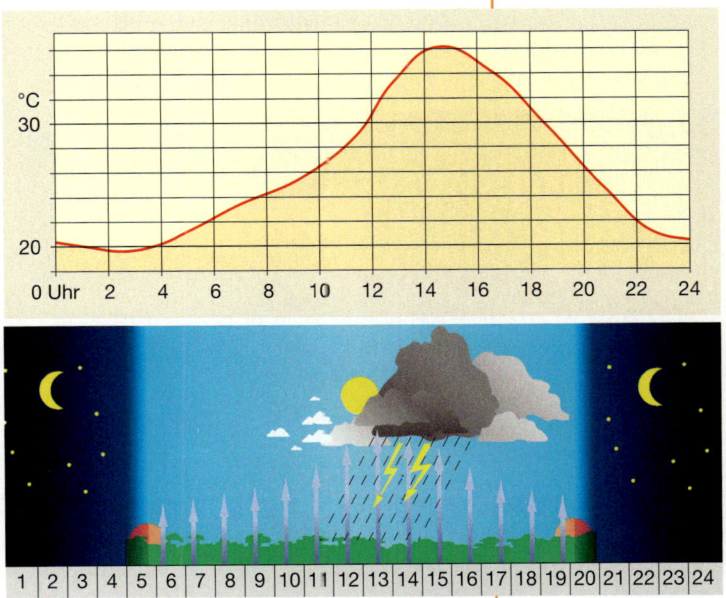

M 5

Tagesgang der Temperaturen und Tageslängen mit Wetterablauf im Regenwald

1. Berichte über die Besonderheiten des Regenwaldes (M 1, M 3, M 4).
2. Erläutere den Tagesablauf im tropischen Regenwald (M 3, M 5).
3. Zeige, welche Auswirkungen die Beleuchtungsverhältnisse in den Tropen auf Flora und Fauna haben (M 3 bis M 5).
4. Suche Reiseberichte aus dem tropischen Regenwald und vergleiche die Aussagen mit dem Bericht aus M 3.
5. Unterscheide Tageszeitenklima und Jahreszeitenklima. Vergleiche dazu die Klimadiagramme von Berlin und Eala (M 2).

Wie tropischer Regenwald „funktioniert"

Nirgendwo auf der Erde gibt es so viele verschiedene Pflanzen und Tiere wie im tropischen Regenwald. Angesichts dieser Fülle ging man früher von der falschen Annahme aus, dass der Boden des tropischen Regenwaldes unerschöpflich fruchtbar sei.

Wie kann ein wenig fruchtbarer Boden ununterbrochen eine üppige Pflanzenwelt hervorbringen?

Die Pflanzenwelt

Im tropischen Regenwald gedeihen Pflanzen, die Wärme und Feuchtigkeit lieben. Sie benötigen das ganze Jahr über Temperaturen über 18 °C und vertragen keinen Frost. Außerdem verbrauchen die meisten Pflanzen sehr viel Wasser. Sie können nur eine kurze Trockenzeit überstehen.

Pflanzen des tropischen Regenwaldes haben also keine durch Kälte oder Trockenheit unterbrochene **Vegetationsperiode** (▶). Sie sind vielmehr immergrün und wachsen ununterbrochen. Blühen, Reifen und Samen vollziehen sich an einem Baum oft zur gleichen Zeit.

M 1

Wasserkreislauf im tropischen Regenwald

Der Boden

In dem heißen und feuchten Klima des tropischen Regenwaldes verwittern Gesteine etwa einhundertmal so schnell wie im gemäßigten Klima Europas. Außerdem hat sich das Klima in den Tropen seit über 10 Mio. Jahren nicht verändert.

In dieser langen Zeit konnte sich ein tiefgründiger Boden entwickeln. Er reicht in einigen Gebieten bis in 20 m Tiefe. Dieser lockere Boden saugt Regenwasser rasch auf. Pflanzenwurzeln können ihn leicht durchdringen, Würmern, Insekten, Pilzen und Bakterien bietet er günstige Lebensbedingungen.

Bei der Verwitterung der Gesteine werden Pflanzennährstoffe wie Kalium, Magnesium, Eisen, Stickstoff und Phosphor freigesetzt. Die Pflanzen nehmen die Nährstoffe in Wasser gelöst mit ihren Wurzeln auf. In Millionen Jahren haben jedoch die starken Regenfälle aus dem oberen Boden einen großen Teil der Nährstoffe herausgewaschen und im tieferen Boden abgelagert. Dort sind sie für die Pflanzenwurzeln unerreichbar.

Die „Nährstofffalle"

Termiten und Ameisen, Pilze und Bakterien zerkleinern und zersetzen abgestorbene Blätter, Äste und Baumstämme, heruntergefallene Früchte und verendete Tiere. Das geschieht so schnell, dass sich nur wenig Humus bilden kann. Fast alle Pflanzennährstoffe werden dabei freigesetzt. Das Regenwasser könnte sie auswaschen, wodurch sie für die Ernährung der Pflanzen verloren gingen.

Diesem Hindernis für das Pflanzenwachstum begegnet der tropische Regenwald. Er lebt aus sich selbst. Alle Pflanzen bilden nahe der Oberfläche des Bodens ein dichtes Geflecht ihrer Wurzeln. Wurzelpilze umspinnen mit ihren Fäden die Pflanzenwurzeln. Die Pilzfäden fangen alle Nährstoffe ein, die bei der Zersetzung der Pflanzen und des Humus frei werden und geben sie sofort an die Wurzeln der lebenden Pflanzen weiter.

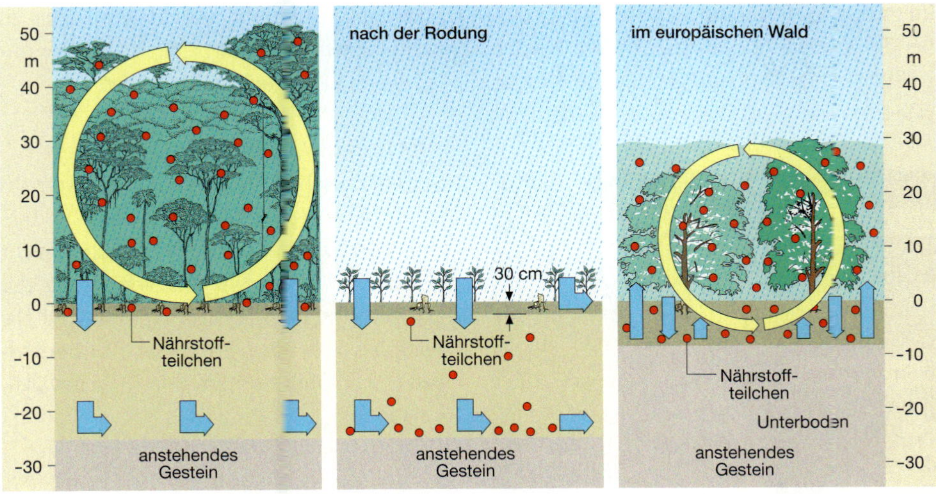

M 2 *Nährstoffkreislauf im tropischen Regenwald, nach dessen Rodung und im europäischen Wald*

Das Geoökosystem

Die natürliche Umwelt setzt sich zusammen aus Pflanzen und Tieren, Klima, Boden und Wasser. Diese Bestandteile sind durch Wechselbeziehungen miteinander vernetzt. Sie bilden ein **Geoökosystem** (▶). Einzelne Bestandteile des Geoökosystems bilden lebenswichtige Kreisläufe. So gelangt das Wasser durch Verdunstung von der Erdoberfläche in die Lufthülle und kehrt je nach den klimatischen Bedingungen als Niederschlag zurück. Pflanzen brauchen den Boden, weil sie darin Halt finden und aus ihm Wasser und Nährstoffe entnehmen. Der Boden bildet sich in Abhängigkeit vom Klima und vom Wasser.

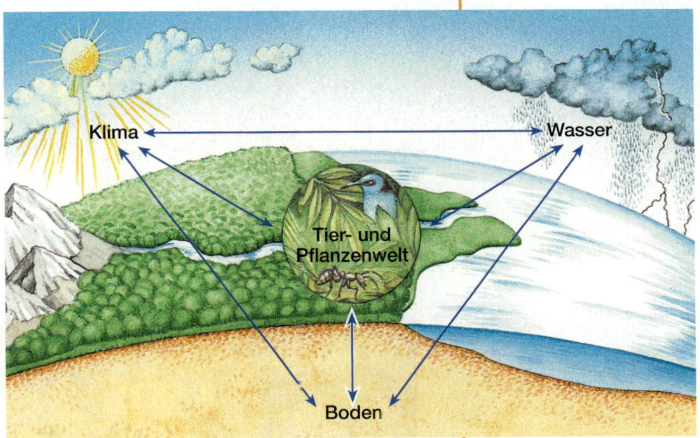

M 3 *Geoökosystem im Modell*

Schon gewusst? *Der Afrikaforscher Henry M. Stanley bekam 1890 auf einer Expedition im Kongo von den Einheimischen den Hinweis auf ein bis dahin in Europa unbekanntes, pferdeähnliches Tier: das Okapi. Erst 18 Jahre später wurde ein Okapi erstmals lebend gefangen. Es zeigt die typischen Merkmale eines Säugetiers, lebt in kleinen Gruppen und ist sehr selten.*

1. Erkläre die oft geringe Fruchtbarkeit des Bodens im tropischen Regenwald.
2. Erläutere mithilfe von M 1 und M 2 den Einfluss der Elemente des Geoökosystems (M 3) auf die Pflanzen des Regenwaldes.
3. „Der tropische Regenwald lebt aus sich selbst." Erläutere diese Feststellung.
4. Vergleiche die Wasser- und Nährstoffsituation im tropischen Regenwald vor und nach der Rodung (M 2). Nenne Gefahren, die von einer großflächigen Rodung ausgehen.
5. Vergleiche den tropischen Regenwald mit dem europäischen Wald (M 2, S. 49 M 4).
6. Informiere dich über Okapis und halte einen Kurzvortrag in der Klasse (M 4).

Der Wanderfeldbau und seine Probleme

Im tropischen Regenwald sind mit gleich bleibender Wärme und ausreichendem Niederschlag günstige Bedingungen für den Feldbau gegeben. Aber der Boden ist wenig fruchtbar und der Wald droht ständig die Felder zu überwuchern. Wie bearbeiten die Bauern unter diesen Bedingungen ihre Felder?

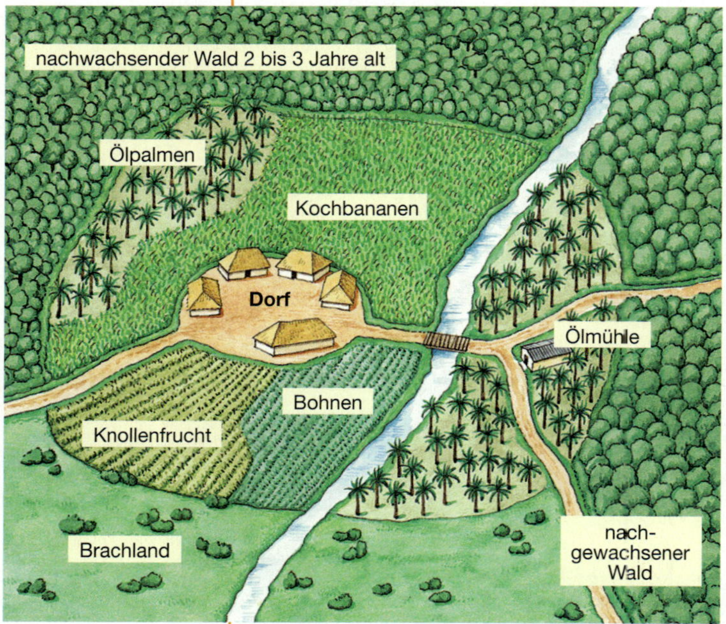

M1

Dorfanlage im tropischen Regenwald

M2

Anbauprodukte für den Eigenbedarf (Auswahl)

Wechsel der Felder

Seit Jahrtausenden erschließen die Bauern im tropischen Regenwald ihre kleinen Feldflächen durch Abbrennen der Vegetation. Reicht der Ertrag nicht mehr zur Versorgung der Dorfgemeinschaft, verlagern sie sowohl die Felder als auch das Dorf. Dieser **Wanderfeldbau** (▶) ermöglicht nur eine geringe Bevölkerungsdichte.

Bei Familie Dibango in Kamerun

Mongo Dibango lebt mit ihrem Mann und fünf Kindern sowie sieben anderen Familien in einem Dorf südlich von Jaunde. Jetzt im Dezember beginnt die Brandrodung. Mühevoll entfernen die Männer das Unterholz. Kleinere Bäume werden geschlagen, manche wurden im Frühjahr eingeschnitten, damit sie dürr werden. Dann wird Feuer gelegt. Die Asche düngt den Boden der kleinen Rodungsfläche. Große Bäume bleiben erhalten. Sie spenden Schatten und mildern die Kraft des Gewitterregens, der die jungen Pflanzen sonst zerschlagen würde.

Mongo Dibango lockert den Boden mit der Hacke und bestellt ihn.

Immer wieder muss sie die wuchernden Unkräuter und die aufkommenden Sträucher entfernen. Aber die Kulturen geben der Familie das ganze Jahr über Nahrung. Vorräte würden in der feuchten Hitze leicht verderben.

In wenigen Jahren ist der Boden erschöpft. Doch die Männer haben in Dorfnähe längst eine neue Fläche für den Anbau vorbereitet. Nach etwa sieben Jahren wird auch das Dorf verlegt, damit sich die Bauern weite Wege ersparen.

An Haustieren halten die Bauern nur Hühner. Rinder oder Ziegen wären durch Seuchen gefährdet. Mit tierischem Eiweiß versorgen sie sich durch Fische aus dem Fluss.

M3 *Brandrodungsfeldbau*

M 4

Brandrodung für ein Feld

Probleme des Wanderfeldbaus

Solange im Regenwald die Bevölkerungszahl gering blieb, stand für die Brandrodung genügend Urwald zur Verfügung und die Bauern konnten sich selbst versorgen. Mit zunehmender Bevölkerungszahl wurde das Rodungsland knapp. Die Felder konnten nicht mehr so oft gewechselt werden. Deshalb gingen die Erträge zurück und die Ernährung war nicht mehr gesichert. Heute werden häufig nur die Anbaufelder verlegt; die Dörfer hingegen bleiben bestehen.

Die aufgelassenen Rodungsflächen werden vom Wald zurückerobert. In ihm gibt es viel weniger Pflanzen- und Tierarten als zuvor. Zwar kann man diesen **Sekundärwald** (▸) nach Jahren erneut roden, doch dauert es Jahrzehnte, manchmal Jahrhunderte, bis er vom ursprünglichen Primärwald nicht mehr zu unterscheiden ist. Viele Dorfgemeinschaften sind schon zum **Dauerfeldbau** (▸) übergegangen. Sie schlagen kleinere Bäume und Sträucher, verbrennen sie aber nicht. Größere Bäume bleiben als Sonnen- und Regenschutz stehen. Die geschlagenen Zweige bleiben liegen und verrotten schnell zu Humus, der den Boden auf natürliche Weise düngt. So können die Bauern ihre Felder ohne Unterbrechung bewirtschaften. Sie sind sesshaft geworden.

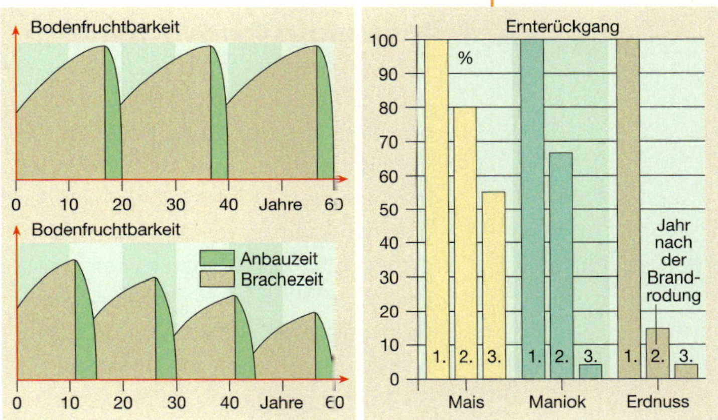

M 5 *Unterschiedliche Bodenfruchtbarkeit durch lange oder kürzere Brachezeiten*

Vorteile	Nachteile
– Das Nebeneinander verschiedener Anbaupflanzen verhindert Unkraut- und Schädlingsbefall. – Durch die Feuer werden Samen, Wurzelpilze und Bodenlebewesen kaum gestört, da Temperaturen über 50 °C nur bis 2 cm Bodentiefe reichen. – Der auf den aufgegebenen Feldern nachwachsende Sekundärwald verhindert Bodenerosion.	– Die Bodenfruchtbarkeit bleibt nur bei ausreichender Brachezeit erhalten. – Der Flächenbedarf ist hoch. Ein Dorf muss abwechselnd mehrere Felder bewirtschaften. – Nur eine begrenzte Anzahl Menschen kann ernährt werden (Schätzungen: 10 bis 400 E/km²). – Der Sekundärwald ist artenärmer als der ursprüngliche Primärwald.

M 6 *Brandrodungsfeldbau: Vorteile und Nachteile*

1. Erläutere den Wanderfeldbau der Kleinbauern im tropischen Regenwald (M 1 bis M 4).
2. Beschreibe, wovon sich die Familie Dibango ernähren kann. Vergleiche mit deinen Essgewohnheiten (M 1 bis M 3).
3. Erkläre die Ernteergebnisse der Brandrodung (M 4, M 5).
4. Erläutere Vorteile und Nachteile der Brandrodung (M 6).
5. Vergleiche Wanderfeldbau und Dauerfeldbau.

Arbeiten auf einer Plantage

M 1

Kakao: Ernte und Aufbereitung

M 2

Kakaoernte in Ghana

1910	21000 t
1920	118000 t
1960	439000 t
1964	580000 t
1970	470000 t
1980	250000 t
1984	258000 t
1990	293000 t
1995	404000 t
2000	436000 t
2005	737000 t

Wissenswertes über den Kakao

Der Kakaobaum stammt aus Mittel- und Südamerika. Er ist eine immergrüne Schattenpflanze des tropischen Tieflandes, die vier bis acht Meter hoch wird. Die Blüten kommen direkt aus dem Stamm und den dickeren Ästen hervor. Aus ihnen entwickeln sich bis 25 cm lange, gurkenförmige Früchte. Jede von ihnen enthält, eingebettet in rötliches Fruchtfleisch, ca. 250 Kakaobohnen. Nach fünf bis acht Monaten sind die Früchte reif. Diese fallen nie von selbst ab und würden am Stamm verfaulen. Vorsichtig werden sie deshalb mit Messern abgeschnitten. Beschädigungen der Rinde, der Blüten und der unreifen Früchte verträgt der Baum nicht. Die abgeschnittenen Früchte werden in Körben gesammelt und zu einer Sammelstelle gebracht. Dort werden sie nach und nach mit einer Machete geöffnet, und das Fruchtfleisch (Pulpa) wird mitsamt den klebrigen Bohnen entfernt. Anschließend werden die jetzt noch weiß-bräunlichen Kakaosamen bei 40–50 °C in der Sonne gelagert. Dabei entstehen die typischen Aromastoffe. In den Verbraucherländern werden die Bohnen geröstet, zermahlen und zu einer flüssigen Masse verarbeitet, dem Ausgangsprodukt für das Kakaopulver. Daraus werden z. B. Schokolade, Pralinen und Getränke hergestellt. Das abgepresste Fett, die Kakaobutter, wird Konfitüren zugesetzt und dient als Grundmasse für medizinische Produkte.

M 3 *Die Kakaopflanze*

Ein Plantagenarbeiter aus Ghana berichtet:

„Ich arbeite in einer Kakaoplantage bei Bechem. Sie ist fast 135 ha groß. Auch mein Vater ist hier angestellt. Er hat seinerzeit mitgeholfen, die Pflanzung anzulegen. Zuerst rodeten die Männer mit Säge, Axt und Feuer den Regenwald. Die hohen Bäume blieben stehen. Dazwischen pflanzten sie nach wenigen Wochen Kokospalmen und Bananenstauden als zusätzliche Schattenspender, denn die jungen Kakaobäume mussten vor der direkten Sonneneinstrahlung geschützt werden. Inzwischen hatten die Kakaosamen in vorher angelegten Saatbeeten Stecklinge gebildet. Diese wurden anschließend in langen Reihen ausgepflanzt, etwa 1000 pro Hektar Fläche. Die Pflanzung ist im Laufe der Jahre vergrößert worden. Das ist auch gut so, denn auf diese Weise haben wir Flächen mit unterschiedlich altem Baumbestand. So können wir in jedem Jahr eine Kakaoernte einbringen, auch wenn dann unsere ältesten Bäume gerodet werden müssen. Der Eigentümer der Plantage lebt in Accra. Er kommt manchmal hierher, um mit dem Verwalter zu sprechen. Vor kurzem brachte er einen Kakaoexperten mit, der sich überall umsah und Vorschläge machte, wie wir unsere Produktion verbessern könnten. Schließlich müssen wir auch konkurrenzfähig bleiben. So werden wir in ein paar Monaten eine neue Kakaobaumart anpflanzen, die noch mehr Früchte trägt. In wenigen Jahren benötigen wir dann mehr Saisonarbeiter als heute, um die Erntemengen zu bewältigen. Die Zahl der Festangestellten ist nämlich recht klein.

Wir können alle Arbeitsgänge, die mit der Kakaoproduktion verbunden sind, auf der Pflanzung erledigen, bis hin zur Verpackung der Bohnen. Früher wurden sie dann in die Verbraucherländer geschickt, vor allem nach Europa, wo sie zu Kakaopulver und Schokolade verarbeitet wurden. Inzwischen hat Ghana eigene weiterverarbeitende Betriebe.
Es gibt Leute, die unseren Betrieb eine Plantage mit Monokultur nennen. Sie gehen dann von der Größe der Anbaufläche und davon aus, dass wir nur ein einziges sog. „Cash Crop" (engl. cash: Bargeld, crop: Ernte) anbauen, das man auf dem Weltmarkt gut verkaufen kann. Es gibt aber auch viele kleine Betriebe von nur 4 – 6 ha Fläche mit einer Kakao-Monokultur.
Die Plantagen sind Großbetriebe mit Flächen von 100 bis zu einigen 1000, ja sogar 10 000 ha Größe. Viele verfügen über Anlagen zur Weiterverarbeitung. Eigentümer sind reiche Städter, Kapitalgesellschaften oder der Staat. Plantagen können meist billiger und besser produzieren als Kleinbetriebe, da sie genug Kapital haben, kostspielige technische, chemische und biologische Neuerungen einzusetzen. Das ist auch notwendig, da sich z. B. Schädlinge in einer Monokultur sehr schnell vermehren und den ganzen Bestand gefährden können.
Man darf nicht glauben, dass Pflanzungen und Plantagen ohne Risiko arbeiten. Sie sind abhängig vom Weltmarktpreis. Für Kakao ist er durch die weltweite Überproduktion so niedrig, dass die Erlöse sehr zurückgegangen sind."

M 4

Kakaoproduzenten und -importländer

Kakaoproduktion (in 1000 t)	**1980**	**1990**	**2000**	**2005**
Côte d'Ivoire	400	750	1300	1331
Brasilien	318	355	209	213
Ghana	250	293	436	737
Malaysia	32	235	70	33
Indonesien	15	154	348	601
Nigeria	155	150	225	366
Ecuador	91	147	95	137
Kamerun	117	99	150	167
Kolumbien	36	56	45	55

Kakaoimporte (in 1000 t)	**1990**	**2000**	**2005**
USA	742	939	1183
Deutschland	446	431	677
Niederlande	387	650	960
Großbritannien	228	250	480
Japan	119	153	260

(M2 und M4 nach: FAO 2007)

1. Beschreibe Wachstum, Ernte und Weiterverarbeitung des Kakaos (M 1 und M 3).
2. Stelle nach M 2 die Erntemengen von Kakao in Ghana fest und erkläre die Schwankungen.
3. Welche Bedeutung hat Ghana unter den Kakaoproduzenten (M 4)?
4. Nenne die verschiedenen landwirtschaftlichen Nutzungsformen des Regenwaldes. Erstelle dazu eine Tabelle und trage in Stichworten wichtige Merkmale ein. Berücksichtige dabei auch, ob für die Eigenversorgung oder für den Weltmarkt produziert wird.
5. Ordne nach einer Atlaskarte tropische Plantagenprodukte verschiedenen Kontinenten sowie Staaten zu. Welche Produkte kennst du aus eigener Erfahrung? Beschreibe.

Veränderte Nutzungsformen und Ernährungssicherung

M 1

Kooperation zwischen Pflanzungen und Plantagen

Plantagen und Pflanzungen

Cash Crops werden in den Tropen nicht nur in Großbetrieben, sondern auch in Pflanzungen angebaut. Pflanzungen sind Kleinbetriebe, die sich auf eine Pflanze für den Weltmarkt spezialisiert haben und daneben für den Eigenbedarf anbauen. Bei einem Preisverfall oder bei Schädlingsbefall tragen die Pflanzer ein noch größeres Risiko als die Großbetriebe. Eine Lösung könnten Kooperationsformen zwischen Großbetrieben und Pflanzungen sein.

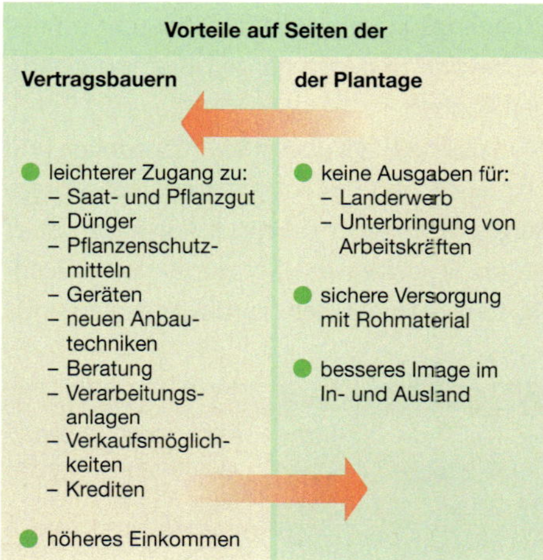

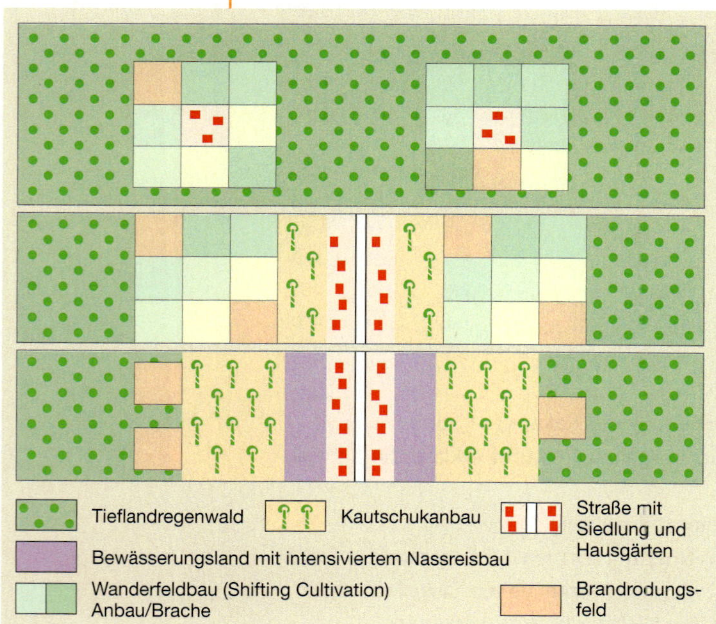

M 2 *Von der Brandrodung zur Reis-/Kautschuk-Mischkultur (Sumatra)*

Die Bevölkerungszahl in den Tropen hat sich seit 1950 mehr als verdreifacht. Immer mehr Menschen müssen ernährt werden. Durch den stetig anwachsenden, weltweiten Warenaustausch steigt aber auch die Nachfrage in den Industrieländern nach Agrarprodukten aus den Tropen. Daher haben sich die dortigen Nutzungsformen stark gewandelt.

Veränderungen der Kleinbetriebe

Statt ihre Felder nach der Brandrodung zu verlagern, gingen viele Dörfer zum Dauerfeldbau über. Oft findet man Mischformen: In der Nähe des Dorfes gibt es Hausgärten, wo Knollenfrüchte, Bananenstauden und Strauchkulturen angebaut werden. In größerer Entfernung vom Dorf liegen Brandrodungsfelder.
Wo Straßen gebaut wurden, verkaufen die Bauern ihre Überschüsse auf Märkten nahegelegener Städte, denn auch in den Tropen leben immer mehr Menschen in Städten und müssen versorgt werden. Eine zusätzliche Einkommensquelle bildet der ergänzende Anbau von Cash Crops. Durch Jagd sowie Sammeln von Früchten und Beeren wird die Nahrungsgrundlage in den Dörfern ergänzt.

Intensivierung

Mit Übergang zum Dauerfeldbau ist eine Anbau-Intensivierung verbunden. Durch Stockwerkbau wird eine größere Pflanzenvielfalt erreicht. Auch sind die Erträge höher, da Pflanzenmaterial als Gründünger verwendet werden kann und unterschiedlicher Nährstoffbedarf der Pflanzen zur Bewahrung der Bodenfruchtbarkeit beiträgt. Zunehmend werden Ziegen, Geflügel und Rinder neben dem Ackerbau gehalten. In den immerfeuchten Tropen ist die Rinderhaltung wegen der großen Feuchte jedoch schwierig, in Zentralafrika erschwert die Tsetsefliege die Tierhaltung zusätzlich.
Auch auf Plantagen können mehrere Stockwerke angelegt werden (z. B. Anbau von Futtergras und Strauchkulturen unter Kokospalmen oder Kautschukbäumen, so genanntes „Intercropping").

Können die Tropen mehr Menschen ernähren?

Bis in die 1980er-Jahre wurde von Tropenforschern die Meinung vertreten, dass die Tropen gegenüber den gemäßigten Breiten benachteiligt seien und daher nicht so viele Menschen ernähren könnten. Als Grund wurden vor allem die nährstoffarmen Böden angeführt.

Viele Forscher sind heute jedoch gegenteiliger Auffassung, denn die Tropen hätten einen Vorteil: ausreichende Wärme das ganze Jahr über und eine größere Vielfalt der Böden. Damit mehr Nahrungsmittel produziert werden können, müssen angepasste Anbauformen entwickelt werden, welche auch bei Dauerfeldbau die natürliche Bodenfruchtbarkeit bewahren.

Ecofarming

Man fand heraus, dass manche Anbauformen, welche aus der Sicht der technisierten und spezialisierten Landwirtschaft der Industrieländer als rückständig erschienen, den natürlichen Bedingungen der Tropen vielfach besser angepasst sind. Hierzu gehören: die Kombination verschiedener Anbaupflanzen in Hausgärten, der Stockwerkanbau, aber auch der Hackbau. Im Gegensatz zum Scharpflug zerstört die Hacke die Bodenstruktur nur wenig. Diese Form nachhaltiger Landwirtschaft wird auch **Ecofarming** (Eco von Economy, also „Billiglandwirtschaft") genannt. Ecofarming ermöglicht es den Kleinbauern, ohne Kapitaleinsatz ausreichend Grundnahrungsmittel für die Eigenversorgung zu produzieren.

Konnte sich Afrika 1960 noch selbst versorgen, so benötigen heute etwa 20 Staaten Nahrungsmittelhilfe. Dies ist aber in vielen Fällen weniger eine Folge ökologischer Probleme oder des Bevölkerungswachstums als vielmehr von verfehlter Agrarpolitik, Ausbeutung oder Bürgerkriegen. Aus Erfahrungen mit Versuchsprojekten und vielen Forschungen zur Landnutzung mehren sich die Hinweise, dass das Nahrungspotenzial der Tropen größer ist als bisher angenommen – wenn man es sinnvoll nutzt.

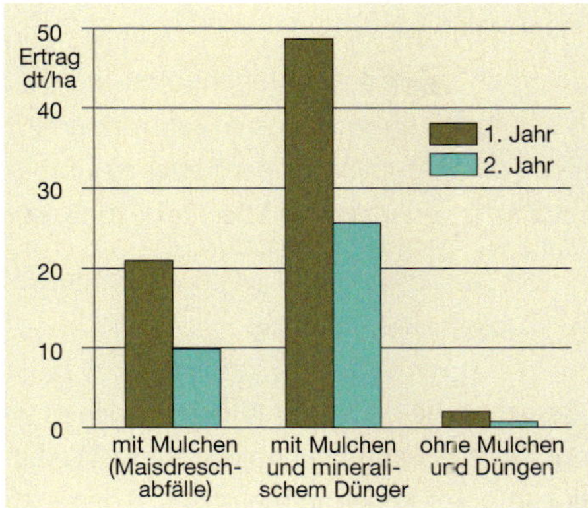

M 3

Maßnahmen zur Ertragssteigerung in den Tropen

Nur noch in sehr dünn besiedelten Gebieten der Tropen hat sich die Wirtschaftsform der Jäger und Sammler erhalten. Die Pygmäen in Zentralafrika z. B. leben in Gruppen von etwa 20 Familien. Die Männer gehen auf die Jagd, die Frauen sammeln Früchte, Insekten und andere essbare Tiere. Die Jagdbeute der Männer, Vögel, Affen und vereinzelt auch Großtiere, die mit Giftpfeilen, Speeren und Messern erlegt werden, wird auf alle Jäger verteilt. Die Familien leben in einfachen Laubhütten, welche verlegt werden, wenn ein neues Jagdrevier ausgesucht wird.

M 4

Jäger und Sammler

1. Beschreibe mit wenigen Worten, wie sich die Kleinbetriebe in den Tropen änderten.
2. Erkläre die „Intensivierung" der tropischen Landwirtschaft (M 3).
3. Wie unterscheiden sich Plantagen von Pflanzungen (M 1 und M 2)?
4. „Können die Tropen mehr Menschen ernähren?" Versuche eine Antwort mit den Informationen dieser Doppelseite zu geben.
5. Jäger und Sammler – beschreibe ihre Wirtschaftsform und nenne ihre Probleme (M 4).

Plünderer im Regenwald

Ende des Holzexports
Als die Côte d'Ivoire zum Exporteur wertvoller Tropenhölzer wurde, verzehnfachte sich zugleich der Anfall unverarbeiteter Baumstämme. Diese wurden nur gefällt, um an die wertvollen Tropenhölzer zu gelangen. Heute sind 60 % der Waldfläche vernichtet und der Holzexport ist zum Erliegen gekommen.

M 2 *Folgen des Holzeinschlags*

„Besuchen Sie die Regenwälder, solange es sie noch gibt", so lautet der gedankenlose Werbeslogan eines Reiseunternehmens. Aber auch aus anderen Meldungen hören wir von der Zerstörung tropischer Regenwälder. Welchen Gefahren ist der tropische Regenwald ausgesetzt und was geht das uns an?

Rohstoffquelle tropischer Regenwald

Die tropischen Regenwälder bieten vielfältige Möglichkeiten für eine umfangreiche Nutzung. Tropenholz, tropische Früchte, Grundstoffe für die chemische und pharmazeutische Industrie, aber auch Erze und andere Rohstoffe sind begehrte Produkte auf dem Weltmarkt. Besonders durch die Art der „Holzernte" wird dem Wald Schaden zugefügt: Damit man an die wertvollen Baumriesen gelangt, werden Schneisen in den Wald geschlagen – und dabei wird viel Holz zerstört, das wenig oder gar nicht genutzt wird (**Raubbau** ▶). Teile des Regenwaldes wurden so bereits für immer vernichtet.

Der Yohimbebaum
„Yohimbe essen wir, weil die Rinde der Bäume eine wundertätige Kraft enthält", meint Fransois aus Kamerun. Er weiß, wo die Bäume zu finden sind. Eigentlich dürfen er und seine Helfer nur Teile der Rinde entfernen, aber sie fällen den ganzen Baum. Nur von der Rinde können sie nicht leben.
Für 1 kg Rinde erhalten sie umgerechnet 10 Cent von einem französischen pharmazeutischen Konzern. Dieser hat dieses Jahr 200 Tonnen Rinde bestellt, das sind 1000 Bäume. Der Konzern verdient 56 Euro pro kg. „Nun gibt es nur noch etwa 2 Bäume pro Hektar. Aber wir müssen heute leben", sagt Fransois.

M 3 *Nutzungskonflikte*

Die Folgen der Regenwaldvernichtung

Die Vernichtung des Regenwaldes hat weit reichende Folgen. Da, wo Wald nachwächst, ist dieser meist minderwertig. Der Boden verliert schnell seine Fruchtbarkeit. Das regionale Klima wird trockener. Die Zerstörung der Tro-

M 1
Gründe und Folgen der Rodung des tropischen Regenwaldes

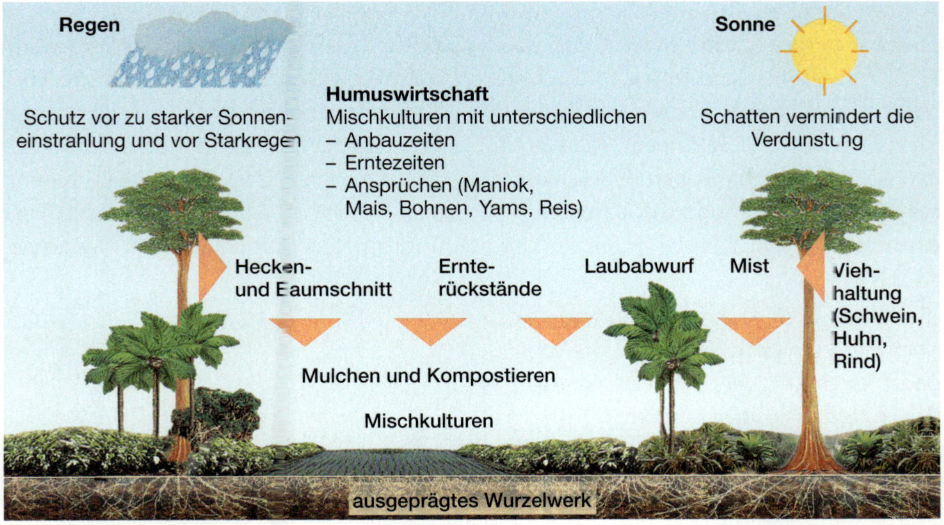

M 4
Mischanbau und Humuswirtschaft

penwälder führt zur Reduzierung der Artenvielfalt. Diese ist jedoch für die gesamte Menschheit von Nutzen, z. B. stammen viele Arzneimittelgrundstoffe aus den Tropen.

Die klimatischen Folgen großflächiger Brandrodung sind lange unterschätzt worden. Beim Verbrennen des Waldes entsteht Kohlenstoffdioxid. Dieses Treibhausgas beeinflusst die Sonneneinstrahlung und die Wärmeabstrahlung der Erde und damit das Klima weltweit. Durch das Roden wird auch die für die Sauerstoffproduktion der Erde notwendige „grüne Lunge" immer kleiner.

Angepasste Landwirtschaft

Wanderfeldbau und Brandrodung sind im tropischen Regenwald nur für die Selbstversorgung der dort Einheimischen mit Nahrungsmitteln ökologisch sinnvoll. Doch auch hier wäre der Mischanbau eine vorteilhafte, umweltverträgliche Möglichkeit für die Kleinbauern, Dauerfeldbau ohne hohen Kapitalbedarf zu betreiben. Dabei würde man eine nachhaltige Bodenfruchtbarkeit durch Humuswirtschaft erreichen.

M 5
Karikatur: Die Rodung des tropischen Regenwaldes

1. Beschreibe den Konflikt, vor dem Fransois bei der Yohimbeernte steht (M 3). Findest du einen Ausweg?
2. Beschreibe den weltweiten Rückgang an Regenwald. Nenne Ursachen dafür (M 1 bis M 3).
3. Begründe, warum die Vernichtung tropischer Regenwälder auch für die Regenwaldbewohner selbst langfristig von Nachteil ist (M 1 bis M 3).
4. Erläutere, warum die Regenwaldzerstörung auch ein weltweites Problem ist. Diskutiert in der Klasse mögliche Maßnahmen zum Schutz der tropischen Regenwälder. Versetzt euch dabei auch in die Lage der Einheimischen und berücksichtigt die Rolle der Industrieländer (M 1 bis M 3, M 5).
5. Der Mischanbau und die Humuswirtschaft ermöglichen eine schonende und ertragreiche Landwirtschaft im tropischen Regenwald. Beschreibe die Vorteile dieser Nutzungsformen anhand M 4.

Vom Regenwald zu den Savannen

Auf den tropischen Regenwald folgen, je weiter man sich vom Äquator entfernt, die Savannen. Die Savannen sind tropische Graslandschaften, welche von Büschen und Bäumen durchsetzt sind. Die **Savannen** (▸) liegen in den **wechselfeuchten Tropen** (▸). Hier wechseln **Regenzeiten** (▸) und **Trockenzeiten** (▸) einander ab.

Die Vegetation der Savannen

In den Savannen finden wir neben Grasland Wälder sowie einzelne Bäume und Sträucher, die sich der jahreszeitlichen Trockenheit angepasst haben. Während der Trockenzeit werfen die Bäume ihre Blätter ab; ledrige Blätter und lange Dornen in Bäumen und Sträuchern der Trockenwälder vermindern den Wasserver-

M 1

Kausalprofil: Vom Regenwald zu den Savannen

lust. Der Affenbrotbaum (Baobab) z. B. kann in seinem Stamm Wasser speichern. Artenreiche Galeriewälder finden sich an Flussläufen in der Trocken- und Feuchtsavanne.

Regen durch die ITC

Wo die Sonne im Zenit steht, steigt die Luft durch die große Hitze besonders stark auf, es bilden sich Wolken und Niederschlag. In der Höhe weicht die Luft zu den **Wendekreisen** (▸) hin aus. Dort sinkt sie ab und strömt in Bodennähe als Passatwind wieder zum Äquator. Die Stelle, an der die **Passate** (▸) der Nord- und Südhalbkugel zusammentreffen und die Luft wieder aufsteigt, heißt **Innertropische Konvergenz (ITC)** (▸). Da die Passate von der Erddrehung abgelenkt werden (auf der Nordhalbkugel nach rechts, auf der Südhalbkugel nach links), wehen sie nicht genau von Norden bzw. Süden zum Äquator, sondern als Nordost- bzw. Südostpassat.

Regenzeiten

Durch die Wanderung der Erde um die Sonne verändern sich die Beleuchtungsverhältnisse im Laufe eines Jahres. Am 21.6. steht die Sonne über dem nördlichen Wendekreis im Zenit, am 21.12. am südlichen. Zwischen den Wendekreisen steht sie zweimal im Jahr im Zenit, am Äquator z. B. am 21.3. und 23.9. Die ITC folgt dem Zenitstand der Sonne, jedoch in etwa einem Monat Abstand, da die Luft einige Zeit braucht, um die volle Energie der Sonne aufzunehmen. Mit dem Durchzug der ITC sind heftige Niederschläge verbunden, welche im Gebiet der Savannen als Regenzeit ausgeprägt sind. Mit zunehmender Entfernung vom Äquator lässt der Einfluss der ITC nach.

M 2
Trockensavanne bei Trocken- und Regenzeit

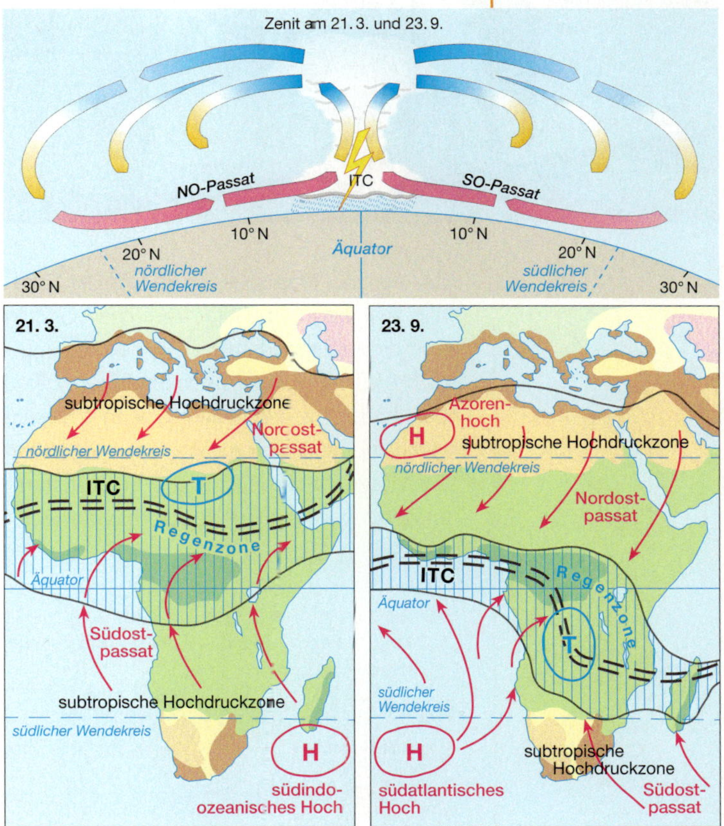

M 3
Passatkreislauf und Verlagerung der ITC

1. Beschreibe die Vegetation (M 1) mit zunehmender Entfernung vom Äquator.
2. Stelle Zusammenhänge her zwischen der Vegetation und dem Klima der Savannen (Dauer der Regenzeiten, Jahresniederschlagsmenge) (M 1, M 2).
3. Erläutere, inwiefern der Anbau von Nutzpflanzen an die Bedingungen der Savannen angepasst ist. Gehe dabei auch auf die Bedeutung der Lagerhaltung ein (M 1).
4. Erkläre die Entstehung der ITC und der Regenzeiten (M 3).
5. Sammelt im Internet Bilder des Wettersatelliten Meteosat von Afrika von verschiedenen Monaten und stellt anhand der Bewölkung die ungefähre Lage der ITC fest.

Nomadische Viehwirtschaft – die Massai

M 1
Trockensavanne in Ostafrika am Ende der Regenzeit

M 2
Massai mit Rinderherde

Das Volk der Massai siedelt im Norden Tansanias zwischen dem Ostafrikanischen Graben und dem Kilimandscharo. Die Bevölkerungsdichte ist mit weniger als einem Einwohner je Quadratkilometer sehr gering, denn in diesem Hochland ist Wasser meist knapp. Wie haben die Massai ihre Lebens- und Wirtschaftsform an den Wassermangel der **Dornsavanne** angepasst?

Die Weideviehhaltung

Viele Großfamilien der Massai leben nach wie vor als Nomaden. Rund 1 Million Rinder, auch Schafe und Ziegen, sind ihre Lebensgrundlage. Esel werden als Transporttiere gehalten.

Zu Beginn der Regenzeit treiben die Männer ihre Herden in die offene Savanne. Ein Weideplatz nach dem anderen wird abgeweidet. In der Trockenzeit suchen sie Flusstäler oder die Nähe von Wasserstellen auf. Die Tiere verbringen hier zusammengedrängt und oft unter Futtermangel leidend die Trockenzeit. Abgemagert und nach oft großen Verlusten beginnt mit dem Einsetzen der Regenzeit die neue Wanderung.

Wichtig sind den Massai besonders die Rinder. Deren Milch ist ihre Hauptnahrung.

M 3
Jahresrhythmus der Massai

	Jan.	Feb.	März	April	Mai	Juni	Juli	Aug.	Sept.	Okt.	Nov.	Dez.
Niederschlag in mm	145	85	167	208	96	27	25	4	8	11	54	73
	kleine Regenzeit		große Regenzeit			beginnende Trockenzeit		Dürrezeit Trockenzeit			beginnende Regenzeit	
	ausreichende Savannenweide	Talweide	üppige Savannenweide			ausreichende Savannenweide	Talweide Futtermangel				Beginn der Savannenweide	
	allmählich steigender Milchertrag			viel Milch		abnehmender Milchertrag	sehr wenig Milch					

M 4
Kral der Massai

Die Nomadensiedlung

Der Hausbau ist bei den Massai die Aufgabe der Frauen. Die flachen Hütten bestehen aus einem Gestänge, das mit Fell überzogen und mit Lehm und Kuhdung beworfen wird. 20 bis 50 Hütten bilden einen kreisförmigen Kral, auf dessen freiem Platz in der Nacht die Herden verbleiben. Als weiterer Schutz vor Löwen und Schakalen wird die kleine Siedlung von einem Zaun aus abgeschlagenen Zweigen nach außen abgeschlossen.

Sobald die Weideplätze weiter als einen Tagesmarsch vom Kral entfernt liegen, muss die Siedlung verlegt werden. Man brennt den alten Kral ab und errichtet im anderen Weidegebiet erneut eine vorübergehende Siedlung. Mit den Herden wandern also auch die Wohnstätten. Viele Massai folgen der traditionellen Lebensweise. Sie sind nicht sesshaft.

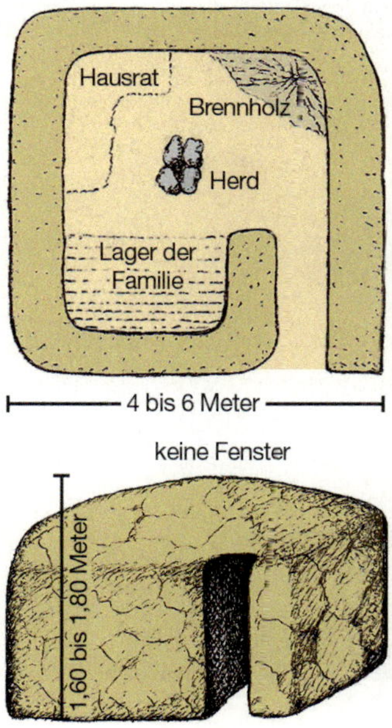

M 5
Hütte der Massai

Schon gewusst? *Nomaden halten sich vor allem Schaf- und Ziegenherden, da diese auch in sehr trockenen Gebieten leben können..*
Im Gegensatz dazu ist der Nomadismus mit Rindern nur in feuchteren Gebieten möglich. In den Feuchtsavannen aber setzen Millionen Insekten der Großviehhaltung eine Grenze, denn sie übertragen Krankheiten. Zum Beispiel wird die oft tödliche Nagana-Krankheit durch den Stich der Tsetsefliege übertragen.

1. Stelle die topographische Lage des Siedlungsgebietes der Massai fest (Atlas).
2. Beschreibe den Jahresrhythmus der Massai (M 2, M 3).
3. Erläutere die Form der Bodennutzung bei den Massai (M 2 bis M 4).
4. Erkläre die Anlage des Krals als eine der nomadischen Viehwirtschaft der Massai angepasste Siedlungsform (M 4, M 5).

Höhenstufen am Kilimandscharo

Wir fliegen von Addis Abeba in 8C00 m Höhe nach Daressalam. Über Kenia versperrt eine dichte Wolkendecke den Blick zur Erde. Dann sehen wir die eisbedeckten Gipfel des Mt. Kenia und des Kibo über die Wolken ragen. Eis und Schnee am Äquator, wie kann das sein?

M 1 *Fels- und Eisstufe*

M 2 *Mattenstufe*

M 3 *Bergwaldstufe*

Aufstieg zum Kibo

5. **Juli:** Marangu, letzte Vorbereitungen, Temperatur 20 °C, nicht so heiß wie auf dem Flughafen in Arusha.
6. **Juli:** Zusammenstellung der Gruppe: 1 Deutscher, 2 Engländer, 6 Einheimische (2 Führer, 4 Träger). Beginn des Aufstiegs. „Pole, pole", mahnen die Führer, „langsam, langsam!" Über fünf Stunden zum Teil im Nebel durch triefend nassen Wald. Moose und Farne bilden zwischen Ästen riesige Vorhänge. Gegen 18.00 Uhr erreichen wir die Hütten von Mandara, schnell wird es dunkel.
7. **Juli:** Steiler Aufstieg zur Waldgrenze, wir sehen den Kibo. Es geht stundenlang in praller Sonne durch die Mattenregion aufwärts.
8. **Juli:** Ruhetag in Horombo (3725 m). Temperatur um 6.00 Uhr −2 °C, um 12.00 Uhr 18 °C.
   Erkundung der Vegetation, Senezien: bis zu 4 m hohe dickstämmige Schopfbäume, sonst Gräser, Kräuter, Rosettenstauden, Polsterpflanzen.
9. **Juli:** Aufstieg zur Felsstufe. Jede Nacht Frost.
   Vegetation: Wenige Horstgräser und Polsterpflanzen, ihre Wuchsform ist an Kälte und Trockenheit angepasst. Endlich sind wir an der Kibohütte; Kälte, Herzklopfen, kein Schlaf.
10. **Juli:** Aufstehen um 0.30 Uhr. Temperatur −8 °C. „Pole, pole." Mühsamer Weg den Steilhang hinauf, vorn ein Führer mit Petroleumlampe. Nach Sonnenaufgang sind wir am Kraterrand, Krater und Gletscher vor uns. Aufstieg zum Uhuru-Peak. Tränen der Erschöpfung und Freude. Abstieg zur Kibohütte. Wir waren 19 Stunden unterwegs.
11. **Juli:** Abstieg nach Marangu. Hinter uns liegen über 100 km Fußmarsch.

M 4 *Tagebuchaufzeichnung*

Der höchste Berg Afrikas

Wie in den Alpen verändert sich auch in den tropischen Hochgebirgen Afrikas der Pflanzenwuchs mit zunehmender Höhe. Nur wenige Gipfel ragen in die Fels- und Eisstufen hinein. Am Kilimandscharo (5895 m Höhe) sind alle **Höhenstufen der Vegetation** (▶) vorhanden. Der Bergwald liegt in einer Höhe häufiger Wolkenbildung und starker Niederschläge. Nun folgt die Mattenstufe mit Heidekrautgewächsen und kakteenartigen Wuchsformen. In der Felsstufe wachsen noch einzelne Polsterpflanzen und Horstgräser. Hier gibt es das ganze Jahr über nachts Frost.

M 5 *Elefanten am Kilimandscharo*

Schon gewusst? *Ein schneebedeckter Berg in Äquatornähe? Der Leipziger Professor für Geographie Dr. Hans Meyer und der Bergsteiger Ludwig Purtscheller waren 1889 als Erste auf dem höchsten Punkt des Kilimandscharomassivs, dem Kibo.*
„Deutsch-Ostafrika" war Kolonialgebiet des Deutschen Reichs und so kam es, dass Hans Meyer den Hauptgipfel „Kaiser-Wilhelm-Spitze" taufte. Heute heißt er Uhuru-Peak: Freiheitsgipfel. Jährlich mühen sich rund 18 000 Touristen aus aller Welt hinauf. Seit den ersten Gletscher-Flächenmessungen um 1900 hat sich die Eisfläche am Gipfel stark verringert. In einigen Jahren könnte der Berg eisfrei sein.

M 6 *Höhenstufen der Vegetation am Kilimandscharo*

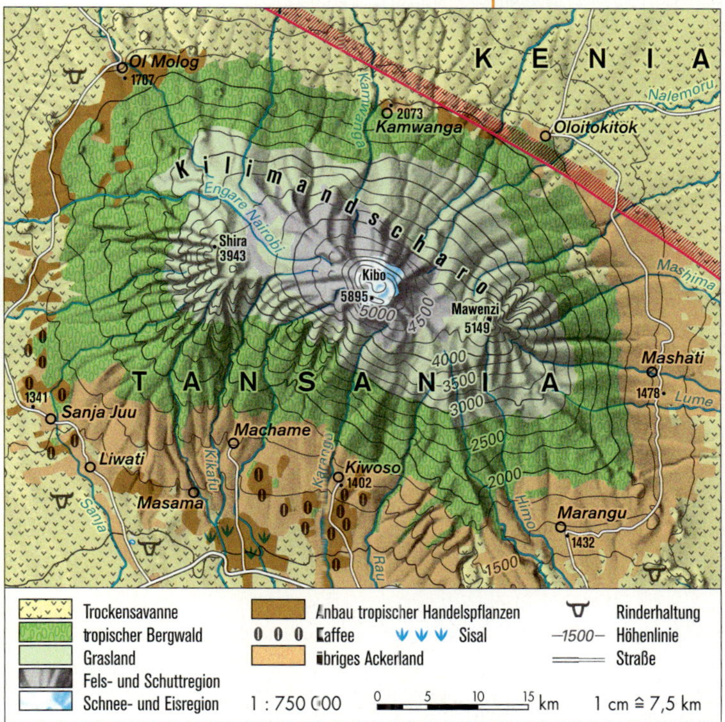

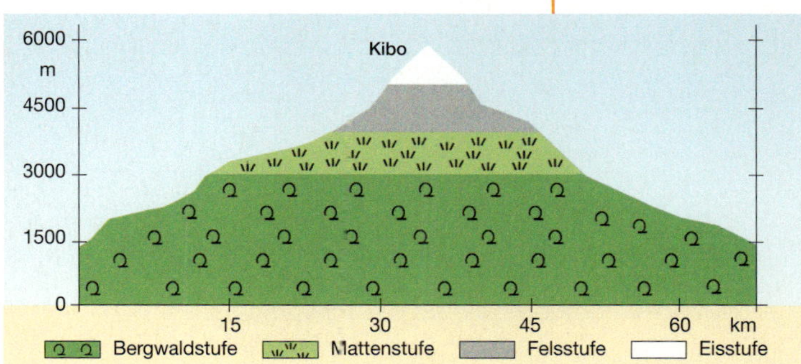

M 7 *Höhenstufen der Vegetation am Kilimandscharo im Profil*

1. Verfolge den Aufstieg zum Kibo (M 1 bis M 5, Atlas).
2. Erläutere, wie sich die Höhenlage am Kilimandscharo auf die Temperatur und die Vegetation auswirkt (M 4, M 6).
3. Du hast die Höhenstufen der Vegetation in den Alpen kennen gelernt: Misch- und Laubwald bis 1500 m; Fichten, Lärchen, Latschen bis 2000 m; Matten, Geröll bis 2500 m; Felsen bis 3000 m; darüber Schnee. Vergleiche die Höhenstufen des Kilimandscharo und der Alpen (M 6, M 7).

Wir arbeiten mit Höhen- und Kausalprofil

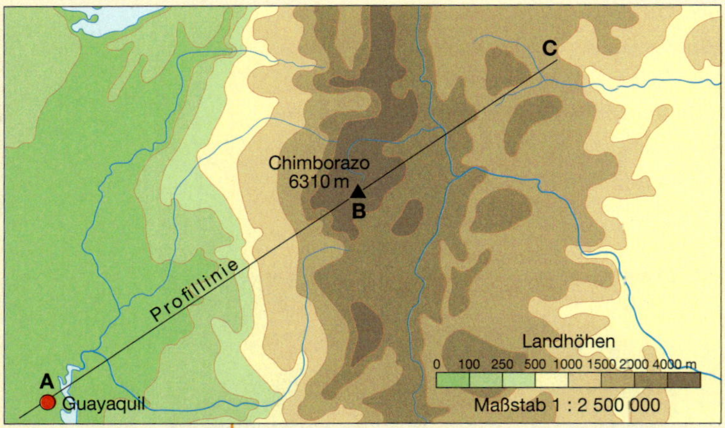

M 1 *Höhenlagen Guayaquil–Chimborazo*

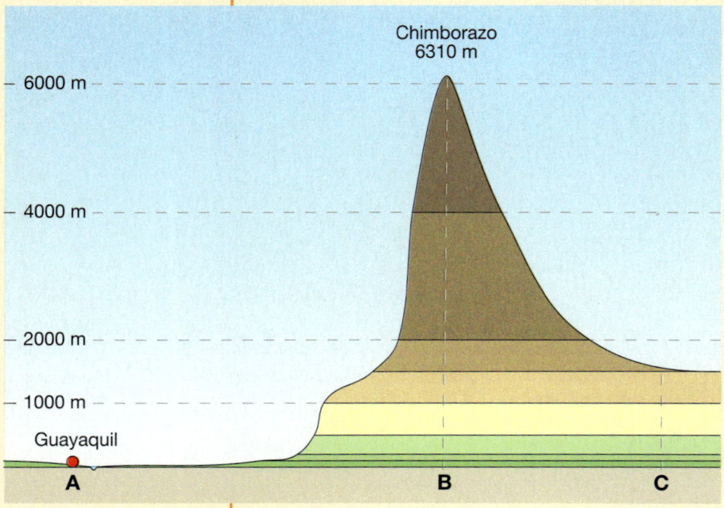

M 2 *Höhenprofil Guayaquil–Chimborazo*

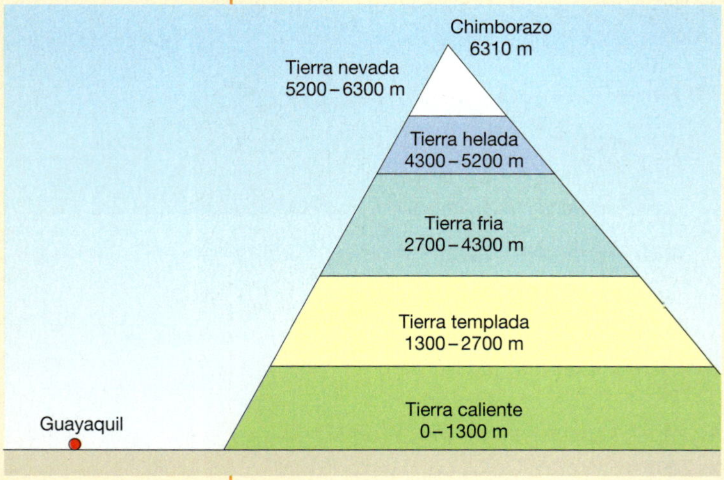

M 3 *Grundzeichnung für das Kausalprofil: Höhenstufen im tropischen Andenraum*

Physische Karten zeigen die Landschaft von oben. Mit Höhenlinien und Schattierungen versucht man das Relief deutlich zu machen. Erst der Schnitt durch die Landschaft vermittelt ein genaues Bild von der Höhengliederung. Dazu wird ein Höhenprofil gezeichnet.

Das Höhenprofil

Es veranschaulicht die Höhenverhältnisse, sodass Merkmale der Oberflächenform deutlich werden. Durch **Überhöhung** (▶) wird die Aussagekraft des Profils verbessert. Dazu wählt man unterschiedliche Maßstäbe für Höhen und Entfernungen, welche die Höhen größer darstellen als die Entfernungen. Dabei müssen jedoch die typischen Formen der Oberfläche erhalten bleiben.

Wir zeichnen ein Höhenprofil

Materialien: Millimeterpapier, Bleistift, Lineal (Geodreieck).

1. Lege auf der Karte die Endpunkte des Landschaftsausschnittes fest (Profilpunkte A und B) und verbinde sie durch eine Linie (Profilstrecke).
2. Lege an die Profilstrecke einen Papierstreifen und trage die Schnittpunkte der Höhenlinien mit der Profilstrecke ab. Notiere die Höhenangaben auf dem Papierstreifen.
3. Bereite auf Millimeterpapier ein Rechteckgitter vor. Auf der x-Achse wird die Entfernung abgetragen (Entfernungsachse), auf der y-Achse die Höhe (Höhenachse).
4. Bestimme den Höhenmaßstab (hier am Beispiel M 2): Längenmaßstab der Karte (M 1) 1 : 2 500 000, d. h., 1 cm entspricht 25 000 m in der Natur.
   Gewünschte Überhöhung zwanzigfach: 25 000 m : 20 = 1250 m. Damit entspricht 1cm auf der Entfernungsachse 25 000 m und 1 cm auf der Höhenachse 1250 m.
5. Übertrage vom Papierstreifen die Höhenangaben über der Entfernungsachse durch Kreuze.
6. Verbinde die einzelnen Kreuze (Höhenpunkte) zur Profillinie.

Das Kausalprofil

Das Kausalprofil (lateinisch causa = Ursache) fügt dem Höhenprofil geographische Merkmale des Landschaftsraumes hinzu. Diese heben Zusammenhänge hervor.

Der Geograph Alexander von Humboldt (1769 – 1859) erforschte u. a. die Anden, vgl. S. 17. Dabei erkannte er, dass sich in Abhängigkeit von der Höhe das Klima und somit die Vegetation verändert.

Auf den Spuren Alexander von Humboldts zum Chimborazo

Der Vulkan galt zu Zeiten Humboldts mit 6310 m als der höchste und gefährlichste Berg der Erde.

1. **Tag.** Guayaquil: Tierra caliente, feucht-heißes Küstentiefland, Jahresmitteltemperatur (JT) zwischen 30 °C und 24 °C, Anbau von Dauerkulturen (Bananen, Tabak, Zuckerrohr).
2. **Tag.** Fahrt nach Ambato auf steil ansteigender Straße in die Tierra templada, gemäßigtes Klima, JT zwischen 24 °C und 18 °C, Anbau von Dauerkulturen (Orangen, Grapefruites, Zitronen, Bananen und Papaya sowie Ananas). Nachmittags in Ambato, die Stadt liegt im Hochtal auf 2600 m, Tierra fria, JT zwischen 18 °C und 10 °C, Anbau von Dauerkulturen (Äpfel, Aprikosen), Ackerbau (Erbsen, Bohnen, Mais, Kartoffeln, Gerste, Weizen), Viehhaltung setzt ein (Lamas, Schafe).
3. **Tag.** Kräftezehrender Aufstieg durch pralle Sonne, Steppenland, gegen 17.00 Uhr Zeltplatz in 3000 m Höhe erreicht, Tierra helada, JT zwischen 10 °C und 0 °C (**Paramostufe** ▸), anfangs noch Ackerbau (Kartoffeln, Gerste), Viehhaltung (Lamas, Schafe).
4. **Tag.** Nach 8 Stunden anstrengendem Aufstieg auf 5000 m Whymper-Hütte erreicht, Grenze zur Tierra nevada, JT unter 0 °C, Felsstufe, wenige Moose.
5. **Tag.** Aufstehen 0.30 Uhr, kaum Schlaf, Herzrasen, -12 °C, beschwerlicher Weg zum Vulkangipfel, vom Gipfelgletscher unter dem Äquator prächtige Sicht auf „Straße der Vulkane", Abstieg zur Hütte, todmüde, 18 Stunden unterwegs.
6. **und 7. Tag.** Rückweg.

M 4 *Tagebuchaufzeichnung*

M 5 *Küstentiefland (Tierra caliente)*

M 6 *Gemäßigte Zone (Tierra templada)*

M 7 *Kalte Zone (Tierra fria)*

M 8 *Frost- und Eiszone (Tierra helada und Tierra nevada)*

1. Vergleiche die Informationen des Kausalprofils (M 3) und der Materialien M 4 bis M 8. Übernimm dazu das Kausalprofil in dein Heft. Ergänze das Profil durch Informationen zur Temperatur und zu Anbauprodukten.
2. Zeichne mithilfe einer Atlaskarte ein Kausalprofil vom Kilimandscharo.

Wie aus Savanne Wüste wird

M 1
Rinderherde im Sahel

Vor Jahrtausenden siedelten sich Hirsebauern und Nomaden in den Trocken- und Dornsavannen an. Seit einigen Jahrzehnten wird das Überleben immer schwieriger, denn alljährlich werden große Gebiete zu Wüste. Dieser Vorgang wird nach dem englischen Wort „desert" (Wüste) als **Desertifikation** (▶) bezeichnet. Warum verschlechtern sich die natürlichen Lebensbedingungen?

Prestigeobjekt Rinderherde
„Ein Vorwurf gegenüber den Nomaden ist, dass sie aus reiner Prestigesucht viel zu große Herden hielten, die zur Überweidung führten. Für die Nomaden bedeutet eine große Herde Sicherheit. Die Herdentiere sind vielfältigen Gefährdungen ausgesetzt: Dürrezeiten und Epidemien drohen immer wieder, deshalb sichern sich die Nomaden durch eine bestimmte Mindestgröße der Herde ab. Ob einem Nomaden in einer Zeit der Dürre die Hälfte von hundert Tieren stirbt oder die Hälfte von zehn Tieren, ist der Unterschied zwischen Überleben und Verhungern.
Ohne Zweifel steigt das Ansehen des Einzelnen mit der Größe seiner Herde. Aber dieser kann seine Herde nicht beliebig vergrößern: Weideflächen, Wasserstellen und die Arbeitskräfte aus der eigenen Familie stellen eine Begrenzung dar."
(nach: Misereor, Arbeitsheft Kamerun, Leben auf dem Land S. 37)

M 2 *Aus dem Bericht einer Hilfsorganisation*

Natürliche Ursachen

Die Dornsavanne ist der Übergangsbereich zwischen der Wüste Sahara und der Trockensavanne. Er wird von den dort lebenden Sudanvölkern als **Sahel** (▶) bezeichnet. Sahel ist ein arabisches Wort und bedeutet „Ufer". Früher, als noch Kaufleute mit ihren Karawanen in wochenlangen Reisen die Wüste durchquerten, war diese Bezeichnung gerechtfertigt. Die ersten Grashalme und Dornbüsche erschienen den Reisenden als „rettendes Ufer". In dieser Übergangszone zwischen Wüste und Savanne fanden sie Wasser und Nahrung für die Tiere. Hier wohnten wieder Menschen, mit denen sie Handel treiben konnten.
Heute ist aus dem „rettenden Ufer" ein gefährdeter Raum geworden, die Sahara rückt nach Süden vor. Die Sahelzone war immer ein von Dürren gefährdetes Gebiet. Sowohl mündliche Überlieferungen als auch regelmäßige Messungen der Niederschläge belegen diese klimatische Ungunst.
Aus den Jahren 1912 – 1917 ist eine Dürrekatastrophe bekannt, die viele Rindernomaden ins Verderben stürzte. Oft schwanken die Niederschläge von Jahr zu Jahr. Das Schlimme an dieser **Niederschlagsvariabilität** (▶) ist, dass ungewiss bleibt, wie viel es regnen wird. Verheerende Dürren können schon gar nicht vorhergesagt werden.

Dürrekatastrophen

In der Dorn- und Trockensavanne begrenzen die Niederschläge den Umfang der landwirtschaftlichen Nutzung. Liegen sie unter dem Durchschnitt oder bleiben sie ganz aus, spricht man von einer **Dürre** (▶). Hält die Dürre über mehrere Jahre an, kann sie sich zu einer Katastrophe entwickeln. Den Menschen fehlt es

Verwendungszweck	Zahl der Bäume
Bau von 2 Wohnhütten pro Familie bei 6 Jahren Haltbarkeit	16
Umzäunung des Wohngrundstücks	40
Umzäunung der Felder	100
Brennholz pro Jahr (1 Baum bzw. Busch pro Woche)	52

M 3 *Holz als Bau- und Brennstoff*

dann an Nahrungsmitteln und Wasser. In den letzten 40 Jahren kam es zweimal zu Dürrekatastrophen im Sahel. Die Felder verdorrten, die Menschen hungerten. Die spärliche Vegetation auf den Weideplätzen wurde bis auf den Wurzelbereich von den Tieren abgefressen. Millionen Stück Vieh verendeten oder mussten wegen Entkräftung notgeschlachtet werden. Schließlich verhungerten auch Menschen.

Gesellschaftliche Ursachen

Die übermäßige Nutzung der Sahelzone durch den Menschen ist eine Folge der Bevölkerungszunahme. Mehr Menschen müssen mehr essen und folglich mehr Vieh halten. Dies führt in der Regel zur **Überweidung** (▸) und zur Absenkung des Grundwasserspiegels. Dadurch schwindet die Pflanzendecke und der Boden ist verstärkt den Angriffen von Wind und Wasser ausgesetzt.

Maßnahmen

Bei den Dürrekatastrophen der 1970er- und 1980er-Jahre wurden Tausende von Menschen durch Nahrungsmittelspenden gerettet. Spenden sind jedoch kein Mittel, die Ernährungsprobleme im Sahel auf Dauer zu lösen. Eine Maßnahme zur langfristigen Sicherung der Nahrungsmittelversorgung ist eine Familienplanung, die die Männer mit einbezieht. Zugleich muss der Prozess der Desertifikation aufgehalten werden. Dazu schlagen Experten folgende Maßnahmen vor:

- Verringerung des Viehbestandes,
- Wechsel von Weidegebieten nach festgelegten Plänen,
- Rücknahme der nördlichen Anbaugrenze um mindestens 100 km,
- Schutz der noch vorhandenen Vegetation und Aufforstung als Maßnahme gegen Bodenverwehung und Erosion sowie als Brennholzlieferant,
- Ersatz der Energie verschwendenden offenen Feuerstellen durch Öfen.

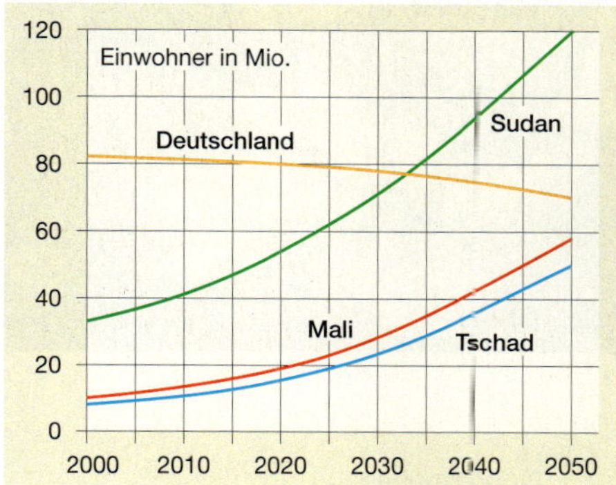

M 4

Bevölkerungsentwicklung 2000 – 2050 bei Fortschreibung der heutigen Wachstumsrate (nach: UN: The World Population Prospekts: The 2006 Revision)

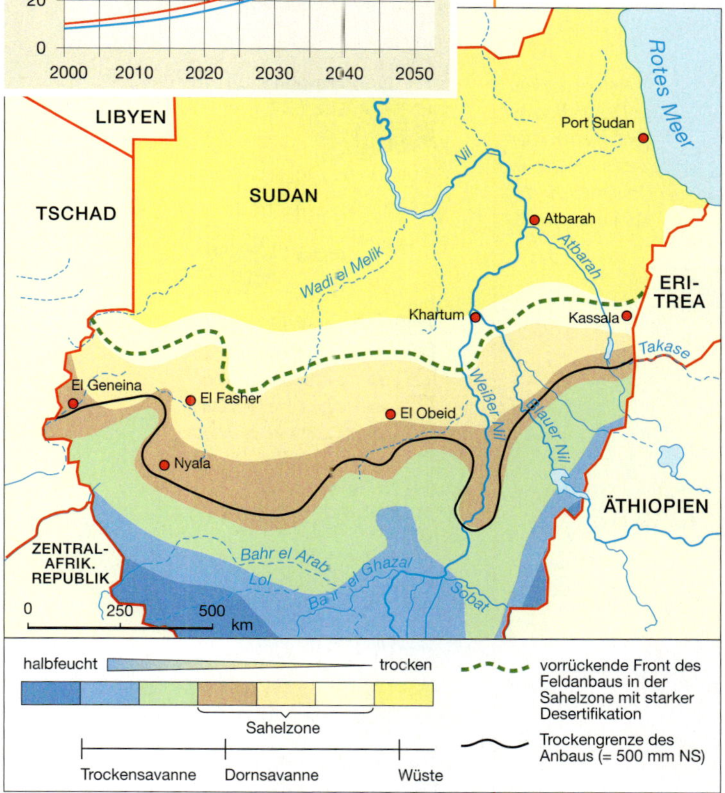

M 5

Vorrücken des Feldanbaus im Sudan

1. Nenne Länder, die Anteil am Sahel haben (Atlas). Vergleiche ihre Flächengröße, Bevölkerungszahl und -wachstum mit den Werten für Deutschland (S. 348 – 351).
2. Erläutere natürliche Bedingungen, die den Sahel anfällig für Dürrekatastrophen machen (M 5, Atlas).
3. Erläutere den Zusammenhang zwischen Bevölkerungswachstum und der Ausdehnung des Regenfeldbaus in den Sahelländern (M 4 bis M 5).
4. Stelle die Bedingungen des Naturraumes in der Sahelzone in einer Tabelle zusammen.
5. Nenne mögliche Gründe für Hungerkatastrophen in der Sahelzone (M 1 bis M 5).
6. Erläutere die Maßnahmen zur Bekämpfung der Desertifikation.

Desertifikation weltweit

M 1

Verteilung von Hirse

Mit den Auswirkungen der Desertifikation beschäftigt sich eine internationale Wüstenkonvention (UNCCD), der 191 Staaten beigetreten sind. Durch Aktionspläne soll die betroffene Bevölkerung bei der Bekämpfung der Desertifikation unterstützt werden. Welche Auswirkungen hat die Desertifikation für die Bevölkerung in den betroffenen Ländern?

Der Prozess der Desertifikation ist nicht nur auf die Sahelzone in Afrika beschränkt. Die Übernutzung durch den Menschen wirkt sich auch in den Savannen, Steppen und Halbwüsten anderer Kontinente aus. Für die in den betroffenen Gebieten lebende Bevölkerung bedeutet Desertifikation ungesicherte Versorgung mit Nahrungsmitteln, schlechten Ernährungszustand und zunehmende Armut. Daraus resultieren hohe Anfälligkeit für Krankheiten und geringe Lebenserwartung.
Immer mehr Menschen wandern vom Land in die Stadt ab, in der Hoffnung, dort Arbeit zu finden.
Weltweit werden über 2,6 Mrd. Menschen von der Desertifikation beeinflusst. Davon leben 1,7 Mrd. in Trockengebieten. Jedes Jahr gehen weltweit über 50 000 km² landwirtschaftliche Nutzfläche durch von Menschen verursachte Bodenzerstörung verloren.

M 2

Anteile der von Desertifikation betroffenen oder gefährdeten Gebiete an der Gesamtfläche der Kontinente (in %)

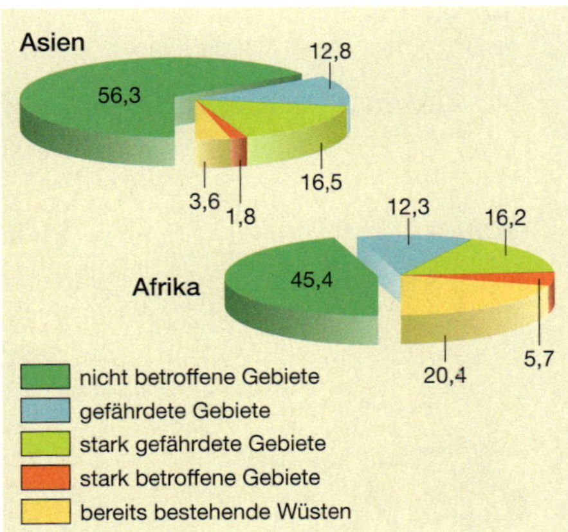

M 3

Von Desertifikation betroffene oder gefährdete Gebiete

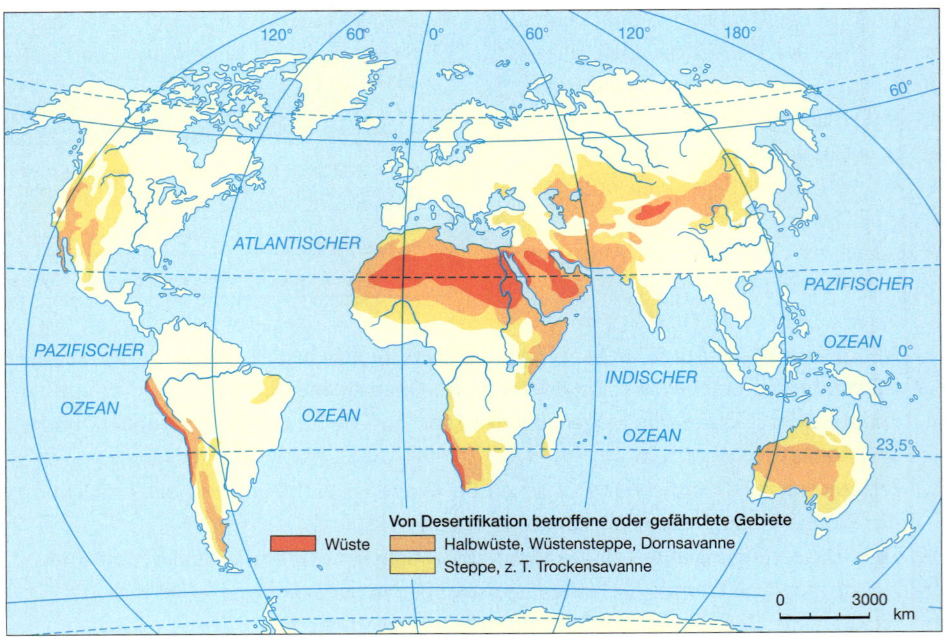

M 5
Eine Wanderdüne bedeckt die Vegetation; Sahelzone in Mali

Hilfe zur Selbsthilfe
Mathias Klein ist seit zwei Jahren als Entwicklungshelfer in Burkina Faso tätig. Er erzählt uns, dass man in aller Welt bereit ist, den Menschen in den Katastrophengebieten zu helfen.
Wichtig ist es dabei, die Bevölkerung in den dürregefährdeten Regionen in die Lage zu versetzen, sich selbst zu helfen und nicht dauerhaft auf Hilfe angewiesen zu sein. „Wir haben beim Bau von kleinen Dämmen rings um die Felder geholfen. Jetzt fließt das Regenwasser langsamer ab und kann so besser im Boden versickern.
Wenn genügend Wasser zur Verfügung steht, kann auch aufgeforstet werden. Die Bauern haben die Jungpflanzen durch kleine Zäune vor Viehverbiss geschützt. Nun helfen wir noch beim Anlegen von zwei weiteren Tiefbrunnen und hoffen, dass für die Familien die Wasserversorgung besser wird."

M 4 *Verbesserung der Lebensgrundlagen*

M 6
Baumschule im Norden Nigerias

Schon gewusst? *Seit ihrer Gründung 1962 bis zum Jahr 2000 förderte die Deutsche Welthungerhilfe mit rund 800 Mio. Euro 3000 Selbsthilfeprojekte, 800 Projekte für Kinder und Jugendliche sowie 450 Nothilfeprogramme in 70 Entwicklungsländern.*

welt hunger hilfe

1. Beschreibe die Verbreitung der Desertifikation über die Erde und nenne betroffene Länder außerhalb Afrikas (M 2, M 3, Atlas).
2. Welche Auswirkungen hat die Desertifikation für die in den betroffenen Gebieten lebende Bevölkerung (M 4, M 5)?
3. Nenne Maßnahmen zur Bekämpfung der Desertifikation (M 4, M 6).
4. Diskutiert in Gruppen über Hilfsmaßnahmen und ihre Wirksamkeit.
5. Gestaltet in Gruppenarbeit eine Wandzeitung zum Thema „Hunger in der Welt". Geht auf die Ursachen und mögliche Folgen ein.

Hinweise zur erfolgreichen Internetrecherche

Wenn du möglichst aktuelle Informationen zur wirtschaftlichen Entwicklung Kenias sammeln sollst, bietet sich eine Internetrecherche an. Damit du unter den derzeit über drei Milliarden Web-Seiten die richtigen findest, gilt die Grundregel: „Je genauer deine Suchangabe ist, desto besser ist dein Suchergebnis." Also notiere dir zunächst auf einem „Denkzettel" die wichtigsten Begriffe, die dir zum Thema einfallen. Nun hast du drei Möglichkeiten, erfolgreich zu recherchieren.

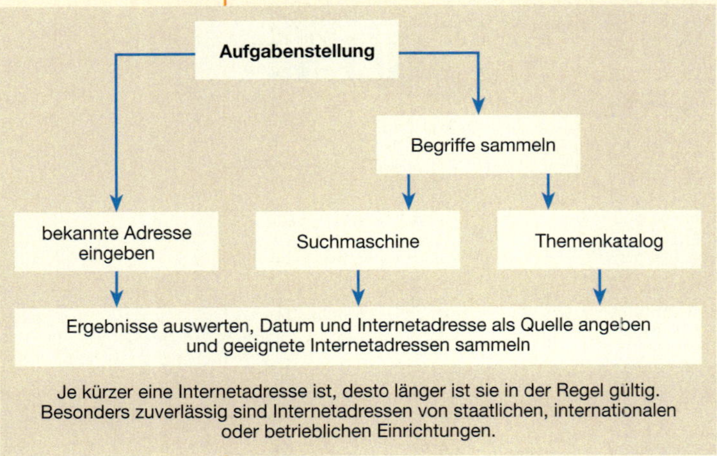

M 1 *Checkliste einer erfolgreichen Internetrecherche*

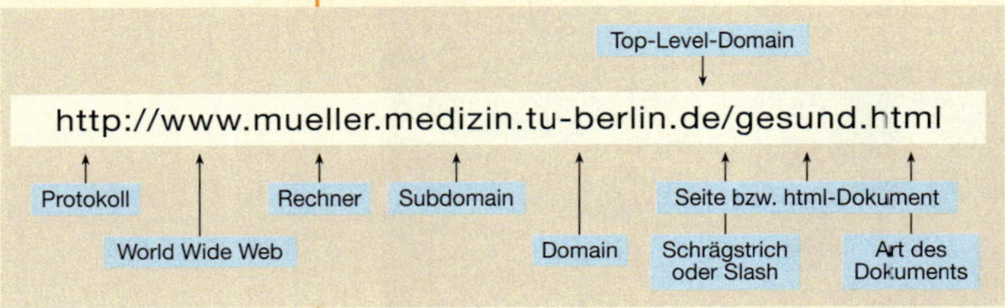

M 2 *So setzt sich eine Internetadresse zusammen*

Internationale Suchmaschinen verzeichnen Web-Seiten weltweit. Sie können Inhalte in allen Sprachen und Ländern finden. Deutsche Suchmaschinen suchen nur Web-Seiten aus dem deutschsprachigen Raum. Häufig sind sie für den deutschsprachigen Raum genauer als internationale Suchmaschinen. Metasuchmaschinen können Inhalte in mehreren Suchmaschinen und Themenkatalogen gleichzeitig finden.

Deutsche Suchmaschinen (eine Auswahl):	Themenkatalog (eine Auswahl):
www.fireball.de	www.dino-online.de
www.freenet.de	www.yahoo.de
www.google.de	www.allesklar.de
Internationale Suchmaschinen (eine Auswahl):	**Metasuchmaschinen (eine Auswahl):**
www.altavista.com	www.metager.de
www.infoseek.com	www.hurra.de
www.hotbot.com	www.metacrawler.de

M 3 *Suchmaschinen*

1. Suche mit einer bekannten Adresse

In den Randspalten deines Erdkundebuches sind vereinzelt Internetadressen angegeben. Sie erleichtern die Beschaffung zusätzlicher Informationen. Gib die Adresse in die Bildschirmmaske ein (vgl. M 2) und bestätige mit der Enter-Taste. Achte auf die Richtigkeit deiner Eingabe. Werden Punkte vergessen oder Buchstaben vertauscht, kann die gewünschte Seite nicht gefunden werden.

2. Suche mit einer Suchmaschine

Suchmaschinen sind nichts anderes als Computer, die auf spezielle Datensammlungen zurückgreifen, auf denen Millionen kurzer Inhaltsangaben von Web-Seiten und deren Adressen gespeichert sind. Gibst du einen Suchbegriff ein und bestätigst mit der Enter-Taste, so werden entsprechende Einträge aufgelistet. Meist werden zu viele Einträge angezeigt, sodass du unmöglich alle anschauen kannst.
Deshalb solltest du professioneller suchen, indem du Suchbegriffe kombinierst oder ausschließt. Jede Suchmaschine gibt dazu Hilfestellung mit Funktionen wie „Hilfe" oder „erweiterte Suche". Bei der Suchmaschine **„www.altavista.com"** kannst du beispielsweise mehrere Begriffe durch ein „and" verknüpfen oder durch ein „not" ausschließen.

3. Suche mit einem Themenkatalog

Manchmal ist es sinnvoll, erst nach Oberbegriffen zu suchen, um dann weiter ins Detail zu gehen. Dies ist dann der Fall, wenn ein Begriff auch in anderen Bereichen benutzt wird oder so selten ist, dass eine Suchmaschine ihn nicht findet. In diesen Fällen bieten sich Themenkataloge an. Zudem weisen die Suchergebnisse in Themenkatalogen häufig eine höhere Qualität auf.

M 4 *Schüler bei der Internetrecherche*

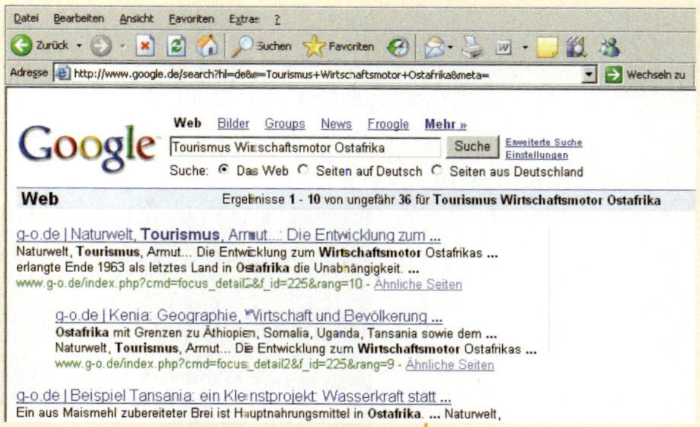

M 5 *Treffer bei www.google.de*

Beispiel einer Suche

Du suchst Informationen zum Thema „Tourismus – Wirtschaftsmotor Ostafrikas?". Für deine Recherche hast du dich für die Metasuchmaschine „google.de" entschieden. Bei dieser Suchmaschine brauchst du mehrere Begriffe nicht speziell zu verknüpfen. Starte deine Suche durch die Enter-Taste.

Von den angezeigten Treffern entscheidest du dich für den ersten Treffer: Naturwelt, Tourismus, Armut [...] Die Entwicklung zum Wirtschaftsmotor Ostafrikas" von geoscience-online.de. Nach einem Mausklick erscheint die gewählte Seite. Hier findest du einen Artikel über den Tourismus in Ostafrika sowie zahlreiche Zusatzinformationen zum Thema. Zur intensiven Bearbeitung erscheint es sinnvoll, die gefundenen Informationen in eine Datei zu kopieren und diese später kostengünstiger im Offline-Betrieb zu lesen. Denke daran, die genaue Adresse als Quelle zu kopieren, damit dein Lehrer die Fundstelle überprüfen kann. Notiere sie dir in deinem neuen Internetrechercheheft, damit du beim nächsten Mal nicht wieder von vorne anfangen musst.

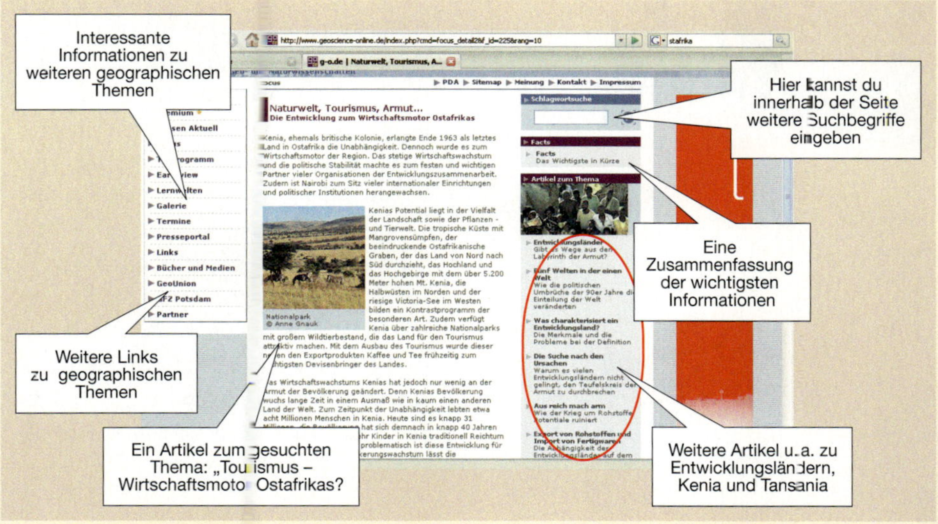

M 6 *Die Seite http://www.geoscience-online.de*

1. Führe eine Internetrecherche zum Thema: „Tourismus – Wirtschaftsmotor Ostafrikas?" durch. Sammle zunächst auf einem „Denkzettel" geeignete Suchbegriffe und probiere verschiedene Suchdienste aus.
2. Werte deine gesammelten Ergebnisse aus und stelle sie deinen Mitschülern vor.
3. Lege ein Heft an, in dem du alle besonders geeigneten Internetadressen sammelst.

Monsun in Asien

„Die schlimmste Dürre seit Jahren wird zur Katastrophe für Menschen, Tiere und Pflanzen", „Schwerste Regenfälle verwüsten die Felder und verursachen eine schlechte Ernte".

Solche widersprüchlichen Meldungen aus Indien sind keine Seltenheit.
Wie kommt es zu den gegensätzlichen Erscheinungen des Wetters in Indien? Wie bestimmen sie die Arbeit der Bauern?

M 1 *Hochwasser bei Sommermonsun*

M 2 *Dürre bei Wintermonsun*

Jahreszeiten in Indien

Sie werden in Indien von Land- und Seewinden bestimmt. Seefahrer, die von Ostafrika nach Indien segelten, gaben diesen Winden den arabischen Namen für Jahreszeiten „mausim". Daraus entstand in Europa der Begriff **Monsun** (▸).

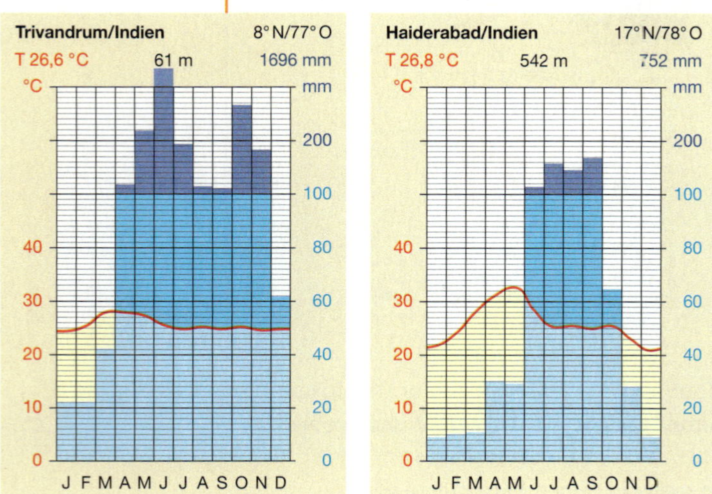

M 3 *Klimadiagramme*

Ablauf der Jahreszeiten in Indien

Heiße Trockenzeit: Von März bis Mai strahlt die Sonne vom wolkenlosen Himmel. Ihre sengende Glut nimmt von Tag zu Tag zu. Die Tageshitze steigt bis 45 °C an. Der Wind weht aus Nordosten. Die Flüsse drohen zu versiegen. Der Boden bekommt tiefe Risse. Die Brunnen trocknen aus. Die Bauern holen das Wasser aus Zisternen, in denen sie es während der Regenzeit gesammelt haben. Menschen und Tiere leiden unter Durst.

Heiße Regenzeit: Ende Mai ändert sich die Witterung. Der Himmel färbt sich gelb. Ein Sturm setzt ein und treibt dichte Staubwolken vor sich her. Die Menschen flüchten in ihre Häuser. Dunkle Wolken jagen vom Südwesten heran und ein Gewitter mit wolkenbruchartigem Regen setzt ein. Fast täglich bringt der Seewind nun Regen. In kurzer Zeit schwellen die Flüsse an. Es ist, als ob die Natur zu neuem Leben erwacht ist. Üppig entfaltet sich die Pflanzenwelt. Darauf haben die Bauern gewartet. Sobald der Boden genügend aufgeweicht ist, wird das Ackerland bestellt.

Warme Trockenzeit: Ende Oktober lassen die Gewitterregen nach. Von Nordosten weht nun bis in den Februar ein beständiger Landwind. Er bringt kühlere Luft. Es ist die angenehmste Jahreszeit.

M 4 *Monsunzeiten*

Bedeutung des Monsuns in Indien

Für die Inder ist der Landwind der „Hungerwind", der Seewind der „Regenbringer". Im jahreszeitlichen Wechsel der Winde ändert sich das Landschaftsbild. Selbst in den Städten ist der Tagesverlauf der Menschen davon betroffen.

Wenn der Regen aber nur spärlich fällt oder der Seewind zu spät kommt, ist es bald wieder sehr heiß. Dürre und Missernten sind die Folgen. Im folgenden Jahr kann es zur Hungersnot kommen. Auch zu hohe Niederschläge sind gefürchtet. Sie verursachen vor allem im Küstentiefland und im Gangestiefland sowie in den Flussniederungen im Hochland von Dekkan Überschwemmungen mit großen Schäden. Nicht selten erreichen die Gewitterstürme die Gewalt eines Orkans. Sie entwurzeln Bäume und decken Häuser ab.

Monsune in Asien

Das Klima Süd- und Ostasiens wird durch gegensätzliche Luftströmungen bestimmt. Im Winter fließt Luft aus dem Innern des Festlandes über Süd- und Ostasien zu den umgebenden Meeren ab. Dadurch beeinflussen verhältnismäßig kühle und trockene Luftmassen die Witterung in diesen Großräumen.
Im Sommer dagegen strömen warme und feuchte Luftmassen in den Kontinent hinein. Sie haben über den warmen Meeren viel Feuchtigkeit aufgenommen, deshalb bringen sie umfangreiche Sommerregen.

Man unterscheidet den tropischen Monsun in Süd- und Südostasien von einem außertropischen Monsun in Ostasien. Der außertropische Monsun bringt während des Sommers warme feuchte Luft nach Japan und Ostchina. Im Winter strömen kalte, trockene Winde aus Sibirien ein.

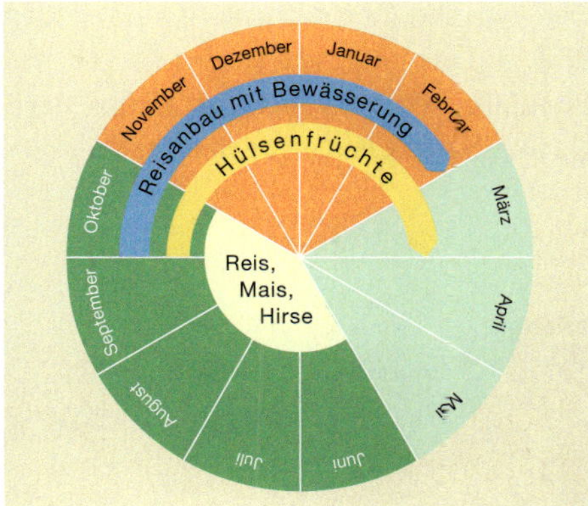

M 5
Anbaukalender in Indien

Vormonsun
Sommermonsun
Wintermonsun

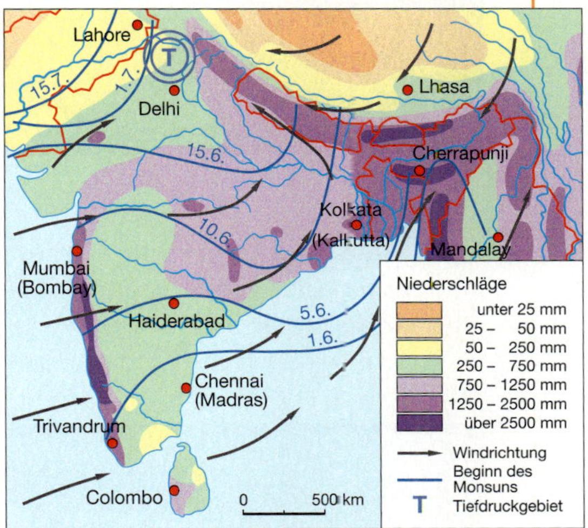

M 6
Sommermonsun

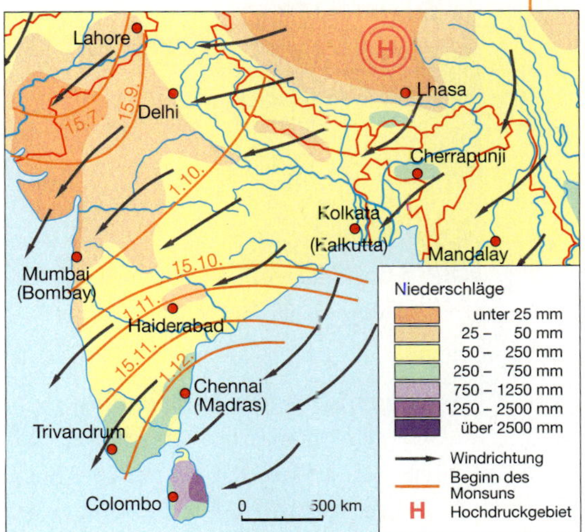

M 7
Wintermonsun

1. Beschreibe die Jahreszeiten Indiens (M 1 bis M 4).
2. Erläutere die Entstehung der Monsunwinde, beachte die Druckverteilung (M 6, M 7)
3. Zeichne eine Profillinie von Mumbai nach Chennai, (Atlas). Begründe daran die Verteilung der Niederschläge (M 6, M 7)
4. Erläutere die Auswirkungen des Monsuns auf die indische Landwirtschaft (M 5).

Projekt: Die bunte Vielfalt der Tropen

Eine typische Oberflächenform der Tropen sind endlose, nur leicht gewellte Ebenen (Rumpfflächen), aus welchen abrupt steile, glockenförmige Berge (Inselberge) aufragen. Die Rumpfflächen werden manchmal von bis zu 1000 Meter hohen Geländestufen (Rumpfstufen) getrennt, an denen eindrucksvolle Wasserfälle entstanden sind.

M 1 *Rumpffläche mit Inselbergen*

M 2 *Rumpfstufe*

In großen Senken verzweigen sich die Flüsse zu mehreren hundert Kilometer großen Binnendeltas mit zahlreichen Flussschlingen, wie z. B. im Pantanal in Brasilien. Im Amazonastiefland zeigen manche Flüsse deutliche Farbunterschiede. Weißwasserflüsse führen viel Lehm und Sand mit sich, Schwarzwasserflüsse haben nur wenige Schwebstoffe.

M 3 *Schwarz- und Weißwasserflüsse*

M 4 *Pantanal*

1. Wir gestalten eine Wandzeitung

- Sammelt Material zu unterschiedlichen Aspekten und Teilthemen der Tropen. Anregungen findet ihr auf den Kapitelseiten des Buches sowie den Bildthemen der vorliegenden Doppelseite. Sammelt zu jedem Thema zusätzliche Informationen. Achtet darauf, verschiedene Darstellungsformen zu verwenden (Bilder, Karten, Texte usw.).
- Heftet eure Darstellungen auf große Plakatkartons oder an eine Pinwand. Achtet darauf, Schriften nicht zu klein zu wählen und Karten anschaulich zu gestalten, sodass die Informationen beim Betrachten leicht und auch aus einiger Entfernung erfasst werden können.
- Präsentiert eure Wandzeitung in der Klasse oder im Forum der Schule.

Viele Menschen denken beim Thema „Äquator“ an heißes und feuchtes Tropenklima, exotische Pflanzen und Tiere und für uns fremde Lebensweisen der Menschen. Wir können die Tropen, ihre Nutzung und auch Probleme erst verstehen, wenn wir uns mit ihrer Vielfalt beschäftigen und ihre Besonderheiten erkennen. Im Rahmen unterschiedlich umfangreicher Projekte könnt ihr die bunte Vielfalt der Tropen darstellen.

M 5 *Trinkkokosnuss, ein Getränk der Tropen*

2. Wir gestalten einen Tropentag

Eine Präsentation der Vielfalt der Tropen könnte ein „Tropentag“ sein, der für die Schule gestaltet wird. Hierzu sind eine noch größere Themenfülle und weitere Präsentationsformen als für die Wandzeitung denkbar. Weitere Themen könnten sein:

- tropische Früchte (Informationen in Obstfachgeschäften)
- Bericht über einen Besuch in einem Tropenhaus
- eindrucksvolle Landschaften (Reiseprospekte)
- Reiseberichte und Expertenberichte. Vielleicht habt ihr Mitschüler/-innen, die aus tropischen Ländern kommen, oder ihr kennt Personen, die ihr als Experten einladen könnt.

Ein solcher Präsentationstag muss rechtzeitig geplant werden. Stimmt Termin und Räumlichkeiten mit der Schulleitung ab, legt einen Ablaufplan fest, macht die Präsentation rechtzeitig bekannt.

Wo Ebbe und Flut an flachen tropischen Küsten Schlick angespült haben, finden wir Mangrovensümpfe. Stelzwurzeln geben den Pflanzen Halt, oberirdische Luftwurzeln sichern die Sauerstoffzufuhr. Mangroven sind ein wichtiger Lebensraum für Fische, Muscheln, Krebse und Garnelen. Sie bieten auch einen gewissen Schutz gegen die Küstenerosion.

Vor der Küste finden sich Korallenriffe. Die riffbildenden Lebewesen benötigen eine Wassertemperatur von mindestens 18 °C. Da sie nur in klarem Wasser gedeihen, reagieren sie auf Wasserverschmutzung empfindlich. Korallenriffe sind Lebensraum für eine Vielzahl von Pflanzen, Würmern, Weichtieren, Schwämmen, Krebsen und Fischen.

M 6 *Mangroven*

M 7 *Korallenriff*

Klima und Kulturpflanzen in den gemäßigten Breiten

Das Klima Europas

M 1 *Auf Irland und bei Warschau im März*

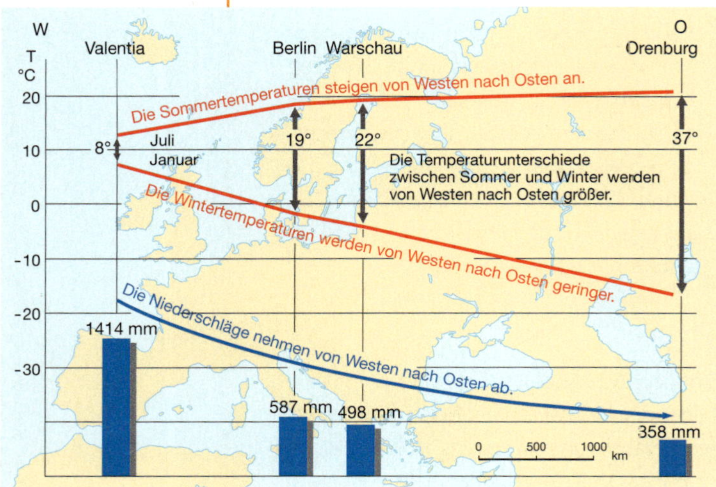

M 2 *Temperaturen und Niederschläge in Europa*

Europa liegt größtenteils in der gemäßigten Zone. Nur der äußerste Norden reicht in die polare Zone hinein und Südeuropa gehört zu den Subtropen. Bestimmend für das Klima des Kontinents ist die Lage zwischen dem Atlantischen Ozean und der Landmasse Asiens einerseits sowie zwischen dem Nordpolarmeer und Afrika andererseits. Von großem Einfluss auf die Temperaturverhältnisse nördlich der Alpen, insbesondere in Nordeuropa, ist der Golfstrom. Außerdem bringen die häufigen Westwinde in der gemäßigten Zone das ganze Jahr über feuchte Luftmassen vom Ozean auf den Kontinent.

Die natürliche Vegetation

In der gemäßigten Zone reichen Wärme und Niederschläge allgemein zur Ausbildung einer Waldvegetation aus.

Im kälteren Norden wachsen Nadelwälder und südlich davon Laub- und Mischwälder. Im trockenen Südosten können sich lediglich die Gräser und Kräuter der Steppe entfalten. Entsprechend den extremen Beleuchtungsverhältnissen breiten sich im hohen Norden Tundren aus. Sommerliche Trockenheit bedingt in Südeuropa die subtropische Hartlaubvegetation.

M 3

Bildung von Seeklima (ozeanisches Klima) und Landklima (Kontinentalklima)

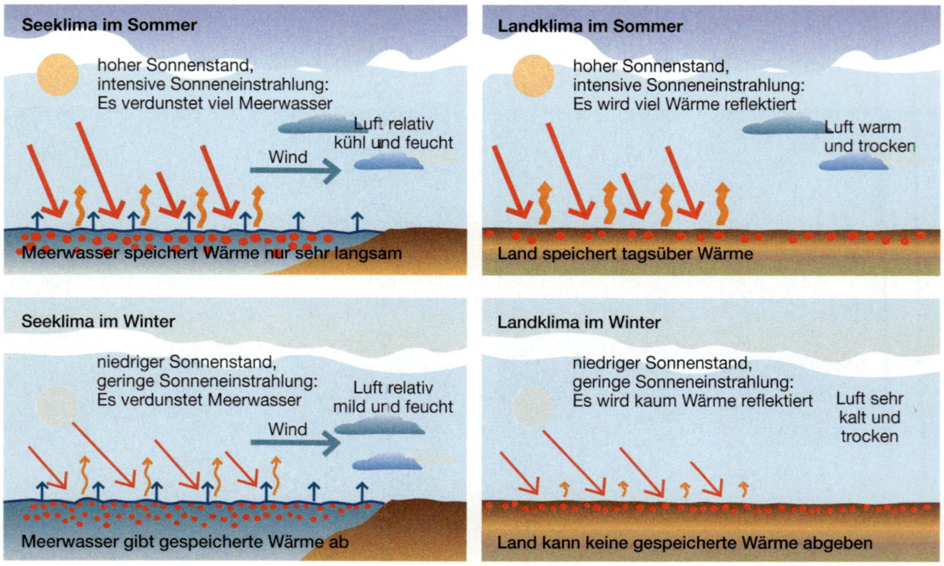

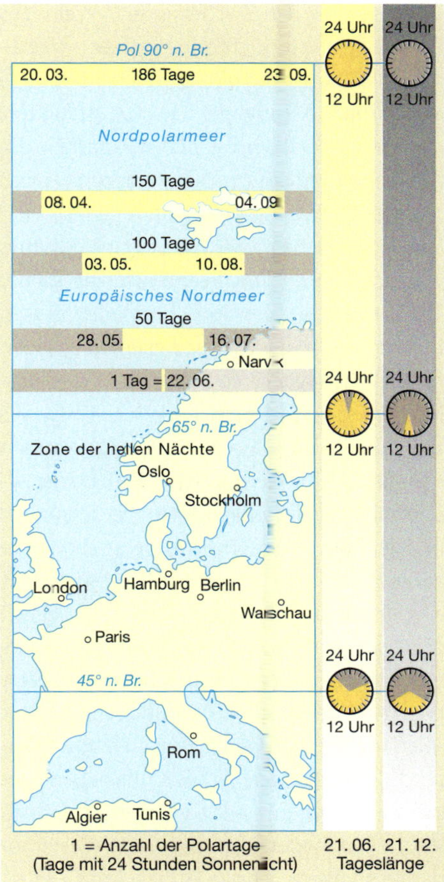

M 4 *Tageslänge in der gemäßigten und polaren Zone*

M 5 *Europa – Klima und Vegetation*

M 6

Das Klima auf der Halbinsel Kola und in Süditalien

Vom Klima auf der Halbinsel Kola

Im Winter verdecken oft Wolken die niedrig stehende Sonne. Bei Temperaturen um −30 °C werden Seen und Flüsse zu Straßen für Autos und Pferdeschlitten. Während der Schneeschmelze im kurzen Frühjahr treten die Flüsse über die Ufer. In der Zeit der hellen Sommernächte kann die Temperatur bis über 30 °C ansteigen.

Vom Klima in Süditalien

Glühend heiß brennt im Sommer die Sonne, oft herrschen tagelang bis zu 40 °C, wochenlang zeigen sich kaum Wolken am Himmel. Gräser und Kräuter verdorren, Bäche und kleinere Flüsse versiegen. Selten bringen Gewitter Regen und Abkühlung. Erst im Oktober beginnt die Regenzeit. Nie wird es richtig kalt, selten gibt es Frost. Im März beginnt die schönste Zeit des Jahres. Alles blüht und wächst.

1. Erläutert die Aussage: Europa ist in doppelter Weise ein Kontinent des klimatischen Übergangs. Arbeitet in Gruppen: West-Ost (M 1 bis M 3), Nord-Süd (M 4, M 6).
2. Erkläre die Vielfalt der natürlichen Vegetation Europas (M 5).

Kulturpflanzen in Europa

M 1 *Kulturpflanzen in Europa*

Gemüse aus den Niederlanden, Wein aus Frankreich, Zitrusfrüchte aus Spanien – vielfältig ist die Palette landwirtschaftlicher Produkte aus Europa. Abgesehen von Kulturpflanzen, die nur in den Tropen gedeihen, kann die europäische Landwirtschaft alle Nahrungsmittel selbst erzeugen.

Die landwirtschaftliche Nutzung eines Raumes wird stark vom Klima beeinflusst. Der größte Teil Europas liegt im Bereich des gemäßigten Klimas und ist sowohl für Ackerbau als auch für Viehzucht geeignet. Lediglich der äußerste Norden ist von kargen Tundren bedeckt, die nur von Rentier-Nomaden genutzt werden können. Die meisten Gebiete nördlich der Alpen haben ein humides Klima. Hier schränken mäßig warme Sommertemperaturen oder kühle bzw. kalte Winter die Landwirtschaft ein. Im Mittelmeerraum herrscht dagegen meist ein semiarides Klima vor. Mangel an Niederschlägen in den Sommermonaten beeinflusst hier den Anbau. Grünlandwirtschaft spielt vor allem in den Gebieten eine bedeutende Rolle, die ozeanisches Klima haben. Hier ist es für einen lohnenden Getreideanbau zu feucht. Das milde ozeanische Klima Westeuropas ist hingegen für den Anbau von Gemüse und Salat geeignet.

Die Räume mit kontinental geprägtem Klima oder europäischem Übergangsklima werden vorwiegend für den Getreideanbau genutzt.

In den Winterregengebieten des Mittelmeerraumes gedeiht eine Reihe von Kulturpflanzen, die entweder keine längeren Frostperioden ertragen können oder gleichmäßig hohe Sommertemperaturen benötigen und daher nördlich der Alpen nicht angebaut werden können (z. B. Ölbaum und Zitrusfrüchte).

Klimatische Ansprüche einiger Kulturpflanzen

Mais: stellt hohe Ansprüche an Wärme und Licht während der Vegetationsperiode (Keimung bei 8 – 10 °C, bestes Wachstum erst bei 15 – 20 °C Tagesmitteltemperatur); Wasseransprüche gering.

Ölbaum: günstigste Wachstumsbedingungen bei einer mittleren Jahrestemperatur von 15 – 22 °C und 500 – 700 mm Jahresnieder-

M 2 *Anbauzonen und Anbaugrenzen in Europa*

schlag; toleriert auch sehr trockene Jahre (bis 200 mm Niederschlag) und Temperaturen bis 40 °C; frostempfindlich.

Roggen: Anbau in kühlem und sommertrockenem Klima; nässeempfindlich; frosthärteste Getreideart (bis -25 °C).

Wein: wächst bei Jahresmitteltemperaturen von 10 – 12 °C, einer Vegetationsperiode von 180 – 200 Tagen und Niederschlägen von etwa 800 mm im Jahr; eine sommerliche Trockenzeit kann wegen des ausgedehnten Wurzelsystems ertragen werden.

Weizen: Getreide des wintermilden, sommerwarmen Klimas; sehr anpassungsfähig, daher weltweiter Anbau; Winterweizen wird im Herbst ausgesät (Nutzung der Winterfeuchte, Keimung im Herbst), Sommerweizen wird im Frühjahr ausgesät (Anbau in winterkalten Gebieten).

Zitrusfrüchte: gutes Wachstum bei mindestens 17 – 20 °C Jahresmitteltemperatur und 1200 mm Niederschlag im Jahr; Trockenzeiten werden nicht ertragen, kurze Frostperioden toleriert; hohe Sonneneinstrahlung erforderlich.

1. Beschreibe nach M 2 die vorherrschenden landwirtschaftlichen Nutzungen in den verschiedenen Teilen Europas.
2. Ordne verschiedene Anbauzonen und die Grenzen des Anbaus einiger Kulturpflanzen den Klimazonen in Europa zu (S. 79 M 5, sowie M 1 und M 2).
3. Erläutere anhand einer Klimakarte den Verlauf der Nordgrenze des Getreideanbaus in Europa und in Nordamerika (Atlas).

Lernbausteine: Wir informieren uns über Gunst- und Ungunsträume der Landwirtschaft

Baustein 1: Weidewirtschaft in Irland

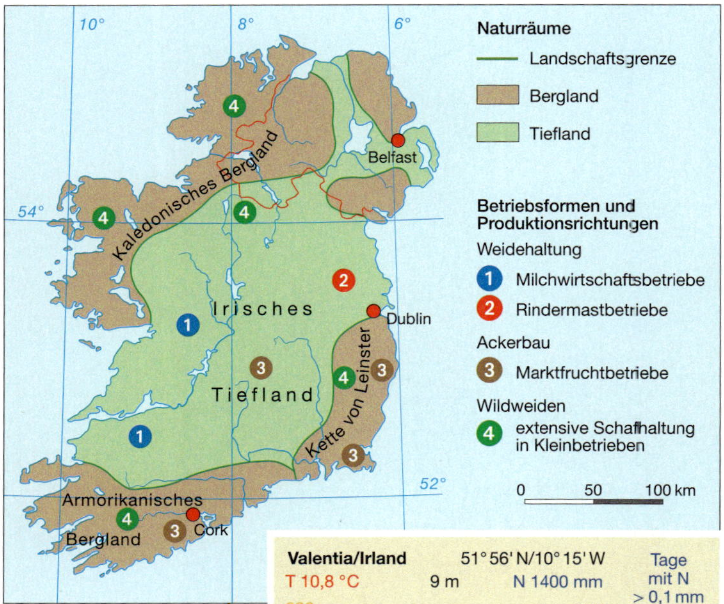

M 1 *Naturräumliche Gliederung und landwirtschaftliche Betriebsformen*

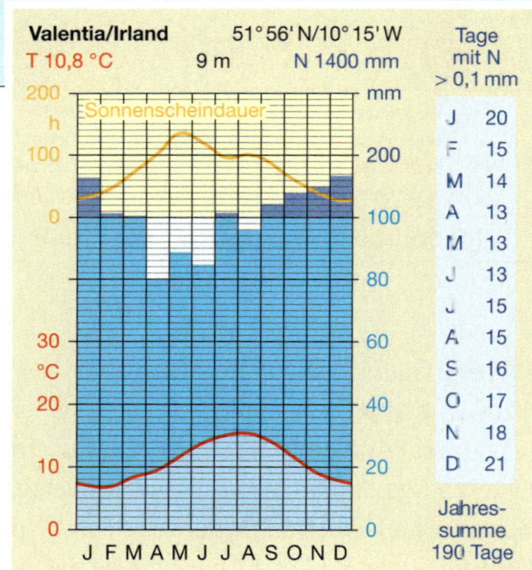

M 3 *Klimadiagramm Valentia*

M 2 *Anzahl der Tage mit Niederschlägen – Anzahl der Frosttage*

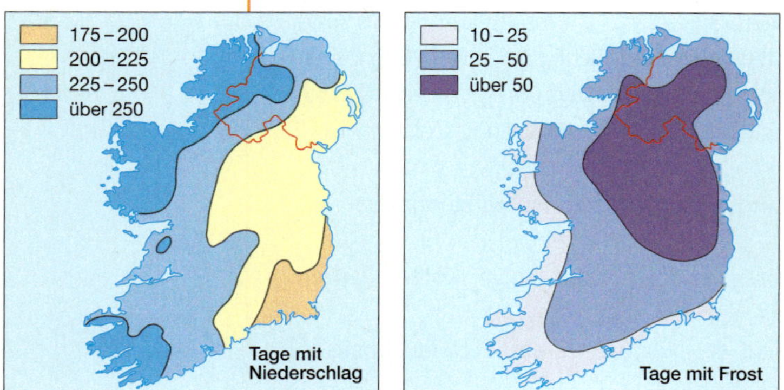

Aufgaben zu allen Lernbausteinen

1. Beschreibe die geographische Lage des vorgestellten Raumes (Atlas).
2. Erläutere die naturgeographischen Rahmenbedingungen.
3. Begründe die landwirtschaftliche Betriebsform vor dem Hintergrund der Naturausstattung.

Naturräumliche Gliederung

Die Mitte der Insel ist ein weites flaches bis welliges Tiefland mit Seen und Mooren. Es wird von Mittelgebirgen mit Höhen bis zu 900 m umgeben. Mit dem Schmelzen des Eises am Ende der Eiszeit stieg der Meeresspiegel. Im Westen und im Süden ertranken viele Flussmündungen; sie bilden heute tiefe Buchten in der steilen Felsküste.

Witterung und Landwirtschaft

Die hohen Wintertemperaturen bedeuten, dass das Gras in seinem Wachstum nur behindert, aber nicht unterbrochen wird. Eine besondere Rolle spielen die frischen Winde, die im ganzen Land auftreten. Sie ermöglichen es, trotz der hohen Feuchtigkeit und des Fehlens von Sonnenschein, das Getreide und Heu trocken zu ernten.

M 4 *Natürliche Voraussetzungen*

Landwirtschaftliche Betriebe nach Spezialisierungsgrad	
Weidewirtschaftsbetriebe	90 %
Marktfruchtbetriebe	5 %
Gemischtbetriebe	5 %

M 5 *Kennziffern der Landwirtschaft*

Landwirtschaftliche Nutzfläche	84 %
davon Ackerland	16 %
Wiesen, Weiden, Wildweiden	84 %
Gewässer	2 %
Bebaute Fläche und Ödland	14 %

M 6 *Bodennutzung in Irland*

Baustein 2: Viehhaltung und Ackerbau in Dänemark

Landschaftsformen und Bodennutzung

Dänemark ist ein Teil des europäischen Tieflandes. Die höchste Erhebung, der Yding Skovhoy in Jütland, erreicht 173 m. Die Oberfläche des Landes wurde wie in Norddeutschland vom Inlandeis des Eiszeitalters gestaltet. Westlich der von Norden nach Süden verlaufenden Endmoränenwälle auf der Halbinsel Jütland liegt die Geest mit sandigen Böden geringer natürlicher Fruchtbarkeit. Hier ist die Weidewirtschaft verbreitet. Das Klima ermöglicht einen langen Weidegang.
Dagegen sind Ostjütland und die Inseln in der Ostsee von lehmigen Grundmoränenböden mit hoher Fruchtbarkeit überdeckt. Hier liegen die Ackerbaugebiete Dänemarks. Etwa 90 % der landwirtschaftlichen Nutzfläche werden als Ackerland genutzt. Die verbleibenden 10 % nimmt das Grünland in der Geest ein. Nur ein Zwölftel des Territoriums ist noch bewaldet.

M 1 *Natürliche Voraussetzungen*

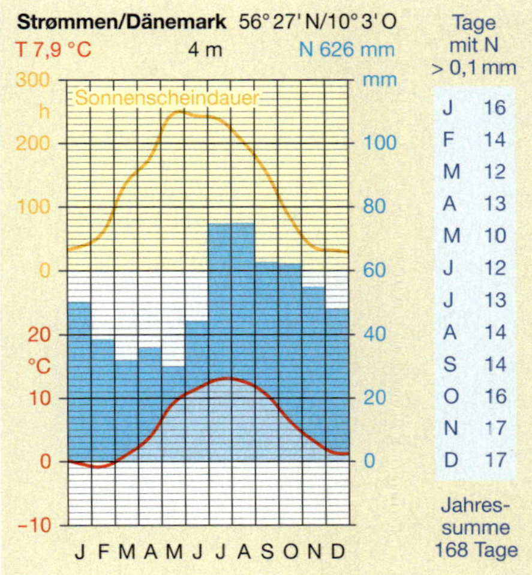

M 3 *Klimadiagramm Strømmen*

Landwirtschaftliche Betriebe nach Spezialisierungsgrad

Weidewirtschaftsbetriebe	
Rindermastbetriebe	20 %
Milchviehbetriebe	25 %
Marktfruchtbetriebe	45 %
Veredlungsbetriebe	10 %

M 4 *Kennziffern der Landwirtschaft*

Futterbaubetrieb in West-Jütland

130 ha Wirtschaftsfläche
31 ha Weide
99 ha Futterpflanzen:
41 ha Gerste, 30 ha Gras,
21 ha Gras mit Gerste,
20 ha Kleeheu
215 Fleischrinder: in Stallhaltung
85 Milchkühe: November bis April in Stallhaltung
4 Vollarbeitskräfte

Marktfruchtbetrieb auf Lolland

60 ha Wirtschaftsfläche:
24 ha Sommergerste,
16 ha Winterweizen,
12 ha Zuckerrüben,
6 ha Zuckerrübensamen,
2 ha Radieschensamen
2 Vollarbeitskräfte,
1 Saisonkraft zur Erntezeit
4 Traktoren, 1 Mähdrescher,
1 Rübenvollerntemaschine

Veredlungsbetrieb auf Seeland

26 ha Wirtschaftsfläche:
14 ha Sommergerste,
12 ha Winterweizen, Zukauf von Futter
60 Stellplätze für Zuchtsauen mit Aufzuchtmöglichkeit der Ferkel: etwa 1000 pro Jahr
400 Stellplätze für Mastschweine: Produktion rund 1000 pro Jahr
3 Vollarbeitskräfte

M 2 *Vorherrschende landwirtschaftliche Betriebsformen in Dänemark*

Baustein 3: Massentierhaltung in Südoldenburg

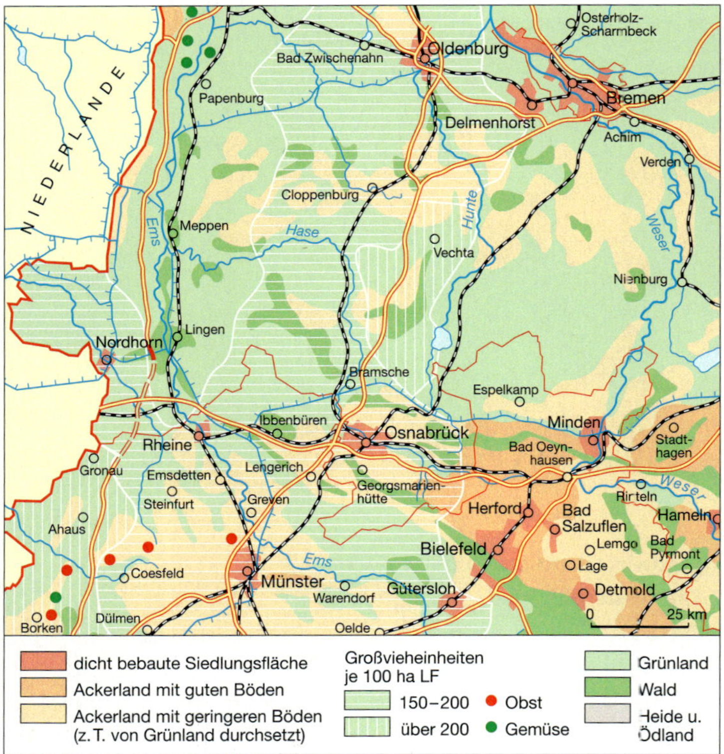

M 1 *Boden- und Nutzungskarte*

M 3 *Legehennenbatterie*

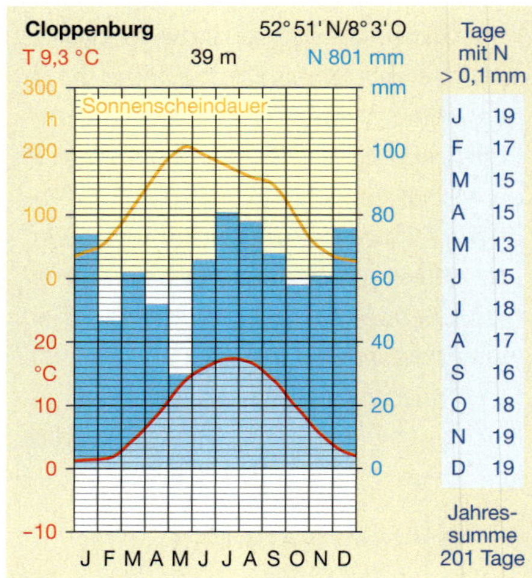

M 4 *Klimadiagramm von Cloppenburg*

Entwicklung der Betriebe *2003 mit neuen Ländern

Tierart		Deutschland*	Kreis Cloppenburg	Kreis Vechta
Rinder	1960	125 400	7 000	4 400
	1986	44 000	3 100	1 800
	2003	198 100	1 400	820
Schweine	1960	174 100	7 100	4 600
	1986	41 900	4 100	2 500
	2003	38 800	15 400	1 060
Hühner	1960	280 800	7 600	4 700
	1986	35 000	700	500
	2003	12 500	250	280

Viehbesatz je 100 ha landwirtschaftlicher Nutzfläche

Tierart		Deutschland*	Kreis Cloppenburg	Kreis Vechta
Rinder	1960	90	78	84
	1986	128	183	184
	2003	80	176	151
Schweine	1960	111	296	404
	1986	294	784	1 223
	2003	155	1 125	1 371
Hühner	1960	449	909	1 814
	1986	495	2 440	17 011
	2003	550	5 360	17 733

M 2 *Kennziffern der Landwirtschaft*

Nahrungsmittel vom Fließband

In Südoldenburg begann die Entwicklung der Massentierhaltung mit Schweinemast bereits vor dem Ersten Weltkrieg. Damals hatten die Landwirte ihre Viehbestände aufgestockt, weil die ertragsarmen Böden nur ein geringes Einkommen ermöglichten. Damit die steigende Nachfrage nach Fleisch befriedigt werden konnte, wurde im Laufe der Zeit die Produktion um die Legehennenhaltung, Hähnchen-, Rinder- und Kälbermast erweitert. Heutzutage werden Hühner in Betrieben bis zu 250 000 Stück auf engstem Raum untergebracht und Schweine bis zu 10 000 Stück in vollautomatischen Mastbetrieben gehalten. Diese Agrarfabriken sind gekennzeichnet durch Mechanisierung, Automatisierung und Spezialisierung.

M 5 *Massentierhaltung*

Baustein 4: Treibhausprodukte aus den Niederlanden

„Gläserne Stadt" nennt sich das Westland

Nirgends findet man so viele Gewächshäuser auf einem Raum zusammen vor. Als der Bedarf an Nahrungsmitteln in den 1920er-Jahren sprunghaft anstieg, begann man im Westland, begünstigt durch Boden und Klima, mit dem Gemüseanbau. 1963 wurden die ersten mit Gas beheizten Treibhäuser aufgestellt. Solche Treibhäuser, heizbar, luftdurchlässig sowie zusätzlich beleuchtet, sind ideale Voraussetzungen für ganzjährige Massenproduktion von Gemüse. Allerdings sind sie wegen der automatischen Beregnung und wegen des dauernden Düngemitteleinsatzes aus ökologischer Sicht nicht unproblematisch. Tomaten, Paprika und Gurken gehören mit 70 % Produktionsanteil am Gemüse zu den wichtigsten Sorten unter Glas.

M 1 *Unterglaskulturen*

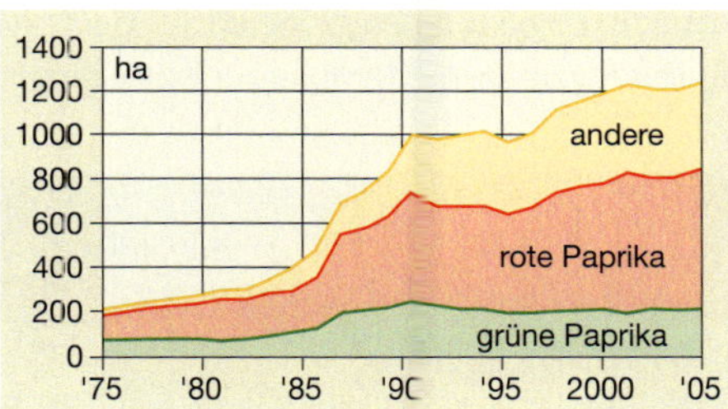

M 2 *Entwicklung des Paprikaanbaus in den NL*

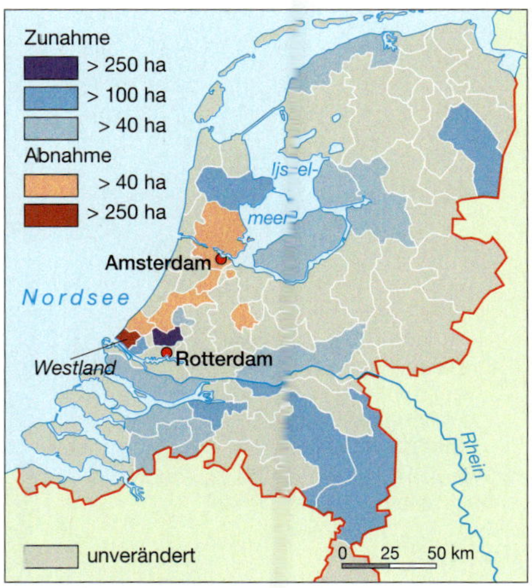

M 3 *Entwicklung der Gewächshäuser 1990 – 2004*

M 4 *„Gläserne Stadt" Westland*

Entwicklung der Anbauflächen unter Glas (in ha)	1980	1990	2000	2004
Niederlande	8 800	9 800	10 300	10 500
Gemüse	4 500	4 200	4 100	4 200
Tomaten	2 200	1 600	120	1 200
Gurken	1 100	1 000	660	620
Paprika	200	700	1 200	1 210
sonstige	1 000	900	1 040	1 110
Topfpflanzen	1 000	1 700	2 100	2 300
Schnittblumen	3 300	3 900	4 100	3 900
darunter Westland	2 800	3 000	2 700	2 500
Gemüse	1 600	1 500	1 120	1 000
Zierpflanzen	1 200	1 500	1 580	1 500

(nach: Statistics Netherlands (CBS) 2007)

M 5 *Kennziffern der Landwirtschaft unter Glas*

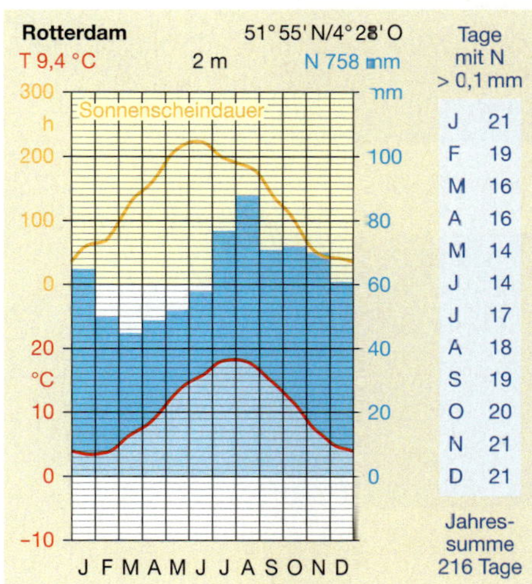

M 6 *Klimadiagramm von Rotterdam*

Übersicht: Ordnen – Anwenden – Üben

Temperaturzonen der Erde

M 1

Erwärmung der Erdoberfläche und der Lufthülle

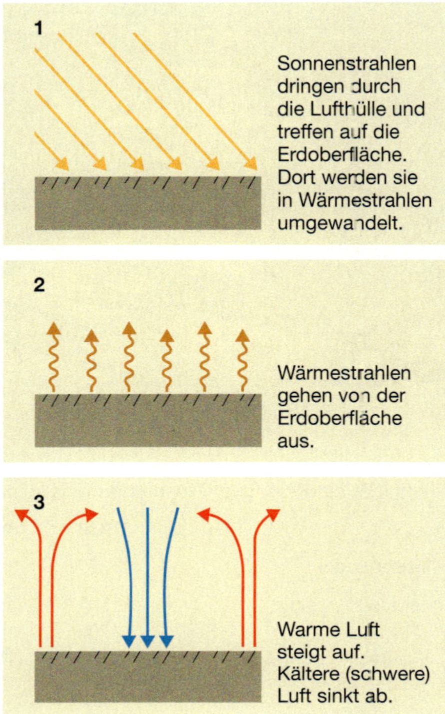

Beim tropischen Regenwald denkst du gleich an große Hitze, beim Nordpol an eisige Kälte. In Deutschland sind dagegen die Temperaturen eher gemäßigt. Welche Gründe gibt es für solche Temperaturunterschiede auf der Erde? Wie wird eigentlich die Erde erwärmt?

Erwärmung der Luft

Die Sonnenstrahlen erwärmen die Luft nicht direkt. Erst an der Erdoberfläche wird die Strahlungsenergie der Sonne in Wärmeenergie umgewandelt. Die Erdoberfläche wirkt dadurch wie eine Heizplatte.

Aufgrund der Kugelgestalt der Erde treffen die Sonnenstrahlen mit unterschiedlichem Einfallswinkel auf die Erdoberfläche. Eine gleich große Strahlenmenge beleuchtet dadurch in Polnähe eine größere Fläche als in Äquatornähe. Die dabei erzeugte Wärmestrahlung muss somit in Polnähe einen größeren Teil der Lufthülle erwärmen; die Temperatur ist niedriger.

M 2

Einfluss der Kugelgestalt der Erde auf den Einfallswinkel der Sonnenstrahlen und die beleuchtete Fläche der Erde

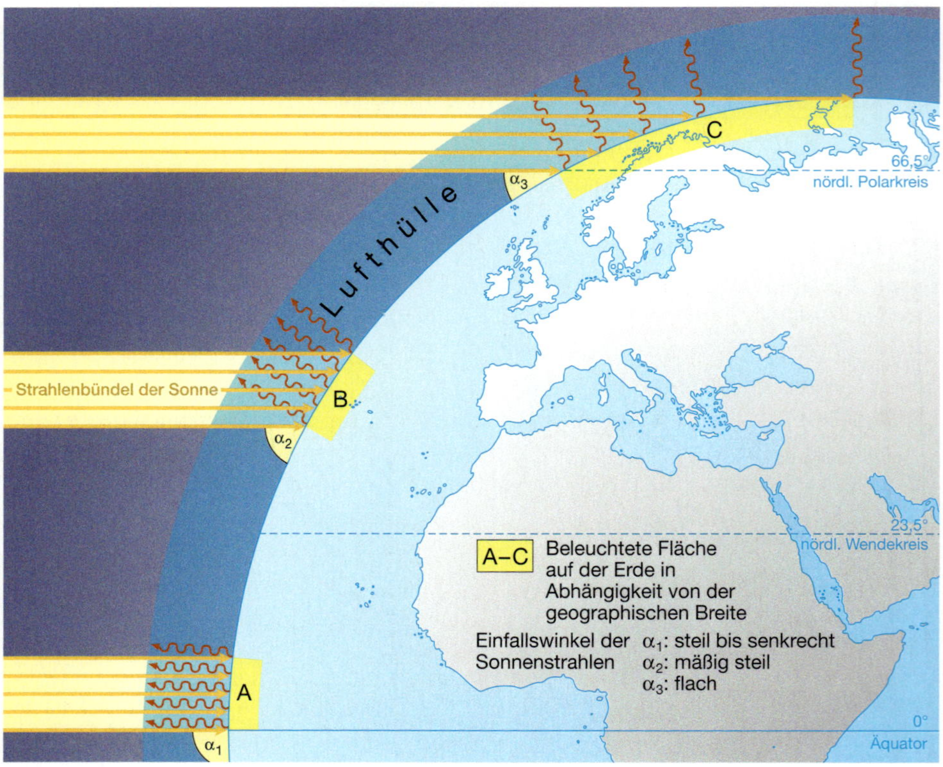

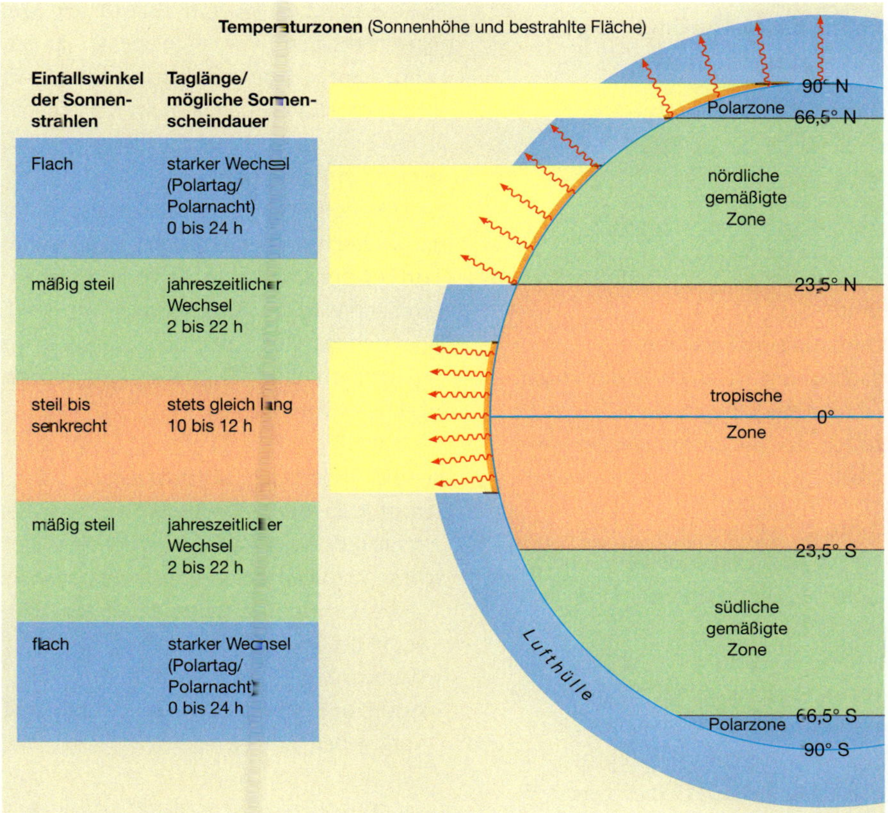

M 3 *Merkmale der Temperaturzonen der Erde*

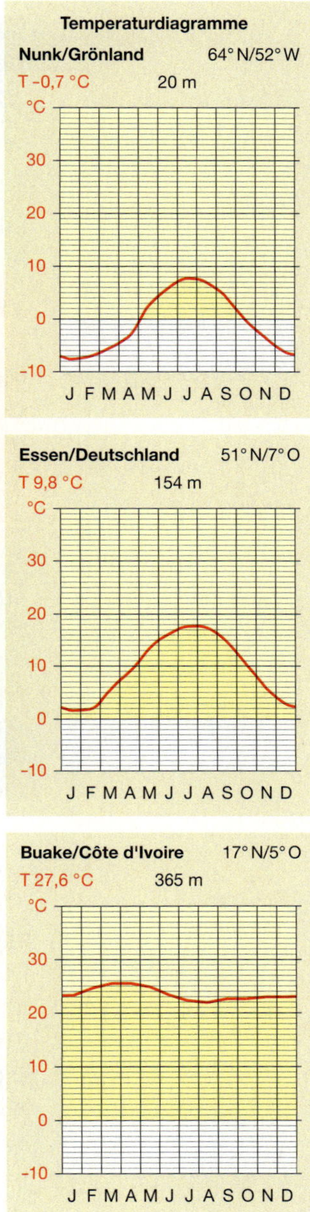

Zonen – ein Ordnungsprinzip

Die Erwärmung der Erdoberfläche durch die Sonne lässt eine Anordnung in parallelen Streifen oder Zonen erkennen. Diese **Temperaturzonen** (▸), auch als Beleuchtungszonen bezeichnet, umspannen die ganze Erdkugel.
Sie werden vom nördlichen und südlichen Polarkreis sowie vom nördlichen und südlichen Wendekreis begrenzt.

Die Temperaturzonen kennzeichnen gleiche oder ähnliche Temperaturmerkmale sowie gleiche oder ähnliche jährliche Wärmemengen. Die Temperaturverhältnisse haben Auswirkungen auf das Klima und die Pflanzenwelt. Diese sind demzufolge auch in Zonen angeordnet: Wir gliedern die Erde bei ähnlichen Klima- oder Vegetationsmerkmalen nach **Klimazonen** (▸) bzw. nach Vegetationszonen.

1. Erläutere, wie die Erdoberfläche und die Lufthülle von der Sonnenstrahlung erwärmt werden (M 1, M 2)
2. Miss und vergleiche die Einfallswinkel der Sonnenstrahlen α_1, α_2 und α_3. Wie wirken sich die unterschiedlichen Einfallswinkel auf die beleuchtete Fläche auf der Erde aus (M 2)?
3. Grenze die Temperaturzonen der Erde voneinander ab. Nenne dafür je zwei Beispiele für Staaten, die ganz oder teilweise in einer der Temperaturzonen liegen (M 3, Atlas).
4. Beschreibe die Temperaturzonen der Erde nach dem Einfallswinkel der Sonnenstrahlen, der Tageslänge und dem Jahresmittel der Temperatur (M 3).
5. Erläutere den Zusammenhang zwischen der Kugelgestalt der Erde und der unterschiedlichen Wirksamkeit der Sonnenstrahlen auf die verschiedenen Temperaturverhältnisse der Erde (M 3).

Wir führen Experimente durch

Checkliste für die Durchführung von Experimenten

1. Schritt
Wie lautet die Ausgangsfrage?

2. Schritt
Zusammentragen der Materialien.
Aufbau der Versuchsanordnung.

3. Schritt
Durchführung des Experiments.
Beobachten und Beschreiben der Vorgänge während des Experiments.
Festhalten der Beobachtungen in einem Protokoll.

4. Schritt
Auswertung des Experiments.
Zusammenhänge beschreiben oder Erklärungen formulieren.
Für welchen Zusammenhang oder Bereich der Wirklichkeit stehen die Materialien der Versuchsanordnung?
Welche Schlussfolgerungen ergeben sich aus den Ergebnissen des Experiments?

Auf diesen Seiten findet ihr Anleitungen zum Experimentieren zu verschiedenen Unterrichtsthemen. Experimentieren macht Spaß, vermittelt Wissen und hilft beim Verstehen.

Was ist ein Experiment?

Eine Methode, bei der man etwas ausprobiert und dadurch zu Erkenntnissen gelangt, nennt man Experiment. Vor der Ausführung des Experiments wird eine Ausgangsfrage formuliert. Jeder, der das Experiment unter den gleichen Bedingungen durchführt, muss zu gleichen Ergebnissen kommen.

Beispiel: Entstehung der Jahreszeiten
Schritt 1: Sachverhalt in der Wirklichkeit beschreiben; Ausgangsfrage formulieren
Schritt 2: Material des Experiments nennen: Lichtstrahl der Taschenlampe für den Lichtstrahl der Sonne,
Globus für die Erde
Schritt 3 und Schritt 4: Wie in der Checkliste vorgegeben.

Experiment 1

Thema: Wanderung der Punkte des Sonnenaufgangs während eines Jahres
Die Entstehung der Jahreszeiten (Seiten 22/23)
Material: Fenster im Klassenzimmer oder in der Wohnung nach Osten oder Westen, Glasmalstifte schwarz und rot oder Klebestreifen.
Durchführung: Auf die Fensterscheibe wird mit einem wasserlöslichen Stift die sichtbare Horizontlinie gezeichnet. Während mehrerer Wochen (am besten ein ganzes Jahr lang) werden die Aufgangs- bzw. Untergangspunkte der Sonne markiert.

Experiment 2

Thema: Entstehung von Tag und Nacht (vergleiche die Seiten 22/23)
Material: Diaprojektor, Globus (möglichst groß), verdunkeltes Klassenzimmer.
Durchführung: Den Globus so aufstellen, dass der Lichtkegel des Projektors die Breite des Durchmessers vom Globus hat. Den angestrahlten Globus langsam linksherum drehen.

Experiment 3

Thema: Beleuchtung der Erde. Temperaturzonen der Erde (Seiten 92/93)
Material: Lichtstarke Taschenlampe, Globus (groß), verdunkeltes Klassenzimmer.
Durchführung: Die Taschenlampe wird so gehalten, dass der Lichtstrahl auf den Äquator trifft. Dann wird die Taschenlampe so gehalten, dass der Lichtstrahl das Nordpolargebiet trifft. Die Taschenlampe muss immer waagerecht gehalten werden.

Experiment 4

Thema: Frostverwitterung. In den Wüsten (Seiten 36/37)
Material: 1 Metallschüssel, 3 Sandsteinstücke, Wasser, Heizstrahler, Kühlschrank mit Tiefkühlfach.
Durchführung: Die Sandsteinstücke werden in der Schüssel mit etwas Wasser gut angefeuchtet und in das Tiefkühlfach gestellt. Nachdem das Wasser gefroren ist, werden die Gesteine erwärmt, bis das Wasser aufgetaut ist. Der Vorgang wird mehrmals wiederholt.

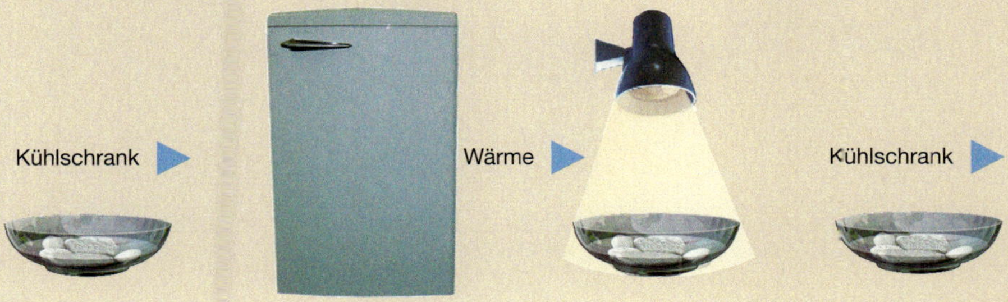

Klimazonen und natürliche Vegetation der Erde

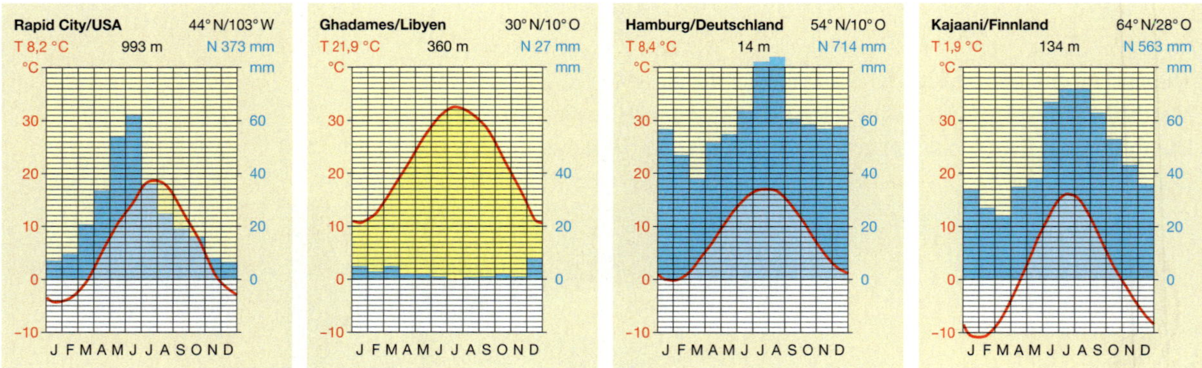

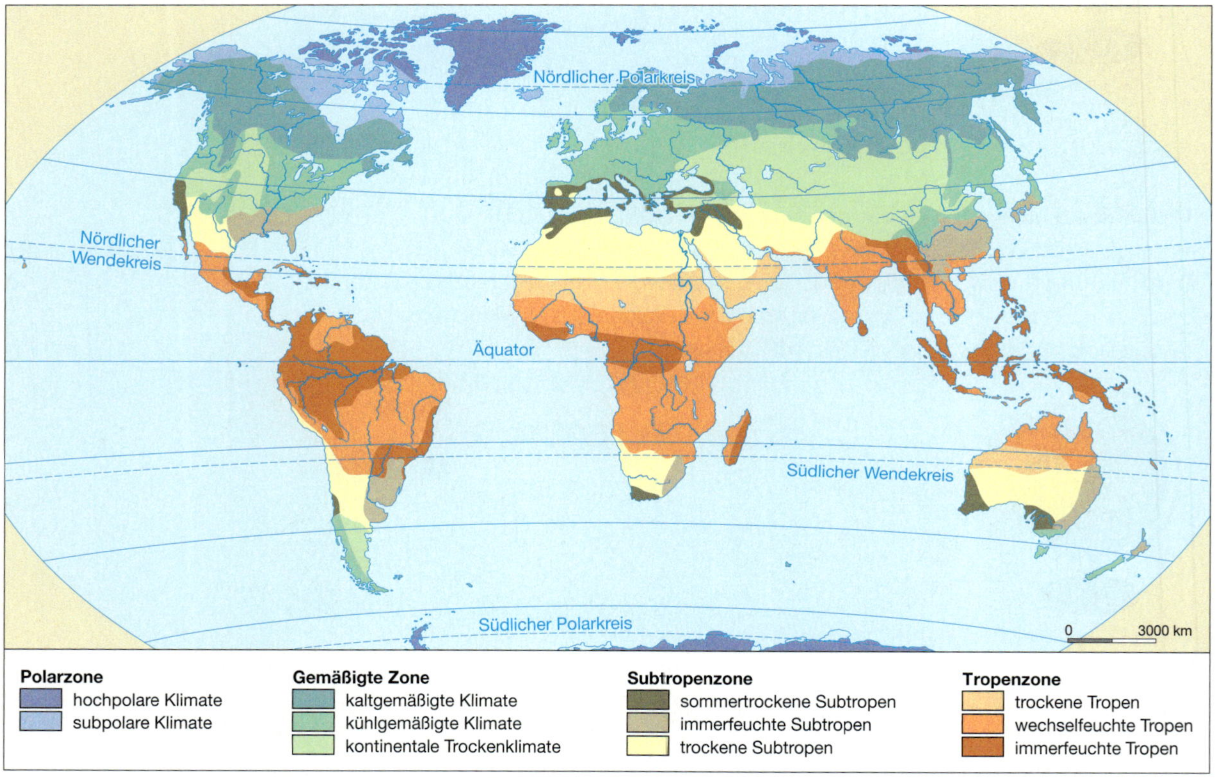

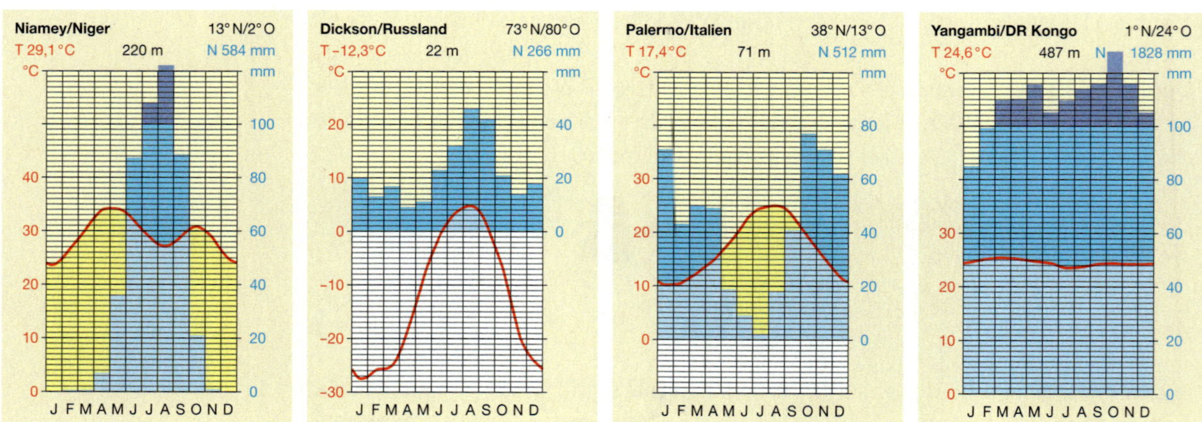

M 1 *Klimazonen der Erde*

Könnte die Vegetation sich ohne Eingriffe des Menschen entfalten, würde die Pflanzendecke in vielen Erdräumen anders aussehen, als sie heute aussieht. Die natürliche Vegetation würde sich in Abhängigkeit vom Klima wieder einstellen.

M 2

Ungeordnete Reihenfolge der natürlichen Vegetationsformen der Erde

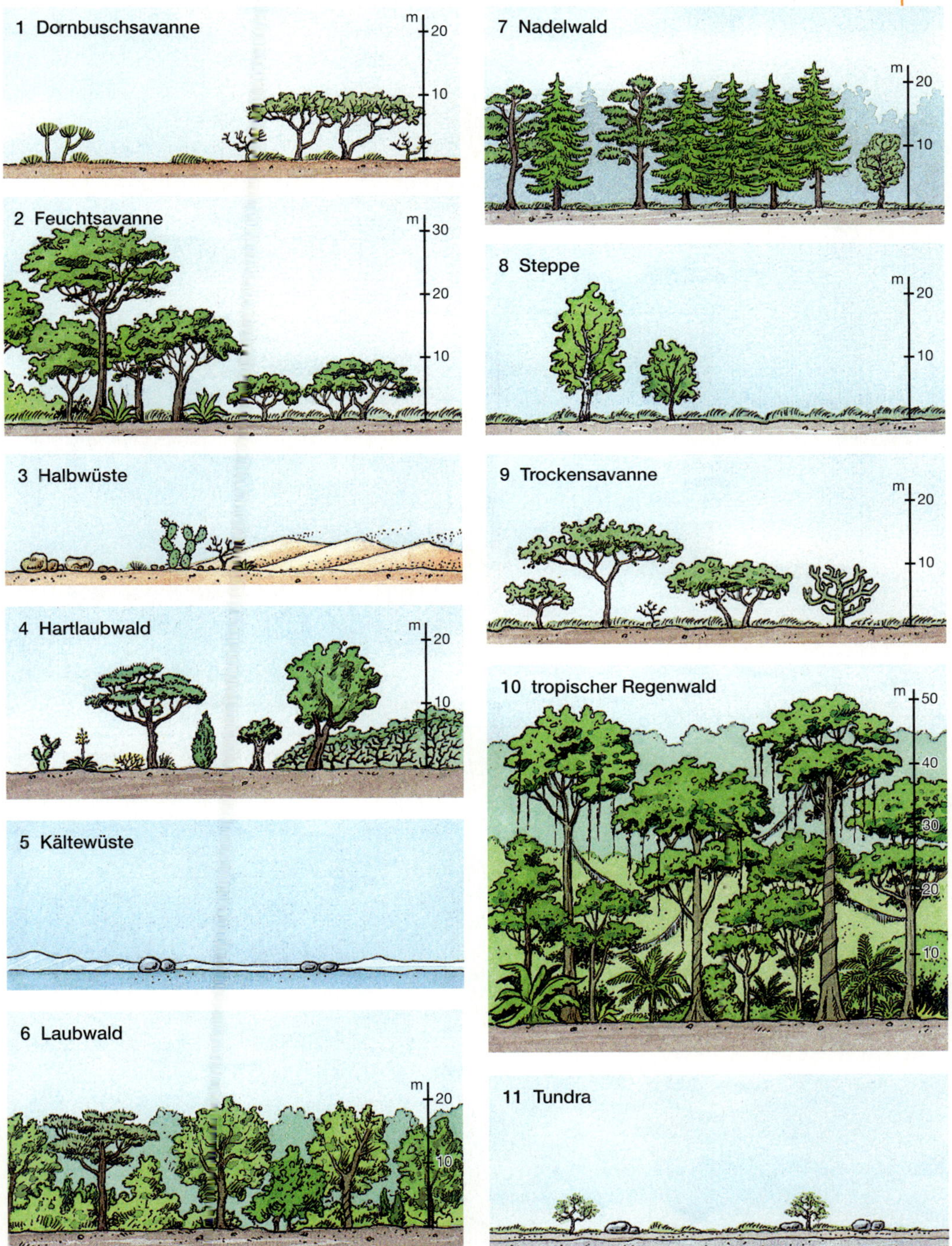

1. Nenne die Klimazonen zwischen Nordeuropa und Afrika (M 1).
2. Ordne die Klimadiagramme (M 1) und die Vegetationsformen (M 2) den Klimazonen zu. Nutze auch M 1 auf Seite 94.

Wir führen eine WebGIS-Untersuchung durch: Klima und Landwirtschaft in Australien

Sicherlich kennst du Navigationssysteme, Stadtpläne oder Routenplaner. Hierbei handelt es sich um digitale Geoinformationssysteme (= GIS). Dabei erhalten unterschiedliche digitale Daten einen Raumbezug und dienen als Grundlage für Karten. Aber auch in immer mehr Berufen wie bei den Stadtplanern und Wetterdiensten kommen GIS zur Erstellung von Karten zum Einsatz. Die Vielfalt der Einsatzmöglichkeiten dieser Systeme nimmt ständig zu. Im Folgenden werden wir das Klima in Australien am Beispiel von vier Klimastationen mithilfe des WebGIS-Servers der Johannes-Gutenberg-Universität Mainz untersuchen.

M 1
Erklärungen zu ausgewählten Funktionen

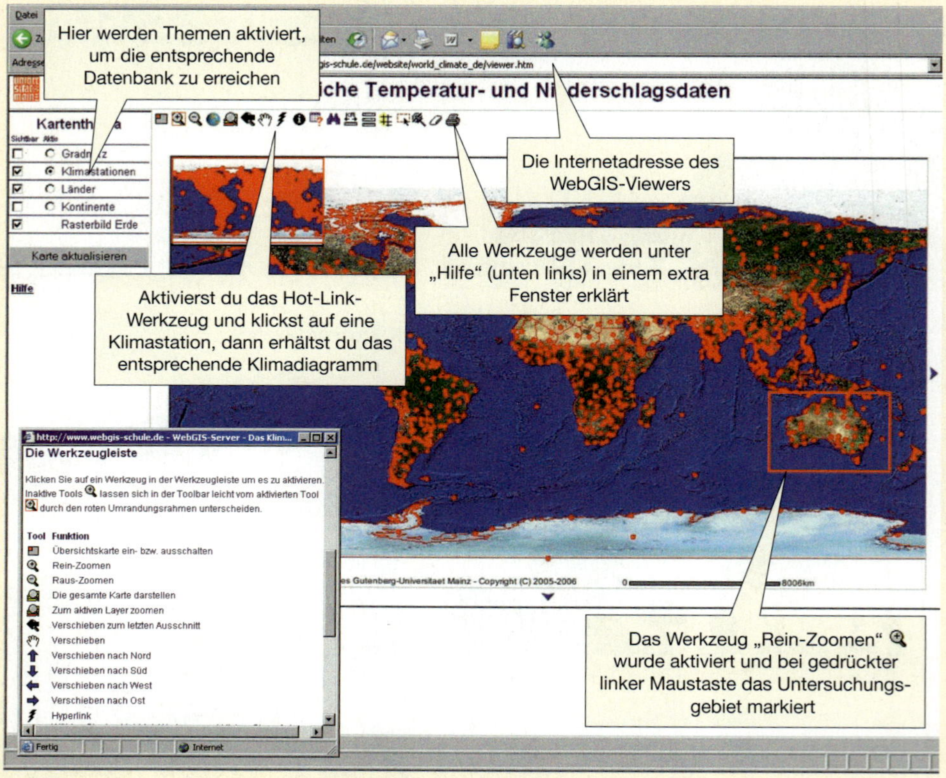

M 2
Untersuchungsausschnitt

Australien

Der Erdteil Australien liegt auf der südlichen Halbkugel, sodass hier das Weihnachtsfest im Sommer liegt. Die Oberfläche Australiens hat die Gestalt einer flachen Schüssel. Die höchsten Erhebungen erreicht das Randgebirge im Südosten in den australischen Alpen (bis 2230 m). Der tiefste Punkt liegt im Inneren bei 12 m unter dem Meeresspiegel. Aufgrund der Lage der Randgebirge, der Meerestemperaturen, der Windströmungen und der Höhenlage ist das Klima an verschiedenen Orten in Australien sehr unterschiedlich. Die Landwirtschaft hat sich auch in Australien auf die unterschiedlichen klimatischen Voraussetzungen eingestellt.

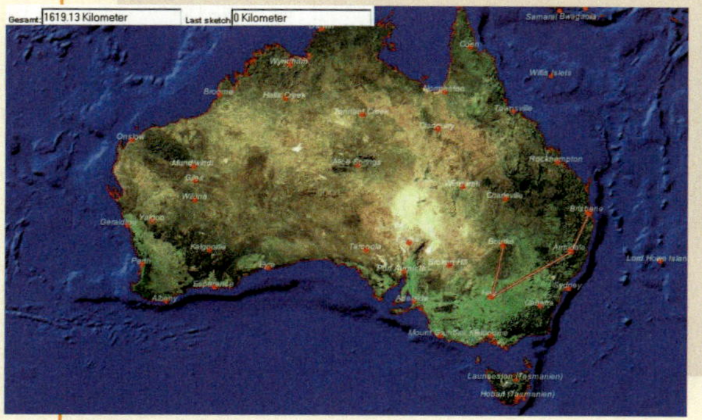

1. Warme Luft kann über einem warmen Meer sehr viel Feuchtigkeit speichern.
2. Je feuchter die durch Winde aufsteigende Luftmasse ist, desto höher ist die Menge an Steigungsregen.
3. **Lee- und Luvlagen** (▶) weisen einen erheblichen Unterschied bei den Niederschlagsmengen auf.
4. Je höher ein Ort mit gleicher Breitenlage liegt (= Höhenlage), desto niedriger fällt die Jahrestemperatur aus.
5. Kontinentale und maritime Lagen haben Einfluss auf das **Klima** (▶).
6. Gebirgszüge die kaum feuchte Luftmassen passieren lassen, verstärken das Kontinentalklima mit großer Trockenheit im dahinter liegenden Land.

M 3 *Hinweise zum Klima*

Im Küstenbereich von Brisbane werden Ananas und andere tropische Früchte angebaut.

In der Region um Tamworth wird viel Weizen angebaut.

In der Region östlich von Mildura findet man Bewässerungsfeldbau.

Im Bereich von Bourke werden Schafe und Rinder auf riesigen Flächen (extensiv) gehalten.

M 4 *Beispiel für die Landwirtschaft in Australien*

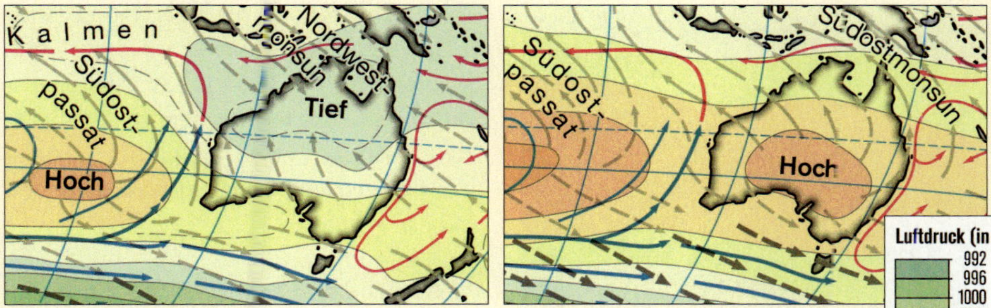

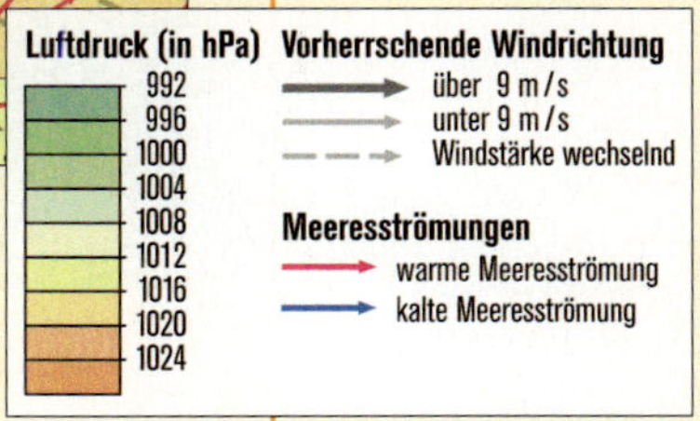

M 5
Australien – Hauptwindverhältnisse und Meeresströmungen links: Januar rechts: Juli

1. Öffne den WebGIS-Viewer der Johannes-Gutenberg-Universität Mainz (http://www.webgis-schule.de/website/world_climate_de/viewer.htm) und mache dich mit den Werkzeugen vertraut (M 1).
2. Zoome den Untersuchungsraum mit den Klimastationen auf deinen Bildschirm (M 2).
3. Beschreibe, welche Form von Landwirtschaft in den vier Untersuchungsgebieten vorherrscht (M 4).
4. Erkläre mithilfe der vier Klimadiagramme aus dem WebGIS die verschiedenen landwirtschaftlichen Nutzungen (Hot-Link-Werkzeug). Informiere dich dazu auch über die Auswertung von Klimadiagrammen (Seite 36).
5. Versuche nun das Klima der einzelnen Untersuchungsstationen zu erklären (M 3, M 4 und M 5). Informiere dich dazu auch über Australien (M 2) sowie über Klimaphänomene und deren Auswirkungen (M 3).
6. Stelle deine Ergebnisse deinen Mitschülern vor.
7. Untersuche nun weitere Klimastationen von Australien und mache begründete Aussagen zur landwirtschaftlichen Nutzung.

Landschaftszonen der Erde

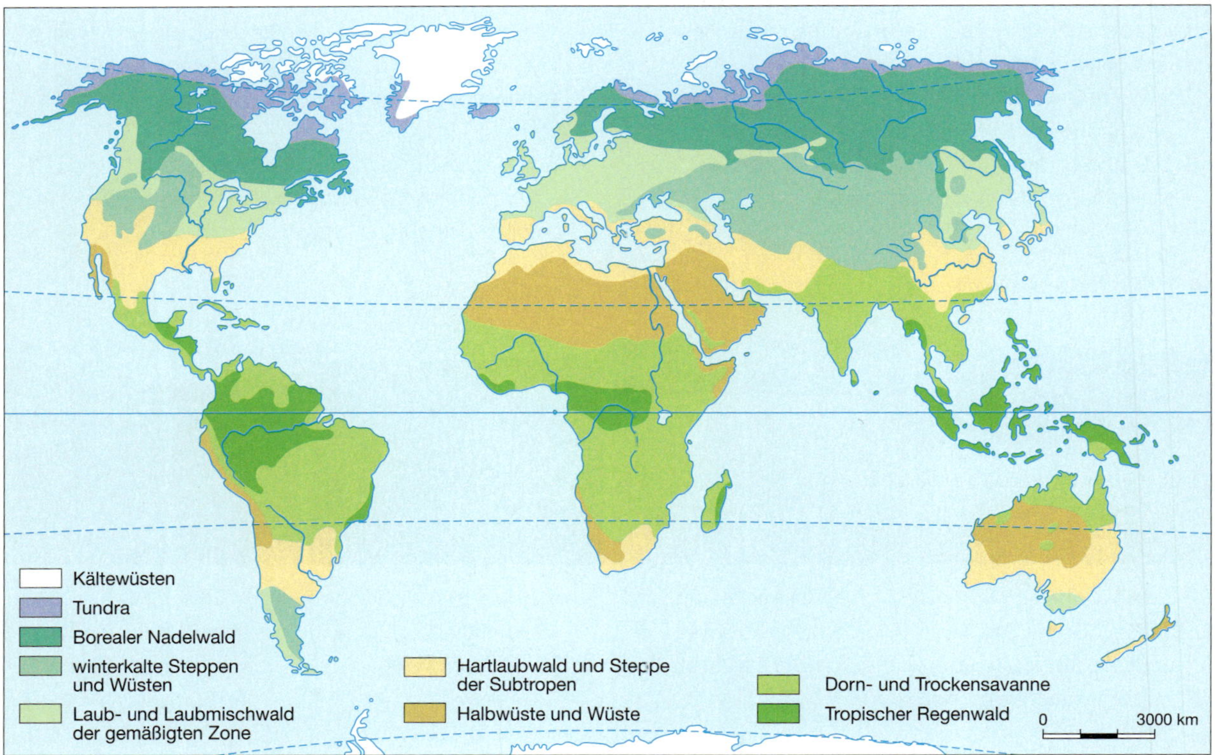

M 1 *Lanndschaftszonen (geographische Zonen nach Bramer, vereinfacht)*

M 2 *Pflanze mit großem Wasserverbrauch, Nassreis*

M 3 *Pflanze mit großem Wärmebedarf, Banane*

Fasst man die Klima- und Vegetationszonen zusammen, so ergibt sich das Bild der **Landschaftszonen** (▸). Jede Landschaftszone ist durch ein **Geosystem** (▸) geprägt. Es umfasst das Zusammenwirken natürlicher Faktoren wie Pflanzen und Tiere, Klima, Boden und Wasser.

Wärme und Wasser als Wuchsfaktoren der Pflanzen

Die Pflanzen unterscheiden sich nach Wärmebedürfnis und Wasserverbrauch. Pflanzen mit hohen Wärmeansprüchen, die keinen Frost vertragen, wachsen in den Tropen. In den immerfeuchten Tropen sind sie immergrün und wachsen ganzjährig. In den wechselfeuchten Tropen sind sie regengrün und ihr Wachstum wird durch Trockenheit unterbrochen.
In den gemäßigten und polaren Klimazonen können Pflanzen längere Frostabschnitte überstehen. Außerdem gibt es Pflanzenarten, die Trockenzeiten überstehen. Die meisten Pflanzen sind sommergrün, nur in den kaltgemäßigten Klimaten dominieren immergrüne Nadelbäume.

Tundra 9 Monate kühl bis sehr kalt 3 Monate mild bis mäßig warm *Polstersträucher, Flechten, Moose, sommergrüne Stauden, Zwergsträucher (Preiselbeere, Strauchbirke, Strauchweide)*	▷ Wachstumsruhe etwa 270 Tage ▷ Wachstumszeit etwa 90 Tage *niedriger, sich dem Boden anschmiegender Wuchs, gibt Stürmen weniger Widerstand, ermöglicht Kälteschutz durch Schnee*
Borealer Nadelwald 7 bis 8 Monate kühl bis extrem kalt 4 bis 5 Monate mild und warm *Nadelbäume: Fichte, Kiefer, Tanne, Sibirische Zirbelkiefer, Lärche* *Laubbäume: Birke, Espe*	▷ Wachstumsruhe etwa 240 Tage ▷ Wachstumszeit etwa 120 Tage *immergrüne Blätter nutzen Wachstumszeit zur Photosynthese, nadelförmige Blätter mit Wachsschicht verhindern das Vertrocknen bei gefrorenem Boden, kleinblättrige Laubbäume sparen Energie*
Laub- und Laubmischwald 6 bis 7 Monate kühl bis sehr kalt 5 bis 6 Monate mild bis warm *Laubbäume: Stieleiche, Hainbuche, Winterlinde, Spitzahorn, Wildobstarten*	▷ Wachstumsruhe etwa 200 Tage ▷ Wachstumszeit etwa 160 Tage *jahreszeitlicher Laubfall, da Winterkälte und Frosttrockenheit das Laub schädigen würden*
Hartlaubwald 1 bis 4 Monate mild bis kühl 2 bis 5 Monate sehr warm und trocken 5 bis 6 Monate warm und feucht *Laubbäume: Ölbaum, Zypresse, Pinie, Lorbeer, immergrüne Eiche, Feige, Baumheide, Besenginster*	▷ Wachstumsruhe etwa 180 Tage ▷ Winter und Spätsommer ▷ Wachstumszeit etwa 180 Tage *immergrüne Bäume und Sträucher, da Trockenzeit des Sommers und Wintertemperaturen das Wachstums hemmen, Verdunstungsschutz: schmale Blätter, Wachsschicht (= Hartlaub)*
Steppe der Subtropen 5 Monate kühl bis kalt 7 Monate mild bis sehr warm *sommergrüne Wiesen- und Horstgräser: Echtes Federkraut, Pfriemengras* *sommergrüne Stauden: Fingerkuhschelle, Frühlingsadonisröschen*	▷ Wachstumsruhe etwa 150 Tage ▷ Wachstumszeit etwa 210 Tage *Winterkälte und Sommertrockenheit unterbrechen das Wachstum, Gräser nutzen geringe Mengen Wasser schnell und vollständig, das Graswurzelsystem erstickt Baumsamen*
Trockensavanne 4 bis 8 Monate Trockenzeit 8 bis 4 Monate Regenzeit *Büschelgräser;* *Tonnen-, Flaschen- und Schirmbäume*	▷ Wachstumsruhe etwa 120 bis 240 Tage ▷ Wachstumszeit 240 bis 120 Tage *regengrüne Gräser und Gehölze, Trockenzeit unterbricht das Wachstum, z. T. Laubwurf, Wasserspeicherung in Blättern und Stämmen*
Tropischer Regenwald 12 Monate sehr warm und feucht *artenreicher Laubmischwald mit drei Stockwerken*	▷ Wachstumszeit 365 Tage *immergrüne Gehölze und Stauden, üppiger Wuchs, ständiges Blühen und Fruchten*

M 4 *Landschaftszonen der Erde*

1. Stelle fest, welche Landschaftszonen auf der Südhalbkugel im Unterschied zur Nordhalbkugel nicht vertreten sind (M 1).

2. Erkläre das Wachstum unterschiedlicher Baumarten in verschiedenen Landschaftszonen (M 4).

3. Unterscheide die Grasländer von den Waldländern (M 1, M 4).

Vegetationszonen und landwirtschaftliche Nutzung

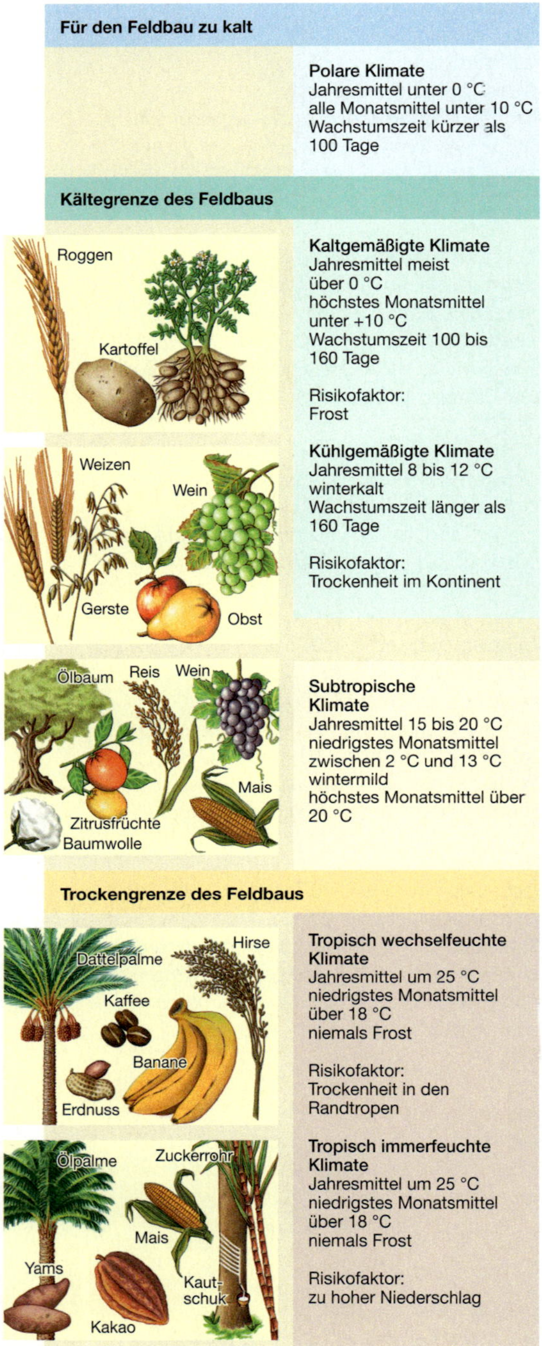

M 1 *Kulturpflanzen und klimatische Wachstumsbedingungen*

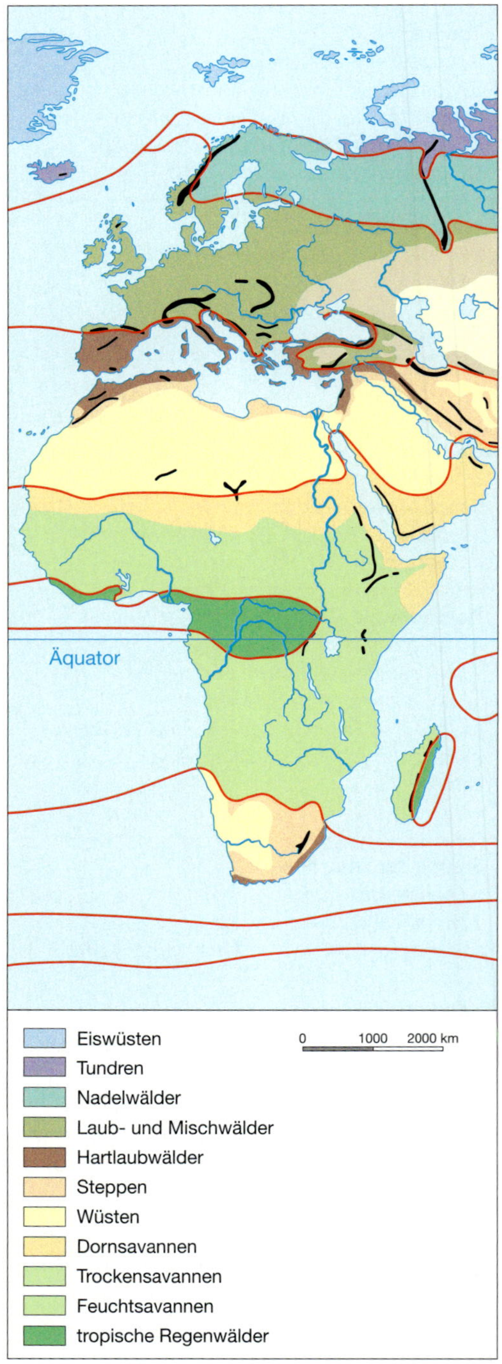

M 2 *Vegetationszonen: Ausschnitt Europa bis Afrika*

1. Beschreibe anhand des Vegetationsprofils (M 2) und mithilfe des Atlas die räumliche Anordnung der Vegetationszonen in Europa und Afrika.
2. Vergleiche die Anordnung der Vegetationszonen in Europa und Afrika mit der in Nord- und Südamerika (Atlas).

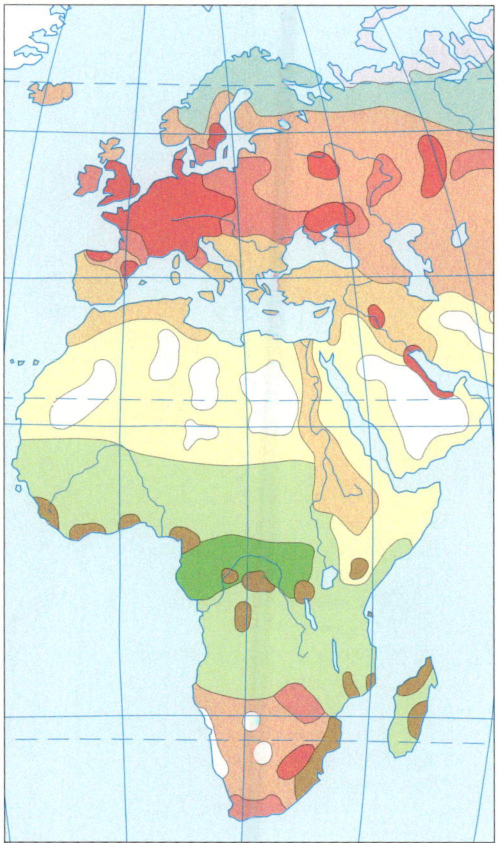

- A unbewohnte Gebiete
- B Nomadismus: Rentierhaltung
- C Waldwirtschaft: Jagd- und Sammel-, Holz- und Forst- sowie inselartig Landwirtschaft

Wissenschaftlich-technisch organisierte Landwirtschaft, Marktproduktion

- D Stadtbevölkerung über 80 %
- E Stadtbevölkerung über 50 %
- F geringe Bevölkerungsdichte, z. T. herkömmliche bäuerliche Mischwirtschaft (Pflugbau)
- G herkömmliche bäuerliche Mischwirtschaft, z. T. mit Bewässerungsfeldbau und Marktproduktion (Pflugbau)
- H Nomadismus und Bewässerungsfeldbau
- I herkömmliche bäuerliche Mischwirtschaft (Hackbau), z. T. mit Marktproduktion
- J Plantagenwirtschaft, Marktproduktion
- K Waldwirtschaft: Jagen und Sammeln, Wanderfeldbau, exportorientierte Holzwirtschaft

M 3 *Landnutzungsformen*

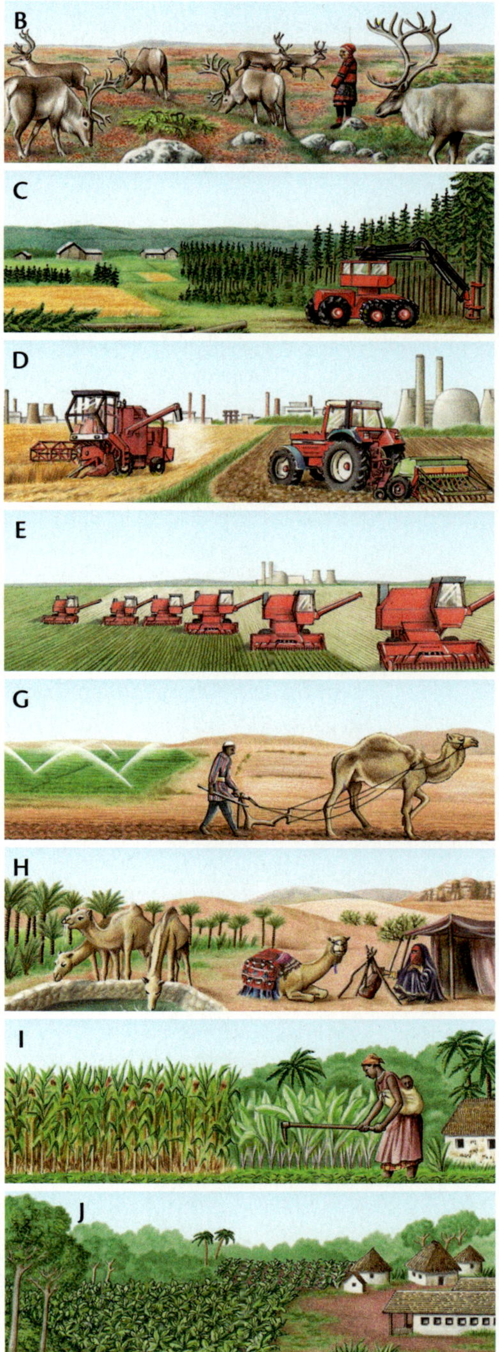

M 4 *Landnutzungsformen (siehe Legende M 3)*

3. Erläutere die unterschiedlichen Formen landwirtschaftlicher Nutzung (M 4). Suche passende Bilder im Buch.
4. Vergleiche die räumliche Anordnung der Vegetation und der Landnutzung miteinander (M 1 bis M 3).
5. Ordne in einer Tabelle Vegetation, Landnutzung und Kulturpflanzen einander zu (M 1 bis M 4).

Kompetenztraining

1. Erkläre die folgenden Begriffe.

- Anbaugrenze
- Artesischer Brunnen
- Borealer Nadelwald
- Datumsgrenze
- Dauerfrostboden
- Ecofarming
- Gradnetz
- Höhenstufen der Vegetation
- Innertropische Konvergenz (ITC)
- Klimazonen
- Landschaftszonen
- Meridian
- Mitternachtssonne
- Monsun
- Ortszeit
- Packeis
- Passat
- Polarkreis
- Polarnacht
- Polartag
- Schelfeis
- Sommergrüner Laubwald
- Temperaturzonen
- Topographische Lage
- Tropenklima
- Tundra
- Vegetationsperiode
- Vegetationszonen
- Wendekreis
- Zeitzone
- Zenitstand

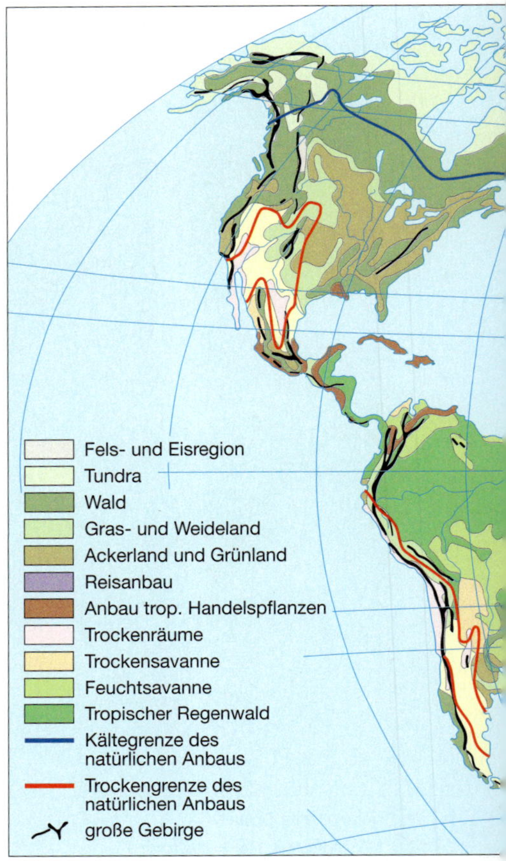

2. Lege eine Tabelle an und ordne die Fachbegriffe den Oberbegriffen Tropischer Regenwald – Savanne – Wüste zu.

Cash Crop, Dauerfeldbau, Desertifikation, Erg, Flussoase, Foggara, Fremdlingsfluss, Hamada, Jahreszeitenklima, Nomadismus, Oase, Regenzeit, Sahel, Sekundärwald, Serir, Tageszeitenklima, Trockenzeit, Überweidung, Wadi, Wechselfeuchte Tropen

3. Ordne folgende Klimadiagramme den entsprechenden Klimazonen zu. Berücksichtige die jeweilige Lage auf der Halbkugel.

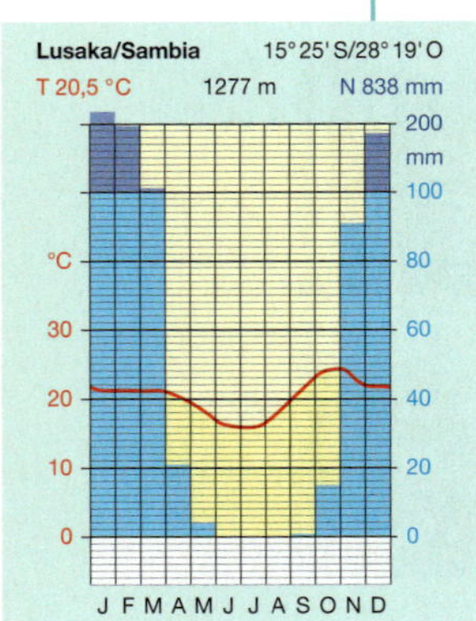

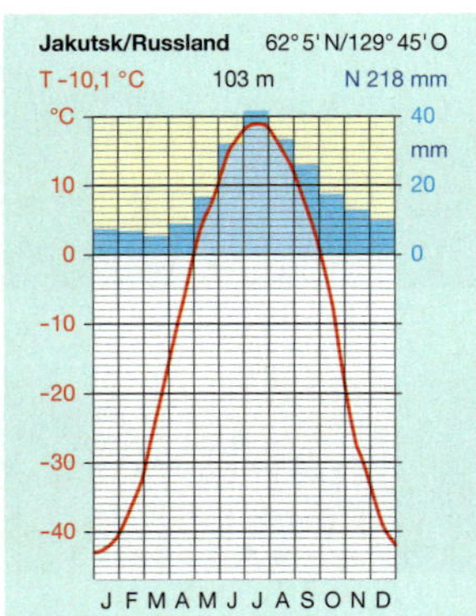

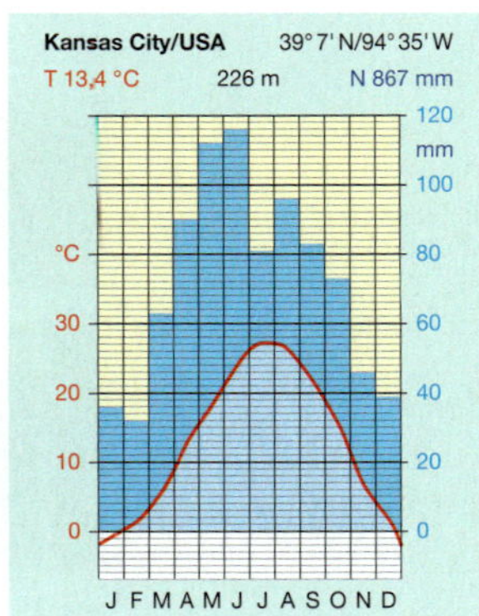

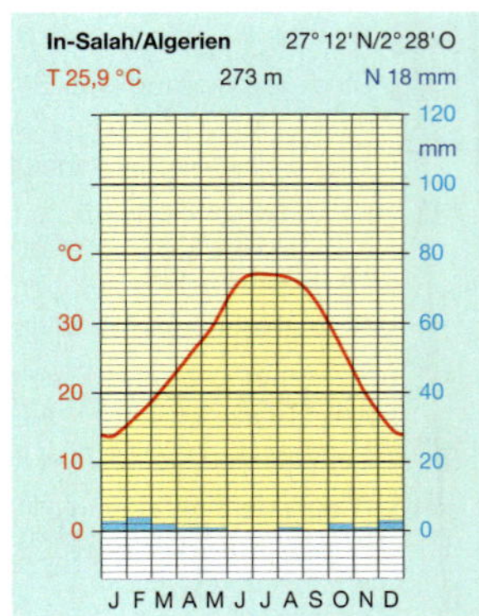

4. Topographische Übung

a) Benenne die jeweilige Klimazone, in denen die (Halb-)Inseln liegen.
Island – Neuguinea – Kuba – Grönland – Sumatra – Madagaskar – Neufundland – Sri Lanka – Spitzbergen – Borneo – Philippinen – Alaska

b) Nenne die Hauptstädte, die in der Nähe des Äquators liegen.

5. Gunst- und Ungunsträume der Erde

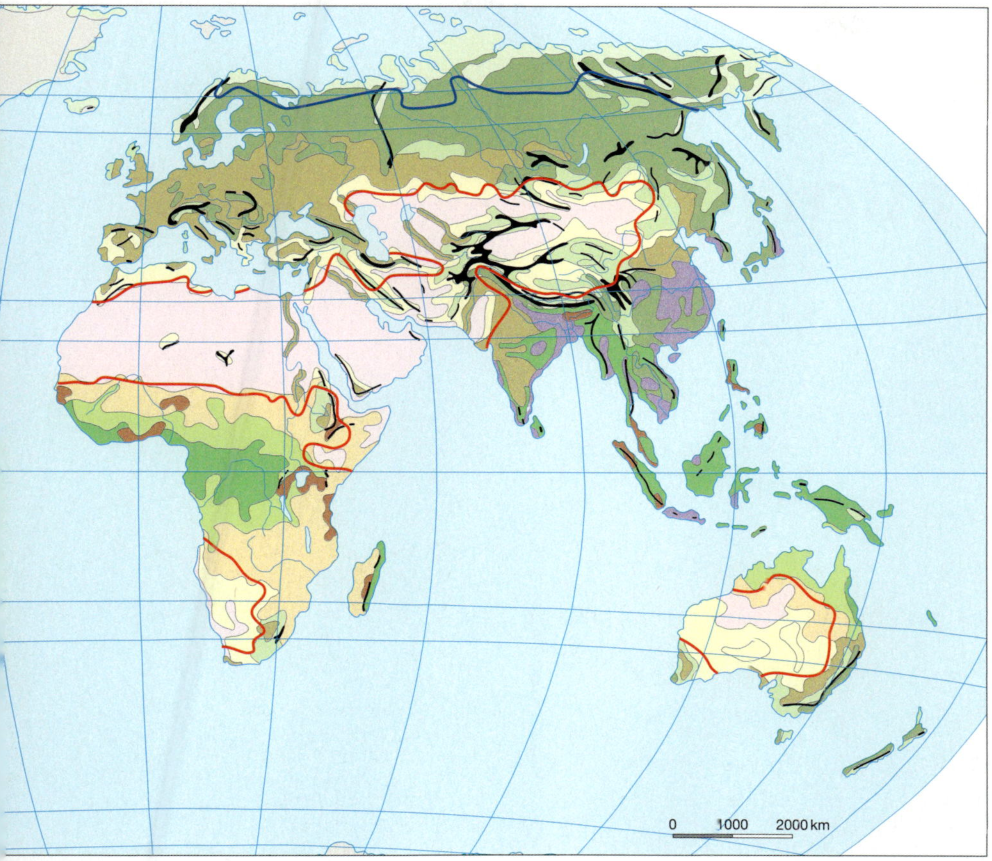

a) Benenne die Gebiete, die jenseits der Kältegrenze des Ackerbaus liegen.
b) In welchen Erdteilen ist der Anteil an Trockenräumen besonders hoch?
c) Betrachte im Atlas eine Karte der Bevölkerungsdichte der Erde. Erläutere die unterschiedliche Bevölkerungsdichte.

6. Benenne die typischen Betriebsformen der Landwirtschaft Afrikas und ordne die dargestellten Produkte den Betriebsformen zu.

a) Weite Gebiete Afrikas bedecken kleine, schmale Felder, die sich rings um strohgedeckte Rundhütten erstrecken. Frauen bearbeiten mit einfachen Hacken den Boden.

b) Auf großen Feldern stehen Pflanzen in geraden Reihen. Viele Bauern arbeiten hier. Die Ernte wird mit Fahrzeugen zum Markt gefahren.

c) In Küstennähe befinden sich große Plantagen. Im Zentrum der Felder stehen fabrikähnliche Gebäude mit Verladeeinrichtungen, Straßen- und Schienenanschluss.

c) Welche Stadt liegt nördlicher?

1) Chicago – Berlin
2) Paris – Peking
3) München – New York
4) San Francisco – Athen
5) New Orleans – Kairo
6) Rom – Teheran
7) Madrid – Tokio
8) Washington – Mailand
9) Mumbai – Mexico-City

Gefährdung und Erhaltung von Lebensräumen

Verheerende Waldbrände in Mt. Beauty (Victoria), Australien (Foto vom 10. 12. 2006). In den seit 1892 erstellten Wetteraufzeichnungen Australiens gab es keine Trockenperiode dieses Ausmaßes. Nicht nur Australien leidet unter den Folgen des Klimawandels.

Erdbeben, Vulkanausbrüche und Stürme haben die Menschen seit jeher fasziniert und gefürchtet zugleich. Sie sind Teil der Natur. Die Folgen von Naturkatastrophen kann der Mensch durch sein Verhalten verstärken. Durch Raubbau an natürlichen Ressourcen der Erde, wie übermäßiger Rodung von Wäldern, durch Übernutzung von Böden oder Wasser gefährden Menschen nicht nur ihre Lebensgrundlagen selbst, sondern können Katastrophen wie Überschwemmungen, Bodenerosion oder Dürren verstärken, wenn nicht sogar auslösen. Um verantwortlich handeln zu können, müssen wir möglichst viel über Gefährdungen, ihre Ursachen und ihre Folgen wissen. Können Respekt vor den Gewalten der Natur und das Bewusstsein, dass unser Handeln auch gefährliche Folgen haben kann, uns helfen, mehr Verantwortung zu zeigen?

Schwächezonen der Erde

Vulkane – Feuer speiende Berge

M 1 *Vulkanausbruch*

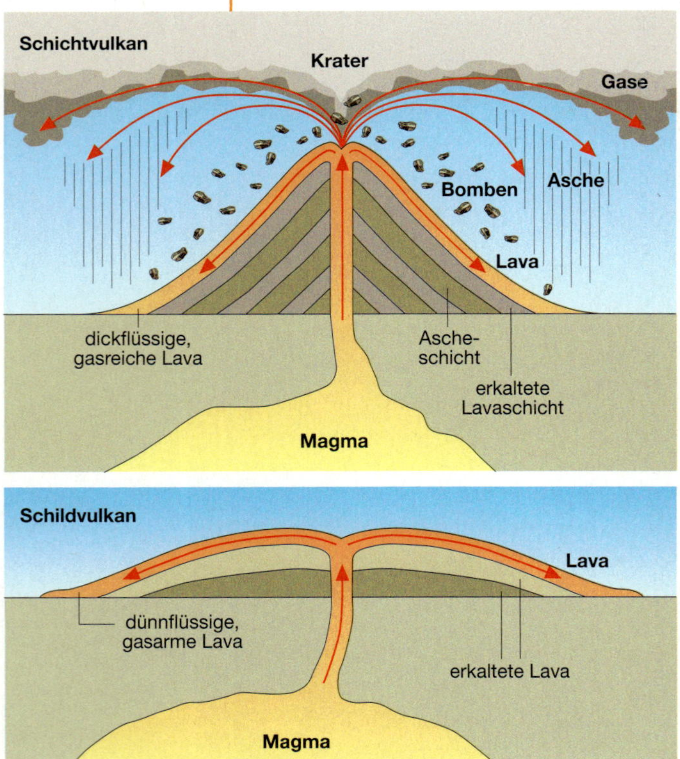

M 2 *Aufbau von Schicht- und Schildvulkanen*

Vulkanausbrüche gehören zu den faszinierendsten Naturerscheinungen. Menschen in der Nähe eines aktiven **Vulkans** (▶) leben allerdings in ständiger Bedrohung.

Schichtvulkane und Schildvulkane

Der Nyiragongo in Zentralafrika gehört zu den Vulkanen, die unterschiedliches Material an die Erdoberfläche fördern können. Bei manchen Ausbrü-

Vulkan-Katastrophe im Kongo

Nach den verheerenden Vulkanausbrüchen im Osten des Staates Kongo sind 300 000 Menschen auf der Flucht vor der schnell vorwärts drängenden Lava. Sie konnten nur rasch zusammengeraffte Habseligkeiten retten. Tausende Einwohner waren in der weitgehend zerstörten Stadt Goma unterhalb des Berges Nyiragongo eingeschlossen, der zu den Virunga-Vulkanen gehört. Die Zahl von zunächst 45 Toten kann nach Befürchtungen von Hilfsorganisationen noch erheblich steigen. Von den ersten beiden Ausbrüchen waren die Menschen am aktivsten Vulkan Afrikas völlig überrascht worden. Der bis zu zwei Kilometer breite und zwei Meter hohe Lavastrom sowie die Gefahr neuer Ausbrüche des Nyiragongo machten die Lage sehr brisant. Der Lavastrom ergoss sich die Hänge des Vulkans hinunter über ganze Dörfer, mitten durch die Stadt Goma und in den Kivu-See hinein. Das Rollfeld des Flughafens Goma ist teilweise unter Lava begraben, Kerosintanks brannten. Mehrere Tankstellen explodierten mit dumpfem Knall. Immer wieder speit der Vulkan neue Rauchwolken aus; die Erde bebt, überall zeigen sich Risse im Boden, aus denen beißender Rauch steigt.
Am Freitag wirkte Goma – normalerweise von 500 000 Menschen bewohnt – wie eine Geisterstadt. „Der Geruch von Schwefel ist überall, es gibt Erderschütterungen alle zehn Minuten“, berichtete der Funker einer UN-Agentur in Goma. Die Menschen in Goma sind nicht zum ersten Mal von dem Vulkan bedroht. Bei einem schweren Ausbruch im Januar 1977 fanden innerhalb einer halben Stunde 2000 Menschen den Tod.

M 3 *Nach Ruhr Nachrichten vom 19. Januar 2002*

chen (Eruptionen) dringt **Magma** (▶) – das ist glutflüssiges Gestein – aus Tiefen bis zu hundert Kilometern durch den Vulkanschlot nach oben. Aus dem Vulkankrater tritt diese etwa 1000 °C heiße Gesteinsschmelze als **Lava** (▶) aus. Manchmal fördert ein solcher Vulkan jedoch auch lockeres Material, so genannte „Asche", oder größere Auswurfprodukte, die „Bomben". Lava und Lockermaterial lagern sich im Laufe der Zeit in übereinanderliegenden Schichten ab. Deshalb nennt man einen solchen Vulkan auch „Schichtvulkan". Beispiele für diesen Vulkantyp sind der Vesuv, der Ätna sowie der Teide auf Teneriffa.
Mitunter wird durch explosionsartige Ausbrüche ein großer Teil eines Kraters weggerissen. In anderen Fällen stürzen Teile des Kraters ein. In beiden Fällen entsteht dann ein großflächiger schüsselförmiger Gipfel, den man „Caldera" nennt.

Schichtvulkane fördern zähflüssige Lava, die nur über kurze Strecken fließt. Daher haben diese Berge meist steile Hänge. Auf Hawaii und auf Island findet man Schildvulkane. Dieser Vulkantyp fördert sehr dünnflüssige Lava, die sich weit ausbreitet. Schildvulkane sind flach und nehmen Flächen von vielen Quadratkilometern ein.

Mensch und Vulkan

Vulkanausbrüche sind Naturkatastrophen, die Menschen in vielen Teilen der Erde bedrohen. Im Gegensatz zu meist überraschend auftretenden Erdbeben können sich Menschen bei einem Vulkanausbruch oft noch rechtzeitig in Sicherheit bringen oder zumindest ihr Leben retten. Manchmal allerdings brechen Vulkane auch plötzlich aus. Dabei können ganze Städte zerstört werden. So kamen beim Ausbruch des Mt. Pelée auf Martinique im Jahre 1902 fast alle der 30 000 Einwohner in der Hauptstadt ums Leben.

M 4
Weinbau auf vulkanischem Boden

Vulkane bringen auch Nutzen: Lava und Asche sind gewöhnlich reich an Mineralien. Durch ihre Verwitterung entsteht ein fruchtbarer Boden, der sich gut für Acker- und Weinbau eignet. Vulkanisches Gestein wird auch als Baumaterial genutzt (Basalt und Bimsstein).
Vulkanische Wärme kann man zur Stromerzeugung nutzen (z. B. in Italien und in Kalifornien). Dazu werden die Dampfkammern ehemaliger Vulkane angebohrt und der heiße Dampf in Kraftwerken genutzt. Auf Island kann der gesamte Bedarf an Wärmeenergie aus vulkanischer Erdwärme gedeckt werden.

Schon gewusst? *Die erste Beschreibung eines Vulkanausbruchs stammt aus dem Jahre 79 n. Chr. Beim Ausbruch des Vesuvs wurde die zehn Kilometer vom Vulkan entfernte Stadt Pompeji durch eine Glutlawine mehrere Meter hoch verschüttet. Tausende von Menschen kamen bei dieser Katastrophe ums Leben. Erst 1748 begann man mit den Ausgrabungen der Ruinen, die heute besichtigt werden können.*

1. Beschreibe die topographische Lage der Virunga-Vulkane und der anderen im Text genannten Vulkane (Atlas).
2. Erläutere die Gefahren, denen Menschen bei einem Vulkanausbruch ausgesetzt sind (M 1, M 3).
3. Erkläre die Entstehung sowie den Aufbau von Schicht- und Schildvulkanen (M 2).
4. Belege an Beispielen, dass Vulkane dem Menschen auch Nutzen bringen können (M 4, Atlaskarten).

Unsere Erde – in Schalen aufgebaut

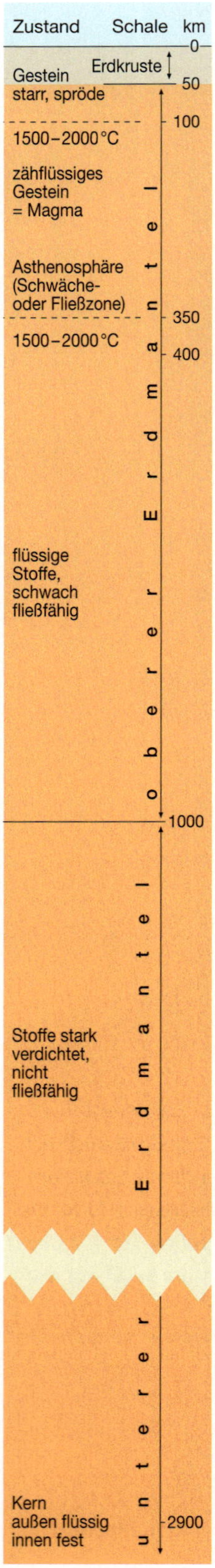

M 1 *Bau des Erdmantels*

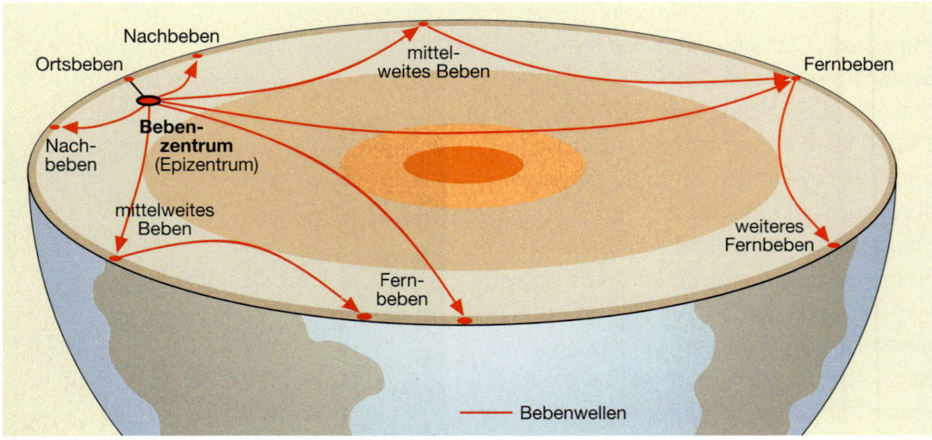

M 2 *Wege von Erdbebenwellen*

Reise zum Mittelpunkt der Erde

Durch einen Vulkankrater in Island erhoffen die wagemutigen Mitglieder einer Expedition endlich den Zugang zum Erdinneren zu erreichen.

Die abenteuerliche Reise wird zu einem Streifzug durch die Erdgeschichte. Saurier, andere auf der Erdoberfläche ausgestorbene Lebewesen sowie Urmenschen bewohnen die unterirdischen Meere und Festländer.

Auf einem feuerfesten Floß gelangen die Forscher nach vielen überraschenden Entdeckungen bei einem Ausbruch des Vulkans Stromboli wieder an die Erdoberfläche. *(nach: Jules Verne)*

M 3 *Fantasie-Geschichte*

Die Beschreibung des Erdinneren in einem Roman aus der Jahre 1874 war reine Fantasie. Inzwischen haben die Geowissenschaftler eine genaue Vorstellung davon, wie es im Erdinneren aussieht – obwohl noch niemand dort war. Woher kennen sie den Aufbau der Erde?

Die Erde wird befragt

Anhand der Ausbreitung von Erdbebenwellen lassen sich Rückschlüsse auf den Aufbau der Erde ziehen.

Man konnte feststellen, dass diese Wellen in bestimmten Tiefen wie an einem Hindernis abgelenkt werden oder dass sich ihre Ausbreitungsgeschwindigkeit ändert. Daraus kann man ableiten, dass die Erde in Schalen und aus unterschiedlich dichtem Material aufgebaut sein muss (**Schalenbau der Erde ▸**).

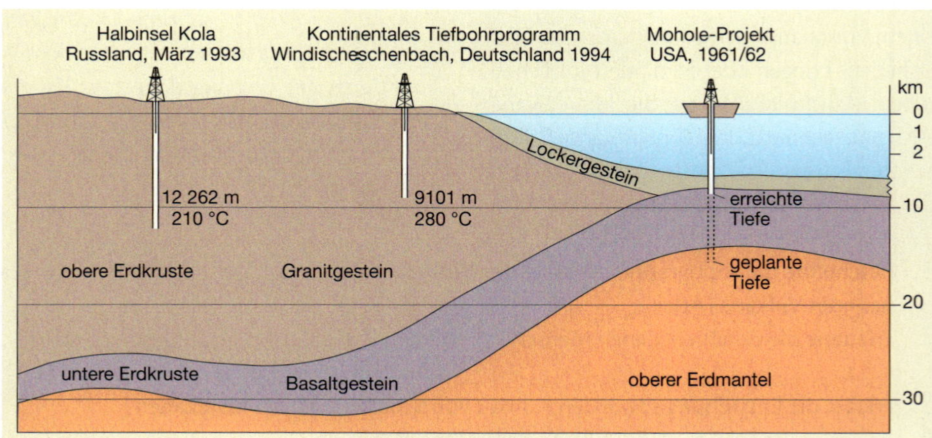

M 4 *Tiefbohrprojekte*

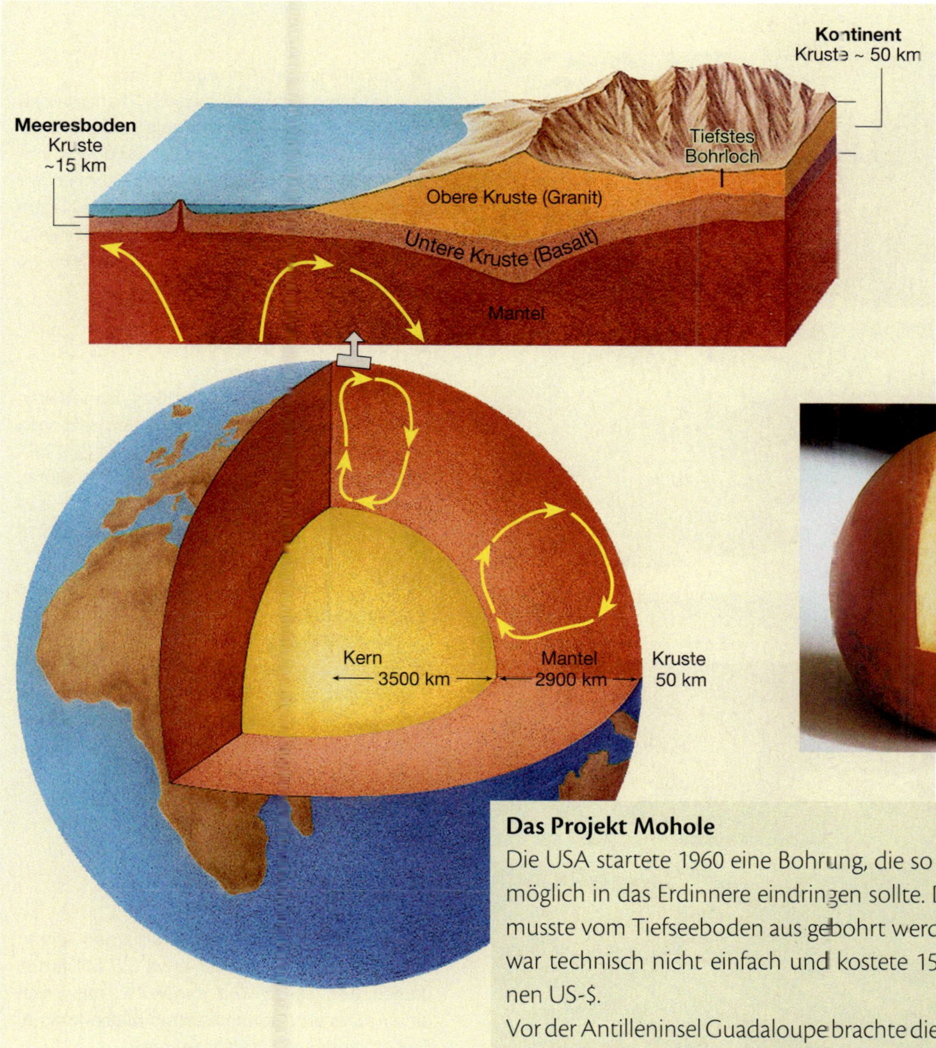

M5

Schalenbau der Erde

M6

Bohrung in der Tiefsee

Das Projekt Mohole

Die USA startete 1960 eine Bohrung, die so tief wie möglich in das Erdinnere eindringen sollte. Deshalb musste vom Tiefseeboden aus gebohrt werden. Das war technisch nicht einfach und kostete 15 Millionen US-$.

Vor der Antilleninsel Guadaloupe brachte die Mannschaft die erste Bohrung nieder. Der Diamantbohrer durchdrang ohne Schwierigkeiten eine 170 m dicke, lockere Gesteinsschicht. Danach fraß sich der Bohrkopf Millimeter um Millimeter in das harte Basaltgestein vor. Dann musste der Bohrkopf ausgewechselt werden. Aber die Bohrtechniker fanden das Bohrloch nicht wieder. Das Vorhaben wurde abgebrochen. Auch ein zweiter Versuch endete vorzeitig. Diesmal riss das Bohrgestänge während eines Sturmes ab.

Schon gewusst? *Die Wärme der Tiefe, die „rote Kohle", stellt einen unerschöpflichen Energievorrat dar. Schätzungen besagen, dass bis zu einer Tiefe von 7 bis 10 km in der Erdkruste so viel Wärme gespeichert ist, dass ihre Gesamtmenge den Heizwert aller Brennstoffe um mehr als das 5000fache übertrifft.*

1. Erläutere, inwiefern Erdbeben zur Erkundung des Erdinneren genutzt werden können (M 2).
2. Beschreibe den Schalenbau der Erde (M 1, M 5).
3. Berichte über das Projekt Mohole (M 4, M 6).
4. Informiere dich (z. B. im Internet) über das Kontinentale Tiefbohrprogramm Windischeschenbach. Halte über dieses Projekt ein Referat.

Ein Blick in die Erdgeschichte – die erdgeschichtliche Entwicklung Europas

4 Zeit der jungen Gebirgsbildung
Es existierten schon die meisten Pflanzen- und Tierarten: Laub- und Nadelbäume, Vögel, Fische, Säugetiere. Die jungen Gebirge wachsen seit 70 Millionen Jahren. Das können wir nicht sehen, weil die Hebung nur etwa 1 mm pro Jahr beträgt. Ohne die abtragenden erdäußeren Kräfte, wie Wasser und Eis, wären sie inzwischen viel höher geworden.

3 Zeit der Gebirgsbildung des Erdmittelalters
Pflanzen und Tiere, z. B. Reptilien, besiedelten vom Meer aus das Land. In vielen Millionen Jahren wuchs das Gebirge. Vor etwa 300 Millionen Jahren erreichte es seine größte Höhe. Dort, wo heute das Erzgebirge liegt, war das mittelalte Gebirge wahrscheinlich über 2000 m hoch.

2 Zeit der alten Gebirgsbildung
Im Erdaltertum hatte sich in den Meeren eine Vielzahl wirbelloser Tiere wie Quallen, Korallen und Muscheln entwickelt. Auf dem Land wuchsen bereits Pflanzen. Tiere gab es hier noch nicht. Mit der Hebung der 600 Millionen Jahre alten Gebirge begann auch deren Abtragung.

1 Zeit der Ur-Kontinente
Die Erde entstand vor etwa 5 Milliarden Jahren aus einer Feuerkugel. Vor etwa 3,5 Milliarden Jahren war sie so weit abgekühlt, dass sich eine Kruste aus festem Gestein bilden konnte. Es entstanden die Ur-Kontinente.

M 1
Gebirgsbildungen und Entwicklung des Lebens auf der Erde (1 Präkambrium, 2 Kambrium, 3 Perm, 4 Quartär)

Die Entwicklungsgeschichte der Erde reicht über etwa 5 000 000 000 (5 Milliarden) Jahre zurück. Das ist ein Zeitraum, den man sich nicht vorstellen kann. Geologen teilen die Geschichte der Erde ähnlich der Menschheitsgeschichte in fünf große Abschnitte ein. Sie berücksichtigen dabei die Entwicklung des Lebens auf der Erde, die Herausbildung der Kontinente und Ozeane, das Entstehen und Vergehen der Gebirge. Auch Europa hat sich in dieser langen Zeit zu seiner gegenwärtigen Gestalt herausgebildet. Es entstand ein stark gegliederter und vielgestaltiger Kontinent.

1. Werte die Materialien auf dieser Doppelseite unter folgenden Gesichtspunkten aus; lege dazu eine Tabelle an: a) Pflanzen- und Tierwelt entwickeln sich im Verlauf der Erdgeschichte; b) Gebirgsbildungen verändern die Gestalt Europas.
2. Arbeitet in Gruppen: a) Entwerft eine 1 m² große geologische Jahresuhr. Stellt 5 Mrd. Jahre Erdgeschichte als einen Tag dar. b) Stellt einen Zeitstrahl zur Erdgeschichte her. Setzt 5 Mrd. Jahre mit 5 m gleich.

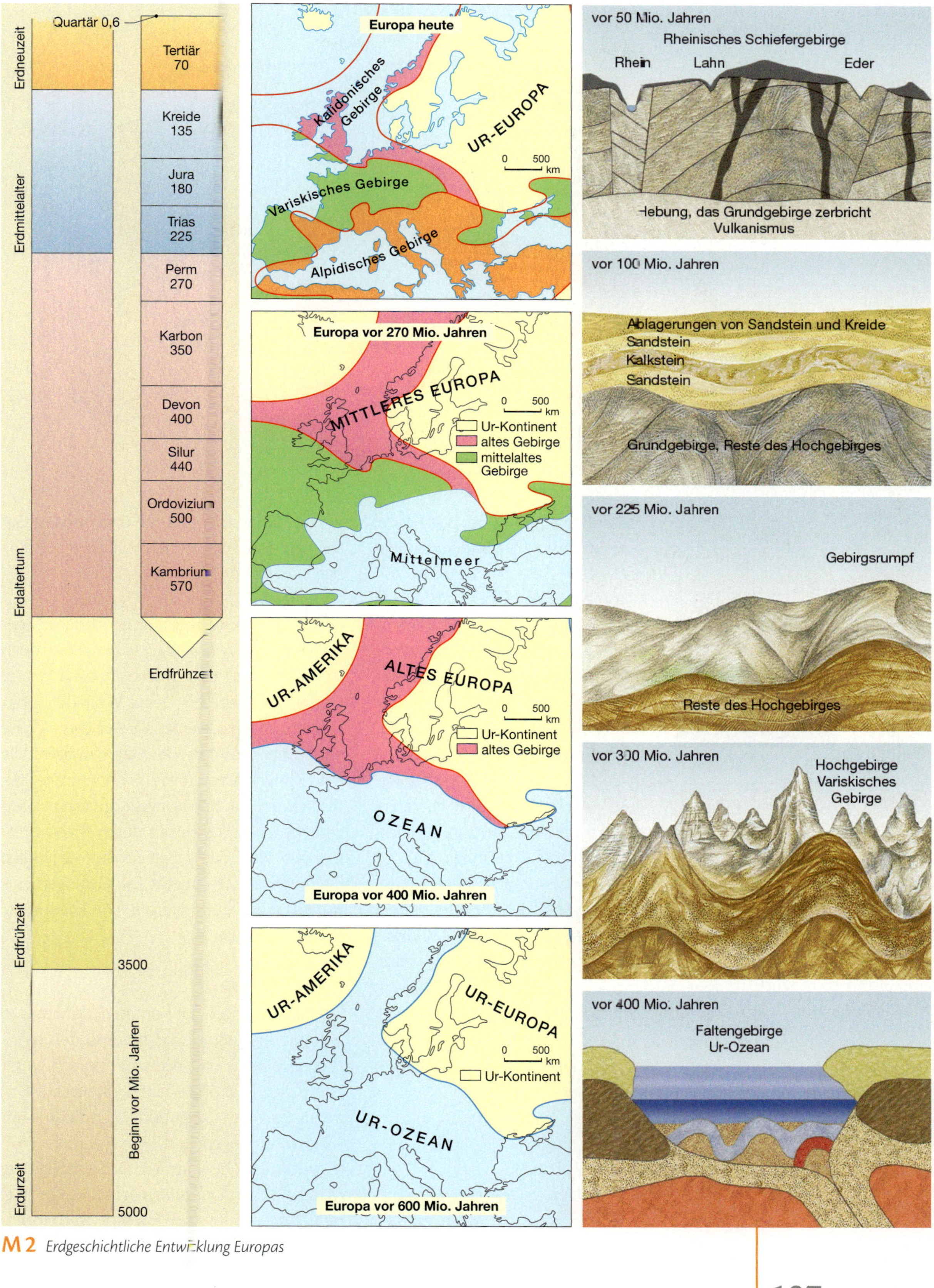

M 2 *Erdgeschichtliche Entwicklung Europas*

Driftende Kontinente

M1
Plattentektonik

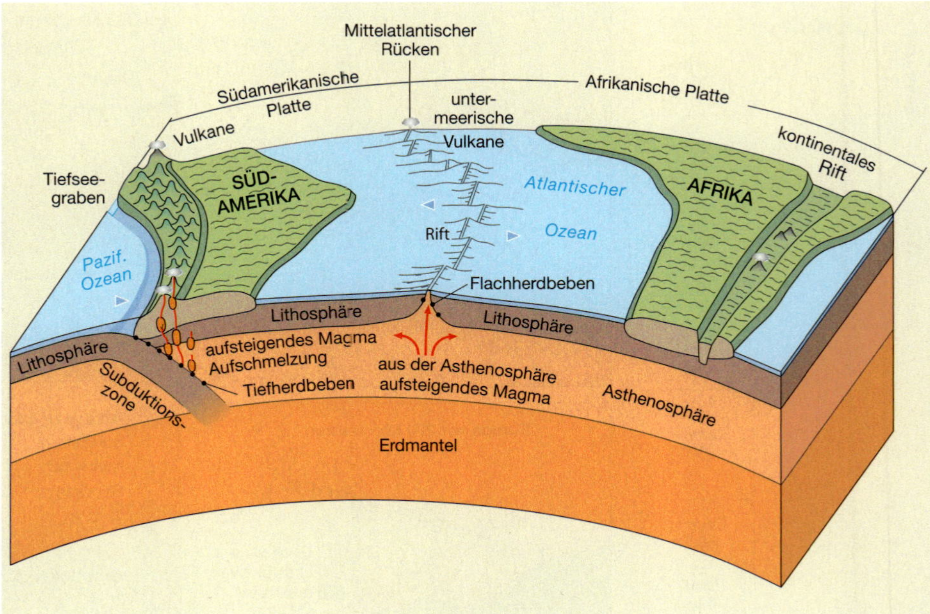

Alfred Wegener (1880 – 1930)

Beim Betrachten einer Weltkarte fällt auf, dass Afrika und Südamerika wie die Teile eines Puzzles zusammenpassen. Doch nicht nur die Umrisse passen zusammen. Auch Gesteine, Bodenschatzvorkommen und Fossilien ähneln einander an den gegenüberliegenden Stellen beider Kontinente. Dies war zu Beginn des 20. Jahrhunderts bereits dem deutschen Forscher Alfred Wegener aufgefallen. Ihm kam der Gedanke, dass die Kontinente in früheren Zeiten der Erdgeschichte eine Einheit gebildet haben könnten. Später brach diese riesige Festlandsmasse auseinander und die einzelnen Teile entfernten sich voneinander. Diese Hypothese der **Kontinentaldrift** (▸) wurde zunächst allgemein abgelehnt. Erst in der zweiten Hälfte des 20. Jahrhunderts erkannte man aufgrund neuer Forschungsergebnisse, dass Wegeners Überlegungen im Prinzip richtig gewesen waren.

Plattentektonik – das neue Bild der Erde

Nach heutigen Erkenntnissen der Geologie besteht die Erdkruste aus mehreren großen und vielen kleineren Bruchstücken, die man Platten nennt. Diese starren und spröden Gesteinsplatten schwimmen auf dem zähflüssigen Gestein der Asthenosphäre.

Aus dem Erdinneren gelangt an manchen Stellen vermehrt Wärme nach oben. Dort quillt das Magma auf und drückt die benachbarte Gesteinsschmelze zur Seite. Woanders sinkt kühleres Magma wieder ab. Auf diese Weise entstehen geschlossene Magmawalzen, die man **Konvektionsströme** (▸) nennt. Die Platten werden von den Konvektionsströmen angetrieben, wie Eisschollen durch Meeresströmungen. Nach Messungen driften sie jährlich bis zu dreißig Zentimeter. Die Geologen entwarfen zu diesen Vorgängen eine Theorie der **Plattentektonik** (▸).

Plattengrenzen

Die Auswirkungen der Kontinentaldrift lassen sich gut am Beispiel Südamerikas, des Atlantischen Ozeans und Afrikas erkennen. Unter dem Atlantik strömt Mantelmaterial auf und dehnt dort den Ozeanboden. Dadurch kann Magma aufsteigen und untermeerische Vulkanausbrüche hervorrufen. Das aufsteigende Material bildet ein untermeerisches Gebirge, den Mittelatlantischen Rücken (**Mittelozeanischer Rücken** ▸).

Beiderseits dieses Rückens werden die Platten durch aufsteigendes Magma auseinandergeschoben. Der Atlantik verbreitert sich durch die Bildung von neuem Ozeanboden, Afrika und Südamerika entfernen sich voneinander. An der Westseite wird Südamerika dabei gegen die Pazifische Platte geschoben. Durch diese Stauchung faltet sich am Kontinentalrand ein Gebirge auf, die Anden. Das Basaltgestein der ozeanischen Kruste ist schwerer als das Granitgestein der kontinentalen Kruste und taucht deshalb unter den Kontinent ab. Am Meeresboden entsteht in Küstennähe ein **Tiefseegraben** (▸), der Atacamagraben.

Grabenbrüche und Vulkane

Durch Ostafrika verläuft ein mehrere Tausend Kilometer langer **Grabenbruch** (▸), denn dort wölbt aufsteigendes Magma die starre Kruste auf. Das Gestein wird gedehnt, bis es zerreißt. Gräben brechen ein, Vulkangebirge türmen sich auf, Afrika reißt auseinander. Ostafrika wird in Millionen Jahren zur Insel werden.

Frühe Vorstellungen vom Entstehen der Kontinente und Ozeane

Der englische Geologe George Darwin vermutete um 1900, der Mond sei aus der Erde herausgerissen worden. Dabei sei das Becken des Pazifischen Ozeans entstanden. Diese Katastrophe habe Afrika und Südamerika auseinandergerissen. Andere Geologen nahmen an, die Gebirge seien durch Abkühlung und Schrumpfung der Erde entstanden, etwa einem Apfel ähnlich, der beim Eintrocknen an der Oberfläche Falten bekommt. In diese Situation platzte 1912 Alfred Wegeners Hypothese der Kontinentaldrift hinein.

M2 *Alte Theorien*

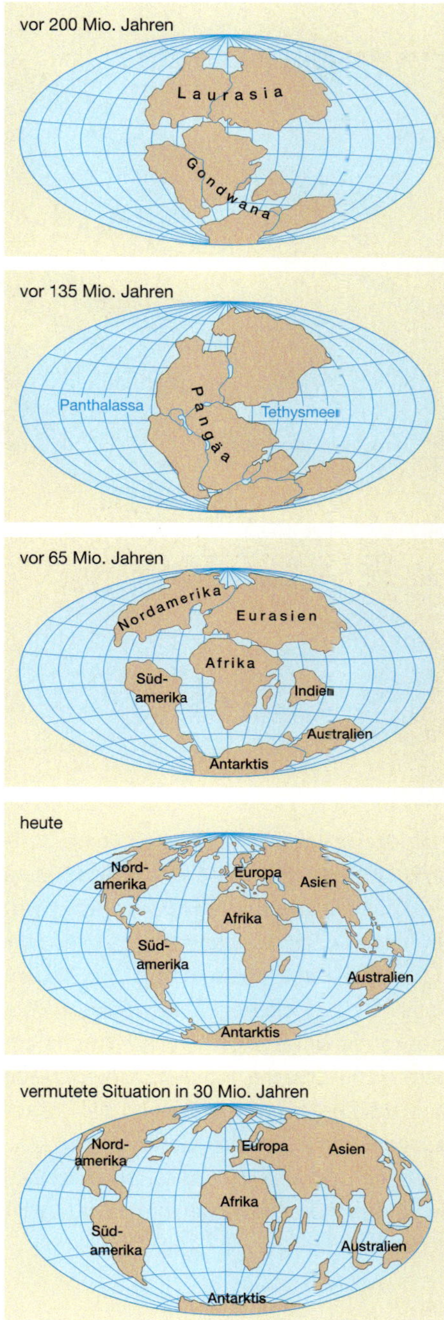

M3 *Die Drift der Kontinente*

1. Berichte über Hypothesen zur Beschaffenheit der Erdkruste im 19. Jh. und zu Beginn des 20. Jhs. (M 2).
2. Erläutere die Theorie der Plattentektonik (M 1). Verwende dabei auch die Begriffe Aufbrechen und Öffnen sowie Verschlucken einer Platte, Vulkanismus, Erdbeben.
3. Beschreibe die Topographie des Mittelatlantischen Rückens (Atlas).
4. Nenne große Platten der Erdkruste und beschreibe die Veränderungen ihrer topographischen Lage im Laufe der Erdgeschichte (M 3, S. 131 M 4, Atlas).

Gesteinsgruppen und Kreislauf der Gesteine

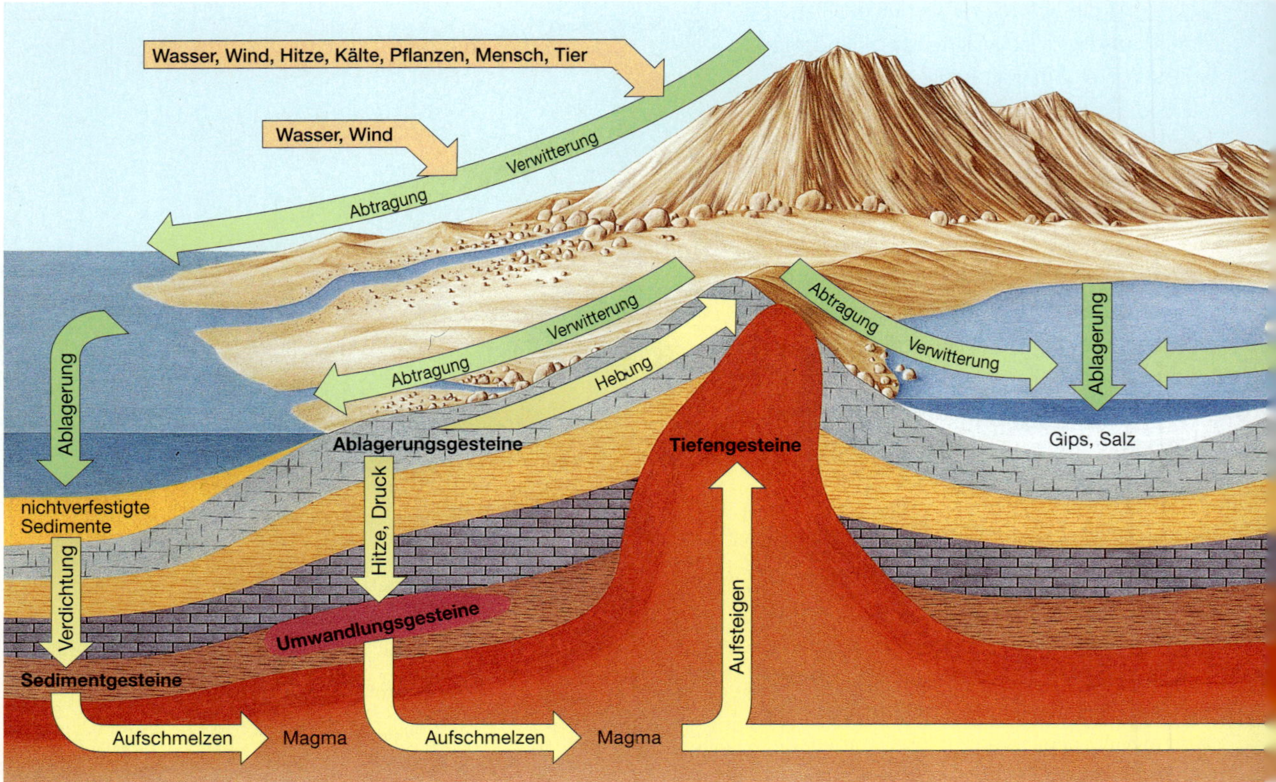

M 1

Kreislauf der Gesteine

Natursteine werden vielfach verwendet, z. B. als Fußbodenbelege. Viele alte Gebäude, etwa der Kölner Dom, sind aus Natursteinen errichtet. Einzelne Steine unterscheiden sich nicht nur in der Farbe, sondern auch im Aufbau voneinander: Manche sind feinkörnig, andere grobkörnig, einige zeigen eine Schichtung, andere nicht. Ursache für diese Unterschiede sind die Zusammensetzung und die Entstehungsbedingungen der **Gesteine** (▸). Alle Gesteine sind aus Mineralien zusammengesetzt, deren geometrische Formen „Kristalle" genannt werden.

Minerale

Bei der Betrachtung eines Gesteins erkennt man oft verschiedenfarbige Körner. Das sind **Minerale** (▸). Von den etwa 2000 bekannten Mineralen bilden nur wenige Gesteine. Die gesteinsbildenden Minerale vermengen sich in den unterschiedlichsten Anordnungen und bilden so die vielen Gesteine. Die Grundmasse aller Minerale ist im Magma enthalten.

Tiefengesteine

Zu den häufigsten Gesteinen gehört Granit. Er ist aus drei Mineralen aufgebaut, dem glänzenden, glasartigen Quarz, dem ebenfalls glänzenden, aber dunklen Glimmer und dem nicht glänzenden, meist gelblichen oder roten Feldspat.

Granit ist in der Tiefe aus dem Magma erstarrt. Beim langsamen Abkühlen konnten die Minerale zu großen Kristallen heranwachsen. Granit ist deshalb grobkörnig. Durch Hebung und Abtragung können Tiefengesteine auch an die Erdoberfläche gelangen.

Ergussgesteine

Dringt Magma durch einen Vulkan empor, ergießt es sich als Lava über die Erdoberfläche und erkaltet dort rasch. So kristallisieren alle Minerale fast gleichzeitig aus und bleiben deshalb sehr klein. Das Gestein erscheint feinkörnig. Das bekannteste Ergussgestein ist Basalt. Es besteht aus einer einheitlichen Grundmasse, in die vereinzelt größere Kristalle eingelagert sind.

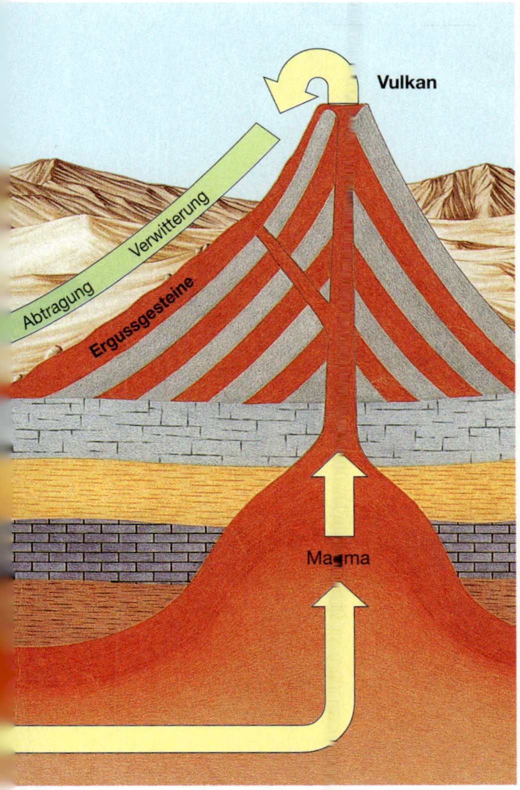

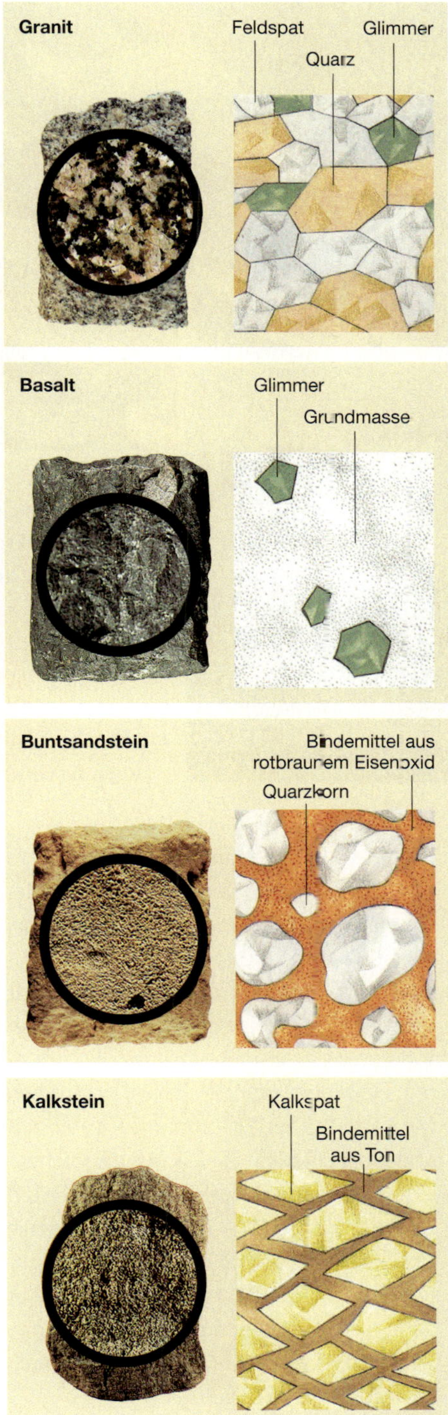

M 2 *Zusammensetzung von ausgewählten Gesteinen*

Sedimentgesteine

Alle Gesteine an der Erdoberfläche unterliegen der Verwitterung und Abtragung. Das Lockermaterial lagert sich in Seen, vor allem im Meer ab. In Jahrmillionen können kilometerdicke Schichten entstehen. Durch Druck und hohe Temperatur werden sie zu Absatz- oder Sedimentgesteinen verfestigt. Im **Sandstein** sind vor allem Quarzkörner miteinander verbacken, im **Kalkstein** das weiße bis gelbe Mineral Kalkspat. Sedimentgesteine zeigen meist eine Schichtung und enthalten oft Fossilien, also Reste von Lebewesen.

Umwandlungsgesteine

Gelangen Gesteine durch Vorgänge der Plattentektonik in größere Tiefen, verändern sie sich durch Hitze und Druck. Es bilden sich neue Minerale. So wird aus Granit Gneis, aus Sandstein Quarzit und aus Kalkstein Marmor.

1. Erläutere den Kreislauf der Gesteine (M 1).
2. Erkläre den Aufbau unterschiedlicher Gesteine. Betrachte dazu die Zusammensetzung und erläutere die Entstehungsbedingungen (M 2).

Erdbeben in Kalifornien

M1

Zerstörungen an einem doppelstöckigen Highway und an einem Haus in San Francisco nach dem Erdbeben von 1989

In manchen Gebieten der Erde kommt es in unregelmäßigen Abständen zu **Erdbeben** (▶), beispielsweise in Kalifornien. Die großen Städte San Francisco und Los Angeles sind teilweise schon mehrfach durch schwere Erdbeben zerstört worden.

Entstehung von Erdbeben in Kalifornien

Ursache für die Erdbeben ist die San-Andreas-Verwerfung. Dies ist ein etwa 1000 Kilometer langer Riss in der Erde. An dieser Verwerfung verschieben sich Teile der Erdoberfläche gegeneinander.

M2

Folgen von Erdbeben

Erdbeben in San Francisco

Am 18. April 1906 wurden die 400 000 Bewohner von San Francisco aus dem Schlaf gerissen. Heftige Erdstöße, die etwa eine Minute andauerten, erschütterten die Stadt und brachten Gebäude zum Einsturz. Insbesondere viele der in Billigbauweise errichteten Holzkonstruktionen fielen zusammen wie Kartenhäuser. Schornsteine kippten um und brachen durch die Dächer, die Kirchenglocken läuteten wie wild. Auf festem Grund gebaute solide Holz- und Ziegelbauwerke sowie einige in Stahlskelettbauweise errichtete Hochhäuser trotzten dem Beben. Auf den Straßen taten sich tiefe Risse und Spalten auf, die Gleise der Cable Car wurden zu Zickzacklinien verbogen.

Die Zerstörungen durch das Erdbeben waren erheblich, doch die eigentliche Katastrophe kam erst später: Einige Stunden nach dem Beben geriet ein Haus durch Unachtsamkeit in Brand. Das Feuer breitete sich rasch aus und erfasste die ganze Stadt. Drei Tage lang loderten die Flammen. Die Feuerwehr war machtlos, weil die meisten Wasserleitungen geborsten waren. Dreizehn Quadratkilometer der Innenstadt fielen den Flammen zum Opfer. Etwa 700 Todesopfer waren zu beklagen.

Am 17. Oktober 1989 bebte die Erde in San Francisco wieder für einige Sekunden, dieses Mal während des Hauptberufsverkehrs um 17 Uhr. Das Beben erreichte eine Stärke von 6,9 auf der Richter-Skala. Mehr als 500 Meter der oberen Fahrbahn einer doppelstöckigen Autobahn stürzten herab und begruben mehr als 200 Autos unter sich. Auf manchen Straßen taten sich riesige Löcher auf, in denen komplette Autos verschwanden. Die Wolkenkratzer hielten dem Beben zwar stand, doch erschlugen herabfallende Fassadenteile mehrere Passanten. Auch viele kleinere Gebäude stürzten ein. Die Versorgung mit Strom, Wasser und Telefon brach zusammen. Die Schäden summierten sich auf etwa sechs Milliarden Dollar.

Beim Vorbeigleiten verhakt sich das Gestein zu beiden Seiten und baut eine Spannung auf. Wird sie zu groß, verschiebt sich das Gestein beiderseits der Verwerfung ruckartig um bis zu mehrere Meter: Ein Erdbeben wird ausgelöst. Finden starke Erdbeben unter der Meeresoberfläche statt, können riesige Flutwellen, **Tsunamis** (▸), entstehen (vgl. S. 114). Einer der gewaltigsten Tsunamis forderte in Südostasien am 26. 12. 2004 über 200 000 Todesopfer.

Messung von Erdbeben

Erschütterungen bei einem Erdbeben breiten sich über große Entfernungen aus. Mithilfe eines Seismographen kann man sie messen und den Verlauf von Erdbeben aufzeichnen. Eine solche Aufzeichnung heißt Seismogramm. Man fand heraus, dass die meisten Erdbeben in Tiefen bis zu 100 Kilometern entstehen. Die Stärke eines Erdbebens wird meist nach der **Richter-Skala** (▸) angegeben. Diese Skala ist nach oben offen. Beben der Stärke 2 bis 3 verursachen spürbare Erschütterungen, bei der Stärke 4 bis 5 kommt es zu Schäden an Gebäuden. Schwere Schäden an Bauwerken richten Beben der Stärke 6 und mehr an. Die schwersten Beben erreichen Werte von über 9 auf dieser Skala.

Vorhersage und Schutz

Eine sichere Vorhersage von Erdbeben ist nicht möglich. Nur in seltenen Fällen hat man sich aufgrund von Veränderungen an der Erdoberfläche oder durch die Beobachtung ungewöhnlicher Verhaltensweisen bei Tieren auf ein kommendes Erdbeben vorbereiten können. In den gefährdeten Gebieten versucht man Häuser zu bauen, die nicht einstürzen. So ist es gelungen, Gebäude mit einer Art von Stoßdämpfern auszustatten, die Erschütterungen elastisch aufnehmen können.

M 3 *San-Andreas-Verwerfung*

M 4 *Erdbeben in Kalifornien*

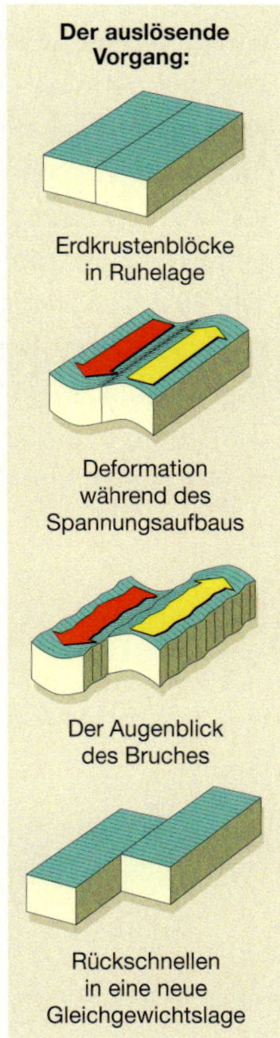

M 5
Versetzung entlang einer Verwerfung

1. Berichte anhand von M 1 und M 2 über die Auswirkungen von Erdbeben für San Francisco.
2. Erläutere die Entstehung von Erdbeben (M 3, M 5).
3. Beschreibe, in welchen Gebieten Kaliforniens größere Erdbeben auftraten. Stelle einen Zusammenhang zum Verlauf der San-Andreas-Verwerfung her (M 3, M 4, Atlas).
4. Begründe, weshalb viele Menschen in den betroffenen Gebieten in ständiger Angst vor neuen Erdbeben leben.

Gefahr aus dem Meer – Tsunamis

M 1 *Zerstörungen nach dem Tsunami*

[...] Den Strand von Kamala auf Phuket gibt es nicht mehr, auch keine einzige Brücke ist erhalten geblieben. Von der Familie werden sieben Personen vermisst. Die Mutter von Paul wurde von den Wassermassen weggespült, Paul selbst bis zum Club. Leo konnte sich mit Mühe und im letzten Moment aus dem Auto retten. Hans, der im gleichen Auto war, wurde weggespült und war Stunden verschwunden [...]
[...] Ich saß im Zimmer, als ich plötzlich Wasser unter die Tür fließen sah. Innerhalb weniger Sekunden stand das Wasser bis zur Decke. Ich weiß nicht mehr, wie ich herausgekommen bin [...]
[...] Wir standen im Wintergarten, als eine große Welle über die Mauer des Gartens brach und innerhalb von Sekunden die Scheiben eindrückte. Wir fanden uns mehrere hundert Meter landeinwärts wieder [...]

M 2 *Berichte von Augenzeugen*

Seebeben in Südasien

War die Insel Phuket in Thailand für viele Touristen mit ihren traumhaften Sandstränden, ihren zahllosen Buchten und dem glasklaren Meer vorher der Inbegriff des Urlaubsparadieses gewesen, so wurde dieser Traum am 26. Dezember 2004 jäh zerstört.

Vor Sumatra erzeugte ein Seebeben (untermeerisches Erdbeben) einen **Tsunami** (▸), der in kurzer Zeit zahlreiche Länder rund um den Indischen Ozean erreichte und für eine Naturkatastrophe unermesslichen Ausmaßes sorgte. Ein bis drei Meter hohe Wellen rissen mit ihren Strömungen alles mit, was sich ihnen in den Weg stellte. Im gesamten südasiatischen Raum, aber auch an der Ostküste Afrikas wurden über 200 000 Menschen Opfer des Naturereignisses. Alle im betroffenen Küstensaum vorhandenen Infrastruktureinrichtungen wurden völlig zerstört.

Seebeben – Auslöser des Tsunamis

Die Erdkruste ist in Platten unterteilt, die sich mehrere Zentimeter pro Jahr bewegen können. In Süd- und Südostasien taucht die ozeanische (Indische) Platte um etwa 6 cm pro Jahr unter die eurasische Kontinentalplatte ab. Darum entstehen in diesem Gebiet häufig

M 3
Die räumliche Ausdehnung der Flutwelle

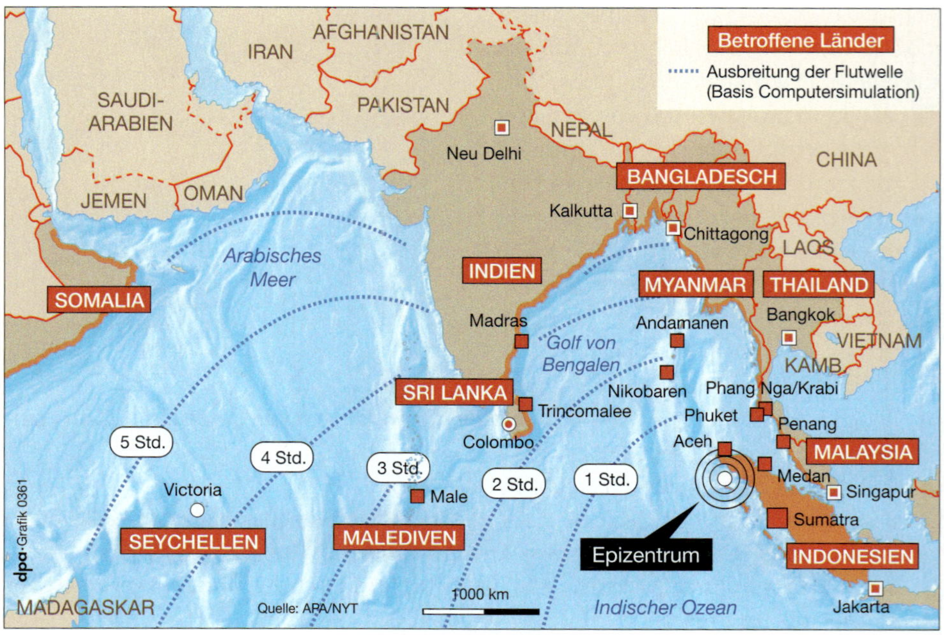

Seebeben. Dabei werden gewaltige Wassermassen aus dem Gleichgewicht gebracht und in eine Bewegung versetzt, die einen Tsunami auslösen kann.

Tsunamis

Ein Tsunami (japanisch: lange Hafenwelle) ist eine Springflut, die durch ein Seebeben mindestens der Stärke 7 auf der Richter-Skala entsteht. Da auf dem offenen Meer die Wellenhöhe nur einen halben Meter beträgt, wird sie dort oftmals gar nicht bemerkt. Erst im flachen Küstensaum kann sich die Welle aufbauen und eine Höhe von bis zu 30 m erreichen. Am Strand macht sich der Tsunami durch ein langes, stetiges, außergewöhnlich starkes Zurückweichen des Wassers bemerkbar, bevor es als zerstörerische Welle zurückkommt.
Da Tsunamis an Land erst spät bemerkt werden können, hat man bereits in vielen Regionen satellitengestützte Frühwarnsysteme auf dem Meeresboden installiert.

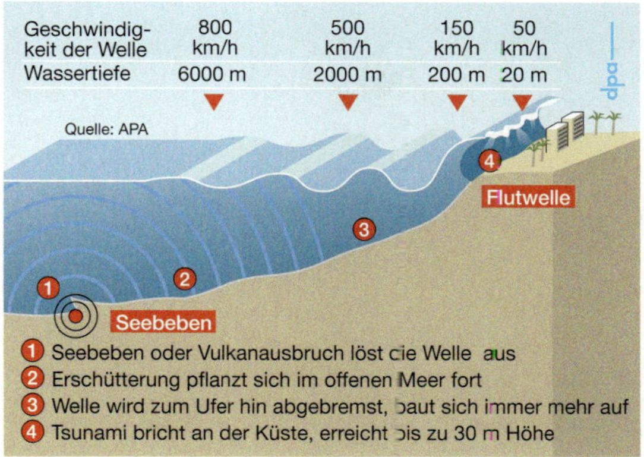

M4 *Tsunami – Entstehung der tödlichen Flutwelle*

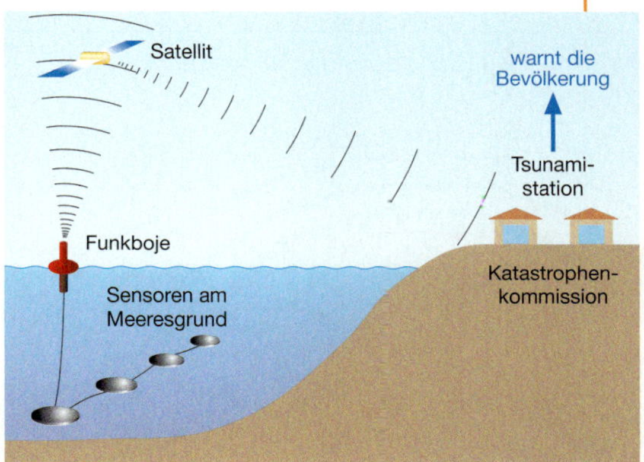

M5 *Frühwarnsystem*

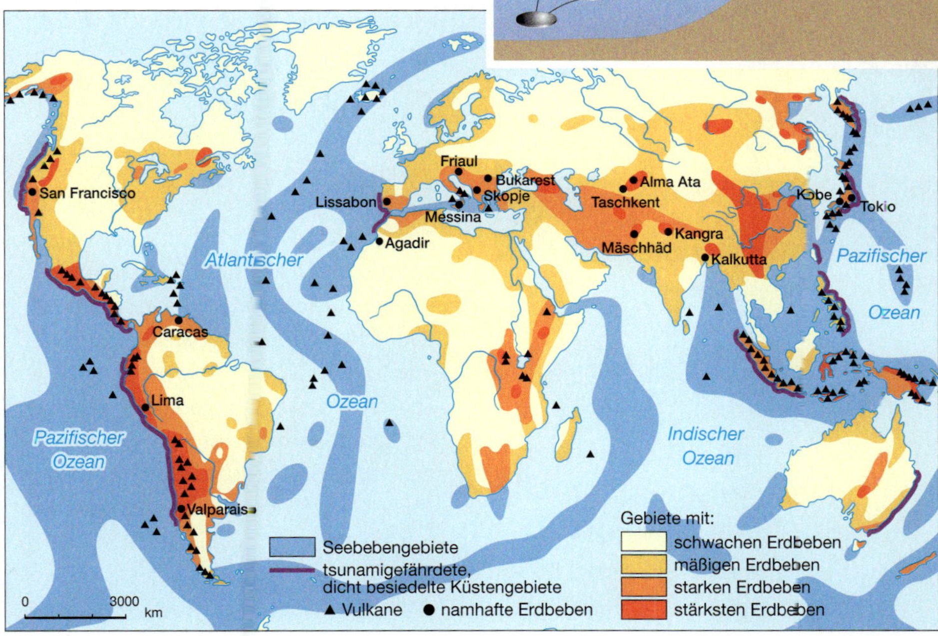

M6 *Erdkruste in Bewegung*

1. Berichte über die Folgen des Tsunami in Südostasien (M 1 bis M 3).
2. Erläutere das Entstehen von Tsunamis (M 4, M 6).
3. Lokalisiere Gebiete, die durch Tsunamis gefährdet sind. Erläutere ihre Lage anhand der Karte M 4 auf S. 13[illegible].
4. Erläutere das Frühwarnsystem (M 5). Überlegt, wie man sich vor Tsunamis schützen kann und welche weiteren Schutzmaßnahmen geschaffen werden können.

Wo Wirbelstürme zuschlagen

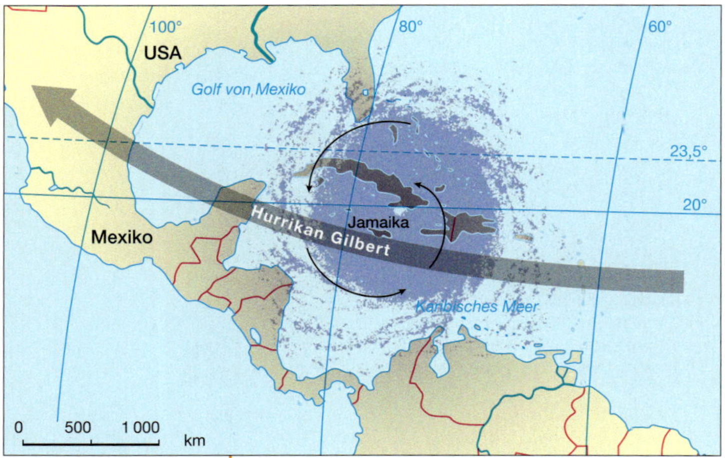

M 1 *Der Weg des Hurrikans „Gilbert"*

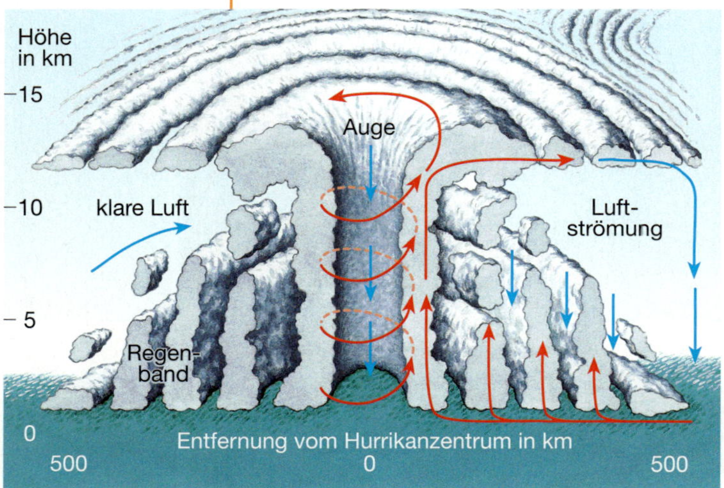

M 2 *Querschnitt eines Hurrikans*

Jahr	Name des Hurrikans, Gebiet	Tote	Sachschaden
1900	Galveston, USA	> 8 000	keine Angaben
1935	Labor Day, USA	> 400	keine Angaben
1969	Camille, USA	> 140	ca. 6 Mrd. US-$
1988	Gilbert, Karibik	300	ca. 5 Mrd. US-$
1992	Andrew, USA	15	ca. 21 Mrd. US-$
1998	Mitch, Karibik	> 10 000	ca. 7 Mrd. US-$
2004	Ivan, Karibik/USA	130	ca. 13 Mrd. US-$
2005	Katrina, USA	> 1 300	ca. 125 Mrd. US-$
2005	Rita, Kuba/USA	120	ca. 8 Mrd. US-$
2005	Stan, Mittelamerika	> 1 200	ca. 6 Mrd. US-$
2005	Wilma, Mexiko/USA	> 47	ca. 10 Mrd. US-$

M 3 *Stärkste Wirbelstürme in der Karibik (Auswahl)*

In Deutschland heißen sie Staubteufel, Windhose oder Wasserhose. Zwischen Texas und Nebraska in den USA liegt die „Tornado-Allee", ein 800 Kilometer langes und 650 Kilometer breites Gebiet. Wirbelstürme gelten als „meteorologische Ungeheuer" und „größte Kraftmaschinen der Welt".

Riesige Wolkenwirbel

Hurrikane (▸) sind tropische Wirbelstürme. Sie bilden sich ausschließlich über den tropischen Ozeanen bei Wassertemperaturen über 27 °C. In der Mitte des Wolkenwirbels liegt das „Auge". Darin ist es windstill und wolkenlos. Das Auge wird von einem Ring mit heftigsten Gewittern, stärksten Regenfällen zwischen einem halben bis zwei Metern Wasser pro m^2 am Tag und höchsten Windgeschwindigkeiten zwischen 200 und 400 km/h begrenzt. Nach außen schließen sich ringförmig weitere Regenwolken an. In einem tropischen Wirbelsturm kann an jedem Tag so viel Wärmeenergie freigesetzt werden, wie in einem Jahr weltweit elektrische Energie verbraucht wird.

Der Hurrikan „Katrina"

Am 29.08.2005 erreichte „Katrina" mit Windgeschwindigkeiten von 200 km/h südlich von New Orleans die US-Golfküste und zog dann weiter nach Norden, wo er etwas später die Küste von Mississippi verwüstete. Durch den Tropensturm und die dadurch ausgelöste gewaltige Sturmflut wurden Häuser an der Küste fortgespült, Schiffe auf das Festland gesetzt, Fahrbahnen aus Betonbrücken gerissen, und es brachen die Deiche des Industrial Canal in New Orleans, der den Fluss Mississippi mit dem Pontchartrainsee verbindet. Die tieferliegende Stadt lief zu 80 % der Fläche voll Wasser.

Durch „Katrina" starben 1300 Menschen, eine Million wurde obdachlos und 5 Millionen waren wochenlang ohne Strom und Wasser. Katrina verursachte den größten Sachschaden, den je eine Naturkatastrophe verursachte.

M 4 *Folgen des Hurrikans*

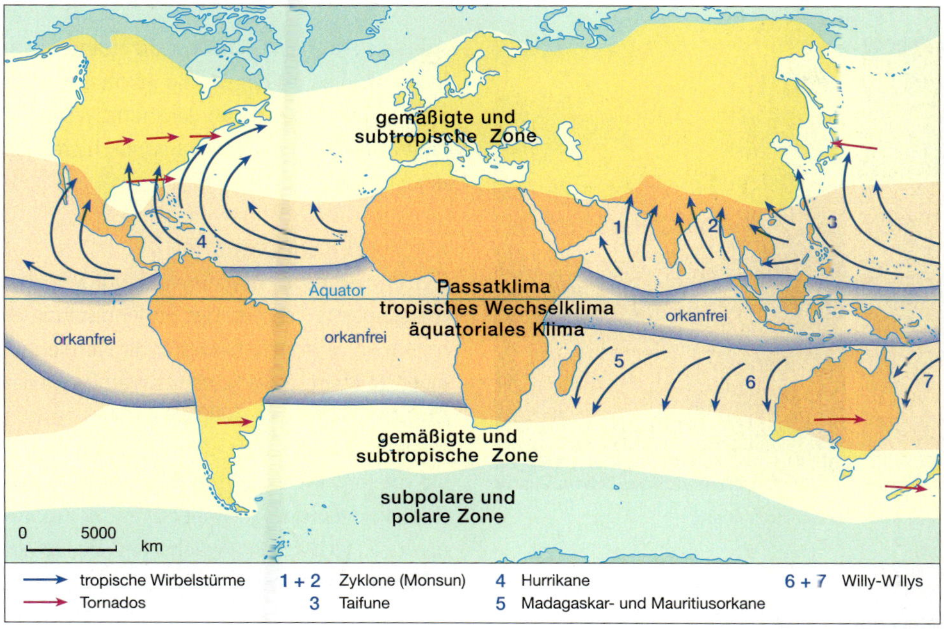

M 5
Zugbahnen von Wirbelstürmen

Außertropische Wirbelstürme

In der gemäßigten und in der subtropischen Klimazone entstehen kurzlebige Wirbelstürme von nur 100 – 600 m Durchmesser. Sie werden **Tornados** (▶) genannt. Ein Tornado ist ein sehr schnell drehender Wind, der um ein schmales Gebiet äußerst niedrigen Luftdrucks weht. Ein Tornado ist an seinem bis zu 1 km hochreichenden schlauchartigen Wolkenwirbel zu erkennen. Er ähnelt aus einiger Entfernung einem riesigen Elefantenrüssel, der unberechenbar hin und her pendelt. Gelegentlich hebt er vom Boden ab, sodass das betreffende Gebiet von seiner zerstörenden Wirkung verschont bleibt. Der Durchmesser des Rüssels kann einige Meter bis zu 500 m betragen. Mit diesem „Rüssel“ wird Staub und Sand aufgewirbelt, über Wasser bilden sich Wasserhosen. Kräftig entwickelte Tornados hinterlassen eine Spur der Zerstörung. Häuser explodieren wegen des plötzlich einsetzenden Luftdruckabfalls. Nicht immer besteht der Rüssel aus Wolkentröpfchen. Manchmal bleibt er unsichtbar, sodass ihn erst die umherfliegenden Trümmer und Sandmassen verraten. Tornados erreichen Windgeschwindigkeiten bis zu 700 km/h.

M 6
Tornado über Kansas (USA)

1. Beschreibe die Wirkungen von Hurrikanen in der Karibik. Suche die betroffenen Gebiete auf einer Karte (M 1 bis M 4).
2. Erläutere den Aufbau eines Hurrikans. Betrachte seine Ausdehnung, seine innere Gliederung und die Luftströmungen (M 1, M 2).
3. Vergleiche Hurrikan und Tornado (M 2, M 6).
4. Beschreibe die topographische Lage der Entstehungsgebiete und Zugbahnen von Wirbelstürmen und Tornados (M 5, Atlas).
5. Erkläre die Bezeichnung „Tornado-Allee“ (M 5).

Gefährdung durch menschliche Eingriffe

Waldraubbau im Mittelmeerraum

M 1 *Ödland*

M 2 *Aufforstung*

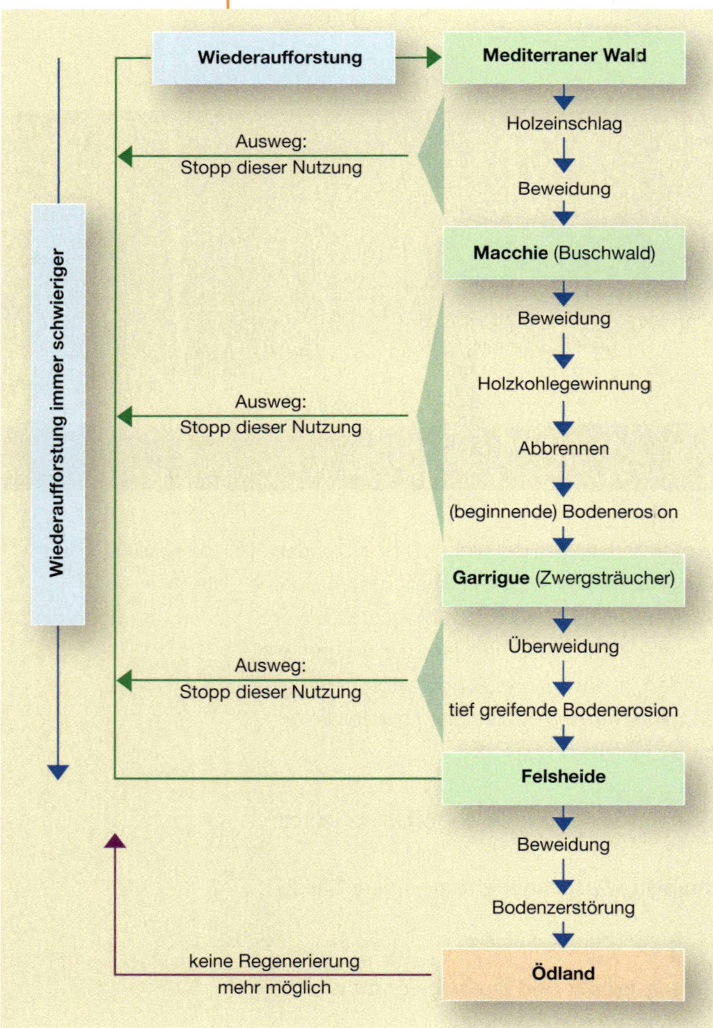

M 3 *Entwaldung und ökologische Folgen*

Auf den Seiten 58/59 kannst du erfahren, wie in Amazonien im Regenwald gerodet wird. In Europa gab es bereits vor Jahrhunderten umfangreiche Rodungen. Ein Beispiel hierfür ist der Mittelmeerraum.

Stufen der Entwaldung

Der immergrüne Hartlaubwald wurde durch unangepasste Formen der Bodennutzung in mehreren Stufen fast vollständig vernichtet. Einen solchen Vorgang nennt man **Degradation** (▶). Vor etwa 7000 Jahren besiedelten sesshafte Ackerbauern den Mittelmeerraum. Sie rodeten im Wald, um Siedlungs-, Acker- und Weideland zu gewinnen. Mit der Zunahme der Bevölkerung wuchs der Bedarf an Nutzland, Bau- und Brennholz.

Eichen waren wegen der Härte als Bauholz ungeeignet. Die Bauern schlugen sie in Bodennähe ab, sodass aus dem Stumpf neue Triebe schießen konnten. Nach etwa 20 Jahren hatten sie Armdicke erreicht und wurden als Brennholz genutzt. So entstand bei gleichzeitiger Beweidung die Macchie. Sie wurde im Sommer abgebrannt, damit im Winter Gräser und Kräuter wachsen konnten. Giftige und dornige Pflanzen fraß das Vieh nicht. So entstand die Garrigue. Der Boden war nun der Erosion durch Wasser und Wind schutzlos ausgesetzt.

Aufforstung – von schwierig bis unmöglich

Siedlungs- und landwirtschaftliche Nutzflächen können nicht mehr aufgeforstet werden. Macchie und Garrigue lassen sich nur unter hohen Kosten aufforsten. Deshalb können nur wenige Mittelmeerländer ihre Aufforstungsprogramme umsetzen.

Aus Geldmangel hat man früher schnell wachsende Eukalyptusbäume gepflanzt. Diese Maßnahme ist aber aus ökologischen Gründen umstritten. Die Bäume entnehmen dem Boden viele Nährstoffe und Wasser. Am besten wäre es, man würde heimische Laubbäume pflanzen. Diese wachsen aber langsam.

M 5 *Bodennutzung in Griechenland um 450 v. Chr.*

Erblühte die Hellenistische Hochkultur zu Lasten der Natur?

Die kahlen Hänge um die Akropolis in Athen und an vielen ehemaligen Kulturzentren waren ursprünglich bewaldet, aber der Bedarf an Holz war fast unbegrenzt. Holz war Baustoff und nahezu der einzige Energieträger. Das gewaltige Flottenbauprogramm Athens im 5. Jh. v. Chr. verschlang große Wälder. In der Nähe Athens wurden ein Handelshafen und zwei Kriegshäfen gebaut. Es gab Liegeplätze für 400 Schiffe, dazu Lagerräume, Zollgebäude, Wechselstuben und Warenhallen.

Bald spülten jedes Jahr im Winter Starkregen den Waldboden in die Talauen und Küstenebenen. Dort kam es zu Überschwemmungen. Die Felder waren nach jeder Flut zentimeterdick mit Schlamm bedeckt und die Ernteerträge gingen mehr und mehr zurück.

Die Blüte Athens wurde nicht nur mit der Zerstörung der Naturlandschaft erkauft, sie verursachte selbst den wirtschaftlichen Niedergang durch ökologische Schäden, die bis heute irreparabel blieben. Ein Umweltbewusstsein kannte man nicht. Die Natur galt als unerschöpflich und ihre Nutzung durch den Menschen als kulturelle Leistung.

M 4 *Folgen der Abholzung*

Waldraubbau in der Antike

Die Beziehung zwischen Mensch und Natur ist schon lange voller Spannungen. Bereits das antike Griechenland hat vor rund 3000 Jahren **Raubwirtschaft** (▶) an der Natur betrieben.

M 6 *Hafen von Piräus um 450 v. Chr.*

1. Erkläre die verschiedenen Stufen der Entwaldung und deren ökologische Folgen im Mittelmeerraum (M 1, M 3).
2. Erläutere Formen der Bodennutzung zur Zeit der Hellenistischen Hochkultur (M 5). Beachte dabei die Höhenstufen der Vegetation.
3. Beurteile die Erfolgsaussichten der Aufforstung (M 3).
4. Diskutiert, ob das Aufblühen der antiken Hochkultur zu Lasten der Natur erfolgte (M 4).

Waldschäden – Ursachen und Folgen

Zu Beginn der 1980er-Jahre erschreckten Erkenntnisse über „neuartige Waldschäden“ die Öffentlichkeit, man sprach vom „Waldsterben“. Seit 1984 wird durch jährliche Waldschadenserhebungen der Zustand der deutschen Wälder erfasst.

Ursachen

Verschiedene Luftschadstoffe schwächen die Gesundheit der Bäume. Nicht alle Wälder sind gleichermaßen gefährdet. Eine besondere Rolle spielt die Nähe zur Quelle der Emissionen. Auch natürliche Bedingungen wie Windrichtung, Höhenlage, Luv-Lee-Effekte, Bodenart und die Widerstandsfähigkeit der Baumart sind für die Anfälligkeit entscheidend.

Folgen

Man beobachtet Nadel- und Laubblattverluste, Kronenauslichtungen, Verfärbungen, Wurzelverkümmerung und fehlende Standsicherheit. Überdurchschnittlich geschädigt sind Buchen, Eichen und Fichten, weniger geschädigt sind Kiefern. Der geschädigte Wald ist gefährdet durch extreme Wetterereignisse, z. B. durch Windbruch bei Sturm, durch Frostschäden bei einer längeren Kälteperiode. Durch milde Winter wird die Wachstumsruhe verkürzt. Deshalb fehlen den Laubbäumen im Frühjahr Nährstoffreserven zum Treiben der Blätter. Borkenkäfer, Bakterien, Motten und Pilze können die geschwächten Nadel- und Laubbäume leichter befallen.

Schadstufe 0
volle Benadelung, mindestens 6 Nadeljahrgänge vorhanden, sattgrüne Nadelfarbe

Schadstufe 1
beginnende Kronenverlichtung, nur noch 4 bis 5 Nadeljahrgänge, einzelne Seitenzweige entnadelt, helle Nadeln mit leichter Gelb- bis Graufärbung

Schadstufe 2
deutliche Verlichtung der gesamten Krone, nur noch 3 bis 4 Nadeljahrgänge, häufig Gelbfärbung der Krone, stark entnadelte Triebe

Schadstufe 3
sehr starke Auflichtung der gesamten Krone, nur noch 2 bis 3 Nadeljahrgänge, dünne, gelegentlich abgestorbene Wipfel, teilweise starke Gelb- oder Braunfärbung, Braunfärbung der Restkrone, Astverlauf durchgehend bis in die Spitzen sichtbar

M 1 *Waldschäden in Deutschland 1999 und Schadstufeneinteilung von 0 bis 3 an Nadelbäumen*

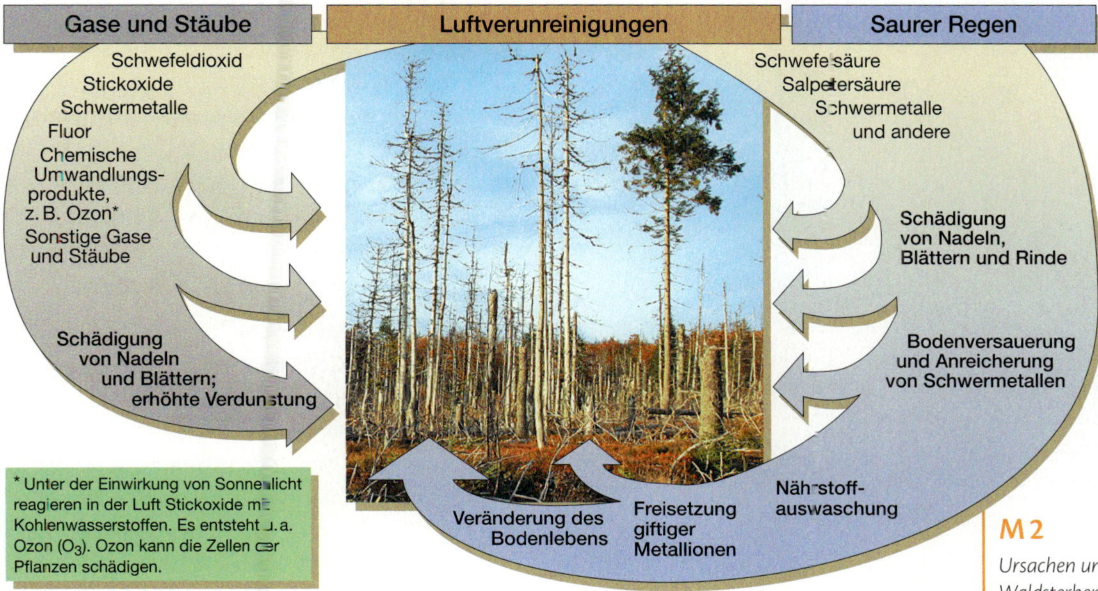

M 2

Ursachen und Folgen des Waldsterbens

Maßnahmen

Die Verbesserung des Waldzustandes geschieht vorrangig durch Reduzierung aller schädigenden Einflüsse. Aber auch die Art der Waldbewirtschaftung beeinflusst den Zustand des Waldes.

Die wichtigsten technischen Maßnahmen gegen die Luftverschmutzung sind neuartige Verbrennungsverfahren und Filter, Verfeuerung schwefelarmer Brennstoffe, Rauchgasentschwefelung, Umstellung auf Erdöl und Erdgas sowie der Gebrauch von Katalysatoren.

Verordnungen wie die „Technische Anleitung Luft" und die „Großfeuerungsanlagenverordnung" sind Grundlagen für technische Maßnahmen. Die Kontrolle der Einhaltung dieser Vorschriften ist Aufgabe des Schornsteinfegers und der zuständigen Behörden. Luftreinhaltungspläne, Emissions- und Immissionskataster erfassen Belastungen und dienen zur Fortschreibung gesetzlich festgelegter Grenzwerte.

Nachhaltige Waldnutzung

Für die Erhaltung der Wälder werden von einer weltweit operierenden unabhängigen Organisation (Forest Stewardship Council, in Deutschland mit Naturland) Zertifikate erteilt. Es gelten folgende Richtlinien bei der Waldbewirtschaftung und Waldpflege:

- Pestizid-Einsatz ist verboten.
- Der Hochwald zeichnet sich durch räumliche Trennung verschieden alter Bestände aus. Die Nutzung durch Kahlschlag ist unzulässig.
- Beim Hochwaldbetrieb erfolgt die Walderneuerung aus Samen auf Verjüngungsflächen (Kernwuchsbetrieb). Bei den folgenden Anpflanzungen sind nur standorttypische Baumarten einzusetzen.
- Die natürliche Verjüngung ist der Anpflanzung vorzuziehen. Sie erfolgt im Plenterwald, einem gruppenweise gemischten Wald mit ununterbrochener Walderneuerung.
- Der Waldboden muss geschont werden.
- „Altholzinseln", etwa 10 % des Holzvorrates, sind dauerhaft von jeder Nutzung auszunehmen.

In 40 Ländern sind mehr als 21 Mio. ha Wald zertifiziert worden, in Deutschland von rund 7 Mio. ha etwa 26 000 ha Wald (Stand 2003).

M 3

Maßnahmen zum Erhalt des Waldes

1. Beschreibe den Umfang der Waldschäden in Deutschland (M 1, Atlas).
2. Erkläre Ursachen und Folgen von Waldschäden (M 1, M 2).
3. Erläutere Maßnahmen zur Verhinderung von Waldschäden (M 3).
4. Erörtere, was jeder einzelne von euch zur Verhinderung von Waldschäden beitragen kann.

Great Plains in Gefahr!

M 1 *Staubsturm im Dust Bowl*

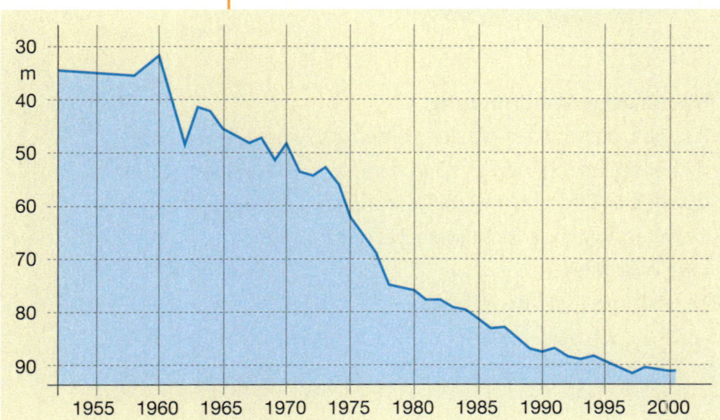

M 2 *Grundwasserabsenkung in einem Brunnen in Kansas*

M 3 *Badlands*

Intensive agrarische Nutzung, vor allem in Form von Monokulturen, kann in allen Klimazonen zu Umweltschäden führen. Besonders gefährdet sind dabei Räume, in denen häufiger Dürren auftreten. Die Vermeidung solcher Schäden erfordert ein besonderes Know-how und viel Geld. Dies zeigt sich am Beispiel der Great Plains in den USA.

Aus einem Bericht des Soil Conservation Service

Im Bundesstaat Kansas haben sich viele Farmer der Umgebung eingefunden, um sich über den Boden schonende Maßnahmen zu informieren. Ali McWhittney vom US Soil Conservation Service weist die Farmer auf den Ernst der Lage hin: „Ich erinnere an die 1930er-Jahre, als zehn Jahre lang die Niederschläge zu gering waren. Es kam zu verheerenden Staubstürmen. In weiten Teilen unserer Region wurde fast die Hälfte des fruchtbaren Oberbodens ausgeblasen. So gingen bei uns in Kansas 25 Zentimeter Oberboden in nur 20 Jahren verloren. Starkregen in den folgenden Jahren spülten die letzten Bodenreste ab und es entstanden die „Badlands". Alle Welt sprach von der „Dust Bowl", in der manche Teile für die Landwirtschaft unbrauchbar wurden.

Ich fürchte, dass durch die Ausweitung der Bewässerungsflächen zum Anbau von Weizen und Mais wieder riesige Flächen bei Dürren gefährdet sind. Wir vom Soil Conservation Service haben schon lange neue Anbaumethoden entwickelt, die den Boden vor Erosion schützen. Aber nicht einmal auf einem Fünftel der Flächen werden moderne Methoden angewandt. Auch die Absenkung des Grundwasserspiegels bereitet Sorgen. Wenn wir weiter so viel Wasser hochpumpen, werden wir hier bald nur noch extensiven Anbau mit geringen Gewinnen betreiben können, denn in Zukunft wird nicht mehr genügend Wasser für die Feldbewässerung vorhanden sein. Wir können Landwirtschaft nur mit der Natur, nie gegen sie betreiben!"

M 4 *Folgen intensiver landwirtschaftlicher Nutzung*

Maßnahmen zum Schutz des Bodens

Aufgeschreckt durch die verheerenden Staubstürme in den 1930er-Jahren wurde der Soil Conservation Service gegründet, der seitdem ständig Anbaumethoden zur Vermeidung von **Bodenerosion** (▶) weiterentwickelt hat. Dazu zählen:

Contour Ploughing: Hierbei wird parallel zu den Höhenlinien gepflügt. So wird nach starken Regenfällen das den Hang hinunterfließende Wasser durch die Furchen gebremst, Boden kann kaum noch abgespült werden.

Dry Farming: Nach ein- bis zweijähriger Anbauzeit folgt ein Jahr Brache. Im Brachejahr wird der Acker gepflügt, geeggt und gewalzt, aber nicht mehr bestellt. So wird die Verdunstung verhindert und die Bodenfeuchtigkeit bleibt erhalten.

Strip Cropping: Die Nutzflächen werden streifenförmig eingeteilt und benachbarte Streifen mit unterschiedlichen Nutzpflanzen bebaut. So liegen die Felder nicht mehr zur gleichen Zeit brach. Zusätzlich kann man die Kraft des Windes durch Hecken bremsen.

Stubble Mulch Farming: Die Felder werden mit einer Mulchschicht aus Stroh oder zerkleinerter Baumrinde bedeckt. Dadurch wird der Boden vor Austrocknung und Auswehung geschützt.

Minimum Tillage: Diese Methode aus dem ökologischen Landbau lässt den Oberboden weitgehend unangetastet. Nach der Ernte werden die Stoppelfelder nicht mehr umgepflügt, sondern eine Maschinen ritzt Saatrillen in den Oberboden, sät Samen in die Rillen und deckt diese wieder mit Boden zu. Auf diese Weise bleibt die Bodenoberfläche gegen Auswehung und Abspülung geschützt.

M 5 *Konturpflügen*

M 6 *Windschutzhecken*

Schon gewusst? *Auch in Deutschland gibt es Beispiele für Bodenerosion. So kommt es u. a. in Mecklenburg-Vorpommern bei längerer Trockenheit und kräftigen Winden zur Ausblasung von Oberboden. Im Frühjahr 2003 musste die Autobahn A 24 Hamburg–Berlin bei Zarrentin kurzfristig gesperrt werden, weil die Fahrbahn durch Staubstürme verweht und unpassierbar war.*

1. Stelle in einem Schaubild mit Pfeilen dar, welche Gründe, welche Folgen und welche Abhilfemaßnahmen bei der Bodenerosion eine Rolle spielen (M 1 bis M 6). Arbeitet in Gruppen und erläutert eure Ergebnisse.
2. Erläutere die neuen Gefahren für die Landwirtschaft in den Great Plains und stelle mögliche Auswirkungen dar (M 2).
3. Erläutere die Maßnahmen zur Verhinderung von Bodenerosion (M 5 und M 6). Welche dieser Maßnahmen kennst du auch vom Gartenbau in Deutschland?
4. Erörtere, welche Möglichkeiten ein Entwicklungsland – z. B. im Sahel – bei der Bekämpfung der Bodenerosion im Vergleich zu den USA hat.

Zerstörungen durch Flutkatastrophen

Land unter in Mitteleuropa

Sintflutartige Regenfälle führten im August 2002 in vielen Staaten Mitteleuropas zu weiten Überschwemmungen. Die Pegel von Elbe und Donau erreichten Höchststände, die zum Teil bis dahin noch nicht gemessen worden waren. Auch viele ihrer Nebenflüsse traten über die Ufer, aus ansonsten kleinen Bächen wurden reißende Ströme. Ganze Landstriche standen unter Wasser. Großflächige Zerstörungen waren die Folge. Zahllose Häuser, Betriebe, industrielle Anlagen wurden verwüstet, auf den Feldern wurde die Ernte vernichtet. Zehntausende Menschen mussten evakuiert werden, da sie durch die Flutwelle drohten, eingeschlossen zu werden, oder weil ihre Häuser drohten, einzustürzen und von den Fluten mitgerissen zu werden. Viele verloren ihr gesamtes Hab und Gut. Außerdem wurden Straßen, Brücken und Schienen stark beschädigt oder ganz zerstört, sodass zahlreiche Verkehrsverbindungen unterbrochen waren und damit Hilfe nur schwer zu leisten war.

M 1
Dresden: Die Ostraallee unweit des Dresdner Zwingers ist am 13.08.2002 überflutet

Ursache der Überschwemmungen

Auslöser der Flutkatastrophe war eine besondere Wetterlage. Normalerweise ziehen in Mitteleuropa Tiefdruckgebiete in der Westwinddrift vom Atlantik nach Osten. Allerdings kommt es auch vor, dass die Zugbahn in einem weiten Bogen nach Süden über das Mittelmeer verläuft, bevor sie dann nach Norden ausschwenkt. Diese so genannte „Vb-Wetterlage" ist mit großen Niederschlagsmengen in Mitteleuropa verbunden. Im August 2002 führte eine besondere Intensität dieser Wetterlage zu Niederschlagsmengen von über 300 l/m² in drei Tagen. Der Boden, die Bäche und Flüsse konnten diese hohen Regenmengen nicht mehr aufnehmen.

Schutz vor Hochwasser

Hochwasser der Elbe treten alljährlich auf. Dies ist auf starke Niederschläge am Oberlauf zurückzuführen, die ganzjährig auftreten können. Die Schneeschmelze im Riesengebirge führt zu Hochwasserwellen im Spätfrühling.

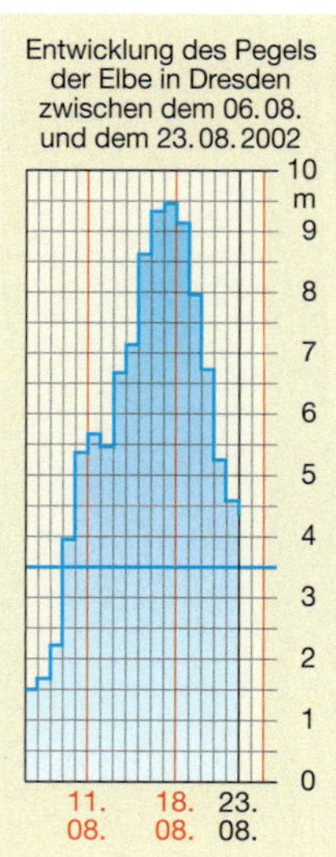

M 2 *Pegel der Elbe*

M 3 *So kommt es zu sintflutartigen Regenfällen*

M 4 *Hochwasser und Überschwemmungen*

Daher sind schon seit jeher Deiche und Schutzmauern gebaut, Siedlungen auf höher gelegenen Ufern angelegt worden, die Schutz vor Fluten bieten sollten. Daneben können heutzutage mobile Anlagen bereits vor dem Hochwasser zum Schutz eingesetzt werden. Die Menschen selber haben mit dazu beigetragen, dass es überhaupt zu Hochwasserkatastrophen kommt. Flächenversiegelung durch den Bau von Siedlungen, Verkehrswegen und industriellen Anlagen haben dazu geführt, dass das Wasser nicht wie früher in flussbegleitenden Auen zurückgehalten werden kann. Deshalb wird die Wiederherstellung von Poldern, die eine große Menge Wasser fassen können, als sinnvoll erachtet. Gleichzeitig erhofft man sich, dass die Förderung von extensiver Landwirtschaft sowie die Wiederherstellung von naturnahen Flussläufen (Flussrückbau und Auenvernetzung) Hochwasser entschärfen können. Der Bau von Talsperren am Oberlauf der Flüsse kann ebenso durch ihr großes Fassungsvermögen den Wasserablauf regulieren.

M 6 *Dresden Hauptbahnhof am 04. 08. 2002 und am 13. 08. 2002*

[…] Die Hochwasserkatastrophe im Osten Deutschlands hat der Mensch nach Meinung des Münchner Forschers Frederic Vester selbst zu verantworten. Die Flut sei Folge der Erderwärmung sowie einer falschen Regional- und Bauleitplanung, sagte Vester. Man habe die Rückhaltebecken wieder aufgefüllt, damit sie als Gewerbegebiete genutzt werden könnten, kritisierte er. In der Landwirtschaft hätten die Bauern zudem mit sehr schweren Traktoren den Boden zusätzlich versiegelt. […] *(aus: Cornelsen-teachweb)*

Die tieferliegenden Ursachen werden von der Mehrzahl der Wissenschaftler in der Klimaerwärmung (infolge des Treibhauseffektes) gesehen, die zu häufigeren und intensiveren Wetterextremen führt. Hinzu kommen weitere menschgemachte Ursachen: verringerte Wasseraufnahme-Kapazität von Böden /Wäldern und erhöhte Abflussgeschwindigkeit der Wassermassen durch Bodenversiegelung/-verdichtung, Erosion, Abholzung, Waldsterben; Begradigung, Kanalisierung und Eindeichung von Flüssen und weniger Auenlandschaften und Überlaufflächen.

(Heinz Ziegeldorf. In: www.learn-line.nrw.de/angebote/agenda21/archiv/05/info/hochwasser.htm)

Vom Treibhauseffekt führt eine glasklare Indizienkette bis zu den überfluteten Stadtteilen in Prag und Dresden. Diese These ist verführerisch. Allein, die These ist bislang kaum zu belegen. Was den leidgeprüften Anwohnern von Mulde, Elbe und Donau als nie dagewesene Katastrophe vorkommt, wiederholt sich statistisch gesehen je nach Region alle 50 bis 200 Jahre. Was man „seit Menschengedenken" noch nie erlebt hat, spielt sich im Normalbereich des Hochwassergeschehens ab, zumindest wenn man lange Zeitreihen analysiert. Glaubt man seinem Gefühl, der Presse oder diversen Expertenmeinungen, dann müssen sich in den 1980er- und 1990er-Jahren des letzten Jahrhunderts etwa am Rhein die Jahrhunderthochwasser gehäuft haben. Zu einem anderen Ergebnis kommt aber, wer die verbürgten Hochwasserereignisse der letzten 700 Jahre auswertet. Der stellt fest, dass im Vergleich zu den vorhergehenden Jahrhunderten das vergangene nur eher unter milden Hochwassern litt. Und auch die Extremhochwasser verblassen, wenn man sie dem verheerenden Sommerhochwasser von 1342 gegenüberstellt. […]

(nach: taz vom 15. 08. 2002)

M 5 *Sind wir die Verursacher der Hochwasserkatastrophe?*

1. Beschreibe die Auswirkungen des Elbehochwassers 2002 (M 1, M 2, M 6).
2. Erläutere die Bedingungen zur Entstehung des Hochwassers (M 3, M 4).
3. Diskutiert, ob der Mensch als alleiniger Verursacher schuld an der Hochwasserkatastrophe ist (M 5, M 6).
4. Zeige Möglichkeiten auf, wie sich die Menschen vor Hochwasser schützen können.

Ostsee – Gefährdung und Schutz

Verschmutzung der Ostsee

Die starke Belastung der Ostsee durch **Meeresverschmutzung** (▸) ist auf die dichte Besiedlung der Küstengebiete und den geringen Wasseraustausch mit dem Atlantik zurückzuführen. Das Anwachsen der Abwassermenge von Städten und Industriebetrieben, der Massentourismus und der dichte Schiffsverkehr tragen seit den 1960er-Jahren zunehmend zur Schadstoffbelastung des Binnenmeeres bei. Durch die Zufuhr von Pflanzennährelementen, z. B. Stickstoff aus Düngemitteln und Phosphor aus Waschmitteln, über die Flüsse und aus der Luft setzt ein explosionsartigs Wachstum von Plankton und Algen ein. Bei deren Zersetzung wird Sauerstoff verbraucht und es entsteht Schwefelwasserstoff (**Eutrophierung** ▸).

M 1

Verschmutzung der Ostsee

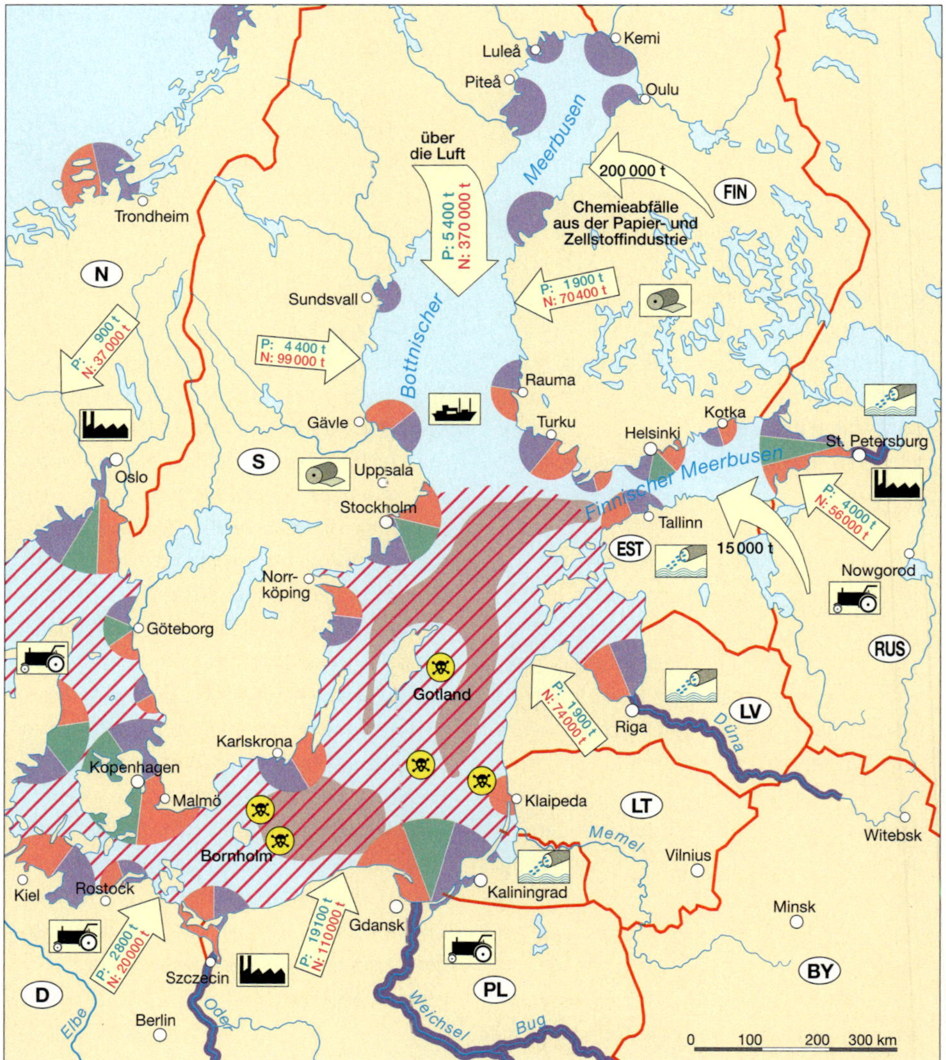

Belastungen durch Schadstoffe
- Industrie, Bergbau
- Erdöl
- Haushalte

direkte Schadstoffeinleitungen
P: Phosphor
N: Nitrat

Meeresverschmutzung durch Schadstoffe aus der Luft (P: 5400 t N: 370000 t)

wegen ungenügender Abwasserklärung besonders verschmutzter Fluss

versenkte Giftgasmunition aus dem Zweiten Weltkrieg (300000 t)

Sauerstoffmangel am Meeresboden (unter 2 ml Sauerstoff/Liter Wasser)

Die größten Meeresverschmutzer
- Papier- und Zellstoffindustrie
- Landwirtschaft, Massentierhaltung
- Industrie, u. a. Erdöl- und Düngemittelindustrie
- Abwässer aus Industrie und Haushalten
- Schifffahrt

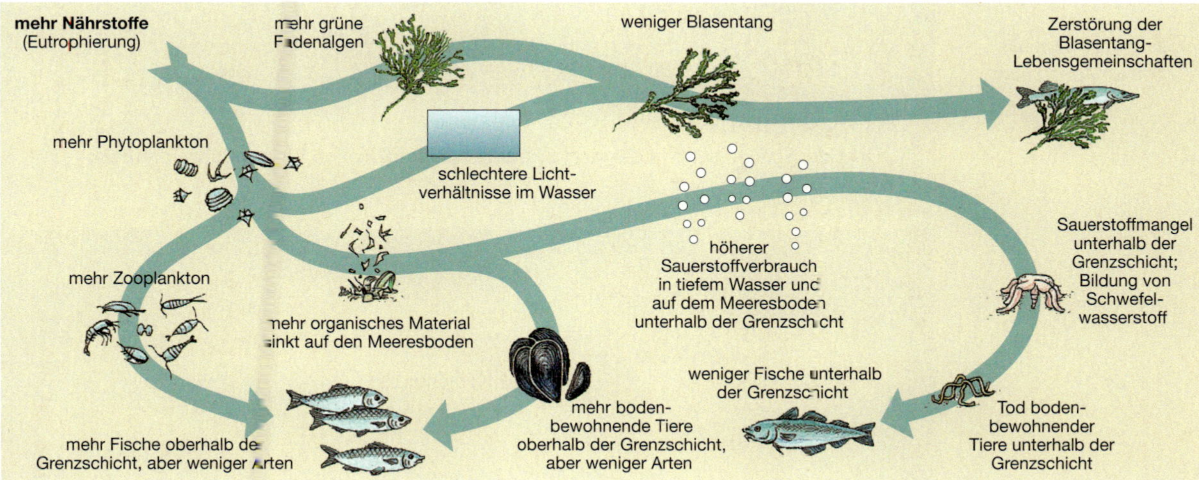

M 2

Wozu mehr Nährstoffe führen

Schutzmaßnahmen

Die natürlichen Gegebenheiten der Ostsee, wie z. B. die Entstehung von Brackwasser, sind vom Menschen kaum zu beeinflussen. Es wird immer ein mehr oder weniger lebensfeindlicher Lebensraum insbesondere für Fische in den tiefen Becken der Ostsee bestehen. Aber die vom Menschen ausgelösten Meeresverschmutzungen könnten weitgehend vermieden werden.

Bereits 1974 wurde eine Ostsee-Schutzkonferenz aller Anliegerstaaten eingerichtet. Die Beschlüsse konnten jedoch wegen Kapitalmangels vor allem von den planwirtschaftlich regierten Staaten nur unzureichend umgesetzt werden. Deshalb galten dort bis 1989 Umweltdaten als geheim. Erst nach dem Zusammenbruch der kommunistischen Diktaturen wurde das Ausmaß der Verschmutzung deutlich. Unter den neuen politischen Rahmenbedingungen stiegen die Aussichten auf die Einhaltung internationaler Vereinbarungen sowie eine vertrauensvolle Zusammenarbeit zwischen allen Ostseestaaten.

Sofortprogramm der Ostseeländer

1992 beschlossen die Ostseeanlieger ein Sofortprogramm zum Schutz des Meeres. Schwerpunktmaßnahmen sind:

- Neubau von Kläranlagen,
- Verringerung der Belastung durch die Landwirtschaft (weniger Chemikalien),
- Einleitungsverbot für Schadstoffe aus Industrie, privaten und kommunalen Haushalten,
- Verminderung der Luftverschmutzung,
- Verbesserung der Abfall-, Abwasser- und Altölentsorgung für Schiffe in den Häfen,
- Schutz von Küstengebieten.

Die Kosten wurden auf rund 500 Milliarden Euro veranschlagt. Bisher sind die Vereinbarungen nur teilweise umgesetzt worden.

M 3

Schutz der Ostsee

1. Beschreibe die Topographie des Ostseeraumes (Atlas). Betrachte Lage, Umrisse, Zuflüsse und Anliegerstaaten. Erkläre den Begriff „Binnenmeer“.
2. Lege eine Tabelle an mit Häfen und anderen Industriestandorten an der Ostsee sowie deren Industrien (M 1, Atlas).
3. Zeige an Beispielen die Meeresverschmutzung der Ostsee auf (M 1, M 2).
4. Erläutere den Maßnahmenkatalog zur Sanierung der Ostsee (M 3). Begründe, warum auch Binnenstaaten wie Weißrussland zu beteiligen sind.
5. Erörtere die Zukunft der Ostsee. Welchen Beitrag kann jeder zum Schutz leisten (M 3, Internet)?

Verändert der Mensch das Klima?

M 1

Natürlicher Treibhauseffekt der Atmosphäre

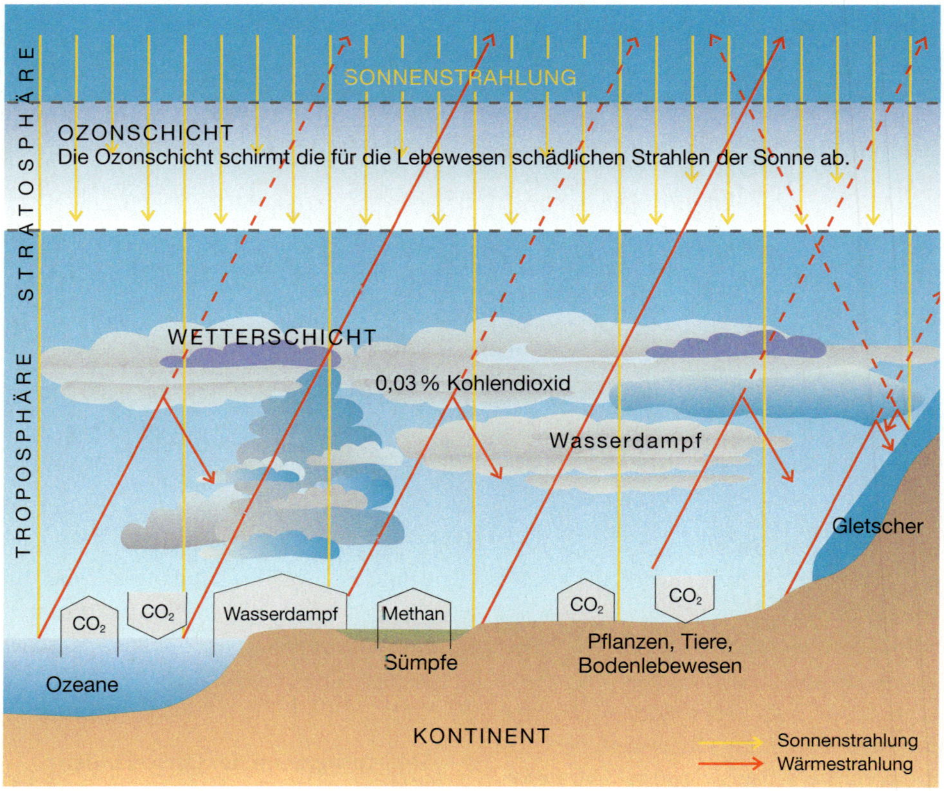

Natürlicher Treibhauseffekt

Die Atmosphäre der Erde verhält sich ähnlich wie die Luft in einem Treibhaus. Die Treibhausgase Kohlendioxid und Wasserdampf lassen die Sonnenstrahlung wie farbloses Glas nahezu vollständig durch. Dagegen halten sie – wie das Glas des Treibhauses – einen großen Anteil der Wärmestrahlung zurück.

Dieser natürliche **Treibhauseffekt** (▶) bewirkt, dass die Durchschnittstemperatur der bodennahen Luft +15 °C statt −18 °C beträgt. Er hält den Wärmehaushalt der Erde stabil, denn Ein- und Ausstrahlung sind im Gleichgewicht. Andernfalls müsste es auf der Erde zunehmend kälter oder wärmer werden.

Natürliche Klimaschwankungen

In Abhängigkeit von der schwankenden Energieeinstrahlung der Sonne ändert sich das Klima der Erde. So herrschte zwischen 1300 und 1900 in Europa eine so genannte „kleine Eiszeit". Es war kälter als heute. Dagegen gab es zwischen 900 und 1300 ein Klima mit längeren Sommern, die sogar den Weinbau in Schottland ermöglichten. Es gab kein Treibeis zwischen Grönland und Island. Um 1000 konnten deshalb Normannen die Südwestküste Grönlands besiedeln.

In der langen Geschichte der Erde gab es mehrere Eiszeitalter. Für zwei Kaltzeiten vor zwei bzw. einer Milliarden Jahren gibt es spärliche Anzeichen. Ein großes Eiszeitalter fällt in die Zeit vor 275 bis 285 Millionen Jahren (Karbon, Perm). Die jüngste Eiszeit endete vor rund 8000 Jahren. Noch ist es ungewiss, ob die Menschheit seither in einer Warmzeit lebt, die in einigen Jahrtausenden erneut von einer Kaltzeit abgelöst werden könnte.

Vom Menschen beeinflusster Treibhauseffekt

In den letzten 200 Jahren nahm der Kohlendioxidgehalt in der Atmosphäre um 25 % zu. Außerdem wird diese durch Spurengase – wie Methan, Stickoxide und Fluor-Chlor-Kohlenwasserstoffe (FCKW) – belastet, die den natürlichen Treibhauseffekt verstärken.

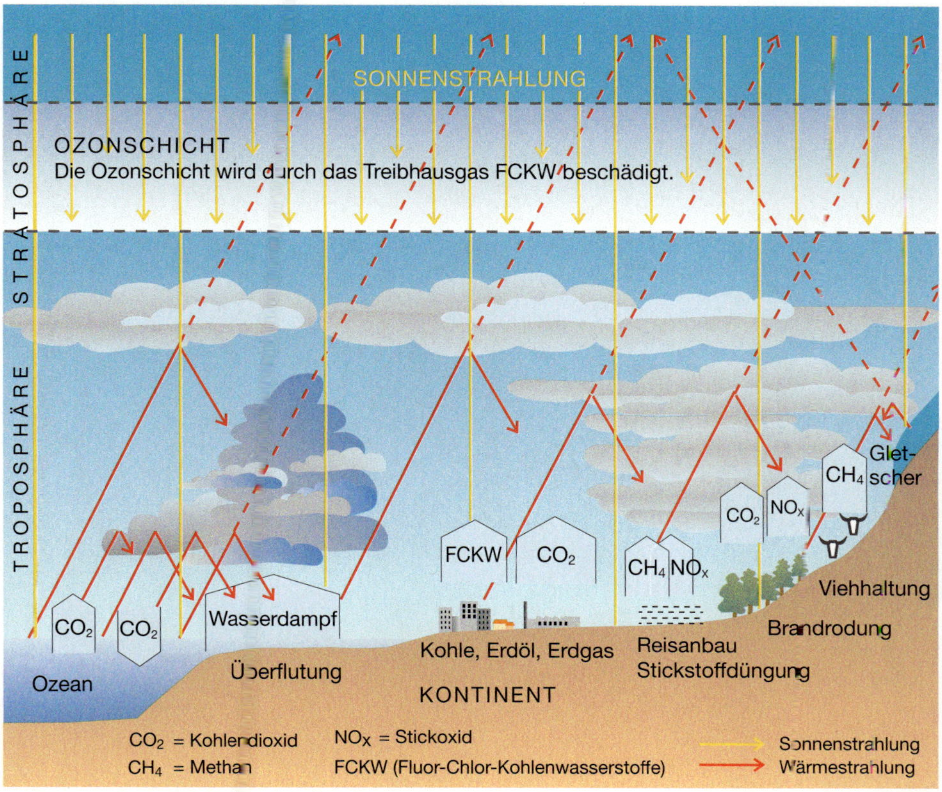

M 2

Vom Menschen verstärkter Treibhauseffekt

Die stark anwachsende Weltbevölkerung erzeugt immer mehr Energie, größtenteils durch Verbrennung fossiler Brennstoffe. Weltweit verursachen Industrieanlagen und Fahrzeuge einen hohen Schadstoffausstoß. Die Freisetzung großer Mengen von Methan aus der Rinderhaltung und von den Reisfeldern kommt hinzu. Im Gegensatz dazu bewirkt eine Trübung der Atmosphäre durch Staubpartikel einen Wärmeverlust. An den Staubteilchen wird die Sonnenstrahlung reflektiert. Dadurch erreicht weniger Sonnenenergie die Erdoberfläche. Staub gelangt durch Industrie, Verkehr und Städtebau sowie aus Ackerland und Viehhaltung in die Luft. Allerdings ist die Verweildauer des Staubes in der Luft meist kurz.

1. Erläutere den natürlichen Treibhauseffekt (M 1).

2. Nenne Gründe, wodurch Menschen den Treibhauseffekt beeinflussen können.

3. Zeige auf, welche Folgen sich aus einem verstärkten Treibhauseffekt ergeben können (M 2, M 3).

M 3

Mögliche Bereiche von Klimatypen im Jahr 2020

Übersicht: Ordnen – Anwenden – Üben

Gefährdete Lebensräume

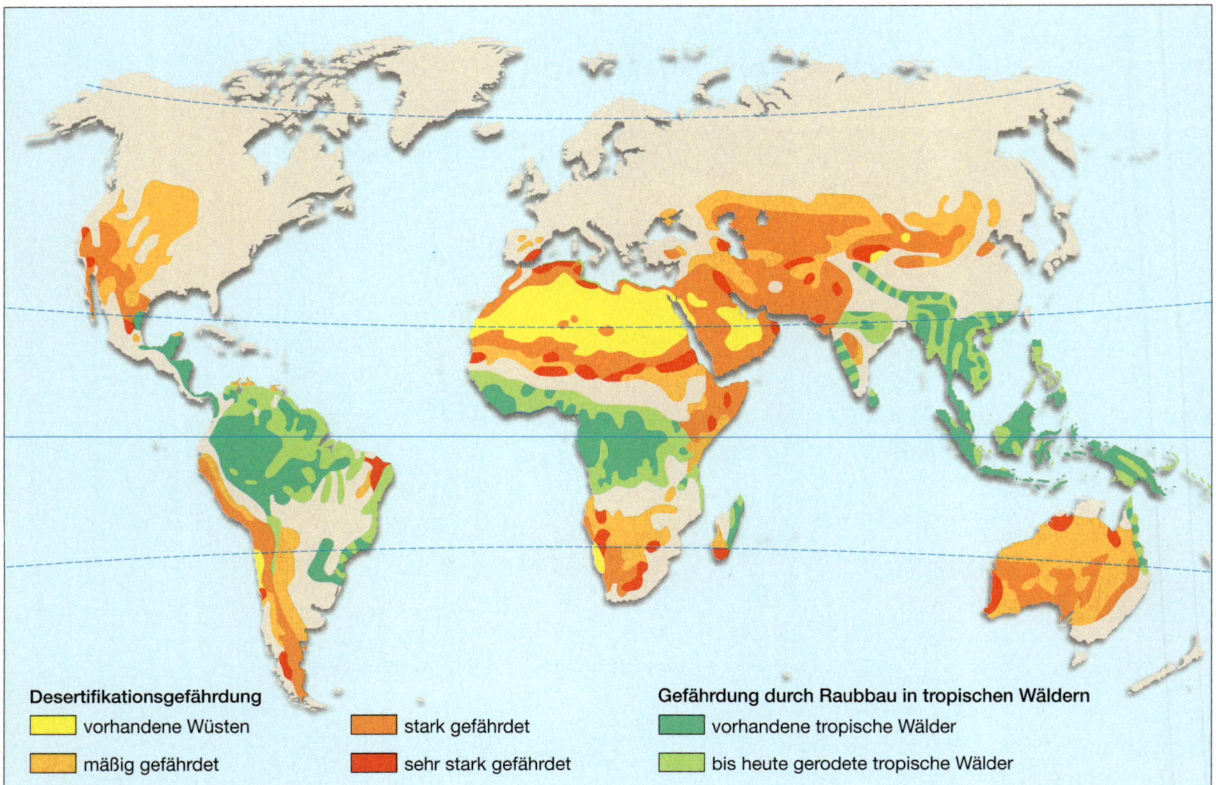

M 1 *Gefährdung von Böden und tropischen Wäldern*

Oberfläche	Boden	Klima	Vegetation
Naturlandschaftsraum			
Geosystem tropischer Regenwald	Geosystem Dornstrauch-savanne	Geosystem subtropischer Wald	Geosystem winterkalte Steppe
Brandrodung Wander-feldbau	Weidewirtschaft	Holzeinschlag Weide-wirtschaft	Pflügen der Grasdecke Dauerfeldbau
Siedlungs- und Wirtschaftsraum			
Agrarkolonisation ausbeuterische Holzwirtschaft (Raubwirtschaft) Degradation	Überweidung mehrjährige Dürren Bodenerosion Desertifikation	ausbeuterische Holzwirtschaft (Raubwirtschaft) Bodenerosion	Monokulturen Bodenerosion
Gefährdeter Siedlungs- und Wirtschaftsraum			
Mischwirtschaft nachhaltige Waldwirtschaft	Vermeidung der Überweidung Regeneration der Strauchvegetation	Aufforstung	Bodenschutzmaß-nahmen – Contour Ploughing – Dry Farming – Strip Cropping – Stubble Mulch Farming – Minimum Tillage
an die Geosysteme angepasste Land- und Forstwirtschaft; nachhaltig nutzbarer Siedlungs- und Wirtschaftsraum			

M 2 *Gefährdung und Erhaltung von Lebensräumen*

Wir verändern die natürliche Umwelt

Im Unterschied zu Tieren lebt der Mensch nicht einfach in der Welt; er verändert die Welt ständig. Wir nehmen unsere natürliche Umwelt nicht so hin, wie wir sie vorfinden. Die Frage, der wir uns gegenübergestellt sehen, ist daher, ob wir es vermeiden können, unsere natürlichen Lebensgrundlagen selbst zu zerstören.

Andererseits können wir aus der über Jahrtausende währenden Geschichte der Veränderungen von Naturlandschaftsräumen lernen. Wir können unsere Eingriffe in die natürliche Umwelt so steuern, dass auch nachfolgende Generationen in den beschränkten 506 Millionen km² der Erdoberfläche schöpfen können.

(nach: E. R. Leach, Cambridge)

M 3 *Der Mensch verändert seinen Lebensraum*

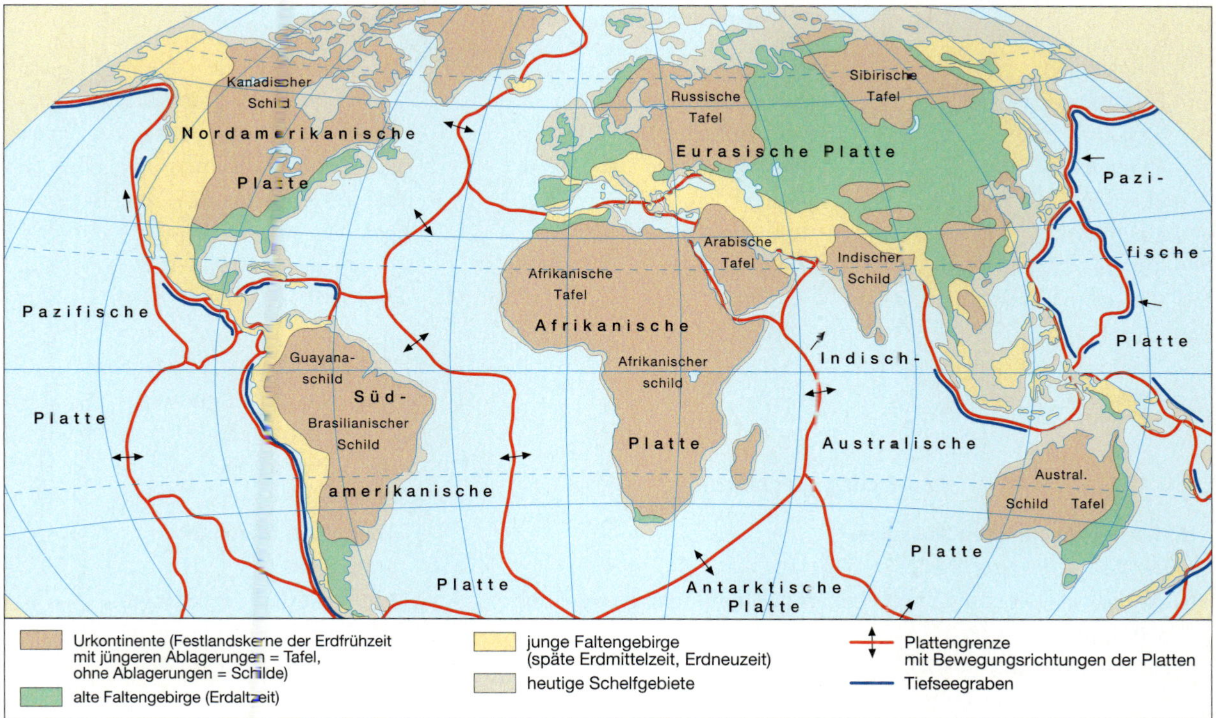

M 4 *Geologische Großformen und Schwächezonen der Erde*

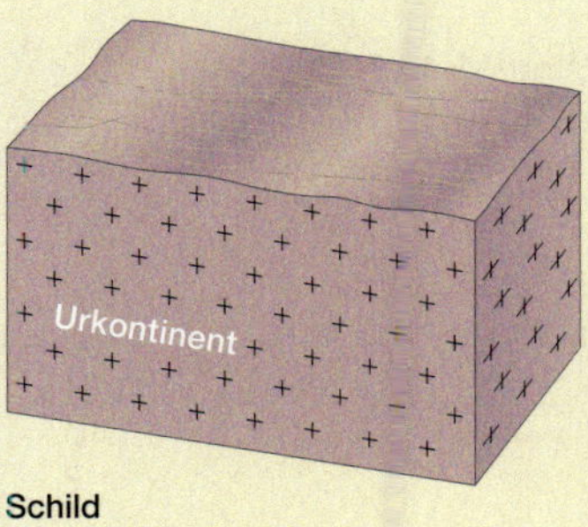

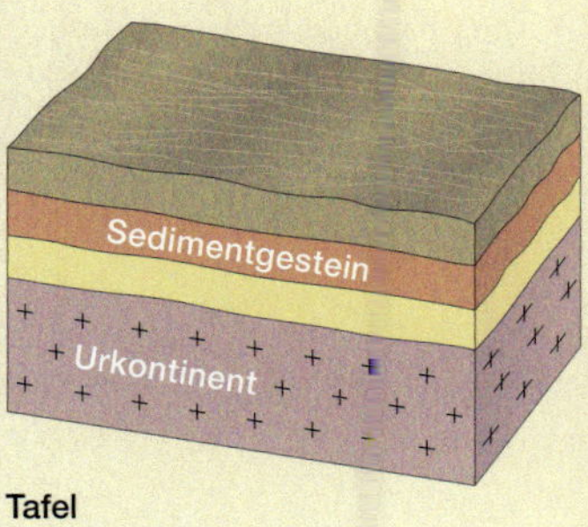

Urkontinente

Seit dem Entstehen der Erdplatten in der Erdfrühzeit sind Reste von ihnen erhalten geblieben. Diese Urkontinente wirkten wegen ihrer Starrheit bei späteren Gebirgsbildungen als Widerlager

Bruchschollenländer

In der Erdaltzeit entstanden an einigen Plattenrändern Faltengebirge. Sie wurden an die Urkontinente angeschweißt und vergrößerten diese. Auch diese alten Faltengebirge waren einmal Hochgebirge wie die Alpen heute. Noch in der Erdaltzeit wurden sie abgetragen. Zu Beginn der Erdneuzeit zerbrachen die eingeebneten alten Gebirge. Wo Bruchstücke aufstiegen, entstanden die Bergländer. Wo Bruchstücke absanken, bildeten sich Tiefländer. Diese sind heute von mächtigen Ablagerungen überdeckt.

Faltengebirge

Am Ende der Erdmittelzeit und in der Erdneuzeit bildeten sich erneut an Plattenrändern Faltengebirge. Diese jungen Faltengebirge wachsen zurzeit um 0,5 bis 3 cm im Jahr.

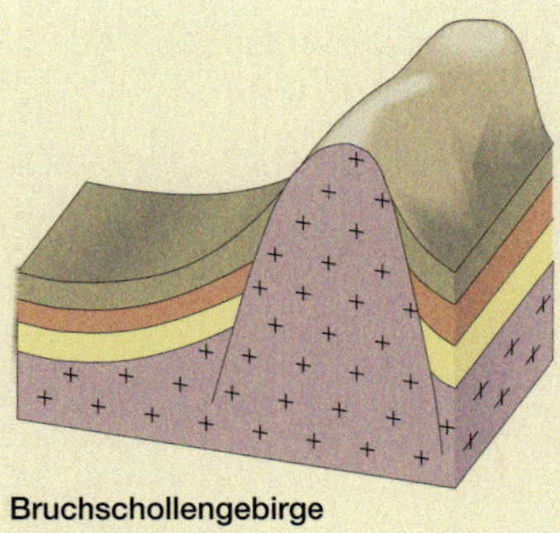

M 5 *Bauteile der Erde*

1. Erkläre die räumliche Verteilung gefährdeter Gebiete der Erde (M 1 bis M 3), verwende auch die Seiten 96/97.
2. Erkläre die geologischen Großformen der Erde (M 4). Verwende M 5 und wende dein Wissen über die Bewegung der Erdplatten an.

Kompetenztraining

1. Erkläre die folgenden Begriffe.

- Degradation
- Eutrophierung
- Gestein
- Grabenbruch
- Hurrikan
- Kalkstein
- Kontinentaldrift
- Konvektionsströme
- Lava
- Magma
- Meeresverschmutzung
- Minerale
- Mittelozeanischer Rücken
- Plattentektonik
- Raubwirtschaft
- Richter-Skala
- Sandstein
- Tiefseegraben
- Tornado
- Treibhauseffekt
- Tsunami
- Vulkan

2. Richtig oder falsch?

Berichtige die falschen Aussagen.

a) Der Radius der Erde beträgt ca. 6370 km.

b) Die Erdkruste ist unterschiedlich mächtig; ihre Untergrenze liegt bei 350 km.

c) Die Einteilung der Erdschalen basiert auf den physikalischen Eigenschaften des Erdmaterials.

d) Zur starren Hülle der Erde gehören die Erdkruste und der obere Erdmantel bis zu einer Tiefe von 350 km; darunter schließt sich die Fließzone mit zähflüssigem Gestein an.

e) Bei Temperaturen von 1500 – 2000 °C ist das Gestein nicht mehr flüssig, sondern starr.

f) Im Inneren der Erde ist das gesamte Gestein geschmolzen.

4. Silbenrätsel

al – al – ben – Bliz – De – di – ef – Eis – Erd – Erd – fekt – fi – ge – graph – haus – Hoch – Hur – ka – kan – Luft – ma – Mag – man – ment – mi – mit – mo – na – nik – on – Plat – ri – schmut – Se – Seis – ser – ser – stein – ster – tek – tel – tel – ten – ter – ter – ti – ti – to – Treib – Tsu – ver – Wald – was – zard – zeit – zung

a) Kaltlufteinbruch in Nordamerika
b) Tropischer Wirbelsturm
c) Überschwemmung
d) Folge von Seebeben
e) Gesteinsart
f) Theorie der driftenden Kontinente
g) Abschnitt der Erdgeschichte
h) Teil des Erdkörpers
i) Glutflüssiges Gestein
j) Wüstenbildung
k) Reflektion der Wärmestrahlung in der Atmosphäre
l) Kaltzeit
m) Folge von Waldschäden
n) Erdbeben-Messgerät
o) Form der Umweltbelastung

3. Oberflächenformen im zentralen Asien

a) Ordne die Begriffe den Zahlen 1 bis 9 zu: Altai – Dsungarei – Himalaya – Gangestiefebene – Hochland von Dekkan – Hochland von Tibet – Kunlun – Tarimbecken – Tienschan.

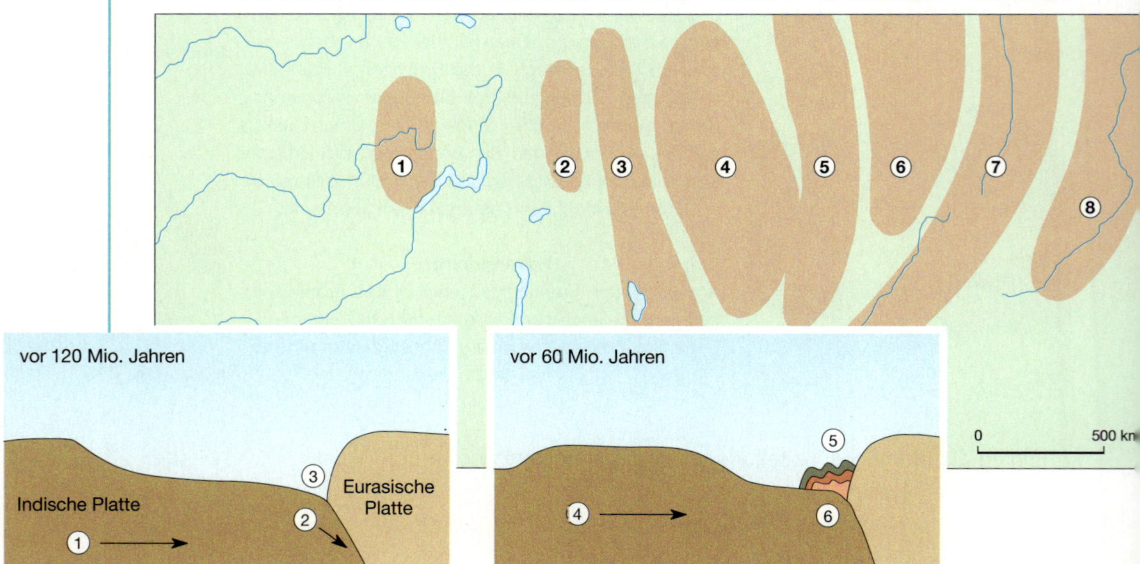

5. Luftverschmutzung in den USA

a) Erarbeite anhand des Berichtes von Jim aus der Umweltbehörde und der Zeitungsmeldung aus den USA die Ursachen der Luftverschmutzung und kennzeichne sie als „vermeidbar“ oder „unvermeidbar“. Lege dir dazu eine Tabelle mit den Spalten „Ursache“ und „vermeidbar/unvermeidbar“ an.

b) Durch welche Maßnahmen könnten die Schadstoffausstöße vermieden oder verringert werden? Ergänze die Tabelle um eine Spalte zu Handlungsansätzen.

c) Stelle Möglichkeiten zusammen, wie der Stromverbrauch bei euch zuhause oder in der Schule verringert werden kann.

Jim arbeitet in New York in einer Umweltbehörde und berichtet:

„Ich frage mich oft, ob in unserem hoch entwickelten Land die Luftverschmutzung so stark sein muss. Im Vergleich zu fast allen anderen Ländern der Erde haben wir pro Einwohner einen sehr hohen Energieverbrauch.

Unsere Energie gewinnen wir zum Großteil aus fossilen Brennstoffen, vor allem aus Erdöl und Erdgas. Bei deren Verbrennung werden viele Schadstoffe freigesetzt. Aber auf erneuerbare, schadstofffreie Energieträger wie Wind- oder Solarkraft greifen wir kaum zurück. Erdöl, in Form von Kraftstoffen, verbrauchen wir natürlich auch in unseren Autos. Und wir fahren sehr viel Auto. Ohne Auto geht in unserem Land praktisch nichts. Das ist schon erstaunlich: Von Freunden aus Europa weiß ich, dass man dort versucht, möglichst Kraftstoff sparende Autos zu entwickeln. Hierzulande ist das Benzin hingegen so billig, dass Sparsamkeit keine Rolle spielt. Im Gegenteil: Unsere Autos werden immer größer, ihr Verbrauch immer höher.

Nur selten sind wir für den Schadstoffausstoß in unserem Land nicht verantwortlich. Der Ausbruch des Vulkans Mt. St. Helens im Jahr 1980 ist zwar schon lange her, aber ich erinnere mich noch gut an die riesige Aschewolke, die er verursachte. Auch dort wurden große Mengen Schadstoffe freigesetzt.“

Zeitungsmeldung aus den USA

Im Hochsommer, wenn in den großen Behörden und Unternehmen die Klimaanlagen auf Hochtouren laufen, erhalten die Mitarbeiter oft E-Mails mit dem Titel „Energy Alert“ – „Energie Alarm“! Sie werden aufgefordert, den Stromverbrauch zu verringern, um Engpässe bei den Energieversorgern zu vermeiden. Insbesondere Geräte, die ungenutzt auf Stand-by stehen, sollen abgeschaltet werden.

b) Zeichne ein Höhenprofil von Taschkent (Usbekistan) zur Südspitze Indiens.

c) Erkläre den Ablauf der Entstehung des Himalaya anhand der drei Skizzen. Ordne dazu den Nummern die richtigen Aussagen zu.

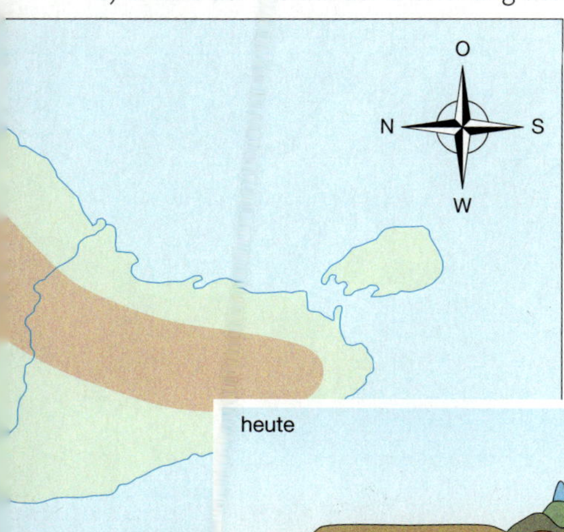

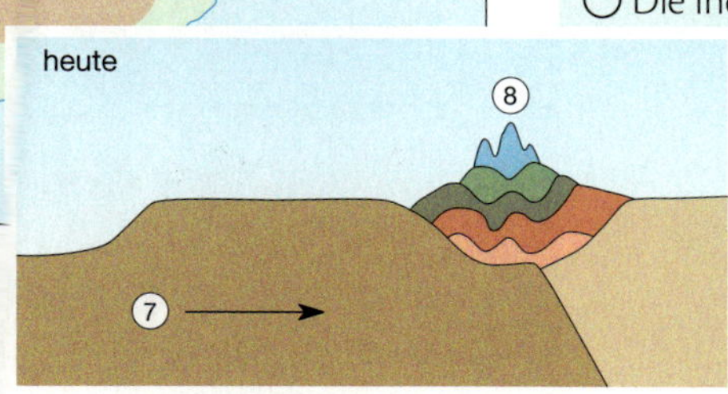

- ◯ Die Indische Platte bewegt sich auf die Eurasische Platte zu.
- ◯ Die Indische Platte schiebt sich unter die Eurasische Platte. Das Meeresbecken verschwindet
- ◯ In der so entstehenden Verschluckungszone bildet sich ein Meeresbecken, in dem sich verschiedene Materialien ablagern.
- ◯ Herausheben des Himalaya.
- ◯ Die Indische Platte bewegt sich weiter auf die Eurasische Platte zu.
- ◯ Der nördliche Rand der Indischen Platte schiebt sich unter die Eurasische Platte.
- ◯ Durch Druck, den beide Plattenränder auf die abgelagerten Gesteinsschichten ausüben, beginnt die Auffaltung des Gebirges.
- ◯ Das Meeresbecken wird immer schmaler.

Wachstum und Verteilung der Weltbevölkerung

Straßenszene in Puri im indischen Bundesstaat Orissa. Die Stadt liegt in der südlichen Deltamündung des Mahanadi, an der Bucht von Bengalen.

Die Bevölkerungszahl der Erde wächst, über 800 Millionen Menschen hungern, andere leben im Überfluss. Hinter jeder Zahl steht ein Mensch, ein Schicksal, ein Recht auf Leben zu angemessenen Bedingungen. Welche Ursachen führen zum Bevölkerungswachstum? Welche Folgen für Umwelt und Zusammenleben zeichnen sich ab? Verteilen wir die Güter der Erde falsch? Wie lassen sich die größten Probleme lösen? Fragen, die überall auf der Welt gestellt werden. Die Antworten darauf sind unterschiedlich. Kann uns die Erkenntnis, dass alle Menschen sich einen Planeten teilen, dazu führen, Probleme gemeinsam zu lösen und Chancen für möglichst viele Menschen eröffnen?

Ursachen und Folgen des Bevölkerungswachstums

Indonesien – Bevölkerungswachstum und Ernährungssituation

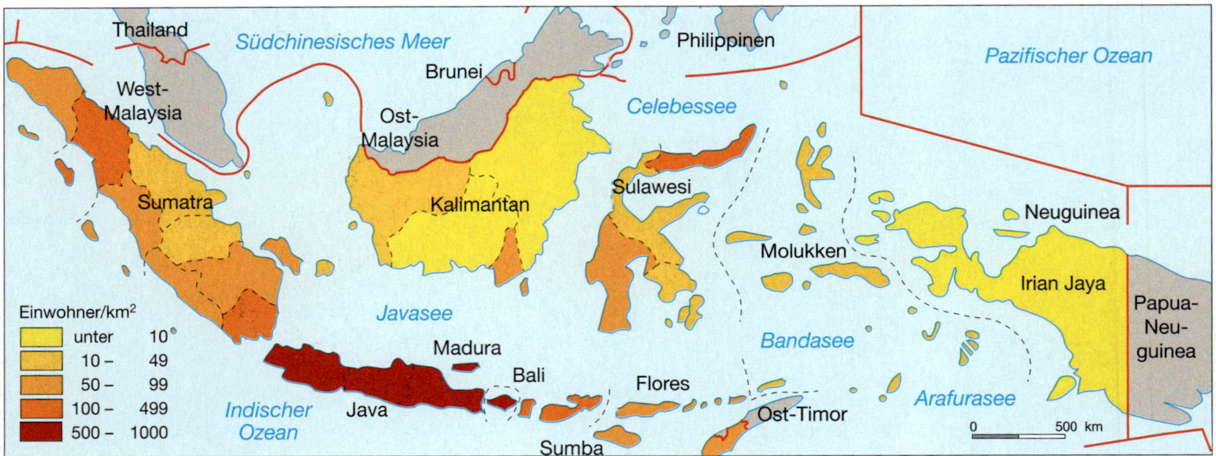

M1 *Bevölkerungsverteilung in Indonesien*

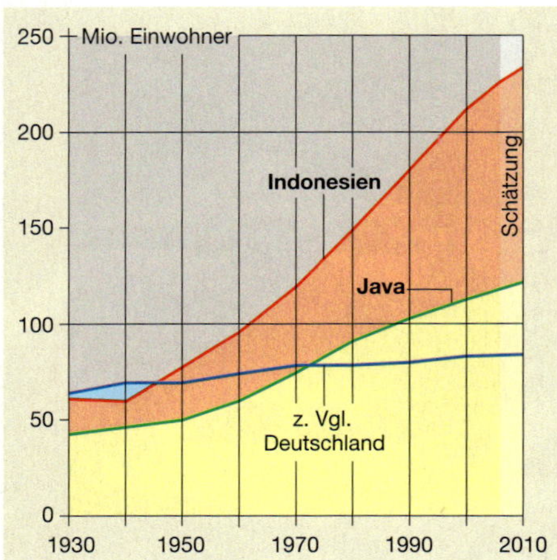

M2 *Bevölkerungsentwicklung*

Indonesien ist ein Inselstaat. Da ausgedehnte Meeresräume die mehr als 13 000 Inseln trennen, beträgt die Landfläche nur 1,9 Mio. km². Damit ist Indonesien mehr als fünfmal so groß wie Deutschland. Die starke Zerstückelung hat ihre Ursache im Aufeinandertreffen mehrerer Erdkrustenplatten. Folgen sind häufige Erdbeben und Vulkanismus. Die längste Vulkanreihe der Erde mit über 300 Vulkanen, von denen 128 aktiv sind, durchzieht den Inselbogen. Der Vulkanismus trägt zur Gunst mancher Gebiete bei, und so sind die Böden von unterschiedlicher Fruchtbarkeit. Nach der Fläche steht Indonesien an 14. und nach der Bevölkerungszahl hinter der Volksrepublik China, Indien und den USA an 4. Stelle.

M3 *Terrassenfeldbau*

Ursachen des Bevölkerungswachstums

Das rasche **Bevölkerungswachstum** (▸) hat mehrere Ursachen. Die medizinische Versorgung hat sich verbessert und die Sterberate von Säuglingen und Kindern ist stark zurückgegangen. Auch die Erwachsenen leben nun länger. Die Hauptursache allerdings ist die hohe Anzahl von Geburten pro Frau. Hinzu kommen günstige natürliche Produktionsbedingungen für die Landwirtschaft auf den Inseln Java, Madura und Bali, die nur 7 % des Territoriums ausmachen. Schon vor Jahrzehnten lebten hier etwa zwei Drittel der Bevölkerung.

Traditionelle landwirtschaftliche Nutzung

Weniger als 20 % des Territoriums werden bisher für die Landwirtschaft genutzt. Nur auf Java beträgt die Nutzfläche etwa 50 %. Die klimatischen Bedingungen ermöglichen allerdings im gesamten Territorium Dauerfeldbau. Begrenzende naturgeographische Faktoren für die Landwirtschaft sind Steilrelief, versumpfte Niederungen und nährstoffarme Böden. Die Tragfähigkeit in den landwirtschaftlich intensiv genutzten Gebieten liegt bei 200 Einwohnern je km². Verbreitet ist dort der Reisanbau, der an den Gebirgshängen als Terrassenfeldbau betrieben wird.

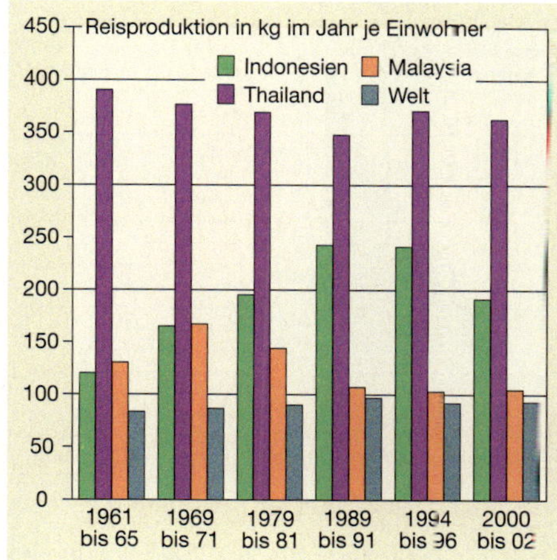

M 4 *Selbstversorgungsgrad mit Reis*

Steigerung der Flächenproduktivität

Zur Erhöhung der Hektarerträge wurde eine Reihe von agrarwirtschaftlichen Maßnahmen eingeleitet. In den 1970er-Jahren wurden neue Reissorten gezüchtet. Sie haben kürzere Halme, die mehr Körner tragen können ohne umzufallen. Eine Verkürzung der Vegetationszeit ermöglicht bis zu drei Ernten im Jahr. Da der Körnerertrag deutlich höher ist als bei den herkömmlichen Reissorten, verdoppelt sich der Reisertrag pro Hektar. Mitte der 1990er-Jahre konnte durch die höhere **Flächenproduktivität** (▸) die Selbstversorgung mit Reis erreicht werden. Weiteres Bevölkerungswachstum und ungünstige Witterung machten jedoch neue Reisimporte von rund 10 % notwendig.

M 5
Siedler in Rimba Ayu, Kalimantan

Landnahme auf den Außeninseln

Damit Java von der Überbevölkerung entlastet und die Nahrungsmittelproduktion erhöht sowie eine industrielle Entwicklung der Außeninseln gefördert wurde, konnten Bewohner von Java mit staatlicher Unterstützung umsiedeln. Im Zuge dieses Transmigrasi-Projekts sind seit 1950 über zwei Millionen Familien nach Kalimantan, Sumatra und Irian Jaya ausgewandert.

Transmigrasi hat zur Verbesserung der Ernährungslage in Indonesien nicht entscheidend beigetragen. Auch das Problem der Übervölkerung Javas konnte nicht gelöst werden. Dennoch wird das Projekt mit veränderten Zielen fortgeführt.

1. Beschreibe die Verteilung und Entwicklung der Bevölkerung in Indonesien (M 1 und M 2, Atlas).
2. Zeige Ursachen der Bevölkerungsentwicklung auf.
3. Untersuche mit geeigneten Atlaskarten die natürlichen Voraussetzungen der Landwirtschaft.
4. Erläutere Maßnahmen zur Steigerung der Flächenproduktivität in der Landwirtschaft und beurteile ihre Ergebnisse (M 3 und M 4).
5. Beschreibe das Projekt Transmigrasi und erläutere seine Zielsetzungen (M 5).

Indien – Bevölkerungswachstum ohne Ende?

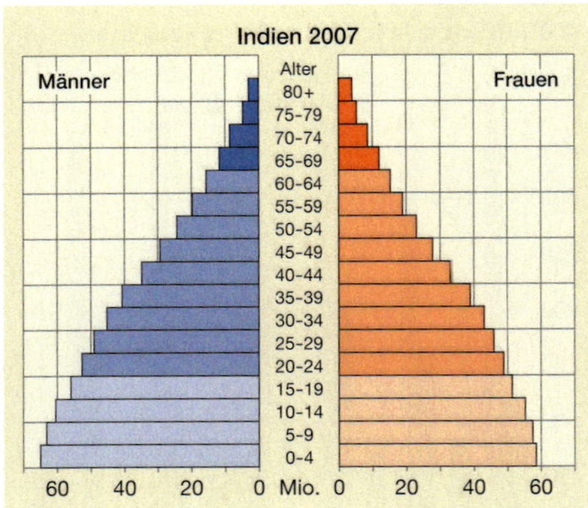

M1 *Bevölkerungspyramide Indien 2007*

Fläche (Mio. km²):	3,28
Bevölkerung in Mio. (Juli 2007):	1129
Bevölkerungsprognose für 2050 (Mio.):	1807
Geburtenrate:	24 ‰
Sterberate:	7 ‰
Bevölkerungswachstum:	1,7 %
Kinder pro Frau:	2,9
Städtische Bevölkerung:	29 %
Bevölkerung mit weniger als 1 US-$ pro Tag:	35 %

M2 *Steckbrief Indien*

Seit dem 11. Mai 2000 hat Indien mehr als eine Milliarde Einwohner. 47 Jahre dauerte es bis zur Verdopplung der Bevölkerung nach 1920, nach 1967 dauerte es bis zur weiteren Verdopplung nur noch 33 Jahre. Monat für Monat wächst die Zahl der in Indien lebenden Menschen um mehr als eine Million. Welche Zusammenhänge bestehen in Indien zwischen gesellschaftlicher Entwicklung, Tradition und Bevölkerungswachstum?

Bevölkerungsanzahl und -verteilung

Indien ist nach China das bevölkerungsreichste Land der Erde. Es ist auch eines der am dicht besiedeltsten Länder, aber innerhalb des Landes bestehen starke Unterschiede. In den städtischen Ballungsräumen liegt die Bevölkerungsdichte über 6000 E/km², in den Rand-, Berg- und Wüstengebieten des Landes unter 100 E/km². Indien ist das „Land der Dörfer". Insbesondere die landwirtschaftlich intensiv genutzten Gebiete können als überbevölkert gelten. Trotzdem ist Indien auch das Land mit der größten Zahl von Millionenstädten. Die hohe Bevölkerungsanzahl Indiens wird deutlich, wenn man den Flächenanteil Indiens mit dem der Weltbevölkerung vergleicht. Danach hat Indien nur einen Anteil von 2,3 % an der festen Erdoberfläche, sein Staatsgebiet ist aber Lebensraum für rund 18 % aller Erdbewohner. Der sich aus diesem Missverhältnis ergebende Bevölkerungsdruck ist gerade für ein Agrarland wie Indien besonders außergewöhnlich.

Bevölkerungswachstum

Über ein Fünftel des globalen Bevölkerungswachstums findet zurzeit in Indien statt, obwohl das Bevölkerungswachstum schon zurückgegangen ist. Nach Schätzungen der UNO (Vereinten Nationen) wird Indien in den nächsten Jahrzehnten sein Bevölkerungswachstum kaum abschwächen können und die VR China bis zum Jahre 2045 als bevölkerungsreichstes Land der Erde abgelöst haben. Die sozialen und wirtschaftlichen Probleme sind schwerwiegend, denn ein jährlicher Zuwachs von über 16 Millionen Menschen bedeutet, dass es eine große Menge zusätzlicher Nahrungsmittel geben muss. Aber auch mehr Schulen, medizinische Versorgung und später mehr Arbeitsmöglichkeiten werden benötigt. Problematisch ist auch die Ausweitung der Siedlungsflächen.

M3 *Folgen können Ursachen sein*

Hauptursachen des Bevölkerungswachstums in Indien

- ungleiche Entwicklung zwischen Sterberate und Geburtenrate
- hohe Geburtenrate aus sozialen und religiösen Gründen
  - Kinder gelten den Hindi als höchster Segen
  - Kinder sind unentbehrliche Arbeitskräfte
  - Kinder sichern die Altersversorgung der Eltern
  - Kinder (vor allem Söhne) haben eine enge Bindung an das Elternhaus und an die traditionelle Großfamilie

Folgen des starken Bevölkerungswachstums		
Bevölkerungsverjüngung	unzureichende Anzahl von Schulen und Lehrern	hohe Analphabetenrate: 32 % Jungen, 55 % Mädchen
Landflucht, zunehmende Verstädterung, Verbreitung von Slums	niedriger sozialer Status für Frauen und Mädchen	hohe Arbeitslosigkeit, vor allem für junge Arbeitskräfte fehlen Arbeitsplätze
massenhaft Armut *(laut Angaben der Weltbank haben 44 % der Bevölkerung pro Tag weniger als einen Dollar zur Verfügung)*	großer Gegensatz zwischen armen Menschen und den etwa 100 bis 200 Millionen Reichen	geringere Schulbildung, höhere Analphabetenrate, schlechtere Gesundheitsfürsorge für Mädchen, Risiko sozialer Spannungen zwischen Arm und Reich, verbreitet Kinderarbeit; trotz des Verbots von 1986, viele Straßenkinder in den Städten

Viele Kinder, viele Fragen

Die indische Bevölkerung zählt über eine Milliarde Menschen und wächst jährlich um mehr als 16 Millionen, das entspricht in etwa der Bevölkerungszahl der Niederlande.

Das Bevölkerungswachstum ist mit 1,7 % besonders hoch. Die indische Regierung hat erkannt, dass Kinderreichtum nicht Ursache, sondern Folge der Armut ist, und bemüht sich daher, die Lebensverhältnisse zu verbessern. Das Ministerium für Familienwohlfahrt richtet Fachhochschulen ein, in denen Familienberater ausgebildet werden. Diese besuchen die Familien, klären auf und beraten bei der Familienplanung. Eine Gesundheitsberatung begleitet Mutter und Kind vor und nach der Geburt. In Kliniken werden legale Schwangerschaftsabbrüche durchgeführt. Ziel ist die Zwei-Kind-Familie.

Für gebildete Städter und für Familien mit überdurchschnittlichem Einkommen ist eine gute Ausbildung, die meist nur bei einer geringen Kinderzahl möglich ist, von hoher Bedeutung. Bei den Armen, vor allem auf dem Lande, hat sich die Familienplanung hingegen wenig durchgesetzt. Das hat viele Gründe. In bäuerlichen Familien fehlt oft das Geld für eine Mechanisierung der Feldarbeit. Kinder werden daher als Arbeitskräfte benötigt. Es gibt weder eine staatliche Gesundheitsvorsorge noch eine Altersversorgung. Viele Kinder zu haben, bedeutet größere Sicherheit für die Eltern im Krankheitsfall und im Alter.

Hinduistische Eltern bevorzugen Söhne, denn nur sie übernehmen die Altersversorgung der Eltern und dürfen die Totenriten ausführen. Töchter verlassen nach der Heirat die Familie und ziehen zu den Schwiegereltern, zu deren Familie sie dann gehören. Außerdem muss für eine Tochter bei der Eheschließung trotz Verbots eine hohe Mitgift gezahlt werden. Unter diesen Verhältnissen gelten Töchter als „Unglück". Auch wenn Eltern schon mehrere Töchter haben, wünschen sie sich weiterhin einen Sohn. So wächst die Bevölkerung – und sie wächst weltweit am schnellsten.

M 4 *Kinder einer Familie in Indien*

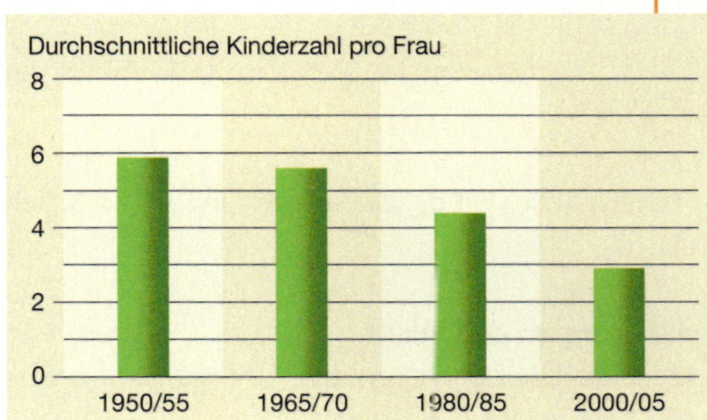

M 5 *Durchschnittliche Kinderzahl in Indien*

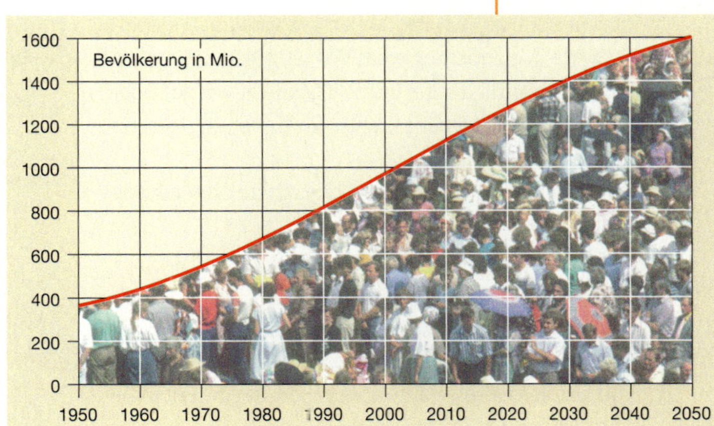

M 6 *Bevölkerungsentwicklung Indien (incl. Prognose)*

1. Erläutere die Bevölkerungsentwicklung in Indien (M 1, M 2, M 4 – M 6).
2. Gib Gründe an, warum so viele Familien immer noch so viele Kinder haben (M 3).

Auswerten von Tabellen und Diagrammen

relative Zahl Indexwert

relative Zahl Beziehung zwischen Fläche und Einwohnerzahl

Land	Bevölkerung in Tausend 1960	Bevölkerung in Tausend 2004	Durchschnittliches Bevölkerungswachstum in Prozent 1960 – 2004	Bevölkerungswachstum in Prozent 2004	Veränderung der Bevölkerung von 1960 – 2004[1] (Index: 1960 = 100)	Bevölkerungsdichte in Einwohner pro km[1] 2004
Indonesien	93 996	217 588	1,9	1,3	231	114
Mexiko	36 945	103 795	2,4	1,5	28	153
D. R. Kongo	15 333	55 853	3,0	2,9	364	24
Tschad	3 064	9 448	2,6	3,5	308	7
Italien	50 200	57 573	0,3	– 0,1	115	191
Deutschland	72 674	82 516	0,3	0,2	114	231

[1] 2004 sind die Einwohner Indonesiens auf 231 % im Vergleich zu 1960 gewachsen.

M 1 *Daten zur Bevölkerung in ausgewählten Ländern*

Arbeit mit Tabellen

Die folgenden Schritte sollen dir bei der Auswertung einer Tabelle helfen.

1. Schritt: Annäherung an den Inhalt

a Lies aufmerksam die Überschrift und den Untertitel, damit du weißt, welche Daten behandelt werden.
b Begriffe werden häufig in der Fußzeile erklärt. Schlage unbekannte Begriffe in einem Lexikon nach.
c Schaue dir die Zahlenarten an. Hierbei kann es sich um absolute Zahlen (z. B. Einwohner eines Landes) oder um relative Zahlen handeln. Letztere geben entweder Prozentwerte an (z. B. Bevölkerungswachstum) oder Indexwerte (Veränderung eines Wertes gegenüber einem Ausgangsjahr, für das der Index 100 gesetzt wurde), oder es werden verschiedene Zahlen in Beziehung gesetzt (Einwohner pro km^2).
d Handelt es sich um gerundete, geschätzte oder genaue Zahlenwerte?

2. Schritt: Beschreibung des Inhaltes

a Führe zunächst eine Leseprobe durch.
b Welche räumlichen Abgrenzungen liegen vor?
c Sind Daten mehrerer Jahre angegeben, ist eine Entwicklung abzulesen?
d Suche die höchsten sowie die niedrigsten Zahlenwerte und beschreibe die Verteilung der Zahlen zwischen diesen Werten.
e Benenne die zentralen Aussagen der Tabelle.

3. Schritt: Erklärung des Inhaltes

a Untersuche, welche Zusammenhänge es zwischen den Zahlen der einzelnen Spalten gibt.
b Kannst du Entwicklungen erklären?
c Fasse die Gesamtaussagen zusammen. Benutze dabei die Überschrift und die Begriffe der Tabelle.

4. Schritt: Bewertung des Inhaltes

a Reichen die Daten für eine sichere Aussage aus oder benötigst du weitere Informationen?

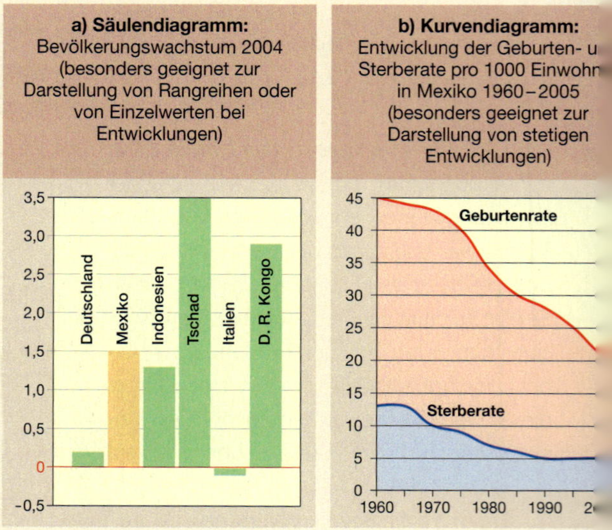

M 2 *Ausgewählte Diagrammtypen*

Arbeiten mit Diagrammen

Damit Aussagen anschaulicher werden, werden Daten häufig als Diagramm dargestellt. Während eine Tabelle meist exakte Zahlenwerte enthält, steht bei einem Diagramm die Anschaulichkeit im Vordergrund. So fallen Entwicklungen oder Größenverhältnisse „auf den ersten Blick" auf. Bei der Auswertung solltest du folgende Schritte beachten:

1. Schritt: Annäherung an den Inhalt

a Lies zunächst die Überschrift, damit du weißt, welchen Inhalt das Diagramm hat. Wichtige Zusatzinformationen befinden sich häufig im Untertitel.
b Schlage unbekannte Begriffe in einem Lexikon oder Wörterbuch nach.
c Bestimme den Diagrammtyp (M 2).
d Welche Zahlenarten sind verwendet worden (absolute, relative, Durchschnittswerte)?
e Kannst du die Zahlenwerte genau ablesen?

2. Schritt: Beschreibung des Inhaltes

a Führe zunächst eine Leseprobe durch.
b Welche räumlichen Abgrenzungen liegen vor?
c Kannst du eine Entwicklung ablesen?
d Suche die höchsten sowie die niedrigsten Werte und beschreibe die Entwicklung zwischen diesen Werten.
e Benenne die zentrale Aussage des Diagramms.

3. Schritt: Erklärung des Inhaltes

a Untersuche, welche Zusammenhänge es zwischen den einzelnen Werten gibt.
b Kannst du die Entwicklung oder Verteilung mit deinem Vorwissen erklären?
c Fasse die Gesamtaussage der Tabelle in wenigen Sätzen zusammen. Benutze dabei Begriffe und Überschrift des Diagramms.

4. Schritt: Bewertung des Inhaltes

a Reichen die Daten für eine sichere Aussage aus oder benötigst du weitere Informationen?
b Besteht die Gefahr einer „Manipulation" durch die Art der Darstellung?

1. Überlege dir, wie viele Einwohner je Land maximal durch das Auf- und Abrunden in M 1 weggefallen sein können.

2. Werte die Tabelle M 1 mithilfe der angegebenen Schritte aus.

3. Bei dem Diagramm f) in M 2 handelt es sich um eine Kombination von Diagrammtypen. a) Welche Diagrammarten erkennst du und was stellen die einzelnen Diagrammarten dar? b) Werte das Klimadiagramm aus.

4. Werte M 2 gemäß den vorgegebenen vier Schritten und deinem Vorwissen aus.

c) Kreisdiagramm: Bevölkerungsverteilung in Mexiko 2004 (besonders geeignet zur Darstellung von Verteilungen)

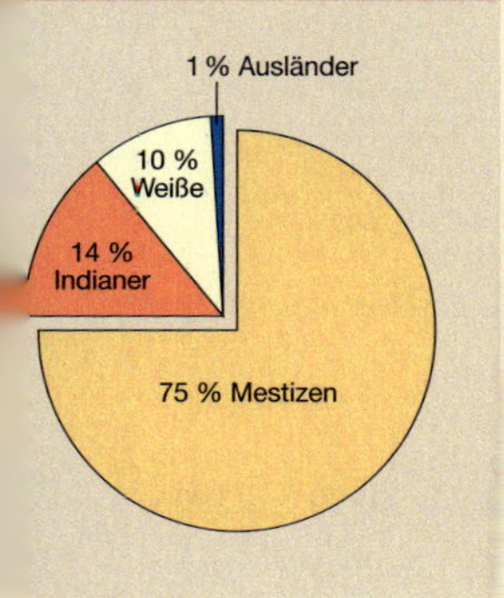

d) Banddiagramm: Bevölkerungsverteilung in Mexiko 2004 (besonders geeignet zur Darstellung von Verteilungen)

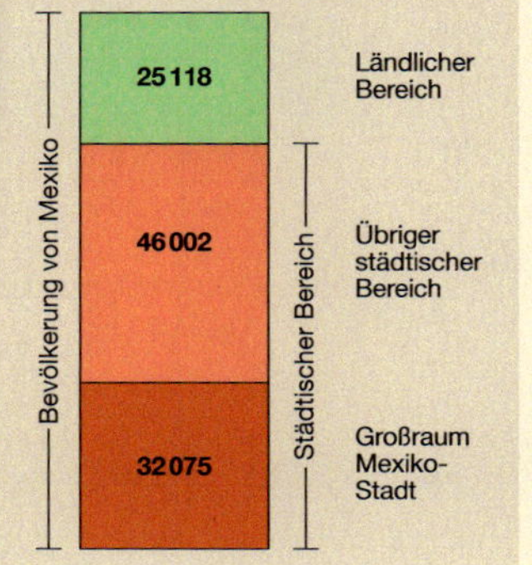

e) Bevölkerungspyramide: Mexiko 2007, Kombination aus zwei Balkendiagrammen plus Grundwert (veranschaulicht den Altersaufbau sowie die Geschlechtsverteilung einer Bevölkerung)

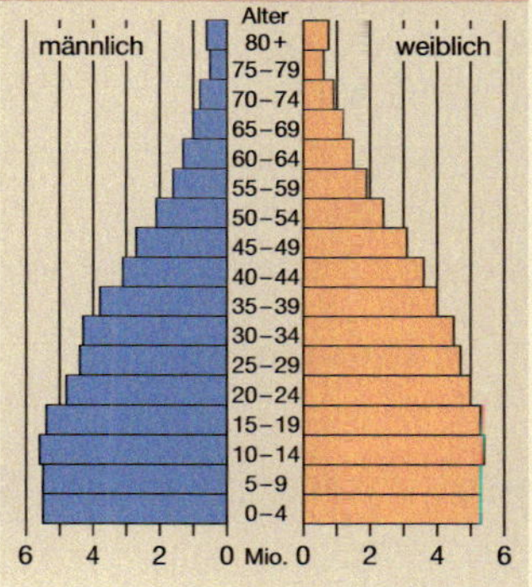

f) Klimadiagramm: Mexiko Stadt Kombination von Säulen- und Kurvendiagramm plus Zusatzwerte (durch die Abstimmung der Skalierungen können humide und aride Monte sofort abgelesen werden)

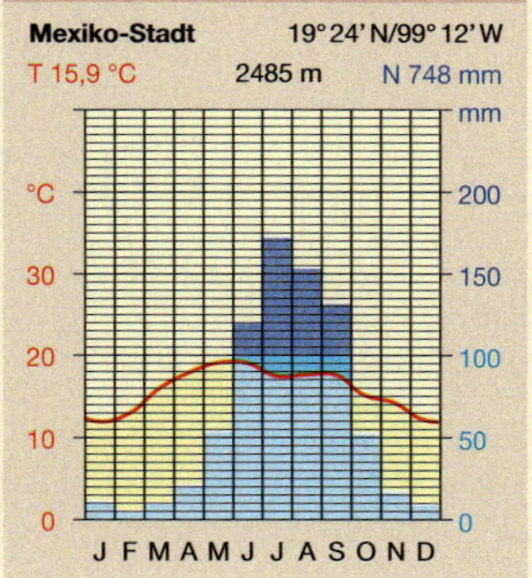

Wir erstellen Diagramme und gestalten Vorträge anschaulich

Damit Aussagen von Zahlenwerten besser veranschaulicht werden, benutzt man Diagramme. Zahlreiche Software wie Microsoft Word, Word Perfect oder Excel bieten einfache Möglichkeiten an, aus Tabellen zahlreiche Diagramme herzustellen.

Beachte: Nicht jede optisch gut aussehende Darstellung ist auch inhaltlich geeignet, einige vermitteln sogar einen falschen Eindruck des Inhalts. Im Folgenden werden einige Aspekte dargestellt, auf die du achten solltest. Es empfiehlt sich auch, gelegentlich Diagramme selbst zu zeichnen. Vielleicht findest du dabei eine besonders kreative Darstellungsform.

Manipulation?

Mit Diagrammen kann man leicht den Betrachter täuschen. So sollte bei Säulendiagrammen immer der gleiche Zeitabstand gewählt werden, ansonsten entstehen fragwürdige Abbildungen. Aber auch durch starke Überhöhung oder die falsche Wahl von Einheiten auf der y-Achse können fehlerhafte Eindrücke vermitteln. Dreidimensionale Darstellungen sind optisch interessant, doch erschweren sie häufig die Lesbarkeit.
Also achte darauf, dass bei deinen Visualisierungen vorgegebene Daten in einem geeigneten Diagramm möglichst objektiv wiedergegeben werden.

1. Untersuche die Merkmale deines Datensatzes. Stelle fest, um welche Daten es sich handelt (relative oder absolute Zahlen mit Maßeinheit und Größenordnung).
2. Werte deine Tabelle aus (vgl. Seite 142). Stelle die wesentlichen Aussagen fest und überlege, auf welche inhaltlichen Aussagen du bei der graphischen Darstellung besonderen Wert legen solltest.
3. Lege die geeignete Darstellungsform fest (vgl. Seite 142, M 2).
4. Führe notwendige Vorarbeiten durch: Müssen Zahlenwerte umgerechnet, zusammengefasst, Kreissegmente berechnet werden? Lege die Größe der Abbildung, den Maßstab und die Farbgebung fest.
5. Computer: Gib die Zahlen in die vorgegebenen Masken ein, wähle Diagrammart, Farbdarstellung, Beschriftungsarten und Legende aus. Tabellenkalkulationsprogramme bieten umfangreiche Möglichkeiten für weitere Berechnungen. Du kannst die eingegebenen Zahlen weiterverarbeiten, indem du die jeweilige Zelle markierst und mit einem Befehl verknüpfst.
6. Fertige das Diagramm an. Überprüfe, inwiefern die Darstellung optisch die Aussagen der Daten unterstützt oder ob ein falscher Eindruck entsteht.

M 1 *Wir erstellen ein Diagramm*

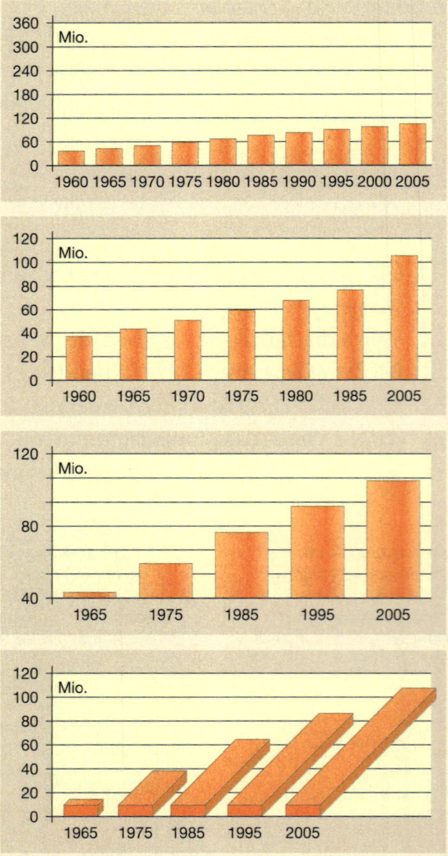

M 3 *Säulendiagramme zur Bevölkerungsentwicklung von Mexiko*

	1960	1965	1970	1975	1980	1985	1990	1995	2000	2005
Mexiko	36,94	43,27	50,60	59,23	67,57	76,58	83,23	91,15	97,97	105,32

M 2 *Bevölkerungsentwicklung in Mexiko 1965 – 2005 (in Mio.)*

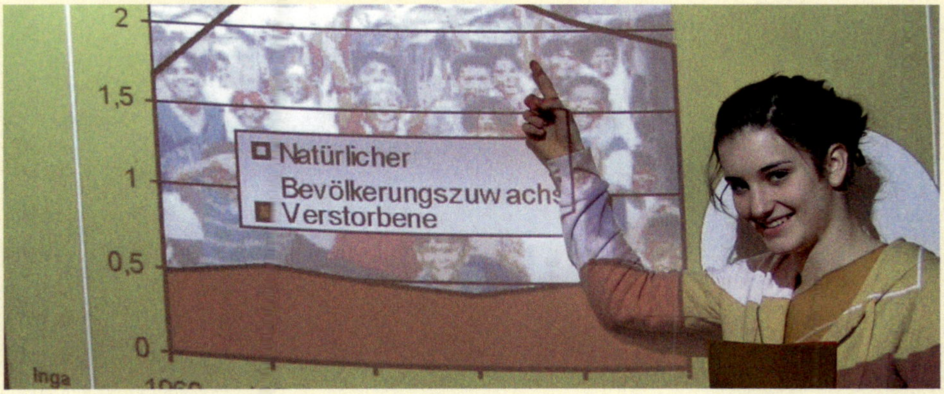

M 5 *Präsentation eines aufbereiteten Diagramms*

Wir präsentieren Abbildungen

Du sollst vor deiner Klasse eine Präsentation zeigen. Als Experte hast du die Aufgabe, deinen Mitschülern Informationen zu einem weitgehend unbekannten Thema verständlich und interessant zu vermitteln. Damit deine Zuhörer in kürzester Zeit überhaupt alle Informationen verstehen können, musst du deine Informationen entsprechend aufbereiten.

- Wähle nur solche Abbildungen aus, die zu einem besseren Verständnis deiner Präsentation beitragen. Also nur wenige, aber wirklich wichtige Abbildungen.
- Es können nur Abbildungen eingesetzt werden, die für alle gut lesbar sind.
- Mit einer Karte kannst du die Lage eines Ortes und mit einem Foto kannst du deinen Mitschülern einen Eindruck von einem Raum vermitteln.
- Erkläre die Abbildung ausführlich. Markiere dazu die wichtigsten Stellen.
- Tabellen sind nur sehr beschränkt geeignet (Zahlenwerte reduzieren und runden). Es empfiehlt sich, die Zahlenwerte in ein möglichst anschauliches Diagramm umzuwandeln.
- Gib immer die Quelle in Kurzform an. Auf deinem Thesenpapier sowie am Ende deiner Präsentation sollte die ausführliche Bibliographie erscheinen.

M 4 *Was musst du bei Abbildungen beachten?*

1. Hast du das Thema verstanden und bearbeitet?
2. Hast du den Bezugsraum mit seinen wichtigsten geographischen Merkmalen berücksichtigt?
3. Ist deine Präsentation inhaltlich vollständig und logisch gegliedert (Einleitung, Hauptteil und Fazit)?
4. Hast du genug Zeit für deine Abbildungen eingeplant? Sind deine Abbildungen wirklich wichtig für den Inhalt deiner Präsentation?
5. Hast du überprüft, ob die genutzte Technik funktioniert und deine Abbildungen lesbar sind?
6. Benennst du zuerst das Thema und stellst dann die Gliederung deiner Präsentation vor?
7. Weckst du zu Anfang Interesse bei deinen Zuhörern (Einleitung)?
8. Verwendest du eine für deine Mitschüler verständliche Sprache?
9. Gibst du deinen Zuhörern genügend Zeit für die einzelnen Präsentationen? Und hast du deine Zuhörer genügend miteinbezogen?
10. Fasst du zum Ende die zentralen Ergebnisse zusammen bzw. gibst du einen Ausblick (Fazit)?

M 6 *Checkliste für die Erstellung einer Präsentation*

1. **Erstelle ein Diagramm zum Bevölkerungswachstum in Mexiko 1960 – 2005 (M 1, M 2).**

2. **Mit welchen Mitteln und mit welchen möglichen Zielen wird in den vier Diagrammen von M 3 „manipuliert"?**

3. **Entwickle eine Präsentation zum Thema: „Mexiko – Ursachen und Folgen des Bevölkerungswachstums" mithilfe des Internets sowie der Daten der Seite 142 – 144. Achte in besonderem Maße auf die richtige Verwendung von Abbildungen (M 2 bis M 6).**

Die Bevölkerungsexplosion

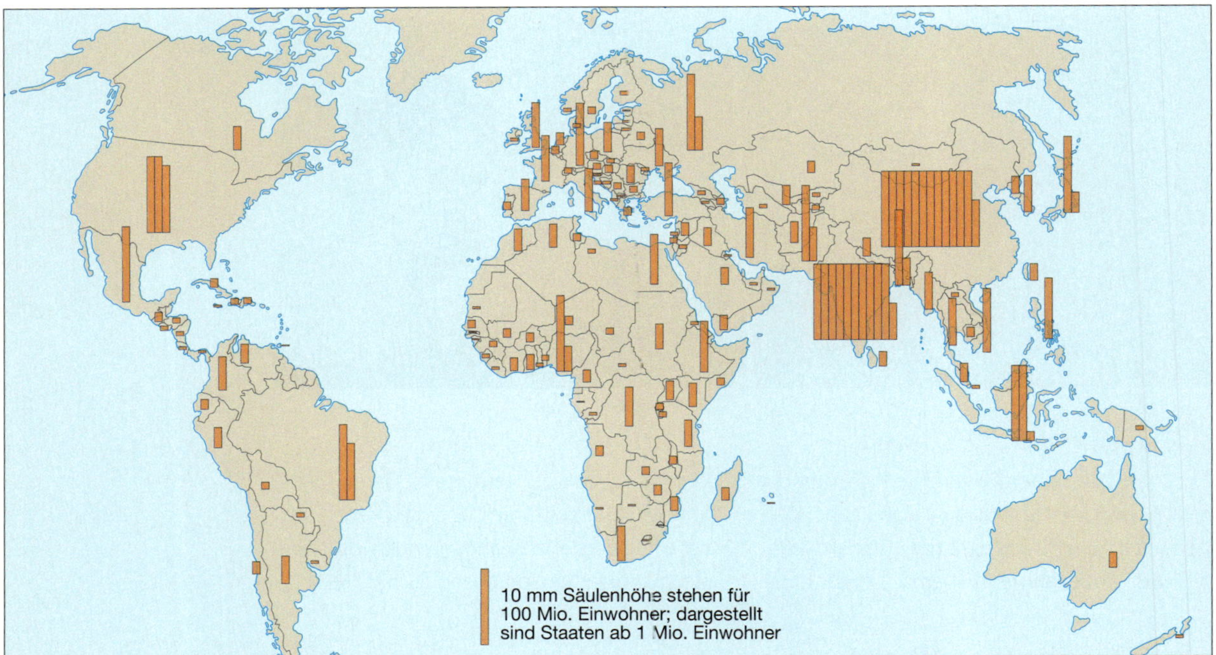

M 1 *Verteilung der Bevölkerung auf der Erde 2005*

M 2 *Zusammengesetztes Satellitenbild der Erde – Verdichtungsräume bei Nacht*

Zurzeit leben auf der Erde etwa 6,5 Milliarden Menschen. Etwa die Hälfte der Weltbevölkerung lebt auf nur 5 % der Festlandsfläche. Nur etwa 30 % der Festlandsfläche sind dichter besiedelt. Riesige Gebiete sind fast unbewohnt. Wie entwickelte sich die Bevölkerungsanzahl auf der Erde? Welche Faktoren beeinflussen die Bevölkerungsverteilung?

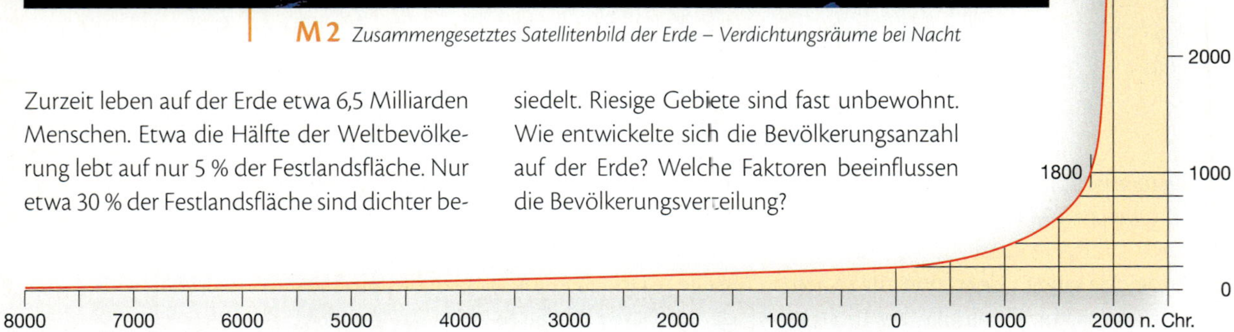

M 3 *Wachstum der Weltbevölkerung*

Bevölkerungsverteilung

Die Bevölkerung ist sehr unterschiedlich auf der Erde verteilt. Etwa die Hälfte der Menschheit siedelt in bis zu 200 km, drei Viertel in bis zu 500 km Abstand vom Meer. Die Ränder der Kontinente haben eine viel höhere Bevölkerungsdichte als die Binnenräume. Mehr als die Hälfte der Weltbevölkerung lebt im Tiefland (bis 200 m Höhe über NN). Mit zunehmender Höhe nimmt die Bevölkerungsdichte auf allen Kontinenten wegen erschwerter Lebensbedingungen ab.

Die Bevölkerungsdichte Asiens beträgt im Durchschnitt 86,2 E/km². Auch hier gibt es große, fast menschenleere Räume und Dichtezentren. In Europa, Nordamerika und Japan ballt sich die Bevölkerung in großen Städten, in Südasien, z. B. Indonesien und Bangladesch, sind ländliche Räume dicht besiedelt. Mehrere Ernten im Jahr ermöglichen die große Bevölkerungsanzahl.

Ursachen der ungleichen Bevölkerungsverteilung

Fragestellungen zum Wachstum und zur Verteilung der Bevölkerung werden mit der Zunahme der Weltbevölkerung Aufgabe wissenschaftlicher Untersuchungen und politischer Reaktionen. Die Ursachen für die unterschiedliche Bevölkerungsverteilung sind vielfältig:

- Naturgeographische Faktoren (geographische Lage, Klima, Vegetation, Böden, Relief, Rohstoffvorkommen, Wasserverfügbarkeit) können als Gunst- oder Ungunstfaktoren die Bevölkerungsverteilung beeinflussen. Man spricht von der Kältegrenze, der Trockengrenze und von der Höhengrenze.
- Wirtschaftliche oder gesellschaftliche Faktoren (politische Verhältnisse, Religionseinflüsse, aber vor allem wirtschaftliche Entwicklungen) sind von erheblicher Bedeutung für die Bevölkerungsverteilung.
- Historische und kulturelle Entwicklungen können Ursachen für die Bevölkerungsverteilung sein.
- Räume mit einer mehrtausendjährigen Besiedlung, z. B. die Hochkulturen Mesopotamiens, sind oftmals dichter besiedelt als andere Gebiete.
- Andererseits können Wanderungen der Bevölkerung Einfluss auf die unterschiedliche Bevölkerungsverteilung haben.

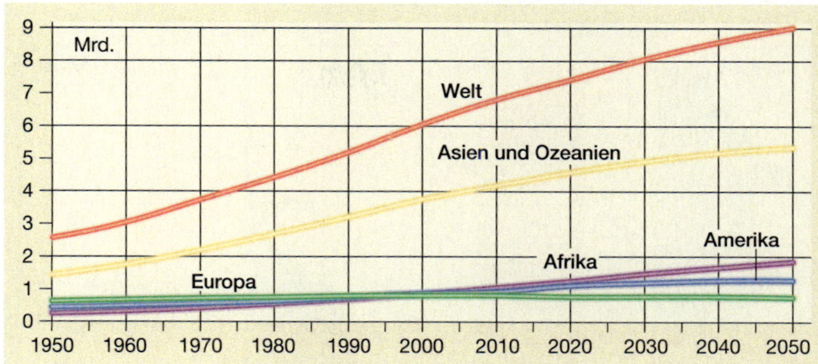

M 4 *Wachstum der Weltbevölkerung*

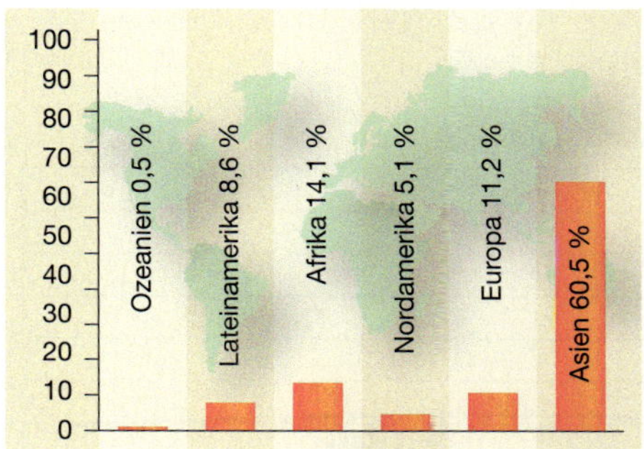

M 5 *Regionale Verteilung der Weltbevölkerung 2007*

Land	Einw. (in Mio.)	Land	Einw. (in Mio.)
1 VR China	1311	6 Pakistan	186
2 Indien	1122	7 Bangladesch	147
3 USA	299	8 Russland	142
4 Indonesien	226	9 Nigeria	135
5 Brasilien	187	10 Japan	128

M 6 *Die zehn bevölkerungsreichsten Länder der Erde (2006)*

1. Beschreibe die Entwicklung der Bevölkerungsanzahl auf der Erde und die Unterschiede zwischen den Kontinenten (M 3 bis M 5).
2. Stelle die zehn bevölkerungsreichsten Länder der Erde graphisch dar (M 6).
3. Ordne die Verdichtungsräume einzelnen Staaten zu (M 1, M 2).
4. Begründe die regionale Verteilung der Verdichtungsräume (M 2).
5. Erkläre an einem Beispiel, warum die Bevölkerungsexplosion ein globales Problem ist.

Ursachen der unterschiedlichen Bevölkerungsentwicklung

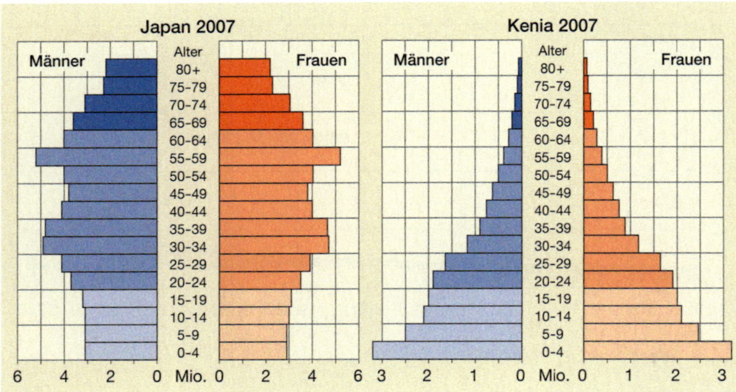

M 1 *Bevölkerungspyramiden von Japan und Kenia*

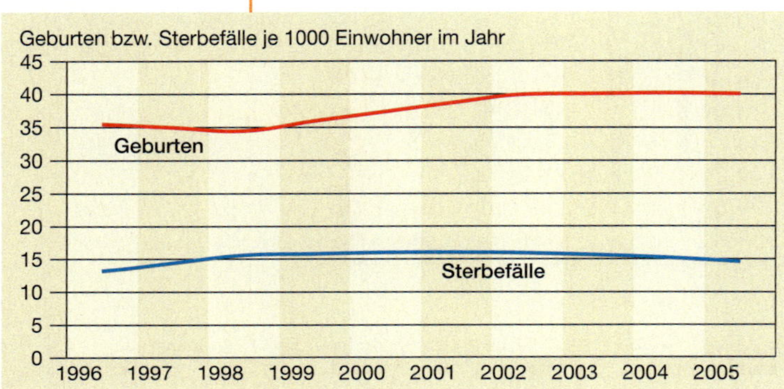

M 2 *Geburten- und Sterberate in Kenia*

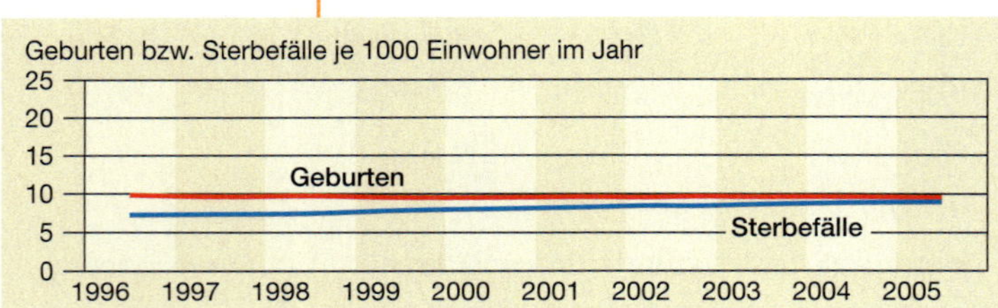

M 3 *Geburten- und Sterberate in Japan*

Faktoren der Bevölkerungsentwicklung

Die Bevölkerungsentwicklung ist abhängig von einer Reihe von direkten und indirekten Faktoren.

Direkt wirkende Faktoren:

- Altersaufbau einer Bevölkerung, vor allem der Anteil der unter 25-Jährigen,
- Anzahl der Ausgangsbevölkerung,
- Erhöhung der Lebenserwartung,
- hohe Zahl ungewollter Geburten.

Indirekt wirkende Faktoren:

- unzureichende Gesundheitsvorsorge,
- Bildung und Ausbildung, auch bei Frauen,
- religiöse und kulturelle Traditionen.

Bevölkerungswachstum in den heutigen Industrieländern

Zu Beginn des Industriezeitalters hatten Länder wie Großbritannien, Frankreich und Deutschland eine hohe Geburten- und eine hohe Sterberate. In dieser Phase wuchs die Bevölkerung langsam. Durch den medizinischen Fortschritt und bessere Ernährung sank die Sterberate, die Geburtenrate blieb unverändert hoch. In dieser zweiten Phase wuchs die Bevölkerung stark.

Die Lebensbedingungen in der sich bildenden städtisch-industriellen Gesellschaft führten zu einer dritten Phase, in der die Kinderzahl pro Familie sank. Heute (Phasen IV und V) herrscht in den Industrieländern die Kleinfamilie vor, die einen höheren Lebensstandard gewährleistet und die Frauen nicht mehr so stark an das Haus bindet.

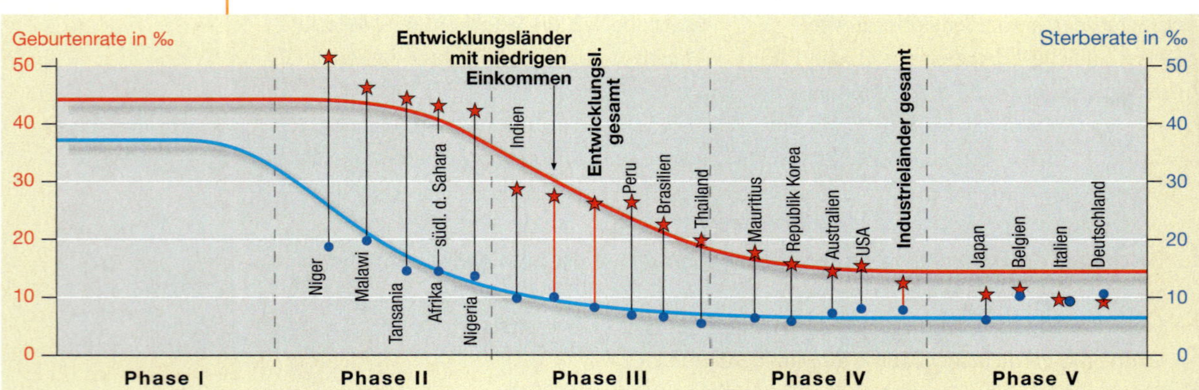

M 4 *Fünf-Phasen-Modell*

Wachsende und schrumpfende Bevölkerung

Die unterschiedliche Einstellung zu Kindern hat in Industrie- und in Entwicklungsländern zu einem jeweils typischen Aufbau der Bevölkerung nach Altersgruppen geführt.
Bei einer wachsenden Bevölkerung ist jeder Neugeborenenjahrgang größer als der vorhergehende. Die graphische Darstellung zeigt eine Pyramide. Diese Form ist typisch für Entwicklungsländer. Für die in jedem Jahr wachsende Zahl von Kindern und Jugendlichen müssen zusätzliche Nahrungsmittel produziert werden. Es muss viel Geld für die Bereiche Gesundheit und Ausbildung ausgegeben werden und es müssen zusätzliche Arbeitsplätze entstehen.

Ist hingegen die Zahl der Neugeborenen geringer als die Zahl der älteren Jahrgänge, schrumpft die Bevölkerung. Die Graphik des Bevölkerungsaufbaus zeigt dann eine Urnenform. Sie ist typisch für Industrieländer. In ihnen steigt der Anteil von Menschen über 65 Jahre, die meist nicht mehr erwerbstätig sind. Diese Überalterung führt zu wirtschaftlichen und sozialen Problemen, z. B. bei der Finanzierung der Renten oder der Krankenversicherung. Im Jahr 2050 wird z. B. in Deutschland jeder Dritte älter als 60 Jahre sein. Zugleich wird aufgrund der geringen Geburten die Bevölkerung von 82,4 Millionen (2007) auf 74 Millionen zurückgegangen sein.

Bevölkerungsforscher erwarten, dass mit wachsender Industrialisierung und Verstädterung sowie durch eine allgemeine Verbesserung des Lebensstandards auch in den Entwicklungsländern die Zahl der Kinder pro Familie sinken wird. Familienplanung und Geburtenkontrolle sollen diese Entwicklung beschleunigen. Ziel ist meist die freiwillige Zwei-Kind-Familie. Mit mehr Zwang geht man in China vor. Die Menschen sind aber oft nur schwer zum Verzicht auf Kinder zu bewegen, da auch indirekte Faktoren wie Kultur oder Religion ihre Bedeutung haben. Deshalb lässt sich auch das Fünf-Phasen-Modell, das aus der Entwicklung der Industrieländer abgeleitet wurde, nicht ohne weiteres übertragen.

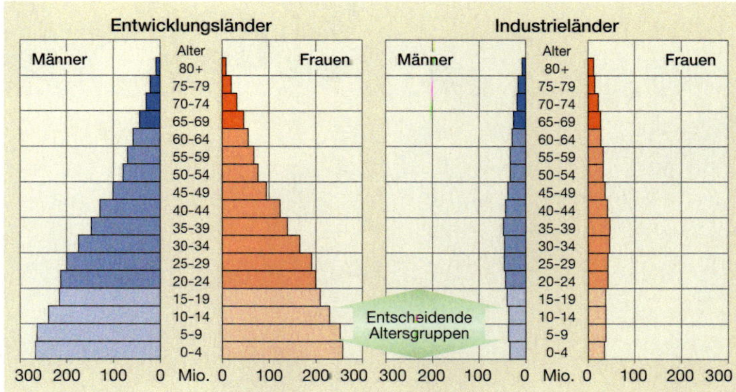

M 5 *Bevölkerungspyramiden der Entwicklungs- und Industrieländer*

Land	**Einw.** (in Mio.)	Land	**Einw.** (in Mio.)
1 Indien	1593	9 D.R.Kongo	177
2 China	1392	10 Äthiopien	170
3 USA	395	11 Mexiko	139
4 Pakistan	305	12 Uganda	127
5 Indonesien	285	13 Philippinen	127
6 Nigeria	258	14 Ägypten	126
7 Brasilien	253	15 Vietnam	116
8 Bangladesch	243	*(nach: HDR 2006, New York)*	

M 6 *Die 15 bevölkerungsreichsten Länder der Erde im Jahr 2050*

1. Beschreibe die Faktoren, die die Bevölkerungsentwicklung beeinflussen.
2. Vergleiche die Entwicklung der Geburten- und Sterberate in Japan und in Kenia. Erläutere die Unterschiede (M 2, M 3).
3. Erläutere das Fünf-Phasen-Modell der Bevölkerungsentwicklung (M 4).
4. Erläutere den Altersaufbau der Bevölkerung in Japan und in Kenia (M 1). Welche Probleme sind erkennbar?
5. Vergleiche die Bevölkerungspyramiden Japans und Kenias mit den Bevölkerungspyramiden in (M 5). Nimm Stellung zu den Unterschieden.
6. Vergleiche M 6 mit S. 145 M 6 und kommentiere die prognostizierten Veränderungen.

Mexiko-Stadt – ein Bevölkerungsmagnet

M 1 *Straßenhändler im Kindesalter*

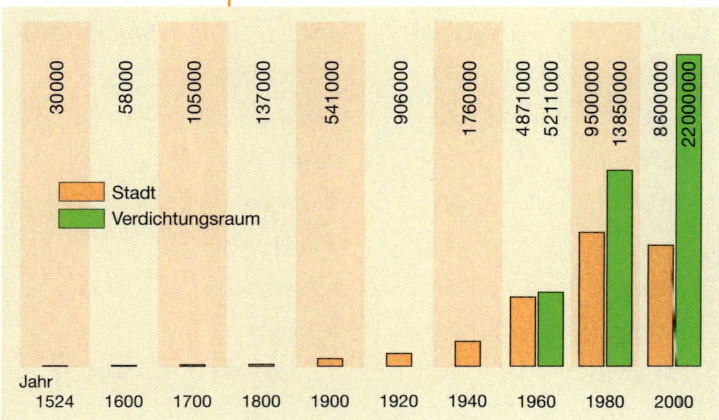

M 2 *Bevölkerungsentwicklung von Mexiko-Stadt*

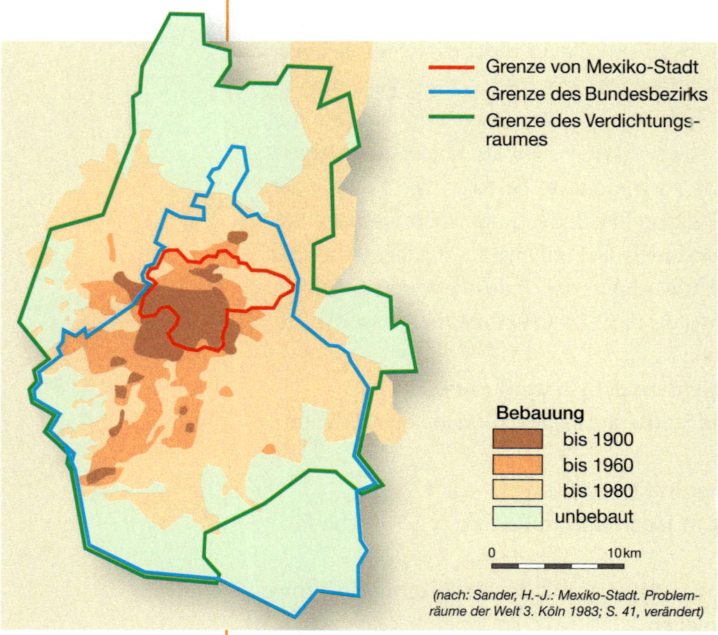

M 3 *Flächenwachstum*

Mexiko-Stadt liegt in einem Talkessel in mehr als 2000 m Höhe. Mit ca. 30 Millionen Menschen gilt die Metropole als einer der größten Verdichtungsräume der Welt. Am Beispiel von Mexiko-Stadt lassen sich Merkmale und Probleme einer Metropole aufzeigen.

Leben in Mexiko-Stadt

Einerseits gilt Mexiko als eine der schönsten Städte Amerikas, mit prachtvollen Bauten und Palästen. Die Parks sind gepflegt, die Einkaufsstraßen haben das Flair von New York und Paris. Andererseits erfolgte das Wachstum vor allem im Außenbereich weitgehend ungeregelt. Niemand weiß, wie viele Zuwanderer Mexiko bisher täglich aufnehmen musste: Ihre Zahl wurde auf 2000 – 4000 geschätzt. Heute geht das Bevölkerungswachstum auf Geburtenüberschüsse und weniger auf Zuwanderungen zurück.

Die tägliche Sehnsucht nach Glück

Die Stadt hat längst ihre Grenzen verloren. Im Westen, dachte ich mir jedes Mal, muss es noch dunkel sein, wenn im Osten die Sonne aufgeht. Mexiko-Stadt ist nicht nur größer als andere Metropolen, sie ist auch geprägt durch grenzenlose Sehnsucht der Zuzügler in den Slums nach einer glücklichen Zukunft. Sie haben ihre Dörfer verlassen und bauen auf die Verheißung an die Armen: Kein Elend mehr, hinaus aus der Enge und Bedrückung ihrer Herkunft, hier gibt es an jeder Ecke neue Chancen.

Bemerken Sie, wenn Sie ankommen, das Heer der Müllsammler, die einander um das Privileg streiten, die Abfallhaufen als erste durchwühlen zu dürfen? Wie lange dauert es, bis man seinen kleinen Stand mit Waren zusammengespart hat, und wie lange währt die Hoffnung darauf? Wie lange muss man am Tag stehen, um genug verdient zu haben, damit man nicht hungers stirbt? Wie stark muss man sein, damit man nicht die Lebensmittel selbst isst, und wie stark, um sie nicht den eigenen Kindern zu geben?

M 4 *Nach Reiseaufzeichnungen*

M 5

Mexiko-Stadt

Mexiko-Stadt, eine Metropole

Mexiko-Stadt ist das unumstrittene politische, wirtschaftliche und kulturelle Zentrum des Landes. Hier konzentriert sich die wirtschaftliche Entwicklung. Dieser Prozess der **Metropolisierung** (▶) verstärkt die großräumigen Entwicklungsunterschiede und verschärft die räumliche Disparität im Lande. Sie führt zu einer weiteren Schwächung der ländlichen Räume, denn die fähigsten, gesündesten und risikofreudigsten Arbeitskräfte versuchen ihr Glück in der Stadt.

Disparitäten, krasse Kontraste zwischen Arm und Reich, bestehen auch innerhalb des Territoriums der Metropole. Das Nebeneinander von modernen Stadtteilen europäisch-nordamerikanischer Prägung mit Büro- und Geschäftsvierteln sowie den Wohnvierteln der Mittel- und Oberschicht einerseits und die weitgestreuten Hüttenviertel der unteren Schichten der Bevölkerung andererseits sind kennzeichnend für die Metropolen der Entwicklungsländer.

Einwohner	19	**Schüler**	
Erwerbspersonen	21	in höheren Schulen	17
Unternehmer	23	in Abschlussklassen zur Hochschulreife	22
Freiberufler	45		
Summe aller Löhne	26		
		BIP	
Beschäftigte		Bankumsätze	42
Industrie	28	Pkw-Bestand	70
Druckereien	45	Fluggäste aus dem Ausland	38
Chemische Industrie	28		
Großhandel	30	Telefonanschlüsse	31
höhere Dienstleistungen	38	Auflagen der Tageszeitung	18
Finanzdienstleistungen	42		

Angaben in Prozent des Landes (nach: www.inegi.gob.mx)

M 6

Mexiko-Stadt, die Metropole des Landes

1. **Beschreibe die topographische Lage von Mexiko-Stadt (Atlas, M 5).**
2. **Vergleiche das Bevölkerungs- und Flächenwachstum von Mexiko-Stadt mit nordamerikanischen und deutschen Städten (M 2, M 3, Internet).**
3. **Diskutiere anhand der Materialien M 1, M 4 und M 5 über Lebensumstände in Mexiko-Stadt.**
4. **Erläutere am Beispiel von Mexiko-Stadt Merkmale einer Metropole und Folgen der Metropolisierung (M 6).**

Aus Müll wird Geld

Pancho hat Berufserfahrung. Er sieht einem Müllbeutel von außen an, ob es sich lohnt, ihn nach Wertvollem zu durchsuchen. Pancho ist Müllkutscher. Mit drei Kollegen fährt er von Haus zu Haus. Sie laden den Abfall auf den Lastwagen und sortieren ihn während der Fahrt. Nachmittags bringen sie das aussortierte Material – Büchsen, Pappe, Plastik, Papier – zu verschiedenen Käufern, die es verwerten oder weiterverkaufen. Die Reste kommen auf eine der elf ungeordneten Müllhalden der Stadt. Dort werden sie von Auflesern durchsucht. Danach beträgt der Anteil an organischen Resten über 40 %. Pancho verdient bis zu 1200 Euro im Monat, ein Sammler zwischen 300 und 400 Euro. Das inoffizielle Sammelsystem, es gibt keine offizielle Müllbeseitigung, von Pancho und Tausenden seiner Kollegen hat sich gut eingespielt. Die Müllsammler sind sogar gewerkschaftlich organisiert, nicht selten in mafiaähnlichen Strukturen. Verlassen sie ihre Routen oder Terrains, kann es zu Raufereien und Messerstechereien mit anderen Gruppen kommen.

M 1 *Abfallbeseitigung in Mexiko-Stadt*

M 3 *Hüttensiedlung am Stadtrand*

Folgen des Wachstums

Noch ist die Riesenstadt nicht im Chaos versunken. Den Stadtplanern gelingt es gerade so, die notwendigsten Bereiche der Infrastruktur intakt zu halten. Und entgegen allen Vorurteilen gibt es leistungsfähige Betriebe mit einem Heer zuverlässiger Arbeitskräfte, die trotz vieler technischer Schwierigkeiten die Versorgungsnetze in Gang halten.

Noch erstaunlicher ist die Überlebensfähigkeit der Bewohner in den Hüttensiedlungen. Hier regelt sich vieles über den **informellen Sektor** (▶), auch das Zusammenleben derartiger Menschenmassen unter extremen Bedingungen.

Luftverschmutzung
Die Luftverschmutzung ist sehr hoch. Zulässige Grenzwerte werden sehr häufig überschritten. Dunstglocke mit giftigen Gasen, Staub und wenig Sauerstoff bei Windstille über der Stadt.

Notwendige Leistungen
- Aus- und Neubau von Straßen
- Ausbau des öffentlichen Personennahverkehrs (U-Bahn, Elektrobusse)
- Entgiftung der Autoabgase
- strengere Umweltauflagen für die Industrie, schärfere Kontrollen

Verkehr
Hohe Verdichtung von Arbeitsplätzen und Versorgungseinrichtungen in der Stadtmitte bewirkt Pendlerströme von Millionen Menschen täglich. Der Verkehr bricht in den Stoßzeiten zusammen.

Versorgung
Bei der Trinkwasser- und Stromversorgung kommt es häufig zu Ausfällen. In den Slums gibt es selten Strom- und Wasseranschluss, oft keine Schulen und Krankenhäuser.

Ausbau und Erneuerung
- der Strom- und Wasserleitungen
- der Abwasserkanäle
- geregelte Müllentsorgung

Neubau und Modernisierung
- von Krankenhäusern
- von Schulen

Entsorgung
Die Müllentsorgung ist unregelmäßig, in den Slums fehlt sie. Wilde Müllkippen gefährden das Grundwasser. Die Flüsse sind infolge ungereinigter Abwässer verseucht.

M 2 *Probleme einer Metropole*

M 4 *Straßenkinder*

Kampf gegen die Verwahrlosung

In den Metropolen leben viele Kinder von ihren Familien und deren Wohnungen bzw. Hüttenunterkünften getrennt. Sie müssen sich ihren Lebensunterhalt als **Straßenkinder** (▸) selbst beschaffen. Bereits im Jahre 1854 gründete ein italienischer Priester den Orden der Salesianer. Deren Ziel ist die Integration von Straßenkindern in die Gesellschaft.

Der Kampf um saubere Luft

Mexiko-Stadt kämpft täglich mit 4 Millionen Autos. Achtspurig schleichen sie ins Stadtinnere. Windschutzscheibenwäscher und Radioweckerverkäufer haben den Stau als Arbeitsplatz entdeckt. Straßenhändler, Tortilla-Verkäufer und Schuhputzer, die hier ihr Geld verdienen, fürchten die Trockenzeit, dann ist die Luft am stärksten belastet. Die Stadtverwaltung führte einen Abgastest ein. Stark verschmutzende Autos werden am Nummernschild farblich gekennzeichnet. Sie dürfen an festgeschriebenen Tagen nicht benutzt werden. Die Besitzer umgehen das Verbot, indem sie sich einen älteren Zweitwagen kaufen. Seit 1993 sind für Neufahrzeuge Katalysatoren vorgeschrieben. Der öffentliche Nahverkehr wird zwar ausgebaut, aber die umweltbelastenden 30 000 Kleinbusse sind unentbehrlich. Sie befördern 60 % der Fahrgäste, die U-Bahn nur 6 %. Ein Aktionsprogramm soll die Verschmutzung drosseln. Allein eine Verminderung des Staubeintrags würde etwa 2000 Todesfälle pro Jahr weniger bedeuten.

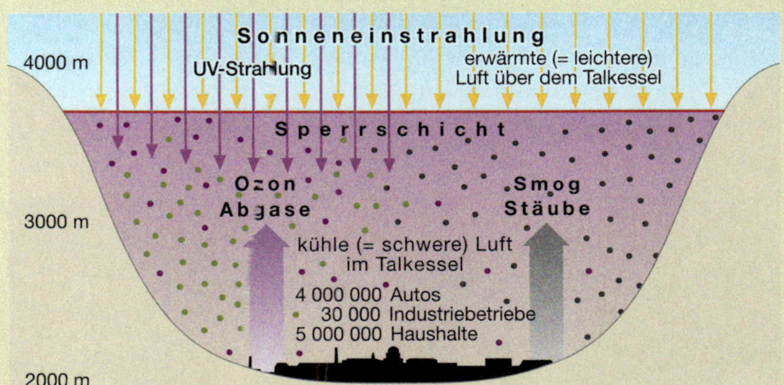

M 5
Ozonbildung und Smog im Hochland von Mexiko-Stadt

Straßenkinder in Mexiko-Stadt

Vinicio, ein „Streetworker" der Salesianer, sagt uns, die Straßenkinder seien misstrauisch und aggressiv. Sie bilden Banden, die ihre Territorien mit Gewalt verteidigen und sich jeder Hilfestellung entziehen. Sie lassen sich nur bei Tag beobachten, wenn sie mit den Aasgeiern und verwilderten Hunden im Abfall wühlen. Die Opfer ihrer nächtlichen Bandenkämpfe und Rituale sind hingegen offensichtlich. Gelegentlich lassen sie sich auch vor den Imbissständen sehen. Vinicio führt uns zu einem Gully an einer belebten Straße der Innenstadt. Er ruft zwei Namen. Der Kanaldeckel öffnet sich, und ein völlig verdrecktes Kinderpärchen steigt hinaus. Die Kleine ist ihren Eltern im Slum weggelaufen, um den täglichen Schlägen zu entgehen. Der Junge ist aus dem Mayaland. Beide leben von Mundraub und Almosen. Wenn es Vinicio gelingt, den einen oder anderen in eine Sozialstation des Ordens zu bringen, ist ein Anfang gemacht. „Jedes Kind, das wir in die Gemeinschaft zurückführen können, ist ein Sieg über die Dunkelheit", sagt Vinicio.

M 6
Nach: Rheinischer Merkur vom 31. 01. 2003

1. Beschreibe Probleme, die sich aus dem Wachstum von Mexiko-Stadt ergeben (M 2).
2. Erläutere das informelle System der Abfallbeseitigung in Mexiko-Stadt (M 1).
3. Erkläre, warum die Abfallbeseitigung in Mexiko-Stadt ökologisch brisant ist (M 1).
4. Untersuche, warum die Einwohner von Mexiko-Stadt vor allem während der Trockenzeit durch Luftverschmutzung gefährdet sind (M 5).
5. Erörtere die Feststellung: Gewinnstreben, Korruption und Schlendrian hintertreiben Ansätze des Umweltschutzes in Mexiko-Stadt (M 5).
6. Vergleiche deinen Tagesablauf mit dem eines Straßenkindes in Mexiko-Stadt (M 3, M 4, M 5). Informiert euch über ein Hilfsprojekt für Straßenkinder.

Projekt: Kinder der Welt – was uns verbindet

Land	Bolivien	Peru	Ecuador
Bevölkerungsgruppen (%)			
Indios[1]	30	45	20
Mestizen[2]	30	32	35
Weiße[3]	15	12	25
Sonstige	25	11	20
Bevölkerung unter der Armutsgrenze 2005 (%)	62	49	46
Analphabeten m/w (%)	7/19	9/20	7/10
Anteil der Beschäftigten in der Landwirtschaft 2003 (%)	44,5	30,9	9,3
Anteil der Wirtschaftssektoren am BIP 2005 (LW/Ind/DL) (%)	13/36/51	9/26/55	6/34/60
Einkommensanteile			
untere 10 %	1	1	1
obere 10 %	26	43	42

[1] Indios (Nachfahren der indianischen Bevölkerung), [2] Mestizen (Mischlinge), [3] Weiße (Nachfahren der euopäischen Kolonialherren und weiße Einwanderer)
(nach verschiedenen Quellen zusammengestellt)

Im Jahre 1989 wurde von den Vereinten Nationen die „Kinderrechtskonvention" beschlossen. In diesem Dokument werden die Rechte von Kindern formuliert, welche weltweit, unabhängig von Kulturen oder politischen Systemen, verwirklicht werden sollen. Dahinter steht die Erkenntnis, dass die Lebenssituation von Kindern ein Spiegelbild der jeweiligen Gesellschaft und ihrer Probleme ist und dass der Weg zu einer positiven Entwicklung bei Kindern und Jugendlichen ansetzen muss.

M 1 *oben: Statistik einiger Andenstaaten*

M 2 *unten: Kinder der Welt in einer bolivianischen Schule*

Schule statt schuften

Georgio Fernandez Flores hat ein einziges Jahr die Grundschule besucht. Die Mutter war krank. Er und die sieben Geschwister mussten dem Vater helfen, die Schafe zu hüten, Kartoffeln und Mais anzubauen.

Mit 29 wohnte er immer noch bei den Eltern und konnte noch immer nicht lesen und schreiben. Eines Tages kam ein deutscher Pater in sein Andendorf in Bolivien und erzählte ihm vom „Centro Nacional de Profesionalizacion Rural" (CENPRUR), einer Berufsschule in Ocuri. Georgio, der davon träumte, Krankenpfleger zu werden, machte sich auf den Weg. Er setzte sich an den Wegrand, wartete, bis ein Auto vorbeikam, das ihn mitnahm. Nach zwei Tagen kam er in der Hauptstadt Sucre an. Dort half er, Lehmziegel herzustellen, um sich das Geld für die Fahrkarte nach Ocuri zu erarbeiten. Nach 20 Stunden Fahrt zwischen Kisten und Säcken auf einem Lkw kam er in Ocuri an. Um sich Unterkunft und Essen zu verdienen, half er den Bauern auf dem Feld. Georgio bestand die Aufnahmeprüfung. Für Kost und Logis musste er jetzt nicht mehr zahlen. Bei den Vorlesungen hörte er aufmerksam zu, denn Notizen konnte er sich noch nicht machen. Wie sein Vater befürchtet hatte, hänselten ihn sein Mitschüler, die alle wenigstens drei Jahre zur Schule gegangen waren.

Eine Belgierin gab ihm Unterricht in Lesen und Schreiben. Georgio nutzte jede Pause, um zu üben. Nach ein paar Wochen konnte er schon mitschreiben. Die Lehrer sprachen seinetwegen in den Vorlesungen langsam.

Nach drei Jahren Schule – ein Jahr musste er aussetzen, um seinen Eltern zu helfen – bestand er die Abschlussprüfung.

Heute leitet Georgio einen Gesundheitsposten in einem Dorf, 25 Kilometer von Ocuri. Von da aus betreut er zehn Gemeinden. Die Höfe der Bauern liegen weit verstreut voneinander. Bergauf, bergab geht er zehn, zwanzig, dreißig Kilometer zu Fuß, um Krankenbesuche zu machen.

M 3 *Nach: Deutsche Welthungerhilfe, Partnerschaftsprojekte 1999*

Was Einzelschicksale (nicht) zeigen

Der Lebensweg von Georgio ist kein Einzelfall in Bolivien. Sein Beispiel hilft, die Situation von Menschen besser zu verstehen. Auf der anderen Seite hat jeder Mensch seine eigene Biographie, seinen eigenen Charakter, sein eigenes Schicksal. Um zu starke Verallgemeinerungen zu vermeiden, müssen wir daher prüfen, wofür Georgios Lebensweg typisch ist, z. B. für welche gesellschaftliche Schicht, welchen Raum, welche Anzahl von Menschen.

Die Kinderrechtskonvention der Vereinten Nationen in Stichworten	
Recht auf Gesundheit	(Art. 24)
Recht auf altersgemäßen Lebensstandard	(Art. 27)
Recht auf Bildung	(Art. 28)
Recht auf Pflege der eigenen Kultur, insbesondere von Minderheiten	(Art. 30)
Recht auf Erholung und Spiel	(Art. 31)
Schutz vor Ausbeutung und Kinderarbeit	(Art. 32)
Schutz vor Drogen	(Art. 33)
Verbot, Kinder unter 15 Jahren als Soldaten heranzuziehen	(Art. 38)

M 4 *Rechte von Kindern*

1. Diskutiere die Aussagen in M 1 und M 3 vor dem Hintergrund der wirtschaftlichen und sozialen Situation in Bolivien (M 1, Atlas).
2. Überlege, inwiefern sich der Lebensweg eines Kindes der Oberschicht von dem gezeigten Beispiel von Georgio unterscheiden könnte.
3. Überprüfe anhand von M 5 die Aussagen von M 4.
4. Vergleiche das in M 3 gezeigte Beispiel mit deiner Lebenssituation.
5. Projektgestaltung: Fertige eine Fotogalerie an. Wähle Bilder aus von Kindern in Entwicklungsländern. Erläutere, wofür das von dir ausgewählte Bild typisch ist. Sammle dazu Hintergrundinformationen. Beispiele gibt es bei folgenden Institutionen:
UNICEF (Kinderhilfswerk der Vereinten Nationen). www.unicef.de
Kindernothilfe Duisburg. www.kindernothilfe.de
terre des hommes Deutschland e. V. Hilfe für Kinder in Not. www.tdh.de
Kirchliche und staatliche Hilfsorganisationen.

Was uns verbindet

Wir können uns in das Leben von Georgio nur schwierig hineinversetzen. Dennoch kann die Beschäftigung mit fremden Lebenswelten helfen, eigene Wertvorstellungen besser zu verstehen, kritisch zu überprüfen, Gemeinsamkeiten und Unterschiede zu erkennen, vielleicht auch schätzen zu lernen, was uns selbstverständlich erscheint.

Merkmal	Einschulungsrate (m)	Einschulungsrate (w)	Impfschutz bei Kindern	Kinderarbeit 5 – 9 Jahre	Kinderarbeit 10 – 14 Jahre	Untergewicht (insgesamt)	starkes Untergewicht
Afrika südlich der Sahara	54	49	54	23,6	34,7	31	10
Naher Osten/ Nordafrika	80	73	87	10,8	19,6	18	5
Südasien	79	66	65	12,3	26,5	51	19
Ostasien/ Pazifik	92	93	77	12,3	26,5	22	k. A.
Lateinamerika/ Karibik	96	94	89	10,6	21,5	10	1
Osteuropa	92	88	94	31,1	4,2	8	2
ergänzende Angaben	westliche Industriestaaten 100	westliche Industriestaaten 100	westliche Industriestaaten 94	Entwicklungsländer etwa 250 Mio. (Jungen 56/ Mädchen 44) Bhutan 55, Mali 55		höchste Werte: Bangladesch 56, Indien 53, Kambodscha 52, Afghanistan 48 (1999)	
Kinder unter 15 Jahren kämpfen in: Algerien, Angola, Äthiopien, Bolivien, Indien, Indonesien, Kolumbien, Dem.Rep. Kongo, Liberia, Myanmar, Nepal, Paraguay, Peru, Philippinen, Russland, Samoa, Somalia, Sri Lanka, Sudan, Tschad, Tschetschenien, Türkei,Uganda *(nach: Jahrbuch 2004. Der Spiegel/dtv, ergänzt)*							

M 5 *Weltkinderstatistik (Angaben in Prozent)*

Die Verstädterung der Erde

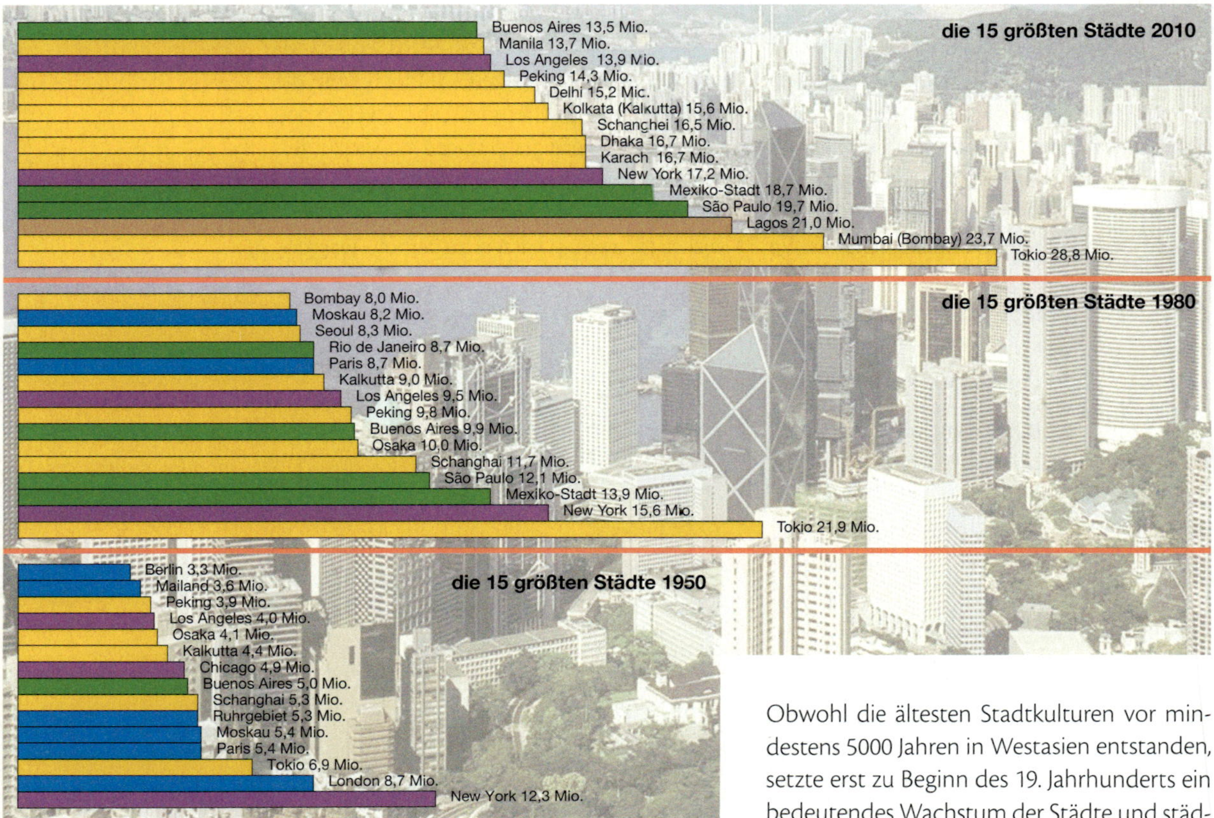

M 1 *Die größten Städte der Erde*

Push-Faktoren = Beweggründe der Wanderer, abstoßende Wirkung des ländlichen Raums

Armut – landarme Bauern – Tagelöhner
starke soziale Kontrolle des Einzelnen durch die Dorfgemeinschaft: „Jeder kennt jeden!“
Information über städtisches Leben: „Stadtluft macht frei!“
hoher Geburtenüberschuss durch verbesserte Ernährung, Hygiene und medizinische Versorgung
Überhang an Arbeitskräften durch Geburtenüberschuss und Mechanisierung der Landwirtschaft

Landflucht

Pull-Faktoren = Erwartungen der Wanderer, Magnetwirkung der Stadt

großer Bedarf an ungelernten und angelernten Arbeitskräften

Ursachen:
- mechanisierte Massenproduktion mit hohem Anteil an Handarbeit
- Entfaltung von Dienstleistungen mit hohem Anteil an Handarbeit

Lebensqualität:
- Wasser- und Stromversorgung, Entsorgung
- ärztliche Versorgung, soziale Dienste
- Ausbildungs- und Bildungsmöglichkeiten
- Möglichkeit des sozialen Aufstiegs
- Möglichkeit zur Organisation in Verbänden (Parteien, Gewerkschaften, Vereine)

M 2 *Städtewachstum der Industrieländer im 19. und frühen 20. Jahrhundert*

Obwohl die ältesten Stadtkulturen vor mindestens 5000 Jahren in Westasien entstanden, setzte erst zu Beginn des 19. Jahrhunderts ein bedeutendes Wachstum der Städte und städtischen Bevölkerung ein. Heute hat der Prozess der **Verstädterung** (▸) Industrie- und Entwicklungsländer gleichermaßen erfasst.

Verstädterung der Industrieländer

Um das Jahr 1800 lebten etwa 3 % der Weltbevölkerung in Städten. Das starke Anwachsen der Städte begann mit der zunächst in Großbritannien einsetzenden Industrialisierung. Es griff auf alle jungen Industrieländer in Europa über und setzte sich etwas später in Nordamerika und in der ersten Hälfte des 20. Jahrhunderts auch in einigen Entwicklungsländern fort. 1950 lebten 16 % der Weltbevölkerung in Städten. Heute leben sogar drei von vier Einwohnern der hochentwickelten Industrieländer in städtischen Siedlungen.

Verstädterung der Entwicklungsländer

In den Entwicklungsländern setzte die Verstädterung im Wesentlichen erst nach dem Zweiten Weltkrieg infolge der Entkolonialisie-

Beweggründe für Abwanderung = Push-Faktoren:
abstoßende Wirkung des Dorflebens in Savannen und Regenwäldern

- Besitzlosigkeit: fehlender Zugang zu Acker- oder Weideland
- Arbeitsplätze: wenige Arbeitsplätze außerhalb der Landwirtschaft
- Soziale Einrichtungen: fehlende Ausbildungs- und Bildungsmöglichkeiten, mangelhafte ärztliche Versorgung
- Bürgerkrieg: Flucht und Vertreibung
- Naturkatastrophen: Dürre und/oder Überschwemmung
- Bevölkerungsdruck: hohes Bevölkerungswachstum
- Nachrichten aus der Stadt über Radio, durch Verwandte und Bekannte

Landflucht

Erwartungen der Zuwanderer = Pull-Faktoren:
anlockende Wirkung des Ballungsgebietes

- Arbeitsplätze: Hafen, Industrie, Handel, Verwaltung
- Lebensqualität: Wasser- und Stromversorgung, ärztliche Versorgung, Ausbildungs- und Bildungsmöglichkeiten, Freizeitangebot, weniger Kontrolle
- Leben in der Stadt als Zwischenstation, Hoffnung auf Rückkehr. Daher Pflege der Beziehungen zum heimatlichen Dorf.

Folgen der Wanderungen

Probleme im Ballungsgebiet

- Kriminalität durch hohe Arbeitslosigkeit und Wohnungsmangel
- Elendsviertel (Slums)
- Versorgung unregelmäßig; sauberes Trinkwasser, Elektrizität, Telefonanschlüsse sind knapp
- Entsorgung mangelhaft; Abwasser durch offene Kanäle in Sümpfe und in den Hafen; Überschwemmungen zur Regenzeit; Müll in den Abwasserkanälen; wilde Müllberge
- Seuchengefahr
- Verkehrschaos: Platz für Straßen fehlt
- Flächen für Industrieansiedlung knapp

M 3 *Städtewachstum der Entwicklungsländer im späten 20. und frühen 21. Jahrhundert*

rung ein. 1950 lebte ein Drittel der Stadtbevölkerung in Entwicklungsländern, im Jahre 2000 hatte sich das Verhältnis umgekehrt. Doch das Angebot an Arbeitsplätzen reicht für die große Zahl der Zuwanderer nicht aus, denn die Güterproduktion ist heute aufgrund des technologischen Fortschritts durch arbeitsplatzsparende halb- und vollautomatische Fertigungsprozesse gekennzeichnet.

Verstädterung durch Selbstverstärkung

In der Verstädterung gibt es einen Selbstverstärkungsprozess. Da vor allem junge Menschen in die Stadt ziehen, wächst die Bevölkerung wegen der hohen Geburtenraten anfangs ähnlich schnell wie auf dem Land. Später sinkt die Geburtenzahl sowohl im ländlichen als auch im städtischen Raum, und es kommt zu einer Überalterung der Bevölkerung. Bisher trug das natürliche Bevölkerungswachstum in den Entwicklungsländern noch zwischen 20 bis 50 % zum Städtewachstum bei.

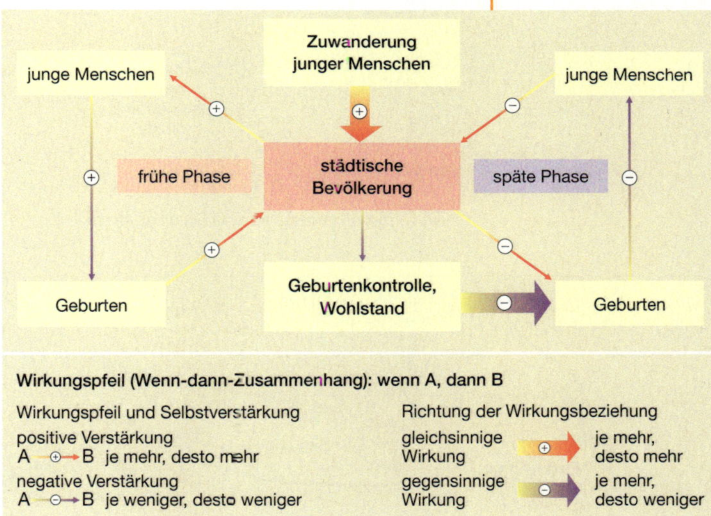

M 4
Entwicklung der städtischen Bevölkerung (Modell der Selbstverstärkung, nach D. Richter 2004)

1. Beschreibe die Entwicklung der Verstädterung auf der Erde (M 1). Unterscheide Industrie- und Entwicklungsländer.
2. Trage die größten Städte von 1950, 1980 und 2010 jeweils in eine Umrissskizze der Welt ein (M 1). Erörtere die Verteilung der Städte über die Länder der Erde.
3. Benenne die Ursachen für die Land-Stadt-Wanderungen (M 2, M 3).
4. Erläutere die Auswirkungen der Landflucht auf die ländlichen Gebiete und die Städte (M 2, M 3).
5. Erläutere Veränderungen der städtischen Bevölkerung in verschiedenen Phasen der Stadtentwicklung (M 4).

Übersicht: Ordnen – Anwenden – Üben

Bevölkerungswachstum und Wanderungen

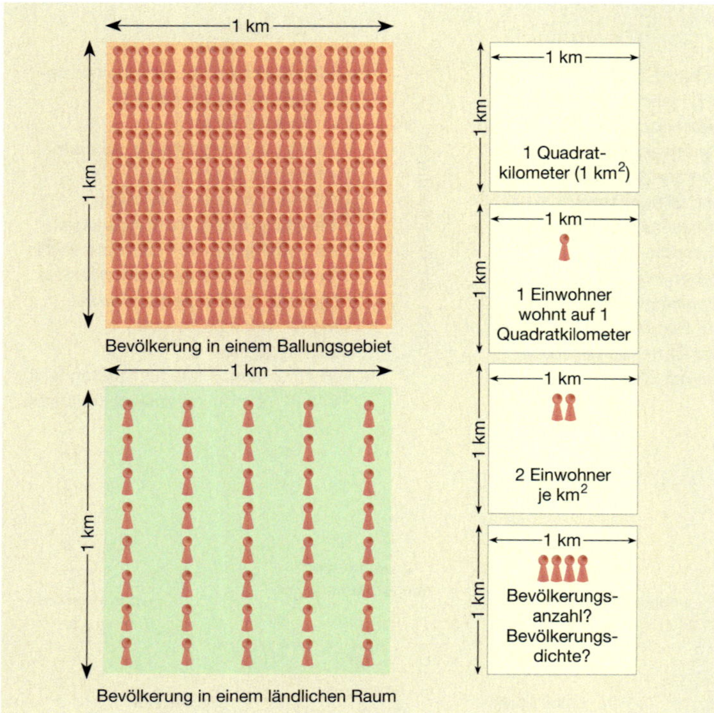

M 1 *Bevölkerungszahl und Bevölkerungsdichte*

Die Bewältigung des Bevölkerungswachstums ist eine Schlüsselfrage für die Zukunft der Menschheit. Alle anderen wichtigen Themen – Umweltschutz, Verfügbarkeit von Ressourcen, Verbesserung der Lebensqualität – sind damit aufs Engste verknüpft. Im Laufe des 20. Jahrhunderts hat sich die Weltbevölkerungszahl nahezu vervierfacht, auf mehr als sechs Milliarden Menschen. Nie zuvor lebten so viele Menschen auf der Erde. Ob die Weltbevölkerung im Laufe des 21. Jahrhunderts auf neun, elf oder gar 16 Milliarden Menschen anwächst, hängt entscheidend von unserem Handeln in den nächsten Jahren ab.

Bevölkerungswachstum

Das natürliche Bevölkerungswachstum ergibt sich aus der Differenz der Geburten- und der Sterbefälle in einem Jahr. In der Geschichte der Menschheit lag die Geburtenrate global über der Sterberate. So ergab sich ein Geburtenüberschuss, der insgesamt ein Anwachsen der Weltbevölkerung zur Folge hatte.

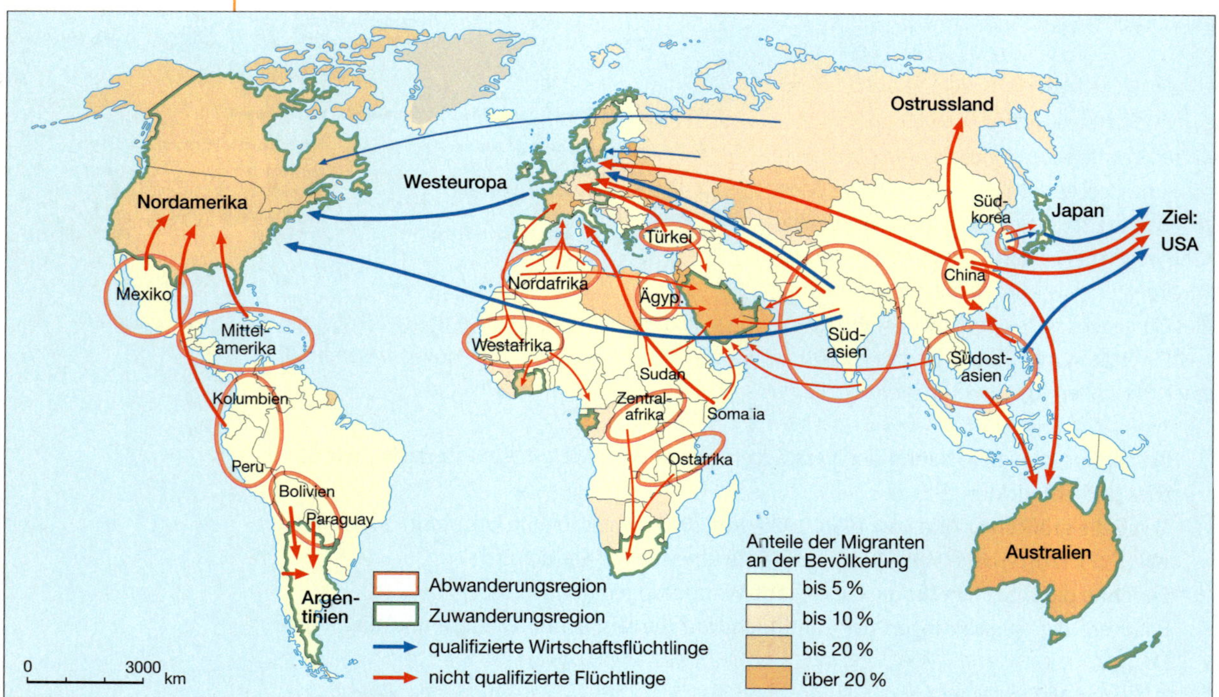

M 2 *Internationale Migration (nach: Atlas der Globalisierung 2006, S. 78)*

Mit zunehmender Lebenserwartung, insbesondere seit der Industrialisierung, vergrößert sich die Weltbevölkerung in immer schnellerem Tempo. Sie benötigt zu ihrer Verdopplung immer kürzere Zeitabschnitte. Deshalb spricht man von der Bevölkerungsexplosion.

Wanderungen von Land zu Land

Auch im 21. Jh. kommt es zu umfangreichen Wanderungen von Land zu Land. Wie bisher sind vor allem die Industrieländer das Ziel von Menschen aus Entwicklungsländern. Bis 2050 werden sich durchschnittlich 2 Mio. Zuwanderer pro Jahr in den Industrieländern niederlassen. Anlass zur Wanderung (**Migration** ▶) ist oftmals die Lebenssituation in den Heimatländern der Menschen. Die Gründe dafür sind sehr vielfältig. Solange Armut herrscht, werden Menschen versuchen, dahin zu gelangen, wo die Lebensverhältnisse besser sind. Erzwungene Wanderungen dagegen sind mit Anwendung physischer Gewalt verbunden. Sie führen zur Flucht oder Vertreibung. Auch Naturkatastrophen können Wanderungen auslösen.

Flüchtlinge

Nach Angaben des Flüchtlingshilfswerk der UN gab es 2005 weltweit über 9 Millionen Flüchtlinge und Asylsuchende, davon zu mehr als Dreiviertel Frauen und Kinder. Sie haben die schwerste Bürde zu tragen. Ursachen der Flucht sind häufig kriegerische Auseinandersetzungen, die z.B. auf Stammesdifferenzen oder religiösen Konflikten beruhen. Darüber hinaus gab es weitere 7 Millionen Binnenvertriebene, die Opfer von Bürgerkriegen oder Verfolgung geworden waren.

M 3 *Nach einem Vulkanausbruch in Goma*

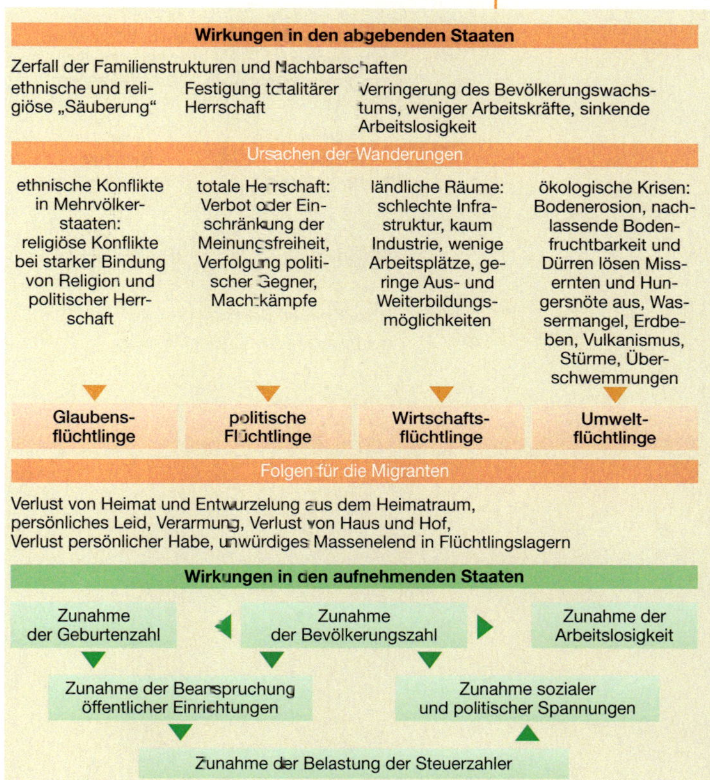

M 4 *Formen von Wanderungen und ihre Wirkungen*

1. Erläutere die Begriffe Bevölkerungszahl und Bevölkerungsdichte (M 1).
2. Ergänze folgende Aussagen durch die Angabe „geringe", „hohe" oder „sehr hohe" Bevölkerungsdichte:
   a) großes Gebiet – kleine Bevölkerungszahl = ?
   b) großes Gebiet – große Bevölkerungszahl = ?
   c) kleines Gebiet – große Bevölkerungszahl = ?
3. Gestalte eine Präsentation zum Bevölkerungswachstum.
4. Beschreibe die internationale Migration. Unterscheide insbesondere nach Industrie- und Entwicklungsländern (M 2).
5. Erläutere mithilfe von M 3 und M 4 Ursachen und Auswirkungen von Wanderungen.

Reicht das Brot für alle?

M 1 *Ursachen und Konsequenzen der Unterernährung (nach: Grienig/Münch)*

Trotz ständig steigender Nahrungsmittelproduktion und eines weltweiten Überangebots ist die Versorgung als besorgniserregend einzuschätzen. Weltweit sind über 800 Millionen Menschen unterernährt, weit mehr Menschen mangelt es an Spurenstoffen. So leiden fast 3 Milliarden Menschen an einem Vitamin-A-Defizit. Damit man in 20 Jahren 8 Milliarden Menschen ernähren kann, muss sich die Produktion verdoppeln und ihre Verteilung verbessern.

Unterernährung liegt vor, wenn dem Körper eine zu geringe Nahrungsmenge zugeführt wird. In der gemäßigten Zone liegt der durchschnittliche tägliche Nahrungsbedarf bei 10 000 kJ, in den Tropen und Subtropen bei mindestens 8000 kJ pro Kopf und Tag.

Bei **Mangelernährung** erhält der Körper täglich zu wenig tierisches Eiweiß bzw. zu wenig Vitamine und Mineralstoffe.
Falsche Ernährung im Kindesalter kann die körperliche und geistige Entwicklung verlangsamen und zu Schäden führen.

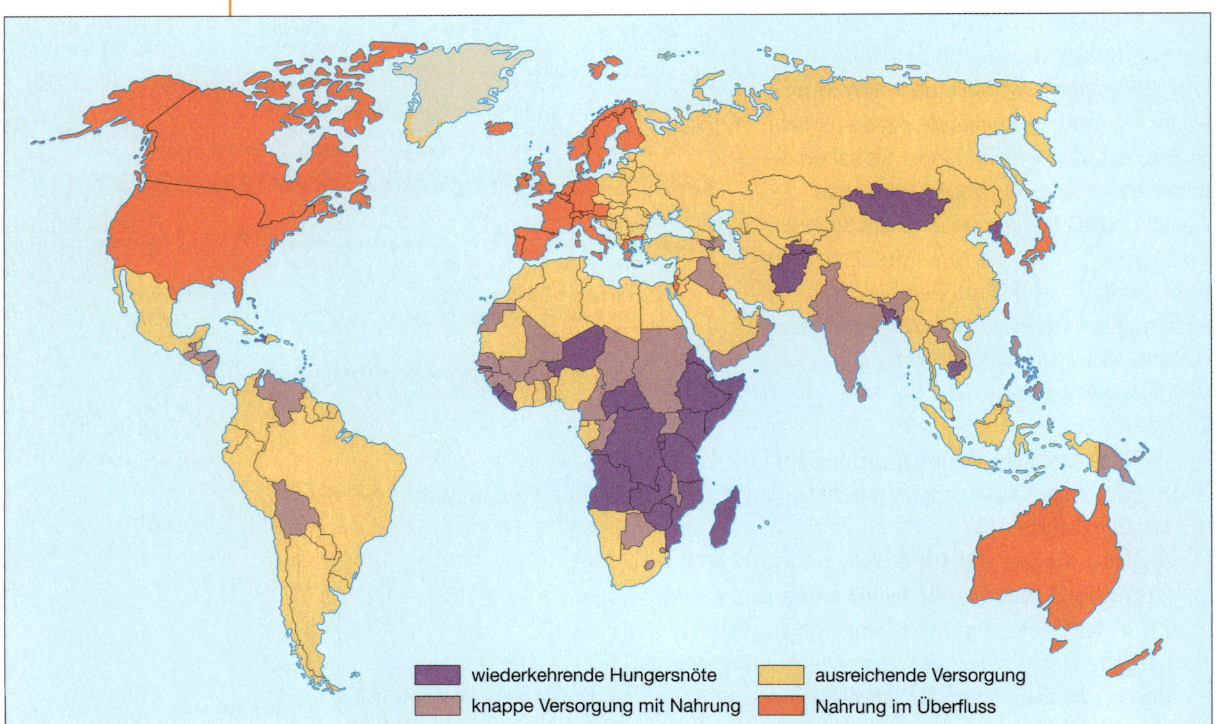

M 2 *Hungergürtel der Erde*

Ausreichend Nahrung – aber nicht alle werden satt

Die Bekämpfung der Ursachen von Hunger ist sehr schwierig, weil die Ursachen vielfältig sind und häufig ineinander greifen. Akute Hungersnöte haben ihre Ursache u.a. in kriegerischen Auseinandersetzungen, Dürrekatastrophen oder Erdbeben. Sie können durch direkte Nahrungsmittelhilfen über internationale Organisationen, z. B. Welthungerhilfe oder Brot für die Welt, wirksam bekämpft werden. Das eigentlich zu lösende Problem aber ist der chronische Hunger, an dem 90 % der Hungernden leiden. Er kann nicht mit Nahrungsmittellieferungen beseitigt werden.

Inhaltliche Schwerpunkte

Ziel: Fähigkeit der Bevölkerung zur Stabilisierung der Ernährungssituation aus eigener Kraft
Projektpartner: Regierung Malawis, Gesellschaft für technische Zusammenarbeit (GTZ)
Teilnehmer: 180 Dörfer mit ca. 50 000 ernährungsgefährdeten Haushalten, d. h. mit etwa 280 000 Bewohnern

Landwirtschaft
- verbesserte Saat- und Pflanzgutgewinnung
- verbesserte Anbaumethoden (Erosionsschutz, Kleinstbewässerung)
- Aufbau und Pflege von Hausgärten
- Schulungen der Bauern zum Einsatz des Saatgutes, zur Bewässerung usw.

Nahrungszubereitung
- Schulung von Frauen in der Nutzung und Zubereitung auch nichttraditioneller Produkte (Gemüse, Kochbanane, Süßkartoffel, Erdnuss)
- Demonstration des Nutzens verbesserter Herde, die selbst herzustellen sind und die ein Drittel weniger Holz verbrauchen
- verbesserte Lagerung der Ernten in der Regenzeit

Gesundheit
- Informationsveranstaltungen zur Vermeidung von Gesundheitsrisiken
- Ausbildung von staatlichem Personal und dörflichen Freiwilligen zur Gesundheitsbetreuung (z. B. Verteilung von Eisen- und Vitamin-A-Kapseln)
- Theaterveranstaltungen über moderne Methoden der Familienplanung

Trinkwasser
- ständiger, gemeinsam geregelter Zugang zu Trinkwasser sowie Brauchwasser für die Landwirtschaft
- Verbesserung und regelmäßige Wartung der Wasserquellen und Pumpen durch die Dorfgemeinschaft (Brunnenkomitees)

M 3 *„Integriertes Ernährungssicherungsprogramm" im Süden Malawis (Region Mulanje)*

Ungleiche Verteilung von Anbauflächen, mangelnde Ausstattung der kleinbäuerlichen Betriebe mit Betriebsmitteln sowie unzureichende Beschäftigungs- und Einkommensmöglichkeiten auch in anderen Wirtschaftsbereichen sind die wesentlichen Ursachen von Armut und Hunger in Entwicklungsländern. Häufig sind Frauen und Kinder betroffen, obwohl ihr Beitrag zur Existenzsicherung z. B. durch die Trinkwasser- und Brennholzbeschaffung erheblich ist.
Aber auch äußere Faktoren beeinflussen das Hungerproblem in den Entwicklungsländern. Der Anbau von Exportkulturen, mit dem Ziel Devisenerträge zu erwirtschaften, verdrängt die einheimische Nahrungsmittelproduktion. Allerdings untergraben Dumpingpreise für Nahrungsmittel aus den Industrieländern die Wettbewerbsfähigkeit der Kleinbauern. Aus unterschiedlichen Gründen haben Regierungen Schulden. Ihre Kreditverpflichtungen lassen ihnen aber kaum finanziellen Spielraum, um den Zugang zu Nahrung, Trinkwasser, Grundbildung und elementarer Gesundheitsversorgung zu sichern.

M 4
Malawierin beim Bau eines Brennholz sparenden Tonofens

1. Erkläre die Bezeichnung „Hungergürtel der Erde" (M 2).
2. Erläutere Ursachen und Folgen der Unter- und Mangelernährung (M 1, M 2).
3. Beurteile das Ernährungssicherungsprogramm (M 3, M 4).

Kompetenztraining

1. Erkläre die folgenden Begriffe.

- Bevölkerungspyramide
- Bevölkerungswachstum
- Flächenproduktivität
- Geburtenrate
- Informeller Sektor
- Mangelernährung
- Metropolisierung
- Migration
- Push- und Pull-Faktoren
- Sterberate
- Unterernährung
- Verstädterung

2. Bevölkerungsentwicklung in Südostasien

Land	Einwohner 1990 (in Mio.)	Einwohner 2006 (in Mio.)
Indonesien	178,6	225,5
Kambodscha	8,5	14,0
Laos	4,2	6,0
Malaysia	17,8	26,9
Myanmar	41,6	51,0
Philippinen	60,7	89,5
Singapur	2,7	4,4
Thailand	55,8	65,2
Vietnam	66,5	84,1

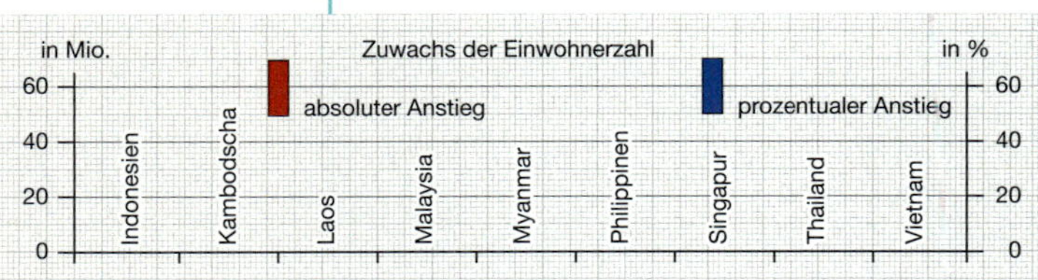

a) Ermittle mithilfe der Tabelle den absoluten und den relativen Anstieg der Bevölkerungszahlen.

b) Übertrage das obenstehende Diagramm-Gerüst in dein Arbeitsheft. Stelle jeweils den absoluten und den prozentualen Anstieg in Säulendiagrammen dar.

c) Begründe, ob der absolute oder der prozentuale Wert aussagekräftiger ist, um die Bevölkerungsentwicklung zu vergleichen.

3. Indien – Land der Dörfer und der Megastädte

Indien ist geprägt durch die traditionelle und stark religiös beeinflusste Lebensweise der Menschen. Die wirtschaftliche Entwicklung Indiens beschränkt sich jedoch auf einige große Städte.

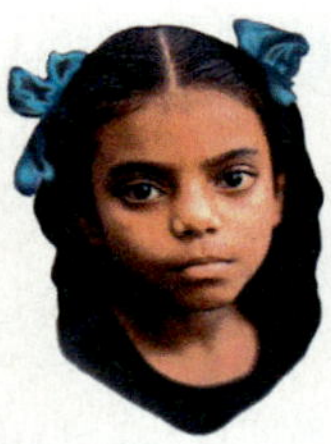

Ich heiße Shanti. Seit fünf Wochen leben meine Familie und ich in der Stadt Bangalur. Vorher besaßen wir ein kleines Stück Land, aber nach zwei Missernten haben wir alles verkauft. Verwandte haben uns erzählt, dass man in der Stadt leichter Geld verdienen kann. Zurzeit leben wir in einer Hüttensiedlung, mit vielen anderen ehemaligen Bauern. Damit wir uns bald eine kleine Wohnung leisten können, helfe ich jetzt meiner Familie Geld zu verdienen und arbeite in einer Teppichfabrik.

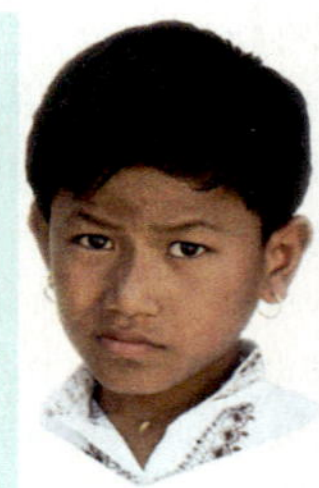

Ich heiße Ahmads. Ich lebe in einem Dorf am Fluss Brahmaputra. Da meine Schwester geheiratet hat und meine Eltern Geld für die Mitgift brauchten, haben sie unser Land an den Großbauern verkauft. Damit wir das Land wieder zurückkaufen können, arbeitet meine Mutter für den Großbauern.
Mein Vater lebt viele Kilometer entfernt in der Hauptstadt Delhi und verdient dort als Tagelöhner in Fabriken etwas Geld. Leider reicht sein Lohn nicht für ein Zimmer, deshalb schläft er auf der Straße.

a) Notiere in Deinem Arbeitsheft je einen Titel zu den beiden Bildern.

b) Nenne Gründe, warum Menschen die Dörfer verlassen und in der Stadt leben wollen. Beziehe die Berichte der beiden Kinder mit ein.

c) Erläutere, wie sich durch die Zuwanderung die Lebens- und Wohnbedingungen in den Städten verändern.

4. Metropolen – die größten Städte der Welt

Dorothee wird im nächsten Jahr als Austauschschülerin nach São Paulo in Brasilien fahren. Als sie sich über die Stadt informiert, liest sie, dass São Paulo zu den größten Städten der Welt, den so genannten „Metropolen", zählt.

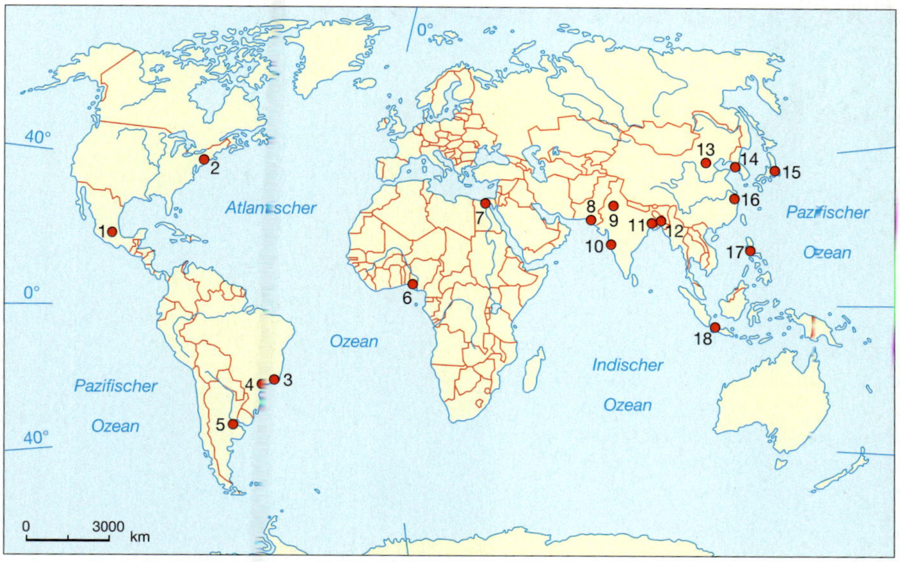

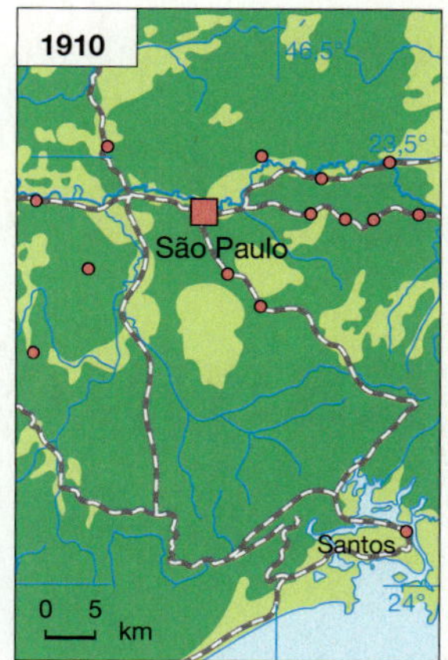

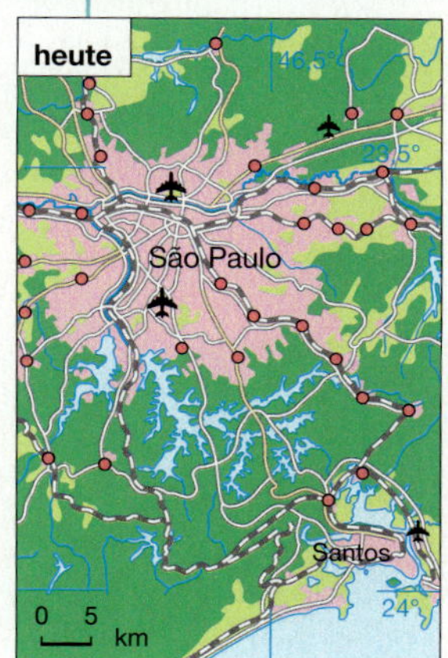

a) Bestimme die Namen der Metropolen aus der Weltkarte. Nutze dazu deinen Atlas.

b) São Paulo ist in den vergangenen 100 Jahren enorm gewachsen. Beschreibe anhand der beiden Karten in Stichworten, welche Veränderungen sich ergeben haben.

c) Nenne Ursachen, die den Verstädterungsprozess vorantreiben.

5. Bevölkerungspyramide von Deutschland

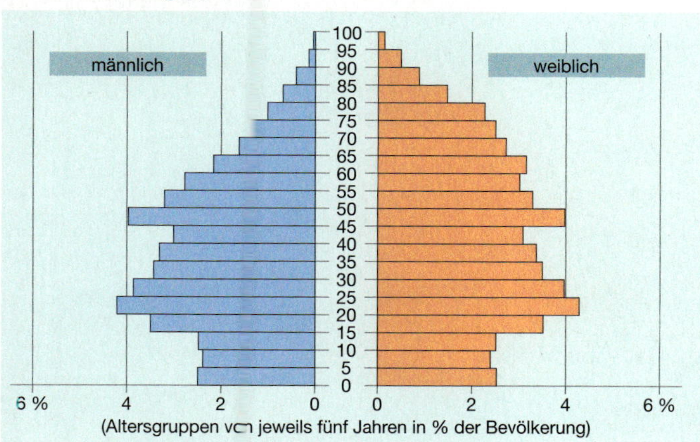

Werte die Bevölkerungspyramide aus. Bestimme den Anteil ...

a) ... der männlichen Bevölkerung zwischen 15 und 19 Jahren,

b) ... der weiblichen Bevölkerung zwischen 40 und 44 Jahren,

c) ... der männlichen Kinder und Jugendlichen,

d) ... der weiblichen Rentnerinnen,

e) ... der Kinder/Jugendlichen, der Erwerbstätigen sowie der Rentner an der Gesamtbevölkerung.

6. „Wir können machen, was wir wollen, Maria, wir sind so oder so verloren".

Erörtere das globale Problem der Bevölkerungsentwicklung.

Raumanalyse: Wir untersuchen die Landwirtschaft eines Raumes – Kalifornien

Die Stadt Palm Desert, 180 km östlich von Los Angeles, im Coachella Valley in Kalifornien. Auf einer Fläche von 64 km² leben 50 000 Einwohner bei 354 Sonnenscheintagen. Ohne das zugeführte Wasser des Colorado Rivers wären das Leben und die Landwirtschaft im Coachella Valley nicht möglich.

In den vorangegangenen Kapiteln sind viele verschiedene Räume der Erde behandelt worden. Hierbei stand weniger der Raum selbst, als vielmehr ein bestimmtes Thema, z. B. Massentierhaltung oder Tourismus, im Vordergrund. Manchmal kamen auch Themen vor, die globale Bedeutung haben, wie das Wachstum und die Verteilung der Weltbevölkerung.

Auf den folgenden Seiten wird mit Kalifornien einmal ein Raum genauer betrachtet. Dabei wird der Frage nachgegangen, warum die Landwirtschaft in Kalifornien eine Spitzenstellung einnimmt, aber auch, mit welchen Problemen die Landwirte dort konfrontiert werden und wie sie gelöst werden können.

Leitfrage: Landwirtschaft in Kalifornien – eine Erfolgsstory?

Physische Übersicht

M 1

Niederschlagsverteilung und natürliche Vegetation in Kalifornien

	2004 /05	2005 /06
Monterey (Central Coast)	83 %	74 %
Fresno (San Joaquin Valley)	150 %	146 %
Los Angeles (South Coast)	252 %	89 %
Barstow (South eastern Interior)	220 %	34 %
Yosemite Valley (Sierra)	65 %	124 %

M 2

Abweichungen der Niederschläge vom Durchschnitt (= 100 %) der Jahresniederschläge Quelle: Western Regional Climatic Center, Reno

Naturraum

Kalifornien nimmt eine Fläche von 424 000 km² ein und verfügt über einen vielfältigen Naturraum. Hohe Gebirge, tief eingeschnittene Täler, grüne Beckenlandschaften und karge Wüsten wechseln einander ab. Parallel zur Küste verläuft die Coast Range, ein Gebirge, das Höhen zwischen 600 und 1200 m aufweist. Im Osten des Bundesstaates Kalifornien verläuft in Nord-Süd-Richtung die Sierra Nevada, die geologisch als Teil der Rocky Mountains anzusehen ist. Die Gipfel der Sierra Nevada erreichen Höhen von über 4000 m. Zwischen diesen beiden Gebirgszügen liegt das Central Valley, eine mit verschiedenen Sedimenten aufgefüllte geologische Senkungszone. Zwischen Los Angeles und San Francisco erstreckt sich eine geologische Störungszone. Hier bewegen sich zwei Platten der Erdkruste – die Pazifische und die Amerikanische – aneinander vorbei. Als Folge dieser Erdkrustenbewegungen treten häufig Erdbeben auf. 1906 wurde San Francisco von einem starken Erdbeben zerstört. Immer wieder kommt es zu kleineren und mittleren Erdbeben. Da in den letzten Jahren wenig passiert ist, fürchten die Menschen ein starkes Erdbeben in naher Zukunft.

Klimatische Verhältnisse

Das Klima Kaliforniens entspricht aufgrund seiner Breitenlage im Wesentlichen dem Mittelmeerklima. Das bedeutet warme und trockene Sommer und milde, aber regenreiche Winter. Das Relief und die große Nord-Süd-Erstreckung Kaliforniens sorgen aber für erhebliche regionale Unterschiede. Ein Teil der von Westen kommenden feuchten Luftmassen regnet sich schon an der Coast Range ab. Das im Regenschatten liegende Central Valley ist trocken und weist deutlich höhere Temperaturen auf. Die ostwärts gelegene Sierra Nevada ist aufgrund ihrer Höhe ein „Regenfänger". Das nördliche Kalifornien liegt im Winterhalbjahr unter dem Einfluss der von Westen heranziehenden Tiefdruckgebiete mit ihren ergiebigen Niederschlägen. Der Süden wird nur selten von diesen Tiefdruckgebieten erreicht. Typisch sind die Unterschiede im Wetterablauf von einem Jahr zum anderen. In manchen Jahren sind die Sommer verregnet, es treten sogar verheerende Fluten auf. In anderen Jahren trocknen Dürreperioden das Land aus.

1. **Fertige anhand einer Atlaskarte eine Skizze der Großlandschaften Kaliforniens an.**
2. **Erläutere mithilfe des Reliefs die Niederschlagskarte M 1 und die Verteilung der natürlichen Vegetation.**
3. **Beschreibe die Unterschiede der jährlichen Niederschläge (M 2).**

Bevölkerung

M 1 *Verteilung der Bevölkerung*

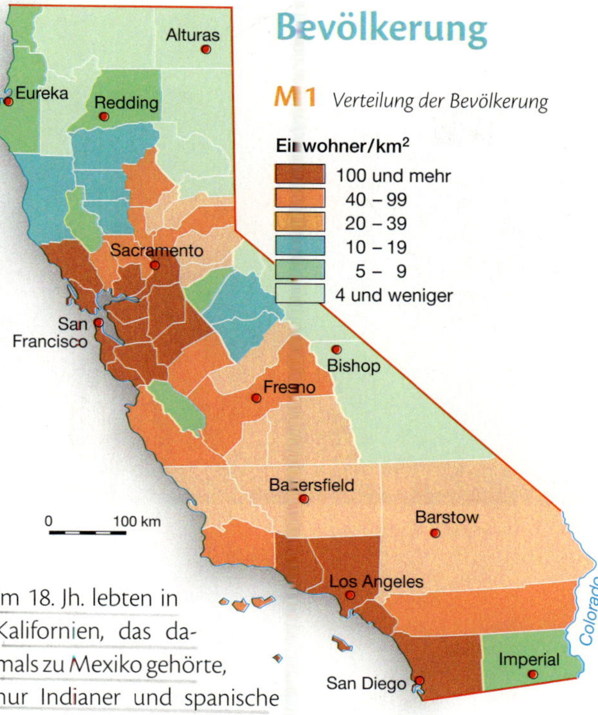

Im 18. Jh. lebten in Kalifornien, das damals zu Mexiko gehörte, nur Indianer und spanische Mönche. Weitere Siedlungen gründeten spanische Einwanderer, was die vielen spanischen Ortsnamen in Kalifornien erklärt. 1848 musste Mexiko Kalifornien an die USA abtreten. Zu diesem Zeitpunkt lebten hier ca. 90 000 Einwohner. Die Nachricht über Goldfunde in Kalifornien löste 1848 mit über 15 000 Goldsuchern die erste Zuwandererwelle aus. Das gewonnene Geld wurde vor allem in San Francisco umgesetzt, das von 800 Einwohnern im Jahr 1848 auf 35 000 in 1852 und 235 000 in 1880 stieg.

Die Zuwanderungswelle löste einen Landwirtschaftsboom aus, denn die Zuwanderer mussten mit Nahrungsmitteln versorgt werden. Zuwanderer aus den Mittelmeerländern kamen in dieser Zeit nach Kalifornien, weil sie dort ihre Kenntnisse über den Anbau mediterraner Pflanzen und Bewässerungstechniken anwenden konnten. Als ab 1852 mit dem Bau einer ersten Eisenbahnlinie von Kalifornien zur Ostküste begonnen wurde, kamen Chinesen als billige Arbeitskräfte ins Land. Mit der Eröffnung der ersten Transkontinentaleisenbahnlinie 1869 eröffneten sich für die kalifornische Landwirtschaft neue Absatzgebiete: Jetzt konnten ihre Produkte in nur sieben Tagen bis an die bevölkerungsreiche Ostküste geliefert werden. Der Aufschwung der Landwirtschaft wirkte wie ein Magnet auf Zuwanderer. Das sonnenreiche Klima bescherte Kalifornien ab 1910 den Film- und Flugzeugboom. Der Zweite Weltkrieg brachte Kalifornien den Rüstungsboom, der auch nach 1945 noch anhielt, weil Fertigung und Erprobung von Fluggerät durch das mediterrane Klima begünstigt wurden. Heute kommen Zuwanderer nach Kalifornien, weil sie von dem nun schon Jahrzehnte andauernden wirtschaftlichen Erfolg des Bundesstaates angelockt werden. Die Einwanderung aus dem Osten der USA, aus den Mittelmeerländern, aus Asien und dem benachbarten Mexiko hat dazu geführt, dass die Bevölkerung Kaliforniens heute eine bunte ethnische Vielfalt aufweist. Die aber führt seit einiger Zeit zu Problemen. Ethnische Konflikte in den 1990er-Jahren und ein hoher Anteil von Nicht-Weißen bei den Zuwanderern haben bei der weißen Bevölkerung zu „Überfremdungsängsten" geführt und den Ruf nach einer begrenzten und gesteuerten Zuwanderung lauter werden lassen. Vor allem in der illegalen Einwanderung aus Mexiko sehen viele Kalifornier ein Problem.

	Kalifornien	USA
Einwohner (Mio.)	36,1	296,4
Geburten (pro 1000 Einw.)	15,1	13,9
Im Ausland geborene Personen	27,2 %	12,4 %
Hispanics	34,7 %	14,1 %
Asiaten	12,1 %	4,2 %
Bevölkerung unter 5 Jahren	7,6 %	7,0 %
Bevölkerung über 65 Jahre	10,5 %	12,1 %
Arbeitslosenquote	6,2 %	5,5 %
Einkommen pro Haushalt	53 629 $	46 242 $
Pers. unterhalb der Armutsgrenze	16,0 %	12,7 %
Pers. mit Highshool-Abschluss	76,8 %	80,4 %

Quelle: U.S. Census Bureau, California Fact Sheet

M 2 *Bevölkerungsdaten: Kalifornien und USA im Vergleich (2005)*

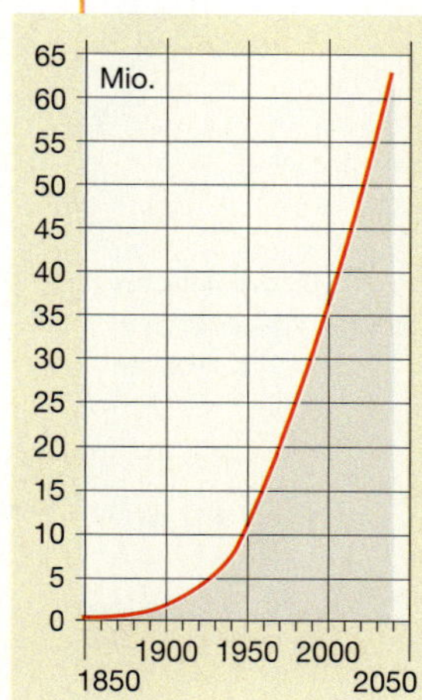

M 3 *Bevölkerungsentwicklung in Kalifornien (1850 – 2040/ Prognose)*

1. Erläutere die Bevölkerungsentwicklung in Kalifornien (M 3).
2. Beschreibe und begründe die Bevölkerungsverteilung in Kalifornien (M 1). Nimm dazu auch Atlaskarten zu Hilfe.
3. Erläutere die Bevölkerungsdaten Kaliforniens (M 2).

Kalifornien – Fruchtgarten der Nation

M 1 *Blick über das westliche San Joaquin Valley*

M 4 *Weinbau in Kalifornien*

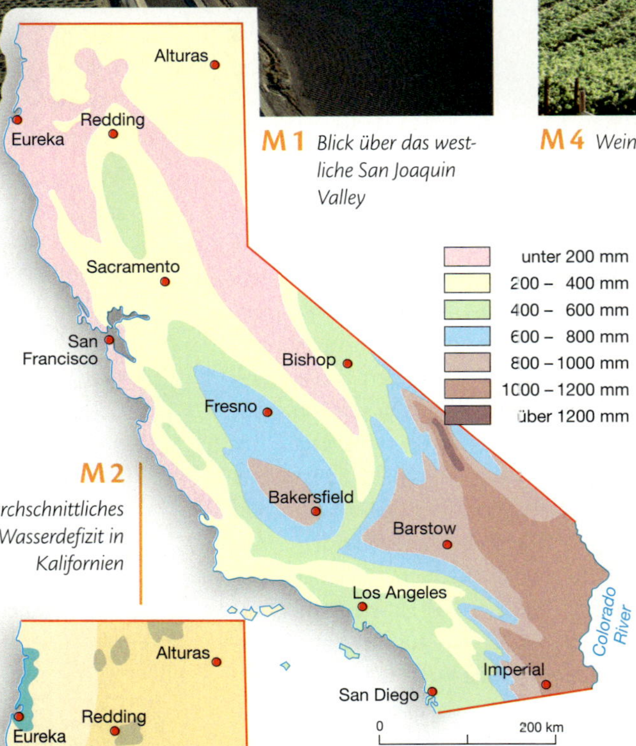

M 2 *Durchschnittliches jährliches Wasserdefizit in Kalifornien*

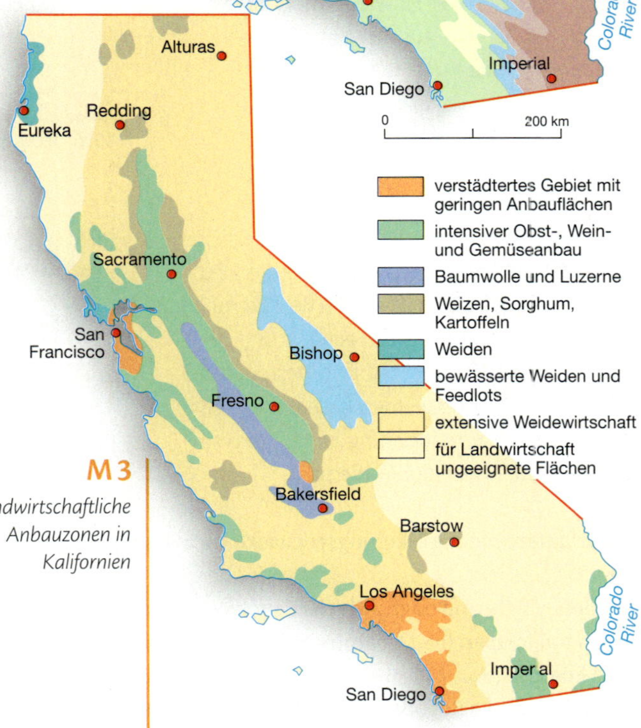

M 3 *Landwirtschaftliche Anbauzonen in Kalifornien*

Kalifornien gilt wegen seiner vielfältigen landwirtschaftlichen Produktion und der hohen Erträge als „Fruchtgarten der Nation". Bei vielen Produkten nimmt Kalifornien eine führende Stellung innerhalb der USA ein.

Dieser Erfolg war allerdings nur durch den Einsatz von künstlicher **Bewässerung** möglich. Dadurch konnten auch im sommertrockenen Süden viele Obst- und Gemüsesorten angebaut werden. Bei intensiver Bewässerung können z. B. bei der Futterpflanze Alfalfa (Luzerneart) bis zu vier Ernten im Jahr eingebracht werden. Auch die Viehhaltung wird durch das milde Klima Kaliforniens begünstigt.

Kalifornien ist zweigeteilt: Während im Norden rund 75 % der Niederschläge fallen, verbraucht der trockene Süden 80 % des kalifornischen Wassers. Die Auflösung dieses Widerspruchs liegt in der Anlage großer Stauseen im Norden und der Errichtung von Kanälen, die das Wasser in den Süden bringen. Bereits in der ersten Hälfte des 20. Jahrhunderts wurden die meisten Stauseen und Kanäle angelegt. Neben der Wasserzufuhr aus dem Norden

Gemüse	6,2 Mrd. $
Obst	10,5 Mrd. $
Getreide, Ölsaaten	3,5 Mrd. $
Blumen, Pflanzen	3,4 Mrd. $
Tierische Produkte	8,5 Mrd. $
Insgesamt	32,1 Mrd. $
Quelle: USDA 2006	

M 5 *Wert der Landwirtschaftsproduktion (2005)*

M 6 *Baumwollfeld (Bewässerung)*

	Anteil	Rangplatz
Milch und Milchprodukte	16,2 %	1.
Weintrauben	10,0 %	1.
Pflanzen aus Baumschulen und Gewächshäusern	7,5 %	1.
Mandeln	7,2 %	1.
Rinder	5,4 %	7.
Salat	5,2 %	1.
Heu/Luzerne	3,6 %	1.
Beerenfrüchte	3,5 %	1.
Blumen/Zierpflanzen	3,1 %	1.
Tomaten	2,9 %	1.
Quelle: USDA 2006		

M 8

Anteil ausgewählter Produkte am Gesamtwert der landwirtschaftlichen Produktion Kaliforniens und Stellung Kaliforniens auf der US-Rangliste (2005)

wird auch – aber in geringerem Maße – Wasser aus dem Colorado River für Bewässerungszwecke genutzt.

Die starke Bevölkerungszunahme in Kalifornien führt zu Problemen in der Wasserversorgung. Die Planungsbehörden überlegen, wie auch in Zukunft die Wasserversorgung gesichert werden kann. Unter anderem wurden folgende Lösungen vorgeschlagen:

- sparsamer Umgang mit dem Wasser in den Haushalten,
- Wasser sparende Techniken bei den Bewässerungskulturen,
- Aufgabe von Bewässerungsfeldern und Anbau von Pflanzen, die nicht bewässert werden müssen.

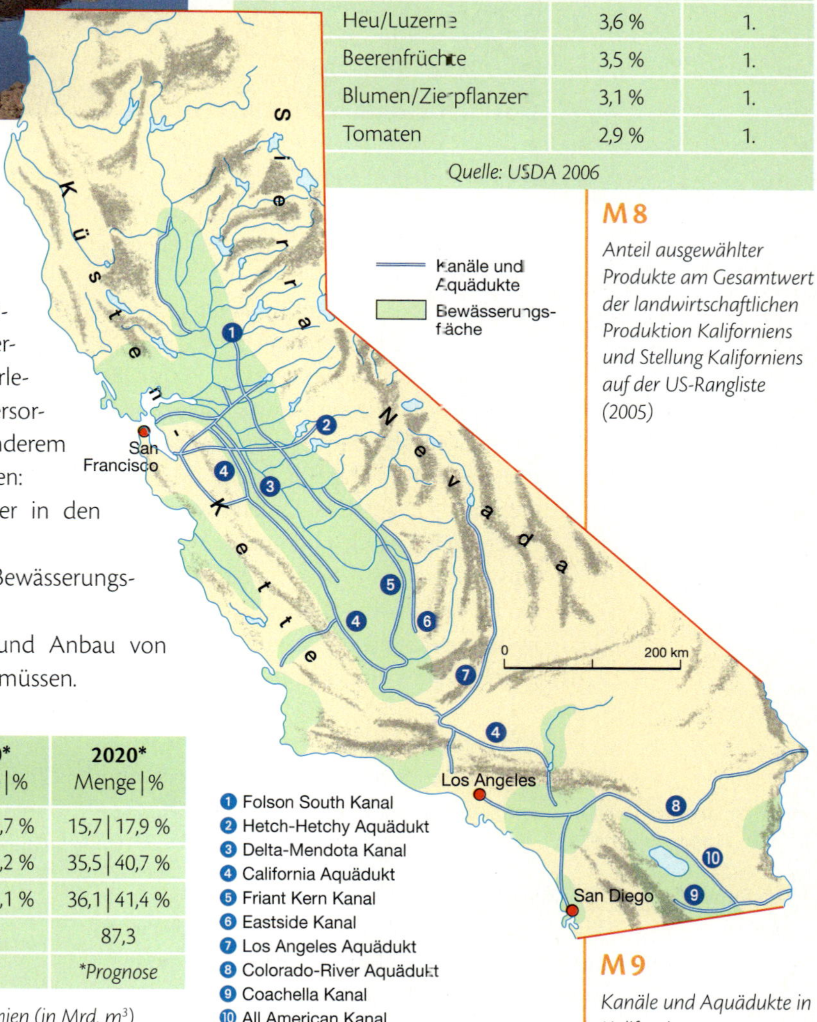

M 9

Kanäle und Aquädukte in Kalifornien

	2000 Menge | %	2010* Menge | %	2020* Menge | %
Städte	11,5 | 13,5 %	13,4 | 15,7 %	15,7 | 17,9 %
Landwirtschaft	37,2 | 43,9 %	36,3 | 42,2 %	35,5 | 40,7 %
Umweltschutz	36,1 | 42,6 %	36,1 | 42,1 %	36,1 | 41,4 %
Insgesamt	84,8	85,8	87,3
Quelle: California Water Plan Update 2005			**Prognose*

M 7 *Entwicklung des Wasserbedarfs in Kalifornien (in Mrd. m^3)*

1. Beschreibe Relief, Klima und natürliche Vegetation Kaliforniens; achte hierbei besonders auf die Niederschlagsverteilung (M 1 S. 164, Atlas).
2. Erläutere die Lage der landwirtschaftlichen Anbauzonen (M 1 bis M 6).
3. Begründe die unterschiedlichen Prognosen des Wasserbedarfs für die Städte und die Landwirtschaft (M 7).
4. Beschreibe anhand von M 9 die Lage der Stauseen und den Verlauf der Kanäle.
5. Begründe, warum so viel Wasser von Nord- nach Südkalifornien geleitet wird.
6. Erläutere anhand von M 5 und M 8 die Bedeutung der kalifornischen Landwirtschaft.

Obst und Gemüse aus „Agrarfabriken"

M 1

Salaterntemaschinen im Imperial Valley

M 2

Industrialisierte Landwirtschaft

Die kalifornische Landwirtschaft wird geprägt durch große Betriebe. Im Durchschnitt bewirtschaftet ein Betrieb eine Fläche von 140 ha (in Deutschland sind Betriebe mit Sonderkulturen meist nur 5 ha groß). Allerdings sind im Durchschnitt der gesamten USA die Betriebe mit 185 ha noch größer als in Kalifornien. Bei den großen Betrieben lohnt es sich oftmals, die nötigen Maschinen selbst anzuschaffen. Wo dies nicht rentabel ist, lassen die Farmer die Arbeiten auf den Feldern von Firmen durchführen, die sich mit ihrem Maschinenpark auf derartige Arbeiten spezialisiert haben. Ein Teil der kalifornischen Farmer hat sich auch in Genossenschaften organisiert, die einen eigenen Maschinenpark unterhalten.

Große Farmen gehören oftmals mehreren Eigentümern, die nicht unbedingt aus der Landwirtschaft kommen. Das können Rechtsanwälte, Ärzte oder andere Personen sein, die ihr Kapital gut anlegen wollen. Der Farmer ist dann sozusagen ihr Angestellter. Auch Konzerne können sich mit ihrem Kapital in der Landwirtschaft engagieren: Kodak, Unilever oder auch Standard Oil sind Beispiele dafür.

Um Lohnkosten zu sparen, hat die Industrie für verschiedene Produkte spezielle Erntemaschinen entwickelt. Diese durch Weiterentwicklungen in der Elektronik und der Opto-Elektronik immer mehr den Erfordernissen eines vollautomatischen Erntevorgangs angepasst werden.
So wurden Weintrauben früher von einer Maschine vom Rebstock geschlagen bzw. geschüttelt. Heute gibt es Vollernter, die mit fotoelektronischen Sensoren den Reifegrad der Trauben feststellen, ehe sie einem Greifarm den Befehl geben, die Traube abzuschneiden und in einen Sammelbehälter zu befördern.
Bei der Ernte von Mandeln und anderen Baumnüssen kommen drei Maschinen zum Einsatz: Die erste schüttelt die reifen Mandeln vom Baum, die zweite kehrt die Mandeln am Boden zu langen Reihen zusammen und die dritte sammelt die Mandeln ein.
Schwieriger war die Entwicklung des Tomaten-Vollernters. Trotz aller technischen Möglichkeiten konnten „normale" Tomaten damit nicht ohne Verluste geerntet werden. Deshalb wurde eine Tomatensorte gezüchtet, die eine dicke Haut und eine leicht eckige Form hatte. Nun platzten die Tomaten nicht mehr auf und rollten auch nicht mehr vom Förderband.

Die Super-Tomate UC-82 („Industrietomate")
Züchtung: Früchte sind länglich-eckig, haben eine feste Haut, die nicht so leicht aufplatzt. Früchte werden fast alle zur gleichen Zeit reif und lassen sich leicht vom Stiel lösen. Vorteil: Früchte lassen sich maschinell ernten, rollen nicht vom Förderband und lassen sich leicht verpacken, Ausschuss durch geplatzte Früchte gering. Nachteil: wenig Geschmack.
Ernte: Tomaten-Vollernter reißt Stauden aus, sammelt Tomaten ein, Photo-Elektronik-Element sortiert unreife Früchte aus. Nur zwei Personen müssen die Maschine bedienen, aber sie ist teuer.
Verarbeitung: Herstellung von Konserven, Fruchtsäften, Saucen (Ketchup) und Tiefkühlkost. Der Geschmack der Produkte wird weitgehend durch Gewürze und Geschmacksverstärker bestimmt.

M 3 *(links)*
Pflückmaschine im Baumwollfeld

M 4 *(rechts)*
Tomaten-Vollernter

Bei Salat gibt es Sorten, die so empfindlich sind, dass sie nur von Hand geerntet werden können. Hier und bei allen Arbeiten, die nicht maschinell erledigt werden können, kommen **Wanderarbeiter** zum Einsatz. Sie ziehen durch Kalifornien und erledigen auf den Farmen die Arbeiten, die gerade viel Handarbeit erfordern. Oftmals kommen diese Wanderarbeiter aus dem benachbarten Mexiko. Sie haben eine Arbeitserlaubnis vom Staat Kalifornien und feste Verträge. Einige von ihnen sind aber auch illegal über die Grenze gekommen. Aus Angst vor Entdeckung arbeiten sie auch zu sehr niedrigen Löhnen.

Ein wesentlicher Erfolg der kalifornischen Landwirtschaft liegt in der guten **Vermarktungsorganisation.** Die Farmer waren immer bemüht, solche Produkte anzubauen, die gut zu verkaufen waren und mit denen sie hohe Gewinne erzielen konnten. Unterstützung bei der Auswahl Erfolg versprechender Produkte erhielten sie dabei vom kalifornischen Landwirtschaftsministerium, das den Farmern einen umfangreichen Beratungsservice anbietet. Die **Genossenschaften** stellen ebenfalls ein gutes Beispiel für Produktions- und Vermarktungsstrategien dar. Besonders erfolgreich war u.a. die Farmergenossenschaft Sunkist Growers, die bereits 1893 gegründet wurde.

Die Sunkist Growers

Gegenwärtig umfasst die Genossenschaft etwa 6500 Farmer. [...] Bei den meisten der von ihr vertriebenen Früchte hat die Genossenschaft einen Marktanteil von rund 60 %, während der jeweils nächste Konkurrent oftmals nur einen Marktanteil von ca. 10 % aufweist. Jeder Farmer ist einer genossenschaftlichen Sortier- und Packstelle zugeordnet, die für ihn wichtige Serviceleistungen bereitstellt, wie das Ernten und Verpacken der Früchte. Oftmals werden auch noch weiter gehende Leistungen wie Schädlingsbekämpfung u.a.m. angeboten. Die Farmer sind vertraglich an die Genossenschaft gebunden und übertragen dieser die volle Autorität zur Vermarktung ihrer Ware. Als Gegenleistung für die Alleinvertretung der Mitglieder durch die Genossenschaft garantiert Sunkist ihren Mitgliedern die Abnahme aller angelieferten Früchte, unabhängig von der Quantität und Qualität. Die qualitativ hochwertigen Früchte werden als Frischware vermarktet, die schlechtere Ware wird zu Säften und anderen Produkten verarbeitet. [...] Zum Vertrieb der Frischware stehen 31 Verkaufsagenturen in den großen Städten Nordamerikas zur Verfügung. Größter Wert wird auf die Qualität der Früchte gelegt, mit der auch gezielt geworben wird. Je nach Qualität der Ware werden die Früchte unter unterschiedlichen Markennamen vertrieben, wobei die Bezeichnung „Sunkist" nur für die hochwertigsten Früchte verwendet wird. Etwa 40 % der frisch vermarkteten Früchte werden exportiert, wobei das Schwergewicht auf Japan, Hongkong und dem Pazifischen Raum liegt. [...] Die Genossenschaft gilt als die effektivste Vermarktungsorganisation für Zitrusfrüchte auf der Welt. Auch in anderen Produktsparten der kalifornischen Landwirtschaft sind vergleichbar erfolgreiche Absatzgenossenschaften tätig. *Quelle: Klohn/Windhorst: Die Landwirtschaft der USA. Vechta 2000, S. 228*

M 5
Eine Erfolgsgeschichte

1. Beschreibe M 1, M 3 und M 4 und erläutere die Unterschiede bei der Ernte.
2. Erläutere den landwirtschaftlichen Intensivanbau am Beispiel des Tomatenanbaus (M 2).
3. „Wanderarbeiter und Maschinen ergänzen sich in einer sinnvollen Arbeitsteilung." Erkläre diesen Satz.
4. Kennzeichne die Aufgaben einer landwirtschaftlichen Genossenschaft (M 5).

Das Ende des Wachstums?

Die Prognosen für die Bevölkerungsentwicklung sagen für Kalifornien eine Bevölkerung von fast 50 Millionen Einwohnern im Jahr 2020 voraus (M 3, S. 165). Wie soll diese Bevölkerung mit Wasser versorgt werden? In der Tabelle M 7 auf S. 167 wird auch die Menge des Wasserverbrauchs bis zum Jahr 2020 vorausgesagt. Diese Voraussage geht aber von zwei Bedingungen aus: 1. Alle Wassernutzer gehen sparsam mit dem Wasser um. 2. Den Prognosen liegen die Niederschlagswerte für ein durchschnittliches Jahr zugrunde. Was aber passiert, wenn es in einem Jahr oder über einen längeren Zeitraum einmal wenig regnet?

Die kalifornischen Wasserbehörden haben für die Zukunft eine Reihe von Maßnahmen entwickelt, um den Wasserverbrauch zu reduzieren. Ein wichtiges Instrument ist dabei der Wasserpreis. Wird das Wasser zu teuer, lohnt die Bewässerung nicht mehr – es sei denn, der Farmer setzt **Bewässerungstechniken** ein, die wenig Wasser benötigen. Die Behörden gehen davon aus, dass ein Teil der Bewässerungsflächen stillgelegt wird, wenn der Wasserpreis zu hoch ist. Schon jetzt regeln die Behörden den Wasserverbrauch über gestufte Wasserpreise. So erhalten Familienfarmen nur für maximal 388 ha Bewässerungsfläche Wasser zu einem besonders günstigen Preis. Für weitere Bewässerungsflächen muss dann ein Wasserpreis gezahlt werden, der fast das 2,5-Fache beträgt.

Viele Farmer verkaufen die Bewässerungsflächen, die über dem Limit liegen, oder sie nehmen die Flächen aus der Bewässerung heraus und bauen Pflanzen an, die nicht bewässert werden müssen. Das ist aber im trocken-heißen Süden Kaliforniens schwierig. Die Umrüstung auf Wasser sparende Bewässerungstechniken ist eine weitere Lösung, doch eignet sich nicht jede Pflanze für alle Systeme (vgl. M 1).

	1990	2000
Oberflächenbewässerung	67 %	51 %
Beregnungsbewässerung	24 %	29 %
Tropf-/Mikrobewässerung	9 %	20 %
(nach: California Water Plan Update 2005)		

M 2 *Bewässerungsmethoden in Kalifornien (Anteil an der bewässerten Fläche)*

Umweltprobleme

Viele Farmer in Kalifornien haben nicht nur das über die Wasserleitungen in den Süden des Landes transportierte Wasser zur Bewässerung genutzt, sondern auch Grundwasser aus eigenen Brunnen verwendet. Das hat

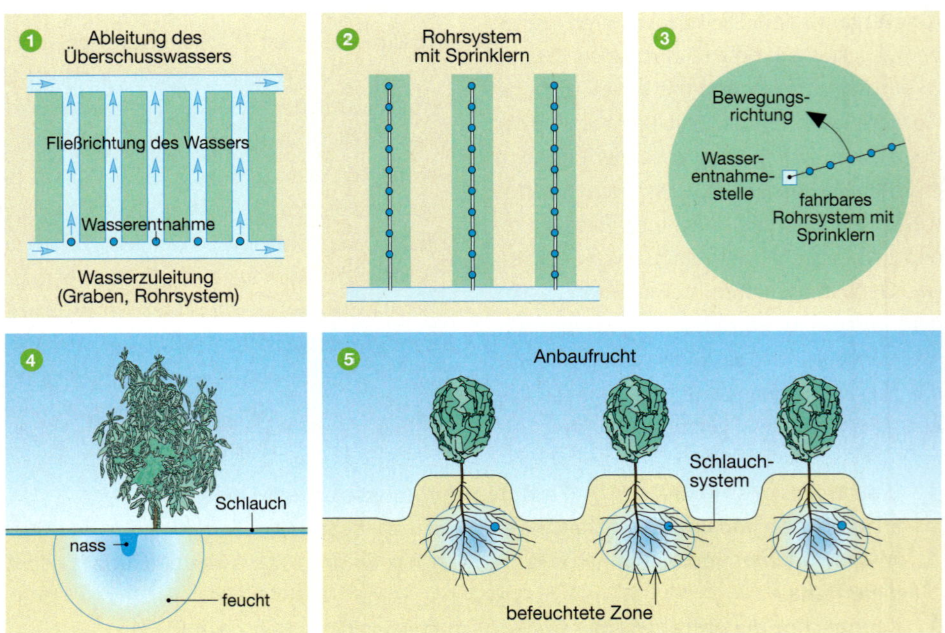

M 1
Skizzen zu den Bewässerungssystemen
1. Furchenbewässerung
2. Beregnungsbewässerung
3. Karrussellbewässerung
4. Tröpfchenbewässerung
5. Unterirdische Tröpfchenbewässerung

dazu geführt, dass in weiten Teilen des kalifornischen Längstals der Grundwasserspiegel stark abgesunken ist.

Bei Überflutung, Furchen- und Beregnungsbewässerung verdunstet ein Teil des Wassers an der Oberfläche. Dabei bleiben die im Wasser gelösten Bodensalze an der Oberfläche zurück. Dies kann sogar zur Ausbildung von Salzkrusten führen. Auf Flächen mit **Bodenversalzung** können keine Pflanzen mehr wachsen. Um den Versalzungsprozess zu verhindern, muss man Drainagegräben ziehen, die das von den Pflanzen nicht aufgenommene Wasser ableiten. Da ergibt sich aber das nächste Problem: Das Drainagewasser enthält gelöste Salze, Reste von Dünge- und Pflanzenschutzmitteln und Stoffe, die normalerweise im Boden in fester Form verbleiben, jetzt aber gelöst werden. Zu Letzteren zählt z. B. auch das Selen, das in höherer Konzentration giftig ist. Als man vor Jahren Drainagewasser im Kesterton-Reservoir speicherte, starben Wasservögel an Selenvergiftung.

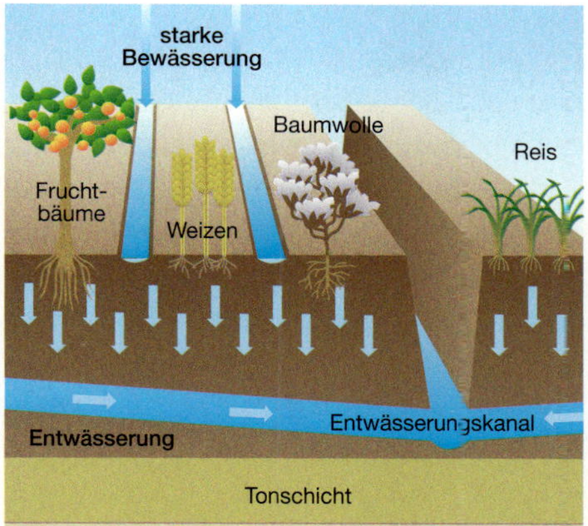

Falsche Bewässerung führt zu Bodenversalzung
Fachleute sagen: „Wer bewässert, muss auch entwässern." Dies hat einen einfachen Grund: Verdunstet Wasser an der Bodenoberfläche, bleiben die Bodensalze zurück. Eine Salzkruste bildet sich, der Boden ist unbrauchbar. Durch Drainagegräben (Entwässerung) kann man so etwas verhindern.

M 4 *Schema der Entwässerung*

Für die kalifornischen Behörden stellt sich nun die Frage, wo man das Drainagewasser lassen soll. Zurzeit werden Vorschläge diskutiert, die eine Einleitung in den Pazifik vorsehen. Dagegen wehren sich aber die Umweltschützer.

System	**relativer Wasserbedarf**	**Einrichtungskosten** ($/ha)	**Arbeitsaufwand** (Std./ha)	**Pumpkosten** ($/ha jährl.)	**Ausbringung von Wirkstoffen**
Oberflächenbewässerung					
ungeordnetes Überfluten	1,4	700	30	35	nicht möglich
Flächenbewässerung	1,2	1 150	12	25	nicht möglich
Furchenbewässerung	1,2	1 000	35	25	nicht möglich
Beregnungsbewässerung					
Karussellbewässerung	1,0	1 050	3	45	möglich
fest installiert	1,0	2 550	7	50	möglich
Tröpfchen- oder Mikrobewässerung					
Tröpfchenbewässerung	0,9	1 850	10	35	möglich
Tröpfchenbewässerung unterirdisch	0,8	1 950	10	35	möglich
Minisprinkler	1,0	2 300	7	40	möglich

(Quelle: Kruse, Bucks und Bermuth 1990, S. 503)

M 3 *Vergleich der Bewässerungssysteme*

1. Stelle Vor- und Nachteile der verschiedenen Bewässerungstechniken in einer Tabelle gegenüber (M 1).
2. Liste die Maßnahmen zur Wassereinsparung auf und diskutiert in der Klasse die Folgen für die kalifornische Landwirtschaft (M 2, M 3).
3. Erläutere Umweltprobleme, die bei der Bewässerungslandwirtschaft auftreten können.
4. Beschreibe anhand von M 4 die Bodenversalzung und erläutere die Gegenmaßnahmen.
5. Landwirtschaft in Kalifornien – eine Erfolgsstory? Bewerte abschließend diese Aussage.

Wir vervollständigen unser Orientierungswissen

Afrika

Nimm einmal an, du würdest unerwartet in eine unbekannte Gegend versetzt. Wie könntest du dich zurechtfinden? Du könntest nach den Namen eines nahen Berges, eines Flusses, einer Stadt fragen. Das heißt, du würdest die **Topographie** (▶) der Gegend erkunden.

Topographie bedeutet aber nicht nur die Kenntnis geographischer Namen, Topographie ist vor allem Lagebeschreibung. Damit meint man die Angabe der Verteilung von geographischen Objekten in den Kontinenten, in deren Landschaftsräumen und Staatsgebieten sowie die Lage im Gradnetz der Erde.

Wie muss man vorgehen, um einen Überblick über die Topographie der Kontinente und ihrer Grobgliederung in Großlandschaftsräume zu gewinnen?

M 1

Afrika in Zahlen

Berge (m)					
Kibo	5895	Ras Daschan	4620	Mount Elgon	4321
Mount Kenya	5194	Meru	4564	Toubkal	4165
Ruwenzori	5119	Karisimbi	4507	Kamerunberg	4070
Flüsse (km)					
Nil	6671	Sambesi	2736	Juba	1650
Kongo	4374	Oranje	2092	Limpopo	1600
Niger	4160	Okawango	1800	Senegal	1430
Seen (km²)					
Victoriasee	68 000	Malawisee	30 800		
Tanganjikasee	34 000	Tschadsee	12 000 – 24 000		

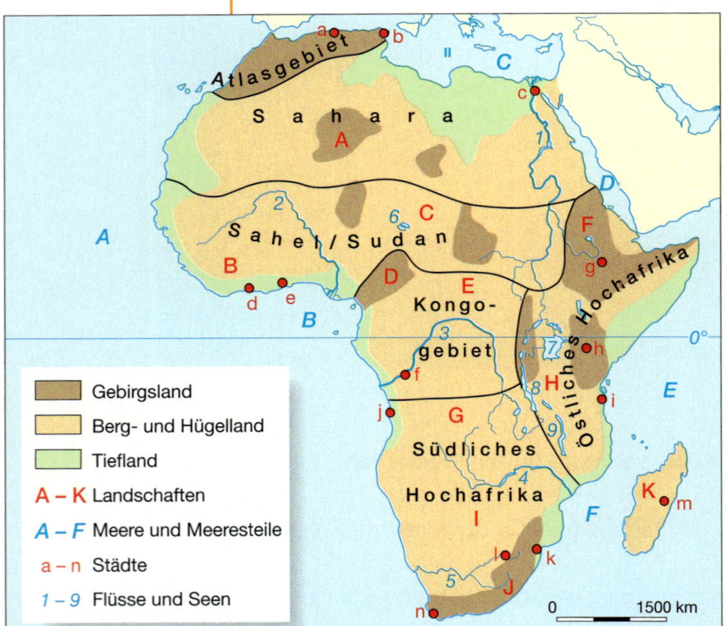

M 2 *Großgliederung Afrikas*

Checkliste zur Beschreibung der topographischen Lage

1. Kontinente. Beachte:
   - Lage im Gradnetz. Kennzeichnend sind Polar-, Wendekreise, Äquator.
   - Lage zueinander. Verwende die Himmelsrichtungen.
   - Welche Meere umgeben sie?
   - Umrissgestalt. Fertige einfache Umrisszeichnungen an.
   - Küstengliederung. Verwende: Bucht, Halbinsel, Insel, glatt, gegliedert.
2. Gliederung der Kontinente in Großlandschaftsräume. Beachte:
   - Lage im Kontinent und zueinander, eventuell die Lage im Gradnetz.
   - Form der Großgliederung. Verwende folgende Begriffe: zonal (West-Ost-verlaufende Gebietsstreifen), meridional (Nord-Süd-verlaufend), azonal (von zonaler Anordnung abweichend).
   - Welche Staaten haben Anteil bzw. in welchem Staat liegt der Großraum?
3. Gebirge, Berge, Gewässer, Städte u.a. Einzelerscheinungen. Beachte:
   - Lage im Kontinent, gegebenenfalls im Gradnetz. Kennzeichnend sind Polar- und Wendekreise, der Äquator.
   - Lage zueinander. Verwende die Himmelsrichtungen.
   - Verlauf und Umriss von Gewässern.

Afrika

Die **Großlandschaftsräume** Afrikas – abgesehen von Ostafrika – sind in unterschiedlichen breiten Streifen quer über den Kontinent angeordnet. Sie gliedern ihn von Nord nach Süd. Während sich die Großräume Nordafrika und Südafrika über die gesamte Breite des Kontinents erstrecken, nehmen die Räume der Atlasländer und von Madagaskar die kleinsten Flächen ein.

Amerika

Berge (m)			
Mt. McKinley	6 198	Mt. Whitney	4 419
Mt. Logan	5 959	Mt. Elbert	4 402
Mt. St. Elias	5 489	Mt. Rainier	4 395
Mt. Fair-weather	4 663	Mt. Robson	3 954
Flüsse (km)			
Mackenzie	4 241	Colorado	2 334
Mississippi	3 766	Arkansas	2 333
Missouri	3 726	Ohio	2 102
Yukon	3 185	Columbia	1 953
Rio Grande	3 057	Snake	1 670
Nelson	2 575	Churchill	1 609
Seen (km²)			
Oberer See	82 100	Großer Sklavensee	28 568
Huronsee	59 600	Eriesee	25 700
Michigansee	57 800	Winnipegsee	24 387
Großer Bärensee	31 328	Ontariosee	18 960

M 1 *Nord- und Mittelamerika in Zahlen*

Berge (m)			
Aconcagua	6959	Illimani	6438
Ojos del Salado	6880	Illampu	6427
Tulpungato	6800	Coropuna	6425
Nevado de Huascarán	6786	Chimborazo	6267
Cerro Mercedario	6770	Pico Cristóbal Colón	5775
Nevado Sajama	6520	Nevado del Huila	5500
Flüsse (km)			
Amazonas	6518	Rio Tocantins	2640
Paraná	3700	Rio Japurá	2500
Rio Madiera	3200	Paraguay	2500
Rio Purus	3148	Rio Negro	2200
Rio São Francisco	2900	Orinoco	2140
Seen (km²)			
Maracaibo-see	13 000	Lago de Poopó	2600
Titicacasee	8300	Lago Argentino	1414

M 2 *Südamerika in Zahlen*

Amerika – ein Doppelkontinent

Der nördliche und der südliche Teil Amerikas sind nur durch eine schmale Landbrücke miteinander verbunden. In der Landenge von Panama ist sie lediglich 44 km breit. Aufgrund dieser Besonderheit gliedert man Amerika in den Kontinent Nord- und Mittelamerika einerseits und den Kontinent Südamerika andererseits. Sie werden zusammenfassend auch als Doppelkontinent bezeichnet.

M 3 *Großlandschaftsräume Amerikas*

Asien

Berge (m)	
Mount Everest	8846
Pik Kommunismus	7495
Pik Pobedy	7439
Pik Lenin	7134
Demawend	5671
Elbrus	5642
Ararat	5137
Kljutschweskaja Sopka	4750
Belucha	4506
Fujisan	3776
Apo	2954
Flüsse (km)	
Jangtsekiang	6000
Ob	5570
Huang He	4845
Mekong	4500
Amur	4416
Lena	4400
Irtysch	4248
Jenissei	4092
Brahmaputra	3896
Euphrat	3380
Indus	3200
Syrdarja	3012
Amudarja	2574
Ganges	2511
Irawadi	2092
Tigris	1900
Seen (km²)	
Kaspisches Meer	386 500
Baikalsee	31 500
Aralsee etwa	26 000
Balchaschsee	17 000 – 22 000

M 1 *Asien in Zahlen*

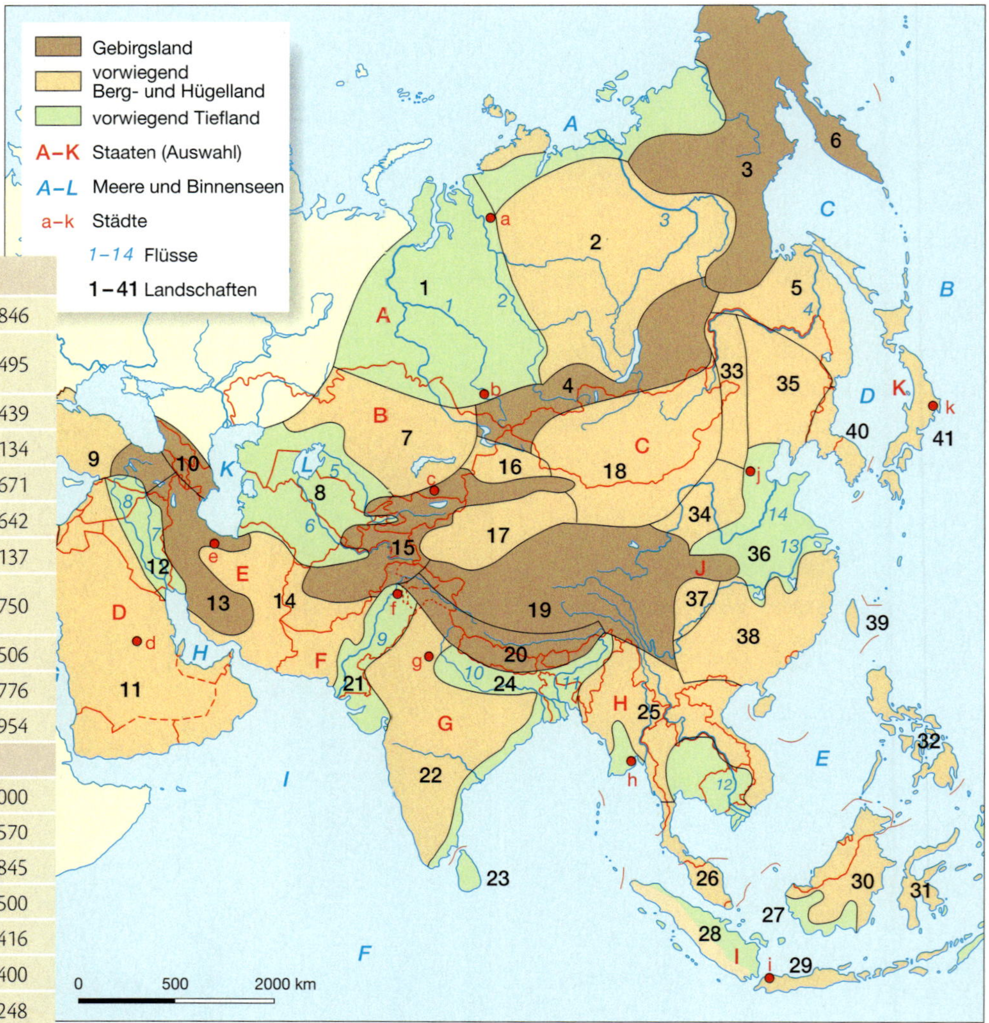

M 2 *Großlandschaftsräume Asiens*

Asien

Aufgrund der topographischen Lage im Gradnetz und der Oberflächengestalt gliedert sich die Landmasse in Landschaftsgroßräume mit Ausmaßen von **Subkontinenten** (▶).

In der Mitte Asiens liegen mächtige Gebirge und Hochländer. Nach Osten fällt die Landoberfläche in Stufen wie eine Treppe zum Pazifischen Ozean ab. Der Himalaya trennt Zentralasien von Südasien. Es schließen sich nach Süden große Halbinseln an. Südasien (Vorderindien) ist wenig gegliedert. Südostasien dagegen teilt sich in das Festland (Hinterindien) und die Inselwelt des Malaiischen Archipels (Inselindien) auf. Im Norden Asiens liegt Sibirien, eine große zusammenhängende Landmasse. Westasien wird auch Vorderasien genannt. Der südwestliche Teil von Asien erstreckt sich von Kleinasien (Anatolien) und der Arabischen Halbinsel über das Hochland von Iran bis Südasien.
Der Nahe Osten ist ein Teilgebiet von Westasien und Nordafrika. Dazu zählen die Staaten Israel, Jordanien, Libanon, Syrien, Türkei, Zypern und Ägypten, aber auch die Staaten der Arabischen Halbinsel.

Australien und Neuseeland

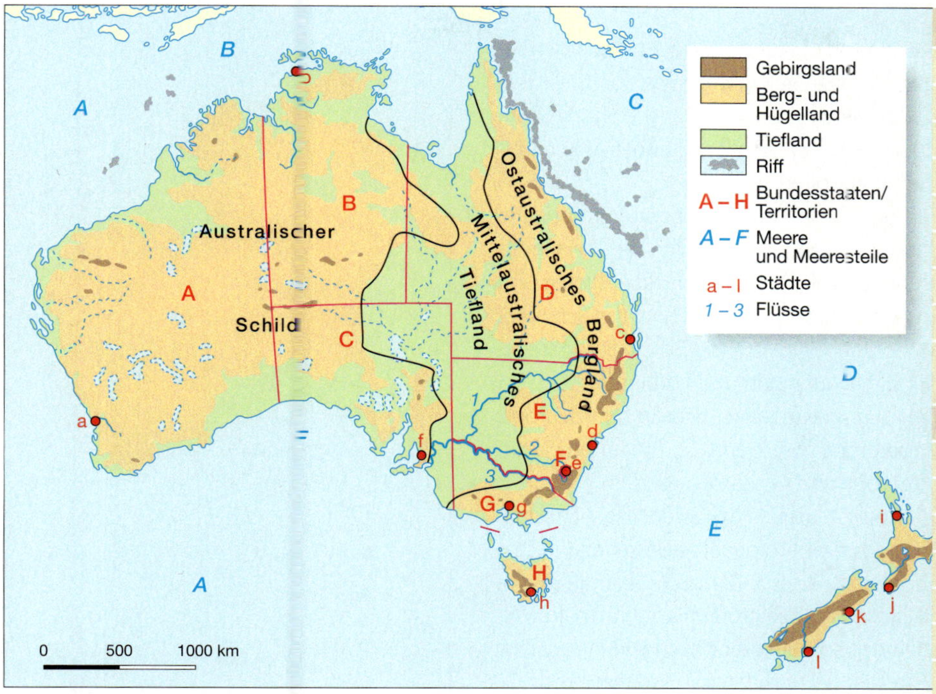

M 1 *Großlandschaftsräume Australiens*

Berge (m)	
Mount Kosciusko	2230
Bimberi Peaks	1912
Mount Buffalo	1723
Bogong Peaks	1716
Mount Ossa	1617
Mount Clear	1603
Mount Zeil	1510
Mount Olga	1069
Uluru (Ayers Rock)	867
Flüsse (km)	
Darling	2739
Murray	2589
Murrumbidgee	1579
Lachlan	1484
Cooper Creek	1420
Mamberamo	1175
Sepik	1126
Seen (km²)	
Eyresee	6216
Torrenssee	5698
Argylesee	740

M 2 *Australien in Zahlen*

Australien

Die topographische Gliederung weist keine Extreme auf. Die Küste ist schwach gegliedert; nur im Norden greift der Carpentariagolf tiefer in den Kontinent ein und es bilden Arnhemland und die Kap-York-Halbinsel markante Vorsprünge. Von der sanft gebogenen Großen Australischen Bucht im Süden dringen Spencer- und St.-Vincent-Golf, von Eyre- und Yorke-Halbinsel abgegliedert, ins Innere vor.

Die Oberflächenformen sind überwiegend flach. Ein durchschnittlich 400 m hohes Tafel- und Rumpfflächenland wird von Inselbergen und einzelnen Mittelgebirgen überragt, im Nordwesten u.a. von der Hamersley Range (1227 m) und der King Leopold Range (927 m), im Zentrum von den Musgrave Ranges (1660 m) und den Macdonnell Ranges mit dem Mount Zeil (1510 m).

Die Ostküste begleitet ein 3000 km langes paläozoisches Faltengebirge, die Great Dividing Range (Ostaustralische Kordillere), das nur im Süden Hochgebirgscharakter hat.

Neuseeland

Neuseeland besteht aus den zwei Hauptinseln und zahlreichen kleineren Inseln.

Die Oberflächengestaltung Neuseelands unterliegt noch immer den Vorgängen, die durch die besondere Lage auf der Nahtstelle von zwei Kontinentalplatten verursacht wird. Die noch immer andauernde Gebirgsbildung auf der Südinsel und der Vulkanismus der Nordinsel zeugen von diesen Vorgängen. Auf der Südinsel entsteht dadurch ein Faltengebirge, die südwestlich-nordöstlich verlaufenden Südalpen. Die Kammhöhe liegt bei 2000 m. Gipfelhöhen über 3000 Meter sind keine Seltenheit, der Mount Cook erreicht sogar eine Höhe von 3764 m.

Das Zentrum der Nordinsel wird von der Zentralen Hochebene mit drei bedeutenden Vulkanen dominiert, die den Tongariro-Nationalpark bilden und von der UNESCO zum ersten kombinierten Weltkultur- und Weltnaturerbe erklärt wurden. Im Zentrum der Nordinsel liegt der Tauposee, der größte See des Landes.

Berge (m)	
Mount Cook	3764
Mount Tasman	3498
Mount Dampier	3440
Mount Sefton	3157
Mount Aspiring	3033
Mount Earnslaw	2823
Ruapehu	2797
Flüsse (km)	
Clutha River	340
Rangitikei River	185
Seen (km²)	
Tauposee	616
Te Anau See	344
Wakatipusee	291

M 3 *Neuseeland in Zahlen*

Europa

Europa

Die Nord-Süd-Ausdehnung Europas beträgt vom Nordkap in Norwegen bis zur Insel Kreta im Mittelmeer rund 4000 km. Von Irland im Westen erstreckt sich Europa über 4600 km bis zum Uralgebirge im Osten.

Europa ist ein stark gegliederter Kontinent, denn Land und Meer greifen tief ineinander, im Norden die Nordsee und die Ostsee und im Süden das Mittelmeer und das Schwarze Meer. Über ein Drittel der Fläche Europas entfällt daher auf Inseln und Halbinseln.

Die Landmasse lässt sich in Nordeuropa, Westeuropa, Mitteleuropa, Südeuropa, Südosteuropa und Osteuropa gliedern.

In West-, Mittel- und Osteuropa herrschen Tiefländer vor. Nordeuropa besteht aus Inseln und Halbinseln. Island und die Skandinavische Halbinsel sind die größten von ihnen. In Mitteleuropa schließen sich nach Süden zunächst Mittelgebirge und danach Hochgebirge an. Südeuropa gliedert sich in drei große Halbinseln, begrenzt durch das Mittelmeer.

M 1
Europa in Zahlen

Berge (m)			
Montblanc	4807	Glittertind	2417
Matterhorn	4478	Schneekoppe	1602
Großglockner	3797	Ben Nevis	1343
Ätna	3350	Vesuv	1277
Zugspitze	2962	Keilberg	1244
Olymp	2917	Fichtelberg	1214
Flüsse (km)			
Wolga	3531	Loire	1020
Donau	2858	Tajo	1007
Ural	2428	Oder	912
Dnjepr	2201	Ebro	910
Rhein	1320	Seine	776
Elbe	1165	Po	652
Weichsel	1047	Themse	346
Seen (km²)			
Ladogasee	17703	Mälarsee	1140
Onegasee	9720	Balaton	592
Vanersee	5584	Genfer See	581
Peipussee	3550	Bodensee	539
Vattersee	1899	Gardasee	370
Saimasee	1460	Müritz	115

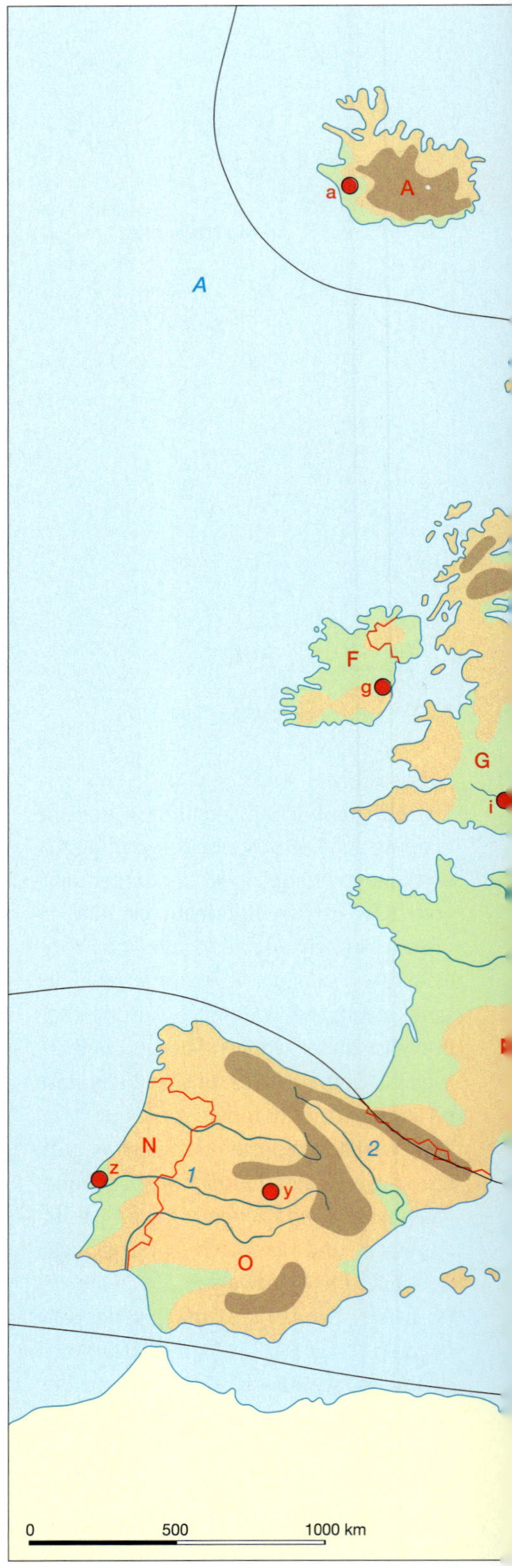

M 2 *Großlandschaftsräume Europas*

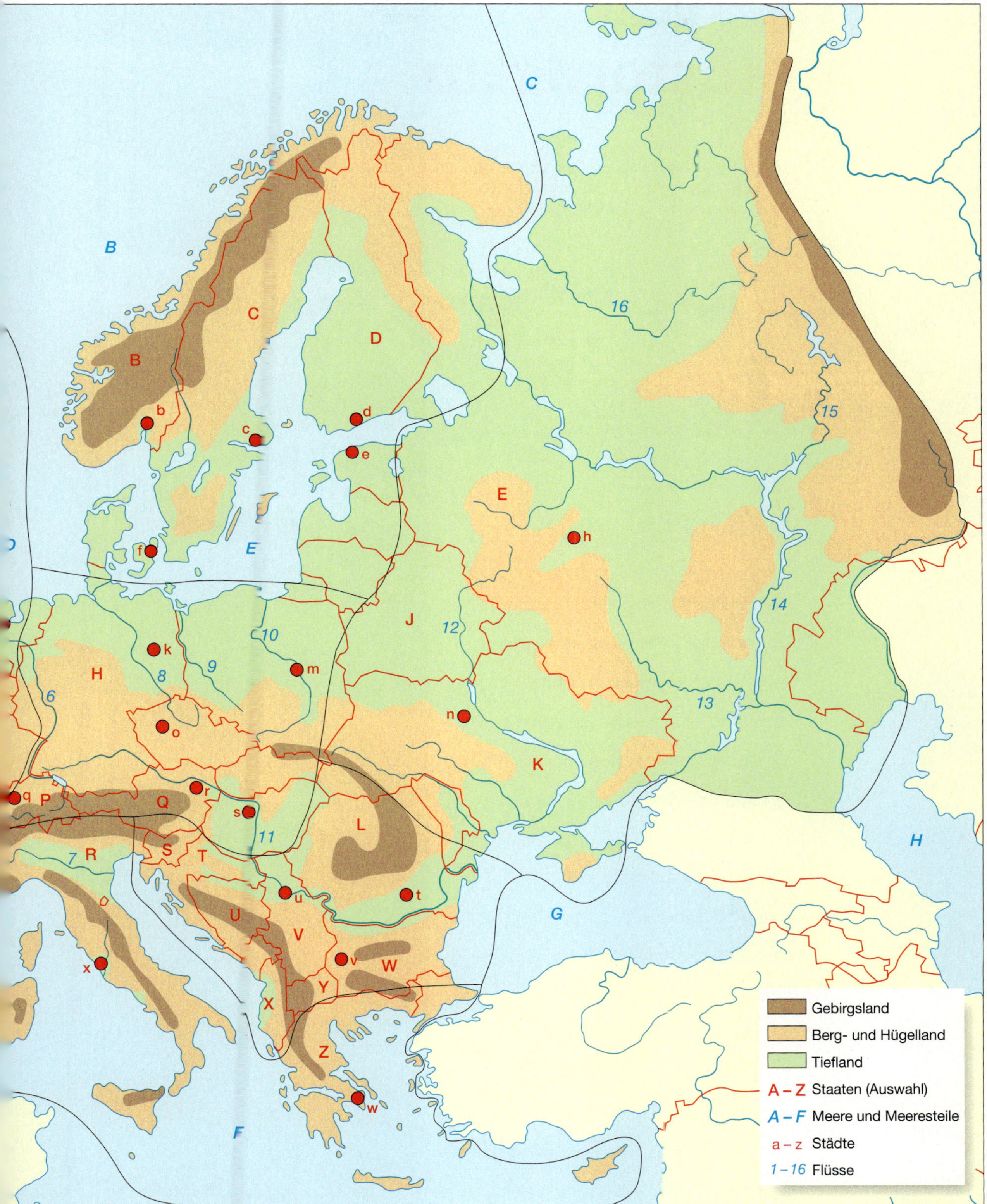
A
B
C
D
E
F
G
H
J
K
L
P
Q
R
S
T
U
V
W
X
Y
Z
b
c
d
e
f
h
k
m
n
o
q
r
s
t
u
v
w
x
6
7
8
9
10
11
12
13
14
15
16
Gebirgsland
Berg- und Hügelland
Tiefland
A – Z Staaten (Auswahl)
A – F Meere und Meeresteile
a – z Städte
1 – 16 Flüsse

Räumliche Disparitäten als Herausforderung

Die Grenze zwischen den USA und Mexiko. Hier der Blick nach Osten, rechts die Stadt Tijuana in Mexiko und links die USA mit der Stadt Imperial Beach.

Auf der Erde gibt es große Unterschiede, in der naturräumlichen Ausstattung, in Nutzungsformen, aber auch in den Bedingungen, die Menschen sich selbst geschaffen haben. Viele Unterschiede sind nicht hinnehmbar, sie rufen nach Ausgleich – denn sie lassen Menschen in Armut, Not, Ungerechtigkeit und Hoffnungslosigkeit zurück.
Unterschiede bedeuten aber auch Vielfalt, das Recht von Menschen, ihr Leben selbst zu bestimmen und auf der Basis ihrer Erfahrungen und Bedürfnisse zu gestalten.
Allen Menschen ein Mindestmaß an Lebenschancen zu bieten, ihr Recht auf Nahrung, Wohnung, Bildung, Sicherheit und intakte Umwelt zu wahren, das ist eine der Hauptaufgaben unserer Zeit.

Llévatela leve
movistar
Somos movistar

Wir vergleichen Staaten mit unterschiedlichem Entwicklungsstand

Tschad – ein Entwicklungsland

M 1 *Fischerfrauen beim Stampfen von Hirse im Tschad*

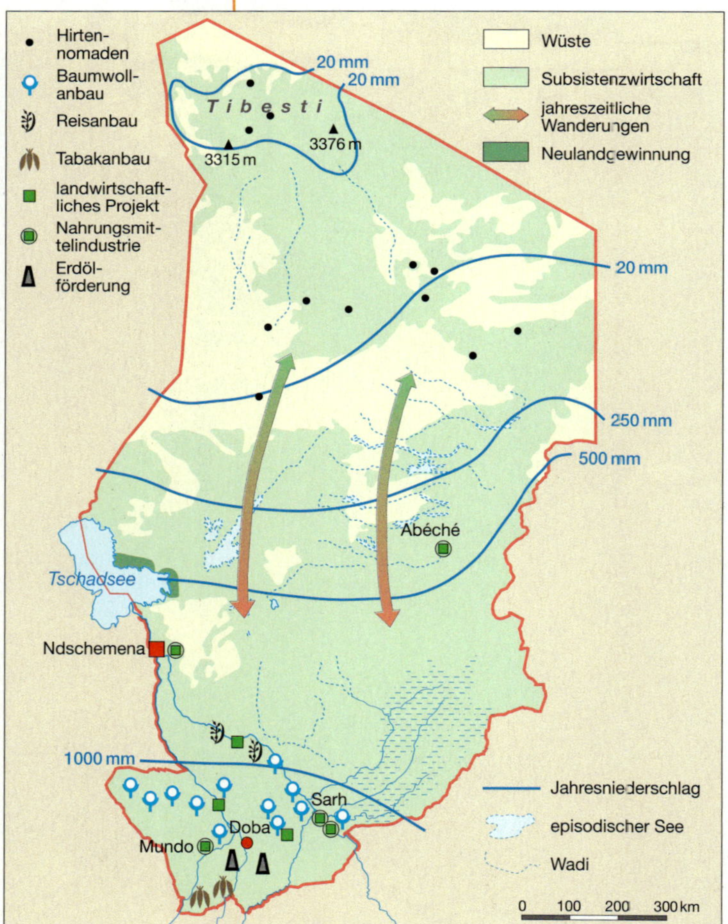

M 2 *Übersicht Tschad*

Merkmale und Probleme der Unterentwicklung

Der Tschad mit einer Staatsfläche von 1,284 Mio. km² ist 3,6-mal so groß wie Deutschland und gehört zu den ärmsten Ländern der Welt. In seinem Nordteil liegt das Land in der Sahelzone, einem dürregefährdeten Raum. Am Beispiel des Tschad lassen sich die Merkmale eines Entwicklungslandes, Ursachen der Unterentwicklung und Lösungsansätze zeigen.

Religionszugehörigkeit

50 % der Einwohner sind Muslime. Sie leben vor allem im Norden des Landes. 30 % sind Christen. Ihr Siedlungsgebiet ist vor allem der Süden. 20 % sind Anhänger von Naturreligionen. Insgesamt leben 200 ethnische Gruppen im Tschad.

M 3 *Bevölkerung des Tschad*

Entwicklungsprobleme im Tschad

80 % der Bevölkerung des Tschad leben in absoluter Armut. Das führt zu Unter- und Mangelernährung und zu Anfälligkeit für Krankheiten. Nur 30 % der Einwohner haben Zugang zu sauberem Trinkwasser, 1/5 der Bevölkerung zu Sanitäreinrichtungen. Auf 1000 Einwohner kommen nur etwa 2 Pkw, die Zahl der Mähdrescher im ganzen Land wird auf unter 100 geschätzt.

Die meisten Einwohner arbeiten in der Landwirtschaft. Dennoch kann das Land nicht alle Menschen ausreichend ernähren, es müssen Nahrungsmittel importiert werden.

Die Wirtschaft leidet unter der mangelhaften Infrastruktur des Landes, es existieren nur etwa 200 – 300 km geteerte Straßen; diese werden kaum unterhalten und sind in der Regenzeit regelmäßig unbenutzbar. Öffentlicher Nah- und Fernverkehr existieren nicht. Das Telefonnetz funktioniert nur sporadisch, Mobiltelefone können, mangels Reichweite, nur im Stadtgebiet von Ndschemena eingesetzt werden.

Die Versorgungssituation

Entsprechend den naturräumlichen Gegebenheiten werden die Wüstenflächen im Norden des Landes nur in Gunstbereichen landwirtschaftlich genutzt. Die südlich daran angrenzende Sahelzone ist geprägt durch – teilweise nomadisch betriebene – Viehzucht (2,6 Mio. Schafe, 5,7 Mio. Ziegen und 6,4 Mio. Rinder nach Angaben der FAO 2005). Im südlichen tropischen Teil des Staates, in dem ca. 60 % der Bevölkerung leben, wird auf 4 % der Staatsfläche Ackerbau betrieben. 200 km^2 davon sind bewässerte Flächen. Es werden vorwiegend Hirse, Sorghum, Maniok, Süßkartoffeln und Baumwolle, das zweitwichtigste Exportgut, angebaut.

Die produzierten Nahrungsmittel dienen der Selbstversorgung des Landes. Doch die Produktion reicht nicht aus, es müssen Lebensmittel importiert werden. Seit 2003 wird das im Süden des Landes entdeckte Erdöl gefördert. Probleme ergeben sich durch den Flächenverbrauch in Verbindung mit der Erdölinfrastruktur und durch Ölverschmutzungen. Sie stellen eine Gefahr für die Versorgung der Menschen mit sauberem Trinkwasser und landwirtschaftlichen Produkten dar. Durch Dürrekatastrophen ausgelöste Wanderungen der Bevölkerung aus dem Norden des Landes in den Süden lassen die Tragfähigkeit der Flächen überschreiten. Verstärkt wird dieser Effekt durch die Überweidung der ständig wachsenden Viehherden. Seit 1990 wuchs der Bestand an Schafen um 37 %, an Rindern um 50 % und an Ziegen um 100 %.

(nach verschiedenen Quellen, 2005)

M 4 *Die Landwirtschaft des Tschad*

Das Ziel der Subsistenzwirtschaft ist die Versorgung mit Nahrungsmitteln zum Eigenverbrauch. Nur ein ganz geringer Teil der erzielten Ernte wird auf dem Markt verkauft. Man findet sie vor allem in agrarisch geprägten Entwicklungsländern und in Form von Kleinbetrieben. So sind ca. 50 Prozent der afrikanischen und ca. ein Drittel der lateinamerikanischen Bauern Selbstversorger.

Der Anbau ist meist wenig vielfältig, was zu einseitiger Ernährung mit Mangelerscheinungen führt und die Böden einseitig beansprucht. Die Erträge je Fläche lassen sich kaum steigern, weswegen bei zunehmender Bevölkerung nach und nach Unterversorgung eintritt.

M 5 *Subsistenzwirtschaft*

Das Erbe der Kolonialzeit

Die heutigen Grenzen des Tschad stammen aus der französischen Kolonialzeit. Der wirtschaftliche Kernraum im Süden liegt dadurch am äußeren Rand des Staates. Weder zu anderen Landesteilen des Tschad noch zu den Nachbarstaaten bestehen gute Verkehrsverbindungen. Die Wirtschaft wurde nur im Süden des Landes gefördert, vor allem der Baumwollanbau für den Export. Das Bildungswesen war das rückständigste aller französischen Kolonien. Große Teile der Bevölkerung wurden für den Bau der Kongo-Ozean-Bahn eingesetzt, doch der Tschad besitzt auch heute noch kein eigenes Schienennetz.

Nach der Unabhängigkeit im Jahre 1960 folgten nahezu 30 Jahre Bürgerkrieg. Derzeit ist die innenpolitische Lage relativ stabil, das Land muss aber zunehmend Flüchtlinge aus dem Sudan aufnehmen.

(nach verschiedenen Quellen, 2005)

M 6 *Hintergrundinformation*

	Tschad	Deutschland
Bevölkerung (2006)	10,0 Mio.	82,4 Mio.
Geburtenziffer	4,8 %	0,8 %
Sterbeziffer	2,0 %	1,0 %
Bevölkerungswachstum	2,8 %	- 0,2 %
Lebenserwartung M/F	43/45 Jahre	76/82 Jahre
Analphabeten M/F	59/87 %	> 5 %
Städt. Bevölkerung	24 %	88 %
Ärzte/1000 Einwohner	0,04	3,37

M 7
Daten zur Bevölkerung 2006 (nach: DSW-Datenreport 2006, ergänzt nach Fischer Weltalmanach 2007)

1. Zeichne ein Kausalprofil durch den Tschad von Doba im Süden zum 3315 m hohen Berg im Tibesti-Gebirge. Trage Vegetationszonen und Bodennutzung ein. Ergänze mit Klimadaten aus M 2 und dem Atlas.
2. Wiederhole die Merkmale der Landschaftszonen im Tschad (vgl. S. 94).
3. Erstelle eine Tabelle, in die du Merkmale der Unterentwicklung einträgst. Gliedere nach Bevölkerung und Wirtschaft.
4. „Die Entwicklungsprobleme des Tschad sind eine Folge der naturräumlichen Risiken." Stimmst du dieser Aussage zu? Begründe deine Beurteilung (M 2 bis M 7).

M 1 *Fortschritt im Tschad? (Karikatur: G. Mester)*

Auswege aus der Unterentwicklung im Tschad?

In der Region Doba im Süden des Tschad wird seit 2003 Erdöl gefördert. Über eine 1070 km lange Pipeline gelangt es zum Verladehafen Kribi in Kamerun. Das Erdöl soll dem Tschad eine neue wirtschaftliche Grundlage geben, denn das Land erhält 12,5 % der Erdöleinnahmen. Nach Protesten aus dem In- und Ausland wurden das Projekt und seine Finanzierung überarbeitet.

„Das Tschad-Kamerun-Öl-Projekt ist nicht die Hilfe, um die wir gebeten haben oder die wir brauchen. Ohne Rechtsstaatlichkeit und ohne Respekt vor Menschenrechten und der Umwelt zerstört die Finanzierung solcher Großprojekte der Erdölwirtschaft die Umwelt und uns."

(Erzbischof Desmond Tutu)

Hirse ist das Grundnahrungsmittel der armen Bevölkerung. Der Preis für Hirse ist drastisch gestiegen. Reis kostet das Doppelte, Fleisch das Vierfache, Bohnen das Achtfache und Fisch ist mit dem Zehnfachen kaum noch zu bezahlen.

Die Beschäftigungspolitik des Konsortiums, Kurzzeitverträge mit möglichst vielen Menschen zu schließen, hat die soziale Struktur der Region nachhaltig zerstört. Für ein- bis dreimonatige Jobs beim Bau der Förderanlagen und Pipeline verließen viele Männer ihre bisherigen Arbeitsplätze in der Landwirtschaft, der Schule und im Gesundheitswesen. Völlige Unwissenheit über den weiteren Verlauf des Projektes macht der betroffenen Bevölkerung eine Planung unmöglich.

Das mit 3,7 Milliarden Dollar teuerste, privat finanzierte Projekt Schwarzafrikas wird tief greifende Veränderungen nach sich ziehen: Die an dem Projekt beteiligte Weltbank schätzt die ab 2004 erwarteten Netto-Einnahmen auf bis zu 384 Millionen Dollar im Jahr. Das würde die Staatseinnahmen des Landes nahezu verdoppeln. Nachdem das Wirtschaftswachstum bereits 2002 durch die Ölförderung auf 10,9 % anstieg, wird für 2004 sogar mit 51,5 % gerechnet. Um Begehrlichkeiten vorzubeugen und Korruption, soziale Ungleichheit und umfangreiche Umweltzerstörung von vornherein zu vermeiden, wurde unter Leitung der Weltbank ein bislang einmaliges Modellprojekt entwickelt. Es sieht vor, alle direkten Einnahmen wie etwa Förderabgaben und Dividenden auf ein Offshore-Konto zu leiten, das von einem unabhängigen Gremium kontrolliert wird. Das Geld soll hauptsächlich in die Bereiche Gesundheit, Bildung und Infrastruktur investiert werden. *(nach: dtv-Jahrbuch 2004, S. 425)*

Das Erdölprojekt könnte den Konflikt zwischen den Muslimen im Norden, die das Land politisch dominieren, und der christlichen Bevölkerung im Süden anfachen. Zudem ist die Förderregion fast identisch mit dem Siedlungsgebiet einer ethnischen Gruppe, der Gambai. Im Februar 1998 töteten Spezialeinheiten des tschadischen Militärs etwa 200 Angehörige der Gambai, die Opfer waren häufig Dorfälteste. Die Regierung gab eine Offensive gegen bewaffnete Rebellen als Grund an. Es drängt sich jedoch der Eindruck auf, dass es darum ging, die über den Ölfeldern lebenden Menschen zu vertreiben.

(nach: Manfred Zint, pogrom-bedrohte Völker, Nr. 210, Heft 3, 2001)

M 2 *Die Erdölpipeline Doba – Kribi: ein umstrittenes Projekt (Zusammenstellung aus verschiedenen Quellen)*

Seit den 1970er-Jahren, als deutlich wurde, dass wirtschaftliches Wachstum allein noch lange nicht die Lebensbedingungen der ärmsten Menschen zu verbessern vermochte, ist in der Entwicklungspolitik die Sicherstellung der Grundbedürfnisse stärker in das Blickfeld gerückt. Als Grundbedürfnisse gelten materielle Grundbedürfnisse wie ausreichende Ernährung, Wohnung und Kleidung, bestimmte Haushaltsgeräte und Möbel, daneben die Bereitstellung elementarer öffentlicher Leistungen wie Trinkwasser, sanitäre Anlagen, Gesundheits- und Bildungseinrichtungen, Transportmittel. Grundbedürfnisorientierte Entwicklung orientiert sich auch an Umweltverträglichkeit und Nachhaltigkeit.
Neben diesen am Existenzminimum orientierten Grundbedürfnissen (first floor needs) zählen auch weiterreichende Bedürfnisse des sozialen und mentalen Wohlbefindens (second floor needs) als Grundbedürfnisse, wie soziale Sicherheit, kulturelle Identität, Selbstachtung, Selbstverwirklichung.
Grundbedürfnisstrategien verfolgen diese Ziele:

- Die Betroffenen müssen in die Lage versetzt werden, ihren Lebensunterhalt selbst zu decken.
- Sie werden an der Planung und Durchführung von Projekten beteiligt.
- Vorrang bei der Produktion haben Güter und Dienstleistungen, die der armen Bevölkerung zugänglich gemacht werden können.
- Die Struktur des wirtschaftlichen Wachstums muss mit der Befriedigung der Grundbedürfnisse der Armen in Einklang gebracht werden.

(nach: Welthungerhilfe Global lernen H. 2/2002)

M 3 *Grundbedürfnisstrategien*

Die Nahrungsmittelproblematik des Tschad gibt es auch in anderen Sahelstaaten. Ein Grundproblem ist das fehlende Wasserangebot. Die Frauen müssen oftmals viele Stunden zum nächsten Brunnen gehen. Damit bleibt kaum Zeit für Aufbauarbeiten im Dorf, für Aus- oder Weiterbildung. Die Landwirtschaft leidet unter den unregelmäßigen Niederschlägen.

Viele Entwicklungshilfeprojekte in der Sahelzone, z. B. Projekte der GTZ (Gesellschaft für technische Zusammenarbeit) im Tschad, verfolgen ähnliche Zielsetzungen: Stärkung der Dorfgemeinschaft, Sicherstellung der Wasserversorgung durch den Bau von Brunnen. Für die Bewässerung von Feldern werden Kleinstaudämme angelegt. Dabei macht man sich eine Eigenheit der Landoberfläche zunutze: Die ausgedehnten Ebenen der Sahelstaaten weisen vielfach flache Mulden auf. Diese kann man mit einem Damm von nur 2 – 3 Metern Höhe verschließen, der in Handarbeit und mit örtlichen Baumaterialien errichtet wird. Hinter dem Damm entsteht ein kleiner Stausee von oft nur wenigen hundert Metern Länge, der die Niederschläge der Regenzeit sammelt. Durch einfache Kanäle können die umliegenden Felder bewässert werden.
Für den Bau von Brunnen und Kleinstaudämmen muss man die ökologischen Verhältnisse vor Ort, wie die Gestalt der Landoberfläche oder die Wasserdurchlässigkeit des Gesteins und wasserführende Schichten, sehr gut kennen. Dabei hilft das Wissen der Bauern und Dorfältesten. Die Baumaßnahmen erfolgen durch die gesamte Dorfbevölkerung. Die Dorfältesten werden verantwortlich einbezogen.

M 4 *Projekte zur Sicherung von Grundbedürfnissen in den Sahelstaaten*

1. Erarbeite die Vor- und Nachteile des Erdölprojekts Tschad-Kamerun (M 1, M 2).
2. Erläutere die Merkmale von Grundbedürfnisstrategien (M 3, M 4).
3. Führt ein Rollenspiel zum Thema „Erdöl als Chance der Entwicklung für den Tschad“ durch. Fertigt Rollenkarten für folgende Personengruppen an: Erzbischof Tutu, Vertreter der Ölgesellschaft, Regierungsvertreter, Stammesälteste, Lehrer, Kleinbauern.

Bolivien – arm trotz Reichtums an Bodenschätzen

M 1
Zinnmine bei Potosí

M 2
Armut in Bolivien nach Verwaltungseinheiten

Departamento	Einwohner in Armut (in %)
Beni	76
Chuquisaca	70
Cochabamba	55
La Paz	66
Oruro	68
Pando	72
Potosí	80
Santa Cruz	38
Tarija	51
Bolivien	**59**

Ein Bergarbeiter berichtet

Rodrigo Alvarez, 22 Jahre alt, ist Bergarbeiter in der Zinnmine von Oruro. Er muss seine Mutter und die vier Geschwister ernähren, da sein Vater mit 43 Jahren an der Staublunge gestorben ist.

Rodrigo berichtet: „Dicht gedrängt auf der Lastwagenpritsche fahren wir die Serpentinen zum Berg hinauf und steigen oben in unseren Schacht. Im Dämmerlicht der Karbidlampen, umnebelt von Steinstaubwolken, Asbestschwaden, Schwefeldünsten, schutzlos unter der Gesteinsdecke ohne jegliche Stütze, bei Temperaturen oft um 40 °C, treiben wir mit Hämmern und Eisenpfählen stundenlang die Löcher ins Gestein, bis endlich die Bohrung tief genug ist für die Ladung Dynamit.

Ich schufte tagein, tagaus in der Mine, um meine Familie vor dem Verhungern zu bewahren. Die Werkzeuge und die primitiven Maschinen sind inzwischen über 40 Jahre alt. Für neue Maschinen hat die Regierung kein Geld. Daher gibt es auch keine Maßnahmen für den Schutz und die Sicherheit von uns Bergleuten.

Bei der Arbeit binde ich mir ein Tuch vor Mund und Nase, um mich vor dem Gesteinsstaub zu schützen. Aber wenn die Arbeit zu schwer wird, stört mich das Tuch und ich nehme es ab, obwohl das meine Gesundheit gefährdet. Wenn ich nach Feierabend aus der Mine komme, bin ich völlig fertig."

(nach: Der Spiegel vom 20. 1. 1992)

M 3 *Arbeit in der Zinnmine*

Boliviens Bodenschätze

Bolivien verfügt über reiche Erzlagerstätten. Besonders Zinn, Zink, Silber, Wolfram, Antimon, Blei und Kupfer werden gefördert. Trotzdem ist Bolivien das ärmste Land Südamerikas. Dafür gibt es eine Reihe von Gründen. Seit Jahrhunderten wurden die Erzlagerstätten ausgebeutet, ohne dass die aus dem Verkauf der Erze erzielten Gewinne für Investitionen im Land genutzt wurden. Nach der Entmachtung der „Zinnbarone" 1952 fehlte dem Land das Geld, um den Abbau zu modernisieren und eine verarbeitende Industrie aufzubauen. Zusätzlich erschwerten die ständig schwankenden Metallpreise auf dem **Weltmarkt** die Wirtschaftsplanung. Anfang der 1980er-Jahre kam es zu einem drastischen Verfall der Zinnpreise. Bolivien konnte mit den Verkaufserlösen nicht einmal die Abbaukosten decken und das Land musste Kredite aufnehmen, um den Bergbau fortsetzen und die Bergarbeiter weiter beschäftigen zu können.

Auch die 1972 mit Entwicklungshilfegeldern errichtete Hütte in Karachipampa bei Potosí brachte nicht den gewünschten Erfolg. Statt der geplanten Produktion von 50 000 Tonnen Zinnkonzentrat für den Export verließen jährlich nur 20 000 Tonnen die Öfen. Die **Exporterlöse** blieben aus, Schulden konnten nicht abbezahlt werden. Der Grund des Fehlschlags ist darin zu suchen, dass die in der Nähe gelegenen Zinnvorkommen nicht rechtzeitig erschlossen werden konnten, weil das Geld zur Erschließung fehlte – ein Teufelskreis.

Besitzstrukturen und Probleme

Die Jahre von 1900 bis zur Revolution von 1952 waren von einer beispiellosen Besitzkonzentration der Zinnminen gekennzeichnet. Vor allem der Mestize Patino baute mithilfe britischen und nordamerikanischen Kapitals ein Bolivien politisch und wirtschaftlich völlig beherrschendes Bergbauimperium auf. Der größte Teil des Gewinns aber floss ins Ausland ab, ein noch heute in Lateinamerika entwicklungshemmendes Problem. Die vergleichsweise kapitalintensive Ausbeutung der Zinnminen bot nur einem geringen Teil der erwerbstätigen Bevölkerung Beschäftigung. Die Minen der Zinnbarone gingen nach der Revolution von 1952 in staatliche Hände über. Bis heute gingen von der staatlichen Minengesellschaft keine Investitionsimpulse aus. Im Gegenteil: Den Arbeitern stehen in der Regel nur veraltete Arbeitsgeräte zur Verfügung. Besonders hinderlich sind die schwierigen Raumfaktoren. Die Lagerstätten der „Mineralprovinz" beschränken sich auf die kaum besiedelten und schwer zugänglichen Ostkordilleren. Hinzu kommen die übermächtige Konkurrenz der fernöstlichen Zinnförderländer mit ergiebigeren Rohstoffquellen sowie der Preisverfall der Zinnerze auf den internationalen Märkten.

M 4

Entwicklung des Zinnabbaus (nach: D. Allkämper. In: geographie heute H. 70, S. 26/27)

Anfang der 1970er-Jahre wurden im Südosten des Landes größere Erdöl- und Erdgasvorkommen entdeckt. Während die Erdölförderung inzwischen stark zurückgegangen ist, sodass der Export eingestellt werden musste, hat die Erdgasförderung aber zugenommen und Bolivien konnte so beträchtliche Gewinne erzielen. 1993 wurde z.B. ein Vertrag mit Brasilien geschlossen, der ab 1997 die Lieferung von bolivianischem Erdgas für 20 Jahre vorsah. Mit den Erlösen aus dem Erdgasexport sowie mit der Beteiligung ausländischer Unternehmer an der Modernisierung der Bergbau- und Industrieanlagen war es Bolivien zwischenzeitlich gelungen, eine verarbeitende Industrie aufzubauen. Zwar sind noch etwa drei Viertel aller Betriebe Kleinunternehmen mit bis zu vier Beschäftigten, doch die Zahl der Mittel- und Großbetriebe nimmt dank Investitionen der Regierung und ausländischer Unternehmen zu.

Politisches Umdenken und die **Verstaatlichung** aller Erdöl- und Erdgasfirmen 2006 führten danach zu einer wirtschaftlichen Stagnation. Der vollständige Schuldenerlass durch den IWF 2005 hingegen stellte eine wichtige Verbesserung der Situation dar.

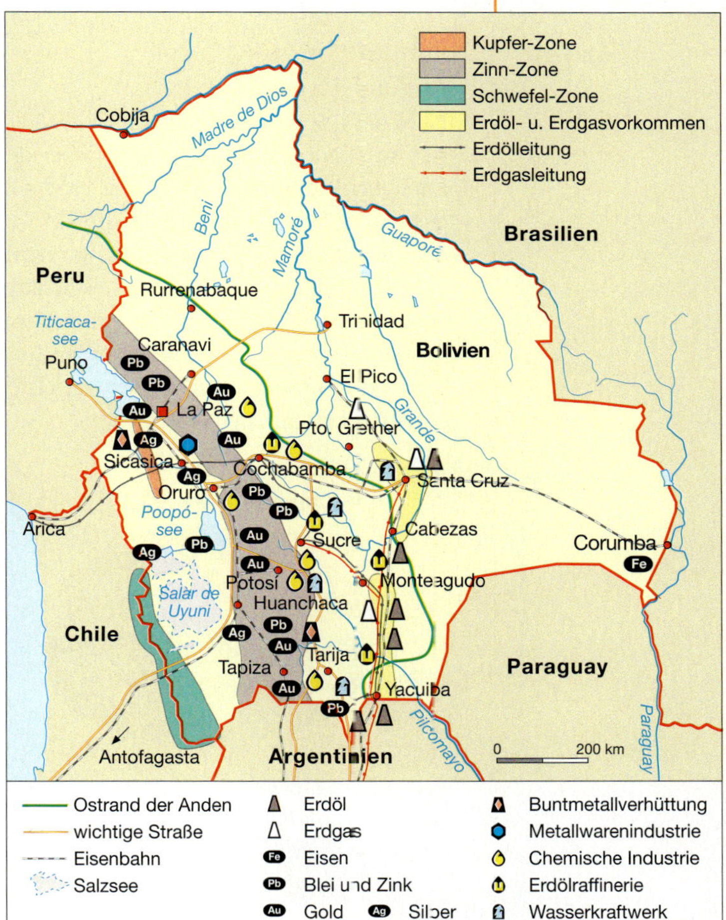

M 5

Bolivien: Bodenschätze und Industrie

1. Beschreibe die Arbeitsbedingungen im Zinnbergbau (M 1, M 3).
2. Liste mithilfe von M 5 auf, welche Bodenschätze in Bolivien vorkommen, und lokalisiere sie anhand einer Atlaskarte.
3. Erläutere, warum die Bodenschätze keinen Wirtschaftsaufschwung brachten (M 2, M 4).
4. „Erdgas gibt dem Land eine Chance." Beurteile, ob dieser Satz richtig ist.

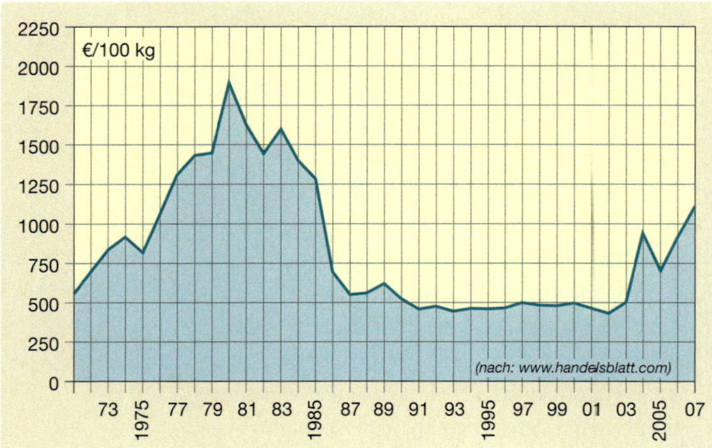

M 1 *Preisschwankungen beim Rohstoff Zinn*

Rohstoffexporte – Auf und Ab bei den Erlösen

Bis in die 1980er-Jahre war das Zinn für Bolivien der Hauptausfuhrartikel. Weit über die Hälfte der Exporterlöse erzielte das Land aus dem Verkauf von Zinnerz. Bis etwa 1983 stieg der Zinnpreis auf dem Weltmarkt zwar nicht stark, aber stetig an. Dass Bolivien nicht allzu große Gewinne mit dem Zinnexport machen konnte, lag daran, dass die Produktion im Tiefbau und in unwegsamem Gelände erfolgte, die Abbaukosten waren sehr hoch.

Dramatisch wurde die Lage gegen Ende der 1980er-Jahre, als in Malaysia und Brasilien neue, große Zinnvorkommen entdeckt wurden, die billig im Tagebau abgebaut werden konnten. Durch das aufgrund der erhöhten Zinnproduktion entstandene Überangebot an Zinn auf dem Weltmarkt fielen die Preise für Zinn in wenigen Jahren deutlich ab.

Der Preisverfall hatte für Bolivien schwerwiegende Folgen. Das Zinn trug bislang den weitaus größten Teil zum **Deviseneinkommen** des Landes bei. Aus seinen Erlösen musste Bolivien die Einfuhren von Nahrungsmitteln, Maschinen und anderen Waren bezahlen. Da diese Einfuhren für das Land aber notwendig waren, blieb nach der drastischen Reduzierung der Erlöse aus dem Zinnexport nur die Möglichkeit, Kredite aufzunehmen. Als Folge stiegen die Schulden des Landes stark an.

In dieser kritischen Situation setzten sich die Zinn fördernden Länder zusammen und beschlossen ein Abkommen zur Stabilisierung der Zinnpreise. Es wurden für jedes Land Fördermengen festgelegt, um ein Überangebot zu vermeiden. Für das Zinn wurde ein Festpreis vereinbart. Konnte das Zinn zu höheren

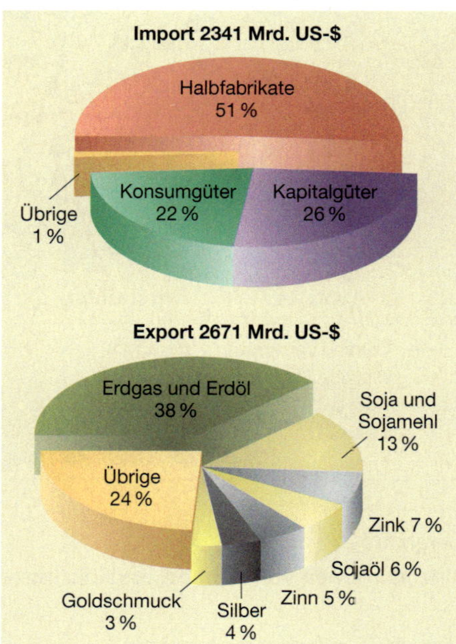

M 2 *Handelsgüter Boliviens 2005*

Die wichtigsten Zinnproduzenten (2005)	
1. VR China	115000 t
2. Indonesien	73000 t
3. Peru	40000 t
4. Bolivien	18000 t
5. Brasilien	12000 t
6. Russland	8000 t

Die wichtigsten Verbraucherländer (2005)	
1. USA	3. Deutschland
2. Japan	4. VR China

Zinn ist ein silberweißes, weiches und verformbares Metall. Es ist gegenüber Wasser und Luft beständig, deshalb wird es auch als Korrosionsschutz verwendet (z. B. bei Blechen für Dosen).
In Ländern wie Malaysia und Indonesien kann Zinnerz kostengünstig im Tagebau gewonnen werden. Technisch schwieriger und damit teurer ist der Abbau Untertage, wie in Bolivien. Durch ein Überangebot an Zinn auf dem Weltmark blieben die Preise seit Mitte der 1980er-Jahre niedrig. Der Wirtschaftsboom Chinas und der Konjunkturanstieg in Japan und den USA ließen das Zinn seit 2003 knapp werden und damit die Preise steigen.

M 3 *Steckbrief Zinn*

Preisen verkauft werden, wurde ein Teil der Gewinne in eine gemeinsame Kasse, einen so genannten Fonds, eingezahlt. Aus dem Fonds erhielten die Mitgliedsländer Ausgleichszahlungen, wenn der **Weltmarktpreis** unter den vereinbarten Mindestpreis fiel.

Nach dem **Zinnabkommen** war der Zinnpreis auf dem Weltmarkt bis 1985 ständig gesunken und lag schließlich nur noch bei 8700 Euro pro Tonne. Der von den 22 Ländern des Zinnabkommens vereinbarte Mindestpreis betrug aber 13 800 Euro pro Tonne. Für jede Tonne auf dem Weltmarkt verkauften Zinns mussten also 5100 Euro aus dem Ausgleichsfonds bezahlt werden. So hohe Zahlungen konnten aus dem Fonds nicht lange geleistet werden. Ende 1985 waren alle Geldreserven aufgebraucht und das Zinnabkommen konnte nicht mehr weitergeführt werden.

Ähnliche Rohstoffabkommen haben in der Vergangenheit viele Erzeugerländer geschlossen. Neben Zinn und anderen Metallerzen gab es auch **Rohstoffabkommen** für Kautschuk, Kaffee, Kakao und eine Vielzahl landwirtschaftlicher Produkte. Dabei wollten die Rohstoffexporteure erreichen, dass die Rohstoffpreise nicht unter einen bestimmten Mindestwert fallen. Die Rohstoffe importierenden Industrieländer beteiligen sich aber nur daran, wenn als Gegenleistung die Preise auch bei Rohstoffknappheit nicht über einen festgelegten Höchstwert steigen.

Die wichtigsten Exportprodukte ausgewählter Entwicklungsländer in Prozent ihrer gesamten Exporte 2004

Nigeria	Erdöl	90
Gabun	Erdöl	79
Tschad	Baumwolle	79
Gambia	Erdnüsse	72
El Salvador	Kaffee	58
Malawi	Tabak	57
Niger	NE-Metalle	57
Mauretanien	Eisenerz	56
Ghana	Kakao	54
Mali	Baumwolle	52
Guayana	Gold, Zucker	51
Bolivien	Erdgas und Erdöl	38
Ruanda	Tee	38
Kolumbien	Erdöl	25

M 4 *Exportprodukte und ihr Anteil am Export (nach: Statistisches Jahrbuch für das Ausland 2006)*

Für die günstige Versorgungssituation und die niedrigen Preise bei Rohstoffen bis 2003 gibt es eine Reihe von Gründen:

1. Stagnierender Bedarf in den Industrieländern durch
- Sättigungseffekte (Bedarfsdeckung bei vielen Gebrauchsgütern),
- Devisenknappheit einiger Abnehmer (z. B. Entwicklungsländer, Osteuropa),
- Einsparung von Rohstoffen durch Recycling (z. B. bei Zinn 50 %), neue Technologien (z. B. Energie sparende Maschinen, dünnere Bleche im Automobilbau) und Verwendung von Kunststoffen anstelle von Metallen (z. B. Beschichtung von Dosenblech mit Kunststoff statt mit Zinn).

2. Erhöhung des Angebots an bergbaulichen und landwirtschaftlichen Rohstoffen durch
- Mehrproduktion wichtiger Lieferanten (z. B. exportabhängige Entwicklungsländer), die zur Deckung ihres Devisenbedarfs auf erhöhte Einnahmen aus Rohstoffexporten angewiesen sind und auf sinkende Preise häufig mit vermehrtem Angebot reagieren.
- Lieferung aus neuen Lagerstätten, die seit den 1970er-Jahren aufgrund damals hoher Rohstoffpreise erschlossen worden waren.
- Der weltwirtschaftliche Aufschwung seit 2003, vor allem aber die starke Nachfrage durch China haben die Versorgungssituation auf dem Weltmarkt seitdem wieder ungünstiger werden lassen – die Preise stiegen vorerst an. *(nach: Fischer Weltalmanach, versch. Ausg.)*

M 5 *Die heutige Rohstoffsituation*

1. Beschreibe die Entwicklung des Zinnpreises und erläutere den Preisverfall ab 1985 (M 1, M 2).
2. Stelle die Bedeutung der Rohstoffausfuhr für Bolivien dar (M 2, M 3).
3. Begründe, warum Bolivien vom Preisrückgang bei Zinn besonders getroffen wurde.
4. Erläutere die Funktion von Rohstoffabkommen.
5. Welche Nachteile entstehen für ein Land, das weitgehend vom Export eines Rohstoffes abhängig ist (vgl. M 4)?
6. Beschreibe und begründe die Preisschwankungen bei Rohstoffen (M 3, M 5).
7. Nenne Gründe für das Scheitern von Rohstoffabkommen.

Gerechte Preise für Rohstoffe?

Für Entwicklungsländer, die wie Bolivien vom Rohstoffexport abhängig sind, ist es wichtig, wie sich das Verhältnis zwischen Import- und Exportpreisen entwickelt. Seit etwa 30 Jahren sinken die Preise für Rohstoffe, während sie für Industriegüter in der Regel gestiegen sind. Für die Rohstoffexporteure bedeutet dies, dass sie für den Kauf von Industriegütern immer mehr Rohstoffe verkaufen müssen.

Das Verhältnis von Preisen der exportierten Waren zu den Preisen der importierten Waren wird als **Terms of Trade** bezeichnet (vgl. M 1). Der Austausch von Rohstoffen gegen Fertigwaren ist nicht mehr „gleichwertig", weil für Fertigwaren immer mehr Rohstoffe „getauscht" werden müssen. Betrachtet man die Arbeitszeiten, die zur Herstellung von Rohstoffen und Fertigwaren nötig sind, so zeigen sich wieder ungleiche Austauschverhältnisse: Um z. B. eine Uhr mit Kaffee bezahlen zu können, muss man für den Kaffee (z. B. Anbau, Ernte, Verpacken) siebzigmal so viel Arbeitsstunden wie für die Produktion der Uhr aufwenden. Zwar ist eine Arbeitsstunde im Kaffeeanbau billiger als in der Uhrenproduktion, aber gemessen an der reinen Arbeitszeit sind die Rohstoffexporteure im Nachteil.

Der Preisunterschied zwischen Rohstoff und Fertigprodukt liegt sowohl im Handel als auch in der Verarbeitung begründet.

- Rohstoffe werden auf **Warenbörsen** angeboten und wechseln mehrfach den Besitzer. Jeder Käufer versucht, Rohstoffe, wenn sie billig sind, aufzukaufen und bei steigenden Preisen zu verkaufen. Dabei machen die Händler kräftige Gewinne. Kakao z. B. wird bis zu zehnmal an Warenbörsen verkauft, ehe er zur Verarbeitung gelangt. Von den dabei erzielten Verkaufsgewinnen hat der Kakaoexporteur nichts.
- Der Preis, den ein Rohstofferzeuger bekommt, macht oft nur einen Bruchteil des Endprodukts aus. Der größte Gewinn wird bei der Verarbeitung und beim Handel erzielt. So beträgt z. B. der Erzeugerpreis bei Tee nur etwa 9 % des Ladenpreises. Bei Bananen sind es 6 %, bei Pulverkaffee sogar nur 4 %.

Es ist verständlich, dass die Entwicklungsländer angesichts dieser Preisbildung versucht haben, statt der Rohstoffe bearbeitete Produkte zu exportieren. Das ist aber nicht ohne weiteres möglich, da den Entwicklungsländern für die Produktion von z. B. hochwertigen Industriegütern die Fabrikanlagen, die Maschinen, die ausgebildeten Arbeitskräfte und vor

M 1
Terms of Trade

Austauschverhältnisse				
Dem Wert eines Lkw entsprachen an der deutschen Grenze jeweils				
Im Jahres-durchschnitt	1985	1990	1997	2005 (geschätzt)
Kaffee	93 Sack	302 Sack	280 Sack	310 Sack
Bananen	44 Tonnen	58 Tonnen	100 Tonnen	95 Tonnen
Kakao	76 dz	290 dz	280 dz	300 dz

Annahmen: Lastkraftwagen 6 – 10 Tonnen;
Rohkaffee salvadorianisch, Hochgewächs. Bananen mittel-amerikanisch, Ivorischer Kakao, good fermented (Angaben in Doppelzentnern).

Berechnungen nach Daten des Statistischen Bundesamts

M 2
Rohstoffe verlieren ihren Wert

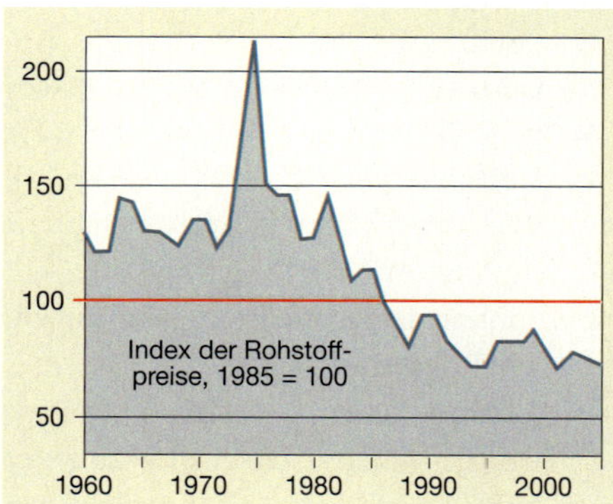

M 3
Am härtesten traf es die Kaffeeproduzenten (nach: Atlas der Globalisierung 2006, S. 29)

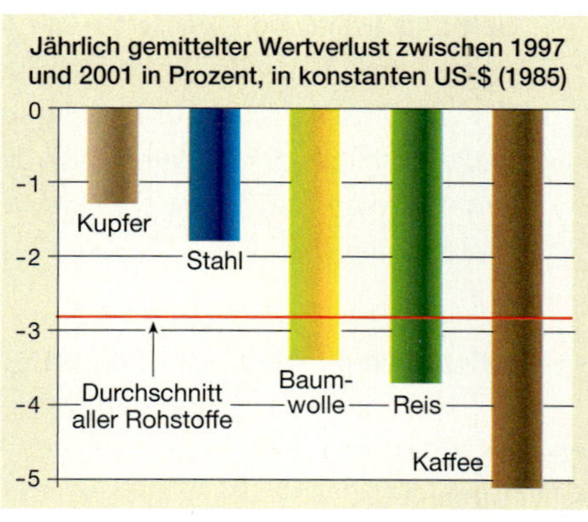

allem das Kapital fehlen. Bei einigen Produkten, deren Herstellung technologisch relativ einfach ist, haben Entwicklungsländer die Fabrikation selbst in die Hand genommen. Dazu zählen u.a. die Verarbeitung von Baumwolle, Kaffee und Jute.

Als die Entwicklungsländer ihre Produkte an die Industrieländer verkaufen wollten, mussten sie überrascht feststellen, dass die Industrieländer Steuern und **Importzölle** für die Produkte erhoben. Je mehr ein Rohstoff verarbeitet war, desto höher war der Zoll.

Mit solchen Importzöllen schützen Staaten ihre eigenen Produkte. Inzwischen versuchen auch viele Entwicklungsländer, Einfuhren von Industrieländern zum Schutz der eigenen im Aufbau befindlichen Industrie sowie zur Deviseneinsparung zu reglementieren.

Eine Möglichkeit für Entwicklungsländer, an ihren Waren besser zu verdienen, ist die Vermarktung ohne Beteiligung der Warenbörsen und des **Zwischenhandels.** So haben sich in einigen Kaffeeländern Kleinbauern zu Genossenschaften zusammengeschlossen, die vom Anbau bis zum Verkauf alles selbst organisieren. Als Folge bekommen z. B. Kleinbauern fast den doppelten Preis für ihren Kaffee gegenüber früher. In den Industrieländern gibt es zudem oft Partnerorganisationen („Aktion Dritte Welt Handel", gepa), die im Interesse der Kaffeepflanzer den Verkauf des Kaffees in den Industrieländern übernehmen und Gewinne z. T. wieder den Genossenschaften zukommen lassen (TransFair-Handel).

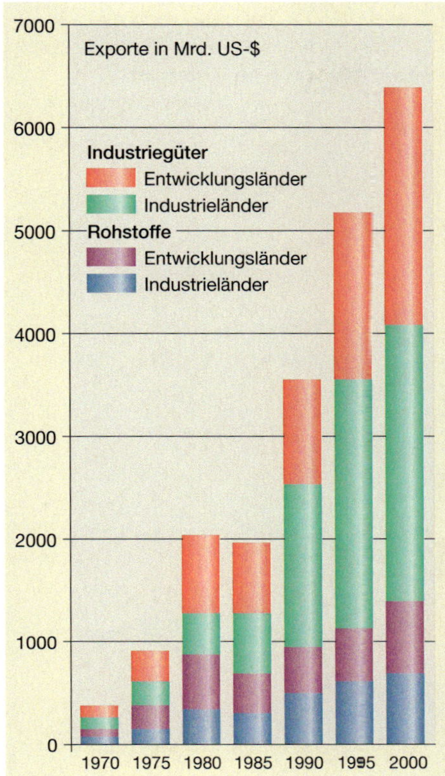

M 4
Exporte des Südens und des Nordens (nach: Atlas der Globalisierung 2006, S. 29)

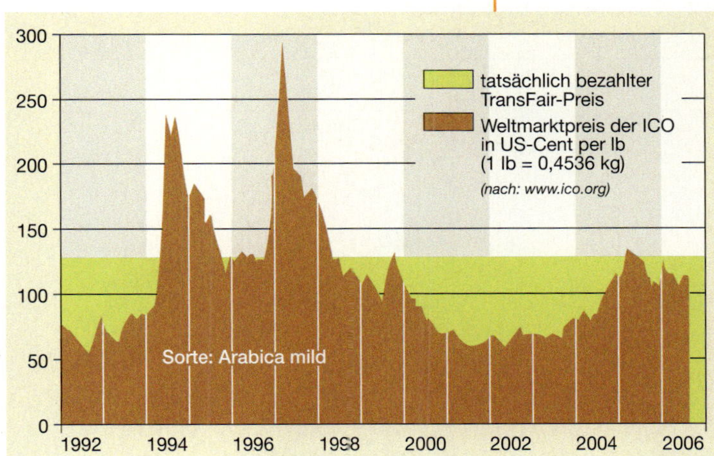

M 5 *Preisentwicklung für Rohkaffee an der Börse*

1. **Erläutere anhand des Kaffeebeispiels die Entwicklung der Terms of Trade für die Entwicklungsländer (M 1 bis M 3).**
2. **Vergleiche die Entwicklung des Exportanteils von Industrie- und Entwicklungsländern am Welthandel (M 4).**
3. **Beurteile die Möglichkeiten der Entwicklungsländer, höhere Preise für ihre Rohstoffe zu erzielen (M 2, M 5).**
4. **Erkundige dich in einem Dritte-Welt-Laden an deinem Schul- oder Wohnort nach Waren aus Entwicklungsländern. Erstelle eine Tabelle und vergleiche darin deren Preise mit denen in Nicht-TransFair-Geschäften.**

Malaysia – ein Schwellenland

M 1

Wirtschaftsraum Westmalaysia

Malaysia ist ein an **Ressourcen** reiches Land. Während der Zeit als britische Kronkolonie wurden die agrarischen und mineralischen Rohstoffe, allen voran Zinn, Kautschuk und Palmöl, fast ausschließlich exportiert. Nach der Unabhängigkeit 1948 und dem folgenden blutigen Dschungelkrieg hat sich seit 1957 in Malaysia ein bemerkenswerter wirtschaftlicher Aufbau vollzogen.

Wirtschaftliche Entwicklung

Malaysia gelang es, in die Gruppe der **Schwellenländer** (▸) aufzurücken. Kern des Aufbaus war eine **Industrialisierungspolitik.** Durch die Ausfuhr von Fertigwaren erhöhten sich die Einnahmen und zugleich verringerte sich die Abhängigkeit von Rohstoffexporten und deren Preisschwankungen. Da am Anfang kaum Kapital zur Verfügung stand, begann man mit arbeitsintensiven Industrien wie der Textil-, Bekleidungs- und Nahrungsmittelindustrie. Weitere Industrien wurden mithilfe ausländischen Kapitals errichtet. Inzwischen haben sich große malaysische Unternehmen wie die Ölgesellschaft Petronas entwickelt, die ihrerseits bereits in ausländische Projekte investieren.

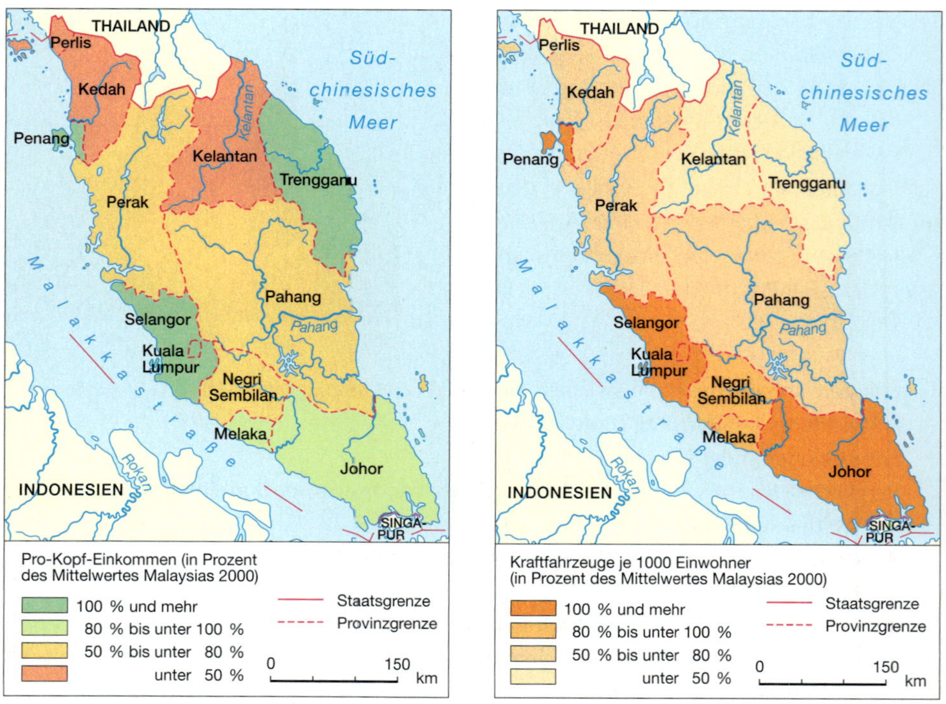

M 2

links: Pro-Kopf-Einkommen in Malaysia
rechts: Kraftfahrzeugausstattung Malaysias

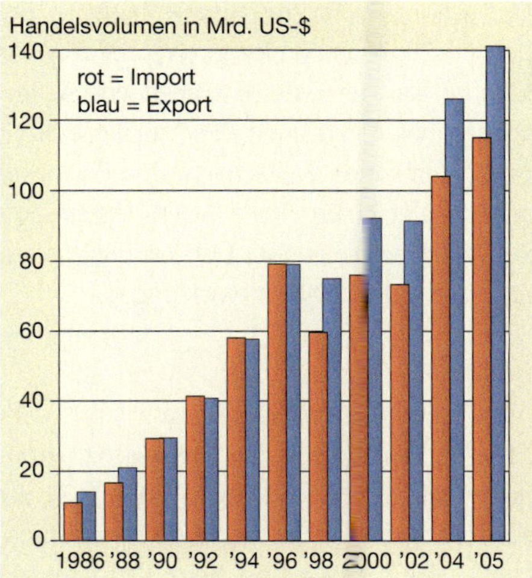

M 3 *Außenhandel Malaysias 1986 – 2005*

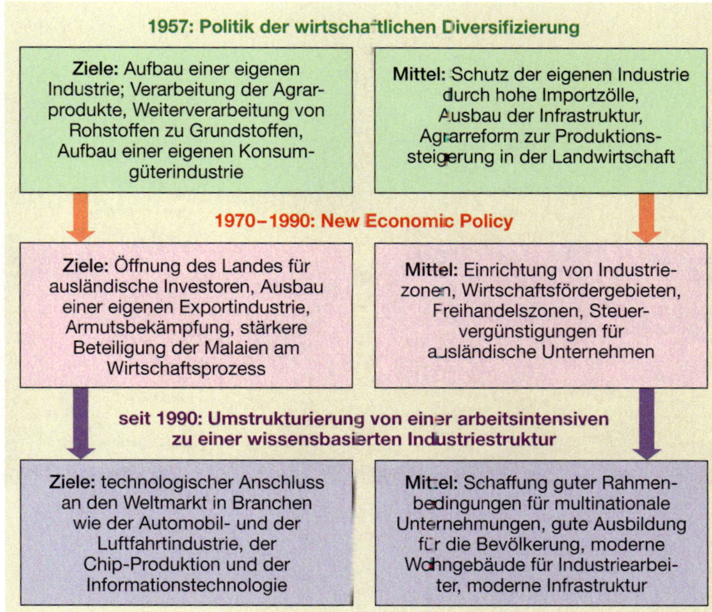

M 5 *Strategien der Industrieentwicklung in Malaysia*

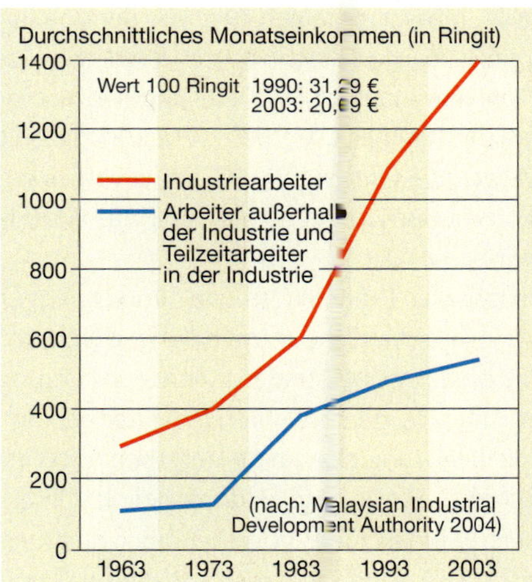

M 4 *Einkommensentwicklung in Malaysia*

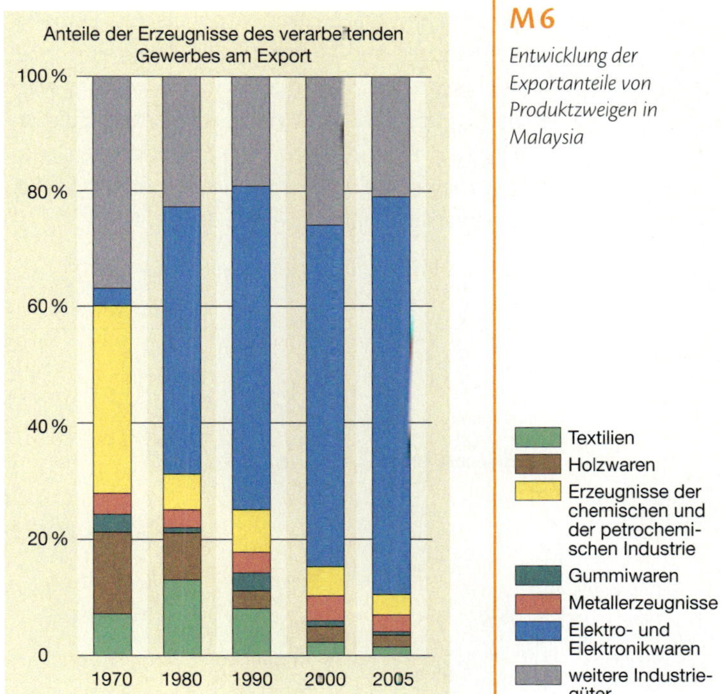

M 6 *Entwicklung der Exportanteile von Produktzweigen in Malaysia*

1. Sammle geographische und wirtschaftliche Grunddaten zu Malaysia (M 1 bis M 4, M 6, Tab. S. 350 f., Atlas).
2. Erkläre, wie Malaysia vom Entwicklungsland zum Schwellenland geworden ist (M 1, M 2, M 4, M 5).
3. Erläutere die Entwicklung der Exportstruktur von Produktzweigen und des Außenhandels von Malaysia (M 3, M 6). Zeige dabei, inwiefern sich hierin die wirtschaftliche Entwicklung des Landes widerspiegelt.
4. Beschreibe die Verteilung wirtschaftlicher Schwerpunkte in Malaysia (M 1). Welche Regionen haben vom wirtschaftlichen Aufschwung am meisten profitiert (M 1, M 2)?
5. Hier ist dein Urteil gefragt: Die Petronas-Towers in Malaysia sind das zweithöchste Bürogebäude der Welt. Inwieweit gibt die geographische Lage der Gebäude Aufschluss über die wirtschaftliche Entwicklung in Schwellen- oder Transformationsländern?

Wirtschaftsentwicklung in Ost- und Südostasien

M 1 *Skyline von Bangkok*

Der Einfluss von Weltanschauungen

Als Voraussetzung des wirtschaftlichen Erfolgs wird vielfach die konfuzianische Ethik genannt, welche insbesondere die chinesischen Volksgruppen Ost- und Südostasiens prägt. Einige Merkmale sind: Disziplin und Achtung vor Vorgesetzten und Älteren, Fortschrittsglaube, hohe Arbeitsmoral und Lernbereitschaft. Man muss allerdings vorsichtig sein, eine zu enge Verbindung von Weltanschauung und wirtschaftlicher Entwicklung herzustellen, denn auch historische Entwicklungen, Entscheidungen von Regierungen, weltpolitische und weltwirtschaftliche Einflüsse stellen weitere wichtige Einflussfaktoren dar.

M 2 *Kultur und wirtschaftlicher Erfolg*

M 3 *Ost- und Südostasien*

Der ost- und südostasiatische Raum ist der derzeit (2007) am stärksten wachsende Wirtschaftsraum der Erde. Entgegen ersten Prognosen hat daran auch die Asienkrise 1997, eine tiefgreifende Wirtschafts- und Finanzkrise, nichts geändert. Trotz vieler Gemeinsamkeiten zeigen die Länder Ost- und Südostasiens auch individuelle Entwicklungen.

Entwicklungsvoraussetzungen

Viele Länder Südostasiens litten nach dem Zweiten Weltkrieg unter kriegerischen Konflikten, wie dem Koreakrieg (1950 – 1953), der zur Teilung des Landes führte, dem Indochinakrieg (1946 – 1954) und dem Vietnamkrieg (1957/58 – 1975), der vor allem Vietnam, Kambodscha und Laos verwüstete. Taiwan (Republik China) trennte sich 1949 von der Volksrepublik China. Auch heute noch gibt es Konflikte innerhalb des ost- und südostasiatischen Raumes. Die größte Veränderung stellt derzeit die Öffnung der VR China von einem kommunistisch geführten Staat zur **Marktwirtschaft** dar.

In fast allen Ländern Ost- und Südostasiens ist der wirtschaftliche Aufschwung durch die Verbindung einer straffen politischen Führung mit marktwirtschaftlichen Elementen geprägt. Die Regierung gibt strikte Vorgaben für Wirtschafts,- Sozial- und Bildungspolitik. Umgesetzt werden diese Vorgaben aber durch eigenständige Unternehmen, z. B. den aus Familienunternehmen hervorgegangenen Chaebol (Konzernen) Südkoreas wie Hyundai oder Daewoo. In Singapur dagegen sind nach wie vor viele Unternehmen Staatsbetriebe. Vielfach zeigt sich eine **duale Wirtschaftsstruktur,** d. h., den Großunternehmen stehen Kleinbetriebe gegenüber, welche diesen zuarbeiten.

Unterschiede der wirtschaftlichen Entwicklung

Vorreiter der Entwicklung war Japan, das trotz Rohstoffarmut innerhalb von etwa 30 Jahren von einem Agrarland zu einer der führenden Industrienationen der Erde wurde. Singapur, Hongkong, Taiwan und Südkorea (Republik Korea) werden als die „4 Kleinen Tiger" bezeichnet. Der Begriff weist auf ihr starkes Wirtschaftswachstum in den 1970er- und 1980er-Jahren hin sowie auf ihre Zugehörigkeit zu Asien (China und Japan = große Tiger). Gemeinsam ist den Tigerstaaten eine ähnliche Entwicklung: Ausbau von Billiglohnindustrie, die zunächst für den einheimischen Markt, dann für den Export produzierte, danach Herstellung hochwertiger Exportprodukte und Ausbau von Dienstleistungen. Singapur und Hongkong, deren Territorien fast ausschließlich die gleichnamige Stadt umfassten, wurden **internationale Finanzmärkte**, Umschlagplätze für Waren des gesamten südostasiatischen Raumes und Verkehrsknotenpunkte. Singapur ist zudem das Zentrum der Erdölverarbeitung in Südostasien sowie des Schiffbaus. Hongkong war bis 1997 britische Kronkolonie und dadurch in seiner Entwicklung eigenständig. Entgegen ersten Befürchtungen wurde diese Entwicklung auch nach der Wiedereingliederung in China nicht unterbrochen. Hongkong bildet heute ein wichtiges Verbindungsglied zu den aufstrebenden Zentren in Südchina (Shenzen, Kanton).

In Südkorea und Taiwan erfolgte die wirtschaftliche Entwicklung zunächst in wenigen Zentren, vor allem an der Küste. Durch verbesserte Infrastruktur und allgemeinen Aufschwung profitierten später auch weitere Regionen dieser Länder.

Die anderen Länder Südostasiens folgen der Entwicklung der „Kleinen Tiger" in unterschiedlichem Maße. Eine Ausnahme bildet Nordkorea (Demokratische Volksrepublik Korea). Das Land wird durch seine politischen Führung von der Welt weitgehend abgeschottet. Trotz der in den Medien des Landes dargestellten wirtschaftlichen Erfolge gehört Nordkorea zu den ärmsten Ländern der Erde, es treten immer wieder Hungersnöte auf.

Land	Bevölkerung 2006 (in Mio.)	Analphabetenrate (%)	BNE/Kopf 2004 (in US-$)	BIP (in Mio. US-$)	Wachstum des BIP/Kopf 2003–2004 (in %)	Auslandsverschuldung 2004 (in Mrd. US-$)
China (Volksrepublik)	1311,4	9	1290	2279000	8,8	248,9
Hongkong (China)	7,0	6	26810	172932	7,7	k. A.
Indonesien	225,5	12	1140	284072	3,7	140,6
Japan	127,8	2	37180	4799061	2,5	k. A.
Kambodscha	14,1	26	320	4583	4,2	3,4
Korea, Republik (Südkorea)	48,5	2	13980	720772	4,1	20,5
Korea Dem. VR. (Nordkorea)	23,1	29	890	20800	k. A.	k. A.
Laos	6,1	31	390	2665	3,6	2,1
Malaysia	26,9	11	4650	127942	5,2	52,1
Myanmar	51,0	10	k. A.	8867	k. A.	7,2
Papua-Neuguinea	6,0	43	580	3924	0,5	2,1
Philippinen	86,3	7	1080	92586	3,3	60,6
Singapur	4,5	7	24220	116326	6,3	k. A.
Taiwan (Republik China)	22,8	4	14770	345105	6,7	k. A.
Thailand	65,2	7	2540	174545	5,4	51,3
Vietnam	84,2	10	550	47111	6,4	17,8
Welt	6555,0	–	6330	44168157	2,9	–

(nach: DSW Datenreport 2006, Weltentwicklungsbericht 2006, ergänzt)

M 4 *Strukturdaten der Länder Ost- und Südostasiens 2005*

Auswertung von Wirtschafts- und Sozialdaten

Den Entwicklungsstand von Ländern kann man an wirtschaftlichen und sozialen Daten ablesen. BNE und BIP erlauben Aussagen zur Wirtschaftskraft eines Landes. Weit entwickelte Staaten haben einen überwiegenden Anteil an Dienstleistungen, der primäre Sektor beträgt unter 5 % des BIP. Aus Sozialdaten kann man ablesen, ob der wirtschaftliche Erfolg allen Menschen eines Landes zugutekommt.

M 5 *Aussagen zum Entwicklungsstand eines Landes*

1. Die Vereinten Nationen sprechen von einem „asiatischen" Weg der wirtschaftlichen Entwicklung. Erläutere (M 2).

2. Erstelle eine Rangfolge der Länder Ost- und Südostasiens nach ihrem Entwicklungsstand. Begründe die Wahl deiner Kriterien (M 4, M 5).

3. Die Länder Ost- und Südostasiens blicken auf eine lange kulturelle Tradition zurück. Recherchiert mithilfe geeigneter Quellen Informationen zu einzelnen Ländern Südostasiens. Präsentiert anschließend eure Ergebnisse als Kurzreferat.

Gruppierung von Ländern aus Ost- und Südostasien nach ihrem Entwicklungsstand

Die vorliegende WebGIS-Anwendung knüft an dein Wissen vom ersten WebGIS-Projekt (S. 92/93) an. Nun sollst du Länder aus Ost- und Südostasien (vgl. M 3) nach ihrem Entwicklungsstand in Gruppen zusammenfassen. Es wurden vier Merkmale ausgewählt. Du kannst aber weitere Merkmale, die im WebGIS angeboten werden, nutzen.

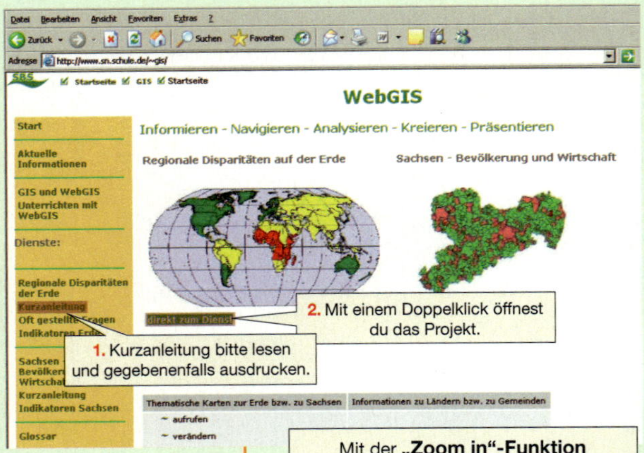

M 1 *Erste Zugangsschritte*

Erste Zugangsschritte

Öffne den Zugang zum Internet und gib die Adresse: http://www.sn.schule.de/~gis/ in die Bildmaske ein. Es erscheint die folgende Seite. Öffne nun das Projekt: „Regionale Disparitäten auf der Erde" und mache dich mit den vorgestellten Werkzeugen vertraut (M 2).

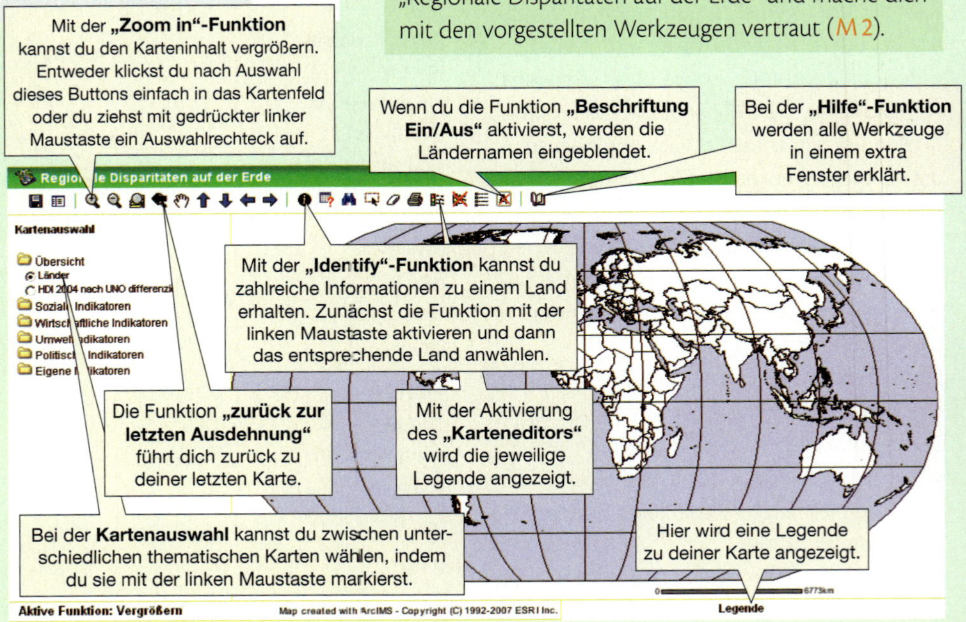

M 2 *Erklärungen zu ausgewählten Werkzeugen*

Nr	Land	Lebenserwartung in Jahren (2004)	Bevölkerungswachstum 1975–2004 in Prozent	Alphabetenrate 2004 in Prozent	BNE (ppp) pro Einwohner 2004 in US-Dollar
1	China, VR				
2	Indonesien				
3	Japan				
4	Kambodscha				
5	Korea, Rep.		Merkmale		
6	Laos				
7	Malaysia				
8	Philippinen				
9	Singapur				
10	Thailand				
11	Vietnam				

M 3 *Tabelle*

Aussagekraft von Daten

Das BNE gehört zu den Wirtschaftsdaten. Je höher das BNE (ppp) pro Einwohner in US-Dollar ausfällt, desto höher ist der durchschnittliche Entwicklungsstand eines Landes. Die übrigen Merkmale gehören zu den Sozialdaten. In der Regel gilt:

- Je schlechter die medizinische Versorgung und Ernährung ist, desto geringer ist die Lebenserwartung.
- Je geringer die Alphabetenrate, desto schlechter sind die Bildung und der Lebensstandard einer Bevölkerung.
- Je höher das Bevölkerungswachstum, desto weniger ist das Wissen über Verhütung und staatliche Altersversorgung. Dies deutet meist auf einen geringeren Entwicklungsstand hin.

M 4 *Auswertung von Wirtschafts- und Sozialdaten*

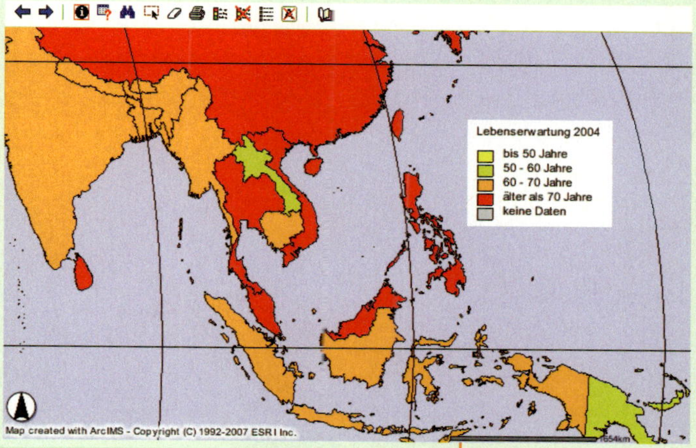

M5
Ost- und Südostasien (Monitoranzeige mit geeignetem Kartenausschnitt) http://www.sn.schule.de/~gis/

Wirtschaftsentwicklung in Ost- und Südostasien

Seit den 1960er-Jahren, war das wirtschaftliche Wachstum zunächst auf die Länder entlang der Pazifikküste konzentriert, wovon vor allem Japan, Südkorea und Taiwan, sowie die ehemaligen britischen Kolonien Hongkong und Singapur, profitierten, die sich eng an die Wirtschaft der USA banden.

Die Wirtschaft Japans war über Jahrzehnte die am stärksten wachsende Volkswirtschaft Asiens und das Land avancierte seit den 1970er-Jahren hinter den USA und vor Deutschland zur zweitgrößten Wirtschaftsmacht der Welt.

In den 1980er-Jahren entwickelten sich Hongkong (damals noch eine Kronkolonie des Vereinigten Königreichs), Taiwan, Singapur und Südkorea mit einem raschen Wirtschaftswachstum zu den so genannten „Tigerstaaten". Ihnen folgten wenig später die als Schwellenländer geltenden Staaten Indonesien, Malaysia, Philippinen und Thailand. 1997/98 fand die rasante Hochkonjunktur in vielen dieser Länder mit der Asienkrise ihr Ende, die, von Thailand ausgehend, vor allem eine Finanz- und Währungskrise war. Seitdem wachsen diese Staaten zwar weiter, aber das Wachstum hat sich deutlich abgeschwächt.

Während Japans wirtschaftliche Lage sich seit den 1990er-Jahren verschlechterte, weisen China und Indien im selben Zeitraum ein, im globalen Vergleich, überdurchschnittliches Wirtschaftswachstum von teilweise mehr als 10 Prozent pro Jahr auf. Im Welthandel hat die Volksrepublik China bereits 2005 das bis dahin in Asien führende Japan abgelöst. Ein Ende des Wirtschaftsbooms Chinas ist nicht abzusehen.

(nach verschiedenen Quellen zusammengestellt)

M6
Wirtschaftsentwicklung in Ost- und Südostasien

1. Gehe vor wie in M1 beschrieben. Nutze dabei dein Wissen über die WebGIS-Werzeuge aus dem ersten WebGIS-Projekt (S. 92/93).
2. Aktiviere die „Zoom in"-Funktion und die Funktion „Beschriftung Ein" (M2).
3. Wähle mit gehaltener linker Maustaste einen geeigneten Kartenausschnitt aus (M5).
4. Erläutere kurz die ausgewählten Merkmale der Tabelle schriftlich in deinem Heft (M3, M4). Hierbei solltest du das Glossar deines Buches nutzen.
5. Übertrage die Tabelle (M3) in dein Heft und fülle sie aus. Aktiviere dazu mit der linken Maustaste die Funktion „Identify" und danach jeweils ein Land aus deiner Tabelle.
6. Um einen besseren Überblick zu erhalten, helfen dir zwei Karten: Wähle in WebGIS (Kartenauswahl, links) unter „Soziale Indikatoren" die Karte zum Thema: „Lebenserwartung 2004" aus. Um die Karte zu optimieren, aktiviere den „Karteneditor". Es erscheint ein Extrafenster zum Thema „Legendenbilder". Hier klickst du den Button „Klassen bilden" und danach den Button „Legende übernehmen" an. Nun wird die Farbgebung für den ost- und südostasiatischen Raum angepasst (M4). Unter „Wirtschaftliche Indikatoren" findest du die zweite Karte zum Thema: „BNE (ppp)/Einwohner 2004 in US-Dollar". Um eine geeignete Farbgebung zu bekommen, verfahre genauso wie mit der ersten Karte.
7. Fasse die Länder aus deiner Tabelle begründet zu Gruppen zusammen.
8. Erstelle eine Kartenskizze mit den Ländern im ost- und südostasiatischen Raum und markiere die Länder einer Gruppe in derselben Farbe.
9. Erläutere deine Gruppierung mithilfe der Seiten 192/193 und M6.

Petrodollars verändern die Wüste am Persischen Golf

M 1
Erdölsuche in der Wüste

Erste Ölförderung	
Iran	1910
Bahrain	1925
Irak	1927
Saudi-Arabien	1936
Kuwait	1946
Katar	1949
Vereinigte Arabische Emirate (VAE)	1963

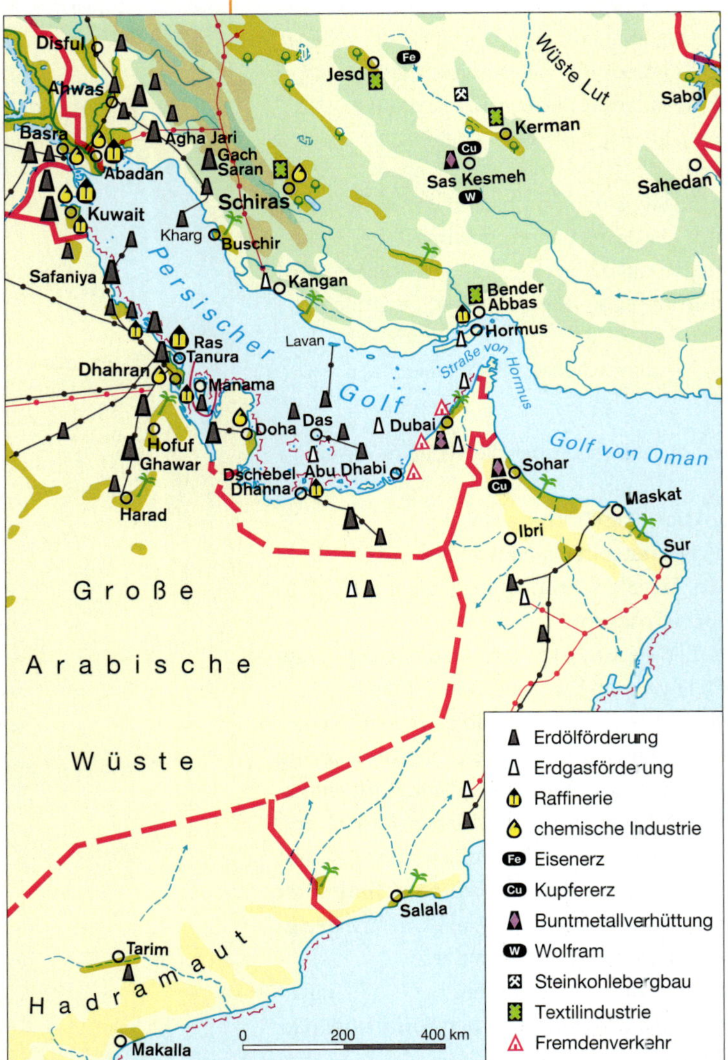

M 2 *Wirtschaft am Golf*

Öl – das „Schwarze Gold"

26. August 1908: Im Südwesten des Iran wird man zum ersten Mal bei der Ölsuche fündig. In diesem Teil der Wüste klettert das Thermometer bis auf 50 °C im Schatten – falls man den hier überhaupt findet. Hitze und Trockenheit machen den Ölarbeitern schwer zu schaffen. Doch die Aussicht auf große Gewinne führt dazu, dass bis in die Gegenwart an immer mehr Stellen Öl gefördert wird.

Die ausländischen Ölfördergesellschaften, auf deren Hilfe der Iran angewiesen war, verdienten als Erste hieran. Sie stellten Wissen, Geräte und Ingenieure, sie bestimmten die Fördermengen, sie schlossen die Handelsverträge. Erst 1960 schlossen sich einige Erdöl exportierende Länder zur **OPEC** (▸) zusammen, um den Ölgesellschaften gegenüber ihre eigenen Interessen durchzusetzen. Der Reichtum begann für die Golfstaaten im Oktober 1973, als sich alle OPEC-Staaten einig waren: Sie erhöhten den Ölpreis und drosselten die Förderung. Allein von 1973 bis 1981 verdienten sie ungefähr 1 500 000 000 000 Euro.

Der Ölsegen, den die Araber als „Geschenk Allahs" verstehen, hat die Scheichtümer am Golf mit einem Schlag aus dem Nomaden- in das Jet-Zeitalter katapultiert. Noch bevor die ersten Öltanker anlegten, hatten die Ölfirmen mit Bohrtürmen, Pipelines und Häfen das Gesicht der Länder verändert.

Im Auftrag großer Konzerne warben westliche Ölexperten bei den Beduinenfürsten um Zustimmung zur Erdölförderung an immer neuen Stellen, und diese kauften von ihren Ölkunden Konsumgüter und Luxuswaren. Mit zunehmendem Reichtum gaben sie Raffinerien und Wasserwerke, Gewächshäuser und Industrien in Auftrag. Aus einer bis dahin unterentwickelten Region wurde eine gigantische Großbaustelle.

Traditionelle Lebensformen bestehen zwar heute noch weiter, aber die explosionsartig einsetzende Verstädterung hat alte Siedlungsstrukturen verdrängt. Die alten Kleinstädte der Scheichtümer wurden eingeebnet, neue Städte aus dem Wüstensand gestampft, autogerecht wie in Amerika. Banken, Geschäftshäuser, Fernmeldetürme, alle Arten von Firmensitzen sowie teure Luxushotels drängen sich in den Innenstädten. Breite Ringstraßen umgeben jenseits von Grünzonen den Stadtkern. Autobahnen führen sternförmig hinaus in weite Wohnquartiere, in Industriebezirke zur Universität oder zum Flughafen mitten in der Wüste.

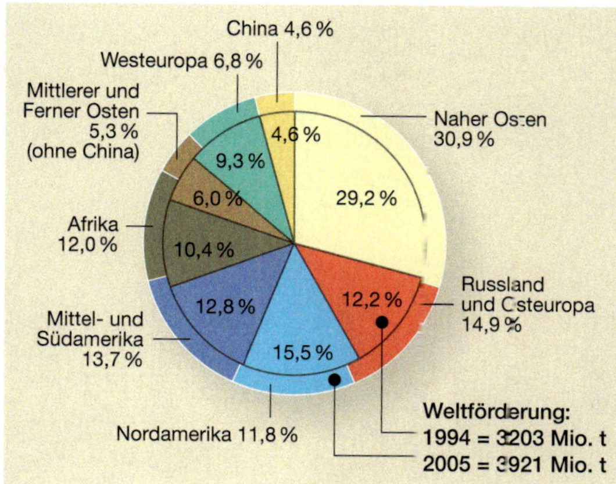

M3
Erdölförderung 1994/2005 (nach: Öldorado 2006, Hamburg)

M4
Kuwaits Ölquellen sprudeln

Einfache Ölförderung

Hier und da ein eingezäuntes Zapfventil, kaum auffälliger als der Anschluss für den Gartenschlauch im Rasen. Keine Bohrtürme, keine Pumpen. Das Öl fließt in der Regel mit eigenem Druck aus dem Boden, läuft in Röhren zu einem Verteiler und weiter in die Raffinerien am Hafen. Draußen auf See warten die Tanker. Aus den Röhren fließen täglich eine runde Million Barrels Öl (1 Barrel = 159 l). Mit dem Öl fließen die Dollars; Kuwait nimmt durchschnittlich zehn Milliarden Dollar im Jahr durch das Öl ein.

(nach: GEO 12/1984)

	Reserven 2005 (in Mio. t)	Reichweite *) (in Jahren)	Förderung (in Mio. t) 1990	2005	hiervon Eigenverbrauch (in %)	Exportanteil des Öls (in %)	BNE je Einwohner 2005 (in US-Dollar)
Vereinigte Arab. Emirate (VAE)	12 851	98	105	131	14	86	21 850
Bahrain	17	2	6	9	24	76	14 697
Iran	18 109	73	161	200	33	67	2 665
Irak	15 430	134	105	92	23	77	k. A.
Katar	2 011	21	21	46	9	91	k. A.
Kuwait	14 054	283	47	124	12	88	21 115
Oman	745	16	34	39	3	97	8 844
Saudi-Arabien	36 094	84 325	341	533	33	67	11 476
Welt	**175 384**	**45**	**3 164**	**3 921**	–	–	–

M5
Bedeutung des Erdöls für die Golfstaaten 2006
**) bei gleichbleibender Förderung*

1. Nenne die Staaten am Persischen Golf. In welchen wird Erdöl gefördert (M2, Atlas)?
2. Das Erdöl hat das Leben in den Golfstaaten verändert. Erkläre.
3. Lies im Kapitel „Lebensfeindliche Trockenheit kann überwunden werden" (S. 34 f.) nach, wie die ursprüngliche Lebensweise in diesem Naturraum aussah.
4. „Der Reichtum der Golfstaaten kommt vom Öl." Beurteile diese Aussage (M4, M5).
5. Erläutere die Entwicklung der weltweiten Erdölförderung seit 1994 (M3, M5).

M 1
Abu Dhabi am Persischen Golf

Moderne Entwicklungen

Wo noch vor 20 Jahren Wüste war, stehen heute Paläste für reiche Kaufleute und hohe Regierungsbeamte. Aber auch so etwas wie sozialen Wohnungsbau gibt es. In Kuwait werden für die „lower income class" respektable Einfamilienhäuser gebaut mit sechs oder acht Zimmern, zwei Bädern, Küche, Dachterrasse und hinter dem Haus ein Extratrakt für das Dienerehepaar aus Sri Lanka oder Indien. Zwischen den Häusern liegen prächtige Grünanlagen, die mindestens einmal am Tag bewässert werden. Wasser ist genügend vorhanden. Es wird in Meerwasserentsalzungsanlagen gewonnen. Ein teures Verfahren, ein Kubikmeter Wasser kostet etwa 6 Euro, aber Geld scheint keine Rolle zu spielen.

(nach: GEO 12/1984)

M 2 *Wandel in der Wüste*

Folgen des Reichtums

Die modernen Städte üben eine magische Anziehungskraft auf die ländliche Bevölkerung aus: Beduinen verkaufen ihre Herden und ziehen an den Rand der Städte. Bauern verlassen ihre Felder, ziehen in Behelfsunterkünfte oder Sozialwohnungen. Sie leben zwar „in der Stadt", sind aber noch lange keine Städter, haben sich noch nicht an die andersartige Lebensweise gewöhnt. In der Aufbauphase zwischen 1970 und 1980 entwickelten sich die Bauindustrie und das Dienstleistungsgewerbe. Die eigene Bevölkerung reichte nicht aus, um genügend Arbeitskräfte zu stellen; zudem mangelte es an Facharbeitern, Technikern, Akademikern und Verwaltungskräften. Deshalb mussten ausländische Arbeitskräfte geholt werden.

„Ein amerikanischer Ingenieur oder ein Einheimischer verdient so viel wie 2000 Pakistanis zusammen. Glauben Sie, dass das noch lange so weitergehen wird?", fragt besorgt ein Araber, der wie andere befürchtet, dass die sozialen Ungerechtigkeiten auf Dauer zu Unruhen führen können, umso mehr, als bei wirtschaftlichen Flauten die ausländischen Arbeitskräfte jeweils zuerst ihren Job verlieren und des Landes verwiesen werden. *(nach: Time Life)*

In die Landwirtschaft ist stark investiert worden: Wissenschaftler züchten in riesigen gekühlten Gewächshäusern ertragreiche Sorten, u.a. von Paprika, Gurken und Tomaten. Auf Musterfarmen werden neue Bewässerungsmethoden erprobt. Wasser wird aus großen Tiefen gefördert, Meerwasserentsalzungsanlagen sind entstanden. Seit 1982 kann sich z.B. Saudi-Arabien erstmals selbst mit Weizen versorgen – der Import einer Tonne Weizen wäre allerdings nur halb so teuer wie die Erzeugung im eigenen Land.

Seit Mitte der 1980er-Jahre fließen Öl und Geld am Golf spärlicher, da der Ölpreis verfiel und die Einnahmen sanken. Die Ölexporte gingen zurück, die Industrieländer verringerten wegen des hohen Preises ihren Ölverbrauch. Andere Erdölförderländer drängten auf den Weltmarkt, der Weltmarktanteil der

OPEC-Staaten sank um ein Drittel auf 41 % (1992). Der Golfkrieg zwischen Irak und Kuwait 1990/91 sowie der Irak-Krieg 2003 führten zu schweren Schäden und wirtschaftlichen Verlusten.

Am Persischen Golf wurde man sich allmählich dessen bewusst, dass das Öl nur für eine begrenzte Zeit reicht und dass für die „Nach-Ölzeit" Vorsorge getroffen werden muss. Zunächst wurden Millionen Dollar in den Aufbau der Erdöl verarbeitenden Industrien, wie z.B. der Erdölchemie, gesteckt. Statt Rohöl oder Halbfabrikate sollen End- oder Fertigprodukte exportiert werden, die höhere Gewinne erbringen. Man hat jedoch eingesehen, dass zur Schaffung stabiler, zukunftssicherer Verhältnisse die Ölverarbeitung allein nicht ausreicht. Deshalb wurde in einem zweiten Schritt mit der Entwicklung unterschiedlicher Industriezweige begonnen.

1981 wurde der Golfkooperationsrat mit dem Ziel gegründet, untereinander wirtschaftlich enger zusammenzuarbeiten und sich von den Industrieländern unabhängiger zu machen. 1992 beschloss man zunächst die schrittweise Einführung einheitlicher Zölle. Obwohl man sich wiederholt in der maßgeblichen Zielsetzung nicht einig war, wurde im November 2003 eine gemeinsame Zollunion gegründet, als Vorstufe zu der für 2010 geplanten Freihandelszone. 2004 erklärte man sich mit der EU in einer „Strategischen Partnerschaft" einig und 2005 trat man in erfolgsversprechende Verhandlungen mit China über eine „Freihandelszone" ein.

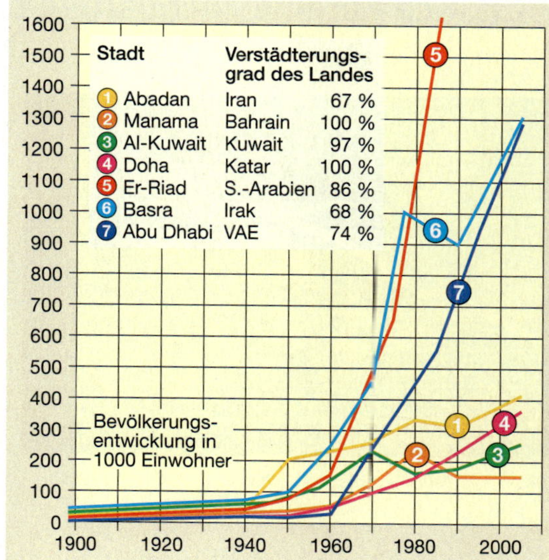

M 3 *Stadtentwicklung der Golfstaaten*

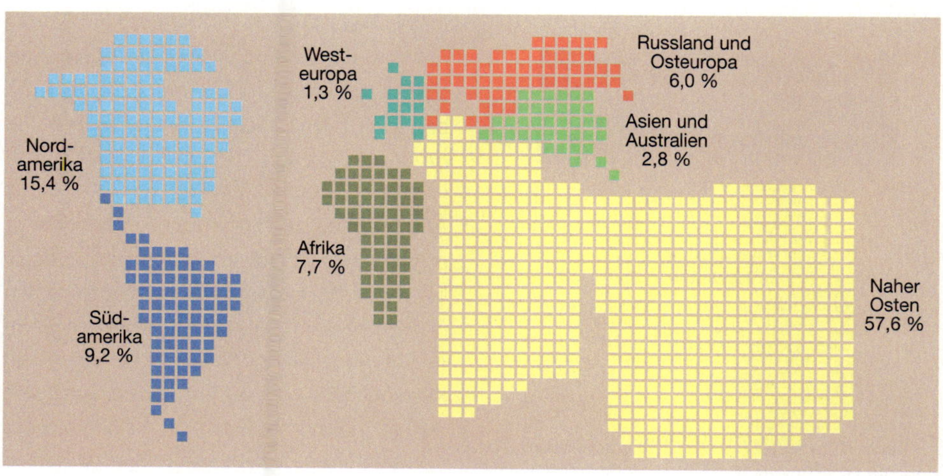

M 4
Weltkarte der Erdölreserven (2005) (nach: Oeldorado 2006)

1. Untersuche die Bevölkerungs- und Stadtentwicklung in den Golfstaaten (M 3).
2. Der Ölboom hat positive und negative Folgen gehabt – ist diese Aussage richtig (M 1 bis M 3)?
3. Welche Bedeutung hat die Golfregion für die Erdölversorgung der Erde (M 4)?
4. Ist Öl – ein dauerhafter Garant für Wohlstand in den Golfstaaten (M 4 Seite 196)?

Tourismus in Entwicklungsländern – Gefahr oder Chance für eine nachhaltige Entwicklung?

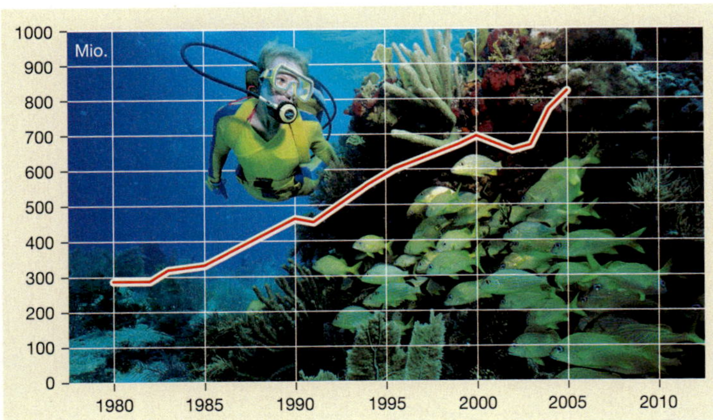

M1

Zahl der Auslandstouristen weltweit

In den letzten Jahrzehnten des 20. Jahrhunderts. hat der Massentourismus weltweit einen großen Aufschwung erfahren. Nach Analysen der UNWTO (Welttourismusorganisation der Vereinten Nationen) arbeiten weltweit 12 % aller Beschäftigten im Tourismussektor und die Tourismusbranche erwirtschaftet 12 % des gesamten BSP aller Länder der Erde. Außerdem zählt der Tourismussektor zu den Wirtschaftszweigen mit den höchsten Zuwachsraten. Die von der UNWTO analysierten Zukunftsaussichten lassen riesige Gewinne erwarten. So ist es kein Wunder, dass gerade die Länder der Dritten Welt mit ihren Natur- und Kultursehenswürdigkeiten sich einen Anteil am Tourismusgeschäft sichern möchten. Sie sehen den Tourismus als Wirtschaftssektor, der ihnen Arbeitsplätze, Deviseneinkommen und auf Dauer eine Verbesserung der Lebensverhältnisse der Bevölkerung bescheren kann.

Allerdings kommt nicht alles von den Touristen ausgegebene Geld den Entwicklungsländern zugute. Die Flüge werden beispielsweise meist von Airlines angeboten, die nicht den Entwicklungsländern gehören. Auch manche Hotels in den Entwicklungsländern gehören internationalen Konzernen. Einige Entwicklungsländer müssen viele der von den Touristen konsumierten Güter importieren. Zudem müssen Entwicklungsländer vor Einsetzen des Tourismus die notwendige Infrastruktur errichten.

Gut entwickelte Entwicklungsländer (z. B. Mexiko, Thailand) produzieren fast alles, was Touristen benötigen, selber und können etwa 85 % der Deviseneinnahmen behalten, auch Kenia liegt mit ca. 70 % recht günstig. Kleine und weniger entwickelte Länder (z. B. viele Inselstaaten) müssen viele Güter importieren und behalten nur 30 – 50 %. Trotzdem ist für die meisten Entwicklungsländer der Tourismus sehr positiv, weil er nicht nur Geld ins Land bringt, sondern auch vielen Menschen Arbeitsplätze sichert.

Allerdings hat der Massentourismus nicht nur positive Auswirkungen. Angesichts „zubetonierter" Küstenabschnitte im europäischen Mittelmeerraum, Wasserknappheit im Sommer und ungeklärter Abwässer, die Flüsse und Küstengewässer verschmutzt haben, stellt sich vielen Kritikern die Frage, ob die Sünden des frühen Massentourismus in Europa jetzt in den Entwicklungsländern wiederholt werden.

Inzwischen hat jedoch eine Sensibilisierung eingesetzt, die den Schutz des Naturraums sowie eine

M2

Dreieck „Nachhaltiger Tourismus"

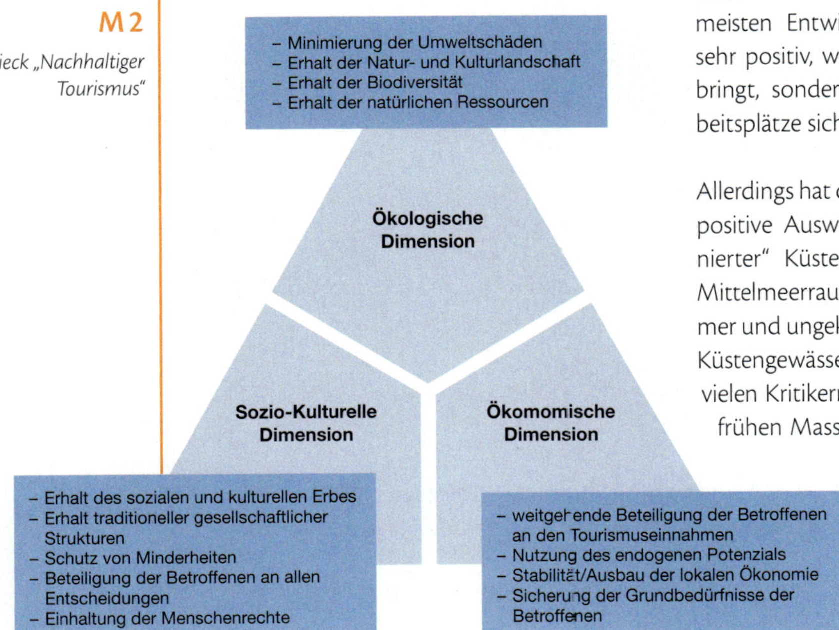

Nachhaltigkeitsproblematik
„Ein weiteres Merkmal der Studien und Pläne über die Nachhaltigkeitsproblematik ist die überwiegende Berücksichtigung nur der lokalen und nationalen Ebene. Eine nachhaltige Entwicklung wird jedoch vor allem durch Faktoren auf der globalen Ebene gefährdet. Der rasant zunehmende Flugverkehr, die wesentliche Basis des Entwicklungsländer-Tourismus, bedingt einen hohen Energieverbrauch und damit exzessive Schadstoff-Emissionen wie einen hohen CO_2-Ausstoß, die den Treibhauseffekt und damit den globalen Klimawandel mit noch nicht absehbaren Folgen […] mitbedingen. Hinzu kommt der hohe Verbrauch am fossilen, endlichen Energieträger Öl. Entwicklungsländer-Tourismus und nachhaltige Entwicklung schließen sich schon deshalb langfristig aus."

(Aus: Vorlaufer, K.: Tourismus in Entwicklungsländern. In: Geographische Rundschau 3/2003, S. 13)

M 3 *Tourismus und nachhaltige Entwicklung*

Förderung einheimischer Strukturen zum Ziel hat. Vor allem nach der UN-Konferenz für Umwelt und Entwicklung in Rio 1992 wurde die Forderung nach Nachhaltiger Entwicklung auch auf den Tourismus übertragen. Auf dem Weltgipfel für Nachhaltige Entwicklung in Johannesburg 2002 wurden die Ziele des Nachhaltigen Tourismus präzisiert:
Nachhaltigkeit kann nur erreicht werden, wenn der Tourismus so gestaltet wird, dass er in den Bereichen Ökologie, Ökonomie und Soziales/Kultur positive Effekte bewirkt, die auch künftigen Generationen ein Leben garantieren, das ihnen politische, wirtschaftliche und sozio-kulturelle Sicherheit in einer möglichst intakten Umwelt bietet. Das bedeutet aber, dass viel mehr als bisher das Zusammenwirken dieser drei Bereiche für die Planung von Tourismus in Entwicklungsländern bedacht werden muss und dass vor allem die Entwicklungsländer selbst viel mehr an den Planungen und Entwicklungen der internationalen Tourismusbranche beteiligt werden müssen.

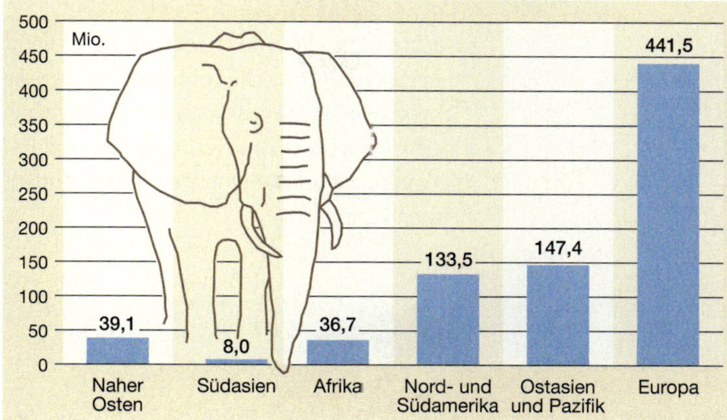

M 4 *Anzahl der Touristen weltweit nach ihrer Herkunft 2005*

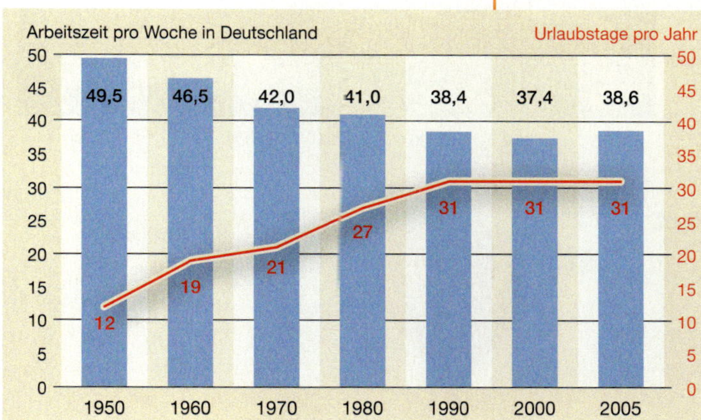

M 5 *Entwicklung der Arbeitszeit und der Urlaubstage in Deutschland*

1. Erläutere die Entwicklung der Touristenzahlen im Auslandstourismus. Begründe den Einbruch in der Entwicklung nach 2000 (M 1).
2. Erläutere die ungleiche Verteilung des internationalen Tourismus auf die Kontinente. Kannst du begründen, warum vergleichsweise wenige Touristen Afrika besuchen (M 4)?
3. Begründe den stark anwachsenden Tourismus mithilfe von Entwicklungen, die in den Industrieländern stattgefunden haben (M 5).
4. Erläutere M 2. Finde aufgrund deiner bisherigen Kenntnisse über Tourismus positive und negative Beispiele zu den drei Dimensionen.

Kenia: Tourismus hat zwei Seiten

Kenia gehört seit Jahren zu den beliebten Fernreisezielen in Afrika. Die Touristen schätzen die langen, weißen Sandstrände und die einzigartige Tierwelt in den Nationalparks und Reservaten, die sie während der Safaris kennenlernen können.

Seit der Mitte der 1960er-Jahre nehmen die Touristenzahlen und parallel dazu die Einnahmen aus dem Tourismus zu. Die positive Entwicklung wurde jäh unterbrochen, als Terroristen 1998 und 2002 Anschläge in Kenia verübten. Viele Touristen blieben aus und die Deviseneinnahmen gingen um 40 % zurück. Durch verstärkte Sicherheitsmaßnahmen und Werbekampagnen konnte aber das Vertrauen der Touristen zurückgewonnen werden und seit 2004 steigen die Touristenzahlen wieder an. Immerhin wird durch diese Ereignisse deutlich, wie anfällig der Ferntourismus ist.

Wirtschaftlich ist der Tourismus für Kenia von großer Bedeutung. 2006 brachten die Touristen 800 Mio. US-$ ins Land, 2007 werden es voraussichtlich über eine Milliarde sein. Damit ist der Tourismus der wichtigste Devisenbringer des Landes, von dem rund fünf Millionen Kenianer leben.

M 1
Auslandstouristen in Kenia

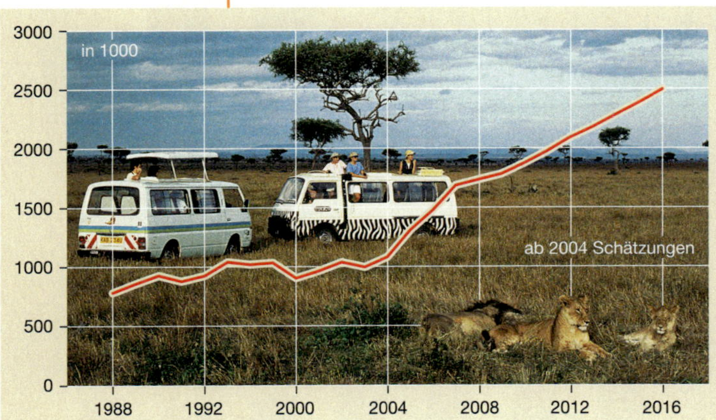

M 2
Das Safari-Highlight

Ballon-Safaris

Eine beliebte Sache und eine bleibende Erinnerung ist für Besucher des Massai Mara und der Taita Hills Lodge im südlichen Kenia eine Ballonfahrt. Die Teilnehmer versammeln sich in der Morgendämmerung in der Halle und beobachten, wie sich der riesige Ballon langsam durch motorgetriebene Ventilatoren entfaltet. Dann werden die Brenner gezündet und mit lautem Geräusch bekommt der Ballon Form. Die Passagiere steigen in den Korb und erhalten noch einige Instruktionen vom Piloten; die Brenner werden hochgefahren, langsam, fast unmerklich, hebt der Ballon ab. Im Schein der aufgehenden Sonne sieht man den afrikanischen Busch unter sich. Der Pilot macht während der Fahrt auf Landtiere und Vögel aufmerksam, die meist den Ballon ignorieren, wenn er nicht genau über ihnen ist.

Nach etwa einer Stunde landet der Ballon im offenen Gelände, die Mannschaft steigt aus und nimmt an einer langen Frühstückstafel Platz, die schnell aufgebaut wird. Während das üppige Frühstück über den Brennern des Ballons zubereitet wird, öffnet der Pilot eine Flasche Champagner und stößt mit den Gästen auf die gelungene Fahrt an. Das anschließende Cordon-bleu-Frühstück in afrikanischer Umgebung ist unschlagbar. Nach dem Frühstück erleben die Gäste auf der Heimfahrt zu ihren Lodges noch eine spannende Safaritour im Auto.

(aus einem Reiseprospekt 2007)

Das steht nicht im Reiseprospekt:

Von der Lodge aus folgt ein großer Geländewagen dem Ballon, um Tische, Bänke, Geschirr, Essen und Getränke zum Landeplatz zu transportieren. Auch der Safaribus kommt zum Landeplatz um die Gäste wieder zu ihren Lodges zu bringen. Anschließend fährt ein schwerer geländegängiger Lkw mit Kranaufsatz zum Landeplatz um den Ballon samt Gondel aufzuladen und zurückzubringen.

Die wirtschaftliche Erfolgsgeschichte verdeckt aber einige Nachteile, die aus dem Tourismus entstehen. So profitieren nur wenige Regionen, wie z.B. die Küste oder die Nationalparks, von den Ausgaben der Touristen. Der Rest des Landes hat wenig davon. In den Touristengebieten zeigen sich auch negative soziale Auswirkungen: Viele junge Kenianer wollen den Lebensstil der Fremden kopieren und streben den Besitz von Handys, Digitaluhren und Designerkleidung als Statussymbole an. Um Geld zu verdienen, schwänzen sie mitunter die Schule und versuchen durch Gefälligkeiten von den Touristen Geld zu bekommen. Dazu verkaufen sie Souvenirs am Strand, bieten sich Touristen als Reiseführer in ihrem nahe gelegenen Heimatdorf an oder sie vermitteln – gegen Gebühr – Bootsfahrten zu den Korallenriffs. Wenn besonders pfiffige Jugendliche mehr Geld von den Touristen „ergattern" als ihr Vater mit seiner Arbeit nach Hause bringt, gibt es Probleme.

M 3

Lodge in Kenia

Das Umdenken hat begonnen

Kenia gehört weltweit zu den führenden Ökotourismus-Ländern. Diese Form von Tourismus findet in kleinen Gemeinden – vor allem in den Naturreservaten – statt und basiert auf der Zusammenarbeit mit den ansässigen Stämmen. 1999 wurde die „Ecotourism Society of Kenya" gegründet, die einen nachhaltigen Tourismus fördern soll.

Ein Beispiel für diese Art von Tourismus ist die Laikipa Eco Lodge, 56 km nördlich des Mount Kenya, im Land der Maasai gelegen. Sie befindet sich auf einer 16 500 ha großen Gemeinschaftsfläche der Maasai-Gemeinde und wird von einem durch die Gemeindemitglieder gewählten Komitee, dem ein chairman vorsteht, geleitet. Die Lodge besteht aus mehreren Bungalows, die im einheimischen Stil und von einheimischen Handwerkern errichtet wurden.

Die Ausstattung der Zimmer wurde ebenfalls von einheimischen Handwerkern und aus natürlichen Materialien der Region gefertigt. Das Personal besteht ausschließlich aus Maasai-Angehörigen. Die Gewinne der Lodge werden nach einem vom Komitee erarbeiteten Schlüssel verteilt und kommen dem Ausbau der Schule und der örtlichen Infrastruktur zugute. Mit dieser zusätzlichen Einnahmequelle sind die Maasai nicht mehr so sehr auf die Einnahmen aus der Viehzucht angewiesen. Infolgedessen ist die Zahl der Tiere bereits zurückgegangen und die Weideflächen haben sich erholt, was wiederum den Wildtieren zugute kommt.

(nach: Eco-resorts 6/2007)

M 4

Safari einmal anders

1. Informiere dich im Reisebüro/im Internet über Sehenswürdigkeiten und Touristikangebote in Kenia und stelle die interessantesten deiner Klasse vor.
2. Stelle in einer Tabelle positive und negative Folgen des Tourismus in Kenia zusammen (Text S. 202 – 203)
3. Ziehe das Nachhaltigkeitsdreieck (M 2, S. 200) hinzu und überprüfe die beiden Safari-Angebote (M 2, M 4) hinsichtlich der drei Dimensionen. Bewerte die beiden Angebote abschließend hinsichtlich ihrer Nachhaltigkeit und begründe deine Entscheidung.
4. Entwirf ein Plakat, auf dem du deinen Mitschülern darstellst, wie du deinen nächsten Urlaub bezüglich der Nachhaltigkeit gestalten würdest. Ziehe dazu auch M 2 auf S. 200 heran.

USA – hoch industrialisierte Landwirtschaft

M 1 *Mechanisierte Baumwollernte*

Grundlagen der Landwirtschaft

Noch im 19. Jh. wurden die Wald- und Steppengebiete Nordamerikas durch Indianervölker überwiegend extensiv genutzt. Die natürlichen Voraussetzungen für eine **intensive landwirtschaftliche Nutzung** waren mit Ausnahme von Alaska und den Gebirgsregionen im Westen überall günstig. Die weißen Siedler wandelten ehemals ungenutzte Gebiete zu landwirtschaftlichen Nutzflächen um (Kultivierung), raubten jedoch den Indianern nach und nach deren Weide- und Jagdgründe und somit deren Lebensraum. Die Linie der 500-mm-Jahresniederschläge, die etwa parallel zum 100. Meridian verläuft, bildet die Trockengrenze des Anbaus. Westlich davon fallen die Niederschläge spärlicher; es muss bewässert werden. Für die Bewässerung steht jedoch nicht immer genug Wasser zur Verfügung: Die wenigen Niederschläge können über Jahre hinweg weit unter dem Durchschnitt liegen und das Grundwasser reicht auf Dauer nicht aus, das Niederschlagsdefizit auszugleichen. Dadurch ist das Ernterisiko besonders groß. Weitere Risiken bilden Wirbelstürme und Kaltlufteinbrüche. Den Kernraum der agrarischen Produktion bilden die Prärien der Great Plains im Mittelwesten der USA mit ihren günstigen Klimavoraussetzungen und den guten Böden.

Voraussetzung für die hohen Ertragsleistungen der US-Landwirtschaft war ein **Strukturwandel.** Während der letzten Jahrzehnte fanden Modernisierung und Automatisierung Eingang in die landwirtschaftliche Produktion: In Trockengebieten bewässern riesige Kreisregner die Felder; elektronisch gesteuerte Erntemaschinen für Obst und Gemüse stellen durch Sensoren deren Reifegrad fest. Maschinen ernten, sortieren und verpacken in einem Arbeitsgang die Ernte. Die Spezialisierung schritt voran, der Einsatz von Maschinen stieg, das Saatgut wurde durch wissenschaftliche Forschungen verbessert. Die Landwirtschaft entwickelte sich zum **Industrial Farming.**

M 2
Landwirtschaft der USA: Anteil an der Weltproduktion und am Weltexport 2004

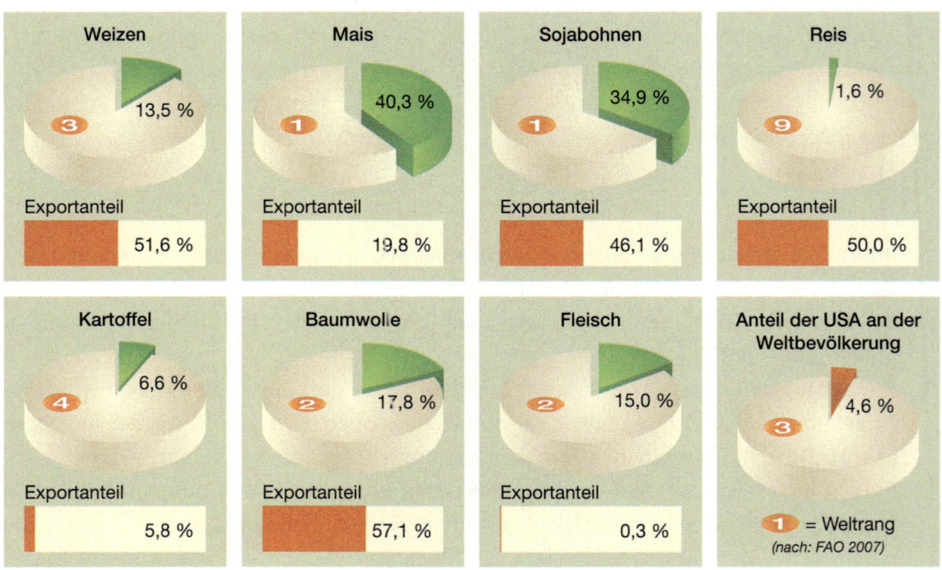

Eine Maisfarm in Iowa

John Connors hatte mich eingeladen, die Farm seines Vaters im Nordwesten Iowas zu besuchen. Als wir das kleine Landstädtchen Bremen Richtung Farm verlassen hatten, empfand ich die Landschaft als eintönig, ja sogar langweilig. Die Straße verlief schnurgerade. Im gleichen Abstand zweigten Nebenstraßen rechtwinklig ab. Die meisten der riesengroßen Felder waren mit Mais bestellt.

„Die Landaufteilung stammt noch aus der Zeit der ersten Siedler", antwortete John auf meine entsprechende Frage. „Damals wurde das Land gleichmäßig in sog. Townships eingeteilt und diese in Sections unterteilt. Oberflächenform, Gewässer und Bodenbeschaffenheit spielten hierbei keine Rolle. Eine Section wurde schließlich in vier Quartersections oder ‚Homelands' untergliedert und an die Siedler verkauft."

Während wir auf das zweistöckige Wohnhaus zufuhren, erzählte er mir von seiner Tätigkeit als Farmer: „Ich hatte Glück, dass ich zu meinen 64 ha nach und nach weitere 92 ha hinzukaufen bzw. pachten konnte. Ein zu kleiner Farmbetrieb ernährt heute nämlich nicht mehr seinen Mann. Eine Farm ist inzwischen fast ein Industriebetrieb, mit vielen leistungsstarken Maschinen. Fremde Arbeitskräfte einzusetzen, kann ich mir schon lange nicht mehr leisten. Stattdessen ist die Mechanisierung ständig fortgeschritten. Vor einigen Jahren habe ich mein letztes Vieh abgeschafft und mich auf Mais- und Sojabohnenanbau spezialisiert, wie viele Farmer in der Gegend. Beides sind nährstoffreiche Futterpflanzen. Sojabohnen werden auch in der Lebensmittelindustrie verwertet.

Der Mais, den ich heutzutage anbaue, hat übrigens kaum noch Gemeinsamkeiten mit dem, den mein Großvater vor 50 Jahren angebaut hat. Heute gibt es speziell gezüchteten Mais, so genannten „Hybridmais". Der wächst gleichmäßig hoch, lässt sich deshalb maschinell besser ernten und ist zudem ertragreicher. Allerdings kann man ihn nicht wieder aussäen. Ich muss deshalb in jedem Jahr neues Saatgut kaufen." *(Nach dem Bericht eines deutschen Austauschschülers)*

M3

Feldflur in Kansas

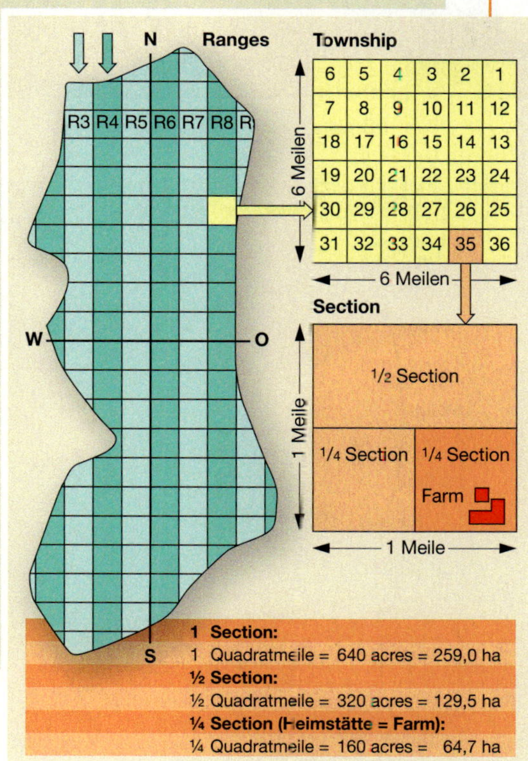

M4

System der Landvermessung und Landaufteilung

1. Erläutere die weltwirtschaftliche Bedeutung der US-Landwirtschaft (M 2).
2. Beschreibe Lage und Ausdehnung der Anbauzonen in den USA (Wirtschaftskarte im Atlas).
3. Erläutere den Verlauf der „Trockengrenze des Anbaus" (Text).
4. Erkläre das System der Landaufteilung in den USA (M 3, M 4).
5. Wodurch konnte Farmer Connors die Leistungsfähigkeit seines Farmbetriebes steigern?

Organisation des Mähdreschereinsatzes

„O.K., am 12. Juli erntet ihr also meine Felder in Red Cloud ab und am 15. Juli die in Fullerton. Dort treffen wir uns dann." Nick Foster legt den Telefonhörer auf und notiert auf seinem Planungskalender die Termine für die Weizenernte in Nebraska. Er ist landwirtschaftlicher „Unternehmer". „Farmer" kann man zu ihm eigentlich nicht mehr sagen. Seine Weizenfelder erreichen inzwischen eine Gesamtgröße von 8000 ha, sie liegen in Oklahoma und in Nebraska. Er selber wohnt in der Stadt und organisiert die landwirtschaftliche Arbeit vom Büro aus. Seine Felder sucht er nur noch gelegentlich auf. „Suitcase (Koffer-)Farmer" werden Leute wie er genannt.

M 1 *Mähdrescherkolonne in Oklahoma*

M 2 *Ernteзug der Mähdrescher*

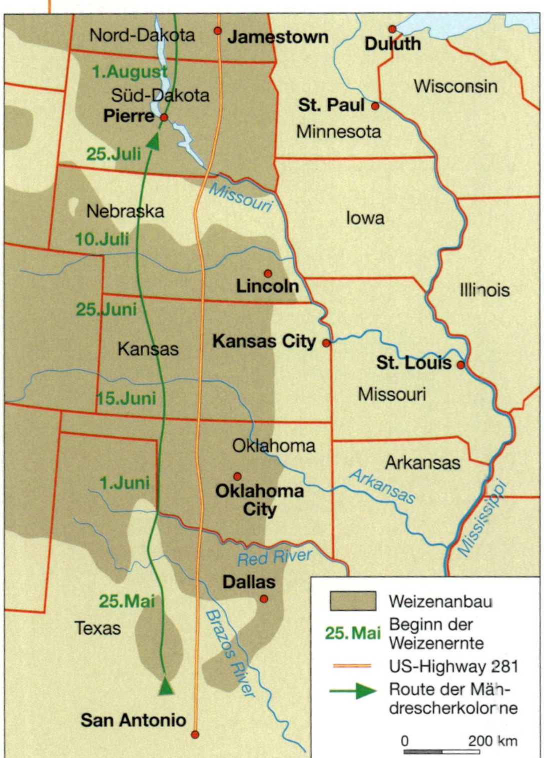

Im Weizengürtel der USA

Im Weizengürtel der USA sind Betriebsformen wie die von Nick Foster nichts Besonderes. Familienbetriebe haben nach und nach die Betriebsfläche vergrößert, um mit den Farmen im Osten konkurrenzfähig zu bleiben. Wegen der geringeren Niederschläge westlich des 100. Meridians sind die Hektarerträge niedriger als im Osten; in regelmäßigen Abständen drohen zudem Dürren. Viele Farmer haben daher bewusst in verschiedenen Regionen liegende Felder hinzugekauft, um auf diese Weise das Ernterisiko zu verringern. Schließlich werden in einem Jahr nicht alle Gebiete der USA gleichzeitig von Dürren heimgesucht.

Im Weizengürtel der USA schließen Farmer wie Nick Foster Verträge mit Lohnunternehmen. Diese übernehmen verschiedene Arbeiten für die spezialisierten Weizenbetriebe, stellen Maschinen und Arbeitskräfte. Für die Farmer hat dies mehrere Vorteile: Sie müssen kein Kapital für die Anschaffung und Unterhaltung eines teuren Maschinenparks aufbringen und keine Hilfskräfte für die Feld- und Erntearbeit einstellen. Die Mähdrescherkolonne, mit deren Leiter Nick Foster gerade telefoniert hat, ist bereits seit Ende Mai im Ernteeinsatz. Angefangen von Mitteltexas arbeiten sich die 150 000 Euro teuren Maschinen pro Tag bis zu 25 km nach Norden vor.

Wandel und Probleme der US-Landwirtschaft

In der ersten Hälfte des 20. Jahrhunderts begann mit der Mechanisierung der Farmen eine **agrarische Revolution:** Tierische Zugkraft wurde durch Traktoren und Lkw ersetzt, Mähdrescher übernahmen die Arbeit von Farmarbeitern. Weideflächen standen für marktorientierten Ackerbau zur Verfügung, die Betriebsgröße der Farmen nahm ständig zu. Seit 1950 gibt es für fast alle Früchte Erntemaschinen, die Tierhaltung war weitgehend automatisiert. Der Kapitaleinsatz in den Betrieben stieg um ein Vielfaches. Die wissenschaftliche Forschung erbrachte besseres Saatgut, wirksamere Schädlingsbekämpfungsmittel und besseren Mineraldünger. Die Ausdehnung künstlich bewässerter Flächen ergab eine Intensivie-

	Zahl der Farmbetriebe (in Mio.)	Erwerbstätige in der Landwirtschaft (in Mio.)	Durchschnittliche Farmgröße (in ha)	Traktoren (Mio. Stück)	Mineraldüngerverbrauch (Mio. t)	Mais (dt/ha)	Weizen (dt/ha)	Rinder (Mio. Stück)
1930	6,5	12,4	57	1,1	5,5	16	–	–
1950	5,6	9,9	85	3,3	20,3	–	–	77
1960	3,9	7,0	119	4,6	37,1	42	17	96
1970	2,9	4,5	150	4,6	54,5	54	21	112
1984	2,3	3,9	183	4,3	49,0	66	26	115
1992	2,1	2,7	190	4,8	18,7	83	27	100
2000	2,1	2,6	207	4,9	19,8	86	28	98
2005	2,1	2,5	210	4,9	19,5	97	29	96

M 3 *Entwicklung landwirtschaftlicher Strukturen in den USA (nach: FAO 2006, USDA 2006)*

rung im Pflanzenbau. Die Produktivität der landwirtschaftlichen Arbeitskräfte nahm ständig zu: 2006 versorgte eine Arbeitskraft ca. 100 Personen gegenüber 10 im Jahr 1930. „Agriculture – America's biggest industry" – diese Schlagzeile kennzeichnet die Bedeutung der US-Landwirtschaft, an der indirekt 20 % des US-Bruttonationaleinkommen hängen.

„Amerikas Weizen wächst schneller, als wir ihn essen können, schneller, als wir ihn verschenken können, und viel schneller, als wir ihn lagern können." Aus der zunächst gewünschten Ertragssteigerung um das Doppelte und Dreifache entwickelte sich eine Überproduktion. Die Nachfrage nach amerikanischen Nahrungsmitteln geriet ins Stocken. Die eigene Bevölkerung wuchs seit den 1980er-Jahren nur noch geringfügig; außerdem waren auf dem Weltmarkt mit Kanada, Australien, Argentinien und den Staaten der Europäischen Union Konkurrenten aufgetaucht, die ebenfalls zunehmend Agrarüberschüsse produzieren. Als Folge dieses Überangebots sanken die Preise, vor allem für Weizen, aber auch für Mais, Sojabohnen und für einige tierische Produkte. Aufgrund der hohen Exporte litten besonders die US-Farmer unter den Schwankungen der Weltmarktpreise. Die US-Regierung versuchte eine Zeit lang durch Preisstützungen und Abnahmegarantien helfend einzugreifen; die erhoffte Steigerung des Einkommens blieb jedoch vor allem bei den mittelgroßen Familienfarmen im Mittelwesten der USA aus.

Als die Erlöse nicht mehr ausreichten, versuchten die Farmer, durch weitere Steigerung der Erntemengen zu höheren Einnahmen zu kommen. Eine noch größere Überproduktion drohte. Daraufhin änderte die US-Regierung ihre Agrarpolitik: Die Absatzgarantie wurde gestrichen und Prämien wurden für die Aufgabe eines Teils der Anbaufläche oder unrentabler Betriebe gezahlt. Die Erntefläche sollte um mindestens 9,3 Mio. ha verringert werden, und zwar bei Weizen, Mais, Sorghum (Hirseart), Reis und Baumwolle. Der Erfolg war gering. Zwar sank die Weizenanbaufläche, doch handelte es sich weitgehend um minderwertige Böden. Auf den verbleibenden guten Böden wurde umso intensiver angebaut.

Das Überangebot landwirtschaftlicher Produkte auf dem Weltmarkt und der Abbau staatlicher Hilfsmaßnahmen führten dazu, dass immer mehr Farmen aufgegeben werden mussten.

1. **Verfolge den Zug der Mähdrescher und erläutere die Erntedaten (M 2).**
2. **Warum vergeben viele Weizenfarmer die Feldarbeiten an Lohnunternehmen (M 1)?**
3. **Beschreibe den Strukturwandel in der US-amerikanischen Landwirtschaft (M 3).**
4. **Beurteile die Situation vieler Familienfarmen. Stelle in einer Tabelle Ursachen, Erscheinungsformen und Folgen der Landwirtschaftskrise zusammen.**

M 1

Feedlot in Feedyard (Kansas) für 40 000 Tiere

Feedlot

Im Rahmen einer Betriebsbesichtigung des Ohio Feedlot in der Nähe von Columbus in Ohio konnte ich erfahren, in welchem großen Ausmaß bereits seit Ende der 1960er-Jahre in der US-Landwirtschaft mit industriellen Methoden gearbeitet wird.

Ein Verkaufsleiter, ein Betriebswissenschaftler und ein Agraringenieur leiten gemeinsam diesen Rindermastbetrieb, der ca. 20 000 Mastplätze besitzt. Die Tiere werden ganzjährig in überdachten Ställen gehalten, die 450 m lang und etwa 20 m breit sind. Jeder Stall ist in 20 Buchten unterteilt, in die jeweils 100 – 125 Tiere mit einem Anfangsgewicht von 225 – 350 kg eingestallt werden.

Das Jungvieh wird vorwiegend aus Kentucky und Tennessee erworben und in 120 – 210 Tagen bis zu einem Endgewicht von 450 – 500 kg gemästet. Verfüttert wird ein Gemisch aus Mais und Sojabohnen, das weitgehend aus den Erträgen der etwa 1000 ha großen Betriebsfläche stammt. Der Rest wird von benachbarten Farmen und den Futtermittelfabriken des Nahbereichs hinzugekauft.

Die Fütterung geschieht mit zwei Lastkraftwagen, die in Längsrichtung durch die Ställe fahren. Auf ihnen ist eine Waage angebracht, mit der das Futter genau dosiert und dem Besitzer der Tiere in Rechnung gestellt werden kann.

Weitere Kosten werden für Einstallung, Stallmiete, Betreuung, Medizin und Verkaufstransport erhoben, wenn schlachtreife Tiere im Auftrag der Besitzer an Großschlachtereien verkauft werden.

(nach: H. W. Windhorst. Agrarindustrieller Rindermastbetrieb)

M 2 *Betriebsbesichtigung in einem Feedlot*

Von der Ranch zum Agribusiness

Auf den weiten Prärien der südlichen Plains befand sich Ende des 19. Jahrhunderts das Hauptrinderzuchtgebiet der USA. Die Herden weideten frei auf den riesigen Ranches, die teilweise größer waren als das Saarland (2570 km²). Bei dieser **extensiven Viehwirtschaft** dauerte es 4 – 5 Jahre, bis die Rinder schlachtreif waren. Cowboys trieben dann die Rinderherden z. T. über mehr als 1000 km in langen Trecks zu den großen Schlachthöfen wie Chicago oder Kansas City.

Im 20. Jahrhundert entwickelte sich vor allem im Mittelwesten der USA eine **intensive Viehwirtschaft:** In spezialisierten Familienbetrieben, die einen Teil der Futterpflanzen selber anbauten, wurde aufgekauftes Jungvieh bis zur Schlachtreife gemästet und dann in die nahen Großstadtschlachthöfe verkauft.

Die geänderten Essgewohnheiten führten seit den 1960er-Jahren zu einer steigenden Nachfrage vor allem nach Geflügel- und Rindfleisch. Viele Farmer richteten ihre Produktion auf die Viehwirtschaft aus, indem sie verstärkt Futterpflanzen wie Mais oder Sorghum anbauten. Der Rinderbestand wuchs bis zu seinem Höchststand von 125 Millionen Tieren im Jahr 1975, der Bestand an Hähnchen und Hühnern (chicken) wuchs auf über 6 Milliarden. Es entstanden neue Produktions- und Organisationsformen vor allem im Süden, Südwesten und auch in Kalifornien: In riesigen Betriebseinheiten werden teilweise über 100 000 Tiere

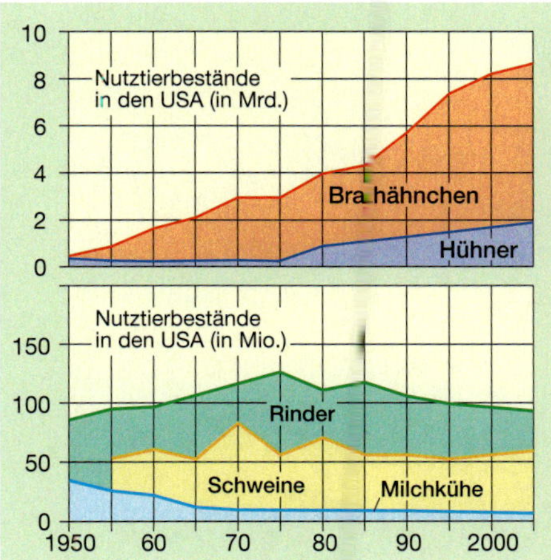

M 3 *Entwicklung der wichtigsten Nutztierbestände*

Produkt		1982	2004
Rindvieh	kg Fleisch pro kg Futter Kälber pro Kuh und Jahr	0,07 0,88	0,07 1,0
Milchvieh	kg Milch pro kg Futter Milch pro Kuh und Jahr (kg)	0,99 5530	1,03 10260
Geflügel	kg Fleisch pro kg Futter Eier pro Henne und Jahr	0,40 243	0,57 269
Schweine	kg Fleisch pro kg Futter Ferkel pro Sau und Jahr	0,16 14,4	0,17 17,4
Mais	dt/ha	65,0	100,7
Weizen	dt/ha	24,5	29,0
Reis	dt/ha	53,6	77,8
Baumwolle	kg/ha	541	783

M 4 *Produktionsentwicklung*

gehalten; sie sind im Besitz großer Konzerne. Tierzucht, Mast, Schlachtung und Handel des tiefgekühlten Fertigproduktes sind in ihrer Hand. Auch Futtermittel, Arzneien, Geräte, Maschinen und Verpackungsmaterial kommen aus Betrieben des jeweiligen Konzerns. Diese Form intensivster Landwirtschaft, die man **Agribusiness** nennt, ist auf vielen Gebieten weit vorangeschritten. So stellt eine einzige Firma fast 40 % des Maissaatguts der USA her, nur 61 Betriebe erzeugen mehr als 50 % aller Eier. Zudem konzentrieren sich 70 % der Eierproduktion auf nur vier Bundesstaaten.

Dieser Konzentrationsprozess hatte schwerwiegende Folgen für den ländlichen Raum. Die Aufgabe vieler kleiner Farmbetriebe führte zu einer Entleerung des ländlichen Raumes, wobei die jungen und gut qualifizierten Arbeitskräfte abwanderten, während überwiegend alte und weniger qualifizierte zurückblieben. Als Folge dieses Prozesses lassen sich inzwischen, vor allem im Mittelwesten der USA, eine Überalterung der Bevölkerung, verminderte Wirtschaftskraft sowie der Verfall ganzer Ortschaften feststellen.

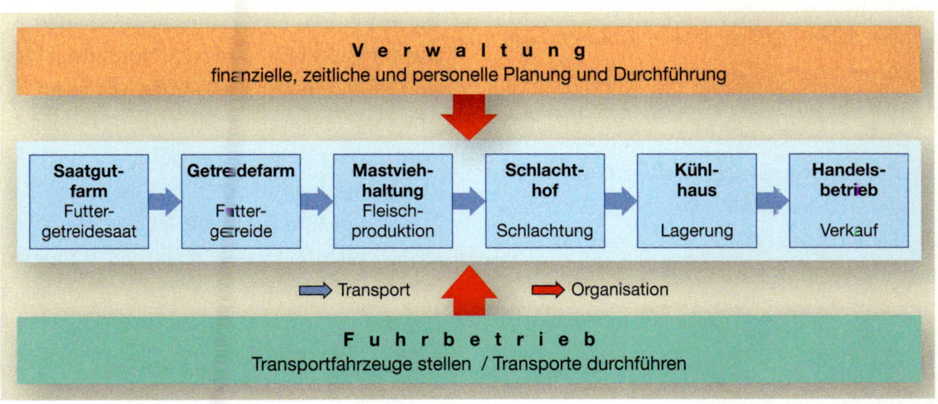

M 5 *Neue Organisationsformen am Beispiel der Fleischproduktion*

1. Erläutere die Begriffe „extensive" und „intensive" Viehwirtschaft.
2. Beschreibe die Entwicklung der Nutztierbestände in den USA (M 3).
3. Zeige am Beispiel des Ohio Feedlot die räumliche Verflechtung der US-Viehwirtschaft auf (Wirtschaftskarte im Atlas). Fertige hierzu eine Kartenskizze an (vgl. S. 212 f.).
4. Erkläre die Entwicklung der Arbeitsproduktivität in der US-Landwirtschaft (M 2, M 4).
5. Erläutere den Begriff „Agribusiness" (M 1, M 2 und M 5).

Wir werten eine Bodennutzungskarte aus

M1
Bodennutzungskarte der USA (ohne Gradnetz)

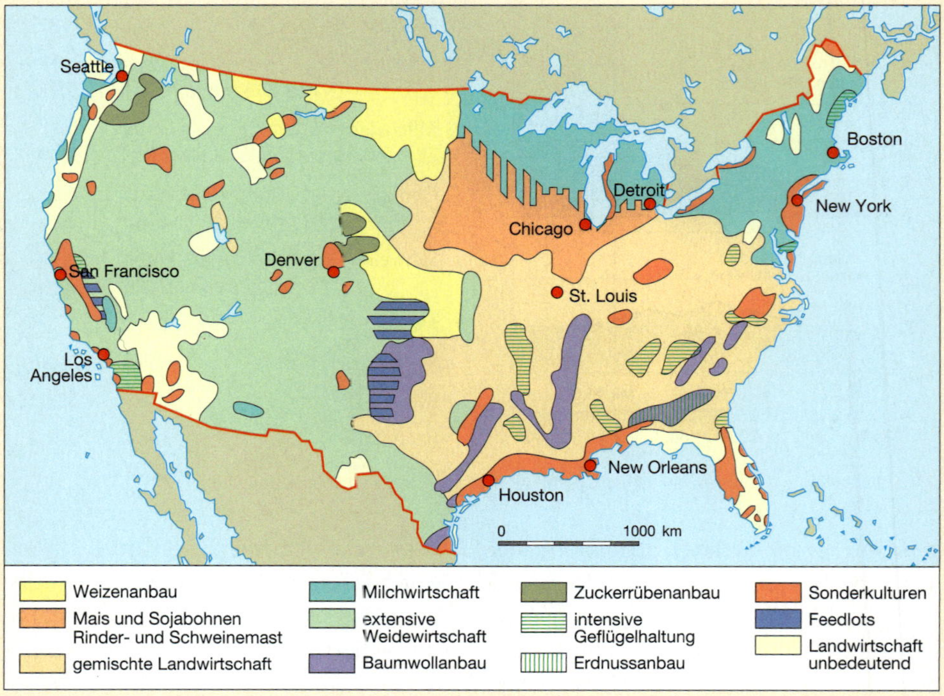

M2
Welche Faktoren beeinflussen die Bodennutzung?

Die Bodennutzung ist das Ergebnis vieler Einflüsse. Bei der Interpretation einer Bodennutzungskarte, z. B. der Karte der USA in M1, beschreiben wir daher nicht nur die Bodennutzung, sondern zeigen Zusammenhänge mit den Einflussfaktoren auf. Die notwendigen Informationen geben uns die Karten und Texte von S. 211, aber auch die bisher erworbenen allgemein geographischen Kenntnisse.

Die Bedeutung des Naturraumes
Der Naturraum (Relief, Klima, Böden) bestimmt, welche Anbauprodukte gut gedeihen und wo sie hohe Erträge bringen. Wo viele Menschen leben, ist die Lebensmittelnachfrage groß. In der Nähe von Bevölkerungsschwerpunkten werden daher Lebensmittel produziert, die häufig nachgefragt werden oder keine langen Transportwege vertragen wie Frischmilch. Durch den Bau von Eisenbahnen oder Straßen können neue Agrargebiete erschlossen werden oder Produkte schneller zum Verbraucher gelangen. Politische Entscheidungen (z. B. Förderung des Weizenanbaus oder Innovationen durch neue Maschinen, Bewässerung, Pflanzenzüchtungen), aber auch veränderte Ernährungsgewohnheiten beeinflussen ebenfalls die Lage von Anbauzonen.

Einflüsse auf die Bodennutzung der USA

Das Klima der USA wird nach Norden hin kühler. Der Osten der USA erhält vor allem im Sommer Niederschläge durch östliche Winde. Im Regenschatten der Appalachen wird das Klima trockener, etwa am 98. Grad westl. Länge wird die **agronomische Trockengrenze** erreicht. Kalifornien besitzt ein subtropisches Winterregenklima. Der gebirgige Westen zeigt

Methodisches Vorgehen
1. Beschreibe größere Regionen mit unterschiedlicher Bodennutzung. Benutze dabei präzise Landschaftsnamen (z. B. „Kalifornisches Längstal") und Fachbegriffe (z. B. „Sonderkulturen").
2. Gehe bei der Beschreibung systematisch vor, z. B. von Westen nach Osten.
3. Stelle Vergleiche mit anderen Karten an und ziehe dein Vorwissen hinzu. Wenn z. B. die Grenze eines Anbaugebietes mit einer Grenze auf einer Klimakarte übereinstimmt, so ist das Klima wahrscheinlich ein Hauptgrund für die Grenze des Anbaus. Arbeite auf diese Weise weitere gedankliche Zusammenhänge heraus.

M3 *Räumliche Untergliederung*

semiarides Klima. Da die Hochgebirge im Westen der USA in Nord-Süd-Richtung verlaufen, können warme Luftmassen an ihnen entlang vom Golf von Mexiko bis nach Kanada vordringen, hingegen Polarluft mit Schneestürmen im Winter (Blizzards) bis zum Golf von Mexiko. Durch das direkte Zusammentreffen kalter und warmer Luft bilden sich Tornados, die südliche Atlantikküste wird von tropischen Wirbelstürmen (Hurrikane) heimgesucht.

Aufstieg und Fall des Baumwollgürtels
Das Klima im Süden der USA eignet sich gut für den Baumwollanbau, denn er benötigt subtropisch warme Temperaturen und ausreichende Niederschläge während der Wachstumszeit. Während der Reife- und Erntezeit darf es jedoch nicht regnen, da die Baumwollfasern sonst verfaulen. Weil die Pflege der Baumwollpflanzen sowie das Pflücken der Fasern sehr arbeitsaufwändig sind, wurden etwa ab 1820 Sklaven aus Westafrika zur Arbeit auf die Baumwollfelder gebracht. Durch die Erfindung der Baumwollentkernungsmaschine war Massenproduktion möglich geworden: Es entstanden große Plantagen. Mit dem Ende des amerikanischen Bürgerkrieges im Jahre 1865 wurde die Sklavenhaltung verboten. Auch wenn ehemalige Sklaven als billige Kräfte weiterarbeiteten, verloren die Plantagen doch ihre Grundlage. Hinzu kam ein Schädling, der große Teile der Bestände vernichtete. Die rückläufige Nachfrage infolge neu entwickelter Kunstfasern führte ebenfalls zur Auflösung des Baumwollgürtels. Auf den modernen Bewässerungsflächen im trockenen Westen war das Ernterisiko durch Niederschläge geringer.

M 4 *Entwicklung des Baumwollanbaus*

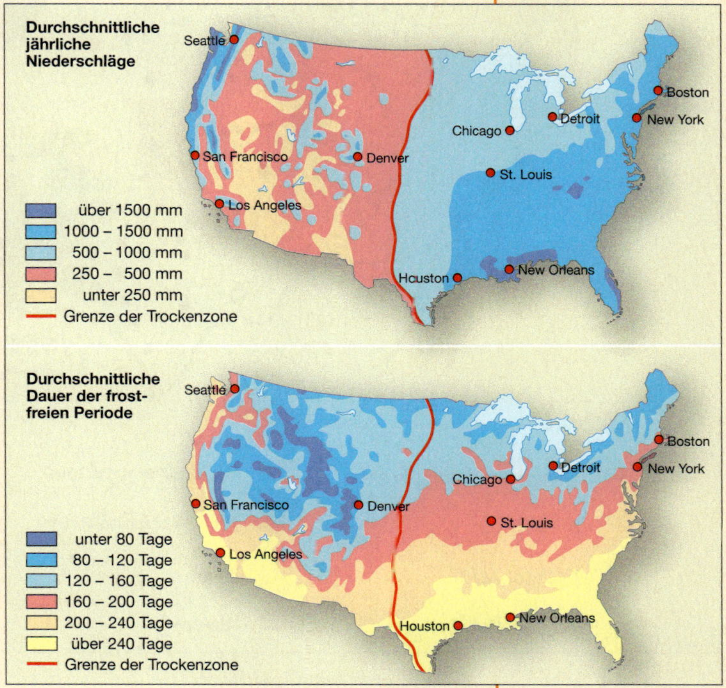

M 5 *Natürliche Voraussetzungen der Landwirtschaft in den USA*

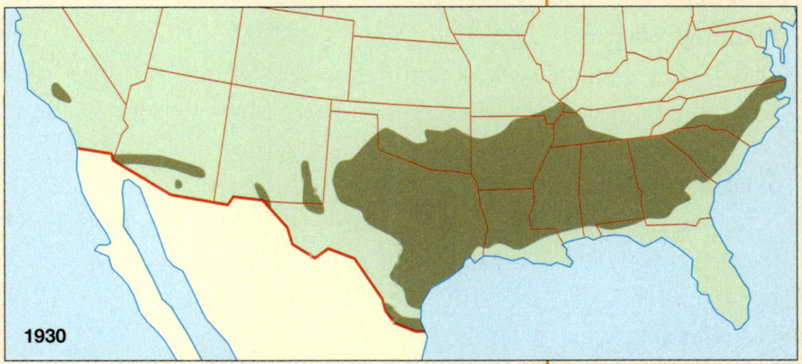

M 6 *Baumwollgürtel 1930*

1. Beschreibe die Bodennutzung in den USA. Benutze exakte topographische Begriffe und Fachwörter.
2. Begründe die regional unterschiedliche Bodennutzung.
   a) Beschreibe die klimatischen Gegebenheiten und suche Raumbeispiele, bei denen das Klima für die Landnutzung verantwortlich ist (M 1, M 5).
   b) Erkläre beispielhaft folgende Bodennutzungen, indem du untersuchst, welche Naturraumgegebenheiten in den folgenden Gebieten vorhanden sind:
   – Weizenanbau in den Great Plains,
   – Baumwollanbau im Südosten der USA,
   – Intensivkulturen im Kalifornischen Längstal.

Wir fertigen Kartenskizzen an

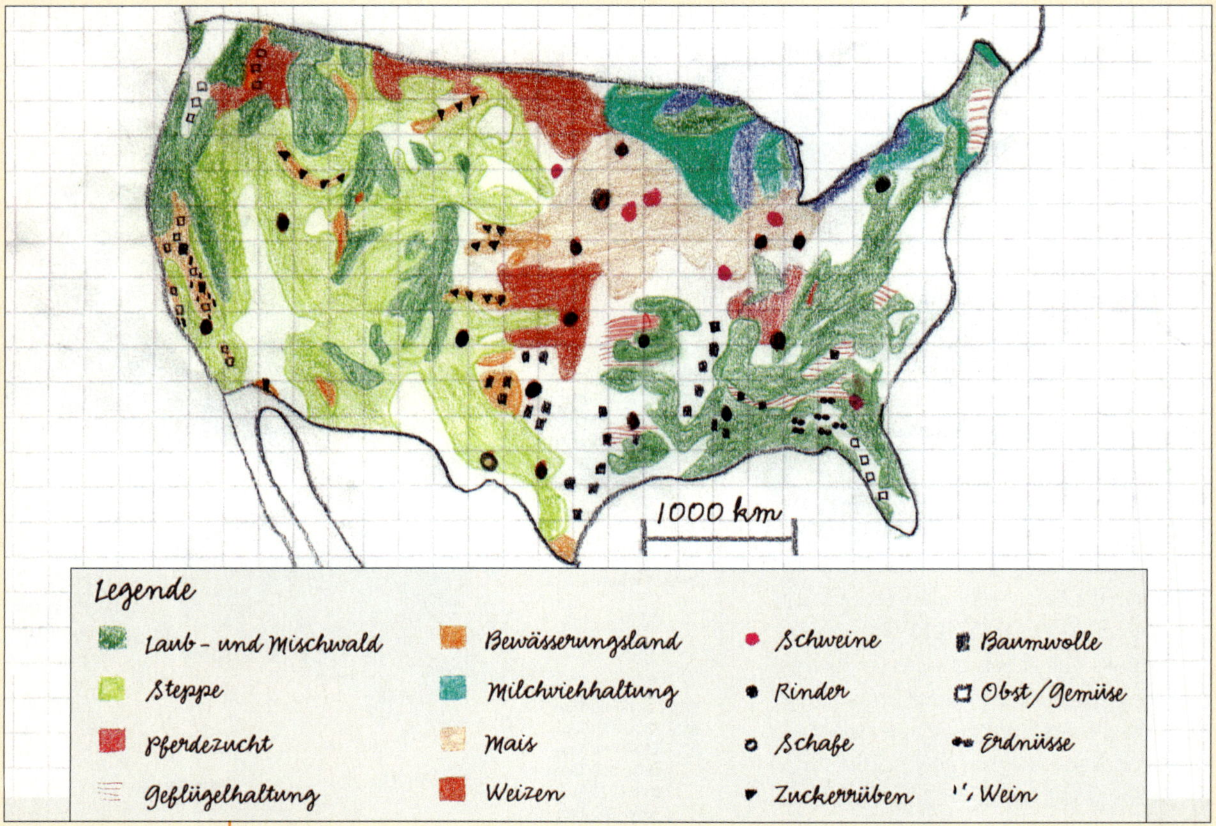

M 1 *Bodennutzungsskizze der USA*

Planungsschritte
Diese Schritte gelten allgemein für Karten und Skizzen. Auf Seite 213 sind Besonderheiten der verschiedenen Skizzenarten genannt.

1. Vorbereitung:
Betrachte die Wirtschaftskarte der USA und stelle die wesentlichen Kartenelemente fest (Nutzungen, die große Flächen einnehmen; wichtige Einzelheiten).
2. Zielsetzung:
Lege den Zweck der Zeichnung und die Art der Darstellung fest (Lesekarte, Skizze). Entscheide, wie stark du vereinfachen möchtest.
3. Zeichnerische Vorbereitung:
Lege Signaturen für die von dir ausgewählten Karteninhalte fest (Flächensignaturen; Punktsignaturen, Farbwahl). Vergleiche die Größe und Gestalt deiner Zeichenvorlage. Wähle die geeignete Zeichengrundlage (Format des Blattes; Material: weißes Papier, Transparentpapier usw.).
4. Ausführung:
Zeichne zuerst den Umriss des dargestellten Raumes. Trage die Umrisse von Grobstrukturen ein. Ergänze weitere Signaturen und Einzelheiten. Vergiss nicht die Legende und den Maßstab der Zeichnung.

M 2 *Wir fertigen eine Kartenskizze an*

Anna-Lena hat die Landnutzung der USA skizziert (M 1). Ein Vergleich mit der Wirtschaftskarte im Atlas zeigt uns, dass ihre Zeichnung nicht so umfassend ist. Sie enthält aber viele Einzelheiten, die wir bei genauem Hinsehen erkennen.

Mit viel Sorgfalt hat Anna-Lena den Inhalt und die Signaturen ausgewählt, damit wir die Kartenskizze gut lesen können. Anna-Lena hat dabei viel über die Gestaltung einer thematischen Karte erfahren.
Selbst gefertigte Kartenskizzen helfen uns dabei, Strukturen von Landschaftsräumen im Gedächtnis zu behalten. Es gibt mehrere Arten von thematischen Karten und Skizzen mit unterschiedlichen Schwerpunkten. Je stärker wir die Darstellung der Wirklichkeit bei der Zeichnung vereinfachen, desto besser können wir einzelne Strukturen eines Landschaftsraumes herausarbeiten.

Die Umrissskizze

Diese stark vereinfachte Skizze soll die Form und Größenverhältnisse des dargestellten Raumes wiedergeben. Dazu ist folgendes Verfahren hilfreich:

1. Finde Orientierungspunkte und stelle fest, wie diese zueinander liegen.
2. Stelle fest, wo der Umriss (z. B. Küstenverlauf) deutlich die Richtung ändert.
3. Beginne mit den Orientierungspunkten, ergänze danach die Umrisslinien. Du kannst wählen, ob du Umrisse zu Geraden vereinfachst oder ob du Kurven zeichnest.

Die physische Merkskizze

Es werden Großformen der Oberflächengestalt eines Landschaftsraumes dargestellt: Hochgebirge, Mittelgebirge, Beckenlandschaften und Tiefländer. Daneben werden die Namen von wichtigen Landschaften eingetragen. Einige findest du kursiv gedruckt im Atlas.

1. Stelle fest, welche Großformen du in die zunächst angefertigte Umrissskizze aufnehmen möchtest.
2. Wähle Signaturen, welche den Charakter der Oberflächenformen zeigen.
3. Trage Landschaftsnamen jeweils über das gesamte Gebiet ein, für welches sie gelten.

Wirtschaftsräumliche Merkskizzen

Hierbei musst du die Legende besonders sorgfältig planen. Wir unterscheiden Flächensignaturen und Objektsignaturen. Beachte, dass Kartenzeichen die Wirklichkeit vereinfachen.

Flächensignaturen geben den Schwerpunkt einer Nutzung in einem Gebiet an. In M 1 findet man z. B. im Maisgürtel auch Weizenfelder oder Rinderhaltung, jedoch weit weniger als Mais. Flächensignaturen haben in der Karte eindeutige Grenzen. In der Realität ist dies jedoch nicht der Fall. Die Nutzungen nahe der Grenze überschneiden sich dort.

Objektsignaturen sind Symbole. Ein einzelnes Symbol steht stellvertretend für viele Betriebe usw. Ein Rind steht z. B. für viele Viehmastbetriebe, also nicht nur für einen. Ähnliches gilt auch für Karten zur Industrie (vgl. M 4).

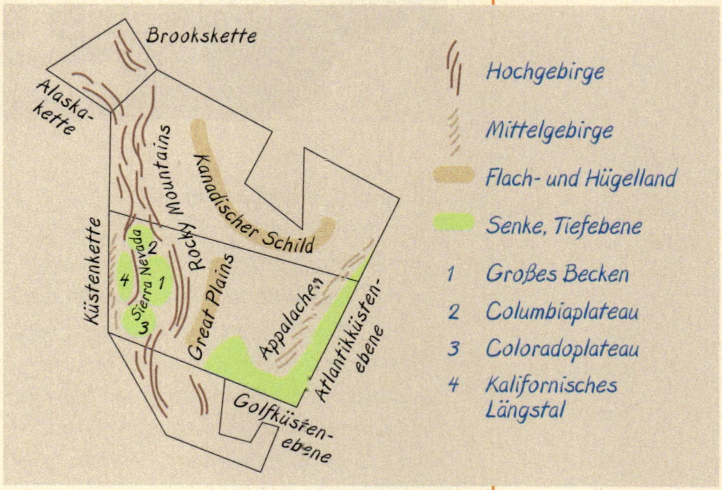

M 3 *Physische Merkskizze von Nordamerika*

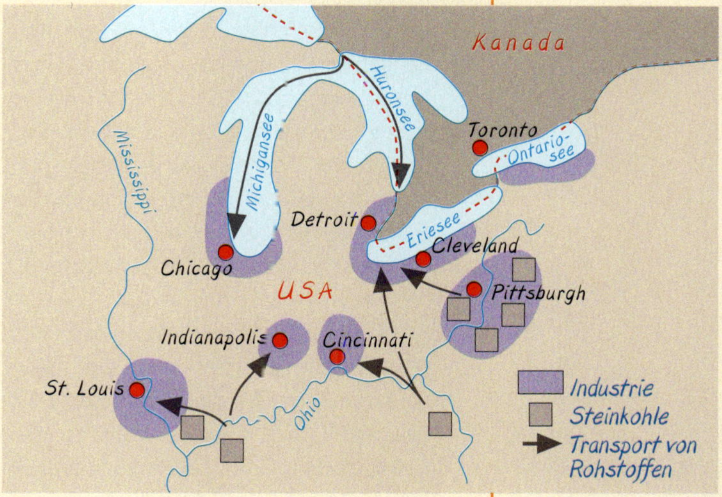

M 4 *Wirtschaftsräumliche Merkskizze des Manufacturing Belts*

1. Vergleiche die physische Merkskizze Nordamerikas (M 3) mit einer Atlaskarte. Stelle fest, wo die Skizze stark vereinfacht.
2. Zeichne eine Umrissskizze deiner Wahl. Beachte die angegebenen Schrittfolgen.
3. Fertige auf dieser Grundlage eine Merkskizze zum Thema „Oberflächenformen“ oder „Wirtschaft“ an.

USA – Mexiko: Wo Arm und Reich sich begegnen

M 1

Grenzzaun zwischen Mexiko und den USA

M 2

Diego Herrera – ein illegaler Einwanderer aus Mexiko

In den USA ist es besser

Ich bin in Bayas, einem Dorf in der Nähe von Durango, geboren. Mein Vater arbeitete als Tagelöhner auf einem großen Gut. Meine Mutter wusch und bügelte die Wäsche von reicheren Leuten. Insgesamt reichte das Geld kaum, um unsere Familie, ich habe noch sechs Geschwister, zu ernähren. Wir wohnten in einem alten Steinhaus am Dorfrand, das nur einen einzigen Raum hatte. In der Mitte stand eine aus Ziegelsteinen gebaute Feuerstelle. Im Haus gab es keinen elektrischen Strom und kein fließendes Wasser. Abends wurde eine Petroleumlampe angezündet, aber nur, wenn meine Eltern genug Geld für Petroleum übrig hatten. Meistens gab es mittags nur einen Bohneneintopf und damit meine Mutter kochen konnte, mussten wir Kinder in der Umgebung Feuerholz sammeln. Für Kleidung war kein Geld da.
Als der Gutsbesitzer neue Maschinen kaufte, war für meinen Vater keine Arbeit mehr da. Deshalb beschlossen meine Eltern, zu Bekannten nach Ciudad Acuna an die Grenze zu den USA zu ziehen. Von dort aus bekam mein Vater wieder Arbeit auf einer Farm in Del Rio in den USA. Der Farmer holte ihn und seine Kollegen jeden Morgen mit dem Pick-up an der Grenze ab. Weil wir bei unseren Bekannten nicht mehr wohnen können, sind wir jetzt illegal über die Grenze in die USA gegangen.

(nach: San Antonio Express-News, April 1992)

Probleme an der Grenze USA – Mexiko

Nachts in der Nähe von El Paso: Eine Gruppe von Menschen, etwa sechs Personen in Umhänge gehüllt, schleicht sich auf mexikanischer Seite an das Ufer des Rio Grande heran. Sie warten eine Weile, dann überqueren sie durch eine Furt den Rio Grande. Auf der amerikanischen Seite angekommen, verschwinden sie zwischen großen Kakteen und Gebüsch im Dunkel der Nacht.

Die Grenze zwischen den USA und Mexiko ist insgesamt rund 3000 km lang und verläuft am Rio Grande entlang und durch unzugängliche Wüsten und Bergländer. Diese Grenze trennt zwei Welten voneinander. Im Norden liegt mit den USA eines der reichsten Länder der Erde, im Süden Mexiko, ein Schwellenland. Das Pro-Kopf-Einkommen eines US-Bürgers ist ca. sechsmal so groß wie das eines Mexikaners. Ein Mexikaner, der in den USA eine Arbeit findet, verdient dort in einer Stunde fast genauso viel wie daheim an einem ganzen Tag. Wen wundert es da, wenn Mexikaner in die USA einwandern wollen, um dort zu leben? Das geht aber nicht ohne weiteres, denn die USA haben Einwanderungsgesetze erlassen, um zu verhindern, dass von überall aus ärmeren Regionen die Menschen ins Land strömen.

Nur unter bestimmten Bedingungen können Mexikaner in den USA eine Aufenthalts- und Arbeitsgenehmigung erhalten. Alle diejenigen, die das nicht schafften, versuchen, illegal über

	Mexiko	USA
Fläche	1 958 201 km²	9 529 063 km²
Einwohnerzahl (2006)	108 Mio.	300 Mio.
Bevölkerungsdichte	55 E/km²	31 E/km²
Lebenserwartung	75 Jahre	77 Jahre
Säuglingssterblichkeit	2,1 %	0,7 %
Bevölkerungswachstum (ø 1995 – 2005)	1,7 %	0,6 %
Analphabetenrate (2005)	9,0 %	unter 5,0 %
Städtische Bevölkerung	75,0 %	79,0 %
BNE pro Kopf (2005)	10 030 US-$	41 950 US-$
Beschäftigte in der Landwirtschaft	16,0 %	2,5 %
Beschäftigte in der Industrie	25,0 %	21,6 %
Beschäftigte in Dienstleistungen	59,0 %	75,9 %
Arbeitslosigkeit (2005)	3,6 %	5,1 %
Inflationsrate (2005)	4,0 %	3,4 %

M 3

Strukturdaten Mexiko und USA

die Grenze in die USA zu gelangen. Da die lange Grenze nicht lückenlos zu überwachen ist, schaffen dies viele Mexikaner auch. Sie finden Arbeit als Hilfskräfte in der Industrie oder als Helfer in der Landwirtschaft. Besonders bei der Ernte der kalifornischen Sonderkulturen (z. B. Tomaten, Salate, Obst) werden viele Arbeitskräfte benötigt. Da die Mexikaner schon für wenig Geld arbeiten und für Schwarzarbeiter keine Sozialabgaben gezahlt werden, ist vielen Unternehmern und Farmern nördlich der Grenze der Zulauf von illegalen Einwanderern willkommen.

So kommt es zu der sonderbaren Situation, dass die Grenzpolizei versucht, das illegale Einwandern zu verhindern, während die Unternehmer die illegal Eingewanderten stillschweigend dulden, denn ohne sie könnten Produkte, die bei der Herstellung viel Handarbeit erfordern, nicht so günstig auf den Markt gebracht werden.

Ground Zero in Arizona

[...] Das Nachtsichtgerät weist nach Süden. Irgendwo hinter dem Horizont, vielleicht 50 Kilometer entfernt, liegt Mexiko. Jede Nacht überqueren schätzungsweise 2000 Menschen die offene Grenze, allein hier, im Sektor Tucson in Arizona, dem „Ground Zero" der gesetzwidrigen Immigration. Rund elf Millionen Menschen leben schon illegal in den Vereinigten Staaten. Jedes Jahr werden es eine halbe Million mehr. Oder eine Million. Genau weiß das niemand.

[...] 1,13 Millionen illegale Grenzgänger wurden im vergangenen Jahr verhaftet, 438 000 davon im Abschnitt Tucson. In den ersten Monaten dieses Jahres ist die Zahl noch mal um 30 Prozent gestiegen. Jedes Jahr ein neuer Rekord. Auf den Straßen des Grenzgebietes fahren Tag und Nacht Reisebusse der Grenzpolizei herum und nehmen die in der Wildnis Verhafteten auf. Nach der Identifizierung werden sie in ihre Heimat geschickt – um es dann wieder versuchen zu können.

[...] Darum steht dieses Land nun vor einer furchtbaren Wahl: Entweder die illegale Einwanderung nicht länger nur bremsen, sondern rabiat verhindern und eine Mauer errichten. Oder die Grenze offen lassen und im Landesinnern das Entstehen einer Schattenschicht aus politisch rechtlosen, sozial nicht abgesicherten und deshalb ausbeutbaren Illegalen dulden. [...]

(aus: Thomas Kleine-Brockhoff. In: DIE ZEIT vom 06.04.2006 Nr. 15)

M 4

Illegale Grenzgänger

1. Beschreibe die Situation an der Grenze zwischen der USA und Mexiko (M 1, S. 178/179).
2. Vergleiche die USA und Mexiko. Wo sind die Unterschiede besonders deutlich (M 3)?
3. Berichte über die Lebens- und Arbeitsbedingungen in Mexiko (M 2, M 3).
4. Begründe die illegale Einwanderung von Mexiko in die USA (M 2, M 3, Text).
5. Erläutere die bisherigen Maßnahmen der USA gegen die illegale Einwanderung und begründe, warum sie zum Scheitern verurteilt sind (M 4).

Mexiko – ein Schwellenland

Wenn man die Länder der Erde nach verschiedenen Entwicklungsfaktoren einteilt, dann erhält man fünf „Welten". Nach dieser Einteilung gehört Mexiko in die Dritte Welt und dort zu den sog. **Schwellenländern.** Das sind Länder, die so weit entwickelt sind, dass anzunehmen ist, dass sie in absehbarer Zeit den Kreis der Entwicklungsländer verlassen können. Sie stehen sozusagen an der Schwelle zum Industrieland.

Mexiko weist eine Reihe von Entwicklungsmerkmalen auf, die mit denen der Industrieländer vergleichbar sind. So liegt z. B. die Lebenserwartung bei 75 Jahren. Andererseits ist das Pro-Kopf-Einkommen im Vergleich zu Industrieländern noch gering, aber doch erheblich höher als das von anderen Entwicklungsländern. Die Gesundheitsversorgung ist wesentlich besser als in Ländern wie Mali oder Kenia, reicht aber an den Standard der Industrieländer nicht heran. Von den übrigen Entwicklungsländern hebt sich Mexiko besonders in dem Entwicklungsstand seiner Wirtschaft ab. Während in fast allen Entwicklungsländern die meisten Menschen in der Landwirtschaft oder beim Abbau von Rohstoffen beschäftigt sind (vgl. Mali, Nigeria, Kenia), arbeitet in Mexiko ein Sechstel in der Landwirtschaft. 25 % sind in der Industrie und 59 % im Dienstleistungssektor beschäftigt. Am Bruttoinlandsprodukt sind die Landwirtschaft zu 4 %, die Industrie zu 26 % und der Dienstleistungssektor zu 69 % beteiligt.

M 1 *Touristen vor einer Tempelanlage*

M 2 *Montage des VW-Beatle in Mexiko*

Die Industrie Mexikos ist gut entwickelt. Mexikos umsatzstärkste Unternehmen geben gleichzeitig ein Bild der wichtigsten Wachstumsbranchen. Neben der Erdölwirtschaft sind dies die Branchen Automobilbau, Chemie, Telekommunikation, Informationstechnologie, Elektronik, Nahrungsmittel und Getränke, Baugewerbe, Einzelhandel und seit jüngster Zeit die Flugzeugindustrie. Im ununterbrochenen Aufschwung befindet sich bereits seit Jahren der Tourismus.

Beim Export von Industriegütern entfallen allein auf Kraftfahrzeuge und Kraftfahrzeugteile 21 %. Volkswagen de México wurde 1964 gegründet und fertigt Fahrzeuge für den Inlandsbedarf und für den Export. Von 1964–2003 wurde der VW-Käfer gebaut. Seit 1997 laufen der New Beetle und seit 2004 der neue Jetta vom Band.

Die mexikanische Automobilindustrie produzierte im Jahr 2005 1,7 Mio. Autos, davon wurden 1,2 Mio. Fahrzeuge exportiert. Die wichtigsten Exportmodelle kommen von Volkswagen, DaimlerChrysler, Ford, General Motors, Nissan und Toyota.

Im Vergleich zu den Industrieländern sind die Lohnkosten und die Lohnnebenkosten in Mexiko niedrig. Zu den Lohnnebenkosten rechnet man u. a. Versicherungen, Krankenkassenbeiträge und andere Sozialleistungen, die einen

wesentlichen Teil der Produktionskosten ausmachen. Die niedrigen Sozialleistungen bedeuten andererseits, dass Arbeiterinnen und Arbeiter z. B. bei Krankheit nicht abgesichert sind. Die Arbeitskosten pro Stunde betragen in Mexiko nur ein Zehntel des Werts in den USA. Außerdem gewährt der mexikanische Staat Steuervergünstigungen bei der Gründung von Industrie- und Gewerbebetrieben. Um das Produktionskostengefälle zwischen Mexiko und den Industrieländern auszunutzen, haben sich inzwischen über 2500 Betriebe in Mexiko angesiedelt. Sie beschäftigen mittlerweile rund 750 000 Arbeitskräfte. Viele dieser Betriebe liegen im Norden des Landes, nahe der Grenze zu den USA. Auf diese Weise bleiben die Transportkosten gering, da ein Großteil der Produkte in den USA abgesetzt wird.
Die meisten Betriebe stellen Erzeugnisse her, bei denen der Anteil der Handarbeit groß ist. Dazu zählen u. a. Schuhe, Bekleidung, Kfz-Teile und -Zubehör, Spielwaren und Sportartikel. Der mexikanische Staat fördert die Ansiedlung solcher Betriebe besonders im Norden des Landes, um der illegalen Auswanderung durch Schaffung von Arbeitsplätzen entgegenzuwirken. Die US-Regierung unterstützt diese Entwicklung, zum einen, um den Strom illegaler Einwanderer zu stoppen, zum anderen, damit die US-amerikanischen Firmen billig in Mexiko produzieren können.

Der Aufbau einer eigenen Industrie konnte von Mexiko nicht ohne ausländische Kredite geleistet werden. Daher betrug die Auslandsverschuldung im Jahr 1999 noch 166 Mrd. US-$. Die neu geschaffene eigene Industrie, der wachsende Tourismus und die niedrige Inflationsrate haben die Wirtschaftsentwicklung positiv beeinflusst. 2005 betrugen Mexikos Schulden nur noch 123 Mrd. US-$.

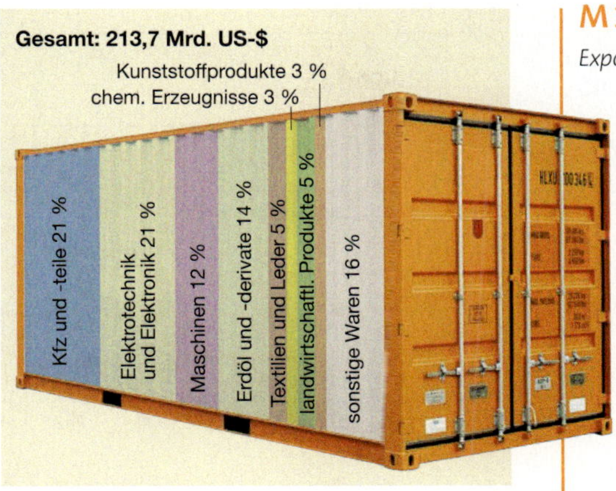

M 3 *Exporte Mexikos (2005)*

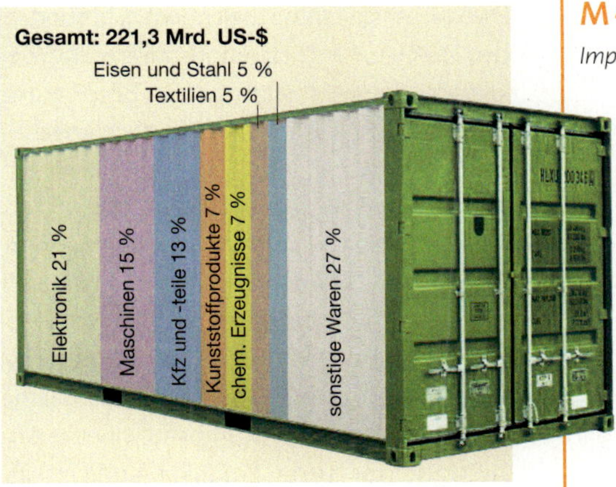

M 4 *Importe Mexikos (2005)*

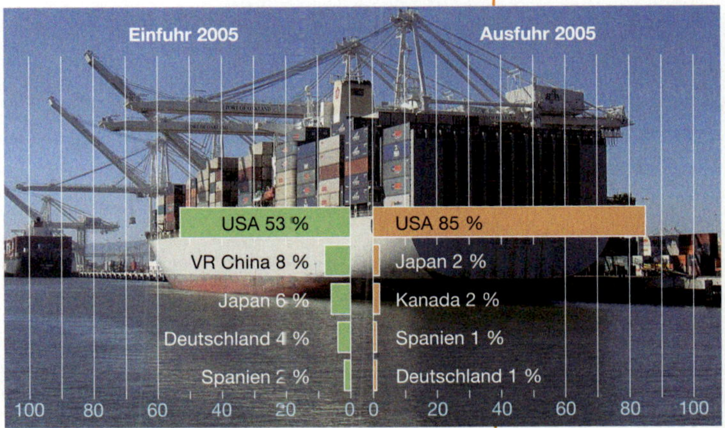

M 5 *Die wichtigsten Handelspartner Mexikos*

1. Erläutere den Begriff „Schwellenland“.
2. Vergleiche die Entwicklungsmerkmale Mexikos mit denen des Tschad (S. 180 f.) und Boliviens (S. 184 ff.) sowie den Strukturdaten (S. 348/349).
3. Erläutere, inwiefern sich die Import- und Exportstruktur Mexikos von denen anderer Entwicklungsländer unterscheiden (M 3 bis M 5, Seite 348 ff.).
4. Warum haben sich viele Betriebe im Norden des Landes angesiedelt (M 5, S. 178/179)?

M 1
Investitionen der USA in Mexiko

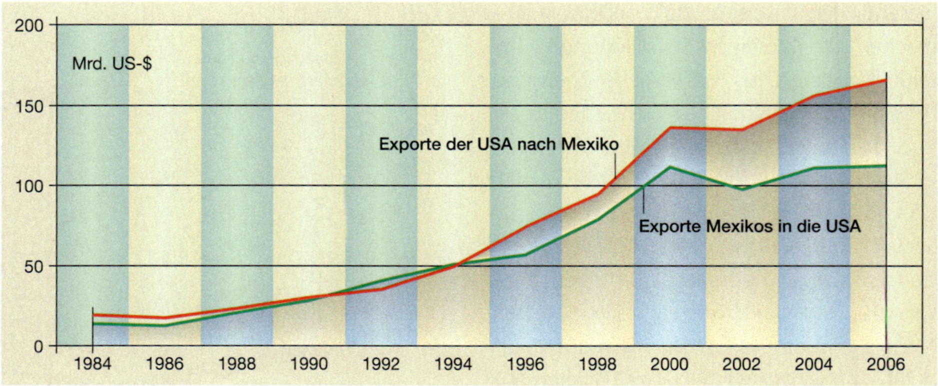

Hoffnung durch NAFTA?

Die von einigen Industrieländern – besonders den USA – unterstützte Industrialisierung Mexikos hat den Lebensstandard der Bevölkerung seit Mitte der 1980er-Jahre deutlich angehoben. Trotzdem ist der Unterschied zwischen den USA und Mexiko immer noch sehr groß. Auch die illegale Einwanderung von Mexikanern in die USA konnte trotz der verstärkten Ansiedlung von Industrie- und Gewerbebetrieben im Norden Mexikos nicht gebremst werden. Mexiko braucht mehr ausländische Investitionen einerseits und einen freien Absatzmarkt für seine Produkte andererseits.

Auch Kanada, das traditionell mit den USA eng in den Außenhandelsbeziehungen verbunden ist, wollte seine Waren ohne Hemmnisse durch Schutzzölle in den USA verkaufen können. So begannen auf Initiative der Kanadier Ende 1987 Verhandlungen zwischen Kanada und den USA, um ein Abkommen über den freien Warenverkehr und engere Wirtschaftsbeziehungen zwischen den beiden Ländern abzuschließen.

Dieses **Freihandelsabkommen** trat am 1. Januar 1989 in Kraft. 1990 bat Mexiko um Verhandlungen, um in dieses Freihandelsabkommen aufgenommen zu werden.

M 2
Industrieansiedlungen in Tijuana (Mexiko) direkt an der Grenze zu den USA

Die drei beteiligten Länder verglichen ihre Situation mit der der EU-Staaten und stellten fest, dass die Europäische (Wirtschafts-)Gemeinschaft allen beteiligten Ländern zu einer günstigen Wirtschaftsentwicklung und einer bedeutenden Stellung auf dem Weltmarkt verholfen hatte. Kanada, Mexiko und die USA waren sich einig, dass auch sie mit dem Vertrag über die Freihandelszone zu einer mächtigen Wirtschaftseinheit werden könnten, in der sich die Unterschiede zwischen dem Schwellenland Mexiko und den beiden anderen Nationen abbauen würden. Sie glaubten, dass eine Ankurbelung der Wirtschaft eher durch gemeinsame Wirtschaftsplanung und einen freien Markt als durch Abgrenzung und Abschottung zu erreichen wäre. So beschlossen sie, trotz erheblicher Bedenken im jeweils eigenen Land, die Einrichtung der **NAFTA** (North American Free Trade Association), die am 1. 1. 1994 verwirklicht wurde.

Erste Ergebnisse

Nach 12 Jahren Mitgliedschaft fällt das Zwischenergebnis für Mexiko unterschiedlich aus. Kritiker sehen in dem umfangreichen Aufkauf von Grundstücken, besonders in der grennahen Maquiladora-Zone, Ansätze eines „Ausverkaufs Mexikos". Der Verlust traditioneller Lebensweisen und Arbeitsgewohnheiten durch das Hinzukommen nordamerikanischer Unternehmensstrukturen und Wirtschaftsziele wird beklagt, ebenso das Entstehen einer neuen Schicht von Großgrundbesitzern vor dem Hintergrund umfangreicher ausländischer Investitionen.

Andere stellen erfreut fest, dass das mexikanische Handelsvolumen gegen Ende der 1990er-Jahre deutlich gestiegen ist, wobei ca. 90 % auf den NAFTA-Handel entfallen, der Großteil auf die USA. Hierbei ist festzustellen, dass die enge Bindung an die USA auch zu unbeabsichtigten Abhängigkeiten im Falle von Wirtschaftsflauten wie 2002 führt.

Mitgliedschaft im MERCOSUR

Im Jahr 2004 trat Mexiko zusammen mit Venezuela dem 1991 gegründeten südamerikanischen Handelsblock („Markt des Südens") als assoziiertes Mitglied bei. Beabsichtigt ist hierdurch eine Intensivierung der Handelsbeziehungen auf dem gesamtamerikanischen Kontinent, dessen Ziel, 2005 die FTAA (Free Trade Association of America) zu gründen, aufgrund noch unvereinbarer Vorstellungen zunächst aufgeschoben werden musste.

M 3

Das Nordamerikanische Freihandelsabkommen

NAFTA – der weltgrößte Wirtschaftsblock

17. 11. 1993, Washington. Mit deutlicher Mehrheit billigt das US-amerikanische Repräsentantenhaus das Nordamerikanische Freihandelsabkommen (NAFTA) zwischen den USA, Kanada und Mexiko.
Mit der NAFTA entsteht am 1. Januar 1994 ein Binnenmarkt mit rund 370 Mio. Verbrauchern und einem Bruttoinlandsprodukt von insgesamt 6400 Mrd. US-Dollar (5,5 Billionen Euro). Noch bestehende Zölle und Handelshemmnisse sollen schrittweise innerhalb der nächsten 15 Jahre abgebaut werden. Dies gilt auch für umstrittene Bereiche wie die Agrarproduktion. Die NAFTA deckt räumlich gesehen den nordamerikanischen Kontinent vollständig ab und wird zu einem Wirtschaftsverbund führen, der 29 % des gesamten Welthandels umfassen wird. Die Freihandelszone soll allen beteiligten Nationen einen wirtschaftlichen Aufschwung (mehr Märkte, mehr Jobs, mehr Wohlstand) ermöglichen und zudem zum Abbau der Entwicklungsunterschiede entlang der „Wohlstandsgrenze" zwischen den USA und Mexiko beitragen. Nach Angaben von Präsident Clinton wird die NAFTA allein in den USA in den nächsten fünf Jahren eine Million neue Arbeitsplätze schaffen.

(zusammengestellt nach: DER SPIEGEL 38/1993, Geographie aktuell 6/1993 und Chronik 1993)

M 4

Daten zum Wirtschaftsbündnis NAFTA

		Kanada	Mexiko	USA	NAFTA
Einwohner (in Mio.)	(2006)	32,6	108,3	301,8	442,7
BNE pro Kopf (US-$)	(2005)	32 220	10 030	41 950	33 425
Wirtschaftliches Wachstum (%)	(2005)	2,9	3,0	3,2	3,0
Inflation (%)	(2005)	2,3	4,0	3,4	3,3
Arbeitslosigkeit (%)	(2005)	6,8	3,6	5,1	4,8
Exporte (in Mrd. US-$)	(2005)	360,1	213,7	904,3	1 478,1
Importe (in Mrd. US-$)	(2005)	314,4	221,3	1 732,3	2 268,0

1. Erläutere die Wirtschaftsbeziehungen zwischen Mexiko und den USA vor 1994 (M 1, vgl. auch S. 216/217)
2. Erläutere die Vor- und Nachteile der NAFTA. Unterscheide dabei zwischen Mexiko einerseits und den USA und Kanada andererseits (M 3).
3. Vergleiche die Wirtschafts- und Strukturdaten der drei NAFTA-Länder. Fasse Unterschiede und Gemeinsamkeiten zusammen (M 4).
4. Fasse zusammen, mit welchen Maßnahmen versucht wurde, die „Wohlstandsgrenze" zwischen den USA und Mexiko abzubauen und die illegalen Wanderungen zu bremsen.

Internationale Organisationen im Überblick

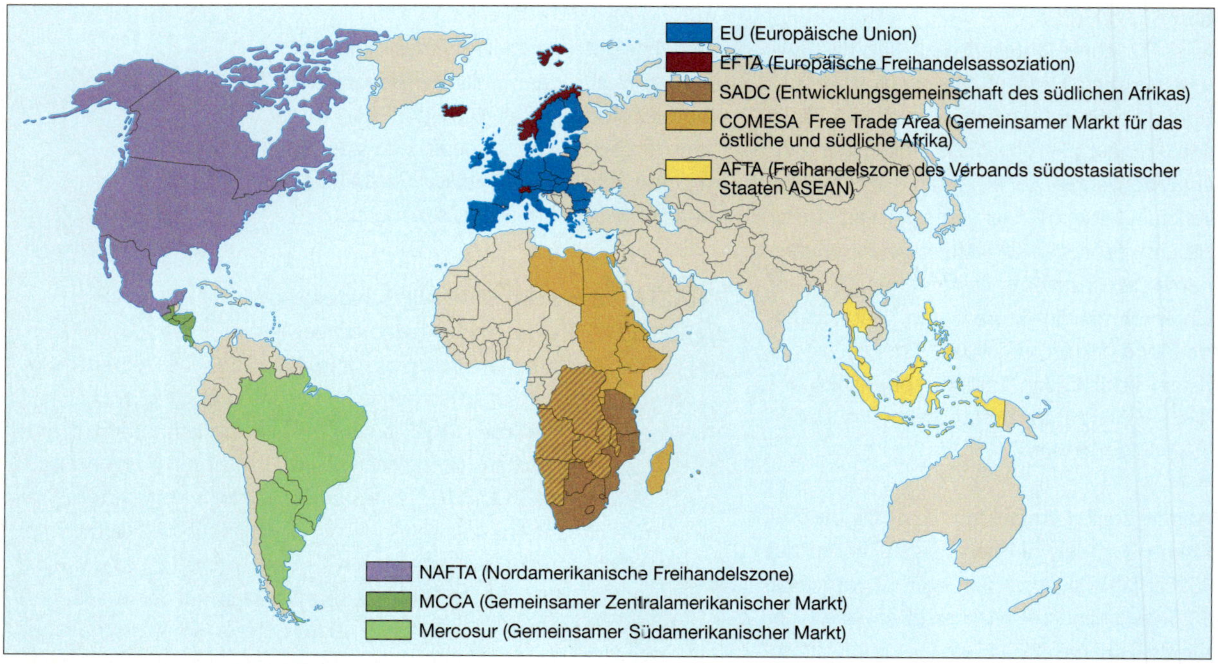

WTO (World Trade Organization = Welthandelsorganisation)
Ziel: freier internationaler Warenverkehr und Abbau von Handelsbarrieren.

Die Weltbank (Internationale Bank für Aufbau und Entwicklung)
Ziel: vor allem Armutsbekämpfung in Asien, Afrika, Lateinamerika.

OECD (Organization for Economic Cooperation and Development = Organisation für Zusammenarbeit und Entwicklung)
Ziel: Koordination der Wirtschafts- und Entwicklungspolitik der marktwirtschaftlich orientierten Mitgliedsstaaten.

G7/G8 (Gruppe der Sieben/Gruppe der Acht) Treffen der Staats- und Regierungschefs der sieben führenden Industrieländer Deutschland, Frankreich, Italien, Japan, Kanada, Großbritannien und USA (G7) sowie Russlands (G8).

AFTA (ASEAN Free Trade Area = ASEAN-Freihandelszone)
Freihandelsgebiet der im Jahr 2002 sechs wirtschaftlich fortgeschrittenen ASEAN-Mitglieder.

ASEAN (Association of Southeast Asian Nations = Verband südostasiatischer Staaten)
Ziel: wirtschaftliche, soziale und kulturelle Zusammenarbeit sowie die Festigung des Friedens in Südostasien.

COMESA (Common Market for Eastern and Southern Africa = Gemeinsamer Markt für das östliche und südliche Afrika)
Ziele: Liberalisierung des Handels, Zusammenarbeit im Bereich Industrie, Landwirtschaft, Verkehr, Kommunikation.

EFTA (European Free Trade Area = Europäische Freihandelszone)
*Ziele: Liberalisierung des Handels und gesonderte Abkommen mit der EU. 2003 wur-de die EFTA als **European Free Trade Association (Europäische Freihandelsassoziation)** um Chile erweitert. Die EFTA-Staaten schließen Freihandelsabkommen mit 20 weiteren Staaten und Gebieten und haben Freihandelsbeziehungen zur EU.*

EU (Europäische Union)
Die EU ist der freiwillige Zusammenschluss von 27 selbstständigen Staaten.

Mercosur (Mercado Commun del Cono Sur = Gemeinsamer Markt des Südens)
Ziele: freier Waren- und Dienstleistungsverkehr durch eine Zollunion, Vereinheitlichung der Gesetzgebung in den Bereichen Außenhandel, Landwirtschaft, Industrie, Steuer- und Währungswesen, Kapitalverkehr, Verkehrs- und Kommunikationswesen, Zusammenarbeit mit der EU.

NAFTA (North American Free Trade Agreement = Nordamerikanische Freihandelszone)
Ziel: Abbau von Handelshemmnissen, Förderung des zwischenstaatlichen Handels.

SADC (Southern African Development Community = Entwicklungsgemeinschaft des südlichen Afrikas)
Ziel: Koordinierung der wirtschaftlichen Entwicklung im südlichen Afrika.

geplant: FTAA (Free Trade Area of the Americas = Freihandelszone von Alaska bis Feuerland)
Ziel: Bildung der mit 800 Millionen Menschen größten Freihandelszone der Welt, Abbau der Außenzölle auf dem amerikanischen Kontinent (Ausnahme Kuba).

M 1 *Internationale Organisationen und Freihandelsgebiete (Auswahl)*

Staatenübergreifende Wirtschaftsgemeinschaften

In den letzten Jahrzehnten haben regionale und kontinentale Wirtschaftsgemeinschaften, denen mehrere Staaten angehören, ständig an Bedeutung gewonnen.

Das Ziel solcher internationaler Organisationen besteht darin, durch gemeinsame Absprachen wie die Bildung einer gemeinsamen Zollunion den gemeinsamen Binnenhandel zu stärken, die vorhandenen Ressourcen optimal zu nutzen, untereinander Kosten zu sparen und insgesamt das Wirtschaftswachstum zu steigern. Nach außen wird der entstehende Binnenmarkt durch Schutzzölle, Importbeschränkungen und weitere Handelserschwernisse geschützt wie z.B. durch Einfuhrobergrenzen für Nichtmitglieder. Hierdurch erlangen die eigenen Produzenten einen Wettbewerbsvorsprung.

Doch nicht nur Handelsabsprachen werden getroffen: Daneben werden frühere Beschränkungen im Kapitalverkehr aufgehoben, die freie Arbeitsplatzwahl innerhalb des Bündnisses wird vereinbart, Bildungsabschlüsse, Patente und Rechte werden gegenseitig anerkannt

Den höchsten Grad an Integration hat bisher die Europäische Union erreicht. In mehr als 40 Jahren wurde der gemeinsame Markt geschaffen, ebenso mit dem Euro eine gemeinsame Währung; außerdem gibt es eine gemeinsame Agrar-, Regional- und Wettbewerbspolitik.

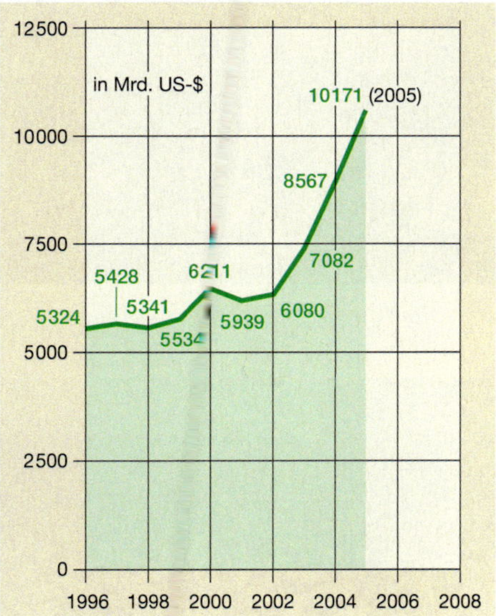

M 2 *Entwicklung des Welthandels (2007)*

Freier Welthandel oder Protektionismus

Zunehmend wird der freie Welthandel durch die Bildung von Wirtschaftsblöcken und Freihandelszonen sowie durch staatlichen Protektionismus (lat. proteggere, schützen) behindert. Freihandelszonen, Wirtschafts- und Zollunionen, wie z.B. die EU in Europa, die NAFTA in Nordamerika, Mercosur in Lateinamerika, ASEAN in Südostasien oder SACU in Südafrika, fördern zwar den wirtschaftlichen und politischen Zusammenhalt ihrer Mitglieder und den jeweiligen Binnenhandel, wirken aber benachteiligend gegenüber anderen Staaten, denen der ungehinderte Handel versperrt wird.

Inzwischen existieren weltweit etwa 40 Handelsbündnisse, die unterschiedlich gut funktionieren [...] Im Jahr 2006 entfiel z.B. mehr als die Hälfte des globalen Handelsvolumens auf den Handel innerhalb von Freihandelszonen und Zollunionen – 1980 war es noch weniger als ein Drittel gewesen.

Protektionismus im Handel soll die eigene Wirtschaft vor billigerer oder besserer ausländischer Konkurrenz schützen.

(nach: Fischer Weltalmanach 2007, S. 689)

MERCOSUR

SACU
SOUTHERN AFRICAN CUSTOMS UNION

M 3 *Handelsbündnisse*

1. Nenne Gründe, die für die Bildung von staatenübergreifenden Wirtschaftsgemeinschaften sprechen.
2. Kennzeichne je eine internationale Wirtschaftsorganisation pro Kontinent (M 1)
3. Beschreibe die Entwicklung des Welthandels seit 1967 (M 3).
4. Erörtere die Vor- und Nachteile solcher internationaler Organisationen (M 1, M 2)

Brasilien – Materialien zur räumlichen Differenzierung

Mit der Analyse von Karten zu den Geofaktoren Vegetation und Klima erfassen wir Naturbedingungen der Bodennutzung.

Die Fazenda Lampreira

Señor Pinto ist Verwalter der Fazenda. Der Besitzer Felipe Lampreira lebt in São Paulo. Señor Pinto besitzt ein Haus mit Garten in Londrina. Die 12 Lohnarbeiter leben mit ihren Familien auf Pachtland der Fazenda. Sie erledigen die laufenden Arbeiten. Zur Erntezeit braucht man Pflücker. Sie kommen mit ihren Familien aus den Städten, verdingen sich als Tagelöhner und wohnen in Baracken. Bei geringer Ernte finden viele von ihnen keine Arbeit.

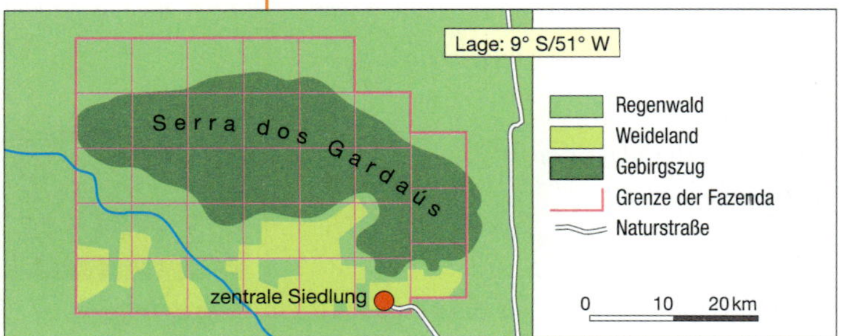

M 1 *Plan der Fazenda Christatino*

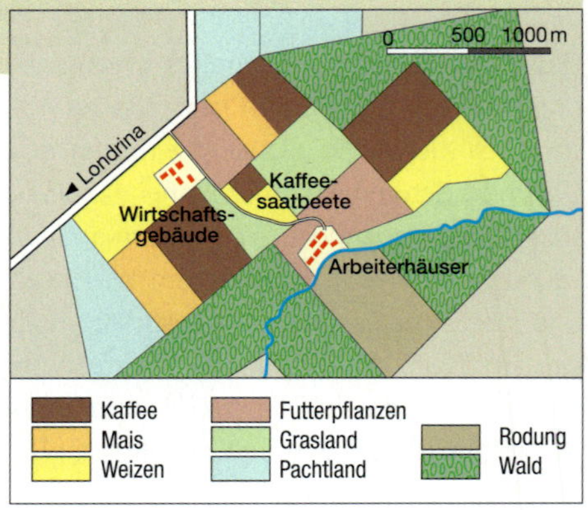

M 4 *Plan der Fazenda Lampreira*

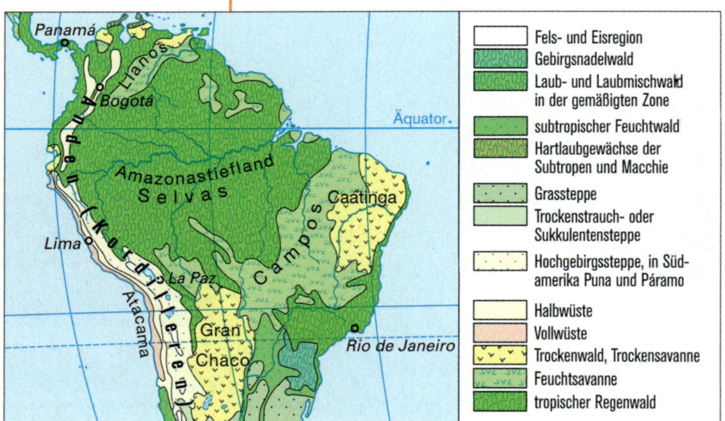

M 2 *Natürliche Vegetation*

M 5 *Tropischer Regenwald*

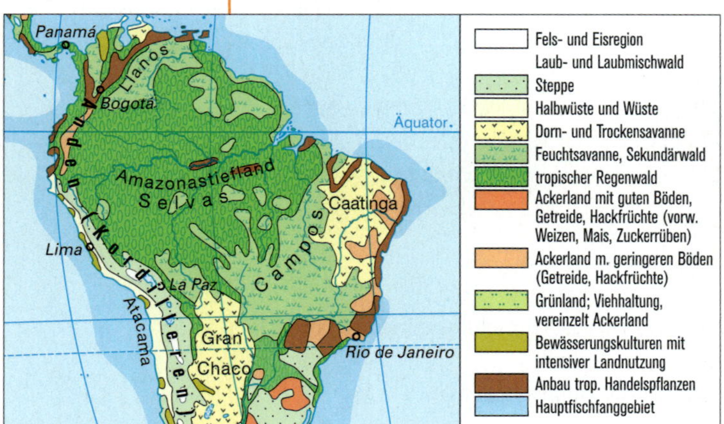

M 3 *Landwirtschaftliche Nutzung*

M 6 *Rinderweide*

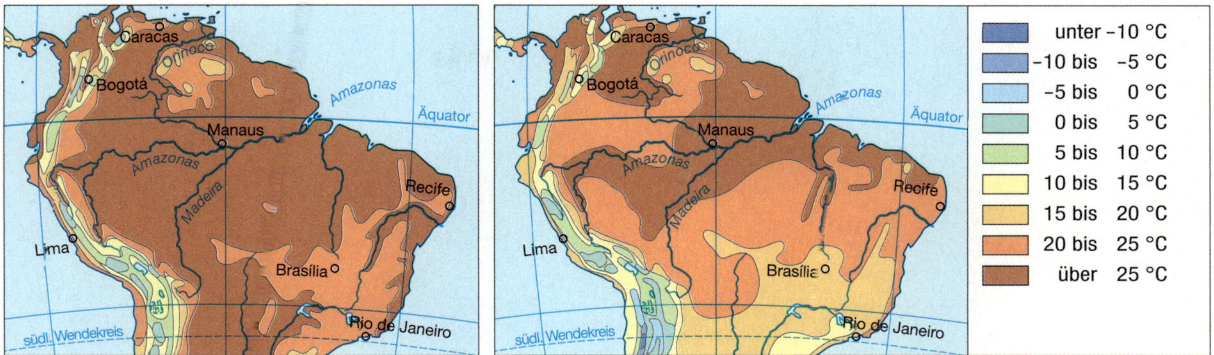

M 7 *Temperaturen im Januar und im Juli*

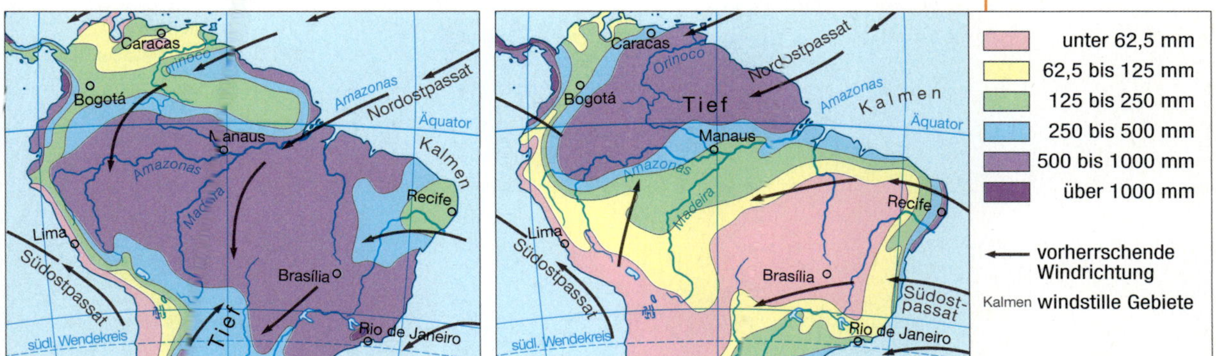

M 8 *Niederschläge von Dezember bis Februar und Juni bis August*

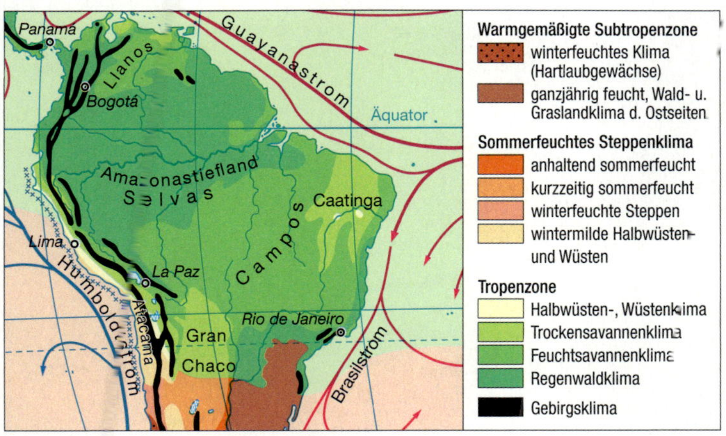

M 9 *Klimazonen in Brasilien*

Notwendige Fachbegriffe

arides Klima, Bodennutzungssystem, Dornbäume, Fütterungswirtschaft, Geoökosystem, Großbetrieb, humides Klima, immergrüne Regenwaldbäume, innertropische Konvergenz, Klimatyp, Marktfruchtbau, Monatsmitteltemperatur, Monatsniederschlag, natürliche Vegetation, Plantage, regengrüne Tropenbäume, Regenzeit, Rodungsflächen, südatlantisches Hoch, stationäre Weidewirtschaft, Trockenzeit, tropische Zone, Vegetationszone, Zenitalregen

M 10

Begriffe zur Interpretation der Vegetations-, Klima- und Bodennutzungskarten

1. Beschreibe die räumliche Gliederung der natürlichen Vegetation in Brasilien (M 2). Verwende topographische Orientierungsraster.
2. Beschreibe die Verteilung der Temperaturen und Niederschläge in Brasilien (M 7, M 8).
3. Erkläre die räumliche Differenzierung von Klima und Vegetation in Brasilien (M 9).
4. Erläutere verschiedene Bodennutzungssysteme in Brasilien (M 1, M 4 bis M 6).
5. Erkläre die räumliche Verteilung der Bodennutzungssysteme (M 2 und M 3, M 9).
6. Stelle das Gefüge von Bodennutzungssystemen, Klima und natürlicher Vegetation durch eine Interpretationsskizze dar.

M 1
Wirtschaftsräumliche Gliederung Brasiliens

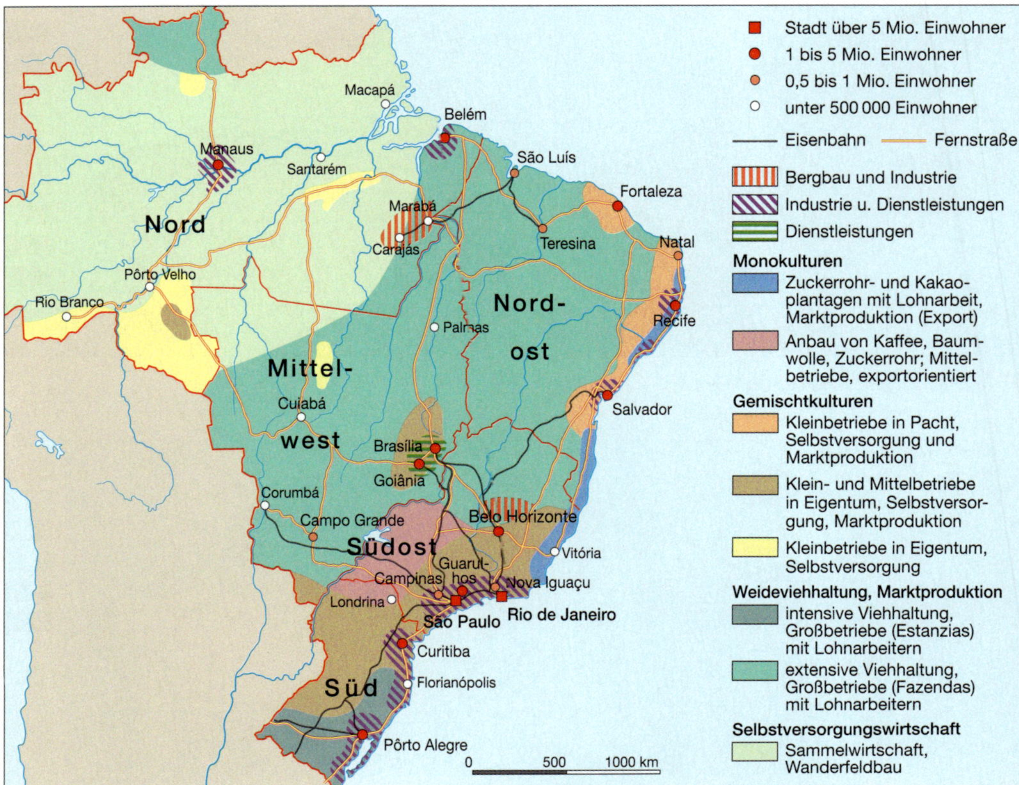

M 2
Ausschnitt aus der Wirtschaftskarte Brasiliens

Interpretationshilfen

Wir werden an diesem Beispiel die geographische Methode der Raumanalyse mithilfe von Atlaskarten kennen lernen. Die Deutung von Karten erfordert den Umgang mit Begriffen. Interpretationsskizzen erleichtern die Analyse. Im Interpretationstext werden die Ergebnisse schriftlich festgehalten.

Aktivräume und Passivräume

Brasilien nimmt in der Weltrangliste wirtschaftlicher Leistungen vordere Plätze ein. Das Schwellenland mit einem hohen Anteil des Dienstleistungssektors ist im Vergleich zu anderen lateinamerikanischen Ländern stark industrialisiert. Jedoch sind **regionale Disparitäten** bei allen Wirtschaftssektoren ausgeprägt. Im Land stehen einander **Aktivräume** (▸) und **Passivräume** (▸) gegenüber. Industrialisierung und Verstädterung sind hauptsächlich auf das Litoral, ein einige Hundert Kilometer tiefes Gebiet entlang der Südostküste, beschränkt. Es umfasst ein Viertel des Territoriums mit 80 % der Bevölkerung und über 90 % des BIP. Landwirtschaftlich überwiegend extensiv genutzte Landschaftsräume liegen im Landesinnern, vor allem in Amazonien.

Aktivraum, Tiefland, Bergbau, Bergland, ländlicher Raum, Passivraum, Rodungsinsel, Standortgruppierung, Trockensavanne, tropischer Regenwald, Verdichtungsraum

M 3 *Begriffe zur Interpretation der Karten*

M 5 *Automobil-Werk in Juiz de Fora*

Großregionen	Fläche*	Einwohner**	E/km²
Norden	45	8	3,3
Nordosten	18	28	30,6
Südosten	11	42	77,9
Süden	7	15	43,4
Mittelwesten	19	6	6,0
Brasília	0,02	1	352,3

*) in % der Staatsfläche **) in % der Gesamtbevölkerung

M 4 *Brasilien: Fläche, Bevölkerung, Bevölkerungsdichte*

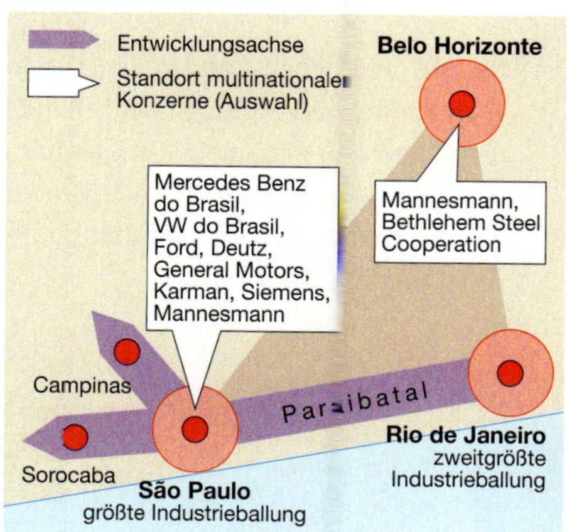

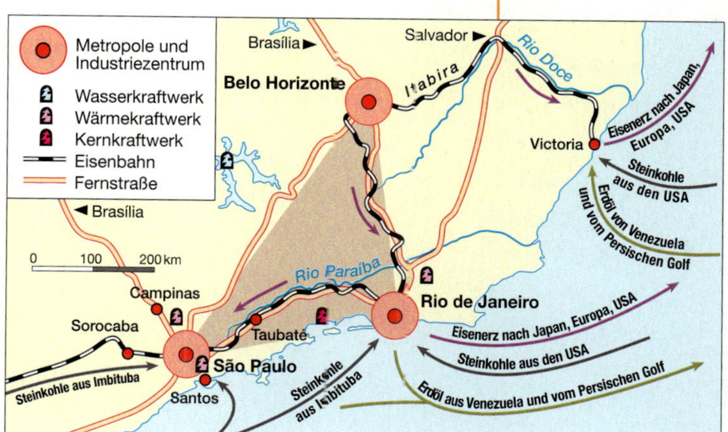

M 6 *rechts: Brasilianisches Industriedreieck* *links: Schema des Industriedreiecks*

1. Verfasse einen Interpretationstext und entwirf eine einfache Interpretationsskizze zur Karte M 2. Arbeite hierbei regionale Disparitäten der Aktiv- und Passivräume heraus.
2. Vergleicht eure Interpretationsskizzen mit der Darstellung in M 1. Erörtert Gemeinsamkeiten und Unterschiede.
3. Erkläre die wirtschaftsräumliche Differenzierung Brasiliens. Beachte hierbei die Aktiv- und Passivräume (M 2, M 4 bis M 6).
4. Erkläre die Bedeutung des brasilianischen Industriedreiecks in M 6.

Japan – Handelsmacht und Global Player

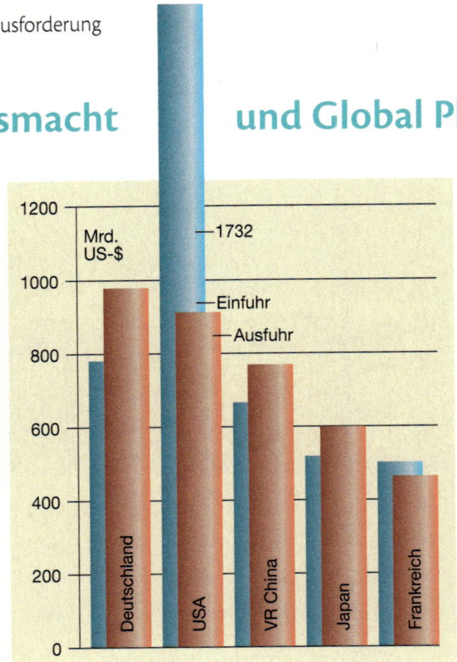

M 2 *Die fünf führenden Welthandelsländer 2005*

Wirtschaftsbereich	Rangplatz 1 – 3
Patentanmeldungen	Schweiz, Finnland, Japan
Autoproduktion	USA, Japan, VR China
Kernkraftwerke	USA, Frankreich, Japan
Handelsschiffe	Südkorea, Japan, VR China
Stahlproduktion	VR China, Japan, USA
Papierproduktion	USA, VR China, Japan
Synthetischer Kautschuk	USA, Japan, VR China
Wirtschaftskraft (BNE)	USA, Japan, Deutschland

M 4 *Japans Rangplatz in der Welt (2005)*

M 1 *Seehäfen*

Rangplatz nach Güterumschlag
1 Singapur
2 Schanghai (VR China)
3 Rotterdam (Niederlande)
4 Ningpo (VR China)
5 South Louisiana (USA)
6 Hongkong (VR China)
7 Pusan (Südkorea)
8 Guangzhou (VR China)
9 Tianjin (VR China)
10 Nagoja (Japan)
12 Chiba (Japan)
18 Antwerpen (Belgien)
23 Jokohama (Japan)
27 Kitakiuschu (Japan)
30 Osaka (Japan)
31 Tokio (Japan)
33 Kobe (Japan)

Japan entwickelte sich im 20. Jahrhundert zum Industriestaat. Wie war diese Entwicklung möglich, obwohl das Land rohstoffarm ist?

Veredlungsindustrie

In Japan entstand eine Energie und Rohstoff sparende Konsumgüterindustrie. Sie stellt exportfähige Güter her, wie Autos, Fotoapparate oder Computer. Die Rohstoffe wurden „veredelt“, das Endprodukt ist wertvoll.

Japan – höchstentwickeltes Industrieland Asiens

Japan konnte durch eine genau geplante Lenkung bei der Herstellung ausgewählter Handelsgüter auf europäischen und nordamerikanischen Märkten bedeutende Marktanteile gewinnen. Auch in Ostasien behauptet Japan eine Vorrangstellung. China als aufstrebende Wirtschaftsmacht stellt einerseits einen Konkurrenten dar, andererseits aber einen wichtigen Handelspartner. 2004 überholte die VR China erstmals die USA als wichtigsten Handelspartner. Die japanischen Direktinvestitionen stiegen 2005 auf über 5 Mrd. US-$ an.

Für die asiatischen Länder wird Japan auch künftig in dreierlei Hinsicht Bedeutung haben: als Großmacht mit technologischem Vorsprung, als bedeutender Absatzmarkt und als Kapitalgeber für die wirtschaftliche Entwicklung.

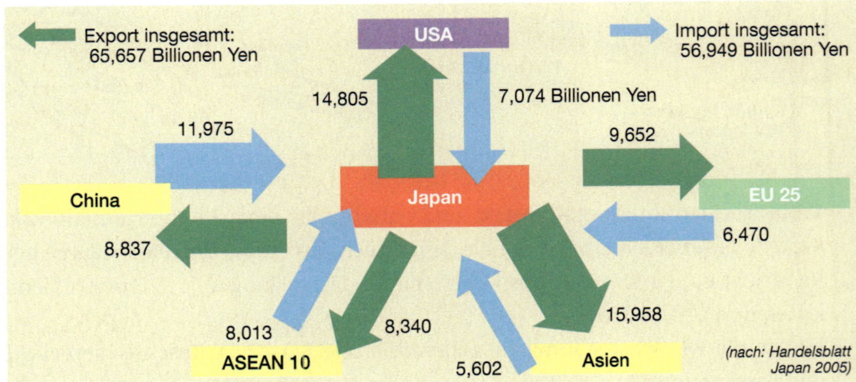

M 3 *Handelsmacht Japan 2005*

Wege zum wirtschaftlichen Erfolg

Viele Geräte, die bei uns angeboten werden, tragen die Bezeichnung „Made in Japan". Wir schätzen an japanischen Waren Technik, Verarbeitung und den günstigen Preis. Welche Mittel setzte Japan ein, um zu einer führenden Weltwirtschaftsmacht aufzusteigen?
In Japan wirken seit über 100 Jahren der Staat, Banken und Großunternehmen beim Auf- und Ausbau der Industrie zusammen. Der Staat hat die Kontrolle über das Kapital. Er fördert gezielt in den großen Unternehmen die Entwicklung wettbewerbsfähiger Produkte.

Organisation der Produktion

Die Japaner entwickelten Verfahren, um die Kosten in einem Großbetrieb senken zu können. **Lean Production** (dt. „schlanke Produktion") umfasst Maßnahmen wie das Ausgliedern von Transportleistungen, den Einsatz von Robotern oder den Verzicht auf große Materiallager. Die fast lagerlose Produktion erfordert **Just-in-time-Transporte:** Lastwagen werden zu rollenden Lagerhäusern. Sie transportieren zu festen Zeiten Einzelteile und Baugruppen vom Zulieferbetrieb zum Großbetrieb. Tausende von Klein- und Mittelbetrieben sind durch Verträge an Großbetriebe gebunden. Etwa 70 % der Produktion lassen Großbetriebe von Zulieferbetrieben fertigen.

Verringerung der Rohstoffabhängigkeit

Japan verfügt nur über wenige Rohstoffvorkommen. Viele Rohstoffe müssen eingeführt werden. Deshalb förderte der Staat Energie und Rohstoff sparende Technologien der Veredelungsindustrie. So werden zur Herstellung eines Computers nur wenige Rohstoffe verbraucht; sein Materialwert ist gering. Doch das Endprodukt, das in zahlreichen Produktionsschritten hergestellt wird, ist wertvoll. Dabei werden die Rohstoffe veredelt. Zu den Veredelungsindustrien zählen z. B. Elektro- und Computertechnik, Feinmechanik, Glasfaseroptik, Software und Biotechnologie.

M 5
links: Automobilproduktion bei der Toyota Motor Corporation
rechts: Einzelteilfertigung in einem Kleinbetrieb

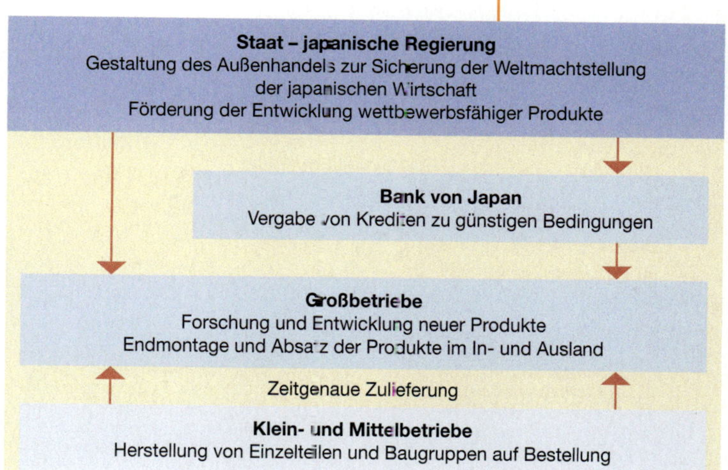

M 6
Zusammenwirken von Staat, Banken und Großbetrieben in Japan

1. Beschreibe die Stellung Japans in der Weltwirtschaft (M 1 bis M 4).
2. Nenne Merkmale der Globalisierung (M 3).
3. Erläutere das Zusammenwirken von Staat, Banken und Großbetrieben in Japan. Erörtere, ob es als Grundlage des wirtschaftlichen Erfolgs angesehen werden kann (M 6).
4. Beurteile, welche Maßnahmen die zum wirtschaftlichen Erfolg in Japan beigetragen haben. Betrachte dabei die Organisation der Produktion und die Konzentration auf Produkte der Veredelungsindustrie (M 1 bis M 6).

M 1
Aufschüttungsfläche Mizushima

M 2
Eckdaten der Automobilindustrie (Vergleich Mitte der 1980er-Jahre)

	J	USA	D
Arbeitsstunden pro Jahr	2138	1912	1716
Urlaubstage	18	12	30
Arbeitskosten je Arbeitsstunde in €	12,0	12,4	16,0
Montagefehler je 100 Autos	35	62	47
Verbesserungsvorschläge je Mitarbeiter pro Jahr	60	1,7	4,3
Abwesenheit in % aller Mitarbeiter	4,5	10,4	9,6
Mitarbeiter in Teamarbeit in %	74,3	27,8	45,7

M 3
Kaizen – ein Begriff für wirtschaftliche Veränderungen in Japan

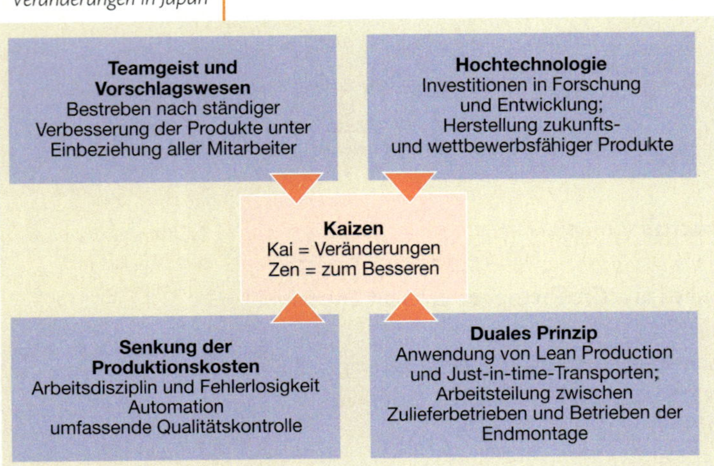

Einflüsse der Globalisierung

Da es auch für japanische Großunternehmen unter den Bedingungen der Globalisierung vorteilhaft sein kann, an ausländischen Standorten für den Weltmarkt zu produzieren, werden arbeitsintensive **Produktionsvorgänge** (vgl. **intensiv** ▸) in Niedriglohnländer verlagert. So kann eingespartes Kapital direkt in den Abnehmerländern für die Fertigung hochwertiger Produkte investiert werden. Mithilfe solcher **Direktinvestitionen** (▸) können die Unternehmen schneller auf Kundenwünsche reagieren und außerdem Importzölle umgehen.

Eine Folge dieser Entwicklung ist die **Deindustrialisierung** (▸). In Japan wurden Produktionsstandorte der Altindustrie geschlossen. In den 1990er-Jahren gingen über zwei Millionen Arbeitsplätze verloren. Die Arbeitslosenrate stieg auf fünf Prozent. Die japanische Regierung versucht durch umfangreiche Fördermaßnahmen die Schaffung neuer Arbeitsplätze in den Wachstumszweigen der **Hightechindustrie** (▸) und des Dienstleistungssektors zu fördern. Es wurden zwischen 1992 und 2002 in zehn Programme über 1400 Milliarden Euro investiert. Zudem solle sich, nach Auffassung der Regierung, die Wirtschaft stärker auf

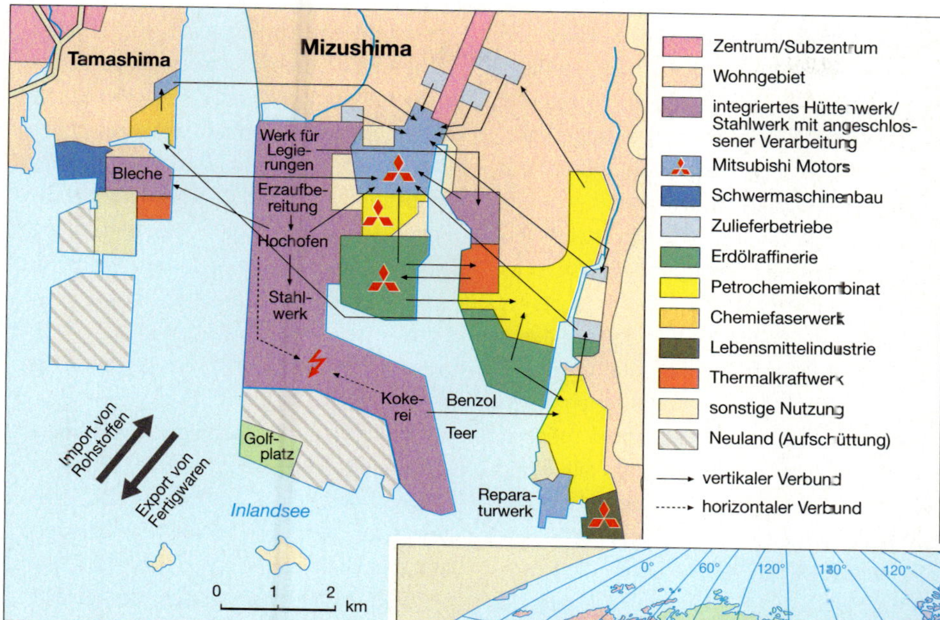

M 4
Industriekomplex Mizushima und Verflechtungen mit dem Automobilwerk Mitsubishi

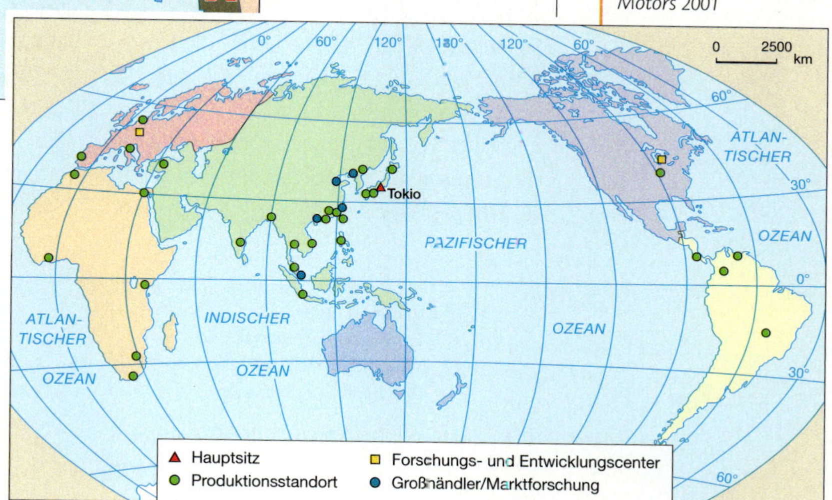

M 5
Standorte von Mitsubishi-Motors 2001

den Binnenmarkt konzentrieren. Japan soll Wirtschaftsmacht und als Hightechland, Absatzmarkt und Kapitalgeber Führungsmacht in Ostasien bleiben.

Industriekomplex Mizushima

Auf dem Neuland gruppieren sich Großunternehmen, welche die per Schiff angelieferten Rohstoffe direkt verarbeiten. Die Betriebe stehen untereinander im vertikalen oder horizontalen Verbund (siehe Seiten 342 ff. unter **vertikale** und **horizontale Integration** ▶).

Eines der Unternehmen gehört zu Mitsubishi-Motors und produziert hier mit rund 5000 Beschäftigten Autos. Der Betrieb ist sowohl vertikal als auch horizontal integriert.

Jahr	0 – 14 Jahre	15 – 64 Jahre	über 64 Jahre	Gesamtbevölkerung
1975	24,3 %	67,8 %	7,9 %	112 Mio.
2000	14,6 %	68,1 %	17,3 %	127 Mio.
2005	14,0 %	66,0 %	20,0 %	128 Mio.
2025*	11,6 %	59,7 %	28,7 %	122 Mio.
2050*	10,8 %	53,6 %	35,6 %	102 Mio.

M 6
Altersstruktur der Bevölkerung Japans (Prognosen)*

1. Erläutere an Beispielen, wie Japan das Problem der Raumenge löst (M 1, M 4, Atlas).
2. Erarbeitet in Partnerarbeit am Beispiel des Industriekomplexes Mizushima wirtschaftliche und räumliche Strukturen sowie deren Verflechtungen (M 1, M 4). Diskutiert Vor- und Nachteile der Industriestandorte „im Meer".
3. Erörtert in der Klasse Folgen der gesellschaftlichen und wirtschaftlichen Veränderungen in Japan (M 2, M 3, M 6).
4. Erläutere am Beispiel von Mitsubishi-Motors den Begriff des „Global Player" (M 5). Informiere dich im Internet über die Gesamtstruktur des Großbetriebes Mitsubishi.

Australien – vom Agrarland zur Industrienation

M 1

Eine Farm im Outback

Das Leben auf der Red Creek Station

Die Red Creek Station der Familie Myers liegt im Norden Westaustraliens. Sie ist nur mit dem Flugzeug oder in stundenlanger halsbrecherischer Fahrt über Sandpisten mit dem Geländewagen zu erreichen.

Mit einer Fläche von 2850 km² hat Myers Station die durchschnittliche Größe einer Rinderfarm im Outback. Herr Myers besitzt zurzeit etwa 7000 Stück Vieh. Er liegt damit an der Obergrenze der Kapazität, denn 100 ha Land können nur drei Rinder ernähren. Dies ist jedoch nur in den Jahren möglich, wenn ausreichend Niederschläge fallen und genügend Futter auf den Weiden wächst. Bei dem großen Dürrerisiko ist das nie sicher. Mit Schaudern denkt Herr Myers an die Dürrejahre 1992 und 1993, in denen mehr als die Hälfte seiner Rinder umkam.

Er überlegt, ob sich für seine Kinder der Beruf des Farmers künftig noch lohnt. Das Leben ist für Frau Myers und die Kinder anstrengend und entbehrungsreich. 40 °C Tagestemperatur, Staubstürme und das Fehlen vieler Annehmlichkeiten erschweren das Leben. Lebensmittel, Haushaltsgegenstände, Drahtrollen, Baumaterial und vor allem Treibstoff für die Geländewagen müssen die Farmbewohner aus dem 165 Meilen entfernten Depot holen. In zwei Regentanks fängt Herr Myers den seltenen Regen auf. Das meiste Wasser wird aus 150 m Tiefe gepumpt. Für die Tiere ist das leicht salzige Wasser noch geeignet. Für die Verwendung als Trinkwasser muss es jedoch vorher erst aufbereitet werden.

Das wichtigste Gerät der Farm ist das Satellitentelefon. Mit ihm werden Bestellungen aufgegeben, ärztlicher Rat eingeholt und Verbindung mit den Männern der Farm gehalten. Über das Internet erhalten die Kinder Schulunterricht. Seit Ende der 1980er-Jahre erfolgt ein Teil des Unterrichtsangebotes per Satellitenfernsehen. *(Rainer Koch)*

M 2

Klima und landwirtschaftliche Nutzung

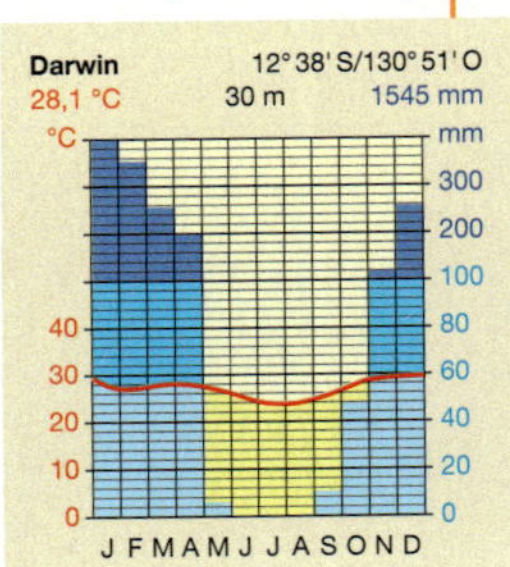

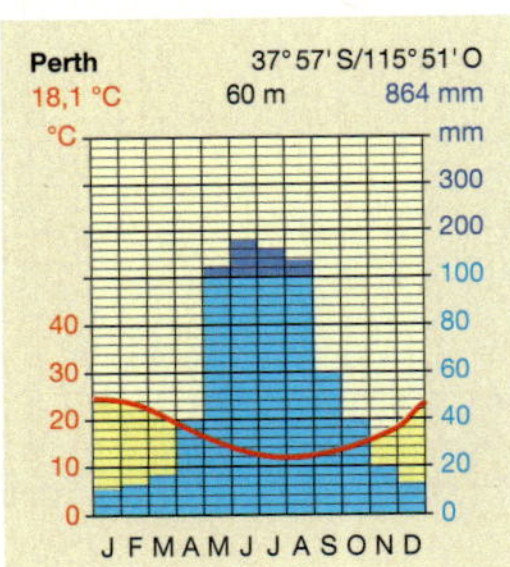

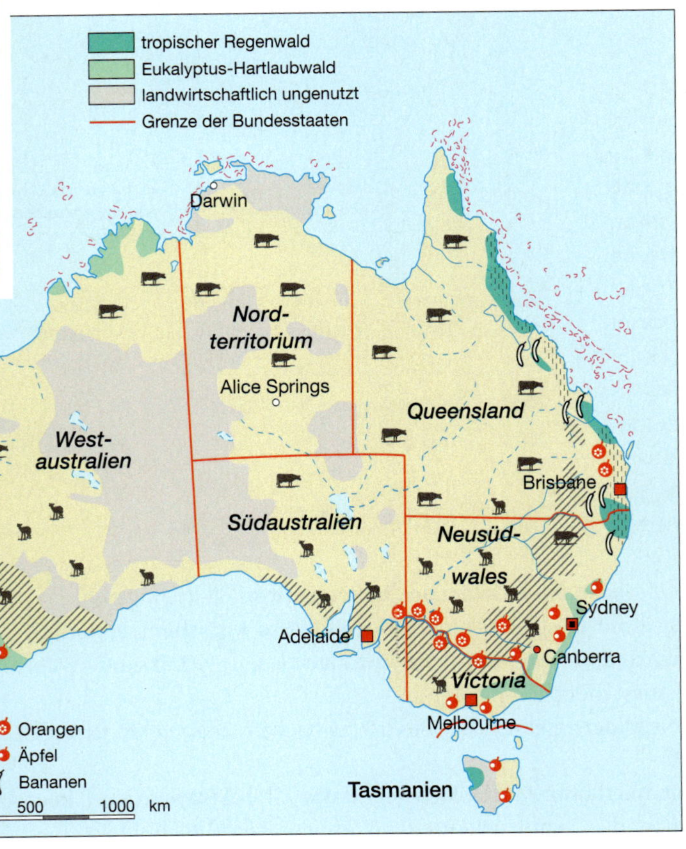

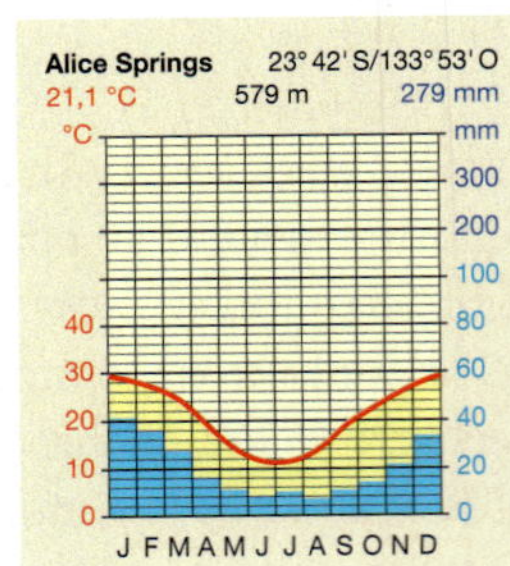

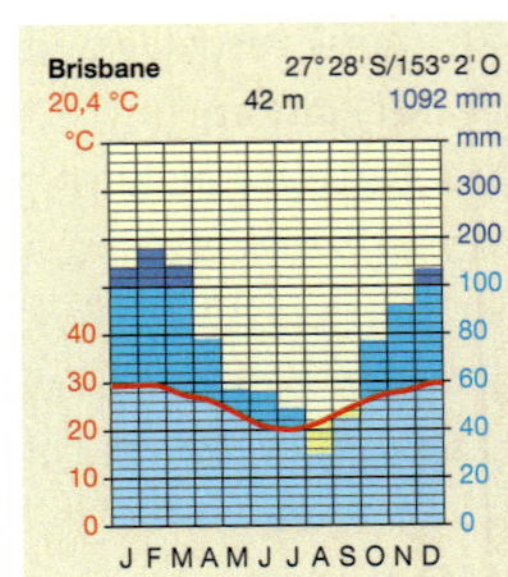

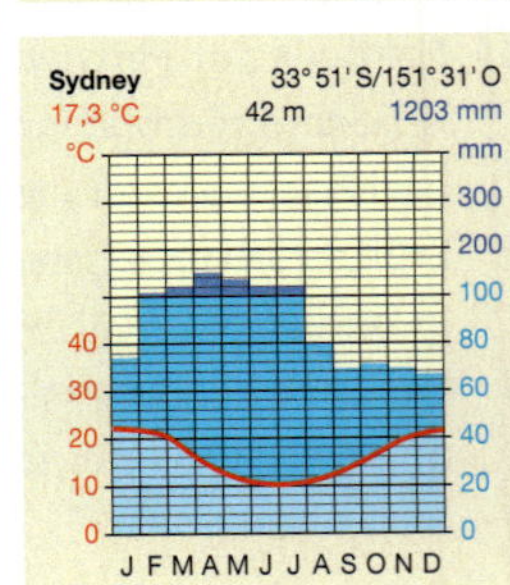

M3
Rinderfarm am Rand der Simpson-Wüste

Die Bedeutung der Landwirtschaft

Die natürlichen Gegebenheiten schränken die landwirtschaftliche Nutzung Australiens erheblich ein. Nur 2 % der Gesamtfläche sind als Ackerland nutzbar, 65 % sind Weideflächen mit meist extensiver Viehwirtschaft. Schaffarmen mit 10 000 – 15 000 Schafen auf 1000 – 5000 km² und Rinderfarmen mit 20 000 – 25 000 Rindern auf 25 000 km² sind üblich. Besonderes durch die anspruchslosen Merinoschafe konnte der extreme Trockenraum wirtschaftlich genutzt werden.

Die Landwirtschaft Australiens war von Anfang an exportorientiert; 1992 betrug der Anteil landwirtschaftlicher Exporte noch 42 % am Gesamtexport, 2005 nur noch 15 %. Der pazifische Raum mit Japan, China, USA, Südkorea und Neuseeland bildet das Hauptabsatzgebiet. Australien ist weltweit der größte Produzent und Exporteur von hochwertiger Schafwolle. Als nach 1998 der Weltmarktpreis für Wolle wegen Überproduktion auf sein historisches Tief fiel, Fleisch- und Weizenpreise ebenfalls sanken, entstanden große wirtschaftliche Probleme. Zusätzlich führten Überweidung und Dürren zu Bodenerosion, zur Zunahme von Staubstürmen und zur Ausbreitung von Dornbuschvegetation (Scrub) Aufgrund starker Inanspruchnahme sank der Grundwasserspiegel ab. In Bewässerungsgebieten nimmt die Bodenversalzung zu.

Vor Jahren schon forderten Ökologen eine räumliche Begrenzung der landwirtschaftlichen Nutzung und der Viehbestände in Anbetracht der extremen Bedingungen.

1. Schildere die Lebensbedingungen im australischen Outback am Beispiel der Familie Myers (M 1, M 3, Atlas).

2. Erläutere die Formen der Landnutzung und ihre räumliche Verteilung (M 2, Klimadiagramme).

3. Die Landwirtschaft Australiens wird von der Natur und vom Weltmarkt geprägt. Formuliert ein begründetes Urteil, ob diese Aussage stimmt.

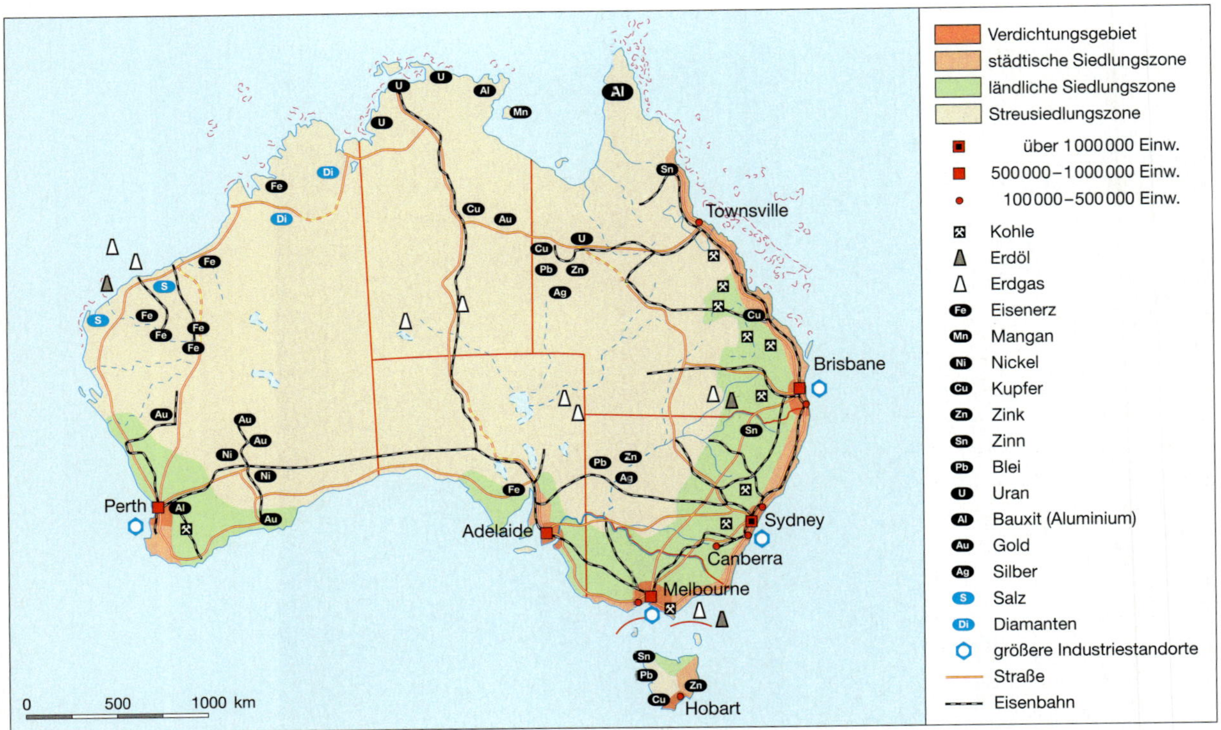

M 1 *Bodenschätze, Industriestandorte und Siedlungsstruktur in Australien*

Australien entdeckt seine Bodenschätze

Nach dem Zweiten Weltkrieg begann in Australien die Suche nach eigenen Bodenschätzen. Bei dem Aufbau einer Industrie wollte man nicht auf teure Rohstoffimporte angewiesen sein. In den folgenden Jahren wurden riesige **Lagerstätten** verschiedener mineralischer Rohstoffe und Energierohstoffe entdeckt, ein großer Teil davon in Australiens „toter Mitte". Bei der Bauxit-Förderung belegt Australien weltweit Rang 1, bei Blei Rang 2. Die Entwicklung der Nickelproduktion ist ein Beispiel für den schnellen Aufbau des Bergbaus. Bis 1966 importierte Australien seinen Nickelbedarf. 2005 stand das Land in der Nickelförderung an 2. Stelle hinter Russland und knapp vor Kanada. Noch 1965 musste Australien Eisenerz einführen. 2005 lag es bereits an 3. Stelle der Förderländer. Aus der 1964 begonnenen Ölförderung kann das Land sich selbst versorgen und außerdem exportieren.

Ähnlich stürmisch verlief die Entwicklung bei Blei, Zink, Uran, Bauxit und Gold. Die reichen Lagerstätten von Energierohstoffen und Erzen liegen günstig für den Abbau. Steinkohle, Braunkohle, Uran, Eisenerz und Mineralsande können im Tagebau abgebaut werden. Einige Bodenschätze konzentrieren sich auf wenige, aber riesige Vorkommen. So stammen 70 % des Eisenerzes (64 % Fe-Gehalt) aus der Pilbara-Region und 90 % der Nickelförderung aus der Region um Kalgoorlie in Westaustralien. Braunkohle wird besonders um Melbourne abgebaut und verstromt. Die Uranvorkommen liegen im Nordterritorium. 85 % des Erdöls werden in der Bass-Straße gefördert.

		1971	1980	1992	2000	2005
Bauxit	(Mio. t)	11	28	40	54	57
Braunkohle	(Mio. t)	23	32	51	68	81
Eisenerz	(Mio. t)	57	97	117	173	212
Mangan	(1000 t)	786	2 194	1 980	1 980	3 300
Kupfer	(1000 t)	173	228	378	487	854
Nickel	(1000 t)	35	72	58	58	187
Uran	(t)	–	837	3 530	8 948	9 512
Erdgas	(Mio. m³)	1 962	9 008	21 000	31 100	37 674
Erdöl	(Mio. t)	4	18	25	36	25

M 2 *Entwicklung der Rohstoffförderung (nach: Australien Government Dept. of Industry, Tourisme and Resources 2005)*

Seit Mitte der 1970er-Jahre hat sich Australien zu einer der wichtigsten Industrienationen der Erde entwickelt. Dies ermöglichten sowohl der damals beginnende Aufbau der verarbeitenden Industrie als auch die weltweite Nachfrage nach industriellen Rohstoffen.

Industriemacht im 3. Jahrtausend?

Die wachsende Industrialisierung stellt Australien vor ein Problem: Es werden Fachkräfte benötigt, die das bevölkerungsarme Land nur bedingt zur Verfügung hat. Die meisten von ihnen leben zudem in den klimabegünstigten Gebieten an den Küsten. So versucht die australische Regierung auf zweierlei Weise, Arbeitskräfte für die neuen Industrieregionen im Landesinnern zu gewinnen: Zum einen werden Jahr für Jahr Tausende von Einwanderern ins Land gelassen, wobei darauf geachtet wird, dass sie die in Australien benötigten Berufe haben. Zum anderen versucht die Regierung, die bisherige Bevölkerungskonzentration im bevorzugten Südosten aufzuheben. Um dies zu erreichen, werden „richtige" Städte in der Nähe der Rohstofflagerstätten aus dem Nichts gebaut. Sie sollen ihren Bewohnern all das bieten, was die alten Städte an der Küste auch aufweisen: Wohnkomfort, Freizeitangebote, Bildungseinrichtungen. Mithilfe solcher neuen Städte soll nach Vorstellung der Regierung allmählich der innere Bereich Australiens auch für eine dauerhafte Besiedlung erschlossen werden.

Wirtschaftspolitisches Ziel der Regierung war es, Australien bis zum Beginn des 3. Jahrtausends zum Bergbauland Nr. 1 der westlichen Welt zu machen; dieses ist gelungen. Die Erschließung und Industrialisierung waren in hohem Maße an den Import von Facharbeitern, Know-how, Kapital und unternehmerische Initiative gebunden. Die Regierung hat daher mit internationalen Gesellschaften und Großunternehmen der Industrieländer Raumerschließungs- und Nutzungsverträge abgeschlossen. Hieran sind besonders japanische Firmen beteiligt.

M 3
Entwicklung der Industrieproduktion 1969 – 1992

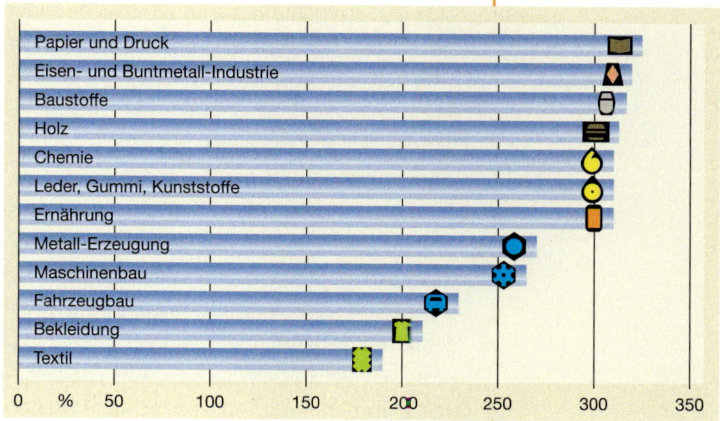

M 4
Entwicklung der Exportstruktur 1950 – 2005

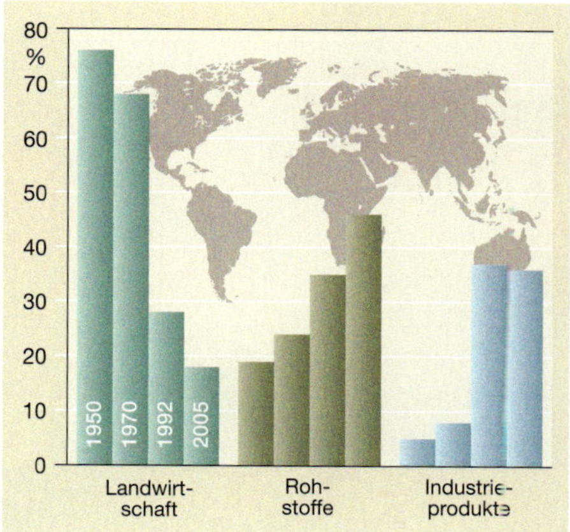

1. Über welche Bodenschätze verfügt Australien (M 1)?
2. Wo liegen diese Bodenschätze und unter welchen klimatischen Bedingungen werden sie abgebaut (M 1, M 2 Seite 230 und Atlas)?
3. Untersuche die Siedlungsverteilung in Australien (M 1, Atlas).
4. Beschreibe die Entwicklung der Rohstoffförderung in Australien (M 2).
5. Vergleiche die Entwicklung der Rohstoffförderung mit der Entwicklung der Industrieproduktion (M 3). Lokalisiere die wichtigsten Industriestandorte (Atlas und M 1).
6. Erläutere die Entwicklung der australischen Exportstruktur (M 4).
7. Australiens wichtigste Handelspartner waren früher die EG-Länder und die USA. Seit den 1970er-Jahren orientiert sich Australien stärker nach Asien hin, vor allem zunächst nach Japan. Lies im Kapitel Japan (S. 226 bis 229) nach und begründe.

Gliederung der Welt

Die Staaten der Erde unterscheiden sich nicht nur durch Flächengrößen und Einwohnerzahlen sowie natürliche Gegebenheiten der Oberflächengestalt, des Klimas, der Böden und der Rohstoffvorkommen, sondern auch in wirtschaftlicher und sozialer Hinsicht. Um die vielen Staaten besser einordnen zu können, gliedert man sie in verschiedene Gruppen nach ihrer sozialökonomischen Struktur. Mithilfe der Merkmale, die man zur Gliederung verwendet, erhält man unterschiedliche Bilder der Erde. Nach wirtschaftlichen Merkmalen wie dem Pro-Kopf-Einkommen ergeben sich drei Gruppen von Staaten: Die **Industrieländer** haben heute das höchste Pro-Kopf-Einkommen, somit den höchsten wirtschaftlichen Entwicklungsstand. Dem stehen **Entwicklungsländer** mit geringem Pro-Kopf-Einkommen gegenüber. Unter ihnen werden die Länder mit stärkerer Industrialisierung **Schwellenländer** genannt.

Von den Vereinten Nationen wird zur besseren Wahrnehmung von Unterschieden in den Lebensverhältnissen der **Human-Development-Index (HDI)** (▸) berechnet. Er soll den gesellschaftlichen Entwicklungsstand eines Staates kennzeichnen. Dazu werden ökonomische und soziale Merkmale berücksichtigt: die Lebensdauer (Lebenserwartung bei der Geburt), das Bildungsniveau (der Grad der Alphabetisierung, die Anzahl besuchter Schuljahre), der Lebensstandard gemessen an der tatsächlichen Kaufkraft pro Kopf der Bevölkerung sowie regionale Unterschiede.

Wächst die Welt zusammen?

Diese Frage ist äußerst schwierig zu beantworten. Ein vielfach angeführtes Kriterium ist das Wirtschaftswachstum. Betrachtet man die Weltwirtschaft insgesamt, so lässt sich ein Wachstum feststellen. Zwischen den Wirtschaftsräumen der Erde ist das Wachstum jedoch recht unterschiedlich. Gewinner sind derzeit die Industrieländer sowie einige Länder Südostasiens, während vor allem Länder Afrikas zu den Verlierern zählen. Auch die Ärmsten der Armen haben offenbar von der Globalisierung nicht profitiert.

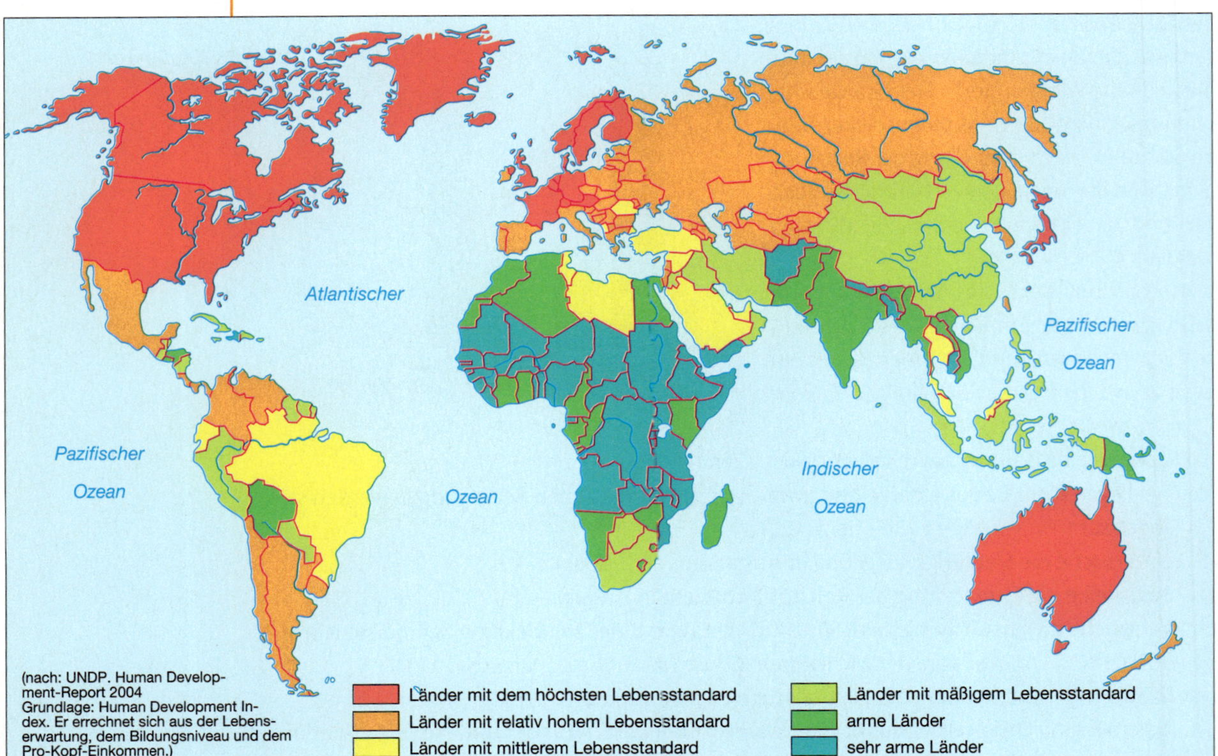

M 1 *Gliederung der Länder nach sozialen und wirtschaftlichen Merkmalen*

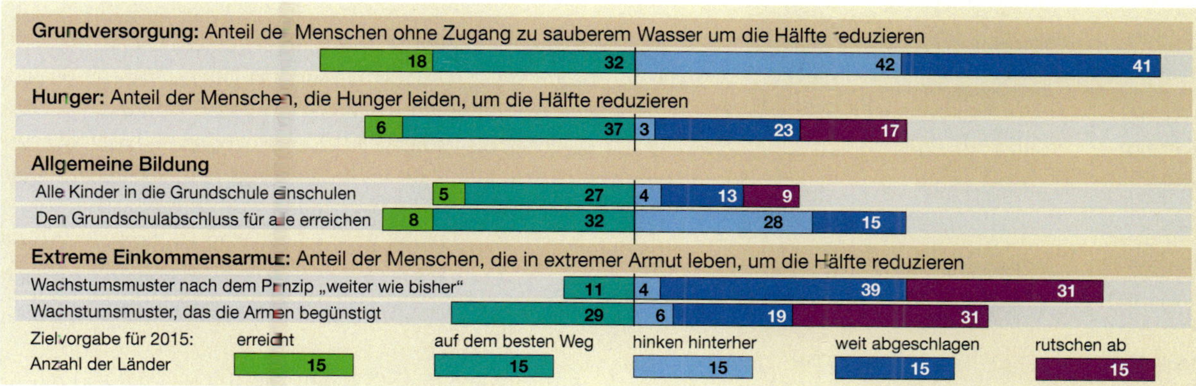

M 2 *Die Zielvorgaben der Millenniums-Erklärung*

Eine Folge der Globalisierung scheint zu sein, dass die klare Trennung zwischen Industrie- und Entwicklungsländern verschwimmt. Es entwickeln sich in vielen Ländern **Aktivräume** mit Anbindung an die Weltwirtschaft und ärmere **Passivräume.** Ob von den Aktivräumen dauerhafte Wachstumsimpulse für die jeweiligen Länder insgesamt ausgehen, bleibt abzuwarten.

Es wird deutlich: Der Wohlstand der Industrieländer ist mit einem hohen Energieverbrauch und oft auf Kosten der Umwelt erreicht worden. Würde man dies auf die Welt übertragen, so wäre ein Zusammenbruch von Geoökosystemen unausweichlich. Will man Wohlstand für alle Menschen erreichen, ist dies nur möglich, wenn in allen Ländern die Wirtschaftspolitik dem **Grundsatz der Nachhaltigkeit** folgt. Entwicklungspolitik ist daher längst nicht mehr reine Wirtschaftspolitik, sondern verfolgt einen ganzheitlichen Ansatz.

Mit der Millenium-Erklärung von 2000 hat die globale Staatengemeinschaft die wesentlichen Handlungsfelder für die Politik zu Beginn des 21. Jahrhunderts formuliert.

M 3
Disparitäten

1. Vergleiche die Gliederungen des Lebensraumes Erde nach natur- und kulturgeographischen, wirtschaftlichen und sozialen Merkmalen miteinander (M 1, Atlas).
2. Beurteile die wirtschaftliche Einordnung von Südostasien und Brasilien auf der Basis deiner Kenntnisse von diesen Räumen.
3. Erläutere Ziele und Zwischenergebnisse der Millenium-Erklärung (Text, M 2).
4. Die Fotos (M 3) zeigen sowohl von links nach rechts als auch von oben nach unten räumliche Disparitäten. Erläutere die Sachverhalte.

Lernbausteine: Wir untersuchen Weltwirt-

Baustein 1: Grundlagen der Weltwirtschaft

Handelsgut	1998	2000	2002	2004	Wichtige Einflüsse auf die Weltmarktpreise
Nahrungsmittel (gesamt)	-14,1	-0,1	0,4	13,2	**Baumwolle:** Konkurrenz durch Kunstfasern, 2002/2003 hohe Nachfrage aus China, Produktionseinbrüche bei einigen Anbietern, 2001/2002 Subvention von Baumwolle in den USA **Weizen:** Dürre in USA und Australien 2000/2001 **allgemein:** hohes Wirtschaftswachstum in China
Weizen	-19,9	3,4	16,6	6,8	
Reis	1,3	-18,1	11,0	23,1	
Baumwolle	-8,3	11,5	-3,6	-3,3	
Minerale, Erze, Metalle	-16,0	12,4	-2,7	40,7	
Nickel	-33,2	43,7	13,9	43,6	
Rohöl	-31,8	55,6	2,0	30,7	
nach: UNCTAD Trade and Development Report 2006					

M 1 *Weltmarktpreise für ausgewählte Handelsgüter (Veränderung gegenüber dem Vorjahr in %)*

Äthiopien (2005)	Import	**Gesamtwert: 3,6 Mrd. US-$**
		Kapital- und Investitionsgüter 33, Treibstoffe 18, Nahrungsmittel 10
	Export	**Gesamtwert: 0,8 Mrd. US-$**
		Kaffee 41, Kakao 12, Ölsaaten 13, Hülsenfrüchte 4, Häute und Lederprodukte 8, Gold 6
Malaysia (2005)	Import	**Gesamtwert: 114,6 Mrd. US-$**
		elektronische Bauelemente 24, Teile für Büromaschinen 6, EDV-Technik 3, Schalttechnik 4, Nachrichtentechnik 3, Erdöl 3, Erdölerzeugnisse 3, elektrische Maschinen 3, Mess- und Regeltechnik 2
	Export	**Gesamtwert: 140,9 Mrd. US-$**
		elektronische Bauelemente 17, EDV-Technik 10, Teile für Büromaschinen 6, Erdöl 6, Nach-richtentechnik 5, Schalttechnik 4, Gas 4, pflanzliche Öle und Fette 3, Erdölerzeugnisse 3, Rundfunktechnik 2
Deutschland (2005)	Import	**Gesamtwert: 773,8 Mrd. US-$**
		chemische Erzeugnisse 11,4, Elektronik 10,9, Kfz und -Teile 10,2, Erdöl und Erdgas 8,3, Nahrungsmittel 6,2, Maschinen 5,8, Elektrotechnik 4,7
	Export	**Gesamtwert: 969,9 Mrd. US-$**
		Kfz und -Teile 19,0, chemische Erzeugnisse 14,1, Maschinen 12,8, Elektronik 7,5, Elektrotechnik 5,9, Mechatronik 4,2, Nahrungsmittel 3,5, Eisen- und Stahlerzeugnisse 2,6

M 2

Anteile von Warengruppen am Außenhandel ausgewählter Staaten in Prozent (nach: Fischer Weltalmanach 2007, ergänzt)

Was knapp ist, ist teuer

Auf dem Weltmarkt gibt es Anbieter (Produzenten) und Nachfrager (Käufer). Der Preis einer Handelsware richtet sich nach Angebot und Nachfrage. Wird eine geringere Menge einer Ware angeboten als nachgefragt, steigt ihr Preis; ist das Angebot größer als die Nachfrage, sinkt er. Angebot und Nachfrage wiederum hängen von vielen Faktoren ab.

Anbieter und Käufer auf dem Weltmarkt

Die Produkte, die ein Land auf dem Weltmarkt anbieten kann oder einkaufen muss, hängen nicht nur von Rohstoffen, sondern vor allem von der Struktur der Wirtschaft ab. Ein Land mit wenig verarbeitender Industrie muss viele Industrieprodukte zukaufen. Ein Land mit vielfältigen Industriebranchen kann dagegen eine breite Produktpalette anbieten. Ziel der Wirtschaftsentwicklung ist es, eine einseitige Handelsstruktur (d.h. Konzentration auf wenige Handelsprodukte) zu vermeiden. Länder, die umfassend in den Welthandel integriert sind, exportieren und importieren ähnliche Güter. Zeichen einer gesunden Wirtschaft ist eine leicht positive Außenhandelsbilanz (Verhältnis des Wertes von Export zu Import).

Terms of Trade

Dieser Begriff bezeichnet das Verhältnis der durchschnittlichen Preise für Exportgüter zu denen der Importgüter. Um Industriegüter einkaufen zu können, müssen Länder, die einseitig auf Rohstoffexport ausgerichtet sind, bei sinkenden **Terms of Trade** (▶) eine immer größere Rohstoffmenge verkaufen. Viele Länder verschulden sich und müssen immer mehr Geld für Tilgung und Zinsen aufbringen.

Aufgaben zu Baustein 1

1. Beschreibe die Entwicklung der Weltmarktpreise ausgewählter Handelsgüter (M 1) und erläutere an Beispielen, welche Ursachen zu Veränderungen der Weltmarktpreise führen.
2. Vergleiche den Außenhandel von Äthiopien, Malaysia und Deutschland. Welche Aussagen zur Struktur der Wirtschaft dieser Länder lassen sich daraus ziehen (M 2)?
3. Erläutere mithilfe der Terms of Trade (S. 188), welche Auswirkungen sinkende Rohstoffpreise auf Entwicklungsländer haben, und zeige die Folgen an einem Länderbeispiel auf.

Baustein 2: Internationale Arbeitsteilung – Chancen und Probleme

Moderne Verkehrsmittel ermöglichen es, Waren innerhalb kurzer Zeit von Kontinent zu Kontinent zu transportieren. Mithilfe von Datenautobahn und Internet arbeiten Menschen auf der ganzen Welt sekundenschnell zusammen.

Das Beispiel Textilindustrie

Viele Textilunternehmen aus Industrieländern haben ihre Produktion in Entwicklungsländer verlegt, wo die Stundenlöhne und damit die Produktionskosten deutlich niedriger sind. Als Erstes wurde die Herstellung von Massenware verlagert, welche nur gering qualifizierte Arbeitskräfte benötigt. Design, Materialveredlung, die Herstellung von Spezialanfertigungen für besonders zahlungskräftige Kunden sowie die Lagerhaltung verblieben in den Industrieländern. Zunehmend werden in Entwicklungs- und Schwellenländern aber auch Qualitätsprodukte erzeugt, was zur Verlagerung weiterer Produktionsschritte führt.

Niedrige Produktionskosten haben oft einen hohen Preis:
- sehr lange Arbeitszeiten (60 Stunden und mehr pro Woche), niedrige Löhne,
- unzureichende Sicherheitsbestimmungen, hohe Unfallgefahr,
- geringe Umweltauflagen, dadurch Umweltschäden und Gesundheitsschäden bei den Arbeitskräften,
- häufig Diskriminierung von Frauen,
- Kinderarbeit.

Es bleibt zu hoffen, dass ein langsames Umdenken einsetzt, z. B. durch Vergabe von Labeln für Produkte, die unter akzeptablen Bedingungen hergestellt werden.

M 1 *Vertretbare Arbeitsbedingungen?*

Globalisierung

Nah und fern sind zunehmend miteinander verflochten – das zeigen internationaler Waren- und Informationsaustausch, die hohe Mobilität von Menschen, sei es aus beruflichen Gründen oder als Touristen, der Austausch von Kapital, aber auch von Erfahrungen und kulturellen Errungenschaften. Entscheidungen, die wir vor Ort treffen, haben Auswirkungen auf andere Teile der Welt. Diese Entwicklung macht vielen Menschen Angst, sie kann aber auch eine Chance sein.

M 2 *Globales Miteinander*

M 3 *Lohngünstige Auftragsarbeiten in Vietnam für den globalen Textilmarkt*

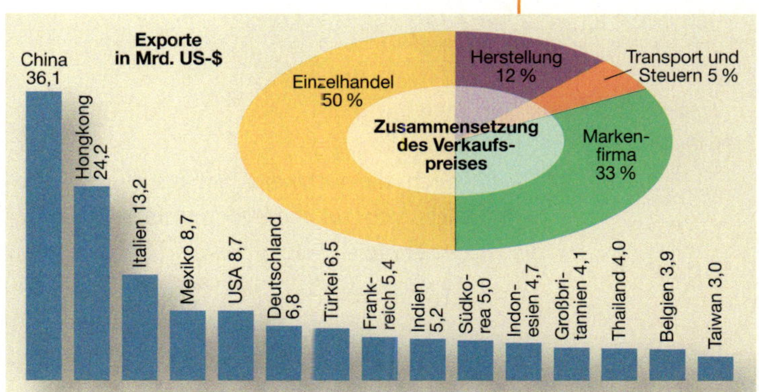

M 4 *Statistiken der Textil- und Bekleidungsindustrie 2005*

Aufgaben zu Baustein 2

1. Warum findet die Fertigung der Textil- und Bekleidungsindustrie weitgehend in Entwicklungs- und Schwellenländer statt?
2. Liste positive und negative Auswirkungen der internationalen Arbeitsteilung auf.
3. Vergleiche durch eigene Recherchen die Art und die Qualität von Kleidungsstücken aus verschiedenen Herkunftsländern.

Baustein 3: Multinationale Unternehmen

Chancen
- Multis schaffen Arbeitsplätze in den Zielländern
- trotz Niedriglohn sind Arbeitsplätze bei Multis oftmals höher dotiert als durchschnittliche Arbeitsplätze
- langfristig findet eine übertragung von Kapital, Know-how und Technologie in die Zielländer statt
- vielfach übernehmen später einheimische Unternehmen als Lizenznehmer oder Dienstleistungsanbieter Aufgaben von den Multis
- langfristig findet auch ein Transfer von Arbeits- und Umweltstandards statt. Verstöße gegen Umwelt- und Sozialbestimmungen können leicht zu einem erheblichen Imageschaden eines Unternehmens führen
- manche Zielländer lernen aus den Erfahrungen der Industrieländer, dass Umweltschäden heute zu erheblichen Folgekosten später führen können

Probleme
- Kostenersparnis durch geringe oder keine Umweltschutzauflagen führt zu Umweltschäden, wie Gewässer-, Luftverschmutzung und Bodenverseuchung, sowie zu Gesundheitsschäden der Arbeiter
- niedrige Kosten werden häufig durch fehlende soziale Absicherung der Arbeiter erreicht
- die Unternehmen treffen Entscheidungen wie Firmenschließungen ohne Rücksicht auf die jeweilige Region
- die Regierungen an den Unternehmensstandorten haben weniger Einfluss auf die Wirtschaftsentwicklung ihres Landes, da Standortentscheidungen am Sitz der Konzernmutter getroffen werden
- der Gegensatz zwischen armen und reichen Regionen in Entwicklungsländern kann verstärkt werden, da viele Multis in ausgewählten Zentren, insbesondere an Küstenstandorten, investieren

M 1 *Multinationale Unternehmen in Niedriglohnländern*

Global Player

Die Mehrzahl der Multis sind mittelständische Unternehmen, die bekanntesten jedoch weltweit operierende Großkonzerne (Global Player).
Oft sind Fusionen und Firmenübernahmen ein Instrument auf dem Weg zum Global Player. Gründet eine Firma ein Tochterunternehmen im Ausland, spricht man von Direktinvestitionen. Daneben gibt es Joint Ventures, d. h. Beteiligungen an ausländischen Unternehmen.

M 2 *Multinationale Unternehmen*

Zielsetzungen von Investitionen im Ausland

Durch die weltweite Arbeitsteilung entwickeln sich zunehmend **multinationale Unternehmen** (Multis). Dies sind Unternehmen, die auch außerhalb ihres Herkunftslandes Waren produzieren und Dienstleistungen erbringen. Gab es Anfang der 1990er-Jahre etwa 7000 Multis, so waren im Jahre 2003 65 Muttergesellschaften und 850 000 Tochtergesellschaften registriert. Diese Entwicklung hat Konsequenzen für die Herkunfts- und Zielländer gleichermaßen.

Stand zunächst der Zugang zu ausländischen Rohstoffen im Vordergrund, so gibt es heute vielfältige Gründe für **Auslandsinvestitionen.** Man sichert sich den Zugang zu ausländischen Märkten, insbesondere in den schnell wachsenden Volkswirtschaften Chinas, Südostasiens sowie den Transformationsstaaten.
Vielfach werden Produktionsschritte in Entwicklungs- und Schwellenländer verlagert. Niedrige Löhne, Zoll- und Steuervergünstigungen sind wichtige Argumente, welche die Kosten im Vergleich zu anderen Produktionsstandorten senken (komparative Kostenvorteile). Daneben suchen Multis zunehmend Zugang zu Know-how im Ausland.

Anfangs wurden nur einfache Arbeiten ins Ausland verlagert. Heute entstehen viele qualifizierte Arbeitsplätze in Entwicklungsländern. Entscheidend hierfür sind der Zugang zu Kommunikationseinrichtungen wie Internet sowie Bildungsmöglichkeiten.

Aufgaben zu Baustein 3

1. „Multinationale Unternehmen sind Chance und Problem für Entwicklungsländer gleichermaßen." Nimm begründet Stellung zu dieser Aussage (M 1, M 2).
2. Informiert euch im Internet über die Organisationsform von Global Playern (DaimlerChrysler, Toyota, General Motors) und präsentiert eure Ergebnisse auf Wandzeitungen.
3. Sammele Informationen über Firmen in deiner Umgebung, deren Stammsitz nicht in Deutschland liegt.

Baustein 4: Welthandel für alle?

Seit dem Zweiten Weltkrieg kamen die marktwirtschaftlich orientierten Industrieländer überein, Handelshemmnisse wie z. B. Zölle und Einfuhrbeschränkungen abzubauen. Von diesen Maßnahmen sollten alle Länder profitieren.

Mithilfe von Vertragswerken (GATT), der Kooperation von Industriestaaten (G7, G8) sowie der Gründung der Welthandelsorganisation (WTO) wurden Instrumente für einen freien Welthandel (**Liberalisierung** ▶) geschaffen.

Tipp:
Du kannst auch die Projektseiten 82/83 in die Lernbausteine einbeziehen.

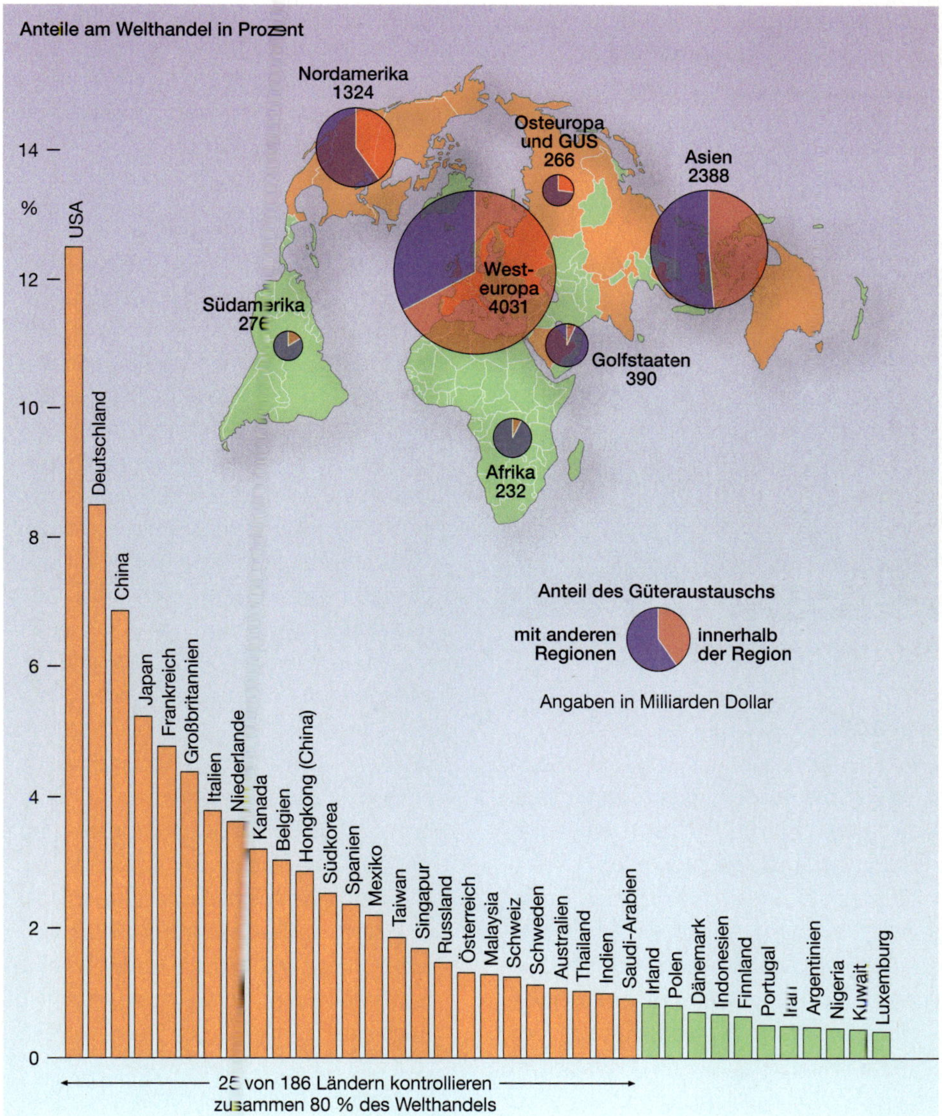

M 1 *Struktur des Welthandels 2004 (nach: Atlas der Globalisierung 2006, S. 90)*

Aufgaben zu Baustein 4

1. Beschreibe die Struktur des Welthandels nach Regionen (M 1 Karte).
2. Stelle fest, welche Länder den größten Anteil am Handelsvolumen haben (M 1 Grafik).
3. a) Ermittele, aus welchen Ländern Produkte kommen, die ihr in eurem Alltag benutzt (z. B. Kleidung, elektronische Geräte, Spielzeug).
   b) Trage deine Ergebnisse in eine Weltkarte ein. Vergleiche mit M 1.

Baustein 5: Gerechter Welthandel ist möglich

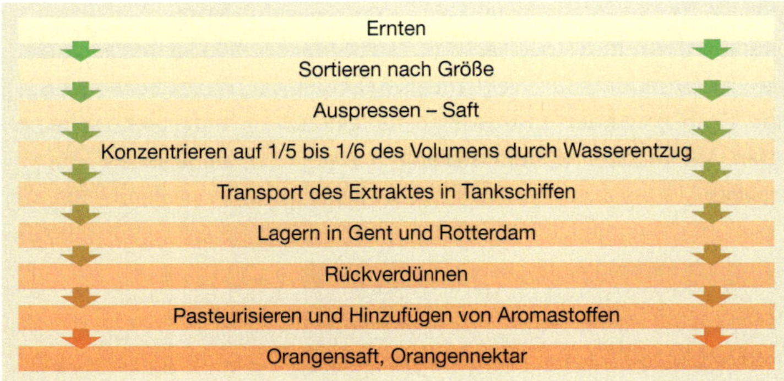

M 1 *Von der Orange zum Orangensaft*

M 2 *Orangenernte in Brasilien*

Agrarsoziale Bedingungen in Brasilien
Orangenanbau in Brasilien wird auf Plantagen und von Kleinbauern betrieben. Erntearbeiter werden vor allem auf den großen und mittleren Plantagen beschäftigt. Arbeitgeber sind zumeist Tochterunternehmen der Konzentrathersteller, speziell zu diesem Zweck gegründete Arbeitsverleihfirmen. Die Lohnarbeiter werden als „freie Unternehmer" (brasilianisch: „autonomos") angestellt. Damit ersparen sich die Arbeitgeber jegliche Sozialversicherungsbeiträge. Aus Sicht der Lohnarbeiter bedeutet dies: Niedrigstlöhne, keine Kranken-, Renten- und Arbeitslosenversicherung, keine Interessenvertretung, denn Mitgliedschaft bei den Gewerkschaften ist den „autonomos" untersagt. Auf den Plantagen im Bundesstaat São Paulo, dem größten Orangenanbaugebiet der Welt, sind 15 % der Plantagenarbeiter/-innen Kinder.
Die selbstständigen Kleinbauern leiden unter der Verdrängung durch Großbetriebe. Die Zahl von Landflüchtlingen in Brasilien wurde bereits Anfang der 1990er-Jahre auf 12 Millionen geschätzt. Durch neue Anbieter auf dem Weltmarkt wie z. B. Israel, Südafrika und Pakistan sinken die Weltmarktpreise. Hierunter leiden vor allem Lohnarbeiter und Orangenbauern, denn die Abnehmer geben den Preisdruck an sie weiter.

M 3 *Orangenproduktion in Brasilien*

Orangensaft gehört für viele Menschen zu einem gesunden Frühstück. 10,4 Liter trinken wir durchschnittlich im Jahr. Obwohl Orangen auch im europäischen Mittelmeerraum gut gedeihen, kommen 90 % des bei uns angebotenen Orangensaftes aus Brasilien – weil dort die Produktion billiger ist. São Paulo ist das größte Orangenanbaugebiet der Welt.
Billig hat aber einen hohen Preis – vor allem für die Orangenbauern und für die Umwelt. In Projekten könnt ihr zeigen, dass Lösungen dieses Problems möglich sind.

Unmenschliche Bedingungen
Der Großteil der Orangenproduktion aus Brasilien stammt von Plantagen, welche internationalen Konzernen gehören. Die reifen Orangen werden von Tagelöhnern geerntet. 200 kg werden als Tagesleistung erwartet. Von dem Verkaufspreis einer Flasche Orangensaft bekommen die Produzenten nur 1/40. Da kaum ein Erntearbeiter oder Kleinbauer seine Familie ernähren kann, arbeiten auch viele Kinder auf den Orangenbaumplantagen. Zehn- bis Vierzehnjährige tragen dort Säcke mit je 25 Kilogramm Orangen, 14 Stunden am Tag. Abgesehen davon, dass die Kinder durch die schwere Last ihre Wirbelsäule schwer belasten, warten in den Orangenhainen noch viele andere Gefahren auf sie: Spinnen- und Schlangenbisse, Hornissen- und Wespenstiche sind an der Tagesordnung. Aufgrund einer Vielzahl von Pestiziden, die eingesetzt werden, damit bei uns die perfekte Orange im Obstregal landet, kommt es immer wieder zu schweren Vergiftungen. Auch Arbeitsunfälle durch Stürze von Leitern sind keine Seltenheit.

(nach: GW-Unterricht H. 93/2004, S. 74, ergänzt durch Informationen von TransFair)

M 4 *Orangenproduktion in Brasilien*

Anteil an der Weltproduktion 2005

Brasilien	27,5 %	Mexiko	6,3 %
USA	12,9 %	Indien	4,8 %

M 5 *Hauptproduzenten von Orangen (nach: FAO)*

Das Projekt CEALNOR (Central de Associaçoes do Literal Norte)
CEALNOR ist ein Zusammenschluss von 20 orangenproduzierenden Kleinbauern-Genossenschaften im Norden des Bundesstaates Bahia. Die Orangenproduzenten haben Flächen von unter 4 ha (40 %) bis über 20 ha (2 %) zur Verfügung. Neben Orangen werden Kokosnüsse, Maracuja und Ananas für den lokalen Markt sowie Mais, Bohnen, Maniok, Früchte und Kartoffeln für den eigenen Bedarf angebaut. Das so erzielte Durchschnittseinkommen einer Familie liegt bei ca. 3700 US-$. 85 % des Einkommens stammen aus der Orangenproduktion. 2 x im Jahr wird geerntet. Gegenseitige Hilfe ist üblich, außerdem werden während der Ernte zusätzliche Erntehelferinnen angeheuert. Kinder dürfen diese Arbeit nicht verrichten. Über die Erlöse aus der FairTrade-Prämie von 100 US-$ je Tonne entscheiden die Mitglieder der Genossenschaften selbst.

(nach: ARGE Weltläden 2004, www.weltladen.at)

M 6 *Lösungsweg Genossenschaften?*

FairTrade – nicht nur für Exoten

Wurden fair gehandelte Produkte anfangs vor allem von Bioläden oder Eine-Welt-Läden angeboten, so nehmen inzwischen immer mehr Supermarktketten und Kaufhäuser TransFair-Produkte in ihr Angebot auf.

M 7
TransFair

Weg zu einem gerechteren Welthandel
TransFair ist ein gemeinnütziger Verein, der 1992 von angesehenen Institutionen aus den Bereichen Entwicklungspolitik, Kirche, Verbraucherschutz, Frauen, Bildung und Soziales gegründet wurde. Er überprüft in internationaler Zusammenarbeit die Einhaltung der FairTrade-Kriterien bei seinen Partnern und vergibt das Siegel für fair gehandelte Produkte. TransFair arbeitet eng mit RUGMARK, einer Organisation gegen Kinderarbeit, zusammen. TransFair garantiert den Bauern einen Mindestpreis von 1200 US-$. Der Weltmarktpreis liegt derzeit etwa 150 US-$ darunter. Damit der Erlös den Produzenten zugute kommt, erfolgt der Handel ohne Zwischenhändler. Langfristige Abnahmeverträge garantieren den Bauern Planungssicherheit. Ein FairTrade-Aufschlag von 100 US-$ je t Orangensaftkonzentrat wird für Infrastruktur, Bildung, Gesundheit und Altersversorgung der Bauern verwendet.

FairTrade-Kriterien:
- Produktion im Einklang mit der Natur,
- umweltverträgliche und schonende Anbau- und Verarbeitungsmethoden, weitgehender Verzicht auf den Einsatz von Pestiziden, chemischen Düngemitteln und anderen Chemikalien,
- soziale Absicherung der Arbeiterinnen und Arbeiter, faire Löhne,
- Einhaltung grundlegender Menschenrechte,
- Verbot von illegaler Kinderarbeit.

Ausbau des Themas zu einem Projekt:
Erarbeitet eine Präsentation zum Fairen Welthandel in eurer Schule. Von Organisationen wie TransFair könnt ihr dazu umfangreiches Material nicht nur zu Orangensaft, sondern auch zu Kaffee, Tee, Honig, Schokolade und Kakao erhalten.
Auch gibt es vielfältige Ideen für Projekte, z. B.:
- TransFair-Produkte zu Festtagen,
- TransFair-Produkte am Schulkiosk, zu Schulfesten, in Projektwochen.

Vielfältige Ideen findet ihr auch unter der Aktion „fair feels good", welche Teil des umfassenden „Aktionsprogramms 2015" für größere Chancengleichheit auf der Welt ist.
Eure Präsentation sollte die Problematik des Orangenanbaus herausarbeiten, außerdem Aktionen enthalten, die Besucher interessieren könnten.

Aufgaben zu Baustein 5

1. Halte einen Kurzvortrag zum Thema Orangenanbau und Herstellung von Orangensaft (M 1 bis M 3, M 5).
2. Stelle die Merkmale des traditionellen Orangenanbaus und des Anbaus unter FairTrade-Kriterien gegenüber (M 1 bis M 4, M 6, M 7).
3. Zeige die Auswirkungen beider Anbau- und Vermarktungsformen für die Produzenten auf (M 3, M 4, M 6).
4. Erkunde das Angebot von FairTrade-Produkten in Geschäften deiner Umgebung (Marken, Preisvergleich) und berichte darüber.

Baustein 6: Hauptwege des Welthandels im Überblick

Seit Jahrtausenden fahren Menschen zur See. Das Meer entwickelte sich zum weltweiten Verkehrsweg für Personen und Güter. Heute ist die Seeschifffahrt der Hauptträger des Welthandels. Es werden vorwiegend Rohstoffe und Industriegüter transportiert. Wie sieht das Netz von Seewegen für Rohstoffe aus, das die Weltmeere durchzieht? Welche Handelsbeziehungen entwickelten sich?

Weltseeverkehr

Handelsschiffe wählen aus wirtschaftlichen Gründen den kürzesten Weg. So bilden sich Seewege heraus, die oft von hunderten von Schiffen in dichter Reihenfolge befahren werden. Nadelöhre des Seeverkehrs sind die europäischen Nebenmeere, Meerengen wie die Straße von Dover, die Floridastraße, das Kap der guten Hoffnung, die Straße von Hormus und die Malakkastraße sowie die drei großen Seekanäle, der Nord-Ostsee-Kanal, der Suezkanal und der Panamakanal. Die Seeschifffahrtskanäle wurden gebaut, um die Seewege zu verkürzen und den Verkehr zwischen Atlantik und Pazifik zu erleichtern.

Austausch von Rohstoffen

Die **Rohstoffe** (▸) der Erde sind ungleichmäßig verteilt. Ländern, die reich an Rohstoffen sind, stehen rohstoffarme Länder gegenüber.
Es gibt Länder, die ihre Bevölkerung nicht mit eigener landwirtschaftlicher Produktion ausreichend ernähren können. Andere Staaten erzeugen jedoch hohe Überschüsse an Grundnahrungsmitteln. Genussmittel wie Kakao, Tee und Kaffee sowie Südfrüchte wachsen nur in Ländern der subtropischen und tropischen Landschaftszonen.
Eine Reihe von Industrieländern, darunter auch Deutschland, ist auf mineralische Rohstoffe aus anderen Ländern angewiesen. Japan muss mehr als 95 % aller Rohstoffe für die industrielle Produktion importieren.

Energierohstoffe

Auch diese sind sehr ungleich verteilt. Neben den Schiffstransport tritt bei Erdöl und Erdgas auch der Transport per Pipeline.

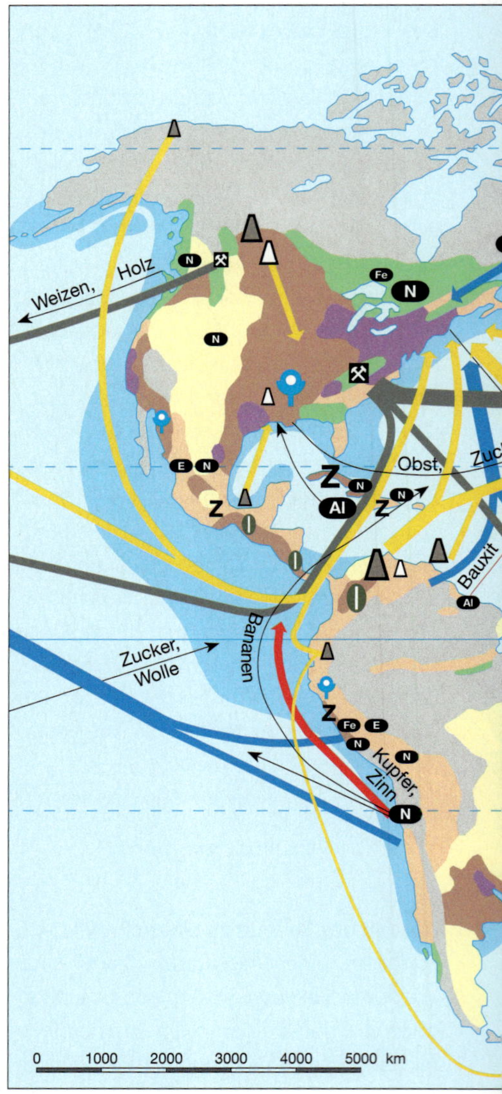

M 1 *Hauptwege des Welthandels*

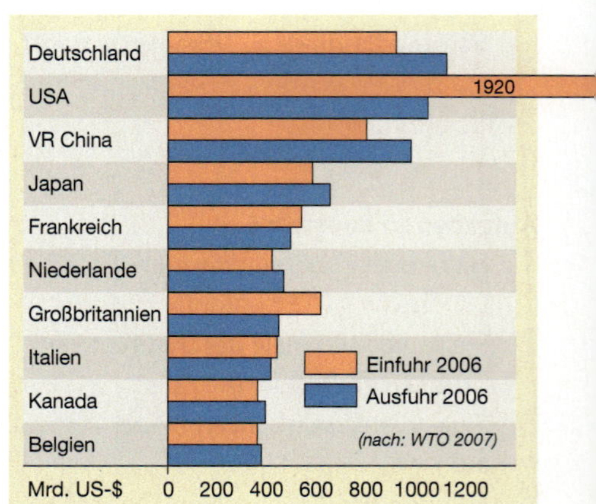

M 2 *Die größten Welthandelsnationen*

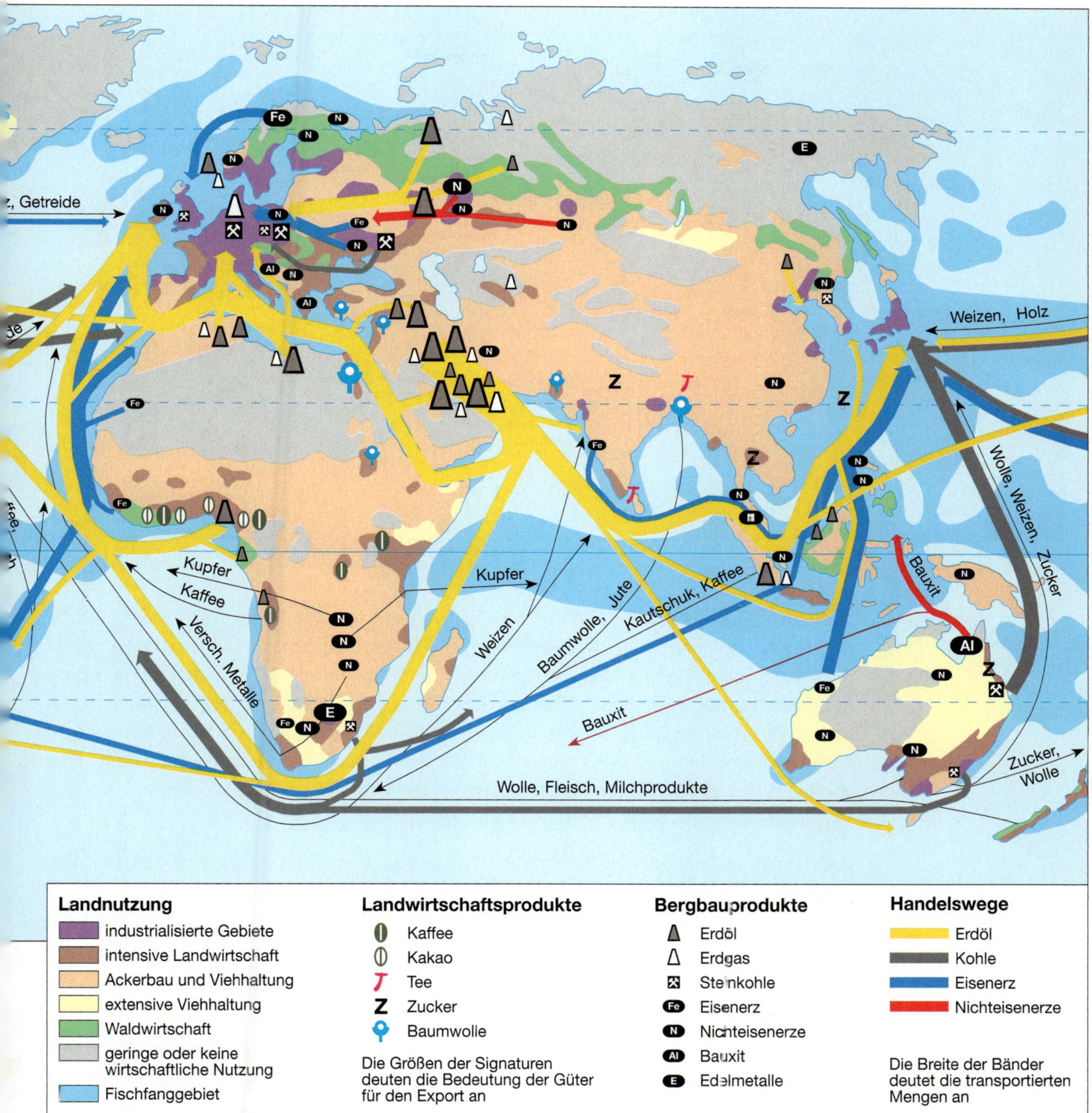

Aufgaben zu Baustein 6

1. Verfolge eine Schifffahrtsroute von Osaka nach Rostock. Nenne Häfen, Meere, Meerengen und Seekanäle entlang der Route, miss die Entfernung (M 1, Atlas).
2. Beschreibe den Weg des Erdöls aus dem Nahen Osten nach Europa. Benutze die Namen der Seehäfen, Länder, Kontinente, Meere, Meerengen und Seekanäle (M 1, Atlas).
3. Erläutere Seewege für den Handel mit einem Landwirtschaftsprodukt und einem Bergbauprodukt (M 1).
4. Welche Länder gehören zur Gruppe der größten Welthandelsnationen? Erläutere (M 2).
5. Gestaltet Wandzeitungen zum Thema „Die drei großen Seekanäle“.

Übersicht: Ordnen – Anwenden – Üben

Unterschiede in der Einen Welt

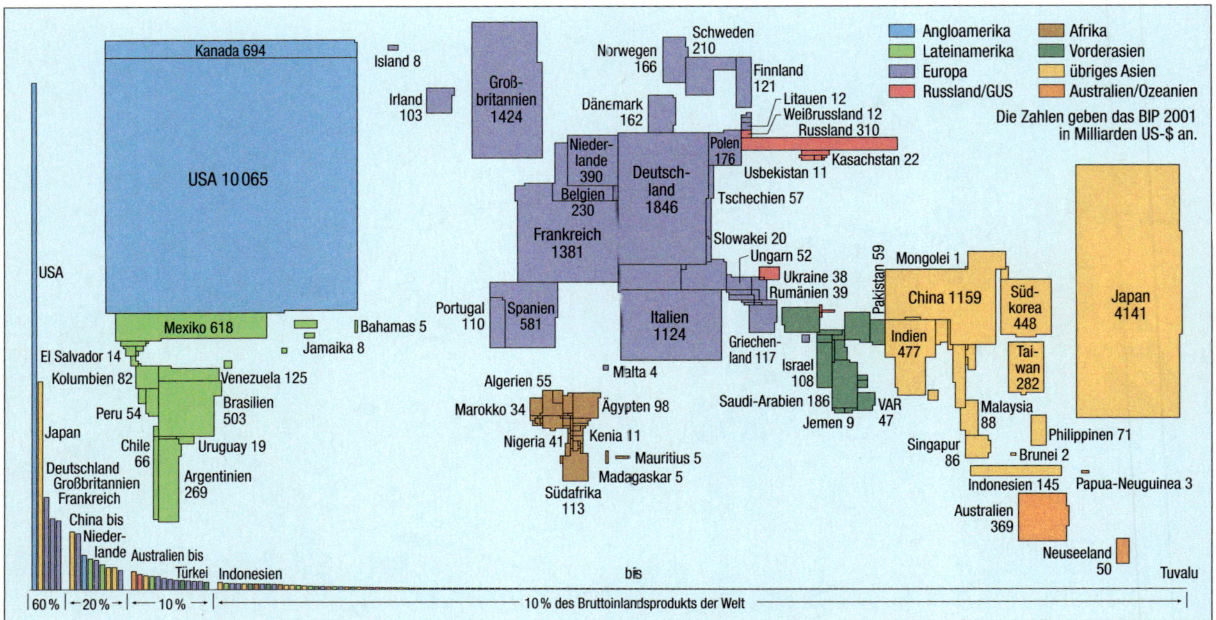

M 1

Der wirtschaftliche Entwicklungsstand der Länder der Erde (nach: Atlas der Globalisierung, taz, Berlin 2003, S. 46)

„Entwicklungsländer“ – „Dritte Welt“

Diese im Alltag häufig benutzten Begriffe deuten an, dass auf der Welt große Unterschiede bestehen und dass viele Menschen in weit ärmeren Verhältnissen leben als wir. In zahlreichen Städten und Kirchengemeinden gibt es „Eine-Welt-Läden“ (manche benutzen den älteren Namen „Dritte-Welt-Laden“), welche Produkte aus ärmeren Ländern verkaufen und Informationsmaterial bereithalten. Sie zeigen, dass vielen Menschen bei uns das Schicksal ihrer Mitmenschen in anderen Kontinenten nicht gleichgültig ist und sie etwas für diese unternehmen wollen.

M 2

Grundlegende Begriffe

Bruttonationaleinkommen (BNE): Menschen, die in einem Land leben, produzieren Güter (z. B. Autos, Agrarprodukte usw.) und erbringen Dienstleistungen (Verkauf, Beratung, Krankenpflege usw.). Für alle diese Güter und Tätigkeiten kann man einen Geldwert angeben. Rechnet man den Geldwert aller produzierten Güter und erbrachten Dienstleistungen einer Volkswirtschaft (d. h. aller Menschen, Firmen usw. eines Landes) zusammen, ergibt dies das BNE.

Bruttoinlandsprodukt (BIP): Vielfach wird auch das BIP angegeben. Im Gegensatz zum BNE berücksichtigt es nicht das Einkommen, das die Bürger eines Landes im Ausland erzielen.

Absolute Armut bezeichnet den Mangel an denjenigen Gütern und Dienstleistungen, die ein Mensch zum Überleben braucht (Mindestmaß an Essen, Kleidung, Wohnung usw.). Nach Angaben der Weltbank (2000) leben rund 1,2 Milliarden Menschen in absoluter Armut, da ihr Einkommen weniger als einen US-Dollar pro Tag beträgt. Sie ist ein Zustand, in dem Menschen in „solch entwürdigenden Lebensbedingungen wie Krankheit, Analphabetismus, Unterernährung und Verwahrlosung leben, dass sie ohne Hilfe von außen nicht weiterkommen können. Sie können nicht einmal die grundlegendsten menschlichen Existenzbedürfnisse befriedigen.“

(nach: Robert McNamara, ehem. Präsident der Weltbank, 1973)

Relative Armut ist ein flexibler Begriff. Sie beruht auf dem von der jeweiligen Gesellschaft als angemessen und akzeptabel angesehenen Lebensstandard. Menschen, die diesen Lebensstandard nicht erreichen, gelten als arm. *(nach: ded-Brief, November 2003, S. 11)*

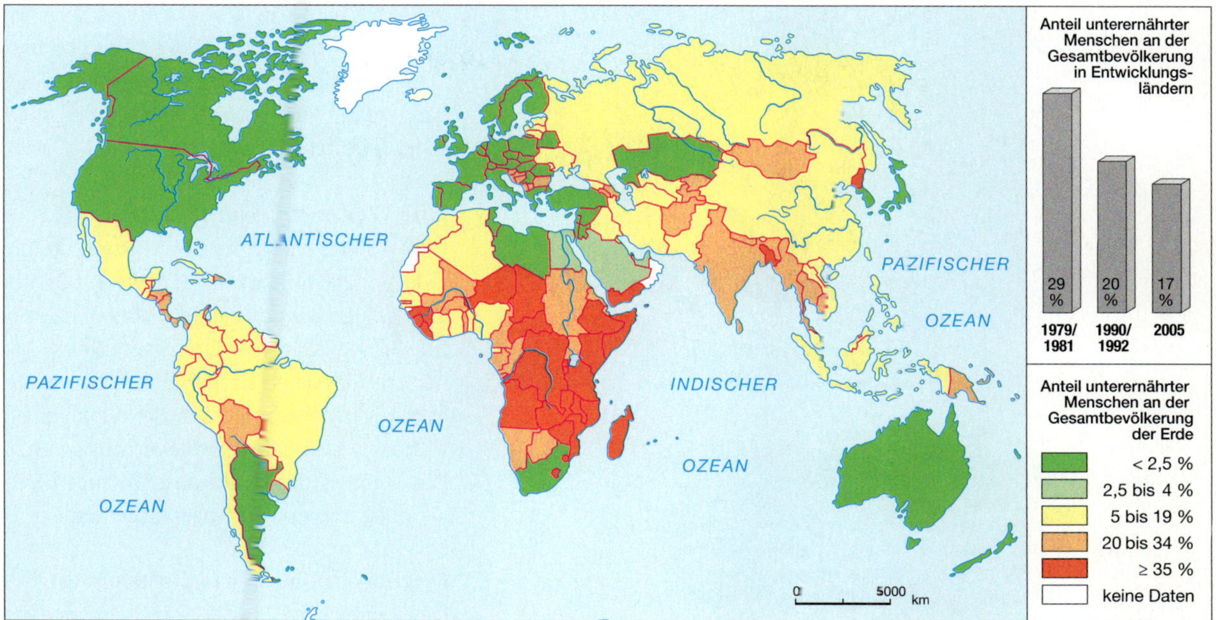

M 3

Anteil der unterernährten Menschen an der Gesamtbevölkerung

Geographen bezeichen Unterschiede als **Disparitäten** (lat. dis = nicht, pares = gleich). Diese bestehen in Bezug auf die wirtschaftliche Leistungsfähigkeit, die Gesellschaft und auch in der Ausstattung des Naturraums. **Räumliche Disparitäten** (▸) können wir auf verschiedenen Maßstabsebenen betrachten: im Weltmaßstab, innerhalb eines Landes, einer Region oder einer Stadt.

Gründe für Nahrungsmittelmangel

In vielen Ländern des tropischen Afrikas, die zu den ärmsten der Welt zählen, stellt die Erzeugung landwirtschaftlicher Produkte für die Einwohner nach wie vor die Haupterwerbsquelle dar. Die Mehrzahl der Menschen ohne ausreichende Ernährung lebt in ländlichen Gebieten, in denen eigentlich Nahrungsmittel produziert werden. Der Nahrungsmittelmangel kann verschiedene Gründe haben:

- Landlose oder Plantagenarbeiter verdienen beim Anbau von exportorientierten **Monokulturen** (▸) zu wenig, um sich und ihre Familie zu ernähren.
- Kleinbauern betreiben **Subsistenzwirtschaft** (Selbstversorgungswirtschaft) auf zu kleinen Flächen und oft mit unzulänglichen Bewirtschaftungsmethoden.
- Die Abhängigkeit der Erntemengen von Witterungsschwankungen oder Ungezieferplagen (Heuschrecken) ist groß.

Mit internationaler Unterstützung versuchen die Regierungen dieser Länder durch Programme zur Ernährungssicherung Hunger und Unterernährung dauerhaft zu beseitigen.

Schon gewusst? *Nach Meldungen des Worldwatch-Instituts in Washington ist die Zahl übergewichtiger Menschen auf der Erde auf eine Milliarde angestiegen. Weltweit haben etwa 1,1 Milliarden Menschen zu wenig zu essen, während mehr als eine Milliarde Menschen zu viel und zu fett essen.*

1. Erläutere die Darstellung der Staatengröße auf der Grundlage des BIP-Anteils im Vergleich zur tatsächlichen Fläche (M 1, Atlas). Untersuche den Zusammenhang zwischen BIP und Lebensstandard anhand je eines Staates pro Kontinent (M 1, M 2, M 4).
2. Informiere dich über das Bevölkerungswachstum derjenigen Länder, für die 2025 eine sehr geringe Pro-Kopf-Verfügbarkeit an Ackerland vorausgesagt wird. Lege dazu eine Tabelle, geordnet nach Kontinenten, an. Diskutiere über unterschiedliche Möglichkeiten, wie diese Länder das Knappheitsproblem bewältigen können (M 1, Internet: Länderdatenbank unter: www.weltbevölkerung.de/infothek/html).

Arme Welt – Reiche Welt – Eine Welt

M 1 *„Is was?" – eine Karikatur*

Im Alltag wird häufig von „Entwicklungsländern" oder der „Dritten Welt" gesprochen. Diese Begriffe deuten an, dass zwischen den Ländern der Erde teilweise sehr große Unterschiede bestehen.

Eine Welt mit Gegensätzen

Über 6,6 Mrd. Menschen bevölkerten 2007 die Erde. Vor 2000 Jahren waren es etwa 250 Mio., in 50 Jahren werden es mehr als 9 Mrd. sein. Zur Befriedigung ihrer Grundbedürfnisse haben die Menschen zu allen Zeiten den natürlichen Lebensraum je nach den verfügbaren technischen Mitteln verschiedenartig genutzt. Das Ergebnis dieser jahrtausendelangen Entwicklung ist eine Welt voller Gegensätze.

Ungleich in der Wirtschaftsleistung

Die Länder der Erde weisen verschiedene Wirtschaftsstrukturen auf. Zwischen ihnen bestehen erhebliche Unterschiede in der Wirtschaftsleistung. Zur Messung dieser Unterschiede dienen bestimmte Merkmale (Indikatoren). Wie groß sind die Unterschiede zwischen den Ländern?

Wirtschaftlicher Entwicklungsstand

Ökonomische Merkmale geben Aufschluss über die wirtschaftliche Leistung von Ländern. Seit den 1950er-Jahren gibt es ein von der UNO und der Organisation für wirtschaftliche Zusammenarbeit in Europa entwickeltes einheitliches System der **Volkswirtschaftlichen Gesamtrechnung** (▶).

M 2 *Ursachen von Konflikten*

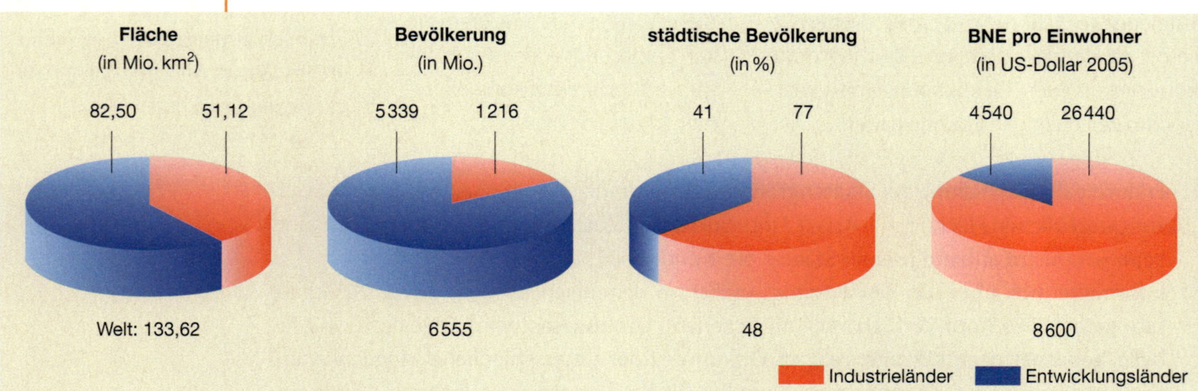

M 3 *Aufteilung der Welt (2006)*

Disparitäten

Die Erschließung des Raumes und die Entfaltung der Zivilisation sind Erscheinungen der menschlichen Kultur. Bei der Gestaltung seines Wirtschaftsraumes Erde war für den Menschen stets eine Haupttriebkraft die Sicherung und Befriedung seiner Grundbedürfnisse. Dabei kam es zur Bildung ungleichwertiger Lebensbedingungen. Sie zeigen sich in räumlichen und sozialen Ungleichheiten.

Globale und regionale Disparitäten

Weltweit besteht heute ein Wohlstandsgefälle zwischen den Industrieländern in der gemäßigten Klimazone, die vorwiegend auf der Nordhalbkugel liegen, und den Entwicklungsländern in der subtropischen und tropischen Zone. Diese globale Lebenswirklichkeit kennzeichnet ein doppelter Widerspruch:

- eine globale Ungleichheit (Disparität) mit sich verschärfender Tendenz,
- eine globale Abhängigkeit mit wachsender Notwendigkeit zwischenstaatlicher Zusammenarbeit.

Ungleichheiten, Abhängigkeiten und Verflechtungen bestehen auch innerhalb von Staatsräumen. Hier entwickelten sich wirtschaftlich starke Regionen, die Aktivräume, denen Passivräume mit geringer wirtschaftlicher Leistung gegenüberstehen.

Entwicklung und Unterentwicklung

Wird der Begriff Entwicklung auf Länder bezogen, so liegt es nahe, entwickelte von unterentwickelten Ländern zu trennen. Dieser Sprachgebrauch kann von den betroffenen Bevölkerungen als Herabsetzung verstanden werden. Deshalb erscheint die übliche Bezeichnung Entwicklungsland problematisch.

Unter Entwicklung verstehen wir die Überwindung von Armut und Ungleichheit: Abbau von Disparitäten, Herstellung sozialer Gerechtigkeit, Mitwirkung an politischen Entscheidungen.

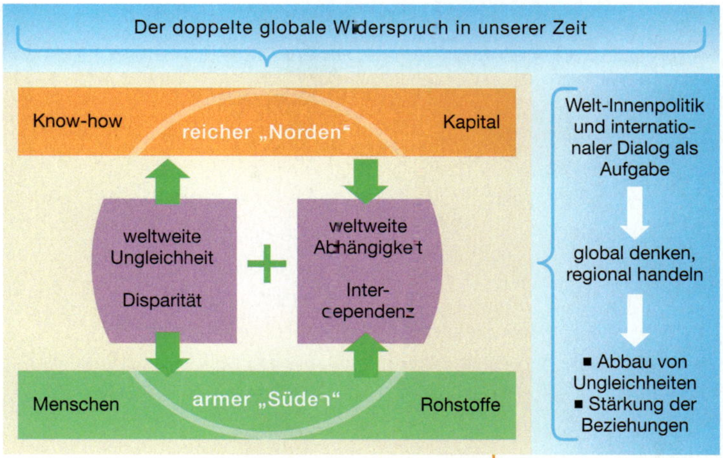

M 4 *Globale Disparität*

M 5 *Regionale Disparität*

Die wirtschaftliche Leistung eines Landes ist sehr stark abhängig von den **Wirtschaftssektoren** (▸), die in einem Land vorherrschen. Im Verlauf des Entwicklungsprozesses von Volkswirtschaften verändert sich ihre Bedeutung. In Ländern mit geringem Entwicklungsstand hat die Landwirtschaft noch Beschäftigtenanteile von fast 80 %.
Im Verlauf der Entwicklung wird die Güter-produktion in der Industrie immer wichtiger. Solche Industriegesellschaften, mit über 50 % der Beschäftigten in der Industrie, entstanden in Europa im 19. Jahrhundert. In den höchstentwickelten Ländern hat schließlich der Dienstleistungsbereich mit über 70 % der Beschäftigten den größten Anteil.

M 6 *Wirtschaftssektoren*

1. Erläutere die Formulierung „Nord-Süd-Gegensatz“ (M 1 bis M 5).

2. Diskutiert miteinander, inwiefern regionale und globale Gegensätze als Ursachen von Konflikten bezeichnet werden können (M 3).

3. Erläutere die schematischen Darstellungen M 4 und M 5.

Kompetenztraining

1. Erkläre die folgenden Begriffe.

- Agribusiness
- Aktivraum
- Deindustrialisierung
- Devisen
- Direktinvestitionen
- Disparitäten
- Dritte Welt
- Export
- extensive Landwirtschaft
- Freihandelsabkommen
- Global Player
- Import
- Industrial Farming
- Industrieland
- Kolonialzeit
- Marktwirtschaft
- Monokultur
- Multinationales Unternehmen
- Schwellenland
- Strukturwandel
- Subsistenzwirtschaft
- Verstaatlichung
- Warenbörse
- Zoll
- Zwischenhandel

2. Geographische Abkürzungen

In dem Buchstabenquadrat (rechts) sind waagerecht, horizontal und diagonal geographische Abkürzungen versteckt. Finde sie heraus und erkläre sie.

3. Entwurf einer Kartenskizze

Übertrage die Skizze der Golfstaaten in dein Heft. Ergänze das Pipelinenetz und deute mit geeigneten Signaturen an, wohin Öl per Pipeline oder per Öltanker exportiert wird.

4. Lege eine Tabelle an und ordne die Fachbegriffe (Aufg. 1) folgenden Begriffen zu:
Handel – Raumordnung – Wirtschaftsform – -weise – Entwicklungsstand

5. Finde den jeweiligen Gegenbegriff und erkläre ihn:

- Aktivraum
- Deindustrialisierung
- Export
- Extensive Landwirtschaft
- Industrieland
- Künstliche Bewässerung
- Marktwirtschaft
- Subsistenzwirtschaft
- Verstaatlichung

M	G	F	H	J	K	A	N	K	L	N	F	S	
A	D	D	T	H	T	H	G	F	D	Z	T	U	
E	W	I	L	J	A	F	L	O	P	C	S	A	M
P	N	B	V	R	I	A	A	S	I	E	M	B	S
H	P	R	T	K	L	C	E	P	O	K	L	H	

6. Auswerten eines Kurvendiagramms

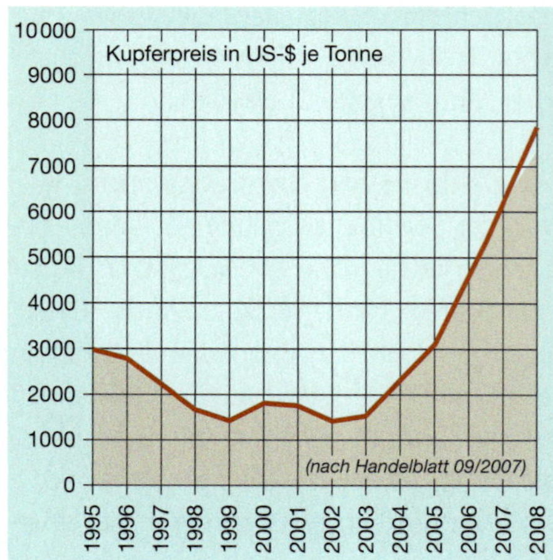

a) Werte die Kurve des Kupferpreises aus; vergleiche hierbei mit der dir bekannten Kurve der Zinnpreis-Entwicklung.

b) Was sagt dies grundsätzlich über die Entwicklung von Rohstoffpreisen aus?

c) Erkläre in diesem Zusammenhang den Begriff „Terms of Trade".

7. Karteninterpretation

a) Erläutere Ausmaß und Nutzen der Neulandgewinnung in Kuraschiki.

b) Erkläre anhand dieses Standortes das Prinzip des horizontalen und vertikalen Verbundes bei der industriellen Produktion.

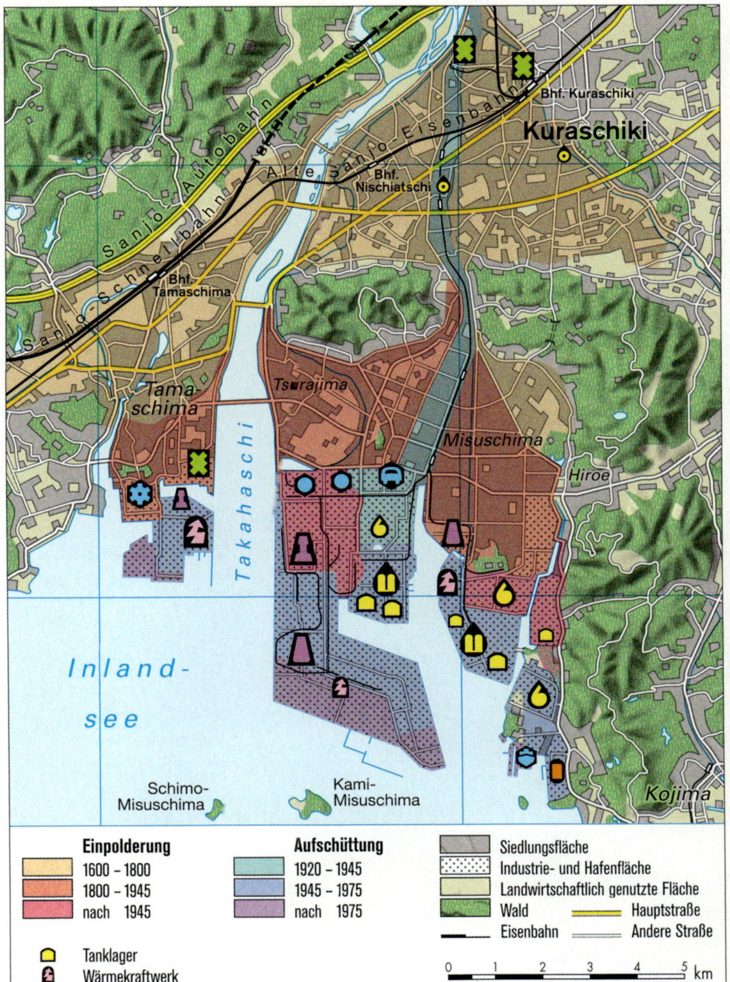

Neulandgewinnung in Kuraschiki

8. Erstellen von Diagrammen

Setze die Daten aus den beiden Tabellen in geeignete Diagramme um.

Hauptproduzenten von Körnermais (2004)	
USA	300 Mio. t
China	130 Mio. t
Brasilien	42 Mio. t
Mexiko	22 Mio. t
Frankreich	16 Mio. t
Argentinien	15 Mio. t
Welt insgesamt	**594 Mio. t**

Entwicklung der Farmen in den USA							
1940	1950	1960	1970	1980	1990	2000	2005
Anzahl (Mio.)							
6,4	5,6	3,9	2,9	3,4	2,1	2,1	2,1
durchschnittliche Größe (ha)							
70	85	119	150	172	187	207	210

9. Auswerten einer Karikatur

Erläutere die Karikatur zum Thema Erste und Dritte Welt.

10. Nord-Süd-Gegensatz

Erläutere den Begriff HDI.

Werte die Karte rechts unten aus und erkläre die Unterschiede.

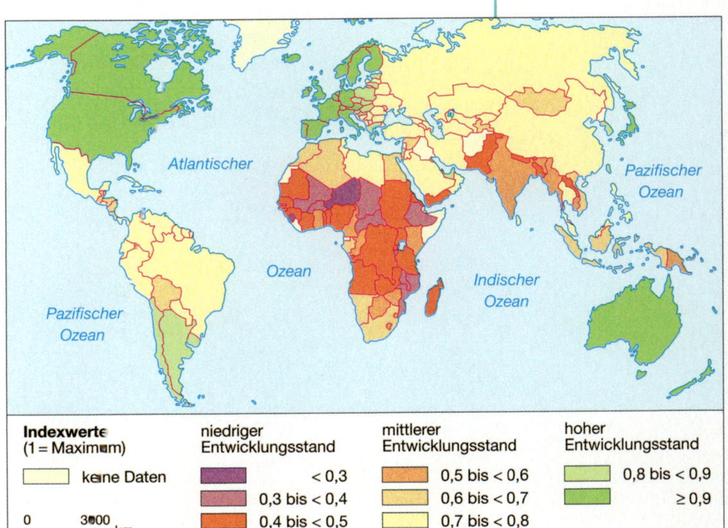

Human-Development-Index der Länder der Erde

Wandel wirtschaftsräumlicher und politischer Strukturen

Paris – im Hintergrund La Défense

Die Wirtschaft Europas steht vor großen Herausforderungen. Moderne Technologien bewirken eine Abkehr von alten Produktionsformen und traditionellen Branchen.
In den ehemals planwirtschaftlich ausgerichteten Staaten Mittel- und Osteuropas müssen die Probleme der wirtschaftlichen und gesellschaftlichen Transformation bewältigt werden. Es entstehen neue Austauschbeziehungen und Märkte.
Weltwirtschaftliche Entwicklungen, allen voran die Prozesse der Globalisierung, stellen Europa vor eine weitere Herausforderung und verändern sein Gesicht. Leistungsfähige Verkehrs- und Kommunikationswege sind eine notwendige Basis dieser wirtschaftlichen Entwicklung.

gan
AXA
385 DZJ 95
BOULOGNE

Wir untersuchen den Strukturwandel von Industrieräumen

England – Wirtschafts- und Raumentwicklung im ältesten Industrieraum der Welt

M 1 *Manchester um 1885*

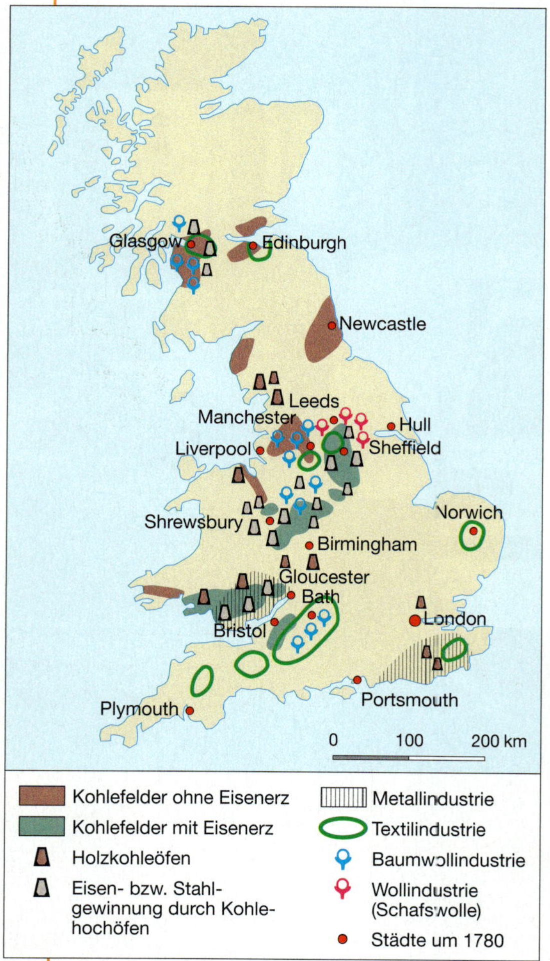

M 2 *Bodenschätze und Industrie im 18. und 19. Jh.*

Manchester, 5. Juli 1835

Auf dem Gipfel der Hügel erheben sich dreißig oder vierzig Fabriken. Mit ihren sechs Stockwerken ragen sie hoch in die Luft und künden weithin von der Ansammlung der Industrie. Der Boden ringsherum ist schon aufgewühlt, an tausend Stellen aufgerissen; aber er ist noch nicht von menschlichen Siedlungen bedeckt. Die Straßen, welche die einzelnen, noch schlecht zusammengefügten Teile der großen Stadt miteinander verbinden, bieten wie alles andere auch das Bild eines hastigen und noch nicht vollendeten Werkes. Einige dieser Straßen sind gepflastert, aber die Mehrzahl besteht aus Buckeln und schlammigem Boden, in dem der Fuß des Passanten oder der Wagen des Reisenden einsinkt. Nirgendwo haben die Grundwaage des Geometers und das Band des Feldmessers ihre Arbeit verrichtet.

Ein dichter Qualm liegt über der Stadt. Durch ihn hindurch ist die Sonne nur schemenhaft zu erkennen. In diesem verschleierten Licht bewegen sich unablässig dreihunderttausend Menschen.

Tausend Geräusche ertönen ununterbrochen in diesem Labyrinth: die Schritte einer geschäftigen Menge, das Knarren der Räder, die ihre gezahnten Räder gegeneinander reiben, das Zischen des Dampfes, der dem Kessel entweicht, das gleichmäßige Hämmern des Webstuhles, das schwere Rollen der Wagen. *(nach: Alexis de Tocqueville, Die neue Welt der Industrie. Notizen von einer Reise nach England 1835)*

M 3 *Reisebericht*

Die Entstehung des mittelenglischen Industrieraumes

Mitte des 18. Jahrhunderts, fast 100 Jahre früher als in Deutschland, begann der Industrialisierungsprozess in England. Mittelengland entwickelte sich zum ersten Industriegebiet. Zunächst war es die Textilindustrie, die diesen Raum prägte, denn sie fand günstige Standortvoraussetzungen vor:

- heimischer Flachsanbau bildete die Grundlage der Leinenindustrie (Heimarbeit),
- Wolle der Hochlandschafe wurde verarbeitet,
- die Wasserkraft der Flüsse aus den Pennines diente als Energie für den Antrieb der Spinnmaschinen und der Webstühle,
- die Erfindung der Dampfmaschine ermöglichte die maschinelle Massenproduktion,
- der hierfür benötigte neue Energierohstoff Kohle war in den Pennines standortnah vorhanden.

Als die heimischen Textilrohstoffe Flachs und Wolle nicht mehr ausreichten, wurde Baumwolle aus den Kolonien in Übersee importiert. Große Häfen wie Liverpool entstanden an der Westküste; von hier aus wurde die Baumwolle auf Kanälen zum „Baumwollzentrum" Manchester weitertransportiert. Nach der Erfindung der Dampflokomotive entstand zwischen Liverpool und Manchester die erste Eisenbahnstrecke der Erde.

Bis Mitte des 19. Jahrhunderts hatte die **Eisen schaffende Industrie** die Textilindustrie in der Bedeutung als wichtigster Industriezweig abgelöst. Große Mengen an Eisen wurden benötigt für Maschinen, Eisenbahnen, Schiffe, Brücken. In den Pennines waren Kohle und Erz vorhanden. In kürzester Zeit entstanden Großstädte wie Manchester, Leeds, Birmingham und Sheffield in dem *Black Country* genannten Industriedreieck. In dieser Zeit seines wirtschaftlichen Vorsprunges entwickelte sich England zu einer See- und Kolonialmacht mit weltumspannenden Einflüssen.

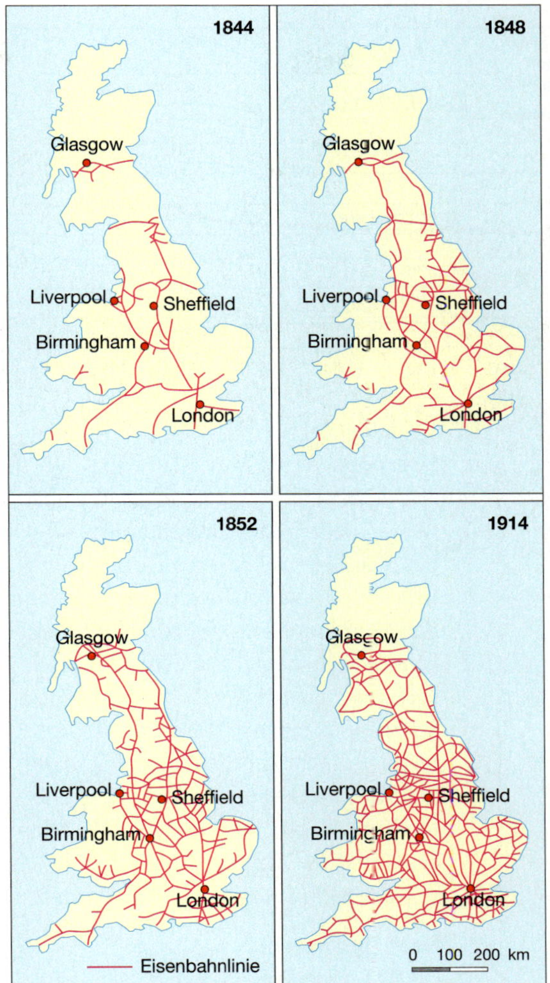

M 4
Entwicklung des Eisenbahnnetzes in England und Schottland

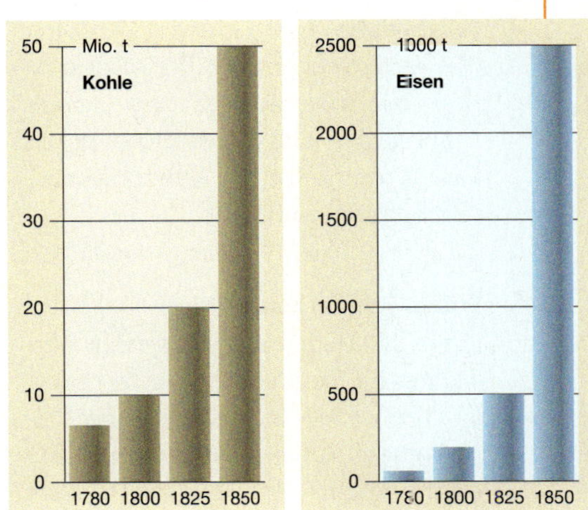

M 5
Kohleförderung und Eisenerzeugung

1. Erläutere die Standortgunst des mittelenglischen Industrieraumes (M 2, Atlas).
2. Zeige den Zusammenhang zwischen industrieller Entwicklung und Ausbreitung des Eisenbahnnetzes auf (M 1 bis M 5).

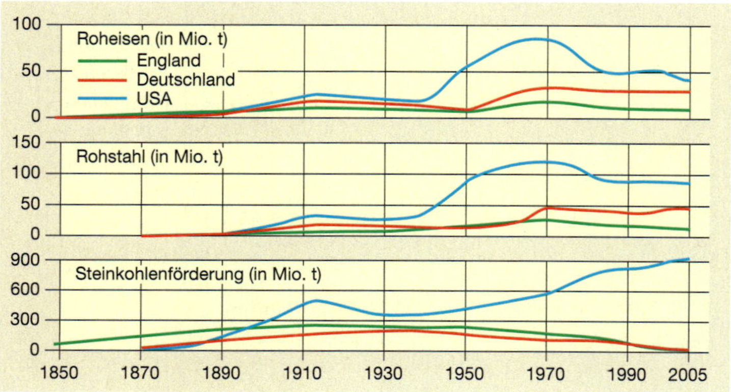

M 1
Entwicklung der Schwerindustrie

Liverpool

Aus den Docks und den Hafenbecken hat sich der River Mersey zurückgezogen. An den Kais der Lagerhallen, wo vor zwanzig Jahren noch die Schiffe aus Amerika und dem Commonwealth festgemacht haben, könnte man heute mit dem Lastwagen vorfahren: Der Fluss ist hier nur noch Schlick und Steppe. [...] Quer durch Großbritannien zieht sich die trostlose Spur der Industrieruinen: verlassene Werke, verödete Dockanlagen, aufgegebene Werften, ausgeweidete Güterbahnhöfe.

(nach: Der Spiegel, Nr. 36/1983 und Nr. 11/1986)

Nottinghamshire

Die Bilsthorpe-Kohlengrube wird Ende November geschlossen und mit ihr weitere 26 Kohlengruben. Einst gab es hier 170 davon, 1995 sind es nur noch 23. Der Niedergang des Steinkohlenbergbaus zeigt Folgen: Grundstücks- und Häuserpreise sinken, Geschäfte schließen, die Arbeitslosenquote steigt, viele wandern ab.

(nach: The Times vom 14. 10. 1992)

Früher Schiffe, heute Chips

„Chips statt Ships" lautet eine der Zukunftsvisionen für die strukturschwache Region. Im Oktober 1994 entschloss sich der südkoreanische Konzern Samsung zum Bau eines Elektronik-Komplexes mit 3200 Beschäftigten im nahe gelegenen Wynard. Und Fujitsu betreibt eine Halbleiterfabrik südlich von Newcastle.

(aus: Die Welt vom 8. 8. 1995)

M 2
Zeitungsberichte 1983 – 1995

Niedergang und Strukturwandel

Die Ursachen der **Wirtschaftskrise** (▶) in Großbritannien sind vielfältig. Die Textilindustrie war nach dem Zweiten Weltkrieg dem internationalen Wettbewerb nicht mehr gewachsen. Auch die Schwerindustrie bekam Absatzprobleme auf dem Weltmarkt, weil die eigenen Produktionskosten stiegen: Kohle musste aus immer größeren Tiefen gefördert werden, und weil die Ausbeutung der heimischen Erzlagerstätten nicht mehr rentabel war, mussten Erze teuer importiert werden.
Das Black Country war vom Niedergang der Industrie in mehrfacher Hinsicht betroffen: Als der Import ausländischer Erze über die Häfen der Westküste zunahm, verlagerten viele Hüttenwerke ihren Standort dorthin, die industrielle Produktion ging zurück, Arbeitsplätze gingen verloren. Im Zusammenhang mit der Absatzkrise kam zu Massenentlassungen.

In den 1970er-Jahren versuchte Großbritannien, neue Schwerpunkte bei der industriellen Produktion zu setzen, indem markt- und wachstumsorientierte Industrien, z. B. Betriebe der Elektrotechnik oder der Elektronik, staatlich gefördert wurden. Auch die Automobilbranche boomte damals. Doch bei diesen Industrien zeigten sich bald Verfallserscheinungen: Britische Autos z. B., lange Zeit ein wichtiger Exportartikel, sind nicht konkurrenzfähig genug; sie sind zu teuer und entsprechen zu wenig „europäischen" Qualitätsansprüchen. Selbst der Binnenmarkt ging bis Ende der 1980er-Jahre nach und nach verloren. 1998 wurde z. B. das Rolls-Royce-Werk von VW aufgekauft.

Die Möglichkeit einer wirtschaftlichen Gesundung boten die Erdöl- und Erdgasfunde in der Nordsee zu Beginn der 1970er-Jahre. Großbritannien entwickelte sich zum größten europäischen Erdölproduzenten. An der Nordostküste Englands entstanden Standorte der chemischen Industrie. Die Hoffnung, mit den Exporteinnahmen aus dem Erdöl- und Erdgasgeschäft die Schwächen der krisengeschüttelten Textil- und Schwerindustrie ausgleichen zu können, hielt nur bis 1986. Damals fielen die

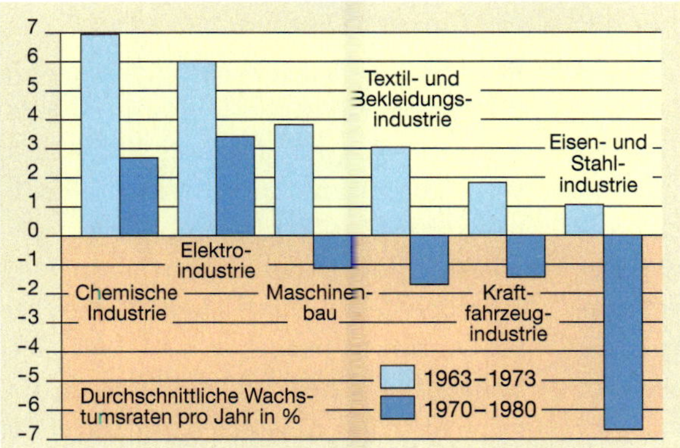

M 3 *Wachstumsraten der britischen Industrie*

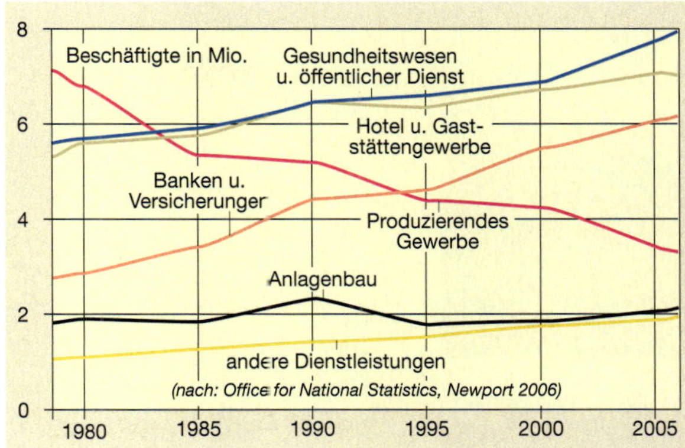

M 4

Entwicklung der Beschäftigtenzahlen

Ölpreise auf dem Weltmarkt drastisch, die staatlichen Einnahmen gingen zurück, es entstand allein in diesem Jahr ein **Handelsdefizit** (▸) von 19 Mrd. Pfund. Bis 1994 erholte sich die Erdöl verarbeitende Industrie wieder, doch nur unter Reduzierung der Beschäftigten.

Durch einen weiteren Umstrukturierungsprozess versuchte Großbritannien seit Mitte der 1980er-Jahre der De-Industrialisierung im Norden und in Mittelengland entgegenzuwirken und mit seiner Industrie Anschluss an den Weltmarkt zu halten: Das Wachstum der Hightech-Industrie, der Informationstechnologie sowie Forschungs- und Entwicklungsaktivitäten waren die Hauptansatzpunkte dieser „Neuindustrialisierung".

Der allgemeine Bedeutungsrückgang der Industrie ließ sich wie in den übrigen Industrienationen auch in England nicht aufhalten; stattdessen kommt dem Dienstleistungssektor immer größere Bedeutung zu.

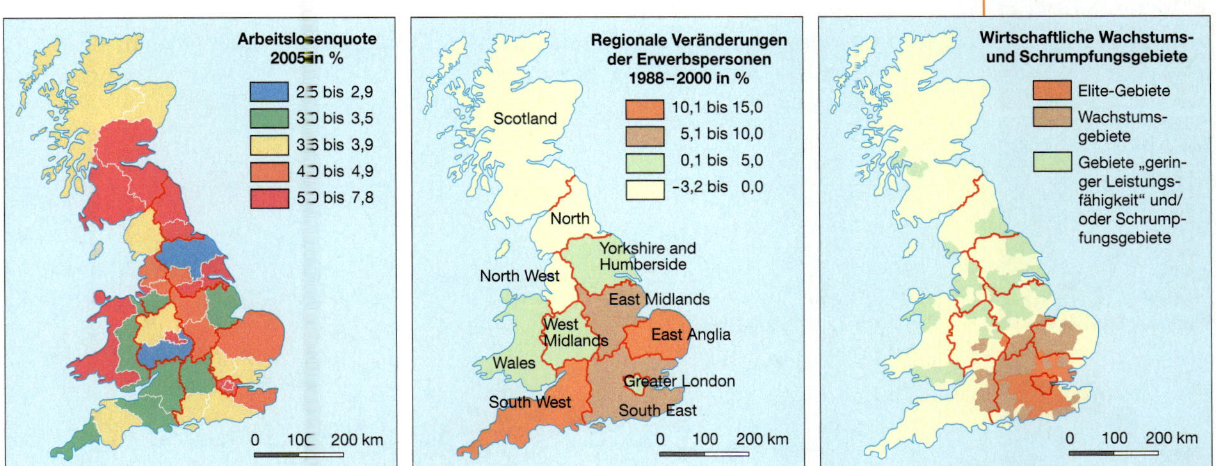

M 5

Das britische Nord-Süd-Gefälle

1. Wie hat sich die Bedeutung der Schwerindustrie entwickelt (M 1 bis M 4)?
2. Erläutere die Folgen des industriellen Niedergangs (Text, M 5).
3. Suche im Atlas die Öl- und Gasvorkommen Großbritanniens und lokalisiere die Standorte der chemischen Industrie.
4. Beschreibe die Strukturentwicklung der britischen Industrie und erläutere ihre Voraussetzungen (M 3 und M 4).
5. England entwickelt sich zur Dienstleistungsgesellschaft. Erläutere anhand von M 4.
6. Beschreibe das britische Nord-Süd-Gefälle und suche eine Erklärung hierfür (M 5).

Projekt: Wir untersuchen das Ruhrgebiet – vom „Kohlenpott" zur Zukunftswerkstatt

Bilder des alten „Kohlenpotts"

Kohlenhalde

Hardenberg-Hafen

Stahlwerk

Hochofenwerk

Großröhrenproduktion

Arbeitersiedlung in Oberhausen

Kraftwerk Werne

Die Bezeichnung „Kohlenpott" für das Ruhrgebiet ist seit Ende der 80er-Jahre des 20. Jhs. nicht mehr zutreffend. In weniger als 20 Jahren hat dieser industrielle Verdichtungsraum, bis dahin 150 Jahre lang geprägt von Kohleförderung und Stahlproduktion, sein Aussehen geändert. Ein schneller und umfassender **Strukturwandel** (▶) hat eingesetzt, der bis in die Gegenwart anhält. Strukturwandel bedeutet hierbei mehr als nur Landschaftswandel, Industriewandel oder Beschäftigungswandel. Er bedeutet auch Städtewandel, Siedlungswandel, Bildungswandel und Bewusstseinswandel. In dem nachfolgend dargestellten Projekt sollt ihr in Gruppenarbeit zunächst das Bild des alten „Kohlenpotts" erarbeiten und ihm die Erscheinungsformen des heutigen Ruhrgebietes gegenüberstellen. Durch eigene Recherchen vor Ort bzw. im Internet sollt ihr dann selber Beispiele für diesen Strukturwandel zusammentragen und diese euren Mitschülern in unterschiedlicher Weise präsentieren.

Projektideen

1. Erarbeitet anhand der Materialien erste Merkmale des früheren „Kohlenpotts".
2. Teilt euch in Vierergruppen auf, die das „alte" bzw. „neue" Ruhrgebiet in eurer Heimatstadt aufspüren sollen – erste Anregungen siehe Fotoleisten.
3. Die folgenden Begriffe führen euch auch zu Lösungen – sucht Beweise hierfür an dem Ort eurer Wahl:
   - Kohlenrevier, Zeche, Zechenbrache, Zechenbahn, Halden
   - Stahlstandort, Walzwerk, Schwerindustrie, Hochofen, Stahlkrise, Hüttensterben
   - Wärmekraftwerk, Kühlturm, Fernwärme
   - Zechensiedlung, Werkskolonie
   - Revierpark, Landschaftspark
   - Industriedenkmal, Industriekultur
   - Technologiezentrum, Umwelttechnologie, Revitalisierung
   - Altlastensanierung, Renaturierung, Rekultivierung, Flächenrecycling, Wohnumfeldverbesserungen
   - IBA-Emscher-Park-Projekte, Aktionsprogramm Ruhr
   - Kommunalverband Ruhrgebiet, Regionalverband Ruhr
4. Stellt euer Gruppenergebnis in Form einer Power-Point-Präsentation vor.
5. **Zusatzaufgabe:** Vielleicht könnt ihr an eurem Schulstandort eine Fußexkursion zu eurem Thema vorbereiten?

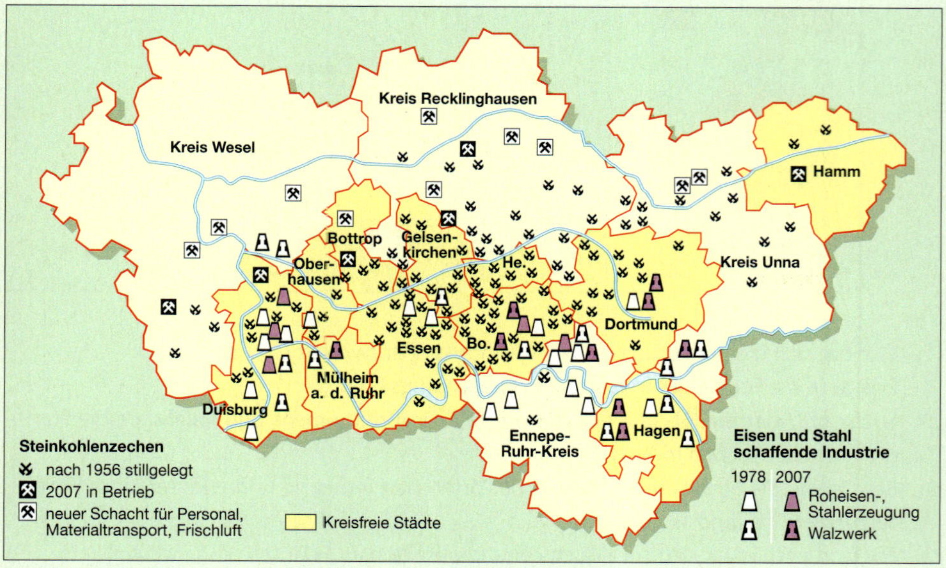

M 1 *Eisen- und Stahlindustrie und Zechenstandorte (nach: RVR 2005, fortgeführt)*

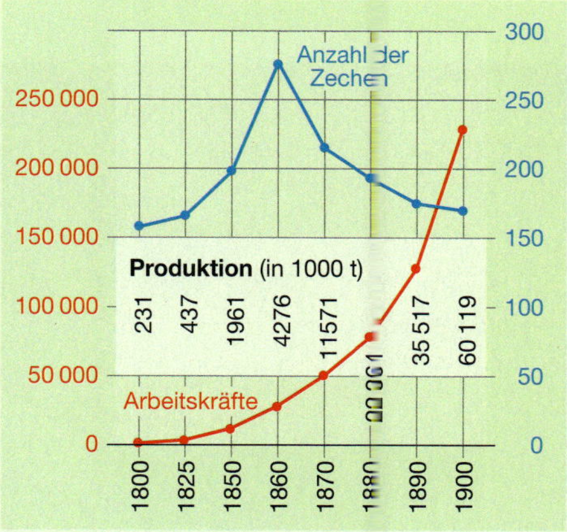

M2 *Entwicklungen im Steinkohlenbergbau*

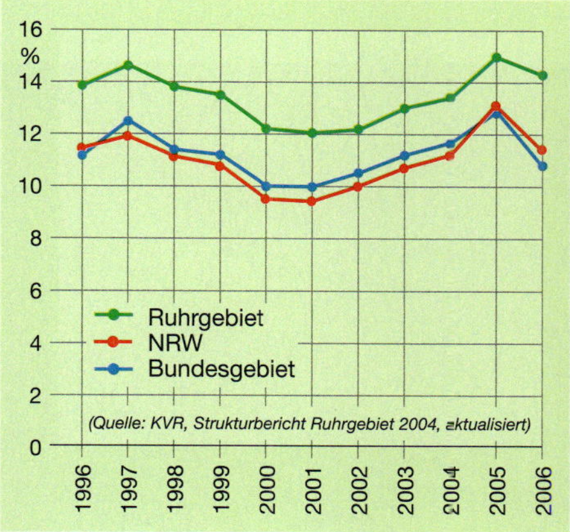

M3 *Arbeitslosenquote 1996 – 2006*

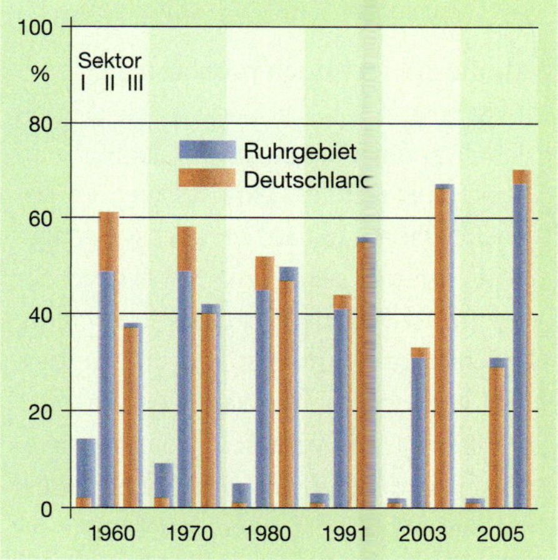

M4 *Erwerbstätigenstruktur nach Sektoren (in %)*

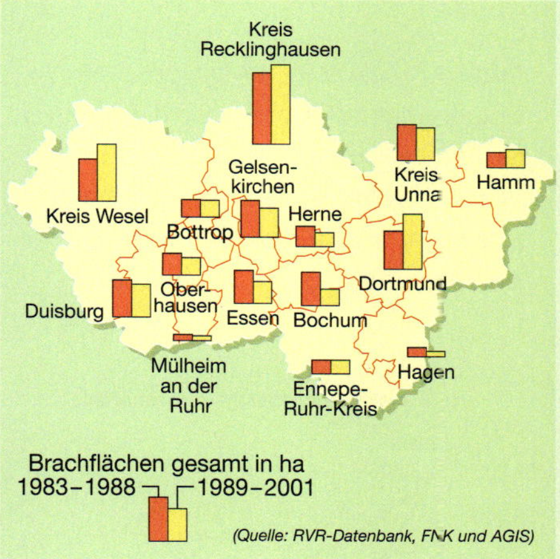

M5 *Brachflächen im Ruhrgebiet 1983 – 2001*

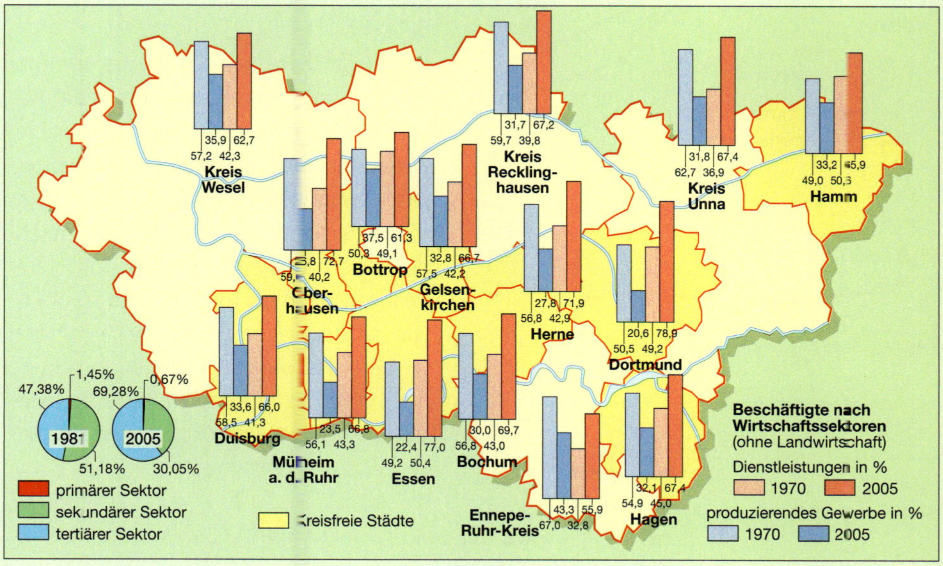

M6 *Beschäftigte nach Wirtschaftssektoren 2005 (nach: RVR-Datenbank 2007)*

Bilder des heutigen Ruhrgebietes

Hydro-Forming

Ehem. Zeche Erin

Ehem. Zeche Holland

Landschaftspark Duisburg-Nord

H-Bahn in Dortmund

Duisport

Gerhard-Mercator-Universität Duisburg

Wir untersuchen ein Projekt genauer – Phoenix aus der Asche: neue Nutzungen auf alten Industrieflächen

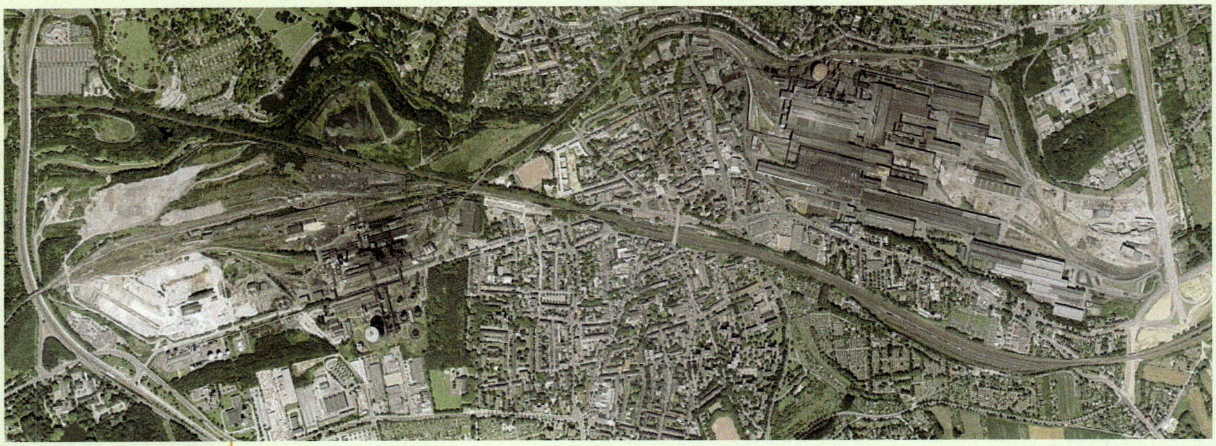

M 1
Doppelstandort Phoenix in Dortmund vor 2001

Phönix: Fabelwesen der ägyptischen Mythologie, das als Erscheinung des Sonnengottes aufgefasst wurde: ein Vogel, der sich selbst verbrennt, um aus der Asche neugeboren emporzusteigen. Sinnbild der ewigen Erneuerung und Auferstehung.

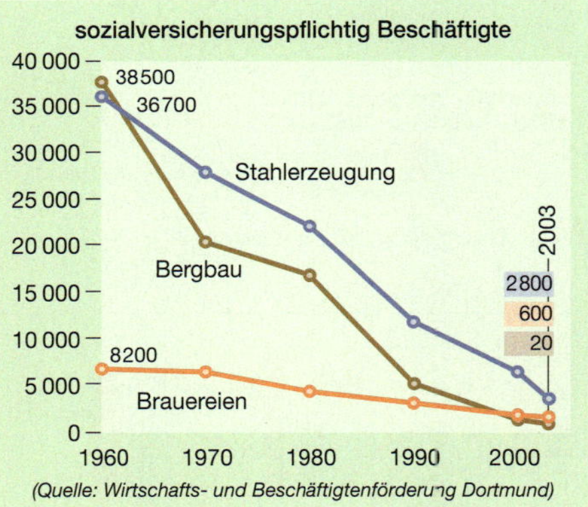

M 2
Abbau der Montanindustrie

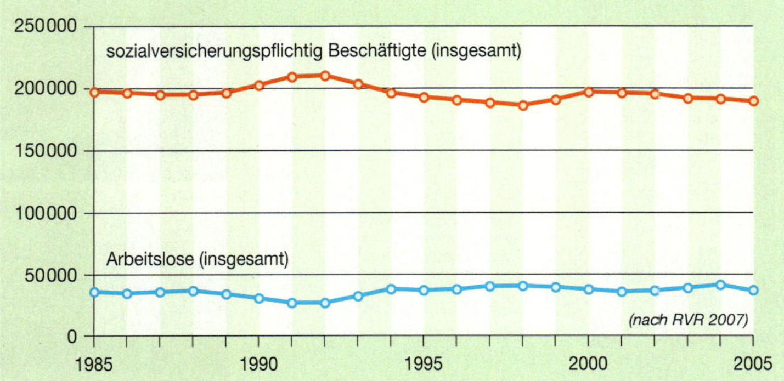

M 3 *Erwerbstätige/Arbeitslose in Dortmund*

Als die Schlote noch rauchten

„Es ist gerade kein schöner Anblick, der sich dem Wanderer bietet, der auf der Höhe im freien Dortmunder Felde stehend, im tiefen Tale Hörde mit seiner rauchschwangeren Luft liegen sieht. Links tief liegend der eigentliche Phoenix, der unzählige Schlote in den blauen Himmel streckt und aus dessen Warmbetrieben dicker gelber oder brauner Qualm, vermischt mit mannigfachen Ausdünstungen der Schornsteine, hervorquillt. Rechts, höher gereckt, die typischen Hochöfen, die durch zuckende Lichter und leuchtend blaue Flammen [...] von der großen Hitze erzählen, die dort herrscht. [...]

Je mehr der Fremde der Stadt näher kommt, desto lauter macht der Rhythmus der Arbeit mit dröhnendem Schlag oder kurzem Gehämmer und anhaltendem Geknatter sein Trommelfell erschüttern. Neugierig steckt der Eindringling seine Nase durch die Gitter des Burgtores, sieht mit staunenden Augen ein rotglühendes Stück Etwas sich bewegen und immer schmaler werden (hier wird ein Walzwerk beschrieben), entdeckt in dumpfen Büros Hunderte von Arbeitern und Angestellten, die mit Feder oder Schreibmaschine ihr Geld verdienen müssen. [...]"

(nach: Hörder Zeitungsartikel von 1927)

M 4 *Der Standort Phoenix um 1927*

	Phoenix-West	Phoenix-See
Entwicklungsfläche	110,0 ha	97,0 ha
davon:		
Erschließungsfläche	12,0 ha	13,0 ha
Grün-, Freiflächen	17,0 ha	10,0 ha
Halde und Grünkeil	35,5 ha	–
Gewerbeflächen	45,5 ha	11,0 ha
Gewässerlandschaft		37,0 ha
Wohnen		26,0 ha

M5

Masterplan Phoenix-West und Phoenix-See 2004 (nach: Stadt Dortmund und Architekturbüro Stegepartner)

In Dortmund sprechen viele schon von einem deutschen Silicon Valley

Noch heute genießt Dortmund den Ruf, Kohle-, Stahl- und Bierstadt zu sein. Wegen der großen Bedeutung dieser traditionellen Industriesäulen wurde in den siebziger Jahren gern der Dortmunder „Dreiklang" beschworen: Um 7 Millionen Tonnen Steinkohle zu fördern und 7 Millionen Tonnen Stahl zu erzeugen, müssen 7 Millionen Hektoliter Bier gebraut werden [..]. Purer Änderungswille ist es nicht, was die Stadt in Zusammenarbeit mit Land und Bund bewogen hat, Dortmund als Technologiestadt auf neue Wege zu bringen. [...] Ein neuer Dreiklang soll her. Software, Logistik und Mikrotechnik heißen die neuen Führungsregionen, die das Wirtschaftsprofil der Stadt schärfen und Arbeitsplätze schaffen sollen. [...] Ein sehr ehrgeiziges Projekt [...] trägt den Namen Phoenix. So heißt die 50 Hektar große, längst aufgegebene Hüttenwerkfläche von ThyssenKrupp [...] Die nahe dem Zentrum verkehrsgünstig gelegene Industriebrache soll in den kommenden zehn Jahren schrittweise entwickelt werden. Nicht eine Monostruktur, sondern die Ansiedlung von Firmen und New Economy und das Erschließen eines Wohngebietes mit einem See und Grünflächen als nahtloser Übergang zum benachbarten Westfalenpark ist das Ziel [...]. *(nach: FAZ vom 19. 06. 2000)*

M6

Alter und neuer „Dreiklang"

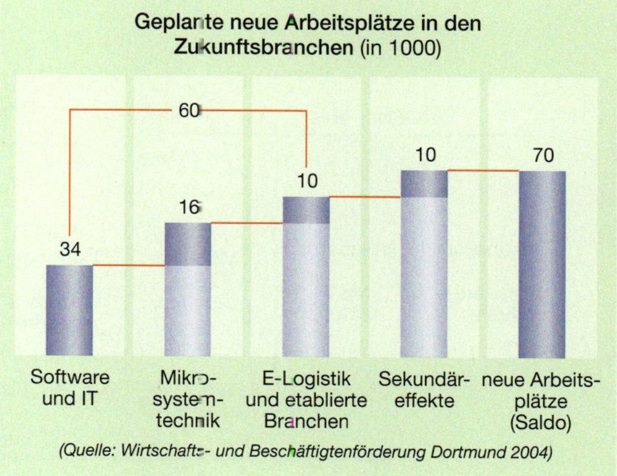

M7

Wirtschafts- und Beschäftigungsförderung Dortmund 2004

1. Lokalisiere mithilfe einer Atlaskarte den Stahlstandort Phoenix und beschreibe diesen zur Zeit der wirtschaftlichen Blüte (M 1, M4).
2. Erläutere die Auswirkungen der Krise der Montanindustrie in Dortmund und zeige die Folgen für die Bewohner der Stadt auf (M 2 und M 3, S. 257 M 3).
3. Erläutere den Masterplan 2004 (M 5). Lokalisiere hierbei die in der Tabelle genannten Nutzungsbereiche.
4. Stelle den geplanten Nutzungsunterschied von Phoenix-West und Phoenix-See heraus.
5. Vergleiche den alten und neuen wirtschaftlichen „Dreiklang" (M 2, M 6, M 7).

Phoenix und mehr – das dortmund-project

Dortmunds Aufbruch zu neuen wirtschaftlichen Ufern findet nicht nur am Standort Phoenix statt.

M 1 *Beschäftigte und Unternehmen in der MST-Branche (MST = Mikrosystemtechnik)*

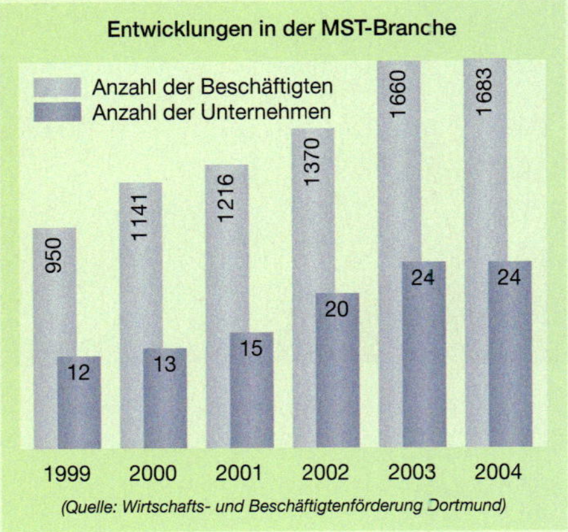

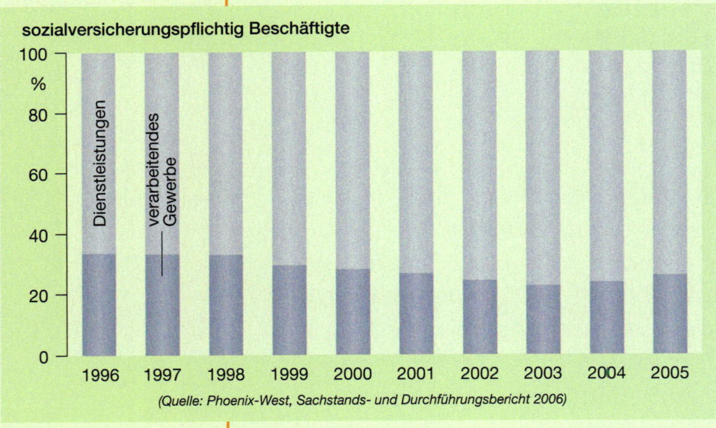

M 2 *Verteilung der Wirtschaftssektoren in Dortmund*

Vielmehr finden sich heute auf allen großen ehemaligen Montanflächen der Stadt zukunftsorientierte Wirtschaftsvorhaben. Seit 1997 legte die Stadt drei Schwerpunkte der zukünftigen **Wirtschaftsförderung** fest:

- die Entwicklung von Standorten und Flächen,
- die Förderung von Technologien sowie Produktentwicklung im Bereich der Zukunftsbranchen,
- die Qualifizierung von Arbeitskräften für diese neuen Wirtschaftsbereiche.

Unterstützt wurde der angestrebte Strukturwandel durch Förderprogramme des Landes Nordrhein-Westfalen und durch EU-Fördermittel aus dem Ziel-2-Regionalfond, der für Gebiete mit besonders starkem Strukturwandel gedacht ist. Der Schwerpunkt der Wirtschaftsplanungen wurde auf die Branchen Software und Informationstechnologien, Mikrosystemtechnik und e-Logistik (**Logistik** ▸) gelegt.

Um die Wirtschaftsförderung sinnvoll koordinieren zu können, wurde 2000 das dortmund-project beschlossen. Als Besonderheit wurde ein ganzheitliches **Stadtentwicklungsprojekt** angestoßen, das Standorte mit jeweils speziellen Themen und Profilen vorsieht, damit stadtintern keine ungewünschten Konkurrenzen entstehen.

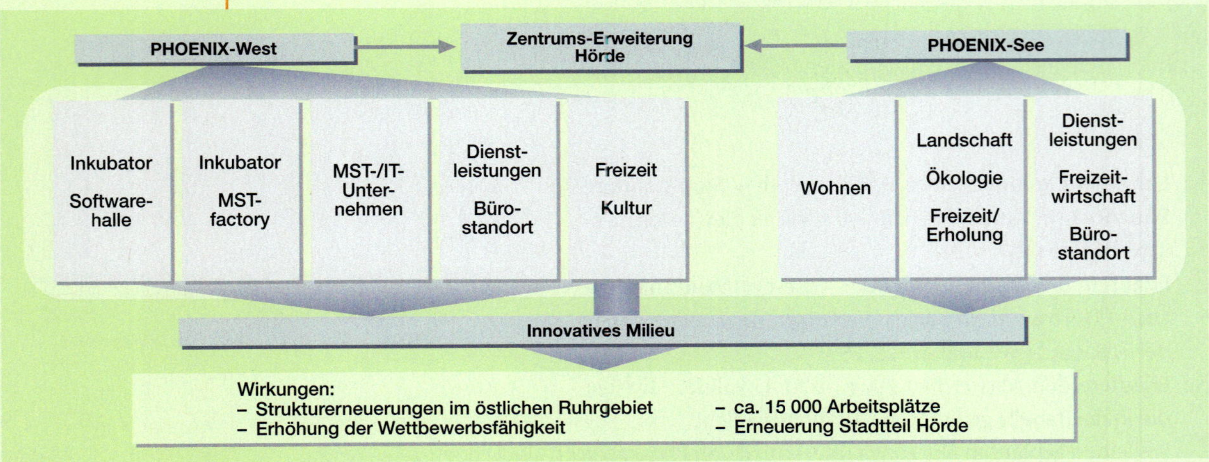

M 3 *Zukunftsstandort Phoenix – strategischer Ansatz*

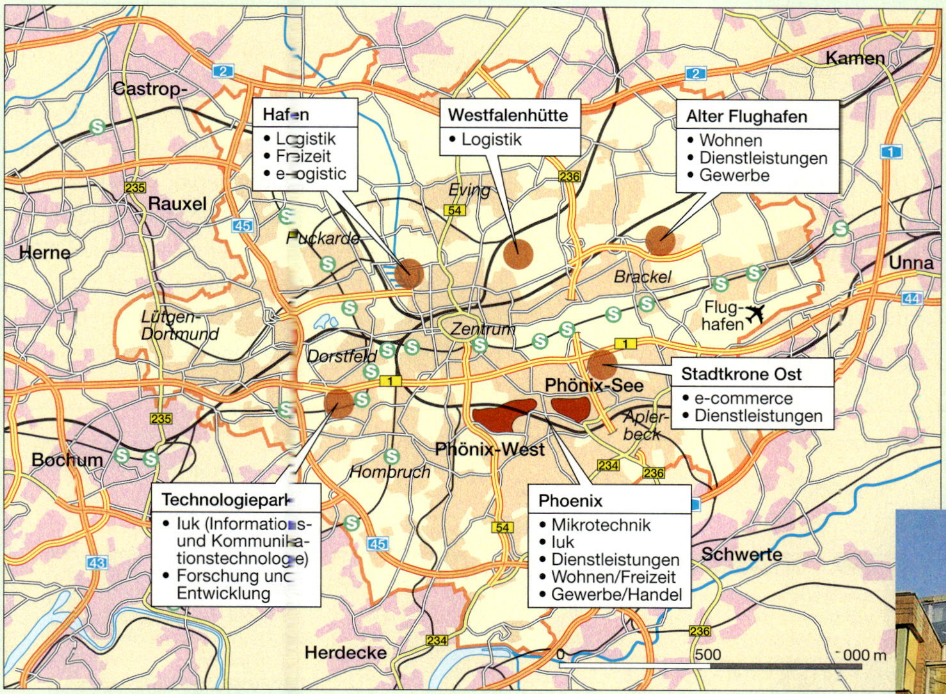

M 4

„dortmund-project" – Zukunftsstandorte (nach: Stadt Dortmund)

Zwischenbericht 2005:

Das TechnologieZentrum Dortmund GmbH ist seit Mai 2002 erstes „Anerkanntes Innovationszentrum" in NRW. Es erhielt diese Auszeichnung vor allem für die Erfolge in den Bereichen Technologietransfer sowie Existenzgründungen. Im Jahr 2004 war Dortmund bereits führender Standort für IT und E-Commerce mit weit über 13 000 Beschäftigten in 680 Unternehmen, größter Informatik-Hochschulstandort mit 6200 Studenten und 7 Instituten im Bereich Software. Auf der Stadtkrone-Ost befindet sich das erste E-Commerce Center Deutschlands mit 30 IT-Unternehmen und 1200 Beschäftigten.

Dortmund hat sich zum Gründerstandort entwickelt: Wettbewerbe, genannt start2grow, unterstützen Gründungswillige, u. a. mit attraktiven Geldpreisen, aber auch durch ein Netzwerk von Mentoren, die u. a. beim Aufstellen eines Businessplanes helfen. 2004 waren 11 % aller deutschen kleinen und mittelständischen Mikrotechnik-Unternehmen in Dortmund ansässig. Anfang 2005 startete die MST-factory auf Phoenix-West.

Fast 22 000 Beschäftigte in über 750 Logistik-Unternehmen waren bereits 2002 im „logistischen Kompetenzzentrum Deutschlands" tätig: Die zentrale Lage in Europa und der Absatzmarkt Rhein-Ruhr bieten ideale Voraussetzungen für weiteres Wachstum. Zuletzt hat Ikea 2005 ein großes Warenverteilungslager für Deutschland und die Benelux-Staaten errichtet.

Direkt am Dortmunder Hafen wurde in einem traditionellen Handelsgebäude mit dem e-port ein Gründer- und Kompetenzzentrum für e-Logistik gegründet.

Trotz aller Erfolge: Die Arbeitslosenzahl konnte nicht unter 15 % gedrückt werden, von den geschaffenen Büroflächen stehen zu viele noch leer, die Vermarktung der „neuen" Gewerbeflächen auf Phoenix und an den anderen Standorten wird bis 2020 nicht abgeschlossen sein.

1. Erläutere die Zielsetzungen des Standortes Phoenix im Gesamtkonzept des dortmund-projects (M 3, M 4).
2. Beurteile, inwieweit der angestrebte Strukturwandel in Dortmund bis 2005 bereits zu beobachten war (M 1, M 2).
3. Informiere dich mithilfe von Internetadressen über den Fortgang der Entwicklungen in Dortmund (z. B. www.dortmund-project.de oder www.dortmund.de).

Wir untersuchen einen Raum im Ruhrgebiet mit WebGIS

Strukturwandel in Herne

Der Geodatenserver Rhein-Ruhr bietet neben zahlreichen Karten und Luftbildern auch detaillierte Informationen zum Ruhrgebiet. Somit erscheint dieses WebGIS-Angebot besonders geeignet für fortgeschrittene WebGIS-Nutzer zur Analyse des Strukturwandels in einem überschaubaren Teilraum

Deine Aufgabe lautet: Untersuche den Strukturwandel im rot umrandeten Bereich (M 7) der ehemaligen Zeche Mont Cenis in Herne mithilfe von WebGIS.

Rufe zunächst die Seite: http://www.ruhrgebiet.de/daten/geodatenserver.shtml auf. Hier klickst du **„Geodaten-Server HTML"** an und gelangst so zum Geodatenserver Ruhrgebiet. Um deinen Untersuchungsbereich zu finden, gibst du im Adressfeld die Stadt **„Herne"** sowie die „Kantstraße" ein. Nach einem Doppelklick erscheint dein Untersuchungsgebiet.

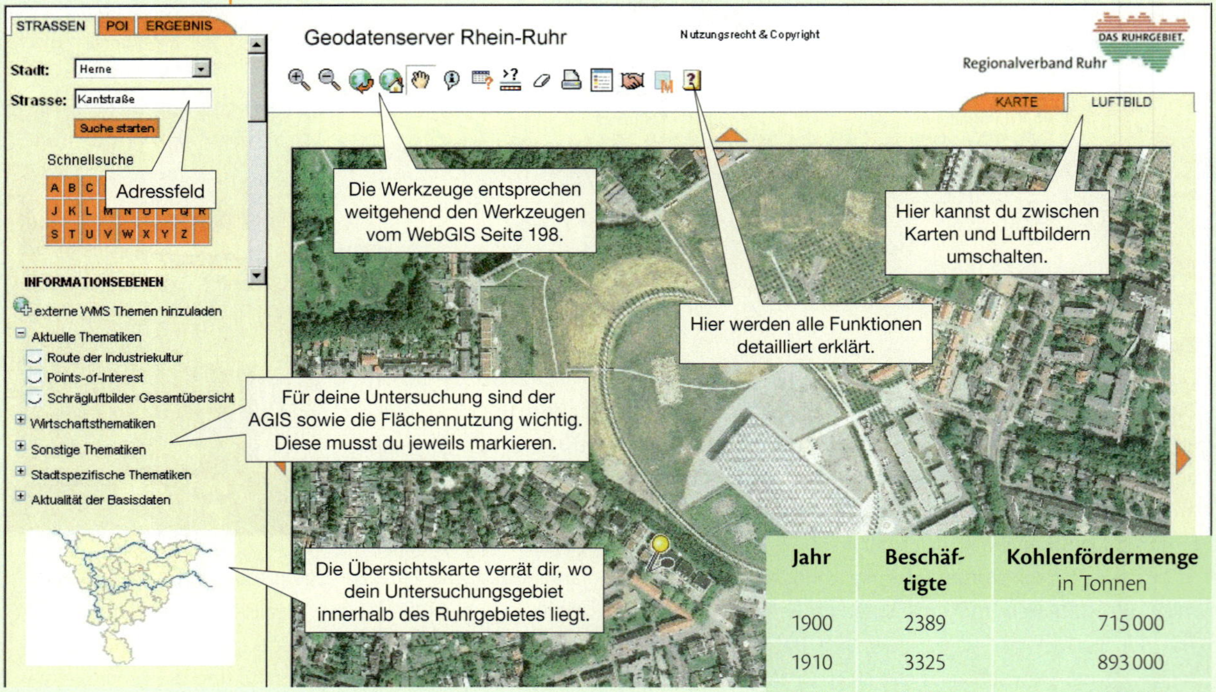

M 1 *Erläuterung einiger Funktionen der Geoserver-Seite*

Jahr	Beschäftigte	Kohlenfördermenge in Tonnen
1900	2389	715 000
1910	3325	893 000
1915	2545	719 000
1920	4175	819 000
1930	5990	ca. 1 000 000
1932	1988	690 000
1945	k.A.	275 000
1955	2760	708 000
1975	1800	über 1 000 000

M 3 *Beschäftigte und Fördermenge*

Die Zeche Mont Cenis

Die Zeche Mont Cenis hat als größter Arbeitgeber über 100 Jahre lang die Geschicke des Stadtteils Herne-Sodingen und die Schicksale der Menschen geprägt.
Im Gedenken an eine technische Meisterleistung, einen 13 Kilometer langen Tunnel durch den Berg namens „Mont Cenis" in den französischen Alpen wird 1872 die „Gewerkschaft der Steinkohlenzeche Mont Cenis Sodingen in Westfalen" gegründet. Mit der Jahrhundertwende beginnt die Mechanisierung des gesamten Kohleabbaus. Zu diesem Zeitpunkt wohnen in Sodingen 4037 Einwohner in 522 Wohnungen – fast achtmal so viele Menschen wie noch 25 Jahre zuvor. Die Folgen der Weltwirtschaftskrise und eine Rationalisierungswelle führen zu einer Reduzierung der Belegschaft. In der Zwischenkriegszeit sowie der Wiederaufbauphase kann die Zeche Mont Cenis erneut expandieren. Doch Aufgrund der zunehmenden Wettbewerbsnachteile gegenüber Öl- und preiswerteren Kohleimporten wird die Kokerei auf Mont Cenis 1961 stillgelegt. 1978 muss die Zeche, als größter Arbeitgeber Sodingens, ihren Betrieb endgültig einstellen.

M 2 *Über 100 Jahre Mont Cenis*

M 4 *Die Zeche Mont Cenis aus südöstlicher Blickrichtung, um 1930*

M 5 *Blick auf die ehemalige Zeche Mont Cenis 1980*

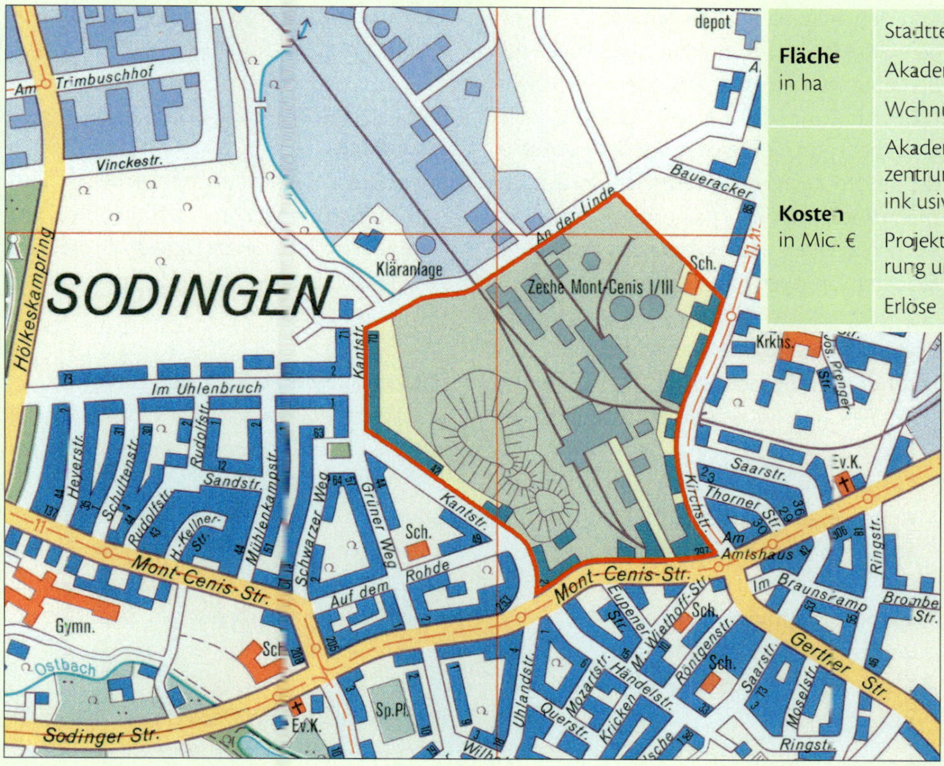

Fläche in ha	Stadtteilpark	16
	Akademie	3
	Wohnungen (Anzahl 300)	5
Kosten in Mio. €	Akademie mit Bürgerzentrum und Klimahülle inklusive Solaranlage	42,85
	Projektentwicklung, Sanierung und Städtebau	11,68
	Erlöse	8,18

M 6

Eckdaten zum Sanierungsprojekt „Mont Cenis"

M 7

Untersuchungsgebiet: der südliche Teilbereich der Zeche Mont Cenis 1975

1. Stelle die Entwicklung der Zeche Mont Cenis und ihre Bedeutung für den Stadtteil Sodingen dar (M 2 bis M 5).
2. Mache dich mithilfe deines Vorwissens sowie M 1 mit den Funktionen des Geodatenservers Rhein-Ruhr vertraut.
3. Fertige mithilfe von WebGIS eine Skizze an, in der die Veränderungen seit 1975 (Gebäudebestand, Straßennetz, Nutzung, Flächengrößen) deutlich werden (M 6, M 7).
4. Stelle das Projekt „Mont Cenis" und seine Ziele in Form einer Kurzpräsentation (Einleitung, Hauptteil, Fazit) vor. Nutze hierzu zusätzlich Internetquellen (z. B. www.akademie-mont-cenis.de).
5. Bewerte die Umstrukturierungsmaßnahme „Mont Cenis" (M 6).

Wir führen eine Betriebserkundung durch

M 1

Hüttenwerke Kayser AG in Lünen

Proben-Platz

Schere

Schmelzofen

Elektrolyse

Die Betriebserkundung ist eine vielseitige Untersuchungsmethode: Sie erfordert, die vielfältigen Aspekte eines Betriebes durch Erfahrung und Besichtigung vor Ort, d.h. durch In-Augenschein-Nehmen und durch Gespräche mit Betriebsangehörigen zu erkunden. Eine solche Erkundung mit der ganzen Klasse muss im Unterricht gut vorbereitet werden, damit in der kurzen Zeit der Anwesenheit in dem Betrieb möglichst viele Erkenntnisse gewonnen werden können. Arbeitsteiliges Vorgehen in kleineren Gruppen bietet sich hier an.

Phase 1: Gemeinsame Auswahl des zu erkundenden Betriebes
- Der Betrieb sollte sich am Schulort befinden und gut erreichbar sein (ÖPNV).
- Er sollte einen Bezug zum Jahresthema erlauben (z. B. ökologische Nahraumanalyse; Strukturwandel; Globalisierung).

Allgemeine Planung
- Rechtzeitige Kontaktaufnahme
- Planungsgespräch über Zeitpunkt und Ablauf führen
- Hierbei auf Mischung von Besichtigung und Fragerunde achten
- Materialien recherchieren (Info-Material, Internetauftritt, Werbeprospekte, Jahresberichte u. a.)
- Möglichkeiten der Film- und Fotodokumentation vorab klären

Phase 2: Konkrete Vorbereitungen – mögliche Gruppenarbeitsthemen:
- Branchenzugehörigkeit oder Produktionsschwerpunkte
- Standortgegebenheiten früher und heute
- Betriebsgröße, Beschäftigte
- Geschichte und Entwicklung
- Der Betrieb und seine Umgebung: Ökonomie und Ökologie
- Bedeutung für Stadt und Region
- Der Betrieb im Zeitalter der Globalisierung

Hierbei hat jede Gruppe Beobachtungsaufgaben und einen Fragebogen zu entwickeln, die während der Erkundung zum Einsatz kommen. Die Mitnahme von Videogeräten und Fotoapparaten ist, falls erlaubt, zu organisieren, ebenso das Vereinbaren von abwechselnden Protokollmitschriften. Der Gesichtspunkt der später folgenden Ergebnispräsentation ist bereits jetzt zu berücksichtigen.

Phase 3: Durchführung der Betriebserkundung
Konsequent die vereinbarten Arbeitsschritte durchführen: beobachten, wahrnehmen, festhalten (Film, Foto, Skizze, Protokoll), nachfragen. Auf die Beantwortung der vorbereiteten Fragen Wert legen.

Phase 4: Auswertung im Unterricht
Erstellen eines Gesamtbildes mithilfe von Teilreferaten, Wandzeitungen, Plakaten oder Power-Point-Präsentationen
Einordnen in einen größeren thematischen Zusammenhang: Vergleich mit anderen oder ähnlichen Betrieben, Einordnung in den gesamtdeutschen, europäischen und globalen Zusammenhang

Phase 5: Öffentliche Darstellung
Bereitstellen des Gesamtergebnisses für die Schulöffentlichkeit: Projekttag, Ausstellung, Homepage- oder Jahresschrift-Beitrag, Artikel für die Lokalzeitung

Betriebserkundung bei der Hüttenwerke Kayser AG in Lünen
Die Klasse 9c des Städtischen Gymnasiums Lünen-Altlünen hatte sich entschlossen, im Rahmen der Unterrichtsreihe „Strukturwandel im Ruhrgebiet" eine Betriebserkundung durchzuführen.

1. Auswahl: Über Auslandsstipendien bestand seit Jahren ein dauerhafter Kontakt zu dem Werk, das als Recyclingwerk über die Grenzen Lünens hinaus bekannt ist. Oberstufenschüler hatten schon häufiger ein Betriebspraktikum dort absolviert. Eine Organisationsgruppe stellte den Kontakt zum Öffentlichkeitsbeauftragten her, führte im September ein Planungsgespräch mit diesem und vereinbarte für den 15. März einen Erkundungstermin für die ganze Klasse. Bei dieser Gelegenheit wurde umfangreiches Prospektmaterial zur Verfügung gestellt. Die Frage, ob während der Erkundung fotografiert werden dürfe, wurde weitgehend positiv beantwortet.

2. Vorbereitung: Nach Sichtung der bereitgestellten Informationsschriften und der Internetauftritte www.hk-ag.com sowie www.na-ag.com ergaben sich zehn Schwerpunktthemen für die arbeitsteilige Gruppenarbeit, an der jeweils drei Schülerinnen und Schüler beteiligt waren:

A Der Fertigungsprozess unter Berücksichtigung der Elektrolyse
B Die weltweite Ressource Kupfererz
C Die Entwicklung des Recyclinganteils bei der Kupferproduktion
D Die Gründung des Werkes 1861 und die Produktionsziele bis zur Gegenwart
E Die Rohstoffbezüge früher und heute
F Die heutige Standortbewertung im Zusammenhang mit dem Rückgang des Steinkohlenbergbaus
G Die infrastrukturellen Gegebenheiten, im Besonderen die Verkehrsinfrastruktur
H Die Entwicklung der Absatzmärkte
I Die Entwicklung der Beschäftigtenstruktur
K Die Übernahme der Kayser AG im Jahr 2004 durch die Norddeutsche Affinerie AG Recycling

3. Durchführung: Im Anschluss an ein Kurzreferat besichtigte die Klasse – ausgerüstet mit Kopfschutz, Schreibutensilien und Fotoapparaten – in zwei 15er-Gruppen die einzelnen Werksbereiche (s. Fotoleiste). Vor dem Proben-Platz stellte dabei die Gruppe E ihre vorbereiteten Fragen zum Rohstoffhandel:

- Können Sie uns die verschiedenen Rohstoffe zeigen und erläutern, die für die Gewinnung von recycelten Nichteisenmetallen benötigt werden?
- In welchem Verhältnis steht hierbei Kupferschrott zu den anderen Materialien?
- Aus welchen Ländern beziehen die HK ihre Rohstoffe?
- Mit welchen Transportmitteln werden welche Rohstoffe angeliefert?
- Hat der Ausbau des Schiffshebewerkes in Henrichenburg für die Aufnahme der sog. Europaschiffe eine Bedeutung gehabt?
- Spielt die Lkw-Maut eine Rolle?
- Haben die Lieferanten/Handelspartner im Laufe der Zeit gewechselt?
- Spielt die Entwicklung der EU irgendeine Rolle?
- Wir haben im Unterricht den Rückgang der Steinkohlenförderung im Ruhrgebiet behandelt: Ist dies ein Nachteil für die Hüttenwerke Kayser?
- Hat das Fusionieren mit der Norddeutschen Affinerie Auswirkungen auf den Rohstoffbezug?

In der anschließenden Diskussionsrunde wurden die während der Führung noch nicht beantworteten Fragen gestellt.

4. Auswertung: Die Ergebnisse wurden in den folgenden vier Stunden unterschiedlich ausgewertet und dargestellt: Neben Karten zum Rohstoffbezug, Absatzmarkt und Standortgeflecht der Norddeutschen Affinerie wurden Schemata zum Recycling-Kreislauf und zur Elektrolyse auf Wandzeitungen gefertigt.
Die Geschichte des Werkes wurde mithilfe von Werksmaterialien als Power-Point-Präsentation aufbereitet, ebenso die Entwicklung der Standortbewertung. Drei Gruppen stellten mit Excel die statistischen Auswertungen grafisch dar.

5. Öffentliche Darstellung: Am Tag des Erdkundewettbewerbes von National Geographic stellte die Klasse ihre Ergebnisse in der großen Pausenhalle vor.

1. Sucht euch einen Betrieb am Ort aus, der sich für eine Betriebserkundung eignet.
2. Überlegt einen günstigen Zeitpunkt für eine Erkundung in etwa einem halben Jahr.
3. Wählt eine dreiköpfige Organisationsgruppe, die den Kontakt herstellt und ein Planungsgespräch führt.
4. Entscheidet euch nach Sichtung geeigneter Informationen, wie ihr weiter vorgehen wollt (Phasen 2 bis 5).

Wandel im Oberschlesischen Industriegebiet

M 1
links: Bergwerk im GOP
rechts: In der Innenstadt von Gliwice

Nicht nur das Ruhrgebiet, alle Altindustriegebiete Europas durchschritten in der zweiten Hälfte des 20. Jhs. dieselbe Strukturkrise: Neben dem Nördlichen Industriegebiet in Frankreich und dem Mittelenglischen Industriegebiet traf dies auch auf das Oberschlesische Industriegebiet zu. Dieses stand nach der politischen Wende in Europa vor einer doppelten Aufgabenstellung: Abrupt musste die **Transformation** von der **Zentralverwaltungswirtschaft** zur Marktwirtschaft bewältigt werden und zugleich der von der staatlichen Planung verschleppte Strukturwandel durch Modernisierung der Wirtschaft stattfinden.

M 2
Zechensterben

Polens Bergbau in der Krise
Ende Oktober fahren zum letzten Mal Kumpel in die oberschlesische Grube „Zory" ein. Die Schließung dieses Steinkohle-Bergwerkes ist nur ein Anfang. In der ersten Jahreshälfte erreichten die Verluste der Zechen die Rekordsumme von 250 Mio. €. „Dieses Ergebnis ist schlimmer als die pessimistischen Prognosen", schreibt die Zeitung Nowa Europa. Mittlerweile haben Polens Zechen einen Schuldenberg von 2,47 Mrd. € angehäuft. Gründe für die Krise sind niedrige Weltmarktpreise für Steinkohle, veraltete Techniken und ein unbewegliches Management. *(nach: dpa-Meldung. In: Süddeutsche Zeitung vom 12. 07. 1996, S. 16)*

Das GOP

Das Oberschlesische Industriegebiet (polnisch: **G**órnosláski **O**kreg **P**rozemyslowy = GOP) ist das älteste und bis heute bedeutendste Industriegebiet in Polen, außerdem der größte Verdichtungsraum des Landes. Er umfasst eine Fläche von rund 2700 km² mit über 3 Mio. Einwohnern (Ruhrgebiet: Fläche rund 4400 km²; Einwohner ca. 5,4 Mio.) und 15 Städten, die wie im Ruhrgebiet in manchen Teilräumen ineinander übergehen. Dieser industrielle Verdichtungsraum hat sich in über 200 Jahren herausgebildet. Die Grundlage der Entwicklung zu einem monostrukturierten Gebiet der Montanindustrie waren die Vorkommen an Steinkohle, Eisen-, Blei- und Zink-

M 3 *Stahlindustrie im Oberschlesischen Industriegebiet (Mitte der 1990er-Jahre)*

erzen. Bereits im 11. Jahrhundert wurde Silber gewonnen. Nach 1945 verstaatlichte die kommunistische Regierung alle Betriebe. Das GOP wurde Schwerpunkt der Montanindustrie. 17 neue Kohlezechen wurden eingerichtet. Ein Glanzstück der staatlichen Planung war das neue Eisen- und Stahlwerk Huta Katowice.

Veränderungen seit 1990

Veraltete Industrieanlagen und ökologische Belastungen standen anfangs der Privatisierung und dem Strukturwandel im Wege. Die Montanindustrie brach zusammen, die Zahl der Arbeitslosen stieg auf fast 20 %. Vorzüge für eine moderne Entwicklung waren die zentrale Lage in einer sich ständig erweiternden EU, ein großes Arbeits- und Konsumentenpotenzial sowie 40 Universitäten und 112 Einrichtungen anwendungsbezogener Forschung, besonders im medizinischen und medizintechnischen Bereich. Der schrittweise Aus- und Neubau von Autobahnen nach Deutschland, Österreich und Tschechien schuf für ausländische Investoren ebenso Anreize wie die Sonderwirtschaftszone Katowice (1996). Mit mehr als 40 Mio. US-Dollar allein bis 2002 war Polen in Ostmitteleuropa führend bei den **Direktinvestitionen**. Internationale Großfirmen wie Opel/General Motors, Fiat oder Heineken bildeten hier Niederlassungen.

Seit dem EU-Beitritt Polens 2004 hat sich der Strukturwandel beschleunigt, nicht zuletzt dank der EU-Fördermittel. Die EU-Strukturpolitik sah in Polen für die Jahre 2004 – 2006 drei Entwicklungsschwerpunkte vor:

- Ausbau der regionalen Infrastruktur
- Investitionen in Humankapital
- Maßnahmen zur lokalen Entwicklung

2007 – 2013 wird Polens Entwicklung mit Mitteln aus dem EU-Fond unterstützt.

Vom Mittelalter bis zur Gegenwart

bereits im Mittelalter: Abbau von Zink-, Blei-, Eisen- und Silbererzen

1788 Einsatz der aus Südwales eingeführten ersten Dampfmaschine in Mitteleuropa zur Erzgrubenentwässerung (im Ruhrgebiet wird die erste Dampfmaschine erst 11 Jahre später in Betrieb genommen)

1790 Einrichtung von 2 Kohlebergwerken zum Betrieb der Dampfmaschine mit Steinkohle

1796 Eisenherstellung aus Eisenerz wird von Holzkohle auf Steinkohlenkoks umgestellt (im Ruhrgebiet ab 1849), Ausbau der Blei- und Zinkverhüttung, Auf- und Ausbau der Grundstoffindustrie

ab 1840 Ausbau des mitteleuropäischen Eisenbahnnetzes. Nachfrage nach Eisen und Stahl steigt kräftig, Entstehung der Metall verarbeitenden Industrien

ab 1900 Bau von Steinkohlenkraftwerken zur Elektrifizierung des Industriegebiets, Aufbau der chemischen Industrie

ab 1946 Enteignung und Verstaatlichung der Industriebetriebe, Steigerung der Produktion, Sozialistische Planwirtschaft

1970 Neubau eines Eisen- und Stahlwerks in Katowice

ab 1990 Stilllegung, Modernisierung, Ansiedlung von Betrieben, Überleitung zur Marktwirtschaft, Privatisierungen, z. B. Gliwice: Modernisierung des 1848 gegründeten Stahlwerks, Bau einer Autofabrik, Bau der A 4/E 40 Dresden–Wrocław–Kraków

1996 Einrichtung der Sonderwirtschaftszone Katowice

ab 2004 Durch den Beitritt Polens zur EU gelten neue wirtschaftliche Bedingungen sowie Rechtsvorschriften u. a.

M 4 *Entwicklung des GOP*

Anteil der Wirtschaftssektoren am BIP 1990 – 2004 (in %)

	Land- und Forstwirtschaft					Industrie					Dienstleistungen				
	90	94	98	02	04	90	94	98	02	04	90	94	98	02	04
Polen	36	39	38	31	33	14	6	5	3	3	50	55	57	66	64
Tschechische Republik	71	39	39	40	38	7	6	4	4	3	22	55	57	57	59
Ungarn	42	33	33	31	31	16	8	6	4	3	42	59	61	65	66

Anteil des Privatsektors 1991 – 2001 (in %)

	BIP				Beschäftigte			
	1991	1994	1998	2001	1991	1994	1998	2001
Polen	42	56	56	63	56	x	70	x
Tschechische Republik	17	56	75	80	19	x	81	x
Ungarn	18	55	80	–	48	x	75	x

(nach: Arbeiten aus dem Osteuropa-Institut München, Working Papers Nr. 218, S. 149)

M 5 *Die politische und wirtschaftliche Wende*

1. **Beschreibe topographische Lage, Flächengröße, Bevölkerung und Entstehung des GOP (M 4, Atlas). Vergleiche mit dem Ruhrgebiet.**
2. **Kennzeichne die Situation im Steinkohlenbergbau des GOP nach 1990 (M 2).**
3. **Erläutere den Umfang und das Tempo des Strukturwandels im GOP (M 3 bis M 5), und vergleiche mit dem Ruhrgebiet.**

Bitterfeld – Umwertung von Standortfaktoren

M 1 *Chemiepark Bitterfeld*

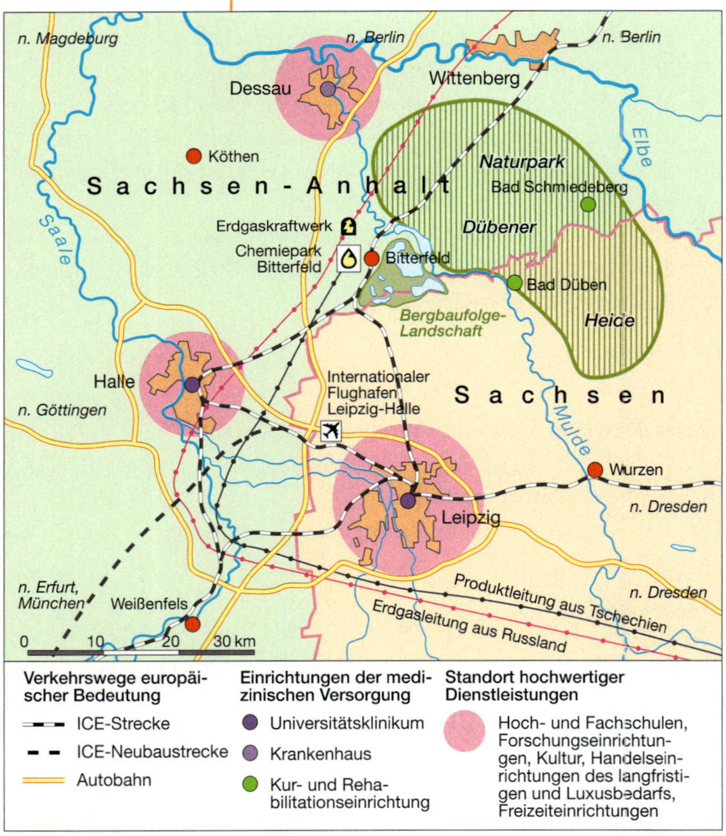

M 2 *Geographische Lage des Chemieparks Bitterfeld*

In Altindustriegebieten ist es schwierig, neue Industriezweige anzusiedeln. Aufgrund der hohen baulichen Verdichtung sind Ansiedlungsflächen knapp, teuer und häufig von Verunreinigungen des Bodens und des Grundwassers belastet. Bergleute oder Stahlarbeiter sind zudem für neue Tätigkeiten nicht qualifiziert. Die Infrastruktur ist oft auf die speziellen Bedürfnisse der alten Industrien ausgerichtet.

Mitteldeutsche Großchemie um 1990

Die Betriebe der Schwerchemie im Chemiedreieck Bitterfeld-Halle-Leipzig waren nach der Wiedervereinigung unter den neuen Rahmenbedingungen nicht wettbewerbsfähig. In der DDR wurden die Betriebe im System der sozialistischen **Planwirtschaft** vom Wettbewerb der Produkte auf den nationalen und internationalen Märkten abgeschirmt. Zudem war die auf einer Veredelung von Braunkohle beruhende Karbochemie gegenüber der Petrochemie seit Jahrzehnten technologisch veraltet.

Chemiepark Bitterfeld

Hier entwickelte man ein Konzept, das sich unter den veränderten Wettbewerbsbedingungen an den Märkten durchsetzen konnte. Auf dem 1200 ha großen Gelände des ehemaligen Chemiekombinats entstand nach dem Abriss der veralteten Produktionsanlagen und der Sanierung des Bodens unter Verwendung von Fördermitteln ein Chemiepark. Die Verfügbarkeit von qualifizierten Arbeitskräften, die Verkehrsinfrastruktur und die verkehrsgeographische Lage in Mitteleuropa waren drei Hauptfaktoren bei der positiven Neubewertung des Standorts.

Chemiepark Bitterfeld 2005: 350 Unternehmen, rund 10 000 Mitarbeiter
Technologiezentrum: Aufwertung zum integrierten Standort von Forschung und Produktion
Chemiebetriebe: Lackharzbetrieb (Lackharze aus Soja-, Rizinus-, Erdnussöl); Ionenaustauscherbetrieb (Ionenaustauscher); Methylcellulosebetrieb (Anwendung in der Baustoffindustrie); Pharmazeutischer Betrieb (über 300 Artikel, z. B. Aspirin: Lieferung in 80 Länder, Alka-Seltzer, Talcid)
Serviceunternehmen: Energieversorger (Strom, Erdgas), Druckluft, Prozessdampf, Wasserwerk, Feuerwehr, ärztliche Versorgung; Logistik-Unternehmen: Transportleistungen für Mineralöl-, Chemie-, Flüssig-, Schüttguttransporte auf Straße und Schiene

Eine klassische Standorttheorie

Alfred Weber (1888 – 1958) untersuchte die Frage nach dem optimalen Standort für einen Industriebetrieb. Drei Faktoren beeinflussen – durch Kostenvorteile – die **Standortwahl** (▶): die Transportkosten für Materialien und Fertigwaren, die Arbeitskosten und die **Agglomerationsvorteile** (▶).

Weber entwickelt die Regel: Je höher der Gewichtsverlust der Rohstoffe beim Veredlungsprozess, desto näher liegt der Produktionsort am Fundort des Rohstoffs. Je geringer der Gewichtsverlust der Rohstoffe beim Veredlungsprozess, desto näher liegt der Produktionsort am Absatzort. Man spricht von rohstoff- und absatzorientierter Industrie.

Neuere Erkenntnisse zur Standortlehre

Die Grundzüge der Theorie Webers haben heute noch Gültigkeit. Aber die Liste von Standortfaktoren ist heute erheblich weiter gefasst und man unterscheidet nach der Kostenwirksamkeit **harte** und **weiche Standortfaktoren.** Weber konnte noch von nationalen Märkten ausgehen. Heute vollzieht sich der Wettbewerb jedoch vorwiegend auf internationalen Märkten. Außerdem sind die Transport- und Kommunikationskosten erheblich gesunken. Deshalb hat z. B. die Verfügbarkeit von Werkstoffen eine geringere Bedeutung gegenüber Infrastruktureinrichtungen oder weichen Faktoren.

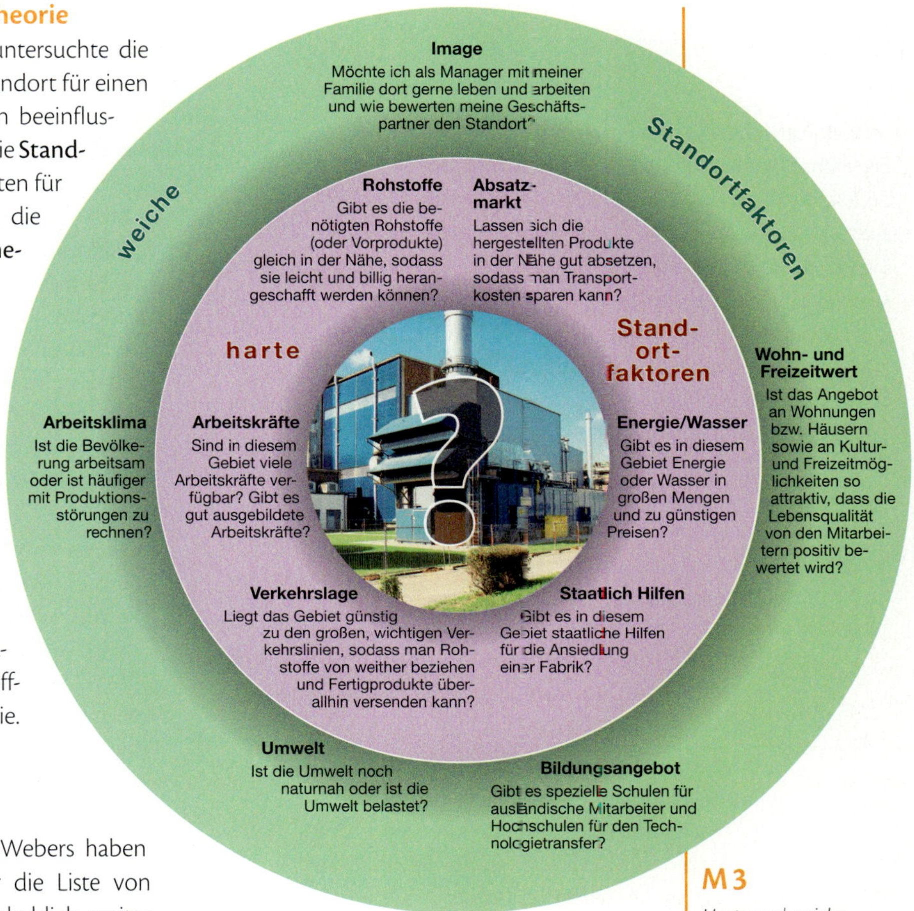

M 3

Harte und weiche Standortfaktoren (nach: Grabow, B./Hollbach-Grömig, B.: Weiche Standortfaktoren. Stuttgart 1995; verändert)

Agglomerationsvorteile
- Nähe zu Zulieferern, Weiterverarbeitern, Dienstleistungen, politischen Entscheidungsträgern
- großer Absatzmarkt durch zahlreiche Nachfrager
- leistungsfähige Infrastruktur (Straßen, Flughafen, Energieversorgung, Kommunikationssysteme)
- verfügbare Arbeitskräfte

M 4

Begriffserläuterungen

1. Beschreibe Lage und Struktur des Chemieparks Bitterfeld (M 1, M 2).
2. Erläutere am Beispiel des Chemiestandorts Bitterfeld den Prozess der Umwertung von Standortfaktoren. Orientiere dich an dem Schlagwort: Von der Schwer- zur Leichtchemie. Vergleiche die Standortfaktoren früher und heute.
   Prüfe den Typ des Standorts nach a) Rohstofforientierung, b) Transportorientierung, c) Arbeitsorientierung, d) Energieorientierung, e) Absatzorientierung (M 2, M 3).
3. Entwirf zwei Modelle der Standortfaktoren für den Chemiestandort Bitterfeld um 1930 und 2007.
4. Suche auf Wirtschaftskarten im Atlas nach Binnen- und Küstenstandorten der Eisen- und Stahlerzeugung. Begründe die geographische Lage der Standorte (M 3, M 4).

Wir vergleichen Raumordnung und Raumplanung in Europa

Periphere Räume – das Beispiel Baltikum

Mittelalterlicher Kaufmannsbund

Die Hanse war ein im 12. Jh. entstandener lockerer Zusammenschluss deutscher Kaufmannsgenossenschaften, die ihre Handelsbeziehungen ausbauen und schützen wollten. Unter der Leitung Lübecks gehörten ihr bis zu 200 Städte an. Fernstraßen und Schiffsverbindungen verknüpften die Handelsbeziehungen zwischen Nord- und Ostsee. Wichtige ausländische Kontore wurden u.a. in London, Brügge, Bergen und Nowgorod gegründet. Mit der Entdeckung neuer Kontinente und der Erschließung neuer See- und Handelswege ließ die Bedeutung nach. Das letzte Treffen – der Hansetag – fand 1669 in Lübeck statt.

M 1 *Die Hanse*

Mittelalter	Kolonisation durch den Deutschen Orden
19. Jh.	Teil des Kaiserreichs Russland
1918 – 1939	Zwischen den beiden Weltkriegen selbstständig
1939	Deutsch-Sowjetischer Nichtangriffspakt (Hitler-Stalin-Pakt) weist in einem geheimen Zusatzprotokoll das westliche Polen und Litauen der deutschen und Finnland, Estland, Lettland, das östliche Polen und Bessarabien der sowjetischen Interessenssphäre zu
1940	Besetzung durch die Sowjetunion, Eingliederung als Sowjetrepubliken, Russifizierung und Deportationen
1941 – 1944	Besetzung durch Deutschland
1944	Rückeroberung durch die Sowjetunion, Fortsetzung der Russifizierung und Deportationen
1991	Wiedererlangung der Selbstständigkeit
2004	Aufnahme Estlands, Lettlands und Litauens in die EU

M 2 *Zur Geschichte der baltischen Staaten*

	Estland	Lettland	Litauen
Fläche (km²)	45 227	64 589	65 301
Bevölkerung (Mio.)	1,4	2,3	3,5
Erwerbstätige nach Wirtschaftssektoren (%)			
Primärer Sektor	6,2	13,8	17,9
Sekundärer Sektor	32,5	27,0	28,1
Tertiärer Sektor	61,3	59,2	54,0
Durchschnittslohn (€/Monat)	410	305	322
Arbeitslosenquote (%)	7,9	8,9	8,3
BIP-Wachtumsrate 2006 – 2007 (%)	9,5	8,9	7,0
Internetnutzer (pro 10 000 Einw.)	4 133	1 331	1 445

(nach: Jahrbuch für das Ausland 2006, EUROSTAT, Der Fischer Weltalmanach 2007)

M 3 *Strukturdaten der baltischen Staaten (2005)*

Zurück nach Europa

Bereits kurz nach der Auflösung der Sowjetunion nahmen einige Staaten des ehemaligen Ostblocks Kontakte mit der EU auf, um über einen Beitritt zu verhandeln. Schon bald darauf kam es zum Abschluss von Handels- und Kooperationsabkommen. Im Dezember 2002 beschloss die EU die Aufnahme der baltischen Staaten zum 1. Mai 2004. Wenngleich die EU-Mitgliedschaft Vorteile hat, so kann dies für manche Wirtschaftszweige der neuen EU-Staaten Probleme bringen.

Von der Sowjetrepublik zum EU-Mitglied

Als Mitglieder der sozialistischen Staatengemeinschaft konnten die baltischen Staaten ihre Wirtschaft nicht frei entwickeln. Vor allem die Industrie hatte sich nach den Vorgaben der sowjetischen Wirtschaftsplanung zu richten. Die Förderung der Industrie in den baltischen Staaten hatte zu Sowjetzeiten die Produktion von qualitativ hochwertigen Gütern und einen entsprechend qualifizierten Facharbeiterstamm hervorgebracht. Der Prozess der **Transformation** in den baltischen Staaten lief erstaunlich schnell ab. Es wurden freie Marktmechanismen eingeführt, bei denen z.B. Löhne und Preise nicht mehr festgelegt wurden, sondern sich nach Angebot und Nachfrage regulierten. Staatsbetriebe wurden privatisiert und unabhängige Banken und Börsen eingerichtet. Diese Maßnahmen sowie begleitende politische und soziale Entwicklungen führten dazu, dass die baltischen Staaten bald die EU-Beitrittsbedingungen erfüllen konnten.

Europäische Tiger

In den letzten Jahren konnten die baltischen Länder mit den von ihnen eingeleiteten Transformationsmaßnahmen ihre Wirtschaftsentwicklung so günstig gestalten, dass Experten in Anlehnung an die asiatischen Tigerstaaten von den „Europäischen Tigern" sprachen.

Für die Zukunft rechnet man mit einem weiteren kräftigen Wirtschaftswachstum durch EU-Fördermittel und durch den expandierenden Wirtschaftsraum rund um die Ostsee.

Wirtschaftsraum Ostseeregion

Ca. 100 Mio. Menschen leben heute rund um die Ostsee in den wirtschaftlich hoch entwickelten Staaten Skandinaviens und Deutschland sowie in den Transformationsländern Osteuropas. Obwohl am Rande der EU gelegen, wird fast ein Drittel der europäischen Exporte von den Ostseestaaten erbracht. Fast ein Viertel des Im- und Exports der Ostseeanrainerstaaten wird über die Ostsee bewältigt. In die Transformationsstaaten werden überwiegend Fertigerzeugnisse der Konsum- und Investitionsgüterindustrie geliefert, während von dort aus überwiegend Rohstoffe exportiert werden.

Eine Voraussetzung für den Handel ist eine gut ausgebaute Verkehrsinfrastruktur. Neben dem Ausbau der Via Baltica, einer Autobahn, die den europäischen Kernraum über die baltischen Staaten mit Finnland verbinden soll, ist vor allem die Modernisierung des Schiffsverkehrs vorrangig. Hochgeschwindigkeitsseewege, so genannte Meeresautobahnen, sollen regelmäßige und häufige Seeverbindungen für den Frachtverkehr schaffen, um die europäische **Randlage** auszugleichen und die Überlastung der Straßen zu vermindern. Dies soll erreicht werden durch eine enge Zusammenarbeit mit der Eisenbahn und der Binnenschifffahrt, wodurch die Beförderungskosten und -dauer wesentlich gesenkt und Vorteile des Straßenverkehrs gemindert werden können. Dabei ist es besonders wichtig, die Seehäfen mit neuen Terminals auszustatten, denn die Menge der in Containern transportierten Güter steigt rapide an.

1. Begründe die Aussage „Das Baltikum ist ein alter Teil Europas." (M 1, M 2).
2. Erläutere die gute Ausgangslage der baltischen Staaten im Transformationsprozess (M 3 bis M 5).
3. Beschreibe die Verkehrsinfrastruktur der baltischen Staaten (M 4, M 6, Atlas).
4. Beurteile unter Berücksichtigung der Meeresautobahnen, ob die Verkehrsanbindung des Baltikums der künftigen Wirtschaftsentwicklung gewachsen ist.

M 4 *Wirtschafts- und Verkehrskarte der baltischen Staaten*

Hauptimportpartner				
Land	1.	2.	3.	4.
Estland (EST)	FIN	S	D	LV
Lettland (LV)	D	GB	S	LT
Litauen (LT)	LV	D	RUS	DK
Finnland (FIN)	D	S	GB	USA
Polen (PL)	D	I	NL	F
Schweden (S)	D	GB	USA	N
Hauptexportpartner				
Estland	FIN	S	D	RUS
Lettland	D	RUS	FIN	LT
Litauen	RUS	D	GB	F
Finnland	D	S	USA	GB
Polen	D	I	F	RUS
Schweden	D	GB	NL	N

M 5 *Import- und Exportpartner 2002*

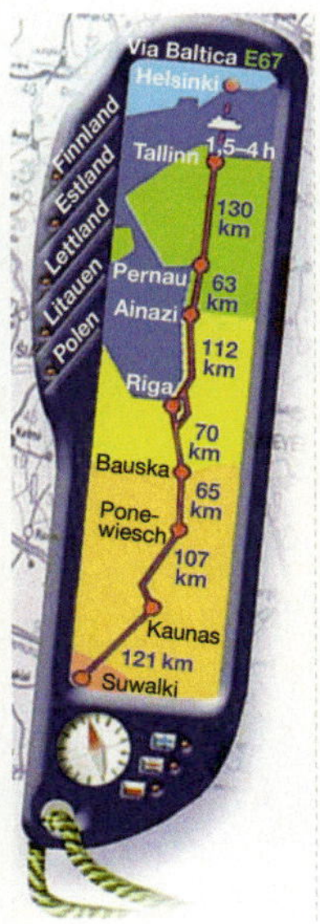

M 6
Via Baltica

Zentrale Räume – das Beispiel Paris

M 1

La Défense – Paris

Verdichtungsraum Ile-de-France

Jahrhundertelang war die Ile-de-France nicht nur das überragende Zentrum Frankreichs, sondern zugleich einer der wichtigsten Wirtschaftsräume Europas, und Paris war eine Weltmetropole. Heute liegt Paris etwas außerhalb des wichtigsten Wirtschaftsraumes des Kontinents, der „Blauen Banane".

Dieser Befund beunruhigte französische Politiker und Wirtschaftsplaner im Hinblick auf die Erweiterung der Europäischen Union im Osten. Zur Verbesserung der Situation beschloss der französische Staat ein umfangreiches Programm zur Förderung der Metropol-Region Paris.

Was wird aus Paris?

Bei einem Vergleich europäischer Zentren mit Blick auf ihre nationale bzw. internationale Bedeutung haben französische Wissenschaftler 1997 herausgestellt, dass Paris in vielen Bereichen des wirtschaftlichen und gesellschaftlichen Lebens hinter anderen europäischen Metropolen rangiert. Am Rande der „Blauen Banane" gelegen, ist der Großraum Paris trotz seines hoch entwickelten Dienstleistungssektors u. a. wegen seiner schwerfälligen Verwaltung, komplizierter juristischer und steuerrechtlicher Gegebenheiten und hoher Immobilienpreise im Nachteil.

[...] Das Bemühen, die herausragende Stellung von Paris unter den Hauptstädten Europas zu demonstrieren, ist nirgends deutlicher zu fassen als in La Défense, der Büro- und Wohnstadt im Westen der Stadt, die das größte Dienstleistungszentrum des Landes darstellt [...]. Über 3600 Firmen mit rund 140 000 Beschäftigten haben hier heute ihren Sitz, darunter 14 der 20 größten französischen Wirtschaftsunternehmen bzw. 13 der 50 größten Konzerne der Welt. Der Jahresumsatz dieser Betriebe entspricht nahezu dem Budget der Region Ile-de-France.

[...] Ob diese Superlative ausreichen, um Paris die von den Franzosen so sehr gewünschte Spitzenstellung in Europa zu bescheren, bleibt dahingestellt. [...] So ist es auch nicht verwunderlich, dass sich La Dèfense gerne als die erste Geschäftsadresse Europas darstellt, als das Zentrum der französischen Wirtschaft schlechthin und als prädestinierter Platz in Frankreich für ausländische Firmen.

(nach: Pletsch, A., Paris auf sieben Wegen. S. 116)

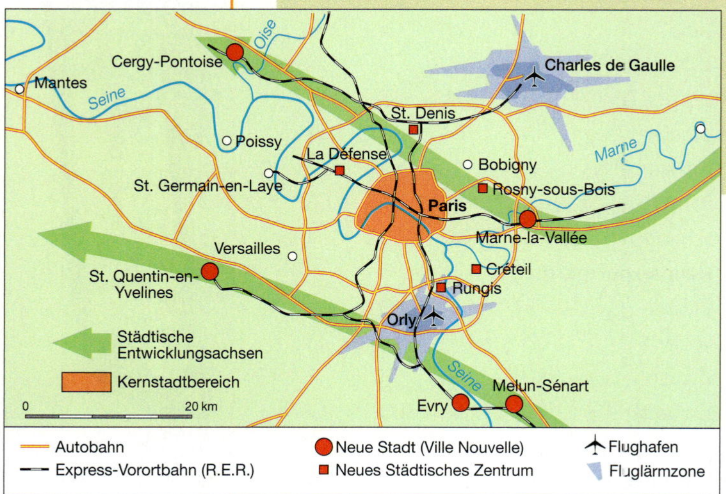

M 2 *Raumplanung in der Region Paris*

1. Recherchiere im Internet die Struktur und die Funktion von La Défense (M 2).
2. Beschreibe die Lage von Paris im Vergleich zu anderen europäischen Metropolen (S. 273 M 1).
3. Erläutere die Lage von Paris im französischen und im europäischen Raumplanungskonzept (M 2, S. 273 M 1, M 2).

Europäische Planungskonzepte

Räumliche Ungleichheiten

Die Standorte der verschiedenen Wirtschaftszweige, der Industrie, des Handels und der Dienstleistungen weisen in Europa eine starke Streuung auf. Verdichtungsräume bilden die **Zentren** (▸) wirtschaftlicher Aktivitäten. Sie sind durch moderne Industrien gekennzeichnet. Hochwertige Dienstleistungen von regionaler, nationaler und globaler Bedeutung konzentrieren sich in **Metropolen** (▸). Den Verdichtungsräumen stehen ländliche Räume gegenüber. Es sind oft Problemgebiete mit hoher Arbeitslosigkeit, aus denen die jüngere Bevölkerung abwandert. Man bezeichnet sie als **Peripherie** (▸).

Modelle Europas

Die Verteilung von Zentren und Peripherien, von Aktiv- und Passivräumen in Europa lässt sich wegen der Vielfalt der Strukturmerkmale in Karten nur schwer darstellen. Deshalb haben Wissenschaftler versucht, vereinfachte Modelle zu entwickeln, die den Sachverhalt besser darstellen können.

Der Franzose Roger Brunet hat 1989 die europäischen Verdichtungsräume nach 16 wichtigen Strukturmerkmalen, zu denen das Bevölkerungswachstum, technologische Einrichtungen, Universitäten, Börsen oder Verkehrsverbindungen gehören, untersucht. Daraus entwickelte er ein Raumordnungsmodell Europas, in dem ein zentrales, wachstumsstarkes und verstädtertes Gebiet auffällt, das der Form einer Banane gleicht. Da diese in der Originalkarte blau eingefärbt war bürgerte sich der Begriff „Blaue Banane" ein. Dieses Modell – wie auch andere Modelle – wurde benutzt, um die Zukunftschancen von Regionen abzuschätzen. So haben Politiker und Raumplaner Standorte immer dann als begünstigt eingestuft, wenn sie innerhalb der „Blauen Banane" lagen.

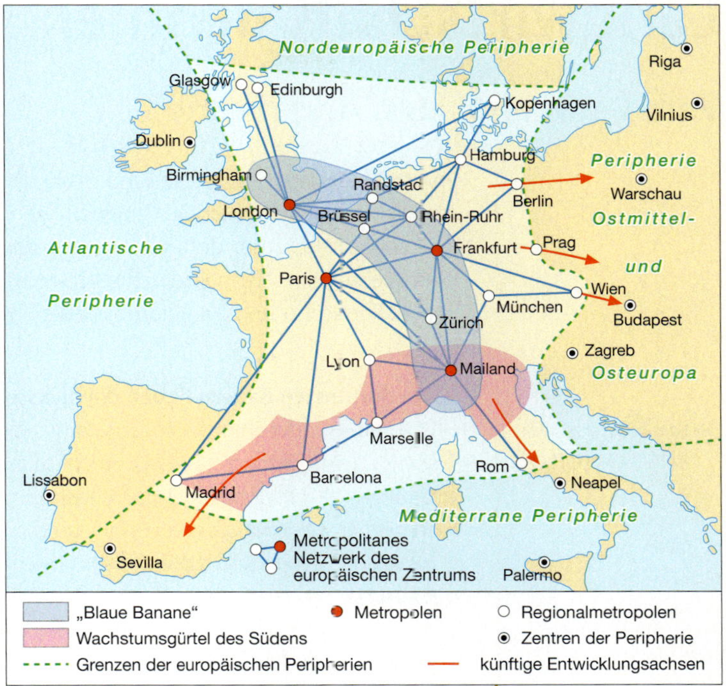

M 1

Raumordnungsmodell der europäischen Wirtschaft 1989 („Blaue Banane")

Brunet konnte bei seinen Überlegungen die Öffnung Osteuropas noch nicht ahnen und so ist sein Modell heute ergänzungsbedürftig. Deshalb ist es von verschiedenen Wissenschaftlern verändert worden. Einige haben auch neue Modelle (vgl. M 2) entwickelt.

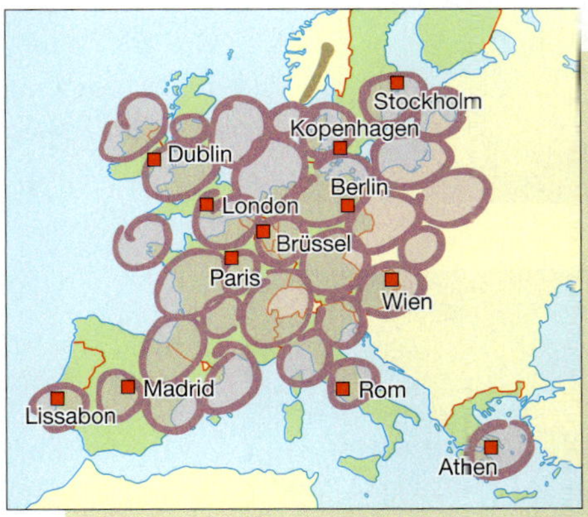

Nach der Öffnung Ostmittel- und Osteuropas und der eingeleiteten Osterweiterung der EU sehen viele Wissenschaftler das Europa der Zukunft als Vernetzung von wirtschaftlich starken Metropolen an, die insgesamt das Bild einer Weintraube ergeben.
Die einzelnen Beeren stellen die bisherigen Metropolen und die aufblühenden Zentren im Osten (z. B. Berlin, St. Petersburg oder Warschau) dar.

M 2

Raumordnungsmodell der Wirtschaft Mitte der 1990er-Jahre („europäische Traube")

1. **Erläutere die Begriffe „Zentrum" und „Peripherie" in Europa (M 1, M 2).**
2. **„Modelle sind vereinfachte Darstellungen der Wirklichkeit. Sie bilden die Vorstellungen für die künftige Veränderung von Wirklichkeit ab." Kommentiere diese Aussagen am Beispiel von M 1 und M 2.**

Wir untersuchen, wie Wirtschaft und Politik Einfluss auf die Landwirtschaft nehmen

Vom Bauernhof zum Agrarbetrieb

In der Bundesrepublik Deutschland erfuhr die Landwirtschaft tiefgreifende Veränderungen. Das starke Wachstum der Industrie und der Dienstleistungen, der wissenschaftlich-technische Fortschritt und die Agrarpolitik der EU zwangen zur Anpassung an veränderte Produktionsbedingungen. Den Wandel der Landwirtschaft wollen wir am Beispiel des Landwirts Wilke aus Unna-Hemmerde kennen lernen.

M 1

Der Familienbetrieb Wilke in Unna-Hemmerde

Die dümmsten Bauern haben die dicksten Kartoffeln ...

Über diesen oder ähnliche Sprüche kann Herr Wilke nur lachen. Sein Familienbetrieb befindet sich in der fruchtbaren Soester Börde (Unna-Hemmerde). Als Herr Wilke Mitte der 1970er-Jahre seine Lehrzeit beendet hatte, stieg er in den elterlichen Betrieb ein. Da er wenig Interesse an der Schweinemast hatte, konnte er schon 1978 seinen Vater überzeugen, diesen Betriebszweig aufzugeben und dafür den Milchvieh- und Bullenmastbereich auszubauen. 1986 übernahm Herr Wilke mit seiner Frau den Familienbetrieb. Neben seiner Frau Isobel, die heute die gesamte Büroarbeit macht, musste ein weiterer Mitarbeiter eingestellt werden. Schnell erkannte Herr Wilke die Chancen im Kartoffelanbau und pachtete zusätzliche Anbauflächen. Um seinen Gewinn steigern zu können, begann er mit der Verpackung der Kartoffeln und der intensiven Direktvermarktung an Großkunden. Schon Ende 1986 kaufte er seine erste große Verpackungsanlage. Die Arbeitsbelastung durch die intensive Direktvermarktung von Kartoffeln nahm so stark zu, dass 1995 die Milchviehhaltung abgeschafft werden musste. Aufgrund der BSE-Krise sowie der sinkenden Fleischpreise wurde 2002 auch die Mastbullenhaltung eingestellt.

Somit entwickelte sich der Mischbetrieb zu einem reinen Marktfruchtbetrieb mit Schwerpunkt auf dem Anbau und der Direktvermarktung von jährlich rund 4200 t Kartoffeln an wenige Großkunden. Um noch preisgünstiger produzieren zu können, möchte Herr Wilke seinen Betrieb weiter ausbauen. Er hofft, dass eines seiner vier Kinder den Familienbetrieb später übernehmen wird.

M 2 *Betrieb Wilke (Erbauungsjahr)*

	1950	1970	1990	2005	2010
Gesamtfläche (ha)	30	35	70	85	100
davon: Grünland (ha)	5	5	5	–	–
Ackerland (ha)	25	30	65	85	100
Pachtland (ha)	5	10	45	60	75
Parzellengröße ø (ha)	2,5	3	4,5	5	5
Bullen (Stück)	2	8	40	–	–
Kühe (Stück)	15	20	60	–	–
Mastschwein (Stück)	20	200	–	–	–
Hühner (Stück)	50	–	–	–	–
Arbeitskräfte (Anzahl)	3	2	3	4	4
Schlepper (Anzahl)	1	1	1	2	2

M 3 *Betriebsspiegel des Betriebes Wilke (2010 geplant)*

Strukturwandel der Landwirtschaft

Die Landwirtschaft in Deutschland wird durch einen grundlegenden **Strukturwandel** (▸) sowie die Europäische Agrarpolitik geprägt. Da in den Nachkriegsjahren Nahrungsmangel herrschte, bestanden die vorrangigen Ziele der Agrarpolitik in einer Produktionssteigerung sowie der Verbesserung der sozialen Lage der Landwirte. In den dann folgenden Jahren kam es durch die Verwendung von Mineraldünger, Pflanzenschutzmitteln und besserem Saatgut zu einer enormen Produktionssteigerung. Dies führte seit den 1960er-Jahren zu einem Überangebot an Agrarprodukten. Die Landwirte mussten nun möglichst kostengünstig produzieren, um wettbewerbsfähig zu bleiben. Es gilt seither das Prinzip: „Wachse oder weiche." Entweder man investiert in einen **Haupterwerbsbetrieb** (▸) oder man muss langfristig aufgeben. Hierzu wurden Arbeitskräfte durch Maschinen ersetzt (Mechanisierung). Um die teuren Maschinen optimal nutzen zu können, spezialisierten sich die Betriebe auf wenige Produkte (Spezialisierung). Durch den Einsatz von Mineraldünger, Pflanzenschutzmitteln sowie den Wegfall von Brachezeiten wurden die Äcker immer intensiver bewirtschaftet (Intensivierung).

Viele Betriebe konnten diesem wirtschaftlichen Druck nicht standhalten, ihre Kredite nicht mehr zurückzahlen und mussten aufgeben. Andere wurden zu **Nebenerwerbsbetrieben** (▸). Dabei wird mehr als 50 % des Einkommens in einem anderen Beruf verdient.

Die Intensivlandwirtschaft führte zu einer hohen Umweltbelastung. Seit den 1980er-Jahren nimmt deshalb die Forderung zu, dass eine naturnahe Landwirtschaft wichtiger sei als eine ständige Produktionssteigerung.

Durch den weltweiten Wettbewerb setzt sich der Strukturwandel – hin zu weniger und dafür aber immer größeren Betrieben – weiterhin fort. Nur wenige kleinere Betriebe können in Nischen überleben (ökologische Betriebe, Direktverkauf ab Hof, Hoftourismus).

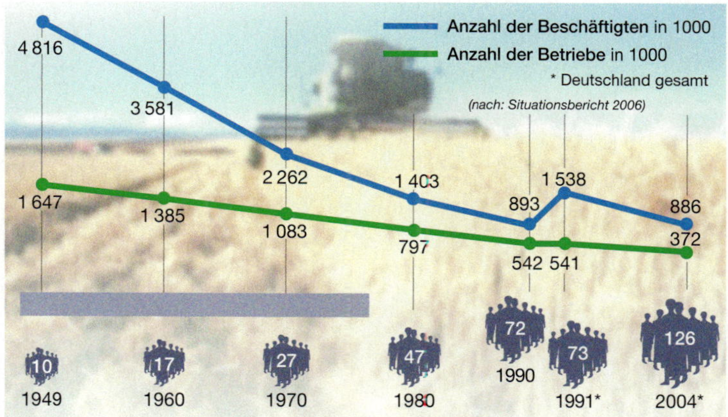

M 4 *Anzahl der Betriebe und Erwerbstätigen*

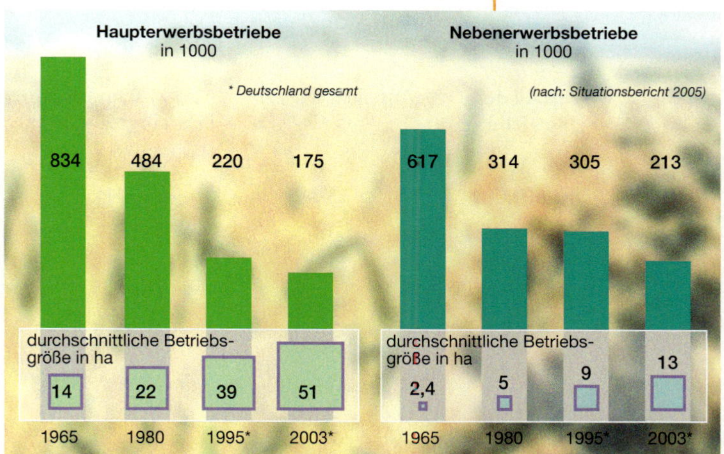

M 5 *Anzahl der Haupt- und Nebenerwerbsbetriebe*

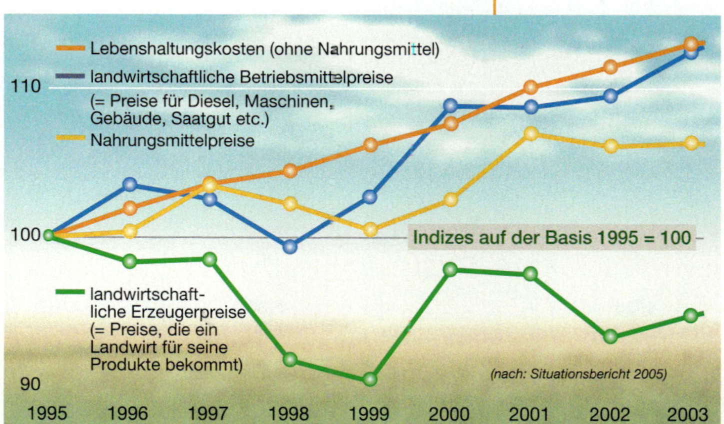

M 6 *Preisentwicklung im Vergleich*

1. Erläutere die Veränderungen im Betrieb von Herrn Wilke (M 1 bis M 3).
2. Zeige anhand von M 4 bis M 6 den Strukturwandel der Landwirtschaft auf.
3. Erarbeite ein Kurzreferat zum Strukturwandel der Landwirtschaft.

M 1 *Mähdreschereinsatz (Dübener Heide)*

Jahr	Anzahl der Betriebe	Anteil an der LNF (in %)	Durchschnittliche **Betriebsgröße** (in ha)
1952	1906	3,4	113
1956	6281	25,0	244
1960	19313	91,6	280
1970	9009	91,6	599
1980	3964	86,9	1276
1989	3844	91,6	1391

M 2 *Entwicklung der LPGs in der DDR*

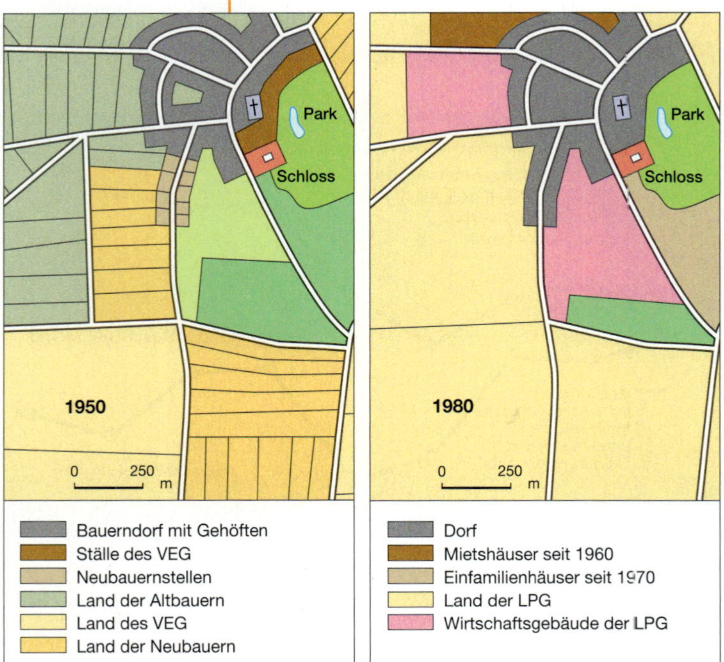

M 3 *Gemarkung Hohenprießnitz (Ausschnitt)*

Familienbetrieb oder Agrargenossenschaft

In den neuen Ländern zeigt die Landwirtschaft wie in allen ehemaligen Ostblockstaaten eine besondere Problematik. Diese ist nur zu verstehen, wenn man den politischen Hintergrund kennt. Unter der Führung der Sozialistischen Einheitspartei Deutschlands (SED) entwickelte sich die Landwirtschaft anders als in der BRD. Die SED wollte über eine **Kollektivierung** (▶) die Lebensbedingungen im ländlichen Raum denen in der Stadt annähern.

Vom Bauernhof zur LPG

Bauer L. aus Hohenprießnitz bei Bad Düben hatte den Hof mit 24 ha 1940 vom Vater übernommen. Er berichtet: „Seit 1950 wurde es immer schwieriger, das von der SED festgesetzte Ablieferungssoll zu erfüllen. Nach einer schlechten Ernte drohten mir Geldstrafe oder Gefängnis. Ich wollte nicht wie viele andere in die BRD flüchten und so trat ich in die Landwirtschaftliche Produktionsgenossenschaft (LPG) ein. Später qualifizierte ich mich an einer Fachschule und wurde Leiter der Feldwirtschaft. Es gab den Betriebsleiter, die Buchhaltung, die Lagerhaltung, den Technischen Leiter und den Leiter der Viehwirtschaft. Ich hatte einen Acht-Stunden-Arbeitstag bei gesichertem Einkommen und bezahltem Urlaub. Im alten Bauernhaus baute ich Wasserleitung, Bad und Toilette ein. Die Partei erlaubte es, im Nebenerwerb etwas Vieh zu halten. Die nicht benutzten Stallungen verfielen allmählich. Es ging mir und meiner Familie wirtschaftlich gut. Schwerer traf es die Familie Graf Hohenthal. Ihr Gut mit 185 ha wurde 1945 auf Anordnung der sowjetischen Besatzungsmacht und der SED entschädigungslos enteignet. Man vertrieb die Familie und richtete ein Volkseigenes Gut (VEG) ein. Die Landarbeiter des Grafen behielten ihre Arbeit. 1946 trafen Vertriebene aus Schlesien ein. Jeder erhielt vom Gut 8 ha. 1952 gründeten sie die LPG. Mit 8 ha konnte auf Dauer keiner auskommen."

M 4 *Politisch begründete Veränderungen*

Agro Bördegrün

Die Agro Bördegrün GmbH & Co KG wurde 1991 durch Zusammenschluss der LPG Pflanzen- und Tierproduktion Niederndodeleben und des VEG Tierproduktion Groß Ottersleben gegründet. Die Mitglieder der LPG und die Landeigentümer beschlossen auf einer Versammlung die Abfindung aller Anspruchsberechtigten.

Von 680 Mitarbeitern 1989 beschäftigte der Betrieb 1992 noch 200 Arbeitskräfte. Bewerber der GmbH mussten Anteile von je 10 000 Euro erwerben. 1992 hatte die Gesellschaft 15 Mitglieder. In den folgenden Jahren wurde der Gebäudebestand erneuert und ausgebaut und es wurden 38 neue Maschinen gekauft.

Agro Bördegrün – Kennziffern 2006

Leitung: 2 Geschäftsführer, 1 Prokurist

Mitarbeiter: 21 in der Pflanzenproduktion, 12 in der Technik, 8 im Bau, 3 an der Tankstelle, 8 im Sozialbereich, 6 in der Verwaltung

Betriebsfläche: landwirtschaftliche Nutzfläche (LNF) = 3800 ha, davon 130 ha Grünland

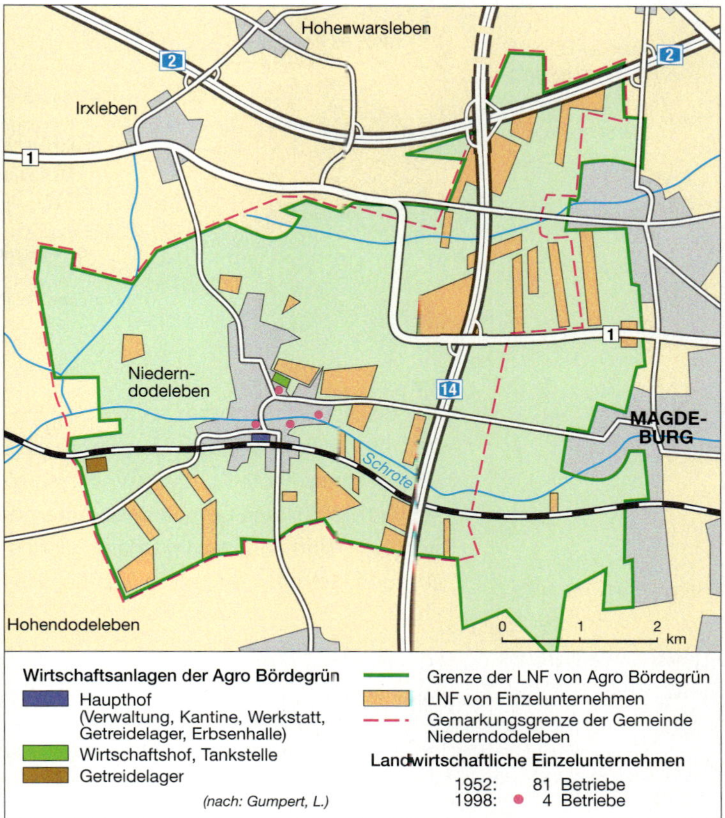

M 5

Agro Bördegrün

Umbau nach 1990

Mit der Wiedervereinigung setzte auch in der Landwirtschaft eine Reprivatisierung ein. Die rechtliche Umstellung von LPG und VEG war durch schwierige Verhandlungen über die Eigentumsanteile und die Regelung der Altschulden vieler LPGs begleitet.

Es wagten verhältnismäßig wenige LPG-Mitglieder den Schritt zum bäuerlichen Familienbetrieb, weil es ihnen an Eigenkapital mangelte. Außerdem waren die Mitarbeiter der LPGs als spezialisierte Facharbeiter auf die Anforderungen eines selbstständigen Einzelunternehmens nicht vorbereitet. Zusätzlich musste man sich den Vorgaben der Europäischen Union anpassen. Die neuen Agrarbetriebe standen nicht nur im Wettbewerb mit den Betrieben im früheren Bundesgebiet, sondern auch mit der Landwirtschaft in den Staaten der EU.

M 6

Unternehmensformen landwirtschaftlicher Betriebe in den Neuen Ländern

Notwendige Fachbegriffe

Einzelunternehmen: Der Landwirt finanziert und leitet seinen Betrieb, Anteil an der LNF etwa 20 %, Betriebsgröße 30 – 40 ha

Personengesellschaft: Mehrere Landwirte finanzieren und leiten ihren Betrieb, Anteil an der LNF etwa 20 %, Betriebsgröße 300 – 500 ha

Kapitalgesellschaften (GmbH, AG): Manager übernehmen die Leitung des Großbetriebes, Kapital von Anteilseignern, Anteil an der LNF etwa 25 %, Betriebsgröße 800 – 4000 ha

Eingetragene Genossenschaften (eG): Die Mitglieder stellen Kapital, ein Vorstand führt den Betrieb, Anteil an der LNF etwa 35 %, Betriebsgröße 1000 – 4000 ha

1. Erläutere den Strukturwandel der Landwirtschaft in der DDR (M 1 bis M 4). Berücksichte dabei die Begriffe „sozialistische Landwirtschaft“ und „industriemäßige Produktion“.
2. Beschreibe die topographische Lage der Gemeinde Hohenprießnitz südlich von Bad Düben (Atlas).
3. Erläutere am Beispiel der Agro Bördegrün den Umbau der Landwirtschaft in den Neuen Ländern (M 5, M 6).

EU-Agrarpolitik

M 1

Ausgaben der EU nach Bereichen 1992 und 2007 (nach: Europäischer Kommission: EU-Haushalt 2007)

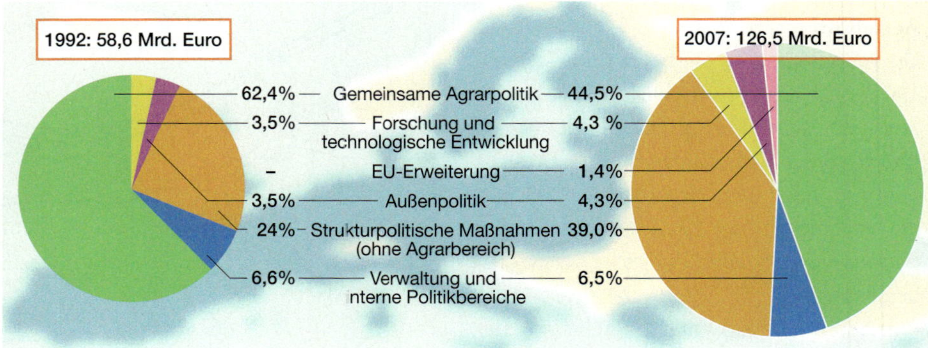

M 2

Die Gemeinsame europäische Agrarpolitik (= GAP)

Die Gemeinsame Agrarpolitik der EU

Die 1957 in Rom von den damaligen sechs EWG-Staaten (heute EU-Staaten) entwickelten Verträge für eine **Gemeinsame Agrarpolitik** (GAP) sind im Zusammenhang mit dem jahrhundertelangen Mangel an Nahrungsmitteln zu sehen. Wichtige Ziele der römischen Verträge waren die Steigerung der Nahrungsmittelproduktion, die Sicherung der Einkommen für Landwirte und eine gesicherte Lebensmittelversorgung zu akzeptablen Preisen.

Phase	Maßnahmen	Folgen	Probleme
Ab 1957	**Gemeinsame Marktordnung durch Römische Verträge:** – Preise für zahlreiche Agrarerzeugnisse (u. a. Getreide und Rindfleisch) werden garantiert. Je mehr ein Landwirt produziert, desto höher ist sein Einkommen	– Intensivierung der Landwirtschaft, hohe Produktionssteigerungen aufgrund von neuem Saatgut etc. – viele Landarbeiter werden durch Maschinen ersetzt, finden aber Arbeit in der Industrie	– wachsende Umweltbelastung – Garantiepreise liegen weit über den Weltmarktpreisen
1970er- und 1980er-Jahre	**Interventionspolitik der EU:** – Überschüsse werden teuer eingelagert, vernichtet oder mit Zuschüssen exportiert – Einfuhrzölle und -beschränkungen sollen den EU-Markt vor billigeren Importen schützen	– Intensivierung der Landwirtschaft nimmt weiter zu – Kosten der GAP steigen – nicht wettbewerbsfähige Höfe müssen aufgeben, die Landwirte finden aber Arbeit in der Industrie	– erste Überproduktion – die Kosten für ihre Beseitigung belasten den EU-Haushalt – Umweltbelastung wächst weiter – der freie Außenhandel ist stark eingeschränkt
1990er-Jahre	**1992 Reform der GAP** – Garantiepreise sollen zunehmend durch direkte Beihilfen ersetzt werden, damit keine Anreize mehr zur Überproduktionen bestehen. Doch die Interessen der einzelnen EU-Staaten schwächen die Reform erheblich ab, sodass die Garantiepreise nur geringfügig gesenkt werden	– da Beihilfen flächenabhängig gezahlt werden, erweitern viele Landwirte ihre Anbauflächen – erneute Überproduktion – Intensivierung der Landwirtschaft nimmt weiter zu – nur einige Preise nähern sich langsam den Weltmarktpreisen an	– die Kosten für die Beseitigung, Lagerung oder den Export der Überproduktion belasten den EU-Haushalt und verhindern andere Investitionen – Umweltbelastung wächst weiter – freigesetzte Landwirte finden immer seltener Arbeit
von 1999 bis 2004	**Agenda 2000** – erste Festlegung einer finanziellen Obergrenze für die GAP – weitere Senkung der Garantiepreise – flächenabhängige Beihilfen sowie Beihilfen für Natur- und Tierschutz – Interessen der einzelnen EU-Staaten schwächen die Reform erheblich ab – Übergangsregelungen für die Beitrittsländer	– Ausgaben halten sich relativ stabil – Überproduktion wird reduziert – Einkommen der Landwirte bleiben weitgehend gesichert – Preise nähern sich weiter langsam den Weltmarktpreisen an	– Osterweiterung ist so kaum finanzierbar – Forderungen der WTO für den Abbau von Importbeschränkungen und Zöllen werden immer lauter, EU-Agrarmarkt soll sich dem Welt-Agrarmarkt öffnen
von 2004 bis 2007	am 1. Mai 2004 traten 10 neue Mitgliedsstaaten der EU bei am 1. Januar 2007 wurden Rumänien und Bulgarien in die EU aufgenommen	– Zunahme der Ackerfläche um 30 Mio. ha auf 102 Mio. ha – Zunahme der Milchproduktion um 25 Mio. t auf 163 Mio. t	– es besteht die Notwendigkeit für grundlegende Veränderungen

Die aktuelle europäische Agrarreform trat 2005 in Kraft und sieht vor, dass bis 2013 alle direkten Zuschüsse für Agrarprodukte wie Milch, Getreide oder Rindfleisch gestrichen werden. Dafür sollen die europäischen Landwirte pro Fläche mehr finanzielle Zuschüsse in Form einer Betriebsprämie bekommen. Da die Regionen abhängig von ihrer Beschaffenheit unterschiedliche Ausgleichszahlungen erhalten, spricht man vom Regionalmodell. Die vollständige Betriebsprämie bekommt nur der Landwirt, der alle Tier- und Umweltschutzauflagen einhält, die in 19 EU-Verordnungen festgelegt wurden (Cross Compliance).
Die Gesamtausgaben dürfen eine festgelegte finanzielle Obergrenze nicht überschreiten (etwa 45 Mrd. Euro). Die Landwirte der zehn neuen Beitrittsländer erhalten erst 2013 die vollständige finanzielle Unterstützung. Zudem soll der europäische Agrarmarkt für den Weltmarkt geöffnet werden.

- Anpassung an Weltmarktpreise und Öffnung zum Weltmarkt
- Abbau von wettbewerbsverzerrenden Maßnahmen (Garantiepreise, Exportzuzahlungen, Importbeschränkungen)
- Einkommensstützung der europäischen Landwirte
- Festlegung einer finanziellen Obergrenze für Agrarausgaben im EU-Haushalt
- Förderung des Umweltschutzes und der Tierschutzaspekte
- vollständige Integration der neuen Beitrittsländer

M 3 *Ziele der Reform der GAP 2005*

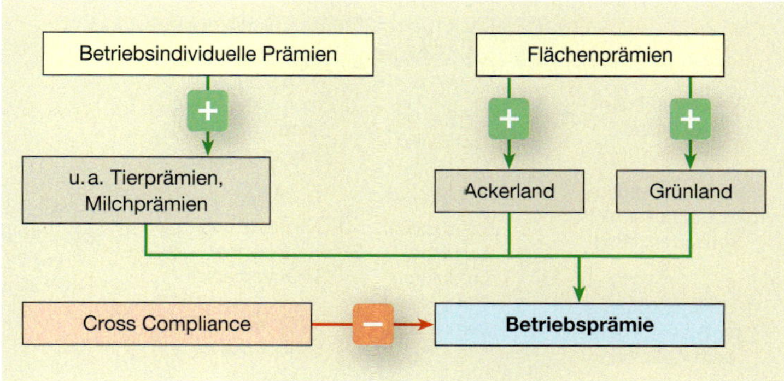

M 4
Deutsches Kombimodell von 2005 bis 2013

Das deutsche Kombimodell

Bei der Umsetzung der neuen Agrarreform haben die EU-Mitgliedsstaaten große Spielräume. Deutschland hat sich für ein Kombimodell entschieden, um seinen Landwirten den Übergang bis 2013 zu erleichtern. Betrugen die Zuschüsse für die Erzeugung (betriebsindividuelle Prämien) 2005 noch 50 %, werden sie bis 2013 schrittweise reduziert, sodass ab 2013 nur noch die flächenbezogenen Zuschüsse gezahlt werden und damit das reine Regionalmodell in Kraft tritt.

M 5
Veränderungen der Zuschüsse am Beispiel eines Milchbetriebes

Betriebsdaten:
50 ha Ackerland, 50 ha Grünland, 10 Bullen, 70 Kühe, 560 000 kg Milchquote

Bis 2005	Direktzahlungen in Euro
Milchprämie: 3,55 Cent pro kg	19 880
Ackerbau: 350 € pro ha	17 500
Schlachtprämie: 28 Kühe mal 100 €	2 800
Bullenprämie: 310 € pro Bulle	3 100
Gesamt	**43 280**
Ab 2005 beginnt in Deutschland das Kombimodell	
Ackerland: 301 €[1] pro ha	15 050
Grünland: 79 €[1] pro ha	3 950
Milchprämie: 3,55 Cent pro kg	19 880
Bullenprämie: 210 € pro Bulle	2 100
Gesamt	**40 980**
Ab 2013 gilt nur noch das Regionalmodel	
Einheitliche Flächenprämie von 328 €[1] pro ha	32 800
Gesamt	**32 800**

1) Hierbei handelt es sich jeweils um die Bundesdurchschnittswerte. Je nach Bundesland unterscheiden sich diese Prämien.

1. Bewerte die Zielsetzungen der gemeinsamen Marktordnung von 1957 (M 2).
2. Erkläre und bewerte die Agrarreform 1992 sowie die Agenda 2000 M 1, M 2).
3. Erläutere die Veränderungen durch die Reform der Gemeinsamen Agrarpolitik 2005 (M 2 bis M 4).
4. Worin unterscheidet sich die Art der Zuschüsse (M 4, M 5)?
5. Bewerte die Reform der Gemeinsamen Agrarpolitik 2005 (M 3 bis M 5).

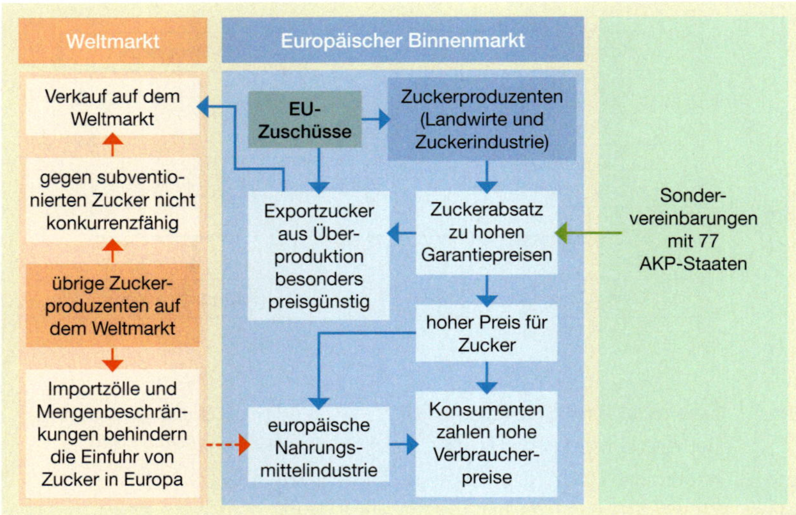

M 1

Europäische Zuckermarktordnung von 1968 bis 2006

EU-Landwirtschaft und Weltmarkt – Beispiel Zucker

Zucker ist neben Kaffee das wichtigste agrarische Handelsgut auf dem Weltmarkt. Die EU war 2003 mit 30 % noch vor Brasilien (29 %) der größte Zuckerexporteur der Welt. Da viele Akteure die europäische Zuckermarktordnung als erhebliche Wettbewerbsverzerrung werten, wurde eine Klage bei der Welthandelsorganisation (WTO) eingereicht.

Die europäische Zuckermarktordnung (ZMO) stärkt seit 1968 die Produzenten der europäischen Gemeinschaft durch hohe Garantiepreise, Exportzuschüsse und Importzölle. Ziele dieser Politik sind die sichere Versorgung mit qualitativ hochwertigem Zucker sowie der Schutz der eigenen Produzenten. Bisher dürfen nur 77 AKP-Staaten ihren Zucker in der EU zu Garantiepreisen verkaufen.

Den übrigen außereuropäischen Zuckerproduzenten gehen aber durch die hohen Importzölle sowie die Exportzuschüsse wichtige Exportmärkte verloren, da sie mit den künstlich niedrig gehaltenen Preisen nicht konkurrieren können. Durch den Druck internationaler Handelsvereinbarungen und der europäischen Nahrungsmittelindustrie sowie einer Klage Brasiliens vor der WTO wurde die ZMO 2006 gravierend verändert.
Während die meisten außereuropäischen Zuckerproduzenten ihren Zucker aus Zuckerrohr produzieren, wird innerhalb der EU Zucker hauptsächlich aus Zuckerrüben hergestellt.

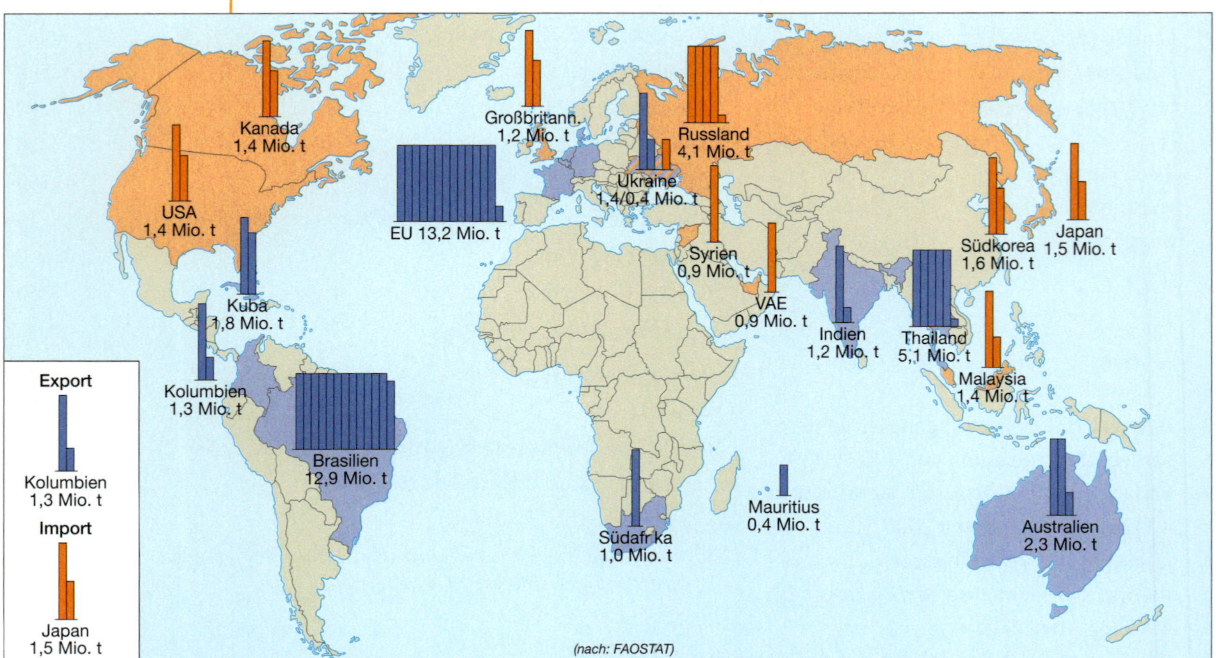

M 2 *Die größten Importeure und Exporteure von Zucker (2003)*

Furcht vor billigem Zucker – Reform der Zuckermarktordnung.
Die EU-Kommission hat beschlossen, die Garantiepreise für Zucker bis 2010 schrittweise um 36 % zu senken und die Einbußen zu 64,2 % über die Betriebsprämie auszugleichen. Die bisherigen Exportsubventionen werden drastisch gekürzt. Damit müssen sich rund 300 000 europäische Rübenbauern endgültig von den hohen Garantiepreisen verabschieden, die fast um ein Dreifaches über dem Weltmarktniveau lagen.
Besonders Rübenbauern an ungünstigen Standorten wie in Nord- und Südeuropa werden damit vermutlich den Anbau von Zuckerrüben aufgeben müssen, während Rübenbauern an günstigen Standorten wie in Deutschland, Frankreich und Polen davon weniger betroffen sein werden. 2009 werden jegliche Handelsschranken für Importe aus den 50 ärmsten Ländern wegfallen und für die übrigen Länder reduziert.
(nach: EU 11/2005)

M 3 *Protestierende Rübenbauern 2005*

M 4
Gewinner und Verlierer der neuen Zuckermarktordnung

Die Zuckerbarone freuen sich
Der Zuckerfabrikant José Hanova zählt zu den rund 250 Zuckerbaronen von Brasilien. Sie bauen auf riesigen Flächen Zuckerrohr an und dominieren das brasilianische Zuckergeschäft. Herr Hanova empfindet die bisherige europäische Zuckermarktordnung als sehr unfair, da er einerseits kaum Zucker in die EU verkaufen kann und er andererseits mit den hoch subventionierten europäischen Zuckerexporten auf dem Weltmarkt nicht konkurrieren kann. Sollten aber die europäischen Reformpläne umgesetzt werden, sieht er die brasilianische Zuckerindustrie aufblühen.

Keine Besserung in Sicht
Der Tagelöhner Jilmao de Silva (41 Jahre, 8 Kinder) steht den Reformplänen mehr als kritisch gegenüber. Er arbeitet zwölf Stunden am Tag auf den Zuckerrohrfeldern eines Zuckerbarons und das sechs Tage pro Woche. Sein Lohn ist gering, Umweltschutz und Arbeitsschutz fehlen. So werden die Produktionskosten für Zucker gering gehalten. Herr Silva beobachtet ängstlich, wie immer mehr Zuckerbarone zunehmend billigere Arbeitskräfte aus dem Norden Brasiliens auf den Feldern arbeiten lassen, um die Kosten noch weiter zu reduzieren.

Werden Süßigkeiten billiger?
Durch die Öffnung des europäischen Zuckermarktes wird die europäische Nahrungsmittelindustrie weniger für ihren Zucker bezahlen. Experten gehen aber davon aus, dass diese Einsparungen nicht an den Kunden weitergegeben werden. So würde eine Flasche Coca Cola auch nur 3 Cent preiswerter. Auch das Beispiel von Norwegen bestätigt dies. Nachdem hier der preiswertere Weltmarktzucker eingeführt wurde, veränderten sich die Preise für Lebensmittel nicht. Man geht davon aus, dass die großen Lebensmittelkonzerne die Gewinner sind.

1. Beschreibe mithilfe der Karte die Handelsströme auf dem Weltzuckermarkt (M 2).
2. Erläutere die europäische Zuckermarktordnung (M 1).
3. Begründe den Reformansatz der europäischen Zuckermarktordnung.
4. Nimm Stellung zu den möglichen Folgen der geplanten Zuckermarktreform (aus Sicht der europäischen Bauern, der Verbraucher, der AKP-Staaten, der Tagelöhner sowie der übrigen weltweiten Zuckerproduzenten) (M 3, M 4).

Russland – Landwirtschaft in einem Transformationsland

M 1
Wohnhaus mit Garten

Landwirtschaft in der Planwirtschaft

Russland ist eines der fünfzehn Nachfolgeländer der Sowjetunion, die sich 1991 auflöste. Eine Hauptursache war die verfehlte Wirtschaftspolitik der herrschenden Kommunistischen Partei. Auch die Landwirtschaft musste von der **Zentralverwaltungswirtschaft** (▶) in die Wirtschaftsordnung der Marktwirtschaft umgeformt werden.

Betriebsformen der Landwirtschaft in der Sowjetunion

Durch Zwangsenteignungen in den 1920er-Jahren wurde der gesamte Boden zum Staatseigentum erklärt und in zwei Betriebsformen bearbeitet, Staatsgütern und Landwirtschaftlichen Genossenschaften. Sowchosen und Kolchosen mussten die dörfliche Infrastruktur finanzieren. Hierzu gehörten Kindergärten, Schulen, Straßen- und Wohnungsbau, Werkstätten, Molkereien und das Gemeinschaftshaus.

In den Staatsgütern (**Sowchosen** ▶) ließ der Staat das Land bewirtschaften. Die Mitarbeiter waren Angestellte des Staates und wurden wie in der Industrie nach festen Löhnen bezahlt. Das Ernterisiko trug der Staat. So konnten Sowchosen auch in klimatisch ungünstigen Gebieten gegründet werden.

In den Genossenschaften (**Kolchosen** ▶) war der Boden den Mitgliedern zur Nutzung übergeben. Das Vieh, die Maschinen, die Wirtschaftsgebäude wie auch die Ernte waren Gemeinschaftseigentum. Auch bei den Kolchosen bestimmte der Staat die Produktionsziele und kaufte die Ernte auf. Die Gewinne wurden nach dem Maß der geleisteten Arbeit verteilt. Damit trugen die Mitglieder das Ernterisiko selbst.

Um die Arbeitswilligkeit der Landarbeiter zu erhalten, ließ die kommunistische Partei die Nutzung von 0,5 ha privatem Ackerland, das Halten einer Kuh, von zwei Schweinen sowie von Kleinvieh zu. Die Erzeugnisse dienten der Selbstversorgung oder wurden auf örtlichen Kolchosmärkten verkauft.

M 2
Organisation der Kolchosen und Sowchosen

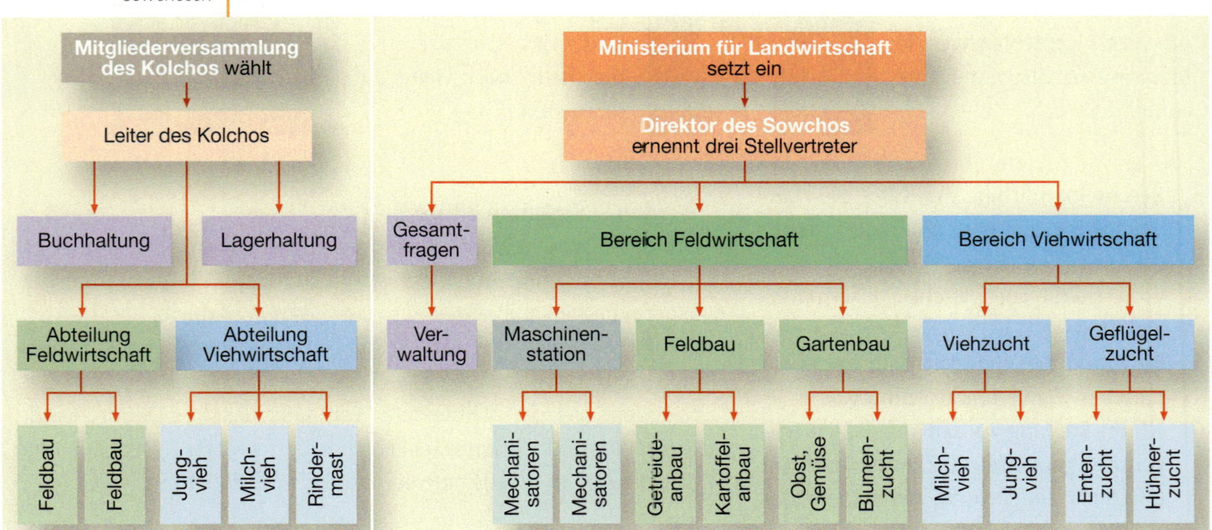

Sowchose Bordnitschi bei Woronesch

Der Direktor des Musterbetriebes informierte 1983 eine Reisegruppe von Geographielehrern aus Nordrhein-Westfalen:

Unser Betrieb wurde 1949 von der Regierung zur Versorgung der Stadt Woronesch als Mischbetrieb eingerichtet. Die Gesamtfläche beträgt 3900 ha. 2000 ha sind Ackerland, davon 500 ha mit Getreide bestellt. Treibhauskulturen machen 16 ha aus. Die Treibhäuser werden mit Gas beheizt und im Winter künstlich beleuchtet. 350 ha sind mit Beerenbüschen bepflanzt.

Im Betrieb stehen 1300 Milchkühe, im Sommer im Pferch, im Winter im Stall, je 650 Kühe pro Stall. Ferner halten wir 2500 Kälber, 370 Zugtiere, 100 000 Stück Geflügel, davon 50 000 Legehennen.

Der Maschinenpark besteht aus sechs Mähdreschern, 80 Traktoren und 90 Lastwagen sowie Leichtautos für die Marktbelieferung. Von unseren Produkten verkaufen wir Milch, Fleisch und Getreide an den Staat. Die Preise setzt die Regierung fest. Wir liefern Obst, Gemüse, Blumen und Eier an die Stadt Kiew und bei Überschüssen gegen höheres Entgelt direkt an staatliche Läden. Die Verträge mit der Stadtverwaltung müssen wir genau einhalten, sonst müssen wir Strafgelder zahlen.

Der Sowchos Bordnitschi hat etwa 12 000 Einwohner. 1600 Mitarbeiter sind hier fest angestellt, davon 70 Techniker. Die Mitarbeiter wohnen teilweise in Privathäusern mit privatem Hofland. Sie bewirtschaften einen halben Hektar Boden und halten Kühe, Schweine und Hühner. Futter beziehen sie vom Sowchos. Die anderen wohnen in staatlichen Mietshäusern in Zweizimmerwohnungen mit Bad und Küche. Der Sowchos hat zwei Schulen, zwei Kindergärten, zwei Kulturhäuser und ein Krankenhaus mit über 100 Betten.

Dienst ist auf dem Sowchos täglich von 8.00 Uhr bis 17.00 Uhr. Die Mittagspause beträgt zwei Stunden. Mittags essen die Mitarbeiter in der Kantine. Während der Erntezeit darf die Arbeitszeit auf zehn Stunden täglich ausgedehnt werden. Überstunden werden durch arbeitsfreie Tage ausgeglichen. Der bezahlte Jahresurlaub beträgt zurzeit 18 Tage.

M 3 *Auf einer Sowchose im Jahr 1983*

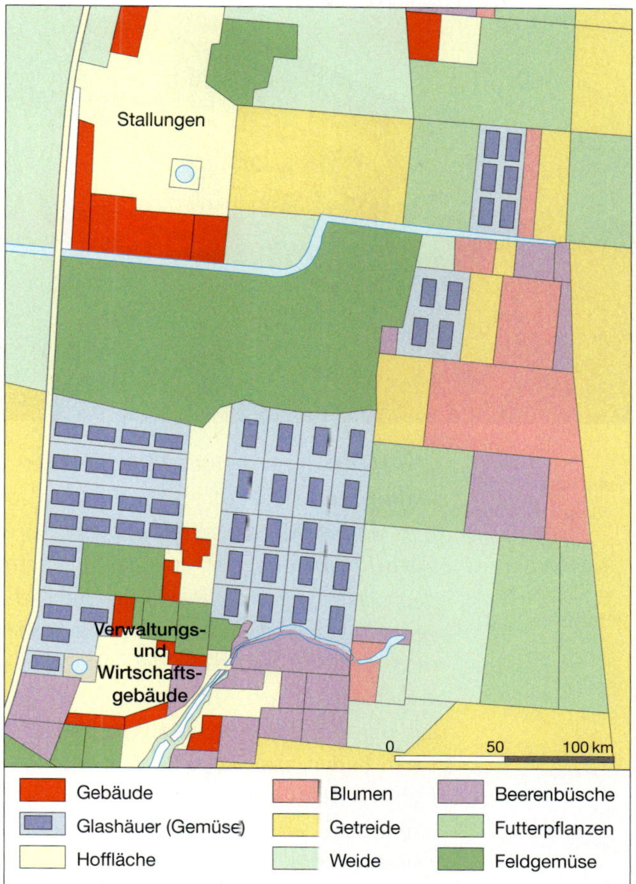

M 4 *Sowchose Bordnitschi*

	Kolchosen	Sowchosen	Landwirtschaftliche Betriebe in Deutschland
Anzahl der Betriebe (in 1000)	26 500	13 000	637 000
Durchschnittliche Anzahl der Arbeitskräfte je Betrieb	482	538	1,9
Durchschnittliche Nutzfläche in ha	3 973	9 023	27,6
Durchschnittliche Anzahl an Traktoren je Betrieb	43	57	2,2

(nach verschiedenen Quellen, u. a. www.iamo.de)

M 5 *Russische Betriebsformen im Vergleich 1991*

1. Unterscheide die landwirtschaftlichen Betriebsformen der Sowjetunion (M 1 bis M 3).
2. Vergleiche die Sowchose Bordnitschi mit landwirtschaftlichen Betrieben in Deutschland und den USA (M 4, M 5, S. 205 ff. und 274 ff.).

Landwirtschaft in der Marktwirtschaft

Seit 1991 vollzieht sich in Russland der Übergang von der Zentralverwaltungswirtschaft zu marktwirtschaftlichen Verhältnissen. Die Auswirkungen und Veränderungen in der Landwirtschaft kannst du an drei Beispielbetrieben untersuchen und die neuen **Betriebsformen** kennen lernen.

M 1

Foto: Hof einer ehemaligen Kolchose
Text: Dimitrij Antonovic Ivanov, 41 Jahre, Bauer, berichtet (2002):

Unsere Kolchose wurde 1992 privatisiert. Wir konnten entweder Teilhaber am neuen Großbetrieb werden oder mit etwas Land und Vieh einen eigenen Familienbetrieb gründen. Ich vermute, dass sich aufgrund des fehlenden Unternehmergeistes und des fehlenden Geldes nur 12 von unseren 400 Mitgliedern für die Selbstständigkeit entschieden haben. Auch meine Frau Olga und ich zögerten zuerst, doch aufgrund der fruchtbaren Böden, ausreichender Niederschläge, der Nähe zu Wolgograd und der Hilfe meines Vaters entschieden wir uns für die Gründung eines Familienbetriebes. Ein Grund war auch, dass wir uns einen alten Traktor leisten konnten. In den letzten Jahren kamen übrigens noch einige Städter hinzu, die sich mit ihren Ersparnissen den Traum vom eigenen Betrieb und Bauernleben erfüllten.
In der Kolchose hatten meine Frau in der Schule und ich in der Schweinemast gearbeitet, sodass wir uns mühsam das Wissen über Betriebsführung, Buchhaltung und Ackerbau selbst beibringen mussten. Zum Glück liegen die Parzellen unserer 52 ha Nutzfläche nahe beieinander. Andere Bauern müssen weite Wege in Kauf nehmen, um ihre einzelnen Felder zu erreichen. Vorteilhaft ist auch, dass wir während der Erntezeit Maschinen vom Großbetrieb leihen und über diesen einen Teil unserer Ernte verkaufen können. Eine Selbstvermarktung in Wolgograd ist aufgrund der schlechten Straßen noch nicht möglich.
Unser Hauptproblem ist, dass die Kosten für Dünger, Saatgut und Futtermittel erheblich schneller steigen als die Absatzpreise für unsere Produkte. Das liegt wohl daran, dass immer mehr Produktionsmittel und landwirtschaftliche Erzeugnisse importiert werden. Trotz unserer günstigen Voraussetzungen erzielen wir immer weniger Gewinn, es bleibt kaum etwas für dringend notwendige Investitionen übrig. So betrug unser gesamter Gewinn im letzten Jahr rund 460 Euro. Wir können nur hoffen, dass unsere baufällige Scheune den nächsten Sturm übersteht und unser altersschwacher Traktor noch möglichst lange funktioniert. In der letzter Zeit hört man immer wieder, dass Familienbetriebe aufgeben mussten. Das macht mir schon Sorge.
Aber im Großbetrieb sieht es nicht besser aus. Die Gebäude und Maschinen meiner ehemaligen Kolchose sind marode und für dringend notwendige Investitionen fehlt das Geld. Die alten Funktionäre managen den Betrieb mehr schlecht als recht. Viele Mitglieder bewirtschaften lieber ihre eigene Gartenfläche als ihre Arbeit im Großbetrieb zu erledigen. Ihre Erzeugnisse nutzen sie zur Selbstversorgung, einen kleinen Teil verkaufen sie auf dem lokalen Markt. Da bin ich trotz allem lieber Bauer.

M 2

Ein Agrarbetrieb bei Woronesch

Die im Gebiet Woronesch gelegene ehemalige Sowchose „Fortschritt" wurde unter Führung ihres bisherigen Direktors 1993 zur Agrarfirma Jug Rossii (Süden Russlands) umgewandelt. Zur Erhöhung der Produktivität des Betriebes wurden mithilfe eines Kredites neue Maschinen gekauft und Lagerhallen gebaut. Außerdem wurde das Personal verringert. Gutes Saatgut und sorgfältige Feldarbeiten erbringen heute das Dreifache an Erträgen. Inzwischen bewirtschaftet der Betrieb 150 000 Hektar Land mit rund 400 Traktoren und 180 Mähdreschern. Zu ihm gehört auch eine der größten Ölmühlen Europas, die Sonnenblumenkerne verarbeitet.

Der ehemalige Kolchosbauer Ivan Markov hat sich 1995 selbstständig gemacht. Er übernahm von der Kolchose Bordnitschi 52 ha Land und die Stallgebäude, die zum einstigen Hof seines Großvaters gehörten.
Sein neuer Betrieb besitzt günstige Bedingungen für die Milchproduktion: die Wiesen an der Ugra, die Straße nach Kaluga. Mithilfe eines Kredits kaufte sich Markow einen alten Traktor und einen Lkw. Mit dem Lkw transportiert er täglich die Milch nach Kaluga. Seine 40 Kühe erbringen inzwischen die zehnfache Milchleistung im Vergleich zur Kolchose und die Hektarerträge beim Anbau von Kartoffeln und Getreide sind doppelt so hoch wie früher.

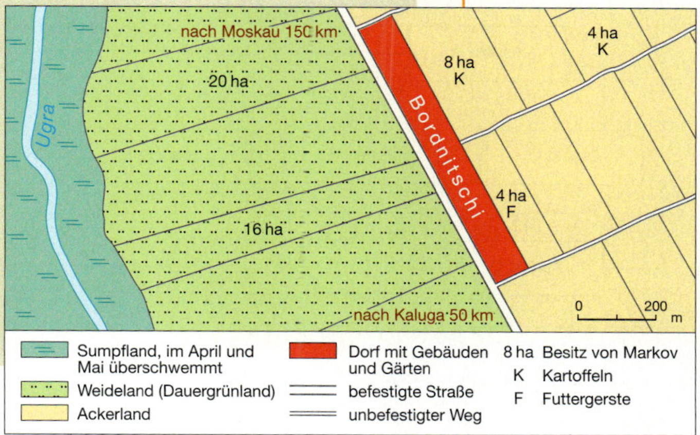

M 3 *Grundbesitz und Flächennutzung des Bauern Markov*

Die Situation der Landwirtschaft

Der Übergang der russischen Landwirtschaft zur Marktwirtschaft gründet sich auf die **Privatisierung** der Kolchosen und Sowchosen. Dabei entwickelten sich Großbetriebe im Besitz von Aktiengesellschaf-ten und Genossenschaften, kleine und mittlere Familienbetriebe aus dem Landvorrat der Kolchosen sowie Hauswirtschaften aus privatem Gartenland der Landarbeiter und in den Städten.
Allgemein leiden die Betriebe unter Kapitalmangel und geringen Absatzmöglichkeiten. Lagerkapazitäten und Vertriebsorganisationen fehlen vielfach noch. Die Familienbetriebe sind bei der Ausleihe von Maschinen und beim Verkauf ihrer Produkte oft auf die Großbetriebe angewiesen.
Probleme der Großbetriebe ergeben sich auch aus den unzureichenden Produktionsbedingungen. Um Kosten zu sparen, wurden Mitarbeiter entlassen und die Finanzierung der dörflichen Infrastruktur reduziert. Das führte zu hoher Arbeitslosigkeit und zum Verfall öffentlicher Einrichtungen in den Dörfern. Einige Betriebe in günstiger Absatzlage an Fernverkehrswegen oder auf guten Böden wurden von Konzernen aufgekauft und nach amerikanischem Vorbild zu Agrarfabriken entwickelt. Sowchosen in Ungunsträumen mussten ohne staatliche Subventionen aufgeben.

a) Betriebsformen

2001	Anzahl der Betriebe	Durchschnittliche Größe der LNF in ha	Anteil an der LNF in %	Anteil an der gesamten Erzeugung in %
Großbetrieb	28 000	4000	79	40
Familienbetrieb	261 700	58	7	6
Hauswirtschaft	40 Mio.	0,06 – 15	14	54

(nach: Goessler, R. [Hrsg.]: Landwirtschaft in der GUS, Rheinbreitbach 2002)

b) Anteil an landwirtschaftl. Erzeugnissen nach Betriebsformen

2000	Großbetriebe	Familienbetriebe	Hauswirtschaften
Kartoffeln	7 %	1 %	92 %
Fleisch	40 %	2 %	58 %
Getreide	91 %	8 %	1 %

(nach: Goessler, R. [Hrsg.]: Landwirtschaft in der GUS, Rheinbreitbach 2002)

c) Landwirtschaftliche Erzeugung in Russland

		1990	1995	2000
Getreide	in Mio. t	117	50,3	65,5
Fleisch	in Mio. t	10	5,7	4,4
Kartoffeln	in Mio. t	31	31,5	34,0

(nach: www.fao.org)

M 4 *Landwirtschaftliche Entwicklung in Russland*

1. Erläutert den Wandel der Landwirtschaft in Russland am Beispiel von Dimitrij Antonovic Ivanov (M 1) und Ivan Markov (M 3). Bildet zwei Gruppen.
2. Zeichne aus den Daten (M 4 c)) ein Säulendiagramm und interpretiere das Diagramm.
3. Kennzeichne die wirtschaftliche und soziale Lage in der russischen Landwirtschaft (M 1 bis M 4).

Wir arbeiten mit einem Strukturdiagramm

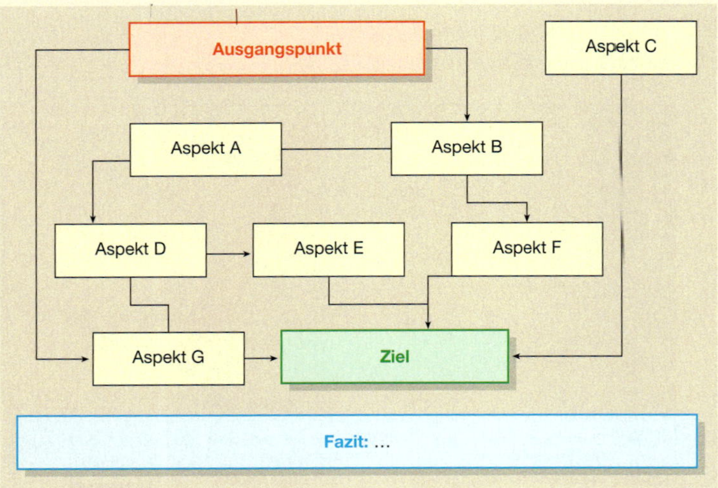

M 1 *Der Aufbau eines Strukturdiagramms*

Die meisten Sachverhalte und Zusammenhänge in der Realität sind sehr kompliziert. Um unser Leben gestalten zu können, müssen wir lernen, uns auf das Wesentliche zu konzentrieren. Modelle können uns dabei helfen, da sie die Realität vereinfachen und gleichzeitig die wesentlichen Sachverhalte und Zusammenhänge betonen. Dabei gibt es zahlreiche Modellarten, die je nach Zielsetzung gewählt werden. Dies kann in Form eines dreidimensionalen Modells (z. B. Modell einer Stadt) oder eines grafischen Modells (z. B. einer Karte oder eines Strukturdiagramms) geschehen.
Das Modell des Strukturdiagramms betont besonders die Vernetzung einzelner Aspekte. Somit kannst du in anschaulicher Weise komplizierte Zusammenhänge erfassen und darstellen.

Mögliche Einsatzbereiche eines Strukturdiagramms

1. Hilfe bei der Auswertung
Das Strukturdiagramm kann bei der Auswertung von Materialien (Text, Diagramm etc.) helfen, die vielfältigen Vernetzungen der Einzelaspekte anschaulich zu verdeutlichen.

2. Hilfe beim Lernen
Für das Erlernen komplizierter Sachverhalte eignet sich ein Strukturdiagramm, da du auf einen Blick alle wichtigen Aspekte und deren Verbindungen sehen kannst. Aber allein schon die Erstellung eines Strukturdiagramms hilft dir, die Beziehungen der einzelnen Aspekte zu klären. Viele Schüler können sich die Inhalte besonders gut merken, wenn sie ihr Strukturdiagramm zusätzlich mit Symbolen und Farbe gestalten.

3. Hilfe bei der Präsentation
Da in einem Strukturdiagramm die Vernetzungen zwischen den zentralen Aspekten verdeutlicht werden, eignet es sich für eine Präsentation. Dabei gibt es verschiedene Vorgehensweisen:
a) Zeichne dein Strukturdiagramm vor der Stunde an die Tafel. Ergänze bei deiner Präsentation nur noch einzelne Pfeile.
b) Notiere in gut lesbarer Schrift deine Aspekte auf einzelne Blätter. Befestige sie während deiner Präsentation mit Magneten oder Klebestreifen an der Tafel.
c) Erstelle dein Strukturdiagramm auf Folie, sodass du dieses groß an die Wand projizieren kannst. Zeige während der Präsentation mit einem Stift immer auf den Kasten, über den du gerade redest.
d) Eine besonders geeignete Variante ist die Erstellung mit dem Computer. Mit einer entsprechenden Präsentationssoftware (z. B. PowerPoint) kannst du nun die einzelnen Kästen in der Reihenfolge deines Vortrages aufrufen.

M 2 *Der Einsatz eines Strukturdiagramms*

Aspekte eines Strukturdiagramms

Zunächst legst du den Titel deines Strukturdiagramms fest. Meist gibt dir die Aufgabenstellung Hinweise auf den „Ausgangspunkt" (in M 4: Polnische Landwirtschaft bis ...) und das „Ziel" (in M 4: Immer weniger aber größere ...) des zu erarbeitenden Strukturdiagramms. Notiere deinen Ausgangspunkt oben und dein „Ziel" unten auf ein Blatt.
Alle weiteren wichtigen Aspekte schreibst du auf kleine Karten. Um möglichst wenig zu schreiben, benutze verständliche Symbole, wie „+" (für aufsteigend, zunehmend) und „–" (für abnehmend, schwach).
Überlege dir, in welchem Verhältnis die einzelnen Aspekte zueinander stehen. Pfeile verdeutlichen die Art und Qualität der Vernetzung zwischen den Aspekten („A — B" bedeutet: „A steht in Wechselbeziehung zu B"; „A → B" bedeutet: „Aus A folgt B"). Durch unterschiedlich kräftige Pfeile sowie durch kurze Erläuterungen an den Pfeilen kannst du die Qualität der Verbindungen verdeutlichen.
Zu jedem Strukturdiagramm gehört ein Fazit, in dem die wichtigsten Ergebnisse kurz zusammengefasst werden.

M 3 *Die Erstellung eines Strukturdiagramms*

Die landwirtschaftliche Nutzfläche Polens wurde Mitte der 1980er-Jahre noch zu 18 % durch Staatsgüter, zu 6 % durch landwirtschaftliche Produktionsgenossenschaften (LPG) sowie zu 76 % durch private Betriebe bewirtschaftet. Die privaten Betriebe bestanden zu ca. 75 % aus Kleinbetrieben mit weniger als 5 ha Fläche. Die Mitarbeiter von Staatsbetrieben sowie LPGs verfügten aufgrund ihrer hohen Spezialisierung (Maschinist, Melker etc.) meist nicht mehr über ein umfassendes landwirtschaftliches Wissen.
Mit dem Zusammenbruch der sozialistischen Planwirtschaft Anfang der 1990er-Jahre wurden die Staatsbetriebe sowie die LPGs aufgelöst und es entstanden zahllose Kleinbetriebe. Diese Kleinbetriebe verfügten meist nur über veraltete Maschinen sowie baufällige Gebäude und konnten sich kaum größere Anschaffungen leisten.
Als die staatlichen Subventionen gekürzt wurden und die Konkurrenz mit europäischen Importprodukten stieg, mussten zahlreiche Betriebe aufgeben. Seither gilt auch in Polen das Prinzip: „Wachse oder weiche". Verstärkt wurde der Strukturwandel durch den EU-Beitritt 2004, da seither zusätzlich noch zahlreiche Produktionsauflagen eingehalten werden müssen.
Während die meisten Kleinbetriebe zu den Verlierern zählen, haben es einige Landwirte durch Geschick und Kapital geschafft, einen modernen und wettbewerbsfähigen Betrieb aufzubauen. Da heute immer noch 18 % der Erwerbstätigen in der Landwirtschaft beschäftigt sind und ein Haupterwerbsbetrieb durchschnittlich nur 18 ha zur Verfügung hat, wird deutlich, dass der Strukturwandel hin zu immer weniger, aber größeren Betrieben auch in Polen weiter anhalten wird.

M 4 *Strukturwandel der polnischen Landwirtschaft*

M 5 *Schüler bei der Erstellung eines Strukturdiagramms*

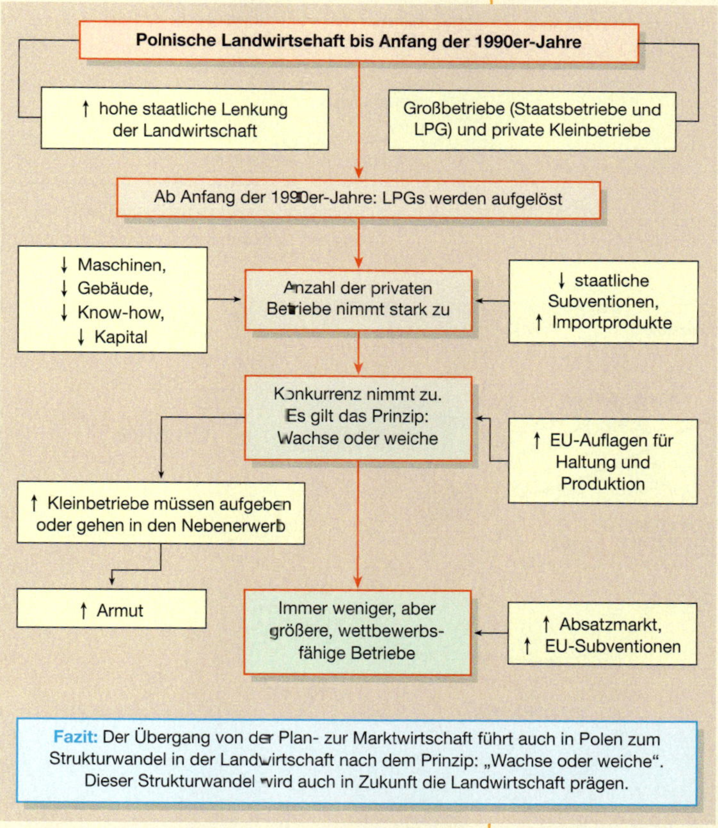

M 6 *Strukturwandel in der polnischen Landwirtschaft*

1. Erläutere das Strukturdiagramm zum Thema: „Strukturwandel in der polnischen Landwirtschaft" (M 4, M 6).
2. Erstelle ein Strukturdiagramm zum Thema: „Vom Bauernhof zum Agrarbetrieb in Deutschland" (siehe S. 274 – 277).
3. Entwickle mithilfe deines Strukturdiagramms eine Präsentation.

Europa wächst zusammen

Wir vergleichen Europaregionen

M 1 *Europaregionen und grenzübergreifende Arbeitsgemeinschaften mit deutscher Beteiligung*

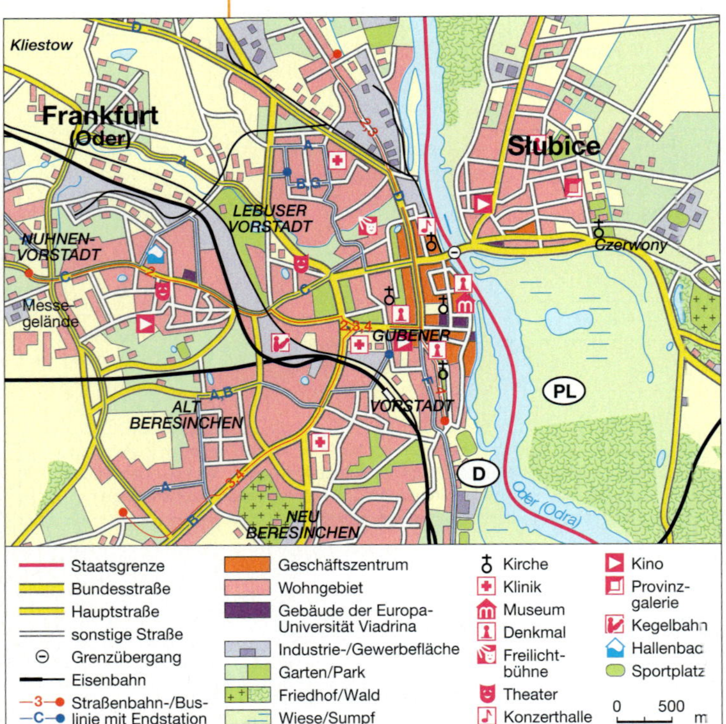

M 2 *Frankfurt/Oder und Słubice*

Frankfurt/Oder und Słubice

Ländergrenzen trennten früher auch Wirtschaftsräume und stellten sprachliche, soziale und kulturelle Barrieren dar. Über Grenzen hinweg bestanden nur wenige Kontakte. Heute sichern die **Europaregionen** (▸) oder Euregionen in Europa eine grenzüberschreitende Zusammenarbeit im Nahraum. Zugleich sind sie ein wichtiges Element der europäischen Integration. An welchen Europaregionen hat Deutschland Anteil und welche grenzüberschreitenden Beziehungen bestehen dort?

Europaregionen in Deutschland

Entlang der deutschen Grenze gibt es zahlreiche Gebiete grenzüberschreitender Arbeitsgemeinschaften. Eine besonders enge Zusammenarbeit besteht bei Doppelstädten zu beiden Seiten einer Grenze (z. B. an der deutsch-polnischen Grenze Guben-Gubin oder Frankfurt-Słubice). Mit der Öffnung der Grenzen im Verlauf der EU-Integration verstärkten sich dort Verkehrsströme, Handelsbeziehungen, Einkaufsverflechtungen, Arbeitspendeln und Produktionszusammenarbeit.
Die starken gegenseitigen Verflechtungen erfordern eine abgestimmte Verkehrs-, Umwelt- und Planungspolitik. Gemeinsame Kultur- und Bildungsaktivitäten sollen die Bevölkerung zusammenführen. Die Art und Tiefe der Zusammenarbeit wird durch vertragliche Vereinbarungen geregelt. Die EU gewährt zu ihrer Verwirklichung Zuschüsse.

Euroregion Viadrina

Zur Zeit der DDR war die Grenze zu Polen wenig durchlässig. Grenzübertritte waren nur eingeschränkt möglich und es bestanden kaum persönliche Beziehungen. Nur einige polnische Arbeitspendler arbeiteten in Großbetrieben der DDR.
Mit der deutschen Einheit und der Anerkennung der Oder-Neiße-Grenze durch Deutschland entstand eine völlig neue Situation. Kilometerlange Staus an den wenigen Grenzübergängen waren Ausdruck sprunghaft gestiegener kultureller und wirtschaftlicher Verbindungen.

1226 Siedlungsgründung
1253 Stadtrecht
1430 – 1500 Mitglied der Hanse
1506 Eröffnung der brandenburgischen Landesuniversität
1777 Heinrich Kleist geboren
1811 Universität geschlossen und nach Breslau verlagert
1842 Beginn der Industrialisierung mit dem Bau der Eisenbahnstrecke nach Berlin; Metall verarbeitende Industrie
1945 Zerstörung der Innenstadt
1958 Gründung des Halbleiterwerkes
1991 Gründung der Europa-Universität Viadrina
2005 Einwohnerzahl 64656, Verwaltungs-, Universitäts-, Messe-, Sport- und Tourismusstandort

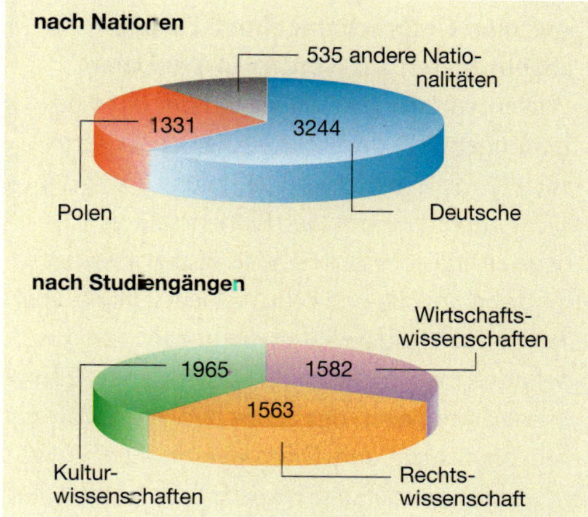

M 3

links: Daten zu Frankfurt/Oder.
rechts: Studierende an der Europa-Universität Viadrina Frankfurt/Oder (Wintersemester 2004/2005)

Einkaufsbeziehungen

Innerhalb weniger Monate nach der Wiedervereinigung Deutschlands entstand ein lebhafter Grenzhandel. Er hat bis heute aufgrund von Preis- und Angebotsunterschieden große wirtschaftliche Bedeutung.

Deutsche Käufer versorgen sich auf den polnischen Grenzmärkten mit preisgünstigen Lebensmitteln, tanken ihr Auto mit billigem Benzin auf und nutzen günstige Dienstleistungen, vom Friseur bis zum Zahnarzt. Andererseits reisen polnische Staatsbürger auf die deutsche Seite, um spezialisierte Produkte zu kaufen, hochwertige Dienstleistungen zu nutzen oder kulturelle Einrichtungen zu besuchen (in Frankfurt z. B. Kongress- und Kulturzentrum, Staatsorchester, Kabarett, Diskos).

Ausbildungsbeziehungen

Die Gründung der Europa-Universität Viadrina im Jahr 1991 dient als eine Brücke in der deutsch-polnischen Bildungszusammenarbeit. Ihre drei Abteilungen – Rechts-, Wirtschafts- und Kulturwissenschaften – stellen die Ausbildung in einen europäischen und internationalen Zusammenhang. Einzelne Studiengänge und die Fremdsprachenausbildung bereiten auf Tätigkeiten in internationalen Einrichtungen und Unternehmen vor. Keine andere deutsche Universität hat einen so hohen Anteil ausländischer Studierender.

Wirtschaftsbeziehungen

Auch die verschieden geprägten wirtschaftlichen Bedingungen der benachbarten Länder können sich ergänzen. Deutsche Unternehmen vergeben Zulieferaufträge an kostengünstig arbeitende polnische Betriebe und verkaufen ihre Fertigprodukte in Polen. Hotels in Deutschland lassen ihre Wäsche preisgünstig in Polen waschen. Polnische Arbeitskräfte arbeiten auf der deutschen Seite in Haushalten, Gastronomie oder sozialen Einrichtungen. Allerdings besteht für deutsche Betriebe auch eine verstärkte Konkurrenz aufgrund niedrigerer Arbeitskosten in Polen. Auftragsvergabe an polnische Betriebe und Produktionsverlagerungen können die Arbeitsmarktprobleme in Deutschland vergrößern.

1. **Beschreibe persönliche und wirtschaftliche Situationen an der Grenze zu Polen zur DDR-Zeit und heute (M 2).**
2. **Nenne die unterschiedlichen grenzüberschreitenden Beziehungen an verschiedenen Außengrenzen Deutschlands, z. B. D/NL, D/CH, D/PL (M 1).**
3. **Stelle wirtschaftliche Vorteile und Nachteile der Integration für beide Seiten der Grenze zusammen.**
4. **Erläutere, welche Bedeutung eine international ausgerichtete Ausbildung für Studierende hat (M 3).**

Aus dem Gespräch mit einem Europaabgeordneten aus Nordrhein-Westfalen

Wie entwickeln sich die wirtschaftlichen Beziehungen? Mit der Erweiterung der EU gelten auch für die ostmitteleuropäischen Länder die vier Grundfreiheiten des Binnenmarktes. Die neuen Mitglieder sind Handelspartner. Dies hat für das nördliche und östliche Deutschland, aber auch für Nordrhein-Westfalen Auswirkungen. Die Beitrittsländer befinden sich in einer wirtschaftlichen Aufbruchphase. Ihre Märkte bieten der deutschen Wirtschaft gute Chancen für Export und Direktinvestitionen. Einige hundert nordrhein-westfälische Betriebe haben inzwischen Niederlassungen in Polen gegründet.

Teilen Sie die skeptischen Töne, Polen würden deutschen Arbeitnehmern die Stellen wegnehmen? Entlang der A 2 liegen auch in Nordrhein-Westfalen Einsatzstellen polnischer Zeitarbeiter im Billiglohnsektor. Diese Autobahn wird ja scherzhaft „Warschauer Allee" genannt. Mehr als 200 000 polnische Arbeitnehmer kommen schon heute zu uns – und zwar regulär. Sie leiden unter dem Generalverdacht, Schwarzarbeiter zu sein. Bei den Arbeitsstellen handelt es sich vor allem um Hilfstätigkeiten im Billiglohnbereich, z. B. um Zeitarbeit in der Landwirtschaft. Doch das ist nur die auffällige Seite der Erweiterung. Über die andere Seite wird seltener in der Öffentlichkeit gesprochen.

Was meinen Sie damit? Schon beim Beitritt von Griechenland, Portugal und Spanien hatte man befürchtet, billige Arbeitskräfte würden von Süd nach Nord wandern. Doch das blieb aus. Nach allen Prognosen werden auch in den neuen Beitrittsländern die Löhne steigen. Dann werden sie dieselben Probleme haben wie die alten EU-Länder. Außerdem wurde die Dienstleistungsfreiheit, die Möglichkeit, hier Aufträge zu erfüllen, für eine Siebenjahresfrist eingeschränkt, um den Verdrängungswettbewerb für deutsche Unternehmen durch billigere Anbieter aus Polen zu begrenzen.

(nach: Rheinischer Merkur vom 25. 11. 2004)

Leserbrief der 17-jährigen Schülerin Paulina Nawrot des Lyzeums in Bierun/Polen

Die polnischen Unternehmer schaffen in Deutschland neue Arbeitsplätze, wovon die Deutschen nicht viel wissen. Joachim Siekiera, der freiwillig im Hochlohnland Deutschland polnisches Kapital investiert hat, hat Arbeitsplätze geschaffen, nicht nur für polnische Arbeiter, auch für Deutsche. Seine Haltung halten einige Leute für „Exot". Wie die Mehrheit der Deutschen meint, kommen die polnischen Unternehmer nach Deutschland nicht aus dunklen Motiven, sondern vor allem aus unternehmerischen Gründen. „Es ist natürlich, dass Polen Geld verdienen wollen", äußerte Siekiera. Die Tatsache, dass der polnische Arbeitsmarkt vor allem in der Nähe der Grenze für deutsche Arbeitnehmer interessant wird, muss sich erst noch den Weg in die deutschen Köpfe bahnen. Warum fürchten sich eigentlich einige Deutsche vor polnischen Investoren?

(nach: http://www.eduvinet.de)

	Zuwachs des Handelsvolumens 1993 – 2004 (in %)	Wachstumsrate des Bruttoinlandsprodukts (in %)	Pro-Kopf-Einkommen (in % des EU-Durchschnitts)
Bulgarien	+ 309	5,6	28
Estland	+ 577	7,8	42
Lettland	+ 617	8,3	33
Litauen	+ 433	6,7	38
Polen	+ 520	5,4	40
Rumänien	+ 570	8,3	25
Slowakei	+ 481	5,5	48
Slowenien	+ 303	4,6	69
Tschechien	+ 425	4,4	57
Ungarn	+ 693	4,6	51

M 1 *Strukturdaten von 10 der 12 letzten Beitrittsländer (nach: Weltalmanach 1996 und 2007)*

Wirkungen auf Deutschland

Mit der Erweiterung der EU gelten auch für die ostmitteleuropäischen Länder die Grundfreiheiten des Binnenmarktes. Dies hat insbesondere für die grenznahen Gebiete Deutschlands Wirkungen. Sie geraten aus einer bisherigen Randlage in eine neue Mittellage.

Die Beitrittsländer befinden sich seit einem Jahrzehnt in einer wirtschaftlichen Aufbruchphase. Ihre Märkte bieten der deutschen Wirtschaft gute Chancen für Export und Direktinvestitionen. In grenznahen Gebieten ergibt sich auch die grenzüberschreitende Zusammenarbeit von kleinen und mittleren Unternehmen. Allerdings werden auch Arbeitskräfte aus den ärmeren Staaten in die reicheren Staaten abwandern. In Deutschland werden ca. 200 000 Zuwanderer pro Jahr innerhalb

Fachkräfte aus Polen in Ihrem Werk

Unsere Monteure, Montagefacharbeiter sowie Schweißer sind sehr erfahren, wenn es um unterschiedliche Arbeiten in der Metall- und Maschinenindustrie geht. Hiermit bieten wir Ihnen die Möglichkeit an, die eventuell auftretenden Engpässe in Ihrer Firma in Deutschland durch langfristigen und kostengünstigen Einsatz unserer Dienstleistung zu vermeiden. Wir setzen einschließlich aller Nebenkosten ca. 15,00 €/Std. an. Sie stellen lediglich die erforderlichen Werkzeuge und Material zur Verfügung. Die Arbeitnehmer sind in Polen sozial- und krankenversichert sowie verfügen über kommunikative Sprachkenntnisse.

(nach: http://www.kozdra.com)

Einkaufen in Polen

Die Eisenbahn auf Usedom endet wenige Kilometer vor Swinemünde (Swinoujście). „Ahlbeck Grenze" heißt die Endstation der Usedomer Bäderbahn (UBB). Im Sommer entsteigen hier jedem Zug mehrere hundert Reisende, über 360 000 waren es insgesamt im Jahr 2004. Ihr Ziel ist Swinoujście in Polen. Mit einem prallen Einkaufsbeutel kehrt ein Frührentner aus Karlshagen auf Usedom vom „Polenmarkt" zurück. „Solange ich dort für zwei Paar Pantoffeln weniger bezahle als in Deutschland für ein Paar, lohnt sich die Fahrt", meint er. Schön wäre es, wenn die Bahn bis Swinemünde durchfahren würde. Jetzt gehen die Touristen zu Fuß über die Grenze, denn nur für Fußgänger und Radfahrer ist der Übergang zugelassen. Die Usedomer Bäderbahn und die Stadt Swinoujście wollen die freie Fahrt bis Swinemünde-Bad. Mit dem Bahnübergang hätte die Stadt einen besseren Zugang zu Deutschland. Mehr Deutsche würden in Swinemünde einen günstigen Urlaub verbringen. Barbara K. aus Lemgo ließ sich von der Unbequemlichkeit des Umsteigens nicht abschrecken. Sie machte eine Kur in Swinemünde. „Runde 600 Euro für drei Wochen, das kriegen Sie doch sonst nirgends", sagt sie.

(nach: dpa Dezember 2004)

Aus einem Bericht des Oberbürgermeisters von Frankfurt an der Oder:

„Seit dem EU-Beitritt Polens können die Deutschen im Nachbarland nahezu ungezügelt einkaufen. Allein bei Zigaretten und Bier wird es die bisher geltenden Einschränkungen geben. Doch für die Menschen in den Grenzstädten an Oder und Neiße bedeutet der Beitritt mehr als nur Einkaufserleichterungen. Wir haben den Mentalitätswechsel geschafft. Ich weiß um die Risiken. Aber die Frankfurter Wirtschaftskammer ist mittlerweile überzeugt davon, dass der Beitritt ein Impuls für die Oder-Region sein kann. Deshalb sind wir inzwischen gegen Zuzugsbeschränkungen für polnische Arbeiter. Aufgrund der niedrigen Löhne in Polen ist es für Unternehmer interessant, auf der polnischen Seite vorfertigen zu lassen, auf deutscher Seite die Produkte zu veredeln und dann gemeinsam zu vermarkten."

(nach: http://www.berlinonline.de)

M 2

Die EU aus der Sicht ihrer Bewohner

eines Zeitraumes von 15 Jahren erwartet. Dies kann in Deutschland die Arbeitslosigkeit steigern. Es können aber auch Unternehmen aus Deutschland wegen geringerer Arbeits- und Produktionskosten und günstiger Flächenangebote nach Osten abwandern. Um den Verdrängungswettbewerb für deutsche Unternehmen zu begrenzen, wurde die Möglichkeit, in Deutschland Aufträge zu erfüllen, für eine Siebenjahresfrist eingeschränkt.

1. Beschreibe die topographische Lage europäischer Regionen mit geringer und hoher Wirtschaftskraft. Berücksichtige auch Aspekte der jüngeren Geschichte (S. 297 M 3, Atlas).
2. Informiert euch mithilfe des Internets über die wirtschaftliche Entwicklung in Staaten in den Jahren nach dem EU-Beitritt (M 1). Stellt eure Ergebnisse auf Wandzeitungen vor (arbeitsteilige Gruppenarbeit).
3. Vergleiche die unterschiedlichen Sichtweisen des EU-Beitritts von Polen (M 2).
4. Stelle mithilfe eigener Materialrecherchen die wirtschaftliche Entwicklung Deutschlands und Polens von 2000 bis zur Gegenwart dar.
5. Erörtert in der Klasse Chancen und Risiken, die sich mit der EU-Erweiterung für Deutschland ergeben.
6. Organisiert zum Thema „Chancen und Risiken der EU-Erweiterung für unseren Heimatraum" ein Gespräch mit Abgeordneten des Europaparlaments aus eurem Wahlkreis.

EU-Erweiterung

Mit dem Zusammenschluss europäischer Staaten zur Europäischen Union entstand einer der bedeutendsten Wirtschaftsräume der Welt, wenngleich die europäischen Länder einen unterschiedlichen wirtschaftlichen Entwicklungsstand aufweisen. In welchen Stufen bildete sich das vereinte Europa heraus? Welche Wirtschaftsräume gibt es?

M 1 *Tagungsstätte des Europäischen Parlaments in Straßburg*

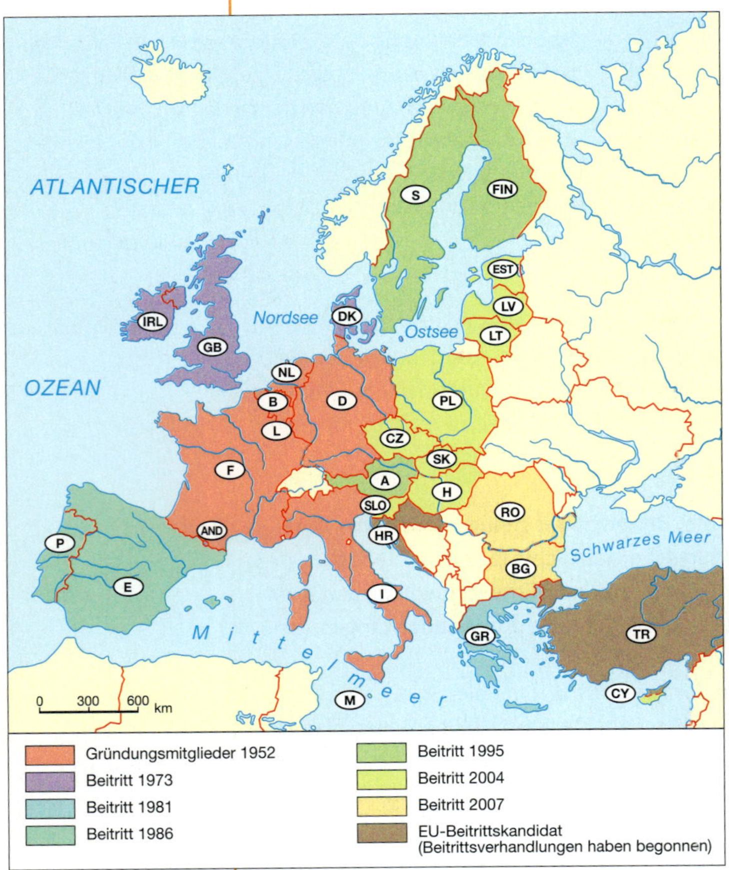

M 2 *Entwicklung der Europäischen Union*

Die Europäische Union (EU)

Die EU ist ein freiwilliger Zusammenschluss von 27 selbstständigen Staaten Europas, die die gegenseitigen politischen und wirtschaftlichen Beziehungen vertiefen. Der freie Austausch von Waren und Dienstleistungen sowie die Mobilität von Arbeitskräften, Kapital und technischem Wissen soll zu wirtschaftlichem Wachstum dieser **Staatengemeinschaft** beitragen. Innerhalb der EU können Ressourcen (Rohstoffe, Wissen, Kapital) besser genutzt und größere Märkte erschlossen werden.

In Mittel- und Westeuropa haben moderne Industrien und hochwertige Dienstleistungsbereiche eine besondere Bedeutung, während in den Ländern mit Randlage die Landwirtschaft höhere Anteile an der Wirtschaftsleistung hat. Die Bedeutung der EU zeigt sich

Stufen der EU-Integration

1952	D, F, I, B, L, NL bilden eine Wirtschaftsgemeinschaft für Kohle und Stahl
1958	Vereinbarung weiterer Zollpräferenzen für bestimmte Waren
1959	Zollsenkungen zwischen den Ländern (Freihandelszone)
1968	Abschaffung der Binnenzölle, gemeinsamer Außenzoll (Zollunion)
1973	Beitritt von DK, GB, IRL
1981	Beitritt von GR
1986	Beitritt von P und E
1993	Gültigkeit der vier Grundfreiheiten innerhalb der EU (freier Warenverkehr, Dienstleistungsaustausch, Kapitalaustausch, Personenverkehr)
1995	Beitritt von S, FIN, A
1999	Währungsunion
2001	Einführung des Euro
2004	Beitritt von LV, LT, M, EST, PL, SLO, SK, CZ, H und CY
2007	Beitritt von BG und RO

M 3 *Die Europäische Union*

in vielen Bereichen von Wirtschaft und Gesellschaft, die schon heute durch EU-Regelungen bestimmt werden. So überwacht eine EU-Behörde in London die Qualität, Kennzeichnung und Patentierung von Arzneimitteln. Für Lebensmittel gelten Vorschriften, die erlaubte Zusatzstoffe, Hygieneansprüche und auch die Kennzeichnung der Bestandteile umfassen. Die Bedeutung der EU zeigt sich seit 2001 auch in der gemeinsamen Währung, dem Euro. Wie beeinflusst die EU die europäischen Regionen? Welche Chancen ergeben sich für Deutschland aus der EU-Erweiterung?

Gemeinsame Strukturpolitik

Die Länder der EU gehören zu den wohlhabenderen Staaten der Erde. Innerhalb der Staatengemeinschaft bestehen jedoch auch Unterschiede beim Lebensstandard. Die regionalen Unterschiede in den **Passivräumen** (▸) sind aber nicht nur für die Menschen in diesen Gebieten nachteilig. Sie beeinträchtigen auch die wirtschaftliche Entwicklung der **Aktivräume** (▸).

Die **Strukturpolitik** der EU will dazu beitragen, regionale Unterschiede abzubauen. Die Fonds (siehe M 5) stellen dazu finanzielle Mittel bereit. Besondere Bedeutung haben die Agrarpolitik und die Regionalpolitik. Von den 12 Ländern, die seit 2004 Mitglied der EU wurden, haben einige einen sehr geringen Entwicklungsstand. Sie haben sich aber seit Jahren auf den EU-Beitritt vorbereitet. Dem dienten auch Zuschüsse für Verwaltungs- und Justizreformen und für den Ausbau der Infrastruktur.

M 4 *EU-Strukturförderung 2007 – 2013*

Strukturfonds der Europäischen Union			
Europäischer Fonds für regionale Entwicklung	Europäischer Sozialfonds	Europäischer Agrarfonds	Finanzen für die Anpassung der Fischerei

Ziele der Strukturpolitik

1. Förderung der Entwicklung in rückständigen EU-Gebieten und Anpassung ihrer Strukturen (betrifft z. B. Gebiete, in denen das Pro-Kopf-Einkommen unter 75 % des EU-Durchschnitts liegt)
2. Unterstützung von wirtschaftlichen und sozialen Entwicklungen (z. B. berufsbildende Maßnahmen, Existenzgründungen)
3. Hilfe bei der Modernisierung der Bildungs-, Ausbildungs- und Beschäftigungssysteme

Deutschland erhielt 2000 – 2006 aus den Strukturfonds 20 Mrd. Euro für die neuen Bundesländer und 10 Mrd. Euro für die alten Bundesländer.

Fonds für Verkehrs- und Umweltinvestitionen
18 Mrd. Euro für Griechenland, Irland, Portugal, Spanien. Ziel: Anschluss an die Wirtschaftskraft der anderen EU-Länder (2000 – 2006)
Strukturbeihilfen
80 Mrd. Euro für die 2004 beigetretenen Länder (2000 – 2006)

M 5 *Strukturpolitik der Europäischen Union*

1. Beschreibe die politisch-geographische Lage in Europa 1989 und heute (Atlas).
2. Skizziere eine Folge von Karten zu den Stufen des Zusammenschlusses europäischer Länder zur Europäischen Union (M 2, M 3).
3. Beschreibe die Gliederung Europas in Wirtschaftsräume. Verwende die Bezeichnungen „Zentrum“ und „Peripherie“ (M 4; S. 273 M 1).
4. Erläutere Ziele und Maßnahmen der EU-Strukturpolitik (M 5).
5. Begründe den Vorteil des wirtschaftlichen Zusammenschlusses von Ländern (M 2, M 4).

Europa auf dem Weg in die Zukunft

M 1 *„Gigantisch! Dieses niedliche Köpfchen."*

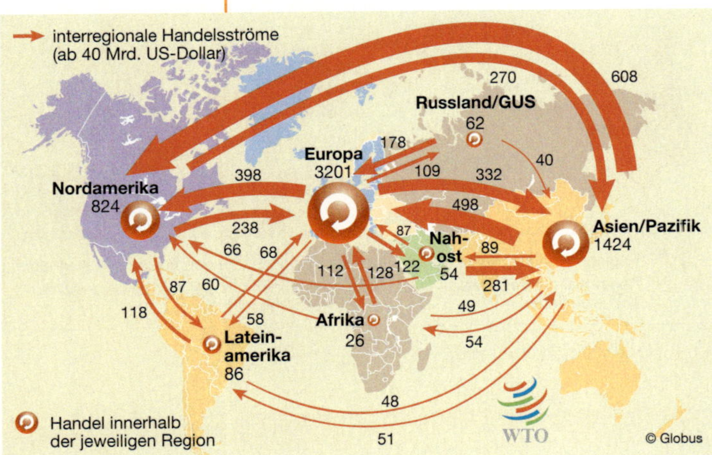

M 2 *EU-Welthandel*

	Island	Liechten-stein	Norwegen	Schweiz
Fläche	103 000	160	323 759	41 285
Einwohner	292 000	34 000	4 591 000	7 382 000
Bevölkerungs-wachstum (%)	0,9	0,0	0,3	0,8
BNE pro Kopf (in US-$)	37 920	77 000	51 810	48 230
Außenhandel				
Export (Mio. US-$)	2 698	2 623	109 621	123 134
Import (Mio. US-$)	4 367	1 552	58 320	116 390
Erwerbstätige (%)				
Landwirtschaft	7,2	1,3	3,8	3,9
Industrie	22,9	47,0	22,1	26,1
tertiärer Sektor	69,9	51,7	74,0	70,0
Inflation (%)	4,0	1,2	1,5	0,6

(nach: Fischer Weltalmanach 2007)

M 3 *Wirtschaftskraft der EFTA 2005*

Die Entwicklung des europäischen Binnenmarktes ist eine Erfolgsgeschichte. Seine Attraktivität wird deutlich im Beitritt immer neuer Staaten, die die Gemeinschaft 2007 auf 27 Mitglieder anwachsen ließen. Weitere Nachbarstaaten, z. B. die Ukraine, die Türkei oder Marokko, wollen der EU beitreten.

Freier Binnenmarkt bringt auch Probleme

Viele Bürger der EU haben vom freien Binnenmarkt profitiert. Durch das Lohn- und Preisgefälle innerhalb der EU hat jedoch in manchen Branchen ein Unterbietungswettbewerb eingesetzt, z. B. in der Baubranche und im Dienstleistungssektor. In Staaten mit höherem Lohnniveau wird daher der Ruf nach Schutz vor Billiganbietern laut. Ein weiterer Streitpunkt sind unterschiedliche Qualitäts- und Ausbildungsstandards in einzelnen Ländern.
Probleme bringt auch der Außenhandel. Das Preisniveau für viele EU-Produkte, besonders in der Landwirtschaft, ist höher als auf dem Weltmarkt. Durch Einfuhrbeschränkungen und Zölle sollen die Produzenten geschützt werden, was mit der angestrebten **Liberalisierung** (▸) des Welthandels nicht vereinbar ist. Die Verträge von Lomé (1975 – 1989) regeln den Handel der EU mit vielen Entwicklungsländern.

Europäische Freihandelszone

Auch im ehemals politischen Westeuropa gehören nicht alle Staaten zur EU. Die Schweiz ist traditionell politisch neutral. Island, Norwegen, Liechtenstein und die Schweiz gründeten 1960 zum Schutz ihrer Interessen die **European Free Trade Association (EFTA** ▸). In ihr herrscht Zollfreiheit mit Ausnahme des Agrarhandels. Im Rahmen gegenseitiger Freihandelsabkommen sind die Beziehungen zwischen EU und EFTA inzwischen weitgehend angeglichen. Ausnahmen bilden der Agrarhandel und einige Regelungen gegenüber Drittstaaten. Beide Zusammenschlüsse bilden den **Europäischen Wirtschaftsraum (EWR)** mit fast 470 Millionen Verbrauchern.

Der Staat

Die Staatenkarte Europas zeigt ein buntes Bild. Jeder Staat dient der Gestaltung des Zusammenlebens von Menschen. Sie sind seiner Herrschaft unterworfen. Der **Staat** umfasst:

- ein Staatsgebiet (durch Staatsgrenzen festgelegt), somit eine bestimmte topographische Lage, eine Flächengröße, eine Umrissform (Prinzip der Integrität des Hoheitsgebietes),
- ein Staatsvolk, die Staatsangehörigkeit des Bürgers, somit eine bestimmte Bevölkerungszahl gegliedert nach Alter, Geschlecht und sozialer Stellung (Prinzip der Staatsangehörigkeit),
- eine Staatsgewalt, d. h. die als Rechtseinrichtung ausgestaltete Befugnis zur Verwirklichung von Ordnung und Sicherheit sowie der Staatszwecke (Prinzip der Gebietshoheit/Souveränität).

Wege in die Zukunft.

Vier Modelle einer europäischen Integration werden diskutiert:

- **Bundesstaat.** Die Souveränität liegt nicht mehr bei den Nationalstaaten, sondern bei der EU.
- **Staatenbund.** Die Regierungen der Staaten arbeiten eng zusammen, sie bleiben aber souverän.
- **Europa der Regionen.** Regionen, in Deutschland z.B. die Bundesländer, erhalten verstärkte Mitwirkungsrechte und bilden so ein Gegengewicht zur Zentralisierung in Brüssel.
- **Differenzierte Integration.** Mitgliedsstaaten können sich aus gemeinsamen Entwicklungen ausklinken – wie bereits bei der Einführung des Euro geschehen. Hieraus könnte sich ein „Europa der zwei Geschwindigkeiten“ ergeben.

M 4 *Schwierige Richtungswahl*

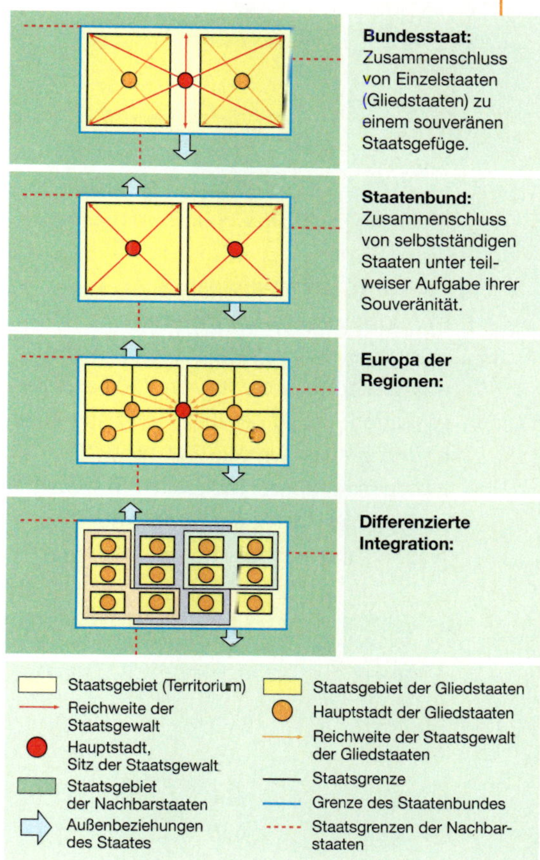

M 5 *Staatsformen*

1. Beschreibe den Außenhandel der EU (M 2, Atlas). Betrachte besonders Ausfuhr und Einfuhr, Räume und Mengen.
2. Diskutiere anhand der Karikatur M 1 und des Textes (S. 294) über Probleme der EU.
3. Vergleiche die EFTA-Staaten und die EU-Staaten hinsichtlich ihrer Struktur (M 3, Tabelle Strukturdaten ausgewählter Staaten der Erde S. 350/351).
4. Erörtere Möglichkeiten der weiteren politischen Integration in Europa (M 4, M 5).

Die EU – eine Gemeinschaft der Unterschiede im Zeitalter der Globalisierung

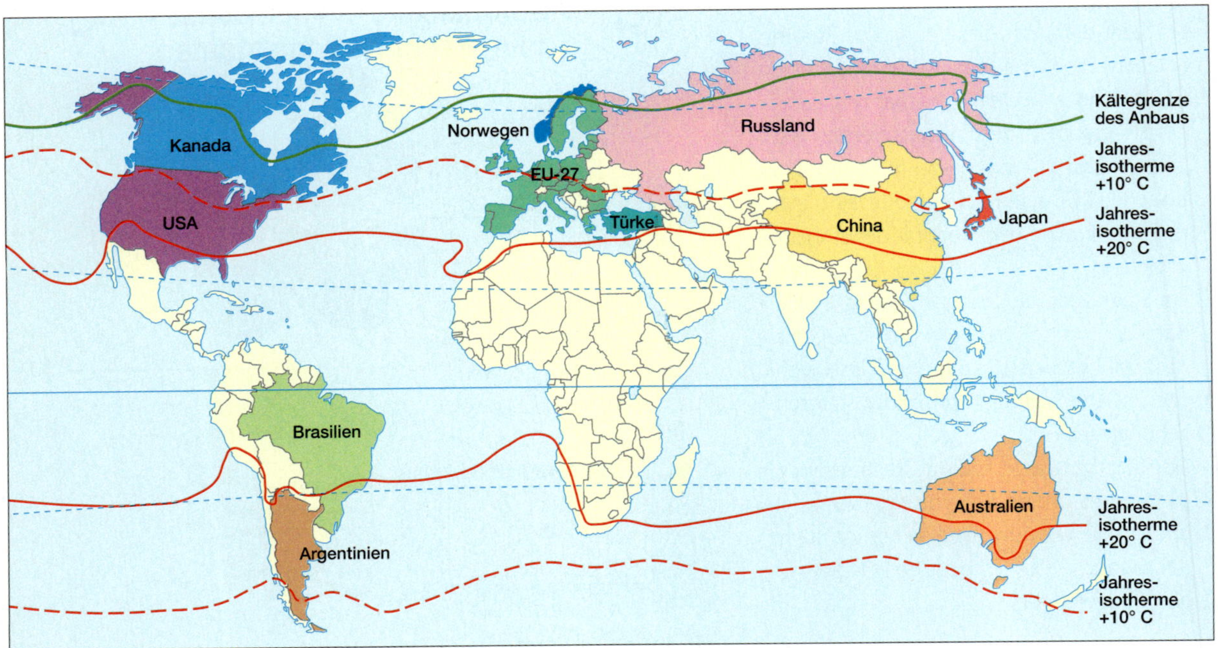

M 1 *Grenzen der Landwirtschaft und Haupthandelspartner des EU-Agrarhandels*

EU-Landwirtschaft im globalen Zusammenhang

Die Weltwirtschaft basiert auf Zoll- und Währungsabkommen, die von der Welthandelsorganisation (WTO), der 2007 150 Staaten angehörten, geregelt werden. Ziel der WTO ist es, Handelshemmnisse abzubauen **(Liberalisierung ▸)**. Nach den Zielsetzungen der EU-Integration kann es abgeschottete Märkte nicht mehr geben. Das bedeutet auch, den Weltagrarhandel von Zöllen zu befreien. Sollte dieses Vorhaben gelingen, wird sich die Landwirtschaft in den Ländern der Europäischen Union dem Wettbewerb stellen müssen.

Bisher ist es trotz mehrerer Agrarreformen in der Europäischen Union noch nicht gelungen, den **landwirtschaftlichen Protektionismus,** den Schutz der inländischen Agrarproduktion vor ausländischer Konkurrenz durch Schutzzölle, abzubauen. Auch deshalb ist die Bilanz der Agrarverhandlungen in der WTO bislang kümmerlich. Neben der Europäischen Union betreiben auch andere Industrieländer wie Japan und die Schweiz eine protektionistische Agrarpolitik. Auf Agrargüter entfallen zwar nur noch etwa 9 Prozent des Welthandels, doch für Entwicklungsländer sind sie wichtige Devisenbringer.

M 2
Haupthandelspartner Deutschlands (Nahrungsmittel, Getränke, Tabak) in Mrd. € 2004

Länder	Import	Export	Bilanz
EU-25	58,36	49,05	-9,31
Türkei	2,37	0,54	-1,83
Norwegen	2,18	1,25	-0,65
Russland	0,61	3,98	-3,37
USA	5,27	9,80	+4,53
Kanada	1,27	1,51	+0,24
Argentinien	4,39	0,05	-6,19
Brasilien	6,51	0,32	-6,19
China	1,79	0,83	-1,17
Japan	0,10	3,77	+3,66
Australien	1,37	0,89	-0,49

(nach: Statistisches Jahrbuch 2005)

Verdichtungsräume und Disparitäten Europas

In Europa haben sich zentrale und periphere Regionen herausgebildet. Neben der Oberflächenform hat die Lage zu Märkten und Han-

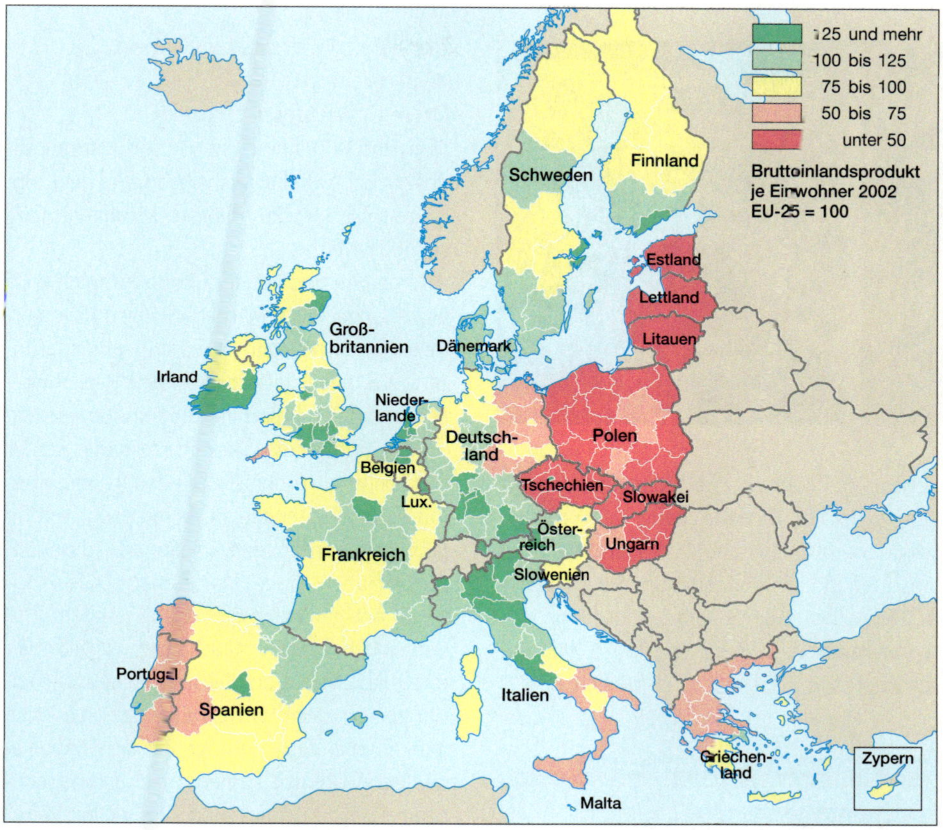

M 3 *Regionale Unterschiede in der EU 2002 (nach: Eurostat 2005)*

delspartnern seit jeher eine entscheidende Rolle gespielt, ebenso politische Bündnisse und ihre Folgen („Eiserner Vorhang" zwischen West- und Osteuropa).

Die politischen Veränderungen seit 1989 haben bewirkt, dass ehemals peripher gelegene Staaten im zusammenwachsenden Europa plötzlich „zentraler" liegen: Wirtschaft und Unternehmer reagieren mit ihren Standortentscheidungen hierauf ebenso wie auf unterschiedliche Produktionsbedingungen, z. B. auf niedrigere Löhne.

1. **Beschreibe europäische Wachstumsregionen und wirtschaftlich rückständige Gebiete und begründe (M 1 und M 2).**

2. **Bewerte die geographische Lage der Staaten, die seit 2004 der EU beigetreten sind (M 2, S. 292 M 2).**

3. **Erläutere die wirtschaftliche Bedeutung der europäischen Staaten (M 3).**

M 4

Stellung europäischer Länder in der Welt

Die führenden Staaten 2004			
Rangplatz	**nach dem BIP**	**reichste Staaten**	**BNE/Kopf (US-$)**
1	Norwegen	Belgien	31 280
2	Island	Dänemark	40 750
3	Australien	Deutschland	30 690
4	Luxemburg	Finnland	32 880
5	Kanada	Großbritannien	33 630
6	Schweden	Irland	34 310
7	Schweiz	Island	37 920
8	Irland	Japan	37 050
9	Bulgarien	Liechtenstein	77 000
10	USA	Luxemburg	56 380
11	Japan	Niederlande	32 130
12	Niederlande	Norwegen	51 810
13	Finnland	Österreich	32 280
14	Dänemark	Schweden	35 840
15	Großbritannien	Schweiz	49 600
16	Frankreich	USA	41 440

Wir lernen Global Cities kennen

London – eine Global City

M 1

(links) Kaufhaus Harrods
(rechts) Börse

London ist heute eine Stadt der Dienstleistungen, in der die **Tertiärisierung** weit vorangeschritten ist. Arbeiteten 1980 erst 2,6 Mio. Personen in Londons tertiärem Sektor, waren es 2005 schon über 4 Mio. Für das Jahr 2020 rechnen die Stadtplaner mit fast 5 Mio. Beschäftigten im Dienstleistungsbereich.

M 2

Erwerbstätigenstruktur Londons und Großbritanniens im Vergleich

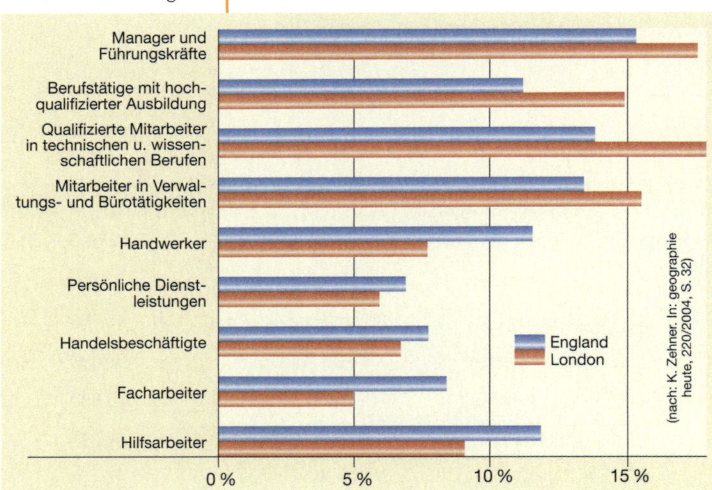

Notwendige Fachbegriffe

Hat eine Stadt mehr als eine Million Einwohner, wird sie als **Millionenstadt** bezeichnet. Bei über drei Millionen Einwohnern spricht man von einer **Megastadt.** Als **Metropole** bezeichnet man eine für ein Land selbst bedeutende Millionenstadt, in der sich aber auch wichtige politische, wirtschaftliche, soziale und kulturelle Einrichtungen konzentrieren. Dagegen hat eine **Global City** oder auch Weltstadt eine weltweite Bedeutung, die sich in der wirtschaftlichen sowie politisch-kulturellen Ausstrahlung ausdrückt.

M 3 *Infokasten*

Vom Zentrum des britischen Weltreichs zur modernen Dienstleistungsmetropole

Seit rund 900 Jahren ist London Hauptstadt des britischen Königreichs. Während der Kolonialzeit war London die Hauptstadt der (britischen) Welt.

Auch heute noch pflegt Großbritannien enge Beziehungen zu seinen ehemaligen Kolonien, dem Commonwealth. Dies sind einige Gründe dafür, dass sich in London viele Regierungs-, Handels- und diplomatische Funktionen entwickelt haben, die alle dem tertiären Sektor zugerechnet werden. Da aus den früheren Kolonien große Mengen an Waren nach London gebracht wurden, entwickelte sich die Stadt schon früh zu einer Handelsmetropole. Auch heute belegen noch die vielen Geschäftsstraßen und berühmte Kaufhäuser wie z. B. Harrods diese Funktion. Die weltweiten Verbindungen Londons führten auch dazu, dass sich Banken und Versicherungen in der Stadt niederließen. Hinzu kamen Nachrichtenagenturen, Zeitungsverlage und eine Vielfalt kultureller Einrichtungen. Die meisten Dienstleistungsunternehmen befinden sich in der City, rund um St. Paul's Cathedral. Das Regierungsviertel ist im Westen der Innenstadt, in Westminster, gelegen. Eine Stadt mit Weltgeltung wie London wirkt wie ein Magnet auf internationale Firmen und Konzerne und so hat sich der Zuzug von hochrangigen Dienstleistungsunternehmen nach London verstärkt. Nimmt

Dienstleistungsbereich 2004	Beschäftigte (in 1000)
Großhandel	248
Einzelhandel	408
Hotels/Restaurants	314
Verkehr, Telekommunikation	350
Finanzdienstleistungen	326
Private Dienstleistungen	1 175
Öffentliche Verwaltung	213
Gesundheitswesen, Bildung	646
weitere Dienstleistungen	395

(Quelle: GLA Economics 2005)

M 4 *Branchen im Dienstleistungsbereich in London*

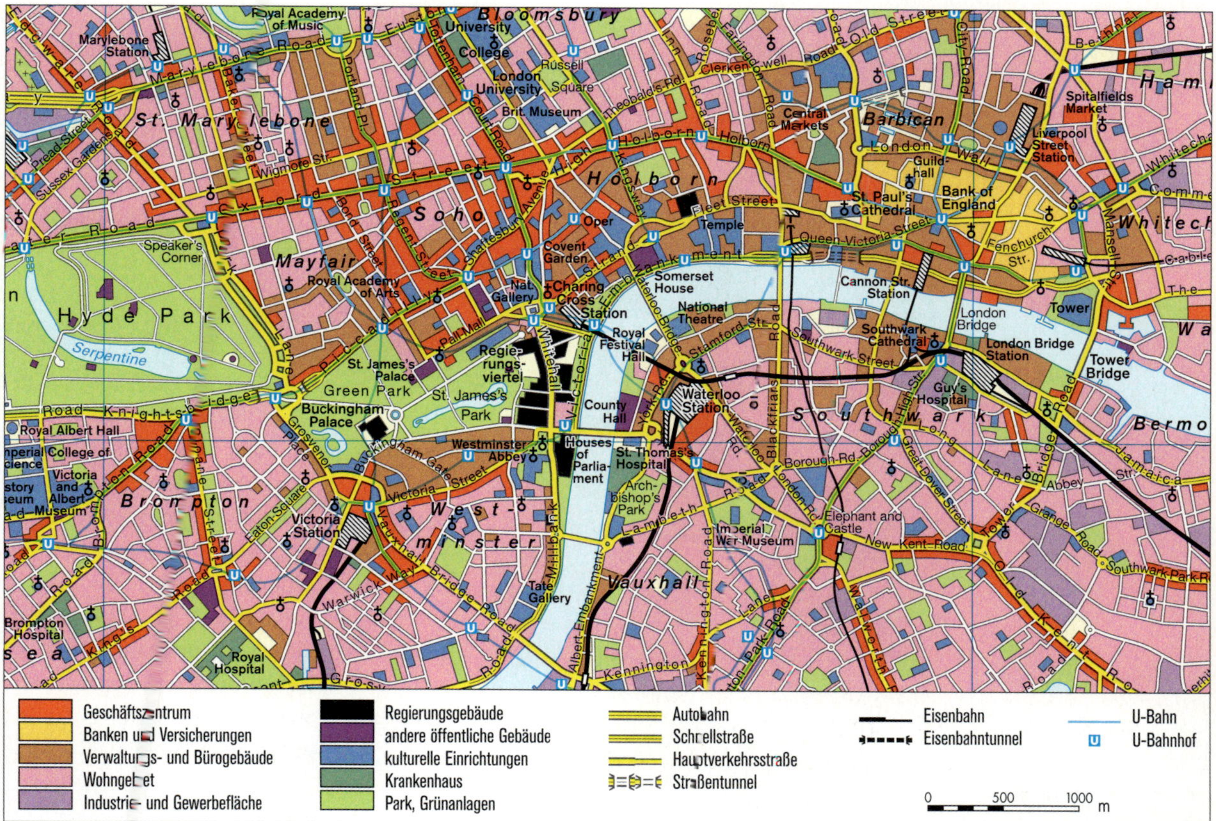

M5
Plan der Londoner Innenstadt

man noch die Bereiche Bildung, Wissenschaft und Kultur hinzu, in denen London ebenfalls Weltgeltung hat, so wird verständlich, warum der tertiäre Sektor so zugenommen hat. Aber auch einfache Dienstleistungstätigkeiten sind gefragt: Die vielen Büros brauchen Reinigungs- und Wachpersonal, und eine große Zahl von Haushalten mit hohem Einkommen kann es sich leisten, Hauspersonal zu beschäftigen. Auch die Dienstleistungsunternehmen sind ihrerseits auf weitere Dienstleistungen angewiesen.

1. Kennzeichne London als eine Stadt der Dienstleistungen (M1 – M5).
2. Erstelle eine funktionale Gliederung der Innenstadt von London. Lege dazu eine Folie auf den Plan M5 und grenze die einzelnen Dienstleistungsbranchen mit einem Folienstift räumlich ab bzw. markiere sie. Erläutere dein Ergebnis.
3. Zeige die negativen Folgen der Entwicklung Londons zur Global City auf (M6).
4. Kann man London als „Metropole", „Megastadt" oder „Millionenstadt" bezeichnen (M3)?
5. Untersucht arbeitsteilig das Dienstleistungsangebot eurer Stadt bzw. einer größeren Stadt in eurer Nähe und vergleicht mit London („Gelbe Seiten", Internet).

Die Kehrseite der Medaille

Der Platzbedarf der hochrangigen Unternehmen und der Wunsch ihrer gut bezahlten Führungskräfte nach exklusiven Wohnungen haben die Grundstückspreise sowie die Büro- und Wohnungsmieten enorm in die Höhe getrieben. Diese erhöhten Lebenshaltungskosten müssen auch von der großen Anzahl von Arbeitnehmern, die einfache Dienstleistungen zu Niedriglöhnen anbieten (z. B. Taxis, Reinigungskräfte, Botendienste, Wachleute) bezahlt werden. Nur durch Zweitjobs können viele das Existenzminimum halten. So klafft die Schere zwischen Spitzenverdienern und schlecht Bezahlten in London immer weiter auseinander und führt teilweise zur Marginalisierung und Ghettoisierung ganzer Bevölkerungsgruppen. Aber auch der extreme Anstieg des Verkehrssaufkommens führt zu weiteren Problemen.

M6
Probleme einer Global City (u. a. nach: Aktuelle Landkarte 6/2002)

Die Global City New York

M 1 *Skyline von New York 2006*

M 2 *Stadtbezirke von New York*

New York ist mit mehr als 8 Mio. Einwohnern die bevölkerungsreichste Stadt der USA. Das Stadtgebiet umfasst fünf Stadtbezirke. Die gesamte Großstadtregion von New York mit 18,7 Mio. Einwohnern ist einer der bedeutendsten Wirtschaftsräume und Handelsplätze der Welt, Sitz vieler internationaler Konzerne und Organisationen und wichtiger Hafen an der amerikanischen Ostküste. Zu den wichtigsten Wirtschaftsbereichen zählen die chemische und die elektrotechnische Industrie, die Druckindustrie, die Textilindustrie sowie der Dienstleistungsbereich. Im Süden von Manhattan liegt das Hauptgeschäftszentrum mit dem Finanzbezirk. In der Wall Street befindet sich die New York Stock Exchange, die größte Wertpapierbörse der Welt, mit einem täglichen Handelsvolumen von ca. 45 Mrd. US-$. New York ist nach London das weltweit wichtigste Finanzzentrum. Hier befinden sich die meisten Firmenzentralen. Allein von den 100 weltweit größten Unternehmen befinden sich 69 Firmenzentralen in New York.

	Fläche in km²	**Einwohner** in Mio.	**Bevölkerungsdichte** in E/km²
Innenstadt von New York (Manhattan)	59,5	1,5	25 840
Stadtgebiet New York (5 Stadtbezirke mit Manhattan)	939,5	8,1	10 359
Bronx	148,7	1,4	9 080
Brooklyn	182,9	2,5	13 480
Queens	282,9	2,2	7 880
Staten Island	265,5	0,5	1 671
Großstadtregion New York[1]	ca. 22 700,0	18,7	824
Berlin[2]	891,8	3,4	3 800

[1]Stadt plus städt. Umland, [2]Berlin ist die bevölkerungsreichste Stadt Deutschlands

M 3 *New York im Vergleich zu Berlin 2004*

(Auswahl)	**Weltweite Mitarbeiter**	**Umsatz** in Mrd. US-$
American International Group größter Versicherungs- und Finanzdienstleistungskonzern der Welt	96 000	108,9
Altria Group weltweit einer der größten Hersteller von Tabak, Nahrung und Getränken	165 000	67,6
Pfizer weltweit größtes Pharmaunternehmen	115 000	51
Sony BMG Music Entertainment zweitgrößte Plattenfirma der Welt plus Medien	88 500	17,9
Estée Lauder Kosmetikkonzern	22 000	5,8

M 4 *Weltkonzerne mit Hauptsitz in New York (2005)*

M 5 *New York Stock Exchange in der Wall Street*

M6 *Rückblick*

Drehscheibe des Welthandels

Schon 1820 ist New York aufgrund seiner günstigen Lage zur größten Stadt der Welt mit dem größten Hafen geworden. Durch den Erie-Kanal, die Eisenbahn und unzählige Immigranten aus Europa die zu Niedriglöhnen arbeiteten, wird New York zur Drehscheibe des Warenhandels. Im 19. Jh. entwickelt sich New York zu einer Industriestadt. Die hier entstandenen riesigen Vermögen trugen dazu bei, dass sich ein Finanzzentrum und durch die Gründung von Museen, Opernhäusern und Konzerthallen eine Kulturhauptstadt entwickelt. Während im 20. Jh. die Industrie und der Handel zunächst bedeutsam blieben, erlangte der Finanzsektor einen zusätzlichen Bedeutungszuwachs. Der Platzmangel wie auch die Selbstdarstellung großer Konzerne führten zu einem Boom von Wolkenkratzern in Manhattan. Hohe Bodenpreise führten dazu, dass Industriebetriebe ausgelagert wurden, während sich der Dienstleistungsbereich im Stadtgebiet konzentrierte. Durch den Prozess der Globalisierung nahm die Bedeutung New Yorks weiter zu. Über die beiden Flughäfen werden jährlich über 90 Mio. Fluggäste sowie über 50 % der internationalen amerikanischen Luftfracht in über einer Million Flüge befördert.

Mit rund 180 ethnischen Gruppen ist die Bevölkerung sehr heterogen. Da sich Stadtviertel nach Nationalität, Wohlstand und Religion gebildet haben, kommt es zu Abgrenzungen und Konflikten. Zugleich gibt es Stadtviertel, wo sich arme Menschen konzentrieren, sodass die Bausubstanz in ganzen Straßenzügen verkommt und hohe Kriminalität herrscht. Neben den ethnischen und sozialen Brennpunkten stellen das tägliche Verkehrschaos sowie die Ver- und Entsorgung Probleme dar. Daneben wurde am 11. September 2001 schmerzhaft bewusst, dass Großstädte zu Zielen von terroristischen Anschlägen werden können.

M7 *Schattenseiten von New York*

Stadt	Land	Besondere Merkmale
Budapest	Ungarn	Hauptstadt und größte Stadt (1,7 Mio. Einw.)
Jerusalem	Israel	Hauptstadt und größte Stadt (0,7 Mio. Einw.)
Johannesburg	Südafrika	Wirtschaftszentrum und größte Stadt (3,2 Mio. Einw.)
Kairo	Ägypten	Hauptstadt und größte Stadt (7,7 Mio. Einw.)
London	Großbritannien	Hauptstadt und größte Stadt (7,4 Mio. Einw.)
Madrid	Spanien	Hauptstadt und größte Stadt (3,1 Mio. Einw.)
Peking	VR China	Hauptstadt und zweitgrößte Stadt (7,6 Mio. Einw.)
Rom	Italien	Hauptstadt und größte Stadt (2,5 Mio. Einw.)
Santo Domingo	Dominikanische Republik	Wirtschaftszentrum und Hauptstadt (2,0 Mio. Einw.)
Tokio	Japan	Hauptstadt und größte Stadt (8,5 Mio. Einw.)

M8 *New York unterhält mit folgenden Städten Partnerschaften*

1. Lokalisiere New York mithilfe einer Atlaskarte.
2. Erläutere die Bedeutung von Manhattan für die Großstadtregion New York (M1 – M5).
3. Beschreibe die Entwicklung, die New York zu einer Global City hat werden lassen (M6).
4. Welche Nachteile bringt eine Global City wie New York mit sich (M6, M8)?

Singapur – eine Global City?

M 1

Singapur: Finanzzentrum, Hafenstadt, Touristenzentrum, Hightech-Standort

1965 feierte die ehemalige britische Kolonie Singapur ihre Unabhängigkeit. Obwohl der rohstoffarme Stadtstaat Singapur von der Fläche her kleiner ist als Hamburg, entwickelte er sich in rund 30 Jahren nach seiner Unabhängigkeit zu einem modernen Industriestaat. Gründe hierfür waren seine politische Stabilität, ausgezeichnete Infrastruktur, große Investorenfreundlichkeit, konsequente Förderung der Wirtschaft durch den Staat und vor allem seine günstige Lage. Die Wirtschaft boomte und damit stieg auch die weltweite Bedeutung der Stadt Singapur. Im Zeitalter der Globalisierung nutzen immer mehr Unternehmen die günstigen Voraussetzungen von Singapur als Sprungbrett in den aufstrebenden südostasiatischen Raum. Daneben findet man ein Finanzzentrum mit über 150 Banken sowie zahlreiche Universitäten und Forschungseinrichtungen. Singapur ist aber nicht nur attraktiv für die Wirtschaft, sondern mit seinen guten Einkaufsmöglichkeiten, zahlreichen Sehenswürdigkeiten sowie kulturellen Veranstaltungen lockt es jährlich etwa 12,6 Mio. Touristen an.

M 2

Ausgewählte Daten Singapurs 2005

	Anzahl	(Weltrang)	Hamburg
Fläche in km²	682	(231)	755
Einwohner in Mio.	4,24	(115)	1,74
Einwohner pro km²	6211	(2)	2297
BNE pro Kopf (US-$)	24760	(21)	30690*
Unternehmenszentralen der 100 größten Unternehmen	35	(5)	k. A.
Exportwert pro Einwohner in US-$	46543	(1)	11021*
Importwert pro Einwohner in US-$	39175	(1)	8719*

** Bezogen auf Deutschland (nach verschiedenen Quellen)*

	Hafen	Anzahl an Containern
1	Singapur	24 792 400
2	Hongkong	23 234 000
3	Schanghai	21 710 000
4	Shenzhen	18 468 900
5	Pusan	12 030 000
6	Kaohsiung	9 774 670
7	Rotterdam	9 690 052
8	Dubai	8 923 465
9	Hamburg	8 861 804
10	Los Angeles	8 469 853

M 3 *Die größten Containerhäfen der Welt 2006*

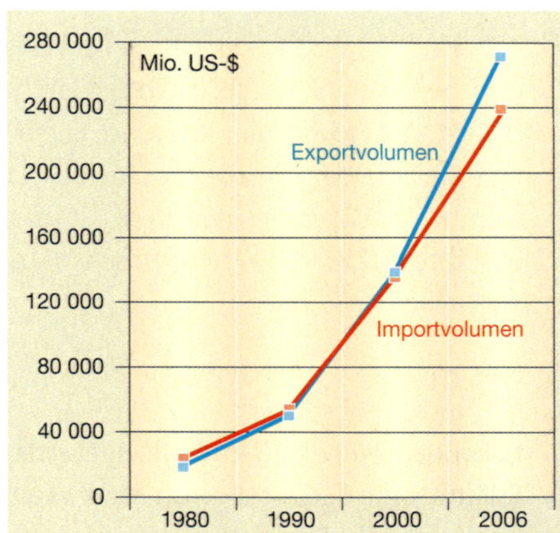

M 4 *Import- und Exportvolumen von Singapur*

Singapur – eine Drehscheibe in Südostasien

Singapurs Hafen liegt auf der Hauptroute des weltweiten Containerverkehrs. Es ist der Schnittpunkt von über 400 Schiffslinien, die weltweit mehr als 100 Länder mit Singapur verbinden. Allein 2005 fuhren mehr als 130 000 Schiffe den weltweit größten Containerhafen an – Tendenz steigend. So können Rohstoffe und Fertigwaren preiswert transportiert werden.

Zum anderen profitieren die Firmen in Singapur von den Niedriglohnländern in unmittelbarer Nähe. Von Singapur aus können die Unternehmen Produkte sehr preiswert in Indonesien oder Malaysia produzieren lassen und dann über Singapur weltweit verschiffen. So findet man zahlreiche Niederlassungen wie auch Firmenzentralen von transnationalen Unternehmen in Singapur. Auch der Großflughafen ist wichtig für Unternehmen. Mit mehr als 60 Fluggesellschaften, die weltweit über 145 Ziele anfliegen, hat sich Singapur zu einer weiteren „Drehscheibe" entwickelt.

Auf internationaler Ebene möchte Singapur Vorreiter in ausgewählten Spitzentechnologien werden (Halbleiter, IT, Bio- und Gentechnologie). Entsprechend investiert die Regierung intensiv in Ausbildung, Forschung und Technologie.

Schattenseiten des Booms

Der wirtschaftliche Boom führte zum Flächenmangel. Um Platz zu sparen, wurden Wohnungen und Geschäfte in Hochhauskomplexen dicht und hoch gebaut. So entstanden riesige Einkaufszentren über viele Etagen. Hierbei wird die traditionelle Bebauung immer mehr verdrängt.

Um das Verkehrsaufkommen möglichst niedrig zu halten, gestaltet man die Preise für öffentliche Nahverkehrsmittel relativ niedrig und für private Pkw extrem hoch. Hohe Steuern bei der Anschaffung und Zulassung eines Pkw sowie die hohen Straßenbenutzungsgebühren machen die Unterhaltung eines Pkw für die meisten Einwohner unmöglich.

Durch Aufschüttungen konnte man in den letzten 30 Jahren die Fläche Singapurs um rund 12 % vergrößern. Zwar sind noch weitere sehr teuere Landgewinnungsmaßnahmen geplant, doch stößt man spätestens ab einer Wassertiefe von 15 m an die technischen und finanziellen Grenzen.

M 5 *(links)*
Straßenbild in Singapur

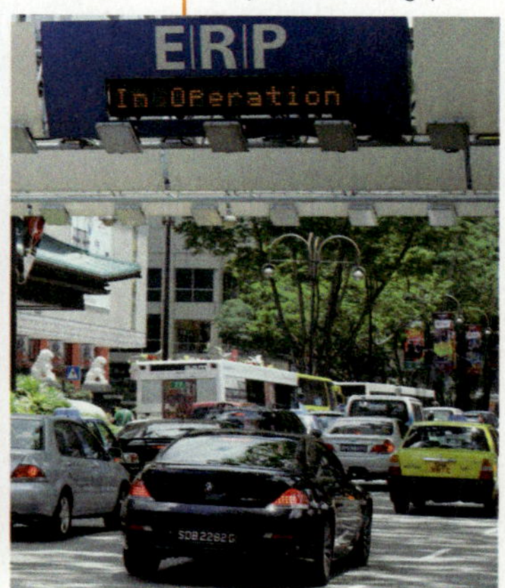

M 6 *(rechts)*
ERP (Straßengebührenerfassung) am Rand der Innenstadt

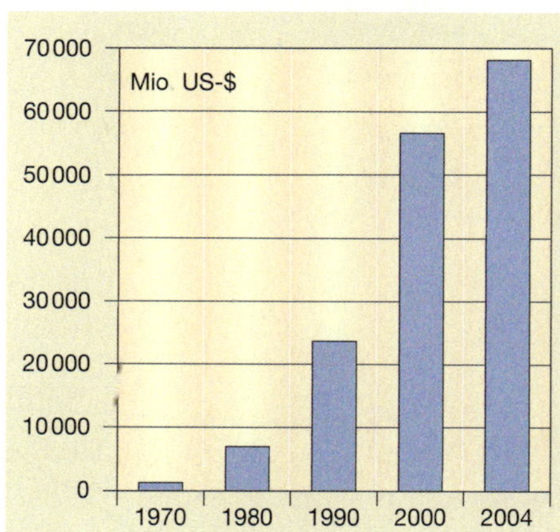

M 7 *Beitrag des Dienstleistungssektors zum BIP*

1. Beschreibe die wirtschaftliche Entwicklung Singapurs und den damit verbundenen Bedeutungszuwachs der Stadt (M 1 bis M 4, M 7).
2. Benenne die Nachteile einer starken städtischen Verdichtung (M 5, M 6, Text).
3. Vergleiche Singapur mit London und New York. Welche Übereinstimmungen und welche Unterschiede findest du?
4. Erläutere, ob Singapur eine Global City ist (M 1 bis M 7).

Das Netzwerk der Global Cities

M 1
Tokio City

Durch die zunehmende Globalisierung der Weltwirtschaft haben sich Städte herausgebildet, die als „Schaltzentralen" der Weltwirtschaft agieren. In diesen Global Cities konzentrieren sich Finanz- und Dienstleistungen mit globaler Bedeutung. Auffällig ist der hohe Vernetzungsgrad von Global Cities untereinander. So entsteht ein weltumspannendes Netzwerk von Global Cities. Neben Universitäten und Forschungseinrichtungen befinden sich hier viele Zentralen transnationaler Unternehmen sowie internationaler Institutionen wie die Vereinten Nationen in New York. Die Akteure profitieren alle von der Nähe zueinander, den persönlichen Geschäftskontakten und dem leichten Zugang zu politischen Entscheidungsträgern.

Dieses Verflechtungsschema bezeichnet man als Agglomerationsvorteile. In den Global Cities werden Entscheidungen getroffen, die weltweite Auswirkungen haben. London, New York und Tokio sind die zurzeit bedeutsamsten Global Cities. Daneben gibt es Städte mit Teilfunktionen. So zum Beispiel besitzt Frankfurt nur im Finanzwesen eine weltweite Bedeutung.

M 2
Standorte wichtiger transnationaler Unternehmen und globaler Organisationen (Rangfolge nach Anzahl bzw. Umsatz)

	Großbanken	Devisenhändler	Organisationen
1	Tokio	London	Paris
2	New York	New York	Brüssel
3	London	Paris	London
4	Paris	Luxemburg	Rom
5	Osaka	Frankfurt/M.	Genf
6	Frankfurt/M.	Hongkong	New York
7	Zürich	Singapur	Washington

- wichtiges Finanzzentrum
- hohe Anzahl von Firmenzentralen von transnationalen Unternehmen
- internationale Institutionen (wie UNO in New York)
- rapider Anstieg des höherwertigen Dienstleistungssektors
- wichtiges Produktionszentrum
- wichtiger Transportknotenpunkt bzw. Handelspunkt
- ausreichende Bevölkerungsgröße

M 5 *Auswahlkriterien für eine Global City*

M 3
Die wichtigsten Finanzzentren der Erde

Rang	Finanzzentrum
1	London
2	New York
3	Tokio
4	Hongkong
5	Singapur
6	Paris
7	Frankfurt
8	Madrid

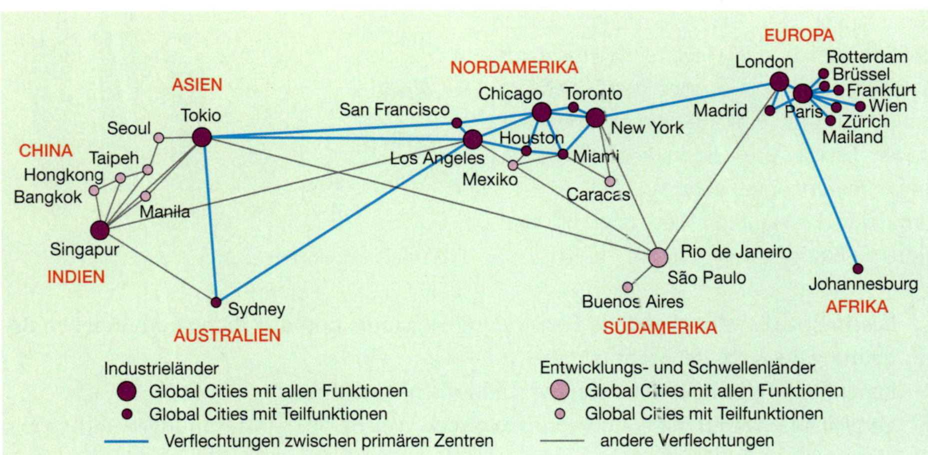

M 4 *Das Netz der Global Cities*

Global City	Einwohner in Mio.	Hochwertige Einrichtungen Rangfolge: 1, 2, 3			
		Wirtschafts-prüfung	Werbung	Banken	Rechtswesen
Amsterdam	[illegible],731	2	2	1	3
Barcelona	1,504	–	2	–	1
Berlin	3,386	2	–	–	2
Brüssel	0,964	2	2	1	3
Budapest	1,812	–	1	–	2
Düsseldorf	0,571	3	2	–	1
Frankfurt/M.	0,642	3	1	3	2
Genf	0,176	1	1	2	2
Hamburg	1,726	2	1	–	1
Kopenhagen	0,500	2	2	–	–
London	2,874	3	3	3	3
Madrid	2,939	2	2	2	1
Mailand	1,302	3	2	3	2
Moskau	8,638	2	1	2	3
München	1,278	2	–	[illegible]	1
Paris	2,116	3	3	3	3
Prag	1,179	–	2	2	2
Rom	2,656	2	–	1	2
Stockholm	0,758	2	2	–	1
Warschau	1,618	–	1	2	2
Zürich	0,341	2	2	3	2

(nach: Geographische Rundschau 56 (2004) Heft 4)

M 6 *Global Cities in Europa*

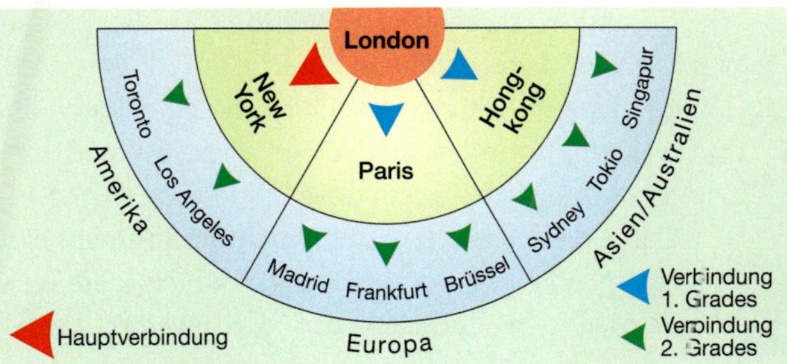

Die Verbindungen 1. Grades weisen auf einen sehr intensiven Austausch zwischen transnationalen Unternehmen in London und anderen Global Cities im weltweiten Netzwerk hin. Dabei ist die Verknüpfung zwischen London–New York die Bedeutendste. Aber auch noch bei Verbindungen 2. Grades werden die Verknüpfungen des Netzwerkes deutlich.

M 7 *Londons wichtigste Verknüpfungen im Netzwerk der Global Cities*

	Einwohner in Mio.	TNU
New York	17,1	59
London	11,1	37
Tokio	26,2	34
Paris	9,7	26
Chicago	7,9	18
Osaka	15,9	15
São Paulo	12,7	0
Kolkata	11,1	0
Delhi	6,9	0

M 8

Einwohnerzahl und Zahl transnationaler Unternehmen (= TNU)

Zielort	Zahl der Fluggesellschaften
Bangkok	4
Brüssel	3
Buenos Aires	1
Chicago	4
Frankfurt	2
Hongkong	5
Houston	1
Los Angeles	5
Madrid	2
Miami	3
New York	7
Paris	3
Rio de Janeiro	2
São Paulo	2
Singapur	3
Tokio	5

M 9

Einige tägliche Linienflugverbindungen von London-Heathrow

1. Benenne Merkmale einer Global City (M 1 bis M 3, M 5, M 8).
2. Erläutere, inwiefern internationale Unternehmen von den Agglomerationsvorteilen einer Stadt profitieren (M 2).
3. Beschreibe das globale Netzwerk der Global Cities (M 4).
4. Erläutere die Aussage: „Entscheidend für die Bedeutung einer Global City ist ihr weltweiter Vernetzungsgrad."
5. Stelle die weltweiten Verflechtungen von London dar und begründe, warum London eine Global City ist (M 1 bis M 9).

Wir erfassen die Bedeutung von Städten durch Kartieren, Befragen und Zählen

Vorbereitung
- ☐ Kartierungsabschnitt festlegen
- ☐ Symbole festlegen
- ☐ Farben festlegen
- ☐ Kartengrundlage besorgen
- ☐ Maßband
- ☐ Schreibunterlage
- ☐ Schreibmaterial
- ☐ Alle Fragen geklärt?

Durchführung
- ☐ Klingelschilder nutzen
- ☐ Geschäftsleute fragen
- ☐ Sammeln von Auffälligkeiten

Auswertung
- ☐ Aufzeichnungen auswerten
- ☐ Vermutungen äußern
- ☐ Vermutungen überprüfen

M 1 *Checkliste für eine Kartierung*

M 2 *Kartieren einer Geschäftsstraße*

- Kaufhaus/Warenhaus
- Einzelhandel für den täglichen Bedarf (z. B. Bäcker, Lebensmittel, Blumen)
- Einzelhandel für den mittelfristigen Bedarf (z. B. Haushaltsartikel, Geschenkartikel, Kosmetik, Schuhe, Bekleidung, Sportartikel, Schreibwaren, Arzneiartikel)
- Einzelhandel für den langfristigen Bedarf (z. B. Möbel, Hifi-Geräte, Uhren, Schmuck, Kameras, Brillen)
- Gaststättengewerbe (z. B. Restaurant, Hotel, Café, Imbiss)
- Vergnügungsbetriebe (z. B. Kino, Spielhalle, DVD-Verleih)
- private Dienstleitungen (z. B. Arzt, Architekt, Anwalt, Friseur, Reinigung, Reisebüro, Steuerberater, Versicherung)
- öffentliche Dienstleistungen (z. B. Stadtverwaltung, Polizei, kirchliche Einrichtung, Rotes Kreuz)
- Wohnungen
- Lagerräume

M 3 *Mögliche Branchenzuordnung*

Die Kartierung

Um die Bedeutung eurer Stadt zu erfassen, könnt ihr eine Kartierung, eine Befragung und eine Zählung durchführen.

Kartierung der Innenstadt

Am einfachsten ist es, wenn ihr bei einer Innenstadtkartierung eine Vergrößerung der amtlichen Karte (z. B. Maßstab 1 : 1000) benutzt, die im Kataster- oder Stadtplanungsamt erhältlich ist. Hier könnt ihr die Nutzungen direkt in die Gebäudegrundrisse eintragen. Ohne diese Kartenvorlagen müsst ihr den Kartierungsabschnitt durch Abschreiten (vorher eure Schrittlänge messen) oder mit einem Maßband vermessen.

Bei der **Vorbereitung** solltet ihr zunächst die Straßenabschnitte aufteilen. Zudem erscheint es sinnvoll, dass ihr euch auf gemeinsame Kartensymbole und Farben einigt, damit die Auswertung eurer Kartierung später vergleichbar ist. Dabei können euch der Infokasten Branchenzuordnung (M 3) sowie die Legende der Geschäftskartierung (M 4) helfen. Natürlich könnt ihr auch entsprechend der Gegebenheiten eigene Kartensymbole und Farben erarbeiten. Überprüft zunächst, ob ihr den Kartenausschnitt, die vereinbarte Legende mit allen Kartensymbolen, eine Schreibunterlage, Stifte und ein Maßband bereitgelegt habt.

Folgende Fragen können euch bei der Beobachtung helfen: Welche Einzelhandelsbranchen sind vertreten und welche fehlen? Wie sind die Erdgeschosse und wie die oberen Etagen genutzt? Welche Dienstleistungsbetriebe sind vorhanden und welche fehlen? Was findet ihr aus dem Zeitungsartikel (M 5) bei eurer Kartierung wieder? Formuliert weitere Auffälligkeiten und stellt Vermutungen auf, wieso diese Phänomene so sind.

Damit die Kartierung bei der **Durchführung** mehr Spaß macht und ihr euch auch beraten könnt, sollte sie in Partner- oder Gruppenarbeit durchgeführt werden. Übrigens: die Nutzung der oberen Etagen könnt ihr meist durch die Klingelschilder oder durch Befragung der Geschäftsleute erfahren.

Für die **Auswertung** solltet ihr euren Ausschnitt zunächst säuberlich in eine Karte der gesamten Geschäftsstraße übertragen. Anschließend müsst ihr versuchen, Antworten auf eure Vermutungen und Erklärungen für eure Beobachtungen/Aufzeichnungen zu finden.

Hierzu könnt ihr einen Experten aus der Stadtplanung in euren Unterricht einladen oder weitere Informationen im Internet suchen.

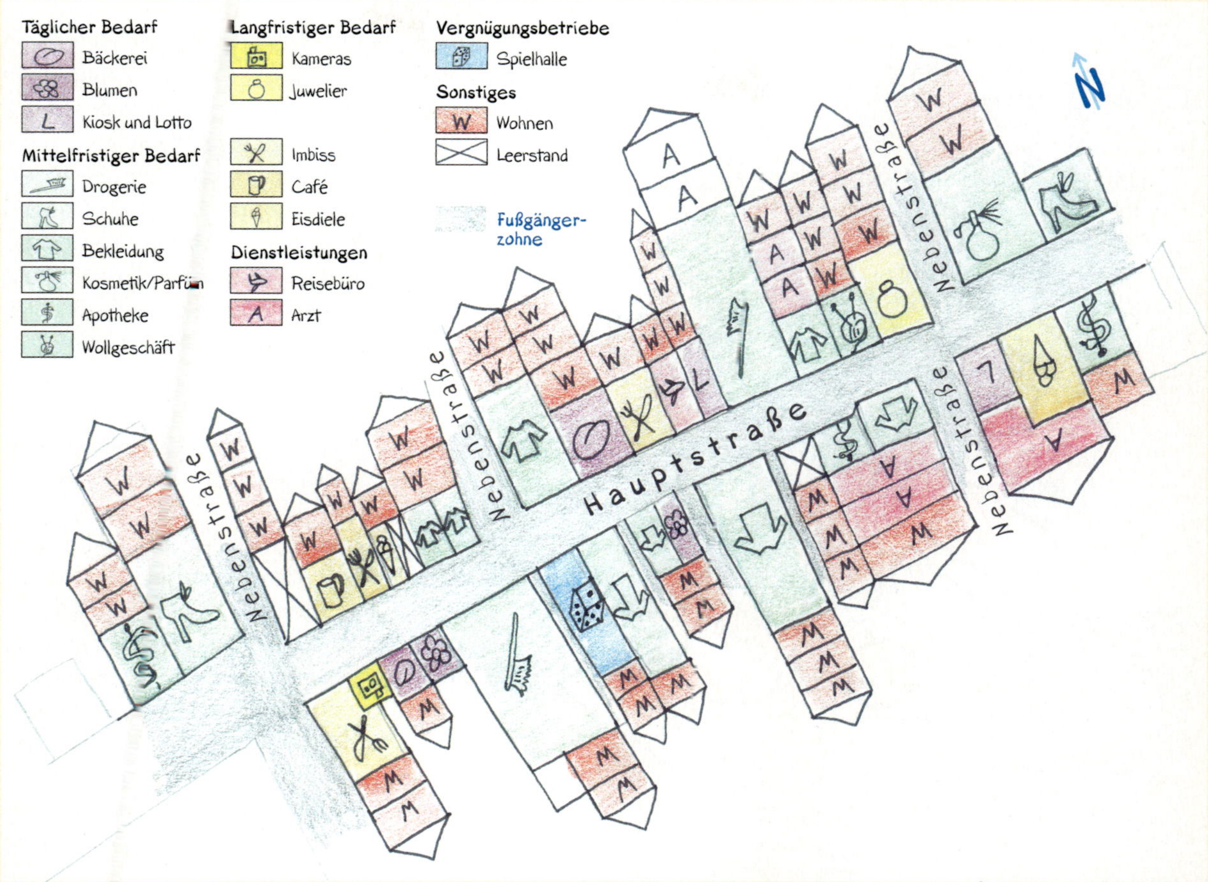

M 4 *Kartierung eines Teils der Innenstadt*

Beobachtungen in deutschen Kleinstädten

Im Kern von Kleinstädten hat sich in den letzten Jahren einiges verändert. Während in Neubauten Filialen von Bekleidungs- und Schuhketten einziehen, herrscht unmittelbar gegenüber in einem älteren Gebäude gähnende Leere. Im ehemaligen Bekleidungsfachgeschäft prangt lediglich der Hinweis „Zu vermieten" an den Fenstern. Leerstände sind derzeit in allen Städten dieser Größenordnung zu beobachten. Einige Ladenlokale lassen sich nur schwer vermieten. Ursachen sind die fehlende Kaufkraft bei den Kunden, die Konkurrenz durch Großstädte und durch Einzelhandelsansiedlungen auf der „Grünen Wiese". Zugleich findet man immer öfter Spielhallen, die über eine ausreichende Kundschaft verfügen und deren Betreiber die relativ hohen Mieten zahlen können.

Neben den Leerständen haben die Innenstädte in den letzten Jahrzehnten aber auch viel von ihrer ursprünglichen Vielfalt verloren. Zahlreiche lokale Fachgeschäfte mussten weichen. Ursachen waren fehlende Nachfolger, zu wenig Kunden sowie die erhöhte Konkurrenz durch Discounter. Heute findet man in vielen Innenstädten die Filialen der gleichen Bekleidungs- und Schuhketten. Eine „Verödung der Innenstädte" ist zu beobachten, die vermutlich noch zunehmen wird.

M 5

Ausschnitt aus einem fiktiven Zeitungsartikel

1. Werte die Geschäftskartierung des Innenstadtbereiches (M 4) aus. Beachte dabei die Hinweise zur Auswertung einer Kartierung sowie den Zeitungsartikel (M 5).
2. Führe in deinem Schul- oder Wohnort eine Kartierung einer Geschäftsstraße durch. Beachte dabei die Hinweise zur Vorbereitung und Durchführung (M 1 – M 3).
3. Wertet gemeinsam eure Kartierungen aus. Ladet zur Beantwortung noch offener Fragen einen Experten von der Stadtplanung ein.

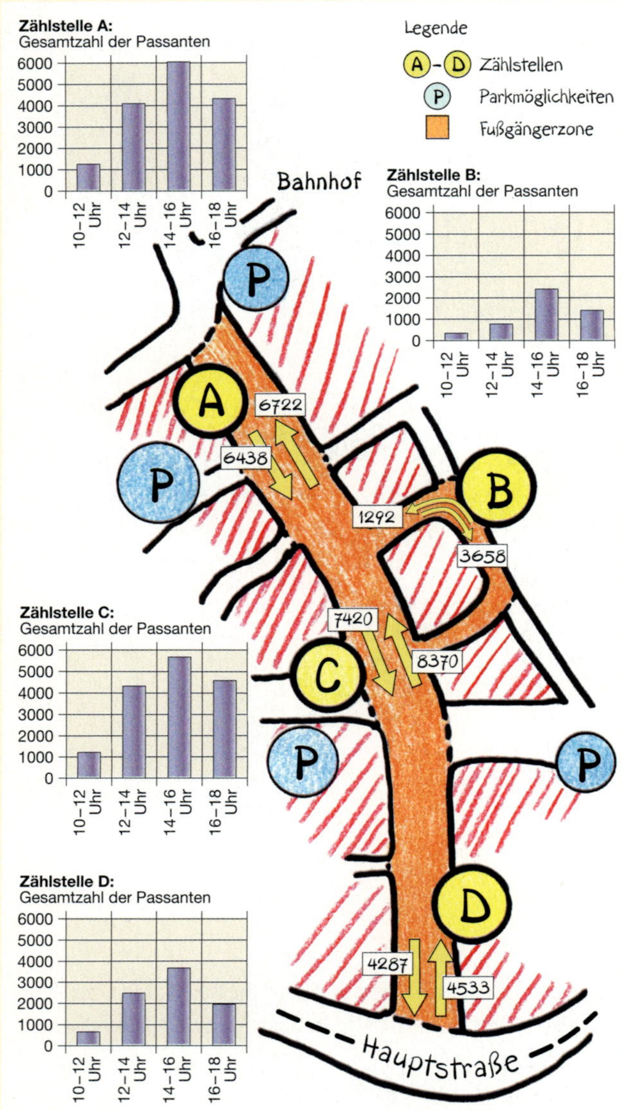

M 1 *Karte mit Zählstellen und Auswertung*

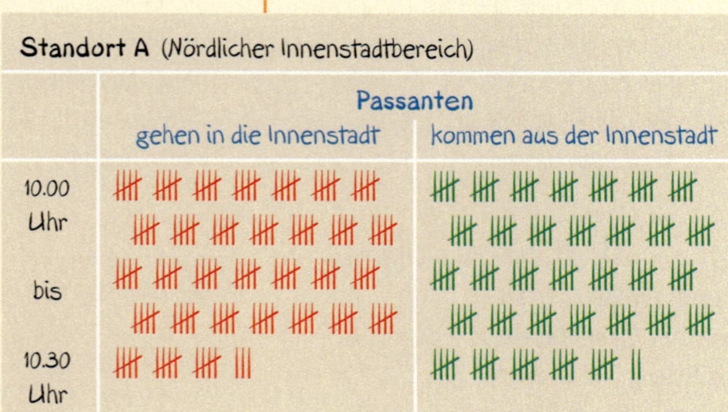

M 2 *Zählbogen*

Die Zählung

Zur Erfassung, wie hoch das Passantenaufkommen in Teilen der Innenstadt ist, eignet sich eine **Zählung.** Zunächst soll die Frequentierung erfasst werden, um danach mögliche Ursachen zu erforschen und Lösungsmöglichkeiten zu finden. Bei der Ermittlung von Verkehrsströmen müsst ihr zunächst genau überlegen, wo und wie gezählt werden soll. Während man bei Verkehrszählungen zwischen den Fahrzeugtypen (Fahrrad, Pkw, Bus und Lkw) unterscheidet, erscheint eine Unterteilung bei der Passantenzählung nicht notwendig.

Vorbereitung

- Legt zunächst fest, warum und was ihr zählen wollt.
- Entwickelt einen Zählbogen, der euren Zielen entspricht.
- Überlegt gemeinsam, wo geeignete und sichere Standorte für die einzelnen Zähler sind.
- Markiert die Zählstellen in einer Karte.
- Teilt die Gruppen auf die Zählstellen auf. In jeder Schicht sollte ein Springer sein, der im Notfall für einen Mitschüler einspringen kann. Seine Handynummer sollte jeder Zählgruppe bekannt sein.
- Erstellt einen „Ausweis“ mit Schulstempel, womit ihr euch gegenüber Passanten ausweisen könnt.
- Denkt an eine Schreibunterlage, an wasserfeste Stifte und eine Uhr.

Durchführung

- Erscheint früh genug an eurer Zählstelle.
- Versucht möglichst genau zu zählen. Strichlisten erleichtern das schnelle Zählen.

Auswertung und Präsentation

- Zunächst werden eure Daten aufbereitet. Hierzu eignen sich sowohl eine computergestützte grafische Bearbeitung als auch das Zeichnen einer Karte mit unterschiedlich dicken Pfeilen (vgl. M 1).
- Welche zentralen Aussagen könnt ihr nun zu eurer Zählung machen?
- Welche Ursachen können diesen Aussagen zugrunde liegen? Durch zusätzliches Material wie Zeitungsartikel, eine Passantenbefragung oder ein Experteninterview könnt ihr mögliche Ursachen klären.
- Nachdem ihr die Problembereiche erfasst und mögliche Ursachen erarbeitet habt, solltet ihr abschließend mögliche Lösungsansätze entwickeln.
- Erarbeitet eine Gesamtschau eurer Untersuchung auf Plakaten.

Die Befragung

Genauere Informationen zur Bedeutung eurer Stadt erlangt ihr mit der Methode der Befragung.

Vorbereitung

Zunächst müsst ihr euch überlegen, welches Ziel eure Befragung haben soll. Entsprechend müssen verständliche Fragen formuliert werden. Ihr solltet darauf achten, Fragen so zu stellen, dass ihre Antworten später auch gut ausgewertet und dargestellt werden können.
Es wird zwischen offenen und gebundenen Fragen unterschieden. Bei offenen Fragen ist die Antwort offen. Dies führt zu einer Vielzahl unterschiedlicher und unterschiedlich langer Antworten. Die Ergebnisse sind genauer, doch ist es schwierig, diese darzustellen.
Gebundene Fragen mit vorgegebenen Antworten schränken den Befragten ein. Deshalb ist es wichtig, sich schon im Vorfeld zu überlegen, welche Antworten gegeben werden können, sodass der Befragte auch eine mögliche Antwort findet. Testet eure Fragen bzw. Antworten vorher an Mitschülern.
Der besondere Vorteil ist, dass sich gebundene Fragen aufgrund der eingeschränkten Anzahl an Antwortmöglichkeiten gut auswerten und darstellen lassen.
Häufig wird bei gebundenen Fragen nach einer Wertung gefragt. Hierbei solltet ihr darauf achten, dass es keine ungerade Zahl an Bewertungsmöglichkeiten gibt, da sonst die Mehrzahl schnell zur Mitte tendiert.

Durchführung

Möglichst die gesamte Zielgruppe ansprechen. Also bei einer Passantenbefragung neben älteren Menschen auch Jugendliche und junge Familien. Geht freundlich auf die Passanten zu und fragt, ob sie an einer Befragung teilnehmen möchten. Auch hierbei erscheint es sinnvoll, dass ihr euch mit einem „Ausweis mit Schulstempel" ausweisen könnt. Seid besonders höflich, denn nun vertretet ihr eure Schule in der Öffentlichkeit. Um zu aussagekräftigen Ergebnissen zu gelangen, benötigt man eine gewisse Anzahl von Befragten. Um keine Passante mehrfach zu befragen, solltet ihr zu Beginn immer danach fragen, ob sie schon befragt wurden.

Auswertung

Die Antworten der gebundenen Fragen können computerunterstützt dargestellt werden. Somit erhaltet ihr einen Überblick über die Menge an Daten. Zugleich bietet sich nun eine vernetzte Auswertung zusammen mit den Ergebnissen der offenen Fragen, der Kartierung und Zählung an. Aufgrund einer solch umfangreichen Informationsgrundlage könnt ihr sicherlich auch mögliche Problemlösungen skizzieren. Auf Plakaten oder per Computer könnt ihr nun die zentralen Ergebnisse euren Mitschülern oder Stadtplanern präsentieren.

1. Wie oft kaufen Sie hier in der Innenstadt ein?
   ☐ täglich ☐ alle 2–4 Tage ☐ alle 5–7 Tage ☐ seltener
2. Finden Sie alle Produkte in dieser Innenstadt, die Sie benötigen?
   ☐ ja ☐ weitgehend ☐ nein
3. Bewerten Sie die Attraktivität der drei Innenstadtbereiche.
   (Schüler zeigt farbige Kopie mit den drei Innenstadtteilen: nördlicher, zentraler und südlicher Bereich)
   Nördlicher Teil: ☐ sehr gut ☐ gut ☐ ausreichend ☐ mangelhaft
   kurze Begründung: ____________________
   Zentraler Teil: ☐ sehr gut ☐ gut ☐ ausreichend ☐ mangelhaft
   kurze Begründung: ____________________
   Südlicher Teil: ☐ sehr gut ☐ gut ☐ ausreichend ☐ mangelhaft
   kurze Begründung: ____________________
4. Was fehlt Ihrer Meinung nach besonders in der Innenstadt? ____________________
5. Wie sind Sie in die Innenstadt gelangt?
   ☐ zu Fuß ☐ per Rad ☐ mit Bus/Bahn ☐ per Pkw
   Wenn mit Pkw: Ist Ihrer Meinung nach die Zahl Parkplätze ausreichend? ☐ ja ☐ nein
   Wenn mit Bus oder Bahn: Ist Ihrer Meinung nach die Zahl der Verbindungen ausreichend? ☐ ja ☐ nein
6. Sind Sie mit der Erreichbarkeit der Innenstadt zufrieden (Straßen, Parkplätze, Bushaltestellen)?
   ☐ ja ☐ weiß nicht ☐ nein
   Wenn, nein: Womit sind Sie nicht zufrieden? ____________________
   Wenn, ja: Womit sind Sie besonders zufrieden? ____________________
7. Für weitere Bemerkungen: ____________________

M 3

Beispiel für einen Fragebogen zum Thema: „Welche Bedeutung hat für Sie diese Innenstadt?"

1. Werte die Passantenzählung (M 1) aus.
2. Führe in deinem Schulort eine Passantenzählung und eine Befragung in der Hauptgeschäftsstraße durch. Beachte dabei sämtliche Hinweise (M 1 bis M 3).
3. Präsentiere deine Ergebnisse auf Plakaten.
4. Wertet gemeinsam eure Untersuchung aus. Ladet zur Beantwortungen noch offener Fragen einen Experten von der Stadtplanung ein.

Übersicht: Ordnen – Anwenden – Üben

Die Zukunft der Städte

Anlässlich der Weltkonferenz zur Zukunft der Städte „Urban 21“ in Berlin im Jahr 2000 wurde festgestellt, dass das 21. Jahrhundert durch das Leben der Menschen in Städten gekennzeichnet sein wird **(Verstädterung).** Städte haben weltweit ähnliche Probleme wie flächenhaftes Wachstum, Arbeitslosigkeit, öffentliche Sicherheit, rasante Verkehrszunahme, Energie- und Wasserversorgung, Entsorgung von Müll und Abwasser. Aber auch Unterschiede in der demographischen und sozio-ökonomischen Situation werden festgestellt.

M 1
Stadttypen – Merkmale und Entwicklungstrends

Charakteristische Merkmale und Prozesse	Stadttyp	Erkennbare Entwicklungstrends
Rasantes Bevölkerungswachstum als Folge hoher Zuwanderungs- und Geburtenraten Informeller Sektor herrscht in der Wirtschaft vor Armut und das Wohnen in Hüttenvierteln ist weit verbreitet Große hygienische und Gesundheitsprobleme Schlecht ausgebaute Verwaltung	**I. Die Stadt mit spontanem, übermäßigem Wachstum** einige Städte im tropischen Afrika, auf dem indischen Subkontinent, in den islamisch geprägten Ländern Westasiens und in einigen ärmeren Ländern Lateinamerikas 	Das übermäßige Wachstum beherrscht sämtliche politischen Aktivitäten Geburtenrate bleibt aufgrund von Unwissenheit und niedrigem Bildungsstand der Frauen hoch AIDS breitet sich mit hoher Geschwindigkeit unter jungen Frauen und Männern aus Die Zahl der Armen wächst und der informelle Sektor ist die wichtigste Existenzquelle Verstädterung findet ohne Steuerung und Kontrolle statt
Bevölkerungswachstum schwächt sich weiter ab Das Wirtschaftswachstum bleibt bestehen, aber die internationale Konkurrenz nimmt zu Starker Druck auf dem Wohnungsmarkt Der Wohlstand bringt Umweltprobleme mit sich Starke soziale Differenzierung in den Städten Teilweise schwach entwickelte Stadtverwaltungen	**II. Die dynamisch wachsende Stadt** vor allem Städte in Ländern mit mittlerem Einkommensniveau, z. B. in Lateinamerika, in Teilen Nord- und Ostafrikas sowie West-, Ost- und Südostasiens 	Wachstum von Wirtschaft und Lebensstandard mit neuen Problemen bei Nachhaltigkeit Junge Bevölkerung bei weiter sinkender Geburtenrate Informeller Sektor wird teilweise in die offizielle Wirtschaft eingegliedert Megastädte wachsen zu Agglomerationen mit 20 bis 30 Mio. Menschen (in Asien hoch verdichtet, in Lateinamerika weitflächig) Zunahme sozialer Gegensätze und wachsende Kriminalität
Stagnierende oder rückläufige Zahl von Einwohnern, Überalterung, kleinere Haushalte Niedriges Wirtschaftswachstum Starke Zersiedelung Tendenzen zur sozialen Polarisierung Materielle Möglichkeiten zur Lösung von Umweltproblemen vorhanden Ausgebaute und funktionsfähige Stadtverwaltungen	**III. Die ausgewachsene, von Alterung geprägte Stadt** die meisten Städte in Nordamerika, Europa, Australien und Teilen Ostasiens 	Städte der Dienstleistungsgesellschaft mit einkommensstarker Bevölkerung Überwiegend hoher Bildungsstandard der Bevölkerung Geringes Angebot im Niedriglohnbereich, dadurch ungelöste Armutsprobleme Interessensgruppen beeinflussen Stadtpolitik Schwierigkeiten bei der Anpassung an die Bedürfnisse einer alternden Bevölkerung Demokratische Grundstruktur mit teilweise zähen Verwaltungsprozessen

M 2
Nutzungsansprüche an den geographischen Raum

Stadtentwicklung

Mit der griechisch-römischen Antike setzt in Südeuropa die Stadtentwicklung ein. Das Mittelalter ist die eigentliche Stadtgründungsepoche in Europa. Es entstehen Gründungsstädte des Adels, Marktorte und Bischofssitze.
Im 19. Jh. entwickeln sich viele Handels- und Residenzstädte zu Industriestädten. Sie kennzeichnet die innere Differenzierung, das enorme Flächenwachstum und die Bildung von Verdichtungsräumen.

M 3
Ehemalige Residenzstadt Münster

Stadt- und Regionalplanung

Die Gesellschaft in ihren Gruppen und der Bürger stellen konkurrierende Ansprüche an den geographischen Raum. Konflikte in der Raumnutzung sind unvermeidbar. Hier setzt der Staat mit dem Instrument der **Raumordnung** an. Im Rahmen des Planungsrechts steht den Kommunen die vorausschauende Lenkung der räumlichen Entwicklung einer Stadt (Bauleitplanung) zu. Die Regional- und Landesplanung ist Raumordnung auf der staatlichen Ebene der Länder.

1. Bildet Gruppen für jeden der drei Stadttypen, die sich aus Vertretern der Stadtverwaltung, von Wirtschaftsunternehmen, von informell Tätigen sowie von ärmeren und wohlhabenderen Bewohnern zusammensetzen. Diskutiert die Probleme Wohnen und Umwelt, die durch Stadtpolitiker, -planer und -verwaltung in einer Metropole zu lösen sind (M 1).
2. Begründe an einem Beispiel aus deiner Region die Notwendigkeit, dass man die Ansprüche an den geographischen Raum aufeinander abstimmen muss (M 2).
3. In welchen Rollen wirst du in deinem Leben den geographischen Raum beanspruchen? Diskutiere darüber mit deinen Mitschülerinnen und Mitschülern.

Kompetenztraining

1. Erkläre die folgenden Begriffe:

- Agglomerationsvorteil
- Agrarpolitik
- Aktivraum
- Dienstleistungen
- Direktinvestitionen
- Europaregion
- Global City
- Handelsdefizit
- Haupterwerbsbetrieb
- Hightechunternehmen
- Industrieller Strukturwandel
- Kolchose
- Kollektivierung
- Logistik-Unternehmen
- Megastadt
- Metropole
- Peripherer Raum
- Planwirtschaft
- Privatisierung
- Protektionismus
- Raumordnung
- Renaturierung
- Revitalisierung
- Staatengemeinschaft
- Stadtplanung
- Standortfaktoren
- Technologiezentrum
- Transformation
- Wirtschaftsboom
- Wirtschaftsförderung
- Wirtschaftssektoren
- Zentralverwaltungswirtschaft

2. Schema Standortfaktoren

Vervollständige die Standortfaktoren, indem du dich an den Beispielen „Arbeitskräfte" und „Wohnungsangebot" orientierst.

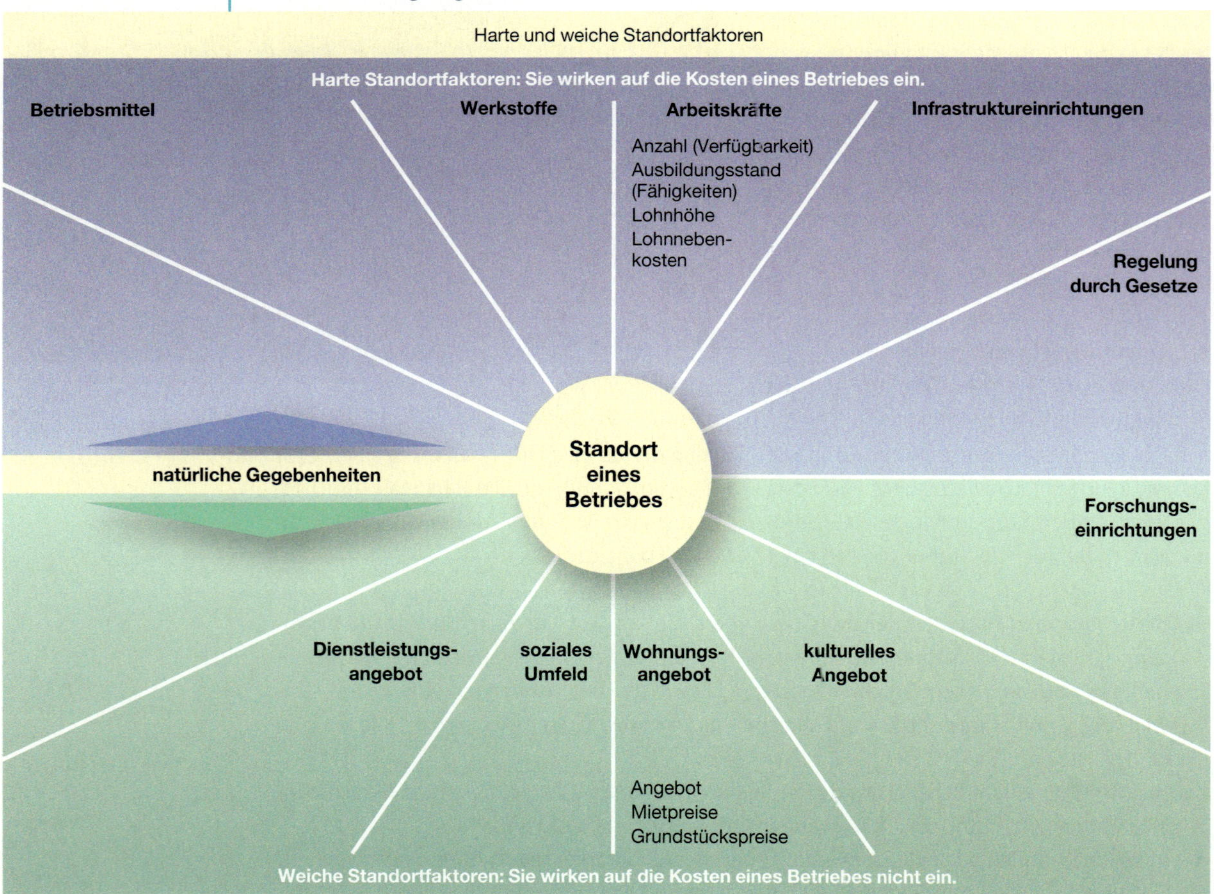

3. Finde den jeweiligen Gegenbegriff und erkläre ihn:

- Handelsdefizit
- harter Standortfaktor
- Haupterwerbsbetrieb
- Planwirtschaft
- Protektionismus
- Wirtschaftsboom
- zentraler Raum

4. Entwurf einer Kartenskizze

1994 wurde der Eurotunnel zwischen England und Frankreich eröffnet – er stellt ein wichtiges verkehrsmäßiges Bindeglied des zusammenwachsenden Europas dar. Verdeutliche diesen Sachverhalt durch eine Kartenskizze.

5. Auswertung einer Karte

a) Entwirf die Legende zu dieser Karte.

b) Welche Entwicklungen werden für Osteuropa aufgezeigt?

6. Auswerten einer Quelle

a) Erkläre die Aussage dieses Textes.

b) Teilst du die Meinung dieses Lesers?

Hoffnungen und Ängste

Die Globalisierung stellt man sich vielleicht als das Entfernen der Trennwand zwischen zwei Wasserbehältern A und B mit bisher unterschiedlichen Wasserständen (A hoch, B niedrig) vor.
Aus Sicht des Behälters A wird der Wasserstand absinken und aus Sicht des Behälters B ansteigen. Im Behälter A wird man sich ärgern und im Behälter B freuen. Mit dem Lohnniveau und den Sozialstandards ist das ähnlich. Hier wird ein massiver Ausgleich zwischen Erster und Dritter Welt stattfinden. *(nach: einem Leserbrief in der FAZ vom 02. 12. 2004)*

7. Auswerten eines Kurvendiagramms

a) Werte das Diagramm rechts aus.

b) In welchem Zusammenhang stehen deine Aussagen mit dem Vorgang der „Globalisierung"?

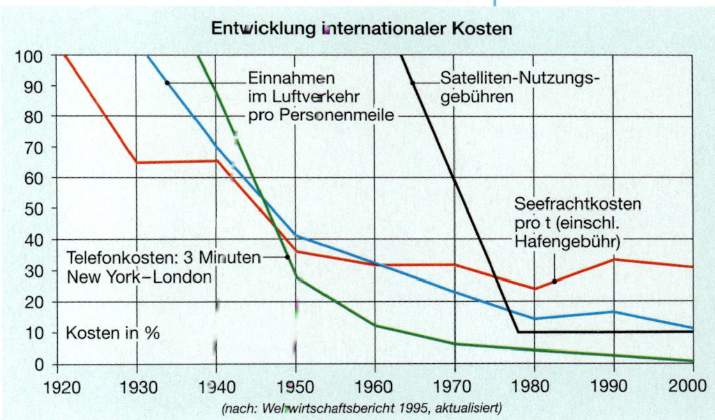

8. Erstellen von Diagrammen

Setze die Daten aus der Tabelle in eine geeignete Diagrammdarstellung um.

Erwerbstätige nach Wirtschaftssektoren in Deutschland (in %)

	primärer Sektor	sekundärer Sektor	tertiärer Sektor
1880	47,0	40,0	13,0
1925	28,0	47,0	25,0
2005	2,2	25,9	71,9

Bildungsausgaben (in % des BIP 2003)

Belgien	6,1	Irland	4,4	Portugal	5,9
Dänemark	7,0	Island	8,0	Schweden	6,7
Deutschland	5,3	Italien	5,1	Schweiz	6,5
Finnland	6,1	Niederlande	5,0	Slowakei	4,7
Frankreich	6,3	Norwegen	6,6	Spanien	4,7
Griechenland	4,2	Österreich	5,5	Tschech. Rep.	4,7
Großbritannien	6,1	Polen	6,4	Ungarn	6,1

(Nach: OECD Factbook 2007 - Economic, Environmental and Social Statistics, S. 185)

9. Erstellen einer thematischen Karte

a) Entwirf eine geeignete thematische Europakarte, indem du die Informationen der Tabelle Bildungsausgaben (rechts) verwendest. Bilde sinnvolle Grenzwerte für die Ländergruppen. Orientiere dich an der Karte auf S. 297, M3.

b) Erläutere die Bedeutung von Bildungsausgaben für einen Staat.

Raumanalyse: Wir untersuchen einen Raum vollständig – China

Kraftwerk in chinesischer Stadt Zhangjiakou: China könnte die USA schon bald als weltgrößter CO_2-Verursacher ablösen

Noch Ende der 1970er-Jahre zählte China zu den Entwicklungsländern. Das Land hatte Schwierigkeiten, seine stetig wachsende Bevölkerung zu ernähren. Die Wirtschaft war verstaatlicht und rückständig. Chinesische Produkte waren in Europa und den USA fast unbekannt. Der Kontakt mit dem Westen wurde vermieden. China schottete sich politisch und wirtschaftlich ab.
Heute schießen in den großen Städten die Wolkenkratzer wie Pilze aus dem Boden. Ausländische Firmen gründen Zweigniederlassungen. Die Wirtschaft boomt, das BIP wächst jährlich fast um 10 Prozent. China ist größter Rohstoffimporteur der Welt. Was hat sich geändert? Warum hat sich China dem Westen geöffnet? Was bedeutet „Marktwirtschaft unter kommunistischer Kontrolle"? Mit einer Steigerung der Gesamtausfuhren 2006 um fast dreißig Prozent war China drittgrößter Exporteur der Welt. Wie lange dauert es noch, bis China den Spitzenplatz unter den Welthandelsnationen vor Deutschland und den USA einnimmt?

WELCOME YOU

Leitfrage: Ist China auf dem Weg zur Weltwirtschaftsmacht?

Baustein 1: Entwicklung des Staatsraumes

Name: Volksrepublik China
Fläche: 9 572 419 km^2 (4. Weltrang nach Russland, Kanada und USA; zum Vergleich Deutschland: 357 030 km^2)

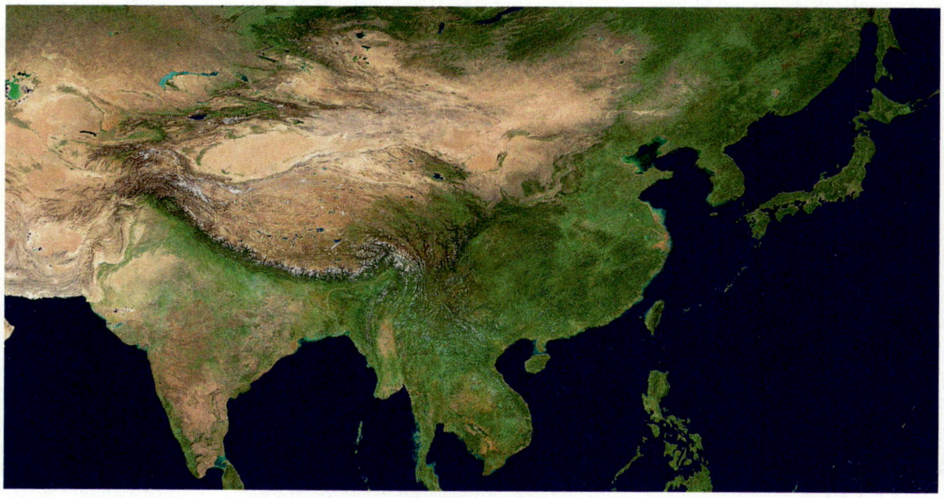

M 1
China im Satellitenbild

Wir untersuchen einen geographischen Raum von der Größe eines Staates. Du wendest dein Wissen über die Gesetzmäßigkeiten der Naturlandschaften und das Verhalten der Menschen an. Eine solche umfassende Untersuchung wird als **Raumanalyse** bezeichnet.

Raumanalyse mithilfe von Lernbausteinen
Die Grundlagen zur Raumanalyse vermitteln dir Lernbausteine. Sie erleichtern das Verständnis komplexer Themen und Fragestellungen.
Du wirst frageorientiert vorgehen.

Die Leitfrage heißt:
Ist China auf dem Weg zur Weltwirtschaftsmacht?

1. Verschaffe dir einen Überblick darüber, welche Bereiche die Lernbausteine abdecken. Die Bausteine ergänzen sich und zeigen dir, von welchen Einflüssen die Entwicklung geprägt wird. Entscheide dann, welche Bausteine du zur Bearbeitung der Leitfrage in welcher Reihenfolge heranziehen willst. Wenn du in einer Gruppe arbeitest, verständige dich mit den anderen auf eine Arbeitsform.
2. Zu jedem Baustein gehören Aufgaben. Du kannst Aufgaben auswählen, um selbst zu bestimmen, wie tief du in einen Bereich eindringen willst. Dabei wirst du die bisher gelernten geographischen Arbeitsweisen anwenden. Außerdem stehen dir Begriffserklärungen auf den Seiten 342 ff. zur Verfügung.
3. Du kannst mit deinen Mitschülern auf die Lernbausteine mit unterschiedlichen Methoden zugreifen: an Lernstationen, als Gruppenpuzzle, als Einzelarbeit. Eure Lehrkraft hilft euch bei der Organisation der Methoden.

Abriss der Territorialentwicklung

Bereits vor 4000 Jahren gibt es im Nordchinesischen Bergland Bauernkulturen. Unter dem König Qin entsteht um 300 v. Chr. „das Reich der Mitte". Zum Schutz vor mongolischen Nomadenvölkern im Norden wird die „Große Mauer" gebaut. Mit der Han-Dynastie beginnt die Expansion der Chinesen. Sie überschreiten den Tsinglingschan, vermischen sich mit den hier wohnenden Thaivölkern oder verdrängen

Die Großlandschaftsräume
In Hochasien stellt das **Hochland von Tibet** (2 Mio. km^2) die größte hochgelegene Landfläche der Erde dar. Fast zwei Drittel der chinesischen Staatsfläche liegen höher als 1000 Meter.
Den Kern **Nordostchinas** bildet die große Beckenlandschaft der Mandschurei. Sie liegt zwischen dem Großen Chingan und der Ussuriniederung sowie den nordkoreanischen Grenzgebirgen.
Nordchina (1,2 Mio. km^2) umfasst das Nordchinesische Bergland, den nördlichen Teil der Großen Ebene und Schantung.
Südchina (2,5 Mio. km^2) gliedert sich in die Jangtseebene, das Rote Becken und das Südchinesische Bergland.

M 2 *Die räumliche Gliederung*

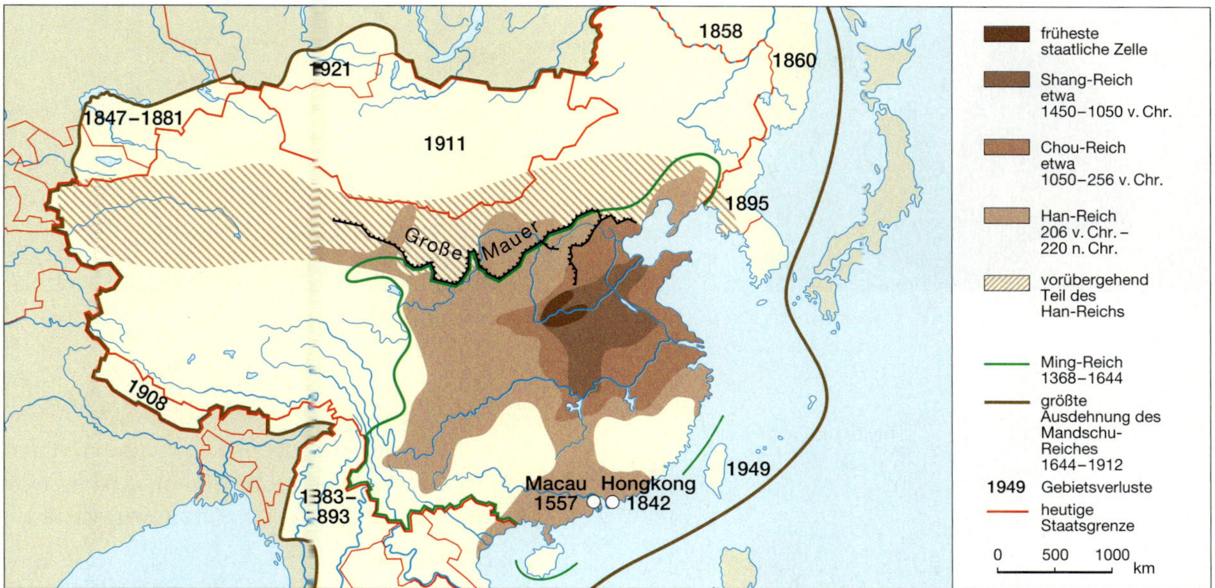

M 3 *Entwicklung des Staatsraumes*

diese nach Südostasien. Sie erobern auch Teile der Hochländer Zentralasiens.

Nach Jahrhunderten verfällt das mächtige Reich und die Mongolen errichten im 12. und 13. Jahrhundert unter Großkhan Kublai eine Militärherrschaft.

Nach der Vertreibung der Mongolenherrscher schottet sich China während der Ming-Dynastie nach außen ab und baut die zerfallene „Große Mauer" wieder auf.

Die Mandschu errichten nach ihrem Einfall 1644 ein gewaltiges Reich, dessen Niedergang im 19. Jahrhundert einsetzt. 1912 dankt der Kaiser ab, China wird Republik. Nach Bürgerkrieg und japanischer Teilbesetzung (1931 bis 1945) gründet Mao Tse-tung 1949 die Volksrepublik. Die Bauern werden zwangskollektiviert, im „Großen Sprung nach vorn" wird die Schwerindustrie als Grundlage der Industrialisierung aufgebaut. In der „Kulturrevolution" werden Schul- und Ausbildungswesen grundsätzlich verändert. Fehlende Erfolge führen nach 1970 zu wirtschaftlichen Reformen.

Begrenzter Kapitalismus wird wieder erlaubt, China öffnet sich nach Westen, ausländische Investoren dürfen ins Land – Chinas Aufstieg zur Weltwirtschaftsmacht beginnt.

M 4
Die Große Mauer, 2450 Kilometer lang

Entwicklungen auf dem „Dach der Welt"
Dieses autonome Gebiet der VR China umfasst 1 228 400 Quadratkilometer. 1950 besetzt China gewaltsam Tibet. Der 14. Dalai-Lama, das politische und religiöse Oberhaupt der Tibeter, flieht nach Indien. 1965 wird das „Autonome Tibet" gegründet. In der Gegenwart versucht China u.a. durch Ausbau der Infrastruktur die Region weiterzuentwickeln. So wurde 2005 die Eisenbahnlinie Golund–Lhasa fertiggestellt.

M 5
Tibet

1. Ermittle mithilfe des Atlas die Großlandschaften Chinas (M 1, M 2).
2. Beschreibe die Staatsentwicklung Chinas (M 3 bis M 5). Ziehe einen Geschichtsatlas hinzu. Entnimm einem Lexikon oder dem Internet weitere Informationen.

Baustein 2: Viertausend Jahre alte Kultur

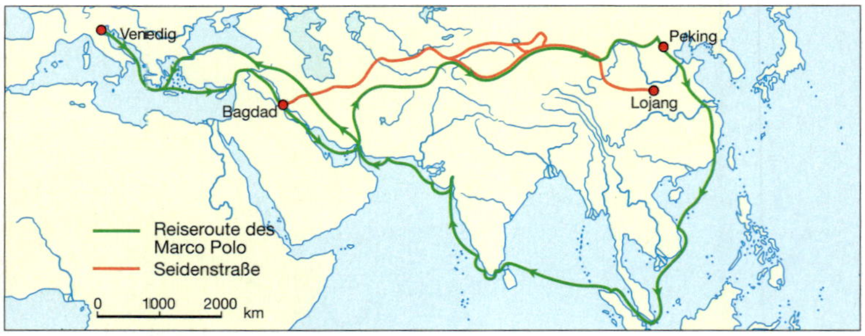

M 1 *Reiseroute des Marco Polo, links: Dschunke – chinesisches Segelschiff (mit einem solchen Schiff kehrte Marco Polo heim)*

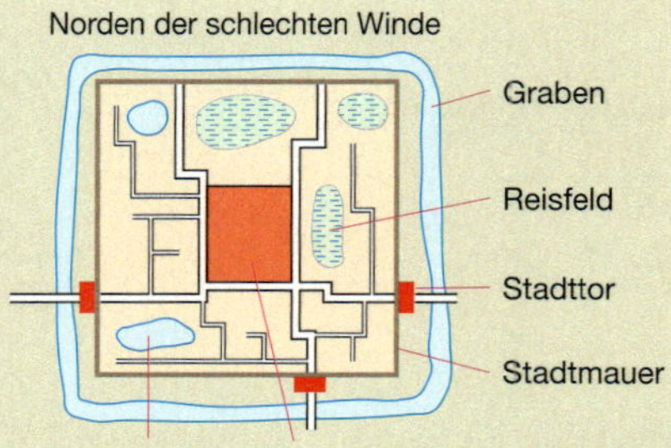

Die alten Städte weisen einen schachbrettförmigen, nach den Himmelsrichtungen orientierten Grundriss mit Stadtmauer und drei Toren auf. Die niedrigen Häuser kehren der Straße die fensterlose Rückseite zu. Mauern trennen die ineinandergeschachtelten Wohnviertel mit Knickgassen, die nur Lastenträger passieren können. In der Mitte großer Städte liegt der ummauerte Sitz des Herrschers und der Beamtenschaft.

M 2 *Modell der alten chinesischen Stadt*

M 3 *Peking, Haupttor zur „Verbotenen Stadt" heute*

China vor mehr als 730 Jahren

Der venezianische Kaufmannssohn Marco Polo reist 1271 auf dem Landweg nach China, in ein zu jener Zeit in Europa weitgehend unbekanntes Land.

Vom Westen, aus dem Pamirgebirge kommend, erreicht er zunächst das Tarimbecken und durchquert die Wüste Takla Makan. Nach einem kurzen Aufenthalt am See Lopnor wendet er sich nach Nordosten, überquert die Gebirgsketten des Altai und die Wüste Gobi.

Von dort geht die Reise weiter in Richtung Südosten, vorbei an der Großen Chinesischen Mauer, bis er 1275 die alte Sommerresidenz des Kaisers nördlich der heutigen Hauptstadt Peking (Beijing) erreicht. Hinter ihm liegen mehr als 12 000 Kilometer, für die er dreieinhalb Jahre benötigt hat.

Unter dem chinesischen Kaiser **Kublai Khan** lernt Marco Polo eine hoch entwickelte Kultur kennen.

Der Europäer wundert sich über die schwarzen Gesteinsadern, die die Chinesen abbauen und wie Holzklötze verbrennen. Er ist erstaunt über das Papiergeld, das aus dem Bast der Maulbeerbäume hergestellt wird. Geradezu angetan ist er von dem Nachrichtenwesen. Alle fünf Kilometer gibt es ein Dorf mit kaiserlichen Läufern. Muss eine Nachricht übermittelt werden, bindet sich der Kurier ein Glöckchen um und läuft los. Die reiche Handelsstadt Hangtschou (Hangzhou) mit prächtigen Palästen und Schiffen aus ganz Asien mit Gewürzen, Perlen und Edelsteinen begeistert ihn.

Als Marco Polo nach fast 25 Jahren nach Venedig zurückkehrt, glaubt ihm keiner, was er in China gesehen und erlebt hat.

„Reich der Mitte“

So nennen die Chinesen bis heute ihr Land. Die chinesische Kultur hatte sich über Jahrtausende ohne fremde Einflüsse entwickeln können. Die Menschen waren bis ins 15. Jahrhundert von anderen Kulturen durch Steppen und Wüsten, Hochgebirge und das Meer weitgehend getrennt.

Weltanschauungen und Religionen

Konfuzianismus, Taoismus und Buddhismus sind Lehren und Religionen vom „richtigen Leben“. Bis heute üben sie einen prägenden Einfluss auf die Kultur Chinas aus.

Der **Konfuzianismus** ist eine auf den chinesischen Philosophen Konfuzius (551 bis 479 v. Chr.) zurückgehende Weltanschauung. Die Lehre befasst sich mit der Frage: Wie lässt sich eine gute Ordnung in der Familie, in der Gesellschaft und im Staat einrichten? Die Menschen sollen die Natur mit ihren Göttern und die Ahnen verehren. Sie sollen die bestehende Ordnung in Familie und Staat anerkennen sowie Gesetze und Vorschriften einhalten. Dann sei ein harmonisches Zusammenleben der Menschen gewährleistet.

Der **Taoismus** (Tao, Dao = der Weg) hat seinen Ursprung in China. Schon in vorchristlicher Zeit spielten Götter und Geister, Natur- und Ahnenverehrung eine große Rolle.

Der **Buddhismus**, von Buddha vor 2500 Jahren begründet, kam durch den Handel mit Indien nach China. Ebenso wie der Taoismus lehrt er die schicksalhafte Vorbestimmung des Lebens.

Der **Islam** hielt wie der Katholizismus ab dem 7. Jahrhundert Einzug, der Protestantismus Anfang des 19. Jahrhunderts.

Nach der Gründung der Volksrepublik China 1949 wurde die Religionsausübung stark behindert. Heute sind fünf Religionen offiziell anerkannt. Von den ca. 1,3 Milliarden Einwohnern sind 100 Millionen Buddhisten, 30 Millionen Taoisten, 20 Millionen Muslime, 15 Millionen Protestanten und (nach Schätzungen) 13 bis 14 Millionen Katholiken. Weit verbreitet ist der Konfuzianismus.

M 4
Verbreitung der Religionen

	Erfindungen	China	Europa
Landverkehr	Schubkarren Pferdebeschirrung mit Brustgurt	2. Jh. n. Chr. 2. Jh. n. Chr.	1250 n. Chr. 1200 n. Chr.
Schifffahrt	Schaufelradschiffe See-Kompass	8. Jh. n. Chr. 10. Jh. n. Chr.	1543 n. Chr 1180 n. Chr.
Papier, Buchdruck	Papier Druck mit beweglichen Lettern	2. Jh. n. Chr. 1048 n. Chr.	12. Jh. n. Chr. 1430 n. Chr.
Industrie/ Bergbau	große Schmelztiegel für Eisen Porzellan Erdölförderung	um Chr. Geb. 13. Jh. n. Chr. 16. Jh. n. Chr.	18. Jh. n. Chr. 18. Jh. n. Chr. 19. Jh. n. Chr.
Waffentechnik	Schießpulver Raketen	9. Jh. n. Chr. 13. Jh. n. Chr.	1285 n. Chr. 20. Jh. n. Chr.

M 5
Kulturell-technische Leistungen der Chinesen

1. **Erläutere, warum die Chinesen ihr Land das „Reich der Mitte“ nennen.**
2. **Vergleiche den Aufbau einer alten chinesischen Stadt (M 2, M 3) mit einer deutschen Altstadt (Atlas).**
3. **Verfolge die Reiseroute Marco Polos (M 1) auf einer Atlaskarte.**
4. **Begründe, warum China eine der ältesten noch bestehenden Hochkulturen ist. Beziehe die Weltanschauungen und Religionen mit ein (M 4, M 5).**

Baustein 3: Landschaftstypen in China

Lössablagerungen im Norden Chinas

Das gelbe China
Die dicht besiedelte Tiefebene im Osten des Landes schuf der Hwangho, der „Gelbe Fluss". Der Flusslauf veränderte sich ständig und die Menschen versuchten, sich durch den Bau von Dämmen gegen Überschwemmungskatastrophen zu schützen. Wegen des fruchtbaren Bodens ist hier Getreideanbau verbreitet. Da im westlich gelegenen Lösshügelland schon in früher Zeit die Wälder gerodet wurden, ist die Bodenerosion hier sehr hoch.

Reisterrassen

Das grüne China
Etwa die Hälfte aller Chinesen bevölkert die fruchtbaren Schwemmlandebenen im Südosten. Enge Schluchten und kegelartige Berge mit steilen Flanken prägen hier das Landschaftsbild. Anstelle von immergrünen Laubwäldern, die gerodet wurden, überziehen Terrassen die Hänge, auf denen hauptsächlich Reis angepflanzt wird. Hohe Niederschläge bringt der sommerliche Monsun. Weiter nach Süden hat China Anteil an den Tropen.

Hochland von Tibet

Das kalte China
Das Hochland von Tibet liegt in rund 4000 Metern Höhe. Das Hochgebirgsklima weist große Schwankungen der Tagestemperatur auf. Im nördlichen Teil Tibets liegt die jährliche Durchschnittstemperatur unter 0 °C. Dort herrschen Tundrenvegetation und Dauerfrostboden vor, während im südlichen Teil alpine Steppen vorkommen. Sie sind die Heimat der Yaks, die sich mit ihrem zotteligen Fell gegen die Kälte schützen.

Oase in der Wüste Takla Makan

Das trockene China
Den Westen Chinas prägen weite, von hohen Gebirgszügen eingerahmte Beckenlandschaften, in denen kaum Niederschläge fallen. Es ist das Gebiet der winterkalten Steppe und der winterkalten Halbwüste. Die wüstenartigen Gebiete sind nur dünn besiedelt, meist von nomadisch lebenden Völkern, die in China eine Minderheit bilden. Auf größere Siedlungen und Bewässerungsfeldbau trifft man nur in Flussoasen.

M 1 *Die Großlandschaften Chinas*

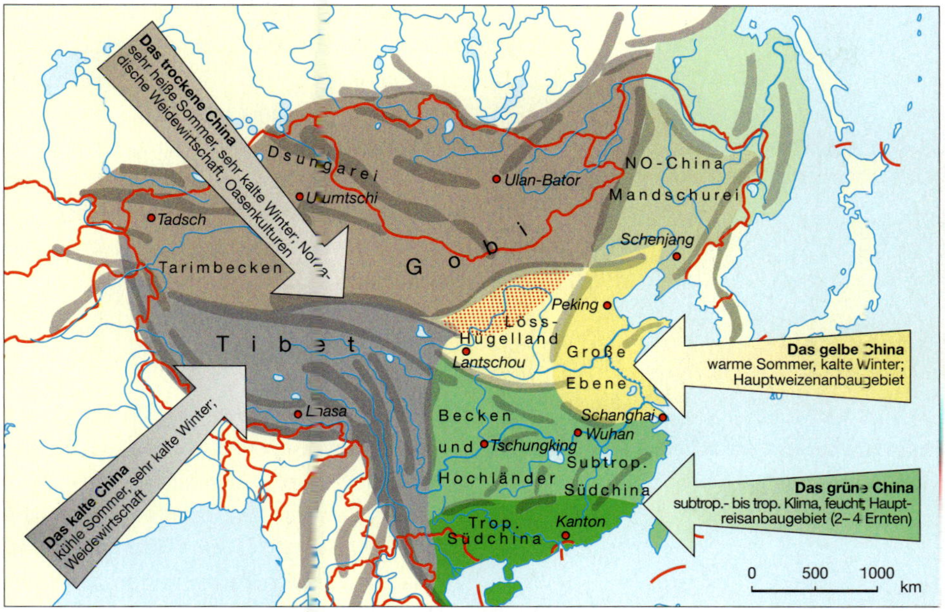

Anteile an der Gesamtfläche (in %)	
Tiefland	10
Berg- und Hügelland	9
Beckenlandschaften	15
Hochflächen	30
Hochgebirge	36

M 2

Landschaftstypen in China

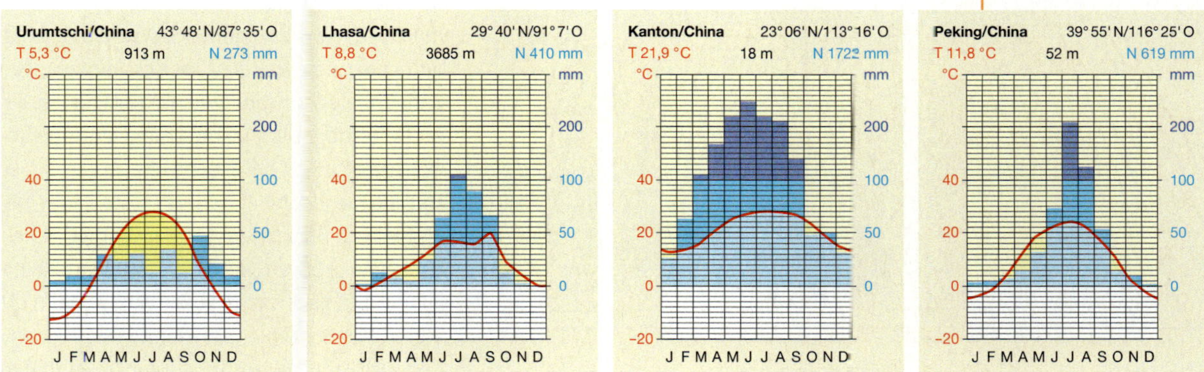

M 3

Klimadiagramme

Oberflächengestalt Chinas

Die Gebirge Westchinas sind die gewaltigsten Erhebungen der Erde. Auf einer Länge von 2400 km ragen im Himalaya die Gipfel empor. Das Hochland von Tibet ist das ausgedehnteste Hochland der Erde. Es ist im Norden und Süden wie von Mauern, den Ketten des Kuenlun und des Transhimalaya, eingesäumt. Das Tarimbecken und die Dsungarei liegen in Höhen von 1000 bzw. 500 Metern. Nach Osten fällt China in Stufen zum Meeresspiegel ab. Tsinglingschan und Schantung trennen die Berg- sowie Tiefländer Nord- und Südchinas.

Große Ebene	300 000 km²	Zum Vergleich:
Mandschurei	777 000 km²	
Hochland von Tibet	1,3 Mio. km²	Deutschland: 357 030 km²
Tarimbecken	900 000 km²	
Wüste Gobi (chines. Anteil)	1 Mio. km²	NRW: 34 084 km²

M 4

Größenverhältnisse

1. China hat vier „Gesichter". Fasse die Landschaftsmerkmale in einer Tabelle zusammen (M 1 bis M 4).
2. „Stark vereinfacht lässt sich China als Treppe mit drei Stufen darstellen." Erläutere die Aussage (M 2).
3. Beschreibe und erläutere die Klimadiagramme (M 2, M 3). Unterscheide Monsun- und Trockenklimate.

Baustein 4: Vielfalt der Bodennutzung

M 1 *Reisanbau in Südchina*

M 2 *Ertragssteigerung durch wissenschaftliche Methoden (Plakat)*

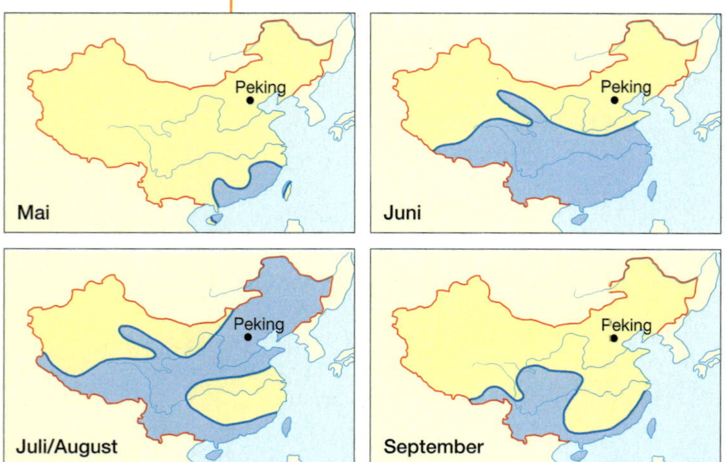

M 3 *Verlagerung der Regenzone des Sommermonsuns*

China ist der größte landwirtschaftliche Produzent der Erde. Auf sieben Prozent der weltweiten Ackerfläche muss ein Fünftel der Weltbevölkerung ernährt werden. In Anbetracht der Bevölkerungszahl stehen trotz erheblicher Ertragssteigerungen je Einwohner weniger Nahrungsmittel und landwirtschaftliche Rohstoffe zur Verfügung als z. B. in Deutschland. Aber China kann heute seine Bevölkerung aus eigener Produktion ernähren.

Landbauzonen

Die Nutzungsmöglichkeiten hängen von der Oberflächengestalt und von den klimatischen Bedingungen ab. In den letzten 2000 Jahren lösten sich mindestens einmal in einem Jahrzehnt Dürren und Überschwemmungen ab. Ursache ist der vom Pazifischen und Indischen Ozean kommende Sommermonsun, der unterschiedliche Regenmengen bringt. Gegen die Dürren wurden große Bewässerungsanlagen gebaut, gegen die Überschwemmungen aufwändige Dammbauten an den Flüssen. Ein großes Problem im Lössbergland sind die Bodenabtragungen bei Starkregen.

Das Kernland Chinas liegt im Osten. Hier betreiben die Bauern seit Jahrtausenden Ackerbau. Den größten Anteil der landwirtschaftlichen Nutzfläche an der Landfläche haben die Tief- und Beckenländer der Großen Ebene und des Jangtsekiang mit ihren fruchtbaren Schwemmlandböden.

Im Südchinesischen Bergland sind die Urwälder bis auf höhere Gebirgslagen gerodet worden. In den Tälern und an den Berghängen wird ein intensiver Anbau betrieben. Die Hänge wurden mühevoll in eine Stufenfolge von Terrassen umgestaltet.

Die ebenen Talsohlen waren leichter zu kultivieren. Jeder Quadratmeter des Bodens wird genutzt. Mit Hacke und Spaten, heute auch mit kleinen Maschinen, bearbeiten die Bauern sorgfältig die kleinen Felder. Dieser Gartenbau bringt hohe Flächenerträge. Stark zugenommen hat der Einsatz von Kunstdünger und Pflanzenschutzmitteln. Zudem sind Bewässerungsflächen ausgeweitet und Erosionsflächen nutzbar gemacht worden. So kann China heute sogar Agrargüter exportieren.

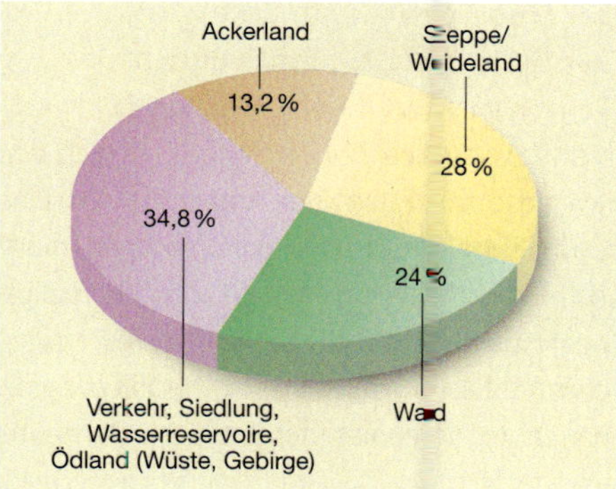

M 4 *Bodennutzung (2003)*

Rückgang des Ackerlandes

Im Jahr 2003 waren 3,56 Mio. Quadratkilometer von Bodenerosion betroffen. Das entsprach rund 37 Prozent der gesamten Landesfläche. Bodenerosion durch Wasser betraf 1,65 Mio. Quadratkilometer, durch Wind 1,2 Mio. Quadratkilometer. Schwerste Erosionsschäden traten auf einer Fläche von 380 000 Quadratkilometern auf. 2003 gingen in China 2,5 Mio. Hektar Ackerland verloren. Der Hauptgrund war die Umwidmung in eine andere Form der Bodennutzung. So wurden 2,1 Mio. Hektar als Waldflächen ausgewiesen und weitere rund 120 000 Hektar als Weideland. Naturkatastrophen zerstörten 50 000 Hektar Ackerland. Das war jedoch weniger als im langfristigen Durchschnitt. *(nach: www.zhb.gov.cn)*

M 5 *Folgen der Bodenerosion*

M 7 *Landbauzonen Chinas*

	Jan	Feb	Mär	Apr	Mai	Juni	Jul	Aug	Sep	Okt	Nov	Dez
1. Jahr		Brache				Hirse					Winterweizen	
2. Jahr				Winterweizen						Brache		
3. Jahr		Brache					Mais				Brache	
4. Jahr		Brache					Zuckerrüben					

	Jan	Feb	Mär	Apr	Mai	Juni	Juli	Aug	Sep	Okt	Nov	Dez
1. Jahr												
2. Jahr							Frühreis			Spätreis		
3. Jahr		Winterweizen										
4. Jahr								Baumwolle				

M 8 *Anbaukalender in der Mandschurei (oben) und in Südchina*

Staatliche Maßnahmen zur Ertragssteigerung

- Stärkung des bäuerlichen Familienbetriebs
- Förderung der Vermarktung der Produkte
- Förderung der Mechanisierung
- Verbesserung der Anbaumethoden durch Schulungsprogramme für die Bauern
- Ausbaumaßnahmen für Bewässerungsanlagen
- Einsatz genveränderter Kulturpflanzen

M 6 *Versorgung der wachsenden Bevölkerung*

1. Stelle in einer Tabelle für Nord-, Süd- und Westchina die unterschiedlichen Bedingungen für die Landwirtschaft zusammen (M 3, M 7).
2. Vergleiche die Anbaukalender in der Mandschurei und in Südchina und begründe die Unterschiede (M 8).
3. Erörtere Probleme der chinesischen Landwirtschaft (M 1, M 2, M 4 bis M 6).

Baustein 5: Kampf mit der Natur

M 1 *Der Gelbe Fluss – der „Kummer Chinas"*

M 2 *Laufverlagerungen des Hwangho*

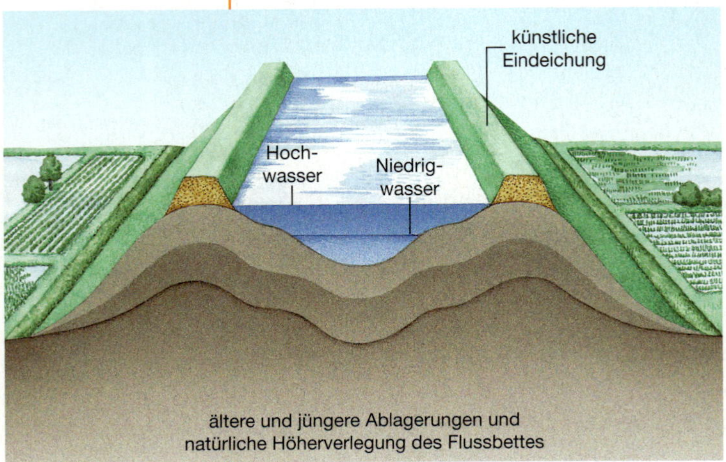

M 3 *Dammfluss im Querschnitt*

Der Hwangho – Gestalter der Großen Ebene und Gefahr für den Menschen

In die Lössdecken des Berglandes hat sich der Hwangho mit Tälern tief eingeschnitten. Der „Gelbe Fluss" lagert im Tiefland Schwemmlöss ab. In Jahrtausenden wurde die ehemalige Meeresbucht des Gelben Meeres zugeschüttet. Die Große Ebene ist das gewaltigste Aufschüttungsgebiet der Erde. Noch heute baut der Strom sein Delta jährlich um mehr als 20 Quadratkilometer aus. Die Lössmassen haben sein Flussbett erhöht. Er ist zu einem Dammfluss geworden. Wenn er zur Regenzeit die Wassermassen nicht fassen kann, überschwemmen sie weithin die Ebene.

Seit 1952 versucht China, den Strom zu zähmen. Im Unterlauf wurden auf einer Länge von fast 2000 Kilometern die Deiche stabilisiert. Im Mittel- und Oberlauf wurde eine Treppe von über 30 Staudämmen und im Nordchinesischen Bergland von über 20 Rückhaltebecken angelegt. Bevor die Staudämme mit Lössschlamm gefüllt sind, soll eine „Große grüne Mauer" den Flugstaub aus der Wüste aufhalten. Dazu pflanzt man seit 1970 einen über 4500 Kilometer langen Waldschutzstreifen an. Im Lössbergland wurden steile Hänge terrassiert und Millionen von Bäumen gepflanzt, um die Bodenabtragung zu vermindern.

Entstehung der Lössablagerungen

Kalte, trockene Nordwestwinde wehen seit Jahrtausenden im Winter aus den Steppen und Wüsten Innerasiens nach Nordchina. Sie bringen große Mengen von feinem Staub aus Sandkörnern, Ton- und Kalkteilchen mit. Wo sich eine Grasdecke einstellt, bildet der Flugstaub den gelben Löss. Der Flugstaub sammelt sich zu immer größerer Mächtigkeit an. Die Grasdecke wächst indessen weiter. Ihre Wurzeln lassen zahlreiche Hohlräume zurück. So lagerten sich Lössdecken bis zu 600 Metern Dicke im Nordchinesischen Bergland ab. Es wird deshalb auch als „Lössbergland" bezeichnet.

M 4 *Flugstaub und Löss*

- Der Damm schützt 50 Millionen Menschen und 1,5 Millionen Hektar Landwirtschaftsfläche vor Hochwasser.
- Die Turbinen in den Kraftwerken liefern elektrischen Strom, der in Wuhan und Schanghai dringend benötigt wird. China spart rund 50 Millionen Tonnen Kohle ein, die sonst in den Kohlekraftwerken verfeuert und den weltweiten Treibhauseffekt verstärken würden.
- Der Schifffahrtsweg wird verbessert. Bislang konnten nur kleine Frachter flussaufwärts bis Tschungking fahren. Nach der Flutung der gefährlichen Stromschnellen in den drei Schluchten können auch seegehende Schiffe bis zu 10 000 Tonnen Tschungking anlaufen.

M 5 *Pro Drei-Schluchten-Damm ...*

- Die Turbinen im Kraftwerk liefern nur dann Höchstleistung, wenn der Stausee bis oben gefüllt ist. Bei einer herannahenden Flutwelle muss der Wasserspiegel aber auf 145 Meter gesenkt werden.
- Die Wohnungen, Arbeitsplätze und landwirtschaftlichen Nutzflächen von 1,5 Millionen Menschen sowie über 400 Kulturdenkmäler fallen dem Stausee zum Opfer.
- Die vom Jangtsekiang mitgeführten Sandmassen lagern sich im Stausee ab und verringern das Stauvolumen.
- Der Damm liegt in einem erdbebengefährdeten Gebiet. Erdbeben und Erdrutsche könnten auch durch das gestaute Wasser oder durch das große Gewicht der Staumauer ausgelöst werden.

M 6 *... und contra Drei-Schluchten-Damm*

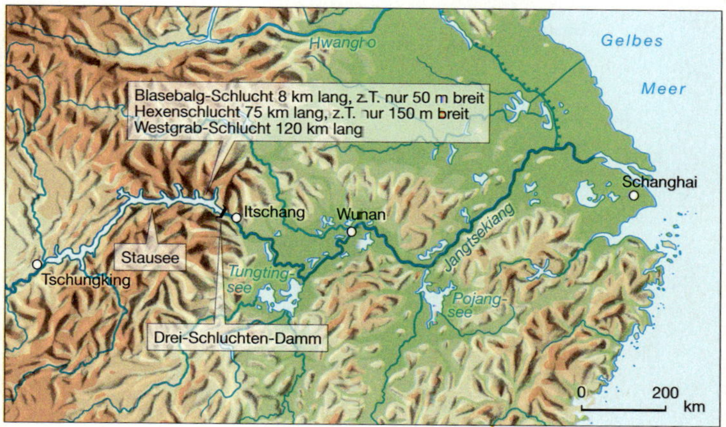

M 7 *Der Drei-Schluchten-Damm*

Der Drei-Schluchten-Damm am Jangtsekiang

In der Vergangenheit kam es immer wieder zu Überschwemmungen am Mittel- und Unterlauf des Jangtsekiang. 1994 begannen die Bauarbeiten für den Damm, die Kraftwerke und die Schleusen. 2006 waren die Anlagen fertiggestellt. Genau genommen handelt es sich um eine riesige Talsperre, die durch eine beeindruckende Staumauer abgesperrt wird. Dennoch hat sich die Bezeichnung „Drei-Schluchten-Damm" im deutschen Sprachraum gefestigt.

Staumauer:
Länge 2300 m,
Höhe 185 m
Stauhöhe max. 180 m
Schiffsschleusen:
2 getrennte Wasserstraßen mit je 5 Schleusen
Kraftwerk:
26 Turbinen
Stausee:
Länge 620 km
Breite 1,6 km
(im Durchschnitt)
Fläche 1084 km^2

M 8 *Die Schleusenkammern und technische Daten*

1. Erkläre die abtragende und aufschüttende Tätigkeit des Hwangho (M 1 bis M 4).
2. Erläutere die seit Jahrhunderten unternommenen Anstrengungen der Chinesen, den Hwangho zu bändigen (M 3).
3. Wäge die Vor- und Nachteile des Drei-Schluchten-Dammes ab (M 5, M 6).
4. Erläutere, welche wirtschaftlichen Zielsetzungen mit der Möglichkeit der Energiegewinnung am Drei-Schluchten-Damm verbunden sind (M 7 bis M 8, Atlas).

Baustein 6: Chinas Bevölkerungswachstum

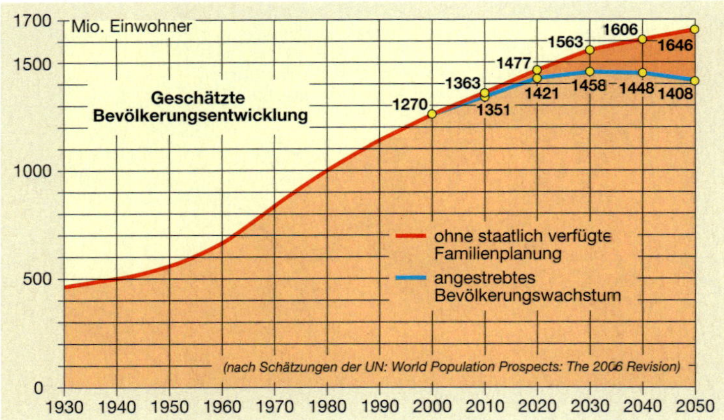

M 1 *Bevölkerungsentwicklung Chinas*

M 2 *Bevölkerungspyramide*

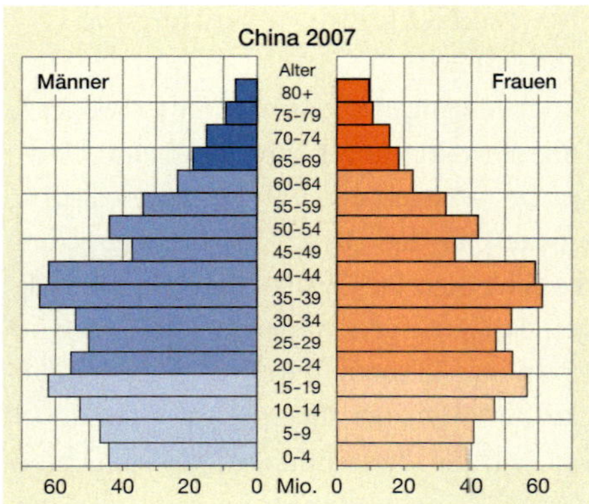

M 3 *Bevölkerungsdaten*

Bevölkerung (Juli 2007):	1 321 852 000
Geburtenrate (je 1000 Einwohner):	13,24
Sterberate (je 1000 Einwohner):	6,97
Bevölkerungswachstum (%):	0,6
Durchschnittsalter (Jahre):	32,7
Kinder pro Frau:	1,7

Kinder sind die „Blumen des Vaterlandes“

Die Regierung der 1949 gegründeten Volksrepublik China förderte bis in die 1970er-Jahre das Bevölkerungswachstum. „700 Millionen Chinesen sind 700 Millionen Soldaten“, hieß es in der Propaganda.

In der chinesischen Tradition sind viele Kinder in der Familie ein „Reichtum“. Es hieß: „Je mehr Kinder, desto glücklicher.“ Kinder sind die „Blumen des Vaterlandes“ und die „Zukunft der Menschheit“. Auf dem Lande waren vor allem in armen Bauern- und Handwerkerfamilien die Kinder dringend benötigte Arbeitskräfte. Die Söhne sicherten die Altersversorgung der Eltern, die Mädchen gehörten nach ihrer Heirat zur Familie des Ehemanns.

M 4 *Ursachen des Bevölkerungswachstums*

Die Ein-Kind-Politik

Seit 1982 fördert der Staat die Familienplanung. Ziel ist die Ein-Kind-Familie.

- Jede Familie darf nur ein Kind haben. Es gibt nur wenige Ausnahmen, z. B. wenn das erste Kind behindert ist oder, in einigen ländlichen Provinzen, wenn das erste Kind ein Mädchen ist. Bei nationalen Minderheiten, z. B. den Tibetern, besteht offiziell keine Einschränkung der Kinderzahl.
- Das Heiratsalter wurde heraufgesetzt; für Männer beträgt es 25 Jahre, für Frauen 23 Jahre.
- Der Ein-Kind-Familie gewährt der Staat viele Vorteile. Kind und Mutter erhalten kostenlose medizinische Betreuung. Das Kind wird bevorzugt bei der Aufnahme in die Kinderkrippe, den Kindergarten und später in die Schule. Dies ist wichtig, da in China in aller Regel beide Eltern arbeiten. Die Eltern werden bei der Lohnzahlung und bei der Zuteilung von Wohnraum bevorzugt.
- Sollte ein zweites Kind ohne Antrag und Genehmigung geboren werden, verliert die Familie diese Vorteile und alle finanziellen Zuwendungen müssen zurückgezahlt werden. Lohnprämien werden gekürzt.
- Für ein drittes Baby muss zusätzlich eine Strafsteuer gezahlt werden.

2002 wurde ein „Erstes Gesetz zur Bevölkerungsplanung“ erlassen, in dem die Geburt von einem Kind pro Ehepaar befürwortet sowie zur späten Heirat und späten Geburt aufgefordert wird. Ein zweites Kind kann beantragt werden.

In den Städten, wo die staatlichen Kontrollen schärfer sind und wo die Menschen in kleinen Wohnungen leben, hat sich die Ein-Kind-Familie weitgehend durchgesetzt. Aber immer mehr reiche Chinesen können es sich leisten, die Strafen zu bezahlen. Diese sind in China regional unterschiedlich und können maximal das Vielfache des jährlichen Haushaltseinkommens betragen. Auf die Gesamtbevölkerung gesehen haben aber die staatlichen Maßnahmen gegriffen und das Bevölkerungswachstum konnte verlangsamt werden.

Folgen der Ein-Kind-Politik

Durch die Familienplanung hat China bei den sozialen Leistungen erhebliche Einsparungen vornehmen können. Ebenso konnten die wirtschaftliche Entwicklung gefördert sowie der Lebensstandard der Bevölkerung verbessert werden. Damit schuf die Politik eine Grundlage für die Entwicklung des Landes.

Im Jahr 2020 werden 12 % der Chinesen über 65 Jahre alt sein, bis 2050 wird dieser Anteil auf weit über 25 % steigen. Es werden Probleme in der Gesundheitsfürsorge und in der Sozialabsicherung befürchtet – insbesondere für die Landbevölkerung. Die wenigsten Chinesen haben eine Krankenversicherung. Altersrente ist auf dem Lande unbekannt, weil bisher die Söhne für ihre Eltern sorgen mussten.

In China werden immer weniger Mädchen geboren und großgezogen. 2005 entfielen auf 100 Geburten von Mädchen 119 Jungen. In der konfuzianischen Tradition werden männliche Nachkommen bevorzugt. Wegen der Ein-Kind-Politik möchten viele Eltern nur Jungen großziehen. Mädchen werden schlechter ernährt und in der Gesundheitsversorgung benachteiligt. Inzwischen sind Untersuchungen zur Geschlechtsbestimmung verboten und Kindesmord wird schwer bestraft.

M 6 *Plakat mit dem Aufruf zur Ein-Kind-Familie*

Wie umgeht man ein Gesetz?

In der VR China wird mit großem Einfallsreichtum dem Druck der staatlichen Strafen begegnet: Schwangere Frauen besuchen rechtzeitig weit entfernt lebende Verwandte und kommen nach der Geburt mit einem „Pflegekind" wieder zurück. Auch „falsche Ehescheidungen" sind nicht selten: Droht die Überprüfung der Geburtenplanung, lassen sich viele Paare wegen „gegenseitiger Unverträglichkeit" scheiden, um anschließend in wilder Ehe weiterzuleben. Denn sind die Paare nicht verheiratet, steht jedem Partner ein Kind zu. Ähnliche Geschwister werden teilweise auch als Zwillinge gehandelt, denn gegen Zwillinge kann der Staat keine Strafen verhängen!

M 7 *Ein-Kind-Familie?*

M 5 *Auswirkungen der Ein-Kind-Politik*

1. Erläutere Ursachen für das schnelle Bevölkerungswachstum Chinas (M 1, M 2).
2. Charakterisiere die Altersgliederung der Bevölkerung (M 4, M 7). Vergleiche sie mit Indien (S. 138 M 1) und Deutschland (Internet).
3. Erörtere die Maßnahmen und Auswirkungen der staatlichen Familienplanung (M 3, M 5, M 6).
4. Fertige ein Wirkungsgefüge über die Probleme für die Nahrungsmittelversorgung an.

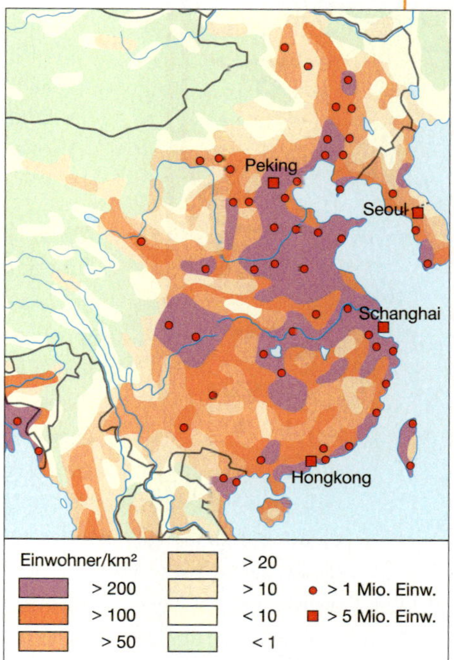

M 8 *Bevölkerungsdichte*

Baustein 7: Von der Planwirtschaft zur sozialistischen Marktwirtschaft

M 1

Planwirtschaft (Sozialismus)

Der Staat bestimmt die Produktion

Staatsunternehmen stellen so viele Fahrräder her, wie der vom Staat aufgestellte Plan es vorsieht. Weil Fahrräder nicht als wichtig angesehen werden, werden nur wenige Fahrräder produziert. Als Mangelware verkaufen sie sich aber gut. Es gibt keine Konkurrenz und keine große Auswahl zwischen verschiedenen Modellen. Da bewährte Technik nicht verändert zu werden braucht, sind die neuen Fahrräder unmodern.

Im Sozialismus gibt es keinen „Markt". Ohne Konkurrenz fehlt aber der technische Fortschritt. Die unmodernen Produkte werden trotzdem gekauft. Die Technik im Sozialismus veraltet immer mehr. Im Vergleich zum Westen werden mehr als doppelt so viele Arbeiter für die Herstellung eines Fahrrades gebraucht. Dafür gibt es keine Arbeitslosigkeit. Die Menschen verdienen nicht viel, sie benötigen keinen privaten Versicherungsschutz. Der Staat schützt die Menschen gegen Arbeitslosigkeit, bei Krankheit und im Alter.

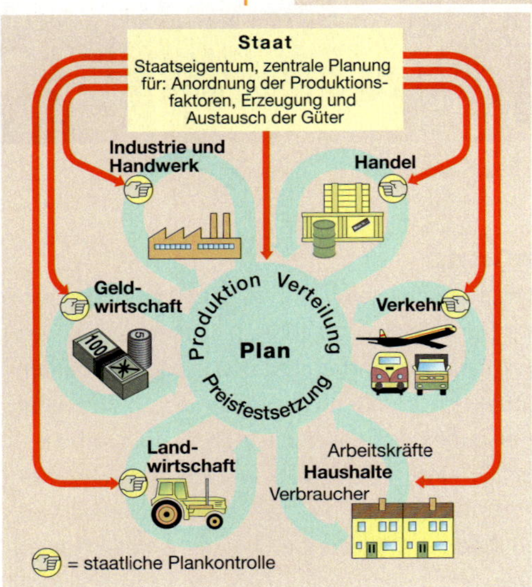

Das Wirtschaftssystem nach Gründung der Volksrepublik

Erste Schritte, eine leistungsfähige Industrie aufzubauen, gehen auf das Jahr 1949 zurück. Alle Betriebe werden verstaatlicht, die Wirtschaft wird von der Kommunistischen Partei zentral gelenkt Die Regierung bestimmt, was und wie viel zu produzieren ist. Die Sowjetunion gilt als Vorbild und sowjetische Ingenieure helfen beim Aufbau der Industrien. 1957 beschließt die chinesische Regierung, ganz auf ausländische Hilfe zu verzichten, einen eigenen Weg der Entwicklung zu beschreiten und das Land vom Weltmarkt abzukoppeln.

Die letzte Stufe der Verstaatlichung (Kollektivierung) der Landwirtschaft bilden 1958 die Volkskommunen. Ganz China ist in Bezirke aufgeteilt. Jeder Bezirk bildet eine Volkskommune, die ehemaligen Dörfer heißen jetzt „Produktionsbrigaden". Mao Tse-tungs Ziel ist die schnelle Industrialisierung Chinas. In den Dörfern sollen die Bauern in Kleinsthochöfen Stahl erzeugen und Kleinindustrien aufbauen. Der erhoffte Erfolg stellt sich jedoch nicht ein. Die Landwirtschaft wird vernachlässigt. Als schwere Überschwemmungen einen großen Teil der Ernte vernichten, überzieht eine Hungersnot das Land, bei der Millionen von Chinesen sterben.

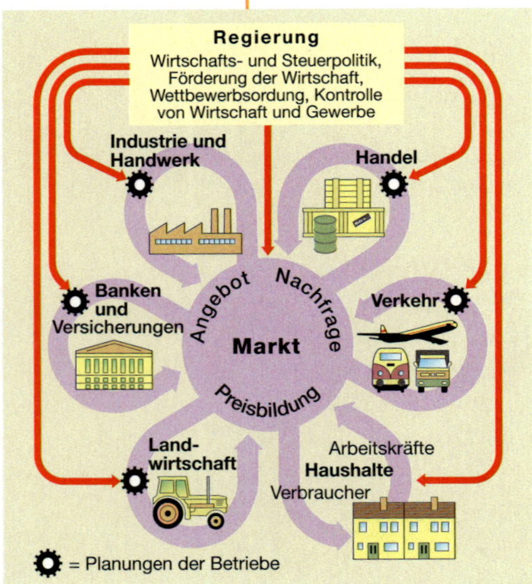

M 2

Marktwirtschaft (Kapitalismus)

Markt und Nachfrage beeinflussen die Produktion

Sportfernsehen und Werbung zeigen moderne Fahrräder: Rennräder, Mountainbikes und anderes mehr. Jugendliche und Erwachsene möchten solche Fahrräder haben.

Private Unternehmer produzieren und verkaufen sie entsprechend dieser Nachfrage. Die verschiedenen Fahrrad-Produzenten versuchen sich mit den Preisen zu unterbieten.

Um billigere Modelle anbieten zu können, lassen z. B. einige ihre Fahrräder in Billiglohnländern Asiens fertigen. Eine andere einheimische Konkurrenzfirma reagiert darauf mit ganz neuen Modellen. Diese sind evtl. schicker und technisch sehr viel besser als die Billigware aus Asien, sie sind aber auch viel teurer. Es mussten dafür neue Maschinen entwickelt werden. Der Unternehmer muss Steuern, Lohnsteigerungen und Sozialabgaben für die Krankenkasse und die Altersversicherung zahlen, die Beschäftigten einen eigenen Anteil.

Wandel des Wirtschaftssystems

Nach dem Tod Mao Tse-tungs 1976 werden unter Deng Xiaoping, dem neuen starken Mann Chinas, tiefgreifende Reformen durchgeführt. Privateigentum und freie Märkte sind jetzt wieder zugelassen, jedoch ohne dass sich politisch etwas am Machtmonopol der Kommunistischen Partei ändert. Die Planwirtschaft verliert an Bedeutung. Lediglich die Großbetriebe, z. B. die der Schwerindustrie, sind noch staatlich gelenkt. Ab 1979 dürfen sich Ausländer mit Kapital an chinesischen Firmen beteiligen.

1993 wird das neue System der „sozialistischen Marktwirtschaft" eingeführt. Die Kommunistische Partei gibt nur noch die Rahmenrichtlinien mithilfe von Fünfjahresplänen vor. Staatsbetriebe und Privatbetriebe existieren parallel. 2003 wird der Ausbau der Marktwirtschaft unter Kontrolle der Kommunistischen Partei als Ziel vorgegeben.

Sonderwirtschaftszonen

Mit dem Wandel des Wirtschaftssystems und der Öffnung des Landes für ausländische Unternehmen werden wirtschaftliche Sonderzonen eingerichtet.
In diesen Gebieten erhalten ausländische Unternehmen seit Jahren steuerliche Vorteile und Zugang zu den chinesischen Binnenmärkten. Die Sondergebiete wetteifern darin, ausländische Investoren zu gewinnen. Sie sind Motoren der Modernisierung und des Aufstiegs Chinas zur Weltwirtschaftsmacht.

M 3 *Die wirtschaftliche Öffnung Chinas*

M 4 *Shenzhen*

Sonderwirtschaftszone Shenzhen
Das Gebiet grenzt im Süden an Hongkong und umfasst eine Fläche von 328 Quadratkilometern. In der nördlich angrenzenden Provinz Guangdong profitieren weitere Gebiete vom wirtschaftlichen Aufschwung. Seit der Rückgabe Hongkongs an China im Jahre 1997 wurden die größten Produktionszentren für Textilien, Schuhe, Taschen und Koffer, Spielzeug sowie Uhren in die Sonderwirtschaftszone verlagert. In ihr können mit umgerechnet etwa 100 Euro pro Monat deutlich niedrigere Löhne als in Hongkong gezahlt werden.

Der chinesische Ministerpräsident Zhao Ziyang 1980
„Auf der Grundlage der Gleichberechtigung und des gegenseitigen Nutzens heißen wir Ausländer willkommen, in China zu investieren, gemeinsam mit uns Bergwerke und Fabriken zu errichten oder sich anderweitig geschäftlich zu beteiligen. [...] Die Sonderwirtschaftszonen werden bei der Verwendung moderner ausländischer Techniken und bei der Nutzung ausländischer Geldmittel freie Hand haben."

M 5
Öffnung nach Westen

1. Beschreibe das chinesische Wirtschaftssystem von 1949 bis 1979 (M 1). Vergleiche mit der westlichen Marktwirtschaft (M 2).
2. Erläutere Chinas heutiges Wirtschaftssystem (Text, M 3).
3. Nenne Ziele, die mit den Sonderwirtschaftszonen erreicht werden sollen (M 3, M 5).
4. Berichte am Beispiel von Shenzhen über Schritte und Ergebnisse der wirtschaftlichen Entwicklung in China (M 3 bis M 5).

Baustein 8: Entwicklung von Industrie und Gesellschaft

M 1 *Deutsche Gemeinschaftsunternehmen (Joint Ventures) in China*

Jahr	Einw.	Getreide	Fleisch	Tee	Baumwolle
	Mio.	Mio. t			
1978	962,6	304,8	12,0	0,26	2,2
2005	1299,9	484,0	72,5	92,0	5,7
Jahr	**Kohle**	**Stahl**	**Erdöl**	**Zement**	**elektrischer Strom**
	Mio. t				Mrd. kWh
1978	618,0	31,8	104,0	65,2	256,6
2005	2190,0	352,4	181,0	1006,0	2474,0
Jahr	**Pkw**	**Fernsehgeräte**	**Kühlschränke**	**Mobiltelefone**	**Klimaanlagen**
	Mio.				
1978	0,05	0,38	0,03	0,0	0,2
2005	2,77	82,8	29,9	303,0	67,7

M 2 *Ausgewählte Produktionsziffern*

Voraussetzungen des Aufstiegs

Seit Jahrzehnten wächst die chinesische Wirtschaft in einem beeindruckenden Tempo. Das Wachstum ist zwar auch die Folge von Produktionssteigerungen in der Landwirtschaft und in der Industrie durch Modernisierung, entscheidend ist aber die Wirkung der Reform des Wirtschaftssystems. Die Öffnung für ausländische Investitionen kam hinzu. Der Außenhandel konnte sich ausweiten.

Für den Aufstieg Chinas in die Gruppe der führenden Wirtschaftsmächte sprechen die umfangreichen natürlichen Ressourcen, die reichlich verfügbaren Arbeitskräfte sowie das insgesamt gut entwickelte Schul- und Hochschulsystem.

M 3 *Mobiltelefonproduktion (Nokia)*

M 4 *Flugzeugbau (McDonnell Douglas)*

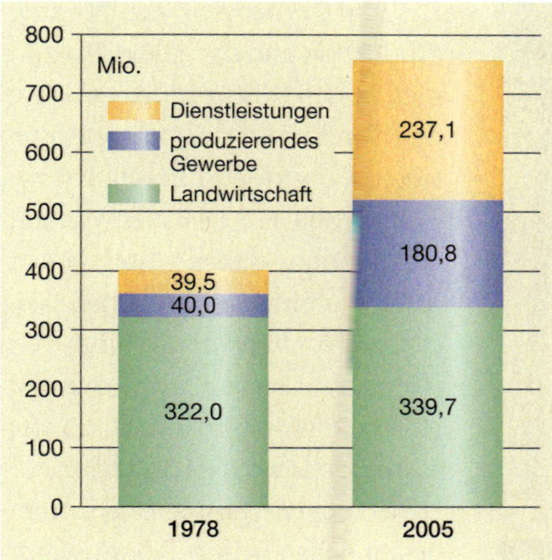

M 5 *Beschäftigte nach Wirtschaftsbereichen*

China und Globalisierung

2001 trat China der Welthandelsorganisation (WTO) bei. Es erhofft sich einen besseren Zugang zu Zukunftstechnologien, die vorher von den Industrieländern verweigert wurden. Mit dem WTO-Beitritt sichert es seine Exportmärkte. Zuvor konnten Abnehmerländer Handelsschranken errichten.

Ausländische Firmen können in China ihre Produkte verkaufen. China wiederum beeinflusst das Wirtschaftswachstum in Asien positiv. Davon profitieren Zulieferländer wie Vietnam und Malaysia.

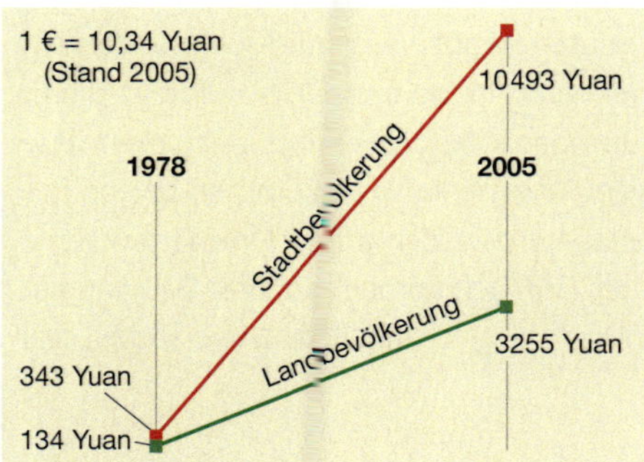

M 6 *Einkommen pro Kopf*

1. Erläutere die wirtschaftliche Entwicklung von Schanghai (M 7, M 8).
2. Nenne einige Auswirkungen der Globalisierung für China (M 2).
3. Erörtert in Gruppenarbeit die Leitfrage, ob die Volksrepublik China eine zukünftige Wirtschaftsweltmacht sein wird (M 1 – M 9).

Schanghai – Boomtown Chinas

Schanghai lockt immer mehr Ausländer an, mehr als 30 000 Zugereiste waren es bereits im Jahre 2000. Unternehmerinnen wie die Deutsche Anja Jones gibt es aber höchstens ein Dutzend. Aus dem Fenster ihres Büros im 22. Stock einer Wohnanlage im Westen der Stadt hat sie nur gelegentlich einen weiten Blick über die Stadt, denn der Himmel über Schanghai ist wegen der Luftverschmutzung oft verhangen. Dann erkennt sie Pudong, das neue Finanzzentrum mit dem 460 Meter hohen Fernsehturm, imposanten Hochhäusern und dem Jin-Mao-Building, dem mit 421 Metern fünfthöchsten Wolkenkratzer der Welt.

Sie zeigen, wie rasant die Entwicklung verläuft. Es sind wirklich Tausende von Bürotürmen und Wohnhochhäusern, die in nur zehn Jahren errichtet wurden. Und das Verblüffendste dabei ist für Anja Jones, dass Schanghai trotz allem geordnet wächst. Keine Slums wuchern an den Stadträndern, kaum Bettler bevölkern ihre Straßen, die selten verstopft sind und auf denen man sich auch nachts nicht fürchten muss.

Anja Jones ist mit einem australischen Unternehmer verheiratet, den sie in Schanghai kennen lernte. Sie gründete vor Jahren einen Textilbetrieb. Ihre Auftraggeber sind vor allem mittelständische Firmen aus Europa. Sie beschäftigt zwei chinesische Mitarbeiterinnen, gelernte Auslandskauffrauen, die zudem Englisch studiert haben. Sie dolmetschen auch die Gespräche mit chinesischen Geschäftspartnern.

Die Produktionsbetriebe liegen in Nordchina, dort sind die Arbeitskräfte billiger. Der Durchschnittslohn beträgt umgerechnet 65 bis 90 Euro im Monat – bei einem zehnstündigen Arbeitstag.

M 7 *Schanghai – Boomtown Chinas*

M 8 *Schanghai Pudong mit dem 460 Meter hohen Fernsehturm*

Jahr	**Export** Mrd. US-$		**Import** Mrd. US-$	
1978	9,8		10,9	
2005	762,0		660,0	
	davon nach		davon aus	
	USA	162,9	USA	48,7
	EU	143,7	EU	73,6
	Japan	84,0	Japan	100,5

M 9 *Außenhandel*

Baustein 9: Die Kehrseite des Wirtschaftserfolgs

M 1

Wanderarbeiter vor neuen Wohnhäusern

Das starke Wachstum der Industrieproduktion und das höhere Einkommen in den Küstenstädten sowie in den Sonderwirtschaftszonen lösten eine unkontrollierte Landflucht aus. Es gibt rund 150 Millionen Wanderarbeiter ohne Arbeits- und Aufenthaltserlaubnis. Häufig wohnen sie in primitiven Unterkünften und müssen monatelang auf ihren Lohn warten. Werden sie arbeitslos, können soziale Unruhen die Folge sein.

Die Städte wachsen in einem atemberaubenden Tempo. Typische Stadtprobleme sind Wohnungsnot, Trinkwasserversorgung, Stromversorgung, Luftverschmutzung und Müllbeseitigung sowie der Ausbau der Verkehrsinfrastrukturen.

M 2

Zeitungsbericht

Der Traum von der Perlenstadt

Sie sind Wanderarbeiter aus den vernachlässigten Zentralprovinzen, sie stammen aus bitterarmen Dörfern am Jangtse und am Gelben Fluss. Ihr Ziel: das Perlflussdelta zwischen den Metropolen Hongkong, Macau und Kanton.

Ein Drittel der mindestens 80 Millionen Wanderarbeiter Chinas sind inzwischen eingetroffen. In der Provinzhauptstadt Kanton verdienen die Menschen knapp 14 000 Yuan (etwa 1900 Euro) im Jahr – mehr als die Bürger Pekings und Schanghais.

Der Wandel ist schon jetzt immens. Aus Dörfern werden Industriestandorte. Die Zahl der Städte im Delta wuchs in den letzten 22 Jahren von 5 auf 26. Sie wurden zu unverzichtbaren Standorten der weltweiten Computerproduktion. Zitrus- und Bananenplantagen verschwinden, an ihrer Stelle entstehen Werkhallen und Einkaufszentren, Vergnügungsparks und Wohnviertel. Autobahnbrücken schwingen sich über Reisfelder, wo sich die letzten Wasserbüffel suhlen. Der Abstand zwischen den Städten schmilzt.

Die künftige Riesenstadt hat allerdings einen Geburtsfehler. Sie hustet, keucht und schnauft, ihre Oberfläche ist mit einem Schmutzfilm überzogen. Der Rauch hunderter Schornsteine verdüstert den Himmel um Donguan, Heimat vieler Fabriken für Computerzubehör.

Zwischen den Häusern suppt eine graue Kloake, in der kein Fisch mehr schwimmt. Im ganzen Delta schädigt saurer Regen Bäume und Gebäude, der Perlfluss ist streckenweise zu einem giftigen Abwasserkanal verkommen. „Wenn das Delta weiter verstädtert, werden wir die Umweltprobleme nicht mehr in den Griff bekommen", fürchtet Geographieprofessor Li Pingri. *(nach: Der Spiegel 3/2002; S. 122)*

M 3

Ökologische Folgen (nach: Weißbuch der chines. Regierung 2006 und Financial Times Deutschland 9. 6. 2006)

Umweltzerstörung in China

Die jährlichen Umweltschäden werden von der chinesischen Regierung mit 200 Milliarden Dollar beziffert. Die unzureichenden Fähigkeiten im Umweltschutz behindern die Entwicklung des Landes. Der Konflikt zwischen der rasanten Wirtschaftsentwicklung und der Umwelt nimmt zu. Zu viele Bäume werden abgeholzt. Die Bauern setzen zu viel Dünger und Insektenvernichtungsmittel ein. Rund 80 Prozent der Gewässer sind durch Chemikalien aus den Industriebetrieben vergiftet. Von weltweit 20 Städten mit der schlechtesten Luft liegen 16 in China. Jedes Jahr sterben rund 250 000 Menschen an der Luftverschmutzung. Grund sind die veralteten Kohlekraftwerke.

M 4 *Abwasserkanal in einem Dorf*

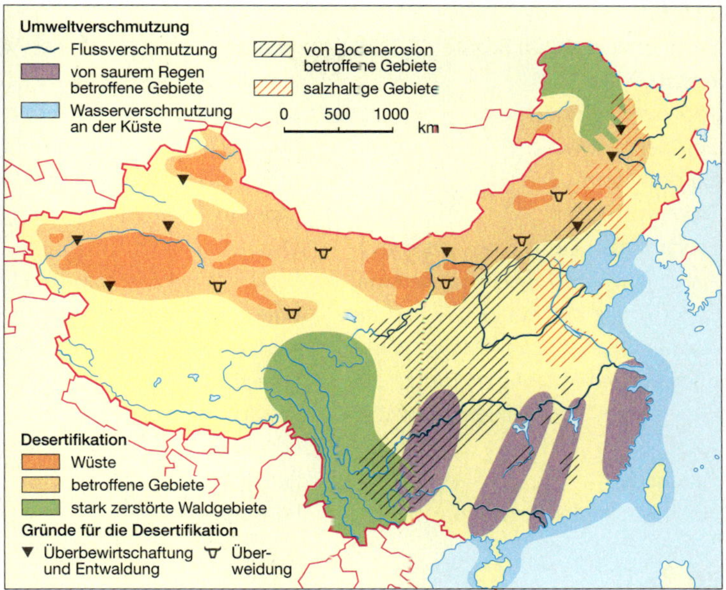

M 6 *Umweltprobleme in China*

Sandsturm in Peking

Wer kann, sollte Peking im Frühling meiden. Wenn anderswo die ersten Blüten sprießen, verwandelt sich die Millionenmetropole in einen schaurigen Moloch. Die Sonne verschwindet hinter einem milchigtrüben Nebel, Nordwinde tragen den Sand der Wüste Gobi in die Stadt.

Die Pekinger verlassen ihre Wohnungen in diesen Tagen nur für die nötigsten Besorgungen, wer dennoch raus muss, hat in Sekundenschnelle Sand in Ohren, Haar, Mund, Augen. Die feinen Körner dringen selbst durch Fenster- und Türritzen in die Wohnungen, legen sich auf Möbel und Kleider. Nachts kann man den Sand riechen.

M 5 *(nach: Financial Times Deutschland vom 6.6.2006)*

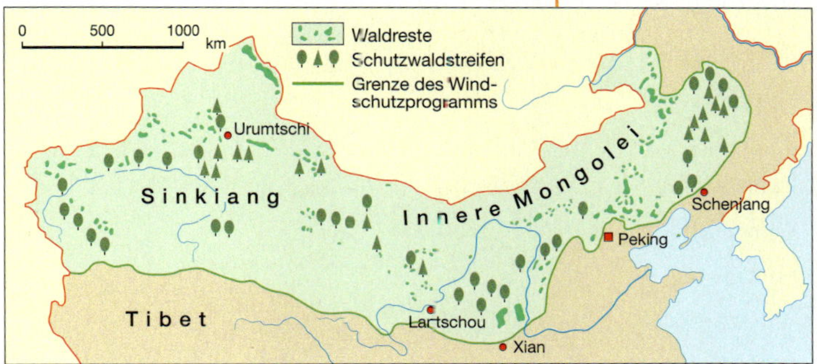

M 7 *„Große grüne Mauer“, 4500 km langer Schutzwaldstreifen*

- 60 % der 340 großen Städte leiden unter Luftverschmutzung
- 400 000 Chinesen sterben jährlich an Luftverschmutzung
- 90 % aller Flüsse in den Städten sind stark verschmutzt
- 700 Mio. Chinesen trinken unzureichend gereinigtes Wasser
- 30 000 Kinder sterben deshalb jährlich an Durchfall
- Grundwasserpegel sind wegen Tiefbrunnen abgesackt
- Weniger als 50 % Abwässer werden in Kläranlagen gereinigt
- Weniger als 20 % Müll wird sachgerecht entsorgt
- Chemieunfälle steigen wegen fehlender Schutzmaßnahmen
- Umweltschäden betragen jährlich 8 – 13 % des BIP

M 8 *Der Preis des schnellen Wachstums (nach: Der Fischer Weltalmanach 2007, Seite 106)*

1. Beschreibe die Situation der Wanderarbeiter in China (M 1, M 2).
2. Bestimme die Faktoren, die zur Umweltzerstörung in China führen (M 2 bis M 6). Nenne Gegenmaßnahmen (M 7).
3. Fasse die Nachteile zusammen, die mit dem wirtschaftlichen Aufstieg Chinas verbunden sind.

Lösungen zu den Aufgaben der Seiten 98/99

zu 1.

Begriffe, die nicht im Register (S. 342ff.) bzw. auf den dort angegebenen Seiten erklärt sind, werden hier erläutert:

Anbaugrenze
Artesischer Brunnen
Borealer Nadelwald
Datumsgrenze
Dauerfrostboden
Ecofarming: *Ökologisch angepasste Anbauform im tropischen Regenwald. Terrassierung der Hänge, Wechsel der Anbauprodukte, Stallhaltung, Gründüngung und Nutzung der Hacke sind Basis einer nachhaltigen Landwirtschaft.*
Gradnetz
Höhenstufen der Vegetation
Innertropische Konvergenz (ITC)
Klimazonen
Meridian
Mitternachtssonne
Monsun
Ortszeit
Packeis: *Polare Eisschollen werden durch Wind und Strömungen gegeneinander gepresst und türmen sich zu Bergen und Wällen auf.*
Passat
Polarkreis
Polarnacht
Polartag
Schelfeis: *Auf dem polaren Wasser, vor allem in der Antarktis, schwimmende, bis zu 100 m hohe Eisplatte. An ihren Rändern brechen Eisberge ab, die äquatorwärts treiben und schmelzen.*
Sommergrüner Laubwald
Temperaturzonen
Topographische Lage
Tropenklima
Tundra
Vegetationsperiode
Vegetationszonen
Wendekreis
Zenitstand

zu 2.

	Trop. Regenwald	Savanne	Wüste
Cash Crop	X		
Dauerfeldbau	X		
Desertifikation		X	
Erg			X
Flussoase			X
Fremdlingsfluss			X
Hamada			X
Jahreszeitenklima		X	
Nomadismus		X	
Oase			X
Regenzeit		X	
Sahel		X	
Sekundärwald	X		
Serir			X
Tageszeitenklima	X		
Trockenzeit		X	
Überweidung		X	
Wadi			X
Wechselfeuchte Tropen		X	

zu 3. Klimazonen Seite 90 im Schulbuch

Lusaka: *Klima der wechselfeuchten Tropen, Südhalbkugel*
Jakutsk: *kaltgemäßigtes Klima, Nordhalbkugel*
Kansas City: *kühlgemäßigtes Klima, Nordhalbkugel*
In Salah: *Klima der trockenen Subtropen, Nordhalbkugel*

zu 4.

a) Klimazonen Seite 90 im Schulbuch
Island: *subpolares Klima*
Neuguinea: *immerfeuchte Tropen*
Kuba: *vorwiegend wechselfeuchte Tropen*
Grönland: *hochpolare Klimate*
Sumatra: *immerfeuchte Tropen*
Madagaskar: *wechselfeucht bis immerfeuchte Tropen*
Neufundland: *kaltgemäßigtes Klima*
Sri Lanka: *immerfeuchte Tropen*
Spitzbergen: *subpolares Klima*
Borneo: *immerfeuchte Tropen*
Philippinen: *immerfeuchte Tropen*
Alaska: *subpolares bis kaltgemäßigtes Klima*

b) Hauptstädte, die ungefähr auf dem Äquator liegen: Quito, Libreville, Kampala, Nairobi, Singapur

c) Welche Stadt liegt nördlicher?
1) Chicago – Berlin = Berlin
2) Paris – Peking = Paris
3) München – New York = München
4) San Francisco – Athen = haben die gleiche geographische Breite
5) New Orleans – Kairo = haben die gleiche geographische Breite
6) Rom – Teheran = Rom
7) Madrid – Tokio = Madrid
8) Washington – Mailand = Mailand
9) Mumbai – Mexico-City = haben die gleiche geographische Breite

zu 5.

a) Die polare Kältegrenze verläuft meist in der Nähe des nördlichen Polarkreises. In Skandinavien und weiten Teilen Sibiriens weicht diese Linie weit nach Norden aus, während sie in Westsibirien, in Mittelsibirien und im Fernen Osten nach Süden ausschert.

In Nordamerika liegt die Anbaugrenze südlich des Polarkreises, im westlichen Kanada sogar nur bei ca. 50° n. Br.

b) Ausgeprägte Trockenräume liegen vor allem in Afrika (Sahara, Südwest-Afrika), Asien (Arabische Wüsten, Zentralasiatische Wüsten) und Australien. Auch in Nord- und Südamerika gibt es Trockenräume, deren Ausdehnung allerdings weniger groß ist.

c) Sehr dicht besiedelt sind Mitteleuropa, das untere Niltal, Teile von Indien und China, viele Inseln Japans und Java. Einige weitere dicht besiedelte Gebiete treten inselartig auf, z. B. in Nordamerika.

Dünn besiedelt sind die Trockenräume, die Polar- und Subpolargebiete mit den Räumen des kalten Klimas und der winterkalten Steppen sowie Teile der immerfeuchten und wechselfeuchten Tropen. Gebiete mit günstigen klimatischen Bedingungen und guten Voraussetzungen für den Ackerbau sind bevorzugte Siedlungsgebiete. Klimatisch benachteiligte Räume wie Hochgebirge, Trockenräume, Räume jenseits der polaren Anbaugrenze sowie Regenwaldgebiete sind nur dünn besiedelt. Unwirtliche Regionen sind nur dann dichter besiedelt, wenn wirtschaftliche Nutzung außerhalb der Landwirtschaft Gewinn bringend betrieben werden kann.

zu 6.

Betriebsform	Beschreibung	Produkte
Hackbau	Bodenbearbeitung mit Hacke bzw. Grabstock, meistens zur Eigenversorgung (Subsistenzwirtschaft)	Batate, Maniok, Hirse, Mais
Pflanzung	marktorientierter Betrieb, meist von einer Familie geleitet, Anbau von Dauerkulturen, wenige Verarbeitungsanlagen	Kakao
Plantage	kapital- und arbeitsintensiver, auf Export ausgerichteter Großbetrieb; Anbau von Dauerkulturen, Monokulturen, technische Aufbereitungs- und Verarbeitungsanlagen	Kaffee, Kakao, Tee, Baumwolle, Banane, Kokosnüsse

Lösungen zu den Aufgaben der Seiten 132/133

zu 1.

Begriffe, die nicht im Register (S. 342ff.) bzw. auf den dort angegebenen Seiten erklärt sind, werden hier erläutert:

Degradation
Eutrophierung
Gestein
Grabenbruch
Hurrikan: *Topischer Wirbelsturm im Golf von Mexiko und der Karibik. Weitere Namen für tropische Wirbelstürme sind: Taifun (westlicher Pazifik) und Zyklon (Indien).*
Kalkstein: *Sedimentgestein (Ablagerungsgestein), das hauptsächlich aus Calciumcarbonat besteht. Kalkstein bildet sich überwiegend in warmen, flachen Meeren, aber auch auf dem Festland, z. B. an Quellen.*
Kontinentaldrift
Konvektionsströme
Lava
Magma
Meeresverschmutzung
Minerale
Mittelozeanischer Rücken
Plattentektonik
Raubwirtschaft
Richter-Skala
Sandstein: *Sedimentgestein (Ablagerungsgestein), das hauptsächlich aus Quarzkörnern besteht. Häufig ist er z. B. Speichergestein für Erdöl und Erdgas.*
Tiefseegraben
Tornado: *Kleinräumiger Wirbelsturm mit einem Durchmesser von wenigen hundert Metern. Da er Windgeschwindigkeiten von bis zu 500 km/h entwickelt, richtet er sehr große Schäden bis zu Verwüstungen an.*
Treibhauseffekt
Tsunami

zu 2.

a) Richtig
b) Falsch. Erdkrustendicke ca. 50 km.
c) Richtig
d) Falsch. Der starre Mantel endet in einer Tiefe von ca. 100 km.
e) Falsch. Bei dieser Temperatur ist es zähflüssig und schwach fließfähig.
f) Falsch. Der äußere Erdkern ist flüssig, der innere Erdkern ist fest.

zu 3.

a) 1= Altai
2= Dsungarei
3= Tienschan
4= Tarimbecken
5= Kunlun
6= Hochland von Tibet
7= Himalaya
8= Gangestiefebene
9= Hochland von Dekkan

b) Höhenprofil von Taschkent zur Südspitze Indiens

	1	2	3	4	5	6	7	8	9
Name	Altai	Dsungarei	Tienschan	Tarimbecken	Kunlun	Hochland von Tibet	Himalaya	Gangestiefland	Hochland von Dekkan
Höhe	4500 m	500 m	7000 m	1000 m	7000 m	4000 m	8848 m	> 200 m	rd.1000 m

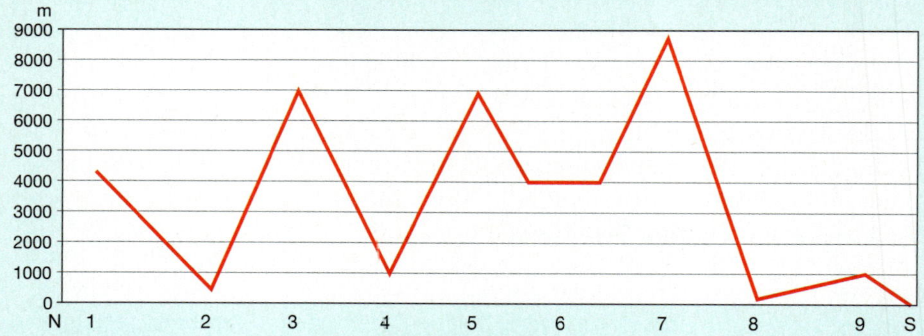

c) Reihenfolge: 1, 7, 3, 8, 4, 2, 5, 6

zu 4.

a) Blizzard
b) Hurrikan
c) Hochwasser
d) Tsunami
e) Sedimentgestein
f) Plattentektonik
g) Erdmittelalter
h) Erdmantel
i) Magma
j) Desertifikation
k) Treibhauseffekt
l) Eiszeit
m) Waldsterben
n) Seismograph
o) Luftverschmutzung

zu 5. a) und b)

Luftverschmutzung		
Ursache	**vermeidbar/unvermeidbar**	**Handlungsansätze**
Energiegewinnung aus fossilen Brennstoffen (Erdöl/Erdgas)	vermeidbar	Ausbau der regenerativen Energien (Sonne, Wind, Wasser, Geothermie u. a.)
Abgase von Autos	vermeidbar/unvermeidbar	Ausbau des Netzes öffentlicher Verkehrsmittel. Bei den großen Entfernungen allerdings nur mit Einschränkungen realisierbar.
Benzinverbrauch der Autos	vermeidbar/unvermeidbar	Konstruktion von benzinsparenden Autos
Vulkanausbruch St. Helens 1980; Aschewolke	unvermeidbar	–

c) Individuelle Lösung. Es sollte aber auf jeden Fall die Abschaltung des Stand-by-Modus bei ungenutzten Geräten erwähnt werden.

Lösungen zu den Aufgaben der Seiten 160/161

zu 1.

Begriffe, die nicht im Register (S. 342ff.) bzw. auf den dort angegebenen Seiten erklärt sind, werden hier erläutert:

Bevölkerungspyramide: *Grafische Darstellung der Altersstruktur der Bevölkerung eines Landes.*

Bevölkerungswachstum

Flächenproduktivität

Geburtenrate: *Zahl der Geburten im Jahr in einem Land pro 1000 Einw.*

Informeller Sektor

Mangelernährung: *Ausgewogene Ernährung besteht zu 60% aus Kohlenhydraten, 25% Fetten und 15% Eiweiß, die Hälfte tierischen Ursprungs. Weicht die Zusammensetzung ab, ergibt sich eine Mangelernährung.*

Metropolisierung

Migration

Push- und Pull-Faktoren: *Vorwiegend in Entwicklungsländern ziehen viele Menschen vom Land in die Stadt. Push-Faktoren sind die negativ angesehenen Gründe auf dem Land, die das Abwandern begünstigen, wie Besitzlosigkeit, fehlende Arbeitsplätze usw. Pull-Faktoren sind die positiven Gründe der Stadt, die die Zuwanderung begünstigen, wie Lebensqualität, Arbeitsplätze, usw.*

Sterberate: *Zahl der Todesfälle in einem Land pro 1000 Einwohner in einem Jahr.*

Unterernährung

Verstädterung

zu 2. a) und b)

Land	Einwohner 1990 (in Mio.)	Einwohner 2006 (in Mio.)	Absolute Veränderung der Einw.-Zahl (in Mio.)	Prozentuale (relative) Veränderung der Einw.-Zahl (in Mio.)
Indonesien	178,6	225,5	46,9	26,3
Kambodscha	8,5	14,0	5,5	64,7
Laos	4,2	6,0	1,8	42,9
Malaysia	17,8	26,9	9,1	51,1
Myanmar	41,6	51,0	9,4	22,6
Philippinen	60,7	89,5	28,8	47,4
Singapur	2,7	4,4	1,7	63,0
Thailand	55,8	65,2	9,4	16,8
Vietnam	66,5	84,1	17,6	26,5

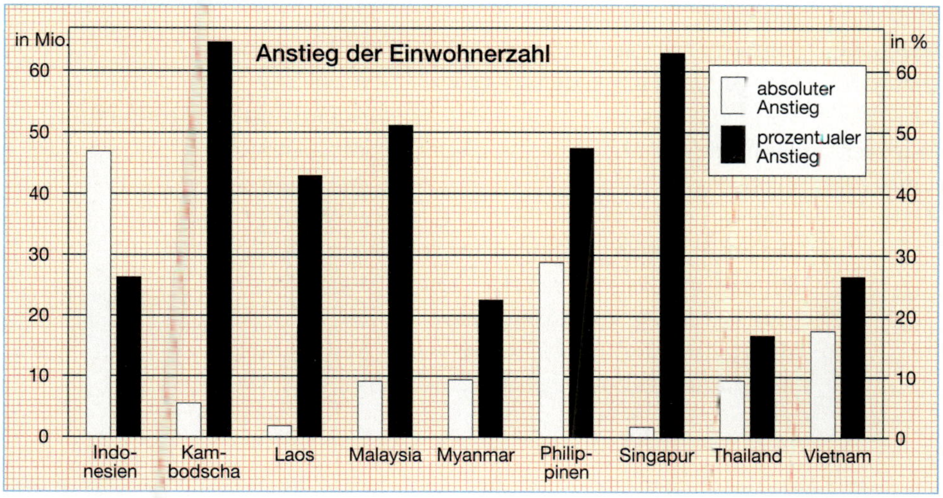

c) Bei kleinen Bevölkerungszahlen eines Staates sagt der prozentuale Wert mehr aus. Allgemein lässt sich mit prozentualen Angaben das Bevölkerungswachstum von Ländern besser darstellen.

zu 3.

a) Bild links: Verkehrsstau in der Innenstadt; Bild rechts: Bauer bei der Feldarbeit.

b) Ursachen der Abwanderung aus den Dörfern: Missernten, Schulden, Erträge aus der Landwirtschaft reichen nicht aus, um die Familie zu ernähren.

Ursachen der Zuwanderung in die Städte: Hoffnung auf Arbeit, auf mehr Wohlstand und bessere Bildung für die Kinder.

c) Auswirkungen auf die Städte: Viele Arbeitsuchende, wenige bezahlbare Wohnungen in der Stadt, sodass Hüttensiedlungen am Stadtrand entstehen.

zu 4.

a)

1= Mexiko-City
2= New York
3= Rio de Janeiro
4= São Paulo
5= Buenos Aires
6= Lagos
7= Kairo
8= Karachi
9= Delhi
10= Mumbai (Bombay)
11= Kolkata (Kalkutta)
12= Dhaka
13= Peking
14= Seoul
15= Tokio
16= Shanghai
17= Manila
18= Jakarta

b) Ausdehnung der Siedlungsfläche; Ausbau des Straßennetzes; Bau zweier innerstädtischer Flughäfen; Vernichtung von Waldfläche und agrarischer Nutzfläche; Neuerrichtung von Stadtrandsiedlungen; Anlage von Stauseen.

c) Bevölkerungswachstum in Brasilien allgemein, also auch in São Paulo; Land-Stadt-Wanderung mit folgenden Ursachen:
Push-Faktoren auf dem Land: zunehmende Besitzlosigkeit; wenig Arbeitsplätze; mangelhafte soziale Einrichtungen; Armut.
Pull-Faktoren von São Paulo: Arbeitsplätze; Lebensqualität (Infrastruktur, Bildung).

zu 5.

a) männliche Bevölkerung:
Altersklassen 15 – 19 Jahre: ca. 3,6 %

b) weibliche Bevölkerung:
Altersklassen 40 – 44 Jahre: ca. 3,3 %

c) Altersklassen 0 – 15 Jahre: ca. 7,9 %

d) Altersklassen 65 – 100 Jahre: ca. 10,2 %

e) *Kinder/Jugendliche:*
Altersklassen 0 – 15 Jahre: ca. 15,3 %
Erwerbstätige:
Altersklassen 15 – 65 Jahre: ca. 69,3 %
Rentner:
Altersklassen 65 – 100 Jahre: ca. 15,4 %

zu 6.

Starkes Wachstum der Weltbevölkerung belastet die Nahrungsmittelsicherheit, verursacht ökologische Probleme wie Wassermangel, erfordert hohe finanzielle Investitionen in die Bildung, den Wohnungsbau, die Infrastruktur und den Arbeitsmarkt.
Bei einem Stillstand oder einer Verringerung der Bevölkerungszahl entsteht in vielen Ländern eine Überalterung, die die Altersversorgung in Industrieländern belastet und zum Problem werden lässt. Arbeitskräftemangel wird zum Problem.
In Entwicklungsländern bewirkt eine Massenabwanderung in die Metropolen, dass die alte Bevölkerung auf dem Land allein zurück bleibt (Auflösung der Großfamilie).

Lösungen zu den Aufgaben der Seiten 248/249

zu 1.

Begriffe, die nicht im Register (S. 342ff.) bzw. auf den dort angegebenen Seiten erklärt sind, werden hier erläutert:

Agribusiness: *Agrarproduktion durch agrarindustrielle Unternehmen, die auch die vor- und nachgelagerten wirtschaftlichen Aktivitäten einschließt. Beispiel: Tierzucht, Mast, Schlachtung und Handel des tiefgekühlten Fertigproduktes sind in einer Hand. Auch Futtermittel, Arzneien, Geräte, Maschinen und Verpackungsmaterial kommen aus Betrieben des Konzerns.*
Aktivraum
Deindustrialisierung
Devisen
Direktinvestitionen
Disparitäten
Dritte Welt: *Allgemeine Bezeichnung für Entwicklungsländer.*
Export
Extensive Landwirtschaft: *Nutzung landwirtschaftlicher Flächen mit geringem Aufwand an Arbeit und Kapital, z. B. Nomadismus.*
Freihandelsabkommen
Global Player
Import
Industrial Farming: *Agrarindustrielle Betriebe mit hohem Spezialisierungsgrad und hohem Kapitaleinsatz, standardisierter Massenproduktion und rationalisierter Produktionsabläufe von der Produktion über die Verarbeitung bis hin zur Vermarktung.*
Industrieland
Kolonialzeit
Marktwirtschaft
Monokultur
multinationales Unternehmen
Schwellenland
Strukturwandel
Subsistenzwirtschaft
Verstaatlichung
Warenbörse
Zoll
Zwischenhandel

zu 2.

Die Erläuterungen der im Buchstabenquadrat enthaltenen Abkürzungen findest du im Register bzw. auf den dort angegebenen Seiten.

BNE	Bruttonationaleinkommen
EU	Europäische Union
FTAA	Free Trade Area of the Americas
HDI	Human Development Index
LNF	Landwirtschaftliche Nutzfläche
NAFTA	North American Free Trade Agreement
OECD	Organization for Economic Cooperation and Development
OPEC	Organization of the Petroleum Exporting Countries

zu 3.

Informationen zum Pipelinenetz liefern S. 196, M 2 sowie der Atlas.
Pfeilsignaturen unterschiedlicher Dicke und unterschiedlicher Farben verdeutlichen Art und Umfang des Exportes, z. B.
Farbe A = Ölexport per Pipeline;
Farbe B = Ölexport per Öltanker.

Die Richtung der Pfeilspitzen sollte das jeweilige Zielland andeuten, vor der Pfeilspitze sollte die Zielregion (z. B. Nordamerika) oder das Zielland (z. B. Deutschland) stehen.

zu 4. Lösungstabelle

Handel	Raumordnung	Wirtschaftsform/ Wirtschaftsweise	Entwicklungsstand
Devisen	Aktivraum	Agribusiness	Deindustrialisierung
Direktinvestitionen	Disparitäten	extensive Landwirtschaft	Dritte Welt
Export		Global Player	Industrieland
Freihandelsabkommen		Industrial Farming	Kolonialzeit
Import		Marktwirtschaft	Schwellenland
Multinationales Unternehmen		Monokultur	Strukturwandel
Warenbörse		Subsistenzwirtschaft	
Zoll		Verstaatlichung	
Zwischenhandel			

zu 5. Gegenbegriffe suchen

Aktivraum	Passivraum
Deindustrialisierung	Industrialisierung, Reindustrialisierung
Export	Import
extensive Landwirtschaft	intensive Landwirtschaft
Industrieland	Entwicklungsland, Schwellenland
künstliche Bewässerung	natürliche Bewässerung
Marktwirtschaft	Planwirtschaft
Subsistenzwirtschaft	marktorientierte Landwirtschaft
Verstaatlichung	Privatisierung

zu 6.

a) Wie der Zinnpreis weist auch der Kupferpreis deutliche Schwankungen auf. Das Maximum lag 2007 bei über 6000 US-$ je Tonne (zeitweilig über 8000 US-$), das Minimum 2002 mit 1500 US-$. Ähnlich wie der Zinnpreis steigt der Kupferpreis seit 2003 zunehmend.
b) Rohstoffpreise unterliegen Schwankungen, die u. a. durch Angebot und Nachfrage, politischen Entwicklungen beeinflusst werden.
c) Die Rohstoffpreise haben u. a. auch Einfluss auf die Preise für Industrieprodukte. Allerdings verteuern sich Industrieprodukte stärker, da in ihnen neben dem anteiligen Rohstoffpreis noch weitere Kostenfaktoren enthalten sind wie z. B. Lohn- oder Handelskosten.

zu 7.

a)
Karteninterpretation
Es lassen sich zwei unterschiedliche Landgewinnungsmethoden im Mündungsgebiet des Flusses Takahaschi feststellen: Einpolderungen von 1600 bis nach 1945 und Aufschüttungen seit 1920. Die Einpolderungsflächen erstrecken sich beidseitig des Flusses ca. 10 km in der Länge und bis zu 5 km in der Breite. Die Aufschüttungsflächen befinden sich zu 90% auf der linken Flussseite und reichen von Tsurajima 5–6 km in den Inlandsee; sie sind gekennzeichnet durch streng geometrische Formen, während sich die Polderflächen an die Oberflächenformen anpassen.
Bezüglich der Einpolderungsgebiete enthält die Karte Hinweise zur Verkehrsnutzung (Eisenbahnlinien, Autostraßen) und zur Besiedlung (überwiegend entlang von Straßen).
Zu den Aufschüttungsflächen gibt es genauere Hinweise: Der Großteil wird als Industrie- und Hafenfläche genutzt. Dies ist nicht verwunderlich – liegen diese Flächen doch überwiegend inmitten des Inlandsees.
b) Jeweils mehrere Standorte der Eisen schaffenden bzw. der chemischen Industrie im Bereich des Standortes Kuraschiki verdeutlichen den horizontalen Verbund. Die unmittelbare Nähe der Produktionsstufen Eisenverhüttung und Stahlherstellung, von Gießereien, Walzwerk und Stahlbau, von Betrieben der Metallverarbeitung, des Maschinenbaus, von Schiffsbau und Kraftfahrzeugherstellung ergänzt um die notwendigen Energielieferanten kennzeichnet den horizontalen Verbund vom Ausgangsrohstoff (Eisenerz) bis zum Fertigprodukt (z. B. Pkw).

zu 8.

Körnermais
Wegen der Vergleichmöglichkeiten zu nur einem bestimmten Zeitpunkt (2004) bietet sich die Darstellung in Form von Blockdiagrammen an.
Entwicklung der Farmen in den USA
Die Entwicklung von 1940 bis 2005 lässt sich am besten als Kurvendiagramm darstellen.

zu 9.

Die Karikatur fordert zum Widerspruch heraus – setzt sie doch etwas gleich, was nicht gleich gesetzt werden kann:
Dem Reichtum der Ersten Welt, gekennzeichnet durch eine einzige ältere Person, mit großem Körpergewicht und eleganter Kleidung, stehen eine Vielzahl von Personen gegenüber – darunter zahlreiche Kinder, kleinwüchsig, dünn, unterernährt und zusammengepfercht auf engem Raum. Aufgrund unterschiedlicher Lebensstandards und unterschiedlichen Lebensbedingungen steht die Unterschrift im krassen Widerspruch zur Bildaussage.

zu 10.

a) Die Erläuterung findest du im Register bzw. auf der dort angegebenen Seite.
b) Die Karte verdeutlicht den Entwicklungsunterschied, der zwischen den Staaten der Ersten Welt in Europa, Nordamerika, Australien sowie Chile, Uruguay und Argentinien (hoch entwickelte Staaten mit den Indexwerten 0,8–1,0) herrscht sowie den Staaten Asiens, Südamerikas und Afrikas, die einen deutlich niedrigeren Entwicklungsstand aufweisen (Indexwerte 0,3–0,7). Besonders die in den Tropen und Subtropen gelegenen Staaten Mittel- und Südafrikas, aber auch Süd- und Südostasiens sind in ihrer sozialen und wirtschaftlichen Entwicklung hinter den anderen zurückgeblieben (Indexwerte 0,3–0,5).

Lösungen zu den Aufgaben der Seiten 312/313

zu 1.

Begriffe, die im Register (S. 342ff.) bzw. auf den dort angegebenen Seiten erklärt sind:

- Agglomerationsvorteil
- Agrarpolitik
- Aktivraum
- Dienstleistungen
- Direktinvestitionen
- Europaregion
- Global City
- Handelsdefizit
- Haupterwerbsbetrieb
- Hightechunternehmen
- Industrieller Strukturwandel
- Kolchose
- Kollektivierung
- Logistik-Unternehmen
- Megastadt
- Metropole
- Peripherer Raum
- Planwirtschaft
- Privatisierung
- Protektionismus
- Raumordnung
- Renaturierung
- Revitalisierung
- Staatengemeinschaft
- Stadtplanung
- Standortfaktoren
- Technologiezentrum
- Transformation
- Wirtschaftsboom
- Wirtschaftsförderung
- Wirtschaftssektoren
- Zentralverwaltungswirtschaft

zu 2.

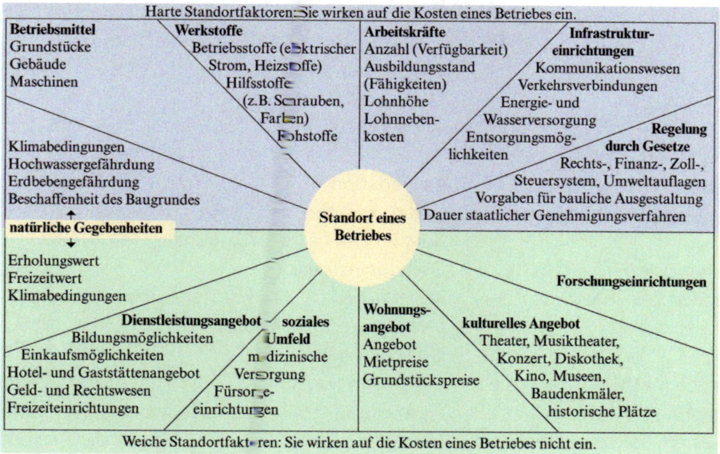

zu 3. Gegenbegriffe suchen

Handelsdefizit	Handelsüberschuss
harter Standortfaktor	weicher Standortfaktor
Haupterwerbsbetrieb	Nebenerwerbsbetrieb
Planwirtschaft	Marktwirtschaft
Protektionismus	freier Handel
Wirtschaftsboom	wirtschaftliche Rezession
Zentraler Raum	Peripherer Raum / Peripherie

zu 4. Kartenskizze Europas mit den Haupttrassen der Bahn.

zu 5. a)

b) Nach Öffnung der Grenzen zu Osteuropa 1990/91 ergibt sich für die bis dahin peripher gelegenen osteuropäischen „Tigerstaaten“ Polen, Tschechien, Slowakei und Ungarn nun eine zentrale räumliche Lage. Diese Staaten befinden sich Anfang des 21. Jahrhunderts im Umbruch. Auch der „Ostsee-Wirtschaftsraum“ mit Estland, Lettland und Litauen bildet bereits einen Aktivraum.
Dieser gesamte Raum sowie die östlich gelegenen Staaten Bulgarien und Rumänien weisen eine positive Entwicklungsperspektive auf, da Entwicklungsimpulse vom europäischen Kernraum aus Richtung Osten gerichtet sind.

zu 6.

a) An einem Beispiel aus der Chemie versucht der Verfasser des Leserbriefs, den Vorgang der Globalisierung zu erklären: Wie bei zwei bisher getrennten Wassermassen mit unterschiedlichen Wasserständen werde nach Wegfall einer „Sperre“ ein Ausgleich stattfinden, und zwar zwischen Staaten unterschiedlichen Entwicklungsstandes hinsichtlich deren Lohnniveaus und Sozialstandards.
b) Als Argumente für ein persönliches Urteil können Zeitpunkt und Geschwindigkeit der Aufhebung, unterschiedliche räumliche Distanzen, vielfältig unterschiedliche Ausgangssituationen, wichtige Beeinflussungsfaktoren wie Geopotentiale, kulturelle Gegebenheiten, Bündnissystems o. a. im Sinne von Zustimmung oder Ablehnung angeführt werden.

zu 7.

a) Sämtliche „internationale Kosten“ weisen seit 1920, besonders seit 1950 deutliche Rückgänge auf; sie betragen gegenwärtig nur noch 2–10 %; lediglich die Seefrachtkosten liegen noch bei ca. 30 %. Dies bedeutet, dass internationale Beziehungen und Handel eine deutlich günstiger gewordene Kostenstruktur aufweisen, die z. T. bei den Gesamtkosten einer Produktion oder bei Dienstleistungen kaum noch ins Gewicht fällt. Auch der Ferntourismus ist für viele Menschen finanzierbar geworden.
b) Es ist verständlich, dass der mit „Globalisierung“ bezeichnete weltweite Prozess hierin eine wichtige Voraussetzung findet, weil hemmende Kosten weggefallen sind und sich eine stärkere internationale Verflechtung entwickelt hat.

zu 8.

Da es sich um Anteile handelt, die zu drei verschiedenen Zeitpunkten verglichen werden sollen, bietet sich die Darstellung als Kreisdiagramm an. Für die Jahre 1880, 1925 und 2005 je ein Kreisdiagramm mit gleichem Radius nebeneinander zeichnen. Primärer Sektor beginnt in 12 Uhr.

zu 9.

a) Erstellen einer thematischen Europakarte. Grenzwerte der Ländergruppen in 0,5 % wählen, Beispiel: unter 4,4 %, 4,5–4,9 %, 5,0–5,4 %, 5,5–5,9 % und über 6,0 %. Diesen 5 Ländergruppen Farben von hell bis dunkel zuordnen.
b) Bildungsausgaben für Schulen, Universitäten, Bibliotheken, Volkshochschulen o. a. sind eine Investition in die Zukunft. Je besser Menschen ausgebildet sind, desto wertvoller sind sie im Arbeitsprozess. Ein Staat, der viel in Bildung und Ausbildung investiert, erhält zu einem späteren Zeitpunkt durch qualifizierte Arbeitskräfte seine Investitionen zurück.

Register mit Begriffserklärungen

absolute Armut 244
Agglomerationsvorteil 269, 305
agrarische Revolution 206
Agribusiness 209
agronomische Trockengrenze 210
Aktivraum 225, 235, 293
Landschaftsraum mit starker wirtschaftlicher Leistung, gut entwickelter Infrastruktur, vielen Arbeitsplätzen und Zuwanderung aus Passivräumen.
Anbaugrenze 31
Sie bezeichnet einen Übergangssaum, jenseits dessen aus klimatischen Gründen der Anbau von Kulturpflanzen nicht mehr möglich ist.
artesischer Brunnen 42
Grundwasser steht unter hohem Druck. Wenn die abdeckenden Schichten durchbohrt werden, steigt das Grundwasser wie in einem Springbrunnen an die Oberfläche.
Auslandsinvestition 238

Bevölkerungswachstum 136
Zunahme der Bevölkerung in einem Gebiet. Die natürliche Bevölkerungszunahme ergibt sich aus der Differenz der Geburten- und Sterbefälle.
Bewässerungsfeldbau 45
Fehlender Niederschlag wird ergänzt durch Bewässerung aus Brunnen, Flüssen oder Kanälen.
Bewässerung, -stechnik 166, 170
Bodenerosion 123
Abtragung von Boden durch Wasser oder Wind, ausgelöst durch die menschliche Tätigkeit, wie Abholzung oder Überweidung.
Bodenversalzung 171
borealer Nadelwald 30
Natürliche Vegetation in den Gebieten mit kaltgemäßigtem Klima. Die Wälder bestehen überwiegend aus Lärchen, Kiefern, Fichten und Birken.
Bruttoinlandsprodukt (BIP) 244
Bruttonationaleinkommen (BNE) 244
Buddhismus 319
Die von Buddha (der Erleuchtete) vor 2500 Jahren begründete Religion. Es bestehen unzählige Welten. Je nach guten oder bösen Taten führt unaufhörlicher Wandel zur Wiedergeburt in einer anderen Welt. Der erhoffte Endzustand ist die Auflösung in der ewigen Seligkeit.
Bundesstaat 295

Cash Crop 55
Contour Ploughing 123

Datumsgrenze 13
Grenzlinie, die unter Berücksichtigung von politischen Grenzen am 180. Meridian entlangführt. Man muss beim Überschreiten in östlicher Richtung zweimal dasselbe Datum schreiben, in westlicher Richtung einen Tag auslassen.
Dauerfeldbau 53
Bei ganzjährigem Pflanzenwachstum in den immerfeuchten Tropen und immerfeuchten Subtropen sind mehreren Ernten im Jahr möglich.
Dauerfrostboden 31
Seit der Eiszeit bis 1500 Meter tief gefrorener Boden, der nur im Sommer oberflächlich auftaut.
Degradation 118
Abnahme der natürlichen Bodenfruchtbarkeit durch menschliche Einwirkung.
Deindustrialisierung 228
Kennzeichen des Strukturwandels zu einer Dienstleistungsgesellschaft, bei dem Altindustrien an Bedeutung verlieren.
Desertifikation 68
Ausbreitung der Wüste in angrenzende Gebiete. Häufig eine Folge zu starker Nutzung der Savanne oder Steppe durch Feldbau oder Weidewirtschaft.
Deviseneinkommen 186
Differenzierte Integration 295
Direktinvestition 228, 267
Kapitalanlage im Ausland (Auslandsinvestition), um ein Unternehmen zu gründen, zu erwerben, sich an einem Unternehmen zu beteiligen.
Disparität, regionale 223, 245, 270
Ungleiche Raumstrukturen, die unterschiedliche Lebens- und Entwicklungsbedingungen in sozialer und wirtschaftlicher Hinsicht verursachen.
Dornsavanne 62
Dry Farming 123
duale Wirtschaftsstruktur 192
Dürre 68
Die ein Klima kennzeichnenden Niederschlagssummen bleiben bis zu einigen Jahren aus.

Ecofarming 57
Einzelunternehmen 279
Eis 20
Durch Abkühlung erstarrtes Wasser. Der Gefrierpunkt liegt bei 0 °C. In den Polargebieten treten z. B. Schelf-, Inland- und Packeis und Tafeleisberge auf.
Eisen schaffende Industrie 253
Entwicklungsland 234
Staat, in dem das durchschnittliche Pro-Kopf-Einkommen weit unter dem der Industrieländer liegt. Weitere Kennzeichen sind: geringe Lebenserwartung, geringer Ausbildungsstand, wenig Industrie und geringe Infrastruktur.
Erdbeben 112
Erschütterungen der Erdoberfläche durch Vorgänge in der Erdkruste.
Europa der Regionen 295
Europäischer Wirtschaftsraum (EWR) 294
Europaregion 288
European Free Trade Association (EFTA) 294
1960 in Kraft getreten, ursprünglich als Gegengewicht zur damaligen EG gegründet.

Eutrophierung 126
Übermäßiges Nährstoffangebot in Gewässern durch nährstoffreiche Abwässer führt zur übermäßigen Planktonproduktion.
Exporterlös 184

Fels- und Schuttwüste (Hamada) 34
Flächenproduktivität 137
Das Produktionsergebnis in der Landwirtschaft. Die Maßzahl für die pflanzliche Produktion (Bodenproduktivität) ist der Hektarertrag.
Flussoase 42
Kulturland, das sich entlang eines Flusses in der Wüste befindet. Das Flusswasser dient zur Versorgung und zur Bewässerung des Ackerlandes.
fossile Süßwasserreserve 47
Vor langer Zeit entstandener Grundwasservorrat in größerer Tiefe der Erdkruste.
Freihandel 218, 304
Der ungehinderte Handel mit Waren zwischen Staaten und -gruppen, im weiteren Sinn auch Handel mit Geldkapital und Austausch von Wissen.
Fremdlingsfluss 42
Strom, der mit großen Wassermengen aus Gebieten mit feuchtem (humidem) Klima kommend durch Trockengebiete (aride Gebiete) fließt.
Foggara 42

Gemeinsame europäische Agrarpolitik (GAP) 278
Genossenschaft 169, 279
Geoökosystem 51
Ein Landschaftsraum mit einem kennzeichnenden Wirkungszusammenhang der Bestandteile (Geofaktoren) Klima, Wasser, Boden, Gestein, Tier- und Pflanzenwelt.
Geosystem 94
Der Wirkungszusammenhang von Klima, Vegetation und Boden in einem Landschaftsraum.
Gestein 110
Mehr oder weniger stark verfestigtes Gemenge von Mineralen in der Erdkruste.
Globalisierung 237, 304
Graben 108
Einsenkung eines Erdkrustenteils (Grabenbruch).
Grabenbruch 109
Lang gestreckter Einbruch in einer Gesteinsscholle der Erdkruste.
Gradnetz 10
Gedachtes Gitter von Längen- und Breitenkreisen auf der Erde. Es erleichtert die Orientierung und ermöglicht die genaue Lagebestimmung von Orten.
Grenzüberschreitende Raumplanung 293
Grundwasseroase 42
Grüne Revolution 141, 155
Maßnahmen zur Steigerung der landwirtschaftlichen Produktion in Entwicklungsländern.

Handelsdefizit 255
harter Standortfaktor 269
Haupterwerbsbetrieb 275
Landwirtschaftlicher Betrieb, in dem der Inhaber seine Arbeitszeit mindestens zur Hälfte in seinem Betrieb einsetzt und die Hälfte des Einkommens des Inhaberehepaars aus dem Unternehmen stammt. Man unterscheidet Vollerwerbsbetrieb (außerlandwirtschaftliche Erwerbsquellen unter 10 %) und Zuerwerbsbetrieb (außerlandwirtschaftliche Erwerbsquellen zwischen 10 bis unter 50 %).
Hightechindustrie 228
Bezeichnung für forschungs- und entwicklungsintensive Technologiebetriebe.
Höhenstufe der Vegetation 65
Im Gebirge ändert sich mit zunehmender Höhe die Vegetation, weil die Jahresmitteltemperatur abnimmt und die des Jahresniederschlags zumeist zunimmt.
horizontale Integration 229
Zusammenfassen von Betrieben gleicher Produktionsstufe unter einem einheitlichen Management.
Human-Development-Index (HDI) 234
Messziffer zur Kennzeichnung des gesellschaftlichen Entwicklungsstandes eines Staates. Verwendet werden ökonomische und soziale Merkmale.
Hurrikan 116
Hypothese 112
Wissenschaftlich begründete Annahme zur Erklärung von Tatsachen und Zusammenhängen.

Importzoll 189
Industrialisierungspolitik 190
Industrieland 234
Staat mit hohem wirtschaftlichem Entwicklungsstand, in dem die meisten Erwerbstätigen in Industrie und Dienstleistungen beschäftigt sind.
Informeller Sektor 150
Wirtschaftliche Tätigkeiten, die nicht staatlich registriert und kontrolliert sind (Schattenwirtschaft).
Inlandeis 21
Innertropische Konvergenz (ITC) 61
Gürtel beiderseits des Äquators, in dem der Nordost- und der Südostpassat zusammenfließen.
intensive Produktion 226
Islam 319
Große, besonders in Süd- und Westasien verbreitete Weltreligion; Anhänger sind Muslime oder Mohammedaner. Grundlagen sind der Glaube an einen Gott (Allah), der Koran und die Taten und Aussprüche des Propheten Mohammed.
Jahreszeitenklima 49
In den gemäßigten und polaren Klimazonen sind die jahreszeitlichen Temperaturunterschiede größer als die täglichen Temperaturschwankungen. Die Jahreszeiten sind deutlich zu unterscheiden.
Just-in-time-Transport 227

Kalkstein 111
Kapitalgesellschaft 279
Karte 32
Kaste 154
Kausalprofil 33
Kieswüste (Serir) 34
Klima 36
Fasst man die Wetterabläufe vieler Jahre zusammen so erhält man das Klima eines Gebietes
Klimadiagramm 35
Klimazone 87
Gebiet mit gleichartigem Klima, das sich in einem Gürtel um die Erde erstreckt.
Kolchose 282
Landwirtschaftliche Produktionsgenossenschaft in der Sowjetunion. Produktionsmittel sind Gemeinschaftseigentum der Mitglieder. Das Einkommen der Mitglieder hängt von der Art und dem Umfang der geleisteten Arbeit und von den Einnahmen ab.
Kollektivierung 276
Zwangsweiser Zusammenschluss selbstständiger Bauern zu landwirtschaftlichen Großbetrieben in sozialistischen Ländern (z. B. LPG in der DDR).
Konfuzianismus 319
Die Lehre geht auf Konfuzius (um 500 v. Chr.) zurück. Maßgebend für den Staatsaufbau und das Zusammenleben im Staat sind die Beziehungen zwischen Familienangehörigen. Sie sollen getragen sein von Menschenliebe, Gerechtigkeit und Ehrerbietung. Sie verlangen Treue, Mut, Selbstlosigkeit, Rechtschaffenheit, Weisheit und Aufrichtigkeit.
Kontinentaldrift 108
Gesteinsschollen der Erdkruste werden von Magmaströmungen des Erdmantels verschoben.
Konvektionsstrom 108
Strömungswalzen des Magmas im Erdmantel infolge von Temperaturunterschieden.
Kultur 14
Bezeichnung für das gesamte Wissen, die Sprache, die Glaubensvorstellungen (Religionen), Lebensgewohnheiten (Bräuche, Sitten, Recht) und die technische Ausrüstung eines Volkes bzw. einer Gruppe von Menschen.
Kulturerdteil 14
Gebiet der Erde, dessen Bevölkerung durch ihre gemeinsame Geschichte, ihre sprachliche Zusammengehörigkeit, ihre Kultur und Zivilisation verbunden ist.
Landschaftszone 94
Erdumspannende Zone, die sich aus dem Zusammenwirken von Klima, Boden und Vegetation ergibt.
Lagerstätte 232
Lava 103
Bei Vulkanausbrüchen austretende glutflüssige Gesteinsschmelze.
Lean Production 227
Lee- und Luvlage 93
Luv ist die vom Wind angeströmte Seite eines topographischen Hindernisses (Wetterscheide) mit einem aufsteigendem Wind und damit oft verbundenen Niederschlägen (Steigungsregen). Lee bezeichnet die Wind abgewandte Seite.
Liberalisierung 239, 296
Aufhebung bzw. Einschränkung staatlicher Eingriffe in einen freien Austausch von Gütern, Kapital, Dienstleistungen und Wissen, im Außenhandel Abbau von Hemmnissen (Zölle, Kontingente, Devisenbewirtschaftung).
Logistik 260
Alle Material- und Informationsprozesse, die der Raumüberwindung und Zeitüberbrückung sowie deren Steuerung und Regelung dienen. Von der Absatzplanung bis zum Vertrieb wird ein Material- und Informationsfluss gesteuert, der unter Kostengesichtspunkten eine termin-, mengen- und qualitätsgerechte Auslieferung sicherstellt.

Magma 103
Gashaltige Gesteinsschmelze der tieferen Erdkruste und des Erdmantels.
Mangelernährung 158
Marktwirtschaft 192, 266, 336
Megastadt 319
Städtische Verdichtung mit mehr als 5 Millionen Einwohnern.
Meereis 21
Meeresverschmutzung 126
Sie wird durch Zufluss verunreinigter Flüsse und das Einbringen flüssiger und fester Abfallstoffe verursacht. Die Schadstoffe werden durch Meeresströmungen weiträumig verteilt.
Meridian 10
Längenhalbkreis im Gradnetz der Erde, der vom Nordpol zum Südpol verläuft.
Metropole 273
Wirtschaftliches und kulturelles Zentrum eines Staates mit mehr als 1 Mio. Einwohnern; Metropolen sind oft Hauptstädte, politische Zentren.
Metropolisierung 149
Der Verstädterungsprozess in den Entwicklungsländern, der besonders die Metropolen betrifft.
Migration 157
Wanderungen von Bevölkerungsgruppen oder Individuen aus wirtschaftlichen (z. B. Gastarbeiter), sozialen oder erzwungenen Gründen.
Mineral 110
Meist kristalliner fester Bestandteile der Erdkruste. Alle Gesteine sind aus Mineralien aufbauen.
Minimum Tillage 123
Mittelozeanischer Rücken 108
Der bis zu 5000 m hohe Gebirgszug bildet sich beim Aufquellen der Erdkruste. An wenigen Stellen überragen dieser als Inseln die Meeresoberfläche.

Strukturdaten ausgewählter Staaten der Erde

	Fläche (in 1000 km^2)[2]	Bevölkerung[1] (in Mio., Mitte 2006)	Fruchtbarkeitsrate[5] (Geburten je Frau 2000–2005)	Kindersterblichkeit[6] (unter 5 Jahren, in ‰, 2005)	Lebenserwartung bei der Geburt[6] (in Jahren, 2000–2004)	Natürliche Wachstumsrate der Bevölkerung[1] (in %, 2006)	Zahl der Grundschüler[6] (in % der Altersgruppe, 2000–2005)	Zugang zu Trinkwasser[6]
Afrika								
Ägypten	1002	75,4	3,3	33	71	2,1	91	98
Algerien	2382	33,5	2,5	39	72	1,7	95	85
Äthiopien	1112	74,8	5,9	164	48	2,4	51	22
Burkina Faso	274	13,6	6,2	191	22	2,5	36	61
Côte d'Ivoire	322	19,7	6,7	195	49	2,5	61	84
Ghana	239	22,6	4,4	112	57	2,3	59	75
Kamerun	466	17,3	4,6	149	46	2,3	–	66
Kenia	580	34,7	5,0	120	48	2,5	67	61
Kongo	342	3,7	6,3	108	53	2,6	54	58
Kongo, Dem. Rep.	2345	62,7	6,7	205	44	3,1	–	46
Libyen	1775	5,9	3,0	19	74	2,4	–	72
Malawi	118	12,8	6,1	125	40	2,6	–	73
Mali	1249	13,9	6,9	218	48	3,2	45	50
Mauretanien	1026	3,2	5,8	125	53	2,8	68	53
Namibia	824	2,1	4,0	62	46	1,4	78	87
Niger	1267	14,4	7,9	256	45	3,4	38	46
Nigeria	924	134,5	5,8	194	44	2,4	67	48
Senegal	197	11,9	5,0	136	56	2,9	58	76
Südafrika	1219	47,3	2,8	68	46	0,5	89	88
Sudan	2506	41,2	4,4	90	57	2,6	46	70
Tansania	884	37,9	5,0	122	46	2,5	82	62
Tschad	1284	10,0	6,7	208	44	2,8	63	42
Uganda	243	27,7	7,1	136	49	3,1	–	60
Zentralafrikanische Republik	622	4,3	5,0	193	39	1,7	–	75
Amerika								
Argentinien	2780	39,0	2,4	18	75	1,1	–	96
Bolivien	1099	9,1	4,0	65	65	2,2	95	85
Brasilien	8547	186,8	2,3	33	71	1,4	97	90
Chile	757	16,4	2,0	10	78	1,0	85	95
Ecuador	284	13,3	2,8	25	75	2,1	100	94
Kanada	9985	32,6	1,5	6	80	0,3	100	100
Mexiko	1958	108,3	2,4	27	76	1,7	99	97
Peru	1285	28,4	2,9	27	71	1,3	100	83
USA	9631	299,1	2,0	7	78	0,6	92	100
Venezuela	912	27,0	2,7	21	73	1,7	91	83
Australien/Ozeanien								
Australien	7692	20,6	1,7	6	81	0,6	97	100
Papua-Neuguinea	462	6,0	4,1	74	56	2,1	73	39

Städtische Bevölkerung [1] (in %, 2006)	BNE pro Kopf [4] (in US-$, 2005)	Welthandel 2005 [7] (in Mio. US-$) Importe	Exporte	Erwerbstätigkeit nach Wirtschaftssektoren 2003 [3] (in %) Landwirtschaft	Industrie	Dienstleistungen	Kohlenstoffdioxidemissionen pro Kopf [3] (in t, 2003)	
43	4440	19819	10654	27,0	21,0	52,0	1,8	Ägypten
49	6770	20357	46001	20,7	26,0	53,3	2,4	Algerien
15	1000	4127	883	7,9	22,5	69,6	0,1	Äthiopien
16	1220	1305	493	92,0	–	–	0,1	Burkina Faso
47	1490	5350	7610	68,0[8]	–	–	0,3	Côte d'Ivoire
44	2370	5005	2490	55,0	14,0	31,0	0,3	Ghana
53	2150	2885	2829	70,0[8]	13,0[8]	17,0[8]	0,2	Kamerun
36	1170	6149	3293	75,0[8]	–	–	0,3	Kenia
52	810	1415	5000	38,0	–	–	0,6	Kongo
30	720	2175	2050	62,0	–	–	0,0	Kongo, Dem. Rep.
86	4450	7000	30110	17,0[8]	24,0[8]	59,0[8]	7,8	Libyen
14	650	1165	520	82,0	–	–	0,1	Malawi
30	1000	1612	1109	79,0	–	–	0,0	Mali
40	2150	750	565	52,0[8]	10,0[8]	38,0[8]	1,1	Mauretanien
33	7910	2520	2070	31,0	12,0	56,0	1,2	Namibia
21	800	871	502	90,0[8]	6,0[8]	4,0[8]	0,1	Niger
44	1040	17265	42277	70,0[8]	10,0[8]	20,0[8]	0,4	Nigeria
45	1770	3190	1641	73,0	–	–	0,4	Senegal
53	12120	62304	51876	10,3	24,5	65,2	6,9	Südafrika
36	1990	6757	4824	80,0[8]	7,0[8]	13,0[8]	0,3	Sudan
32	730	2659	1481	82,0	3,0	15,0	0,1	Tansania
24	1470	770	3065	72,0	–	–	0,0	Tschad
12	1500	1779	853	69,0	7,0	23,0	0,1	Uganda
41	1140	151	128	72,0	–	–	0,1	Zentralafrikanische Republik
89	13920	28692	40044	1,3	19,9	78,8	3,4	Argentinien
63	2740	2341	2671	5,0	28,0	67,0	1,0	Bolivien
81	8230	77585	118308	20,7	20,9	58,4	1,7	Brasilien
87	11470	32542	40574	13,4	23,6	63,0	3,4	Chile
61	4070	10309	10100	9,3	21,4	69,3	1,6	Ecuador
79	32220	319686	359399	2,6	22,3	75,0	17,5	Kanada
75	10030	231670	213711	16,4	24,8	58,8	3,6	Mexiko
73	5830	12502	17206	1,0	20,0	79,0	1,0	Peru
79	41950	1732348	904383	1,6	20,8	77,6	19,7	USA
88	6440	24249	55487	11,0	20,0	69,0	4,2	Venezuela
91	30610	125280	105825	3,8	21,2	75,0	17,4	Australien
13	2370	1729	3192	72,0	4,0	24,0	0,4	Papua-Neuguinea

	Fläche (in 1000 km²)[2]	**Bevölkerung**[1] (in Mio., Mitte 2006)	**Fruchtbarkeitsrate**[5] (Geburten je Frau 2000 – 2005)	**Kindersterblichkeit**[6] (unter 5 Jahren, in ‰, 2005)	**Lebenserwartung bei der Geburt**[6] (in Jahren, 2000 – 2004)	**Natürliche Wachstumsrate der Bevölkerung**[1] (in %, 2006)	**Zahl der Grundschüler**[6] (in % der Altersgruppe, 2000 – 2005)	**Zugang zu Trinkwasser**[6]
Asien								
Afghanistan	652	31,1	6,7[6]	257	47	2,6	53	39
Bahrain	1	0,7	2,5	11	75	1,8	86	100
Bangladesch	148	146,6	3,2	73	64	1,9	84	74
China, VR.	9 597	1 311,4	1,7	27	72	0,6	99	77
Indien	3 287	1 121,8	3,1	74	64	1,7	76	86
Indonesien	1 923	225,5	2,4	36	68	1,4	94	77
Irak	438	29,6	4,2[6]	125	60	2,6	78	81
Iran	1 630	70,3	2,1	36	71	1,2	89	94
Israel	22	7,2	2,9	6	80	1,5	98	100
Japan	378	127,8	1,3	4	82	0,0	100	100
Katar	11	0,8	3,0	21	73	1,6	95	100
Korea, Dem. VR.	121	23,1	2,1[6]	55	64	0,9	–	–
Korea, Rep.	100	48,5	1,2	5	78	0,4	99	92
Kuwait	18	2,7	2,4	11	77	1,7	86	100
Malaysia	330	26,9	2,9	12	74	1,6	93	99
Myanmar	677	51,0	2,5	105	61	1,1	84	78
Oman	309	2,6	3,8	12	75	2,0	78	79
Pakistan	796	185,8	4,3	99	64	2,4	56	91
Russland	17 075	142,3	1,3	18	65	−0,6	91	97
Saudi-Arabien	2 250	24,1	4,1	26	72	2,7	59	95
Sri Lanka	66	19,9	2,0	14	74	1,3	99	79
Thailand	513	65,2	1,9	21	71	0,7	85	99
Türkei	779	73,7	2,5	29	69	1,3	89	96
VAE	84	4,9	2,5	9	79	1,3	71	100
Europa								
Belgien	31	10,5	1,7	5	79	0,1	99	100
Dänemark	43	5,4	1,8	5	78	0,2	100	100
Deutschland	357	82,4	1,3	5	79	−0,2	99	100
Estland	43	1,3	1,4	7	72	−0,2	94	100
Finnland	305	5,3	1,7	4	79	0,2	99	100
Frankreich	544	61,2	1,9	5	80	0,4	99	100
Griechenland	132	11,1	1,3	5	78	0,0	99	98
Großbritannien u. Nordirland	244	60,5	1,7	6	79	0,2	99	100
Irland	70	4,2	1,9	6	78	0,8	96	100
Italien	301	59,0	1,3	4	80	0,0	99	100
Lettland	65	2,3	1,3	11	73	−0,5	–	–
Litauen	65	3,4	1,3	9	72	−0,4	89	99
Niederlande	34	16,4	1,7	5	79	0,3	99	100
Norwegen	385	4,7	1,8	4	80	0,3	99	100
Polen	313	38,1	1,3	7	75	0,0	99	99
Schweden	411	9,1	1,6	4	80	0,1	99	100
Spanien	505	45,5	1,3	5	80	0,2	99	100

[1] Deutsche Stiftung Weltbevölkerung (Hrsg.): Weltbevölkerungsbericht 2006, Hannover 2006, [2] Weltbank (Hrsg.): Weltentwicklungsbericht 2006, Frankfurt 2006, [3] Statistisches Bundesamt: Statistisches Jahrbuch 2006 für das Ausland, Wiesbaden 2006, [4] Statistisches Bundesamt: www.destatis.de, 2007

Städtische Bevölkerung[1] (in %, 2006)	BNE pro Kopf[4] (in US-$, 2005)	Welthandel 2005[7] (in Mio. US-$) Importe	Exporte	Erwerbstätigkeit nach Wirtschaftssektoren 2003[3] (in %) Landwirtschaft	Industrie	Dienstleistungen	Kohlenstoffdioxidemissionen pro Kopf[3] (in t, 2003)	
22	800	3200	560	80,0[8]	10,0[8]	10,0[8]	0,0	Afghanistan
100	21290	7740	9866	1,0	55,0	45,0	22,7	Bahrain
23	2090	13839	9294	62,0	10,0	24,0	0,2	Bangladesch
37	6600	660003	761954	6,6	35,2	58,2	2,9	China, VR.
29	3460	134831	95096	59,0[8]	12,0[8]	29,0[8]	1,0	Indien
42	3720	69498	86226	43,3	13,2	43,5	1,5	Indonesien
68	–	23430	24096	–	–	–	2,8	Irak
67	8050	35859	56252	23,5	31,2	45,3	5,3	Iran
91	25280	47142	42659	1,8	22,6	75,6	9,2	Israel
79	31410	514922	594905	4,5	28,4	67,0	9,4	Japan
100	–	10061	25762	2,0	38,0	59,0	50,9	Katar
60	–	2600	1400	28,0	–	–	3,0	Korea, Dem. VR.
82	21850	261238	284419	8,1	27,5	64,3	9,4	Korea, Rep.
96	24010	16275	45011	1,0	–	–	24,4	Kuwait
62	10320	114602	140949	14,8	30,1	55,1	5,0	Malaysia
29	–	2250	2925	70,0[8]	7,0[8]	23,0[8]	0,2	Myanmar
71	14680	8971	18692	6,0	11,0	82,0	9,7	Oman
34	2350	25331	15917	42,0	21,0	37,0	0,7	Pakistan
73	10640	125303	243569	10,0	31,0	59,0	10,7	Russland
86	14740	59409	181440	5,0	21,0	74,0	13,6	Saudi-Arabien
20	4520	8834	6347	34,0	23,0	39,0	0,6	Sri Lanka
33	8440	118191	110110	42,3	20,5	37,2	3,0	Thailand
59	8420	116553	73414	34,0	23,0	43,0	2,9	Türkei
74	24090	80744	115453	8,0	33,0	59,0	23,8	VAE
97	32640	318658	334298	2,1	24,4	73,5	11,6	Belgien
72	33570	76018	85137	3,2	24,2	72,6	10,4	Dänemark
88	29210	773804	969858	2,3	29,9	67,8	10,4	Deutschland
69	15420	10033	7667	6,2	32,5	61,3	12,0	Estland
62	31170	58999	66016	4,9	25,9	69,2	13,9	Finnland
76	30540	497853	460157	3,8	24,2	71,9	6,3	Frankreich
60	23620	53965	17044	12,4	22,4	65,1	8,6	Griechenland
89	32690	510237	382761	1,4	22,1	76,5	9,1	Großbritannien u. Nordirland
60	34720	68007	109853	5,9	27,8	66,3	10,3	Irland
90	28840	379772	367200	4,1	30,7	65,3	7,8	Italien
68	13480	8656	5161	13,8	27,0	59,2	3,1	Lettland
67	14220	15453	11813	14,8	27,8	57,4	3,5	Litauen
65	32480	359055	402407	3,3	20,6	76,1	11,4	Niederlande
78	40420	55495	103780	3,3	20,7	76,0	7,8	Norwegen
62	13490	100951	89288	17,1	29,7	53,2	7,7	Polen
84	31420	111328	130104	2,3	21,9	75,8	6,0	Schweden
76	25820	278825	187182	5,2	29,6	65,1	7,7	Spanien

United Nations Development Programme: HDR, New York 2006, [6] UNICEF: The State of the World's Children 2007, New York, December 2006,
World Trade Organization: International Trade Statistics 2006, Lausanne 2006, [8] CIA: The World Factbook 2007, Washington DC 2007

A1PIX/D, Unterhaching: 31 M5;
Aerophoto-Schiphol: 85 M4;
akg-images, Berlin: 16 M1 (M. + r.), 17 M3, 108;
almidi-net, München: 30 M1 (Egmont Strigl);
Archiv KCA DEUTAG Drilling GmbH: 196 M1;
Arco Degital Images, Lünen: 78 M1 (r.) (B. Fischer);
argus, Hamburg: 62 M2 (Schwarzbach), 149 M5 (Mark Edwards);
AP Associated Press, Frankfurt/M.: 237 M2;
Astrofoto, Sörth: 144 M2;
Aurich, Frankfurt: 64 M3;
Avenue Images, Hamburg: 31 M6 (Index Stock/ Walter Biblikow);
H. Balzerek, Heidelberg: 71 M5;
B. Barajas, Dortmund: 257 (r.) (4);
Bildarchiv der Stadt Herne: 263 M4;
Blickwinkel, Witten: 121 M2 (Fotohannes);
D. Blümner, Ratingen: 35 M8;
BMZ-Presse, Bonn: 71 M6 (Gartung);
D. Böhn, Gerbrunn: 327 M5, 330 M1 (r.);
T. Breitbach, Köln: 76 M1;
H. Büschenfeld, Münster: 118 M1;
Catch the Day, M. Braunger, Freiburg: 320 M1 (1);
Caro Fotoagentur, Berlin: 79 M6 (o.) (Bastian);
CCC, www.c5.net/Walter Hanel, Pfaffenhofen: 246 M1;
Centre for Science and Environment, New Delhi (Indien): 59 M5;
Corbis, Düsseldorf: 18/19 (Gavriel Jecan), 31 M7 (Paul Almasy), 76 M4 (Stephanie Maze), 83 M2 (M.) (Adam Woolfitt), 93 M4 (2) (Doug Pearson/JAI), 93 M4 (3) (Yann-Artus-Bertrand), 113 M3 (Kevin Schafer), 122 M1, 162/163 (Neil Rabinowitz), 166 M4 (Robert Holmes), 169 M4 (Ed Young), 206 M1 (Jim Gipe), 272 M1 (Yann Arthus-Bertrand), 325 M8 (Reuter);
DaimlerChrysler, Stuttgart: 225 M5;
Das Fotoarchiv, Essen: 44 M3 (Frans Lemmens/ Lineair), 74 M2 (Riedmiller);
dpa Picture-Alliance, Frankfurt/M.: 16 M1 (l.) (akg-images), 16 (u. l.) (3 Fotos, akg-images), 20 (o. l.) (Susannes Mayr), 20 (u. l.) (akg-images), 21 (o. r.) (Pressebild code 23), 21 (u. r.) (DB), 26 M3 (Dr. R. Philips), 27 M7 (Bäsemann), 28 M1 (Polfoto Nils Hougaard), 34 M1, 63 M4 (Okapia/Christian Grzimek), 77 M5, 83 M2 (l.) (Polfoto Lars Skanning), 83 M2 (r.) (Ingo Wagner), 94 M3, 100/101 (aap Chris Hocking), 102 M1 (epa afp Asahi Shimbun), 112 M1 (AFP), 114 M1 (epa Rungroj Yongrit), 122 M3 (Peer Körner), 124 M1 (ZB/Matthias Hiekel), 125 M6 (ZB/ Jürgen Lösel), 139 M4 (Ursula Düren), 150 M1 (Tom Maelsa), 150 M2 (l.) (AFP), 150 M3 (Mehmet Biber), 152 M1 (Tom Maelsa), 157 M3 (epa afp Ugarte), 180 M1 (Dono), 183 M4 (2) (Stephan Jansen), 200 M7 (Gunilla Graudins), 214 M1 (Marc C. Biggins), 222 M5 (Lemmonier), 222 M6 (Grimm), 227 M5 (l.) (epa Everett Kennedy Brown), 235 M3 (o. r.) (Chad Ehlers), 235 M3 (u. l.) (Grab), 235 M3 (u. r.) Tom Maelsa), 281 M4 (epa belga Costy), 282 M1 (Michael Schwan), 284 M1 (ZB/Tom Schulze), 290 (ZB/Patrick Pleul), 291 (ZB-Fotoreport), 330 M3 (Imaginechina Zhang heping), 330 M4 (Rolf Vennenbernd), 331 M8 (Imaginechina Ou), 332 M1 (epa afp Frederic J. Brown), 333 M8 (UPPA Wang Yu);
duisport: 257 (r.) (6);
H.-Chr. Ertel, Dortmund: 93 M4 (4);
Europäisches Parlament/Architecture Studio EUROPE/SERS: 292 M1;
F1 Online, Frankfurt/M.: 134/135 (ml-foto), 167 M6 (Werner Dieterich);
Fischer, Hamburg: 103 M4;
P. Fischer, Oelixdorf: 15 M2 (o. r.), 137 M5, 322 M1, 324 M1, 333 M4;
Focus, Hamburg: 310 (M.) (Zielenbach);
Gesellschaft für Technische Zusammenarbeit (GTZ), Eschborn: 70 M1;
Geo-Media-Archiv Bronny, Senden: 32 M1 (l.), 256 (l.) (1–7), 257 (r.) (1+2);
Geospace, Salzburg: 43 M3 (Hintergrundfoto);
G. Gerster, Zumikon: 34 M2, 34 M3, 76 M2, 123 M5, 123 M6, 231 M3;
Getty Images, München: 166 M1 (Peter Essick), 314/31 (Stringer/AFP);
Globus Infografik, Hamburg: 114 M3, 115 M4, 124 M3, 124 M4, 294 M2;
Google Earth: 218 M2;
J.-B. Haversath, Gießen: 118 M2;
V. Hennings, Hannover: 310 (o.);
H. Hooge, Herzberg/Pöhlde: 120 M1;
H. Hohmann, Berlin: 64 M1, 64 M2;
IFA, Ottobrunn: 41 M5 (r) (BCL), 200 M3 (Norman Owen Tomalin);
IMA, Hannover: 84 M3;
images.de, Berlin: 112 M2 (Photovault), 303 M5 (Still Pictures/Adrian Arbib);
Info-Zentrum Schokolade, Leverkusen: 54 M1;
Interfoto, München: 78 M1 (l.);
Itzerott, Potsdam: 43 M3 (4 Einklinker);
V. E. Janicke, München: 46 M1, 76 M3;
U. Jansen, Klein Nordende: 38 M1;
H. Jennerich, Köln: 39 M6;
Jürgens Ost und Europa Photo, Berlin: 266 M1 (l.);
H.-P. Konopka, Recklinghausen: 26 M1, 30 M3;
E. Krensel, Hameln: 15 M2 (o. l.), 320 M1 (3);
D. Krumbholz, Berlin: 15 M2 (M. l.);
Frank V. Kühnen, Soest: 143 M5, 274 M1, 274 M2, 287 M5, 306 M2;
Kürtz: 28 M2;
H. Lade, Frankfurt/M.: 201 M6 (Binder);
H. Lange, Bad Lausick: 42 M1;
P. Liedtke, Herne: 257 (r.) (7);
Mauritius-Images, Hamburg: 13 M5 (Albinger), 47 M6 (Photri), 48 M1 (Vidler), 65 M5 (World Pictures), 74 M1 (Dinodia), 136 M3 (Vidler), 198 M1 (Beck), 227 M5 (2) (Kugler), 298 M1 (r.) (Power Stock);
McIntyre, Arlington: 184 M1;
L. Meier, Regensburg: 151 M4;
G. Mester, Wiesbaden: 182 M1;
U. Müller-Moewes, Königswinter: 168 M1, 169 M3, 204 M1, 205 M3, 208 M1, 208 M1 (Einklinker);
NASA: 8/9, 316 M1;
G. Niemz, Frankfurt: 326 M3 (u.);
Norddeutsche Affinerie AG, Hüttenwerke Kayser, Lünen: 264;
Ohl, Reutlingen: 15 M2 (u. l.);
John Patterson, Castro Valley/USA: 192 M1;
W. Pölzer, Austria: 77 M7 (Kuchl);
W. Pohl, Iserlohn: 261 M4;
Punctum, Bitterfeld: 268 M1 (Bertram Kober);
Regionalverband Ruhrgebiet (RVR), Essen: 258 M1, 259 M5 (Foto), 262 M1, 263 M5;
Reinhard-Tierfoto, Heiligkreuzsteinach: 94 M2;
A. Remde, Bonn: 68 M1;
D. Richter, Großburgwedel: 62 M1, 276 M1;
O. Sandig, Berlin: Titelfoto;
G. Saupe, Potsdam: 159 M4;
W. Schmidt-Wulffen, Hannover: 52 M2 (o.);
J. Schumacher, Bochum: 257 (r.) (3 + 5);
Siemens Pressebilder, München: 330 M1 (l.);
Silvestris, Kastl: 32 M1 (M.);
Stadt Dortmund/Architekturbüro Stegepartner: 259 M5 (Grafik);
H.-R. Steininger, Berlin: 67 M5, 67 M6, 67 M7, 67 M8;
Stiftung Haus der Geschichte, Bonn: 294 M1 (Jupp Wolter);
Superbild, Berlin: 41 M5 (l.) (Fiedler), 46 M2 (Antonio Diaz Nei), 117 M6 (Superstock), 200 M1 (MAP);
J. Tack, Essen: 303 M6;
K. Taubert, Springe: 61 M2, 61 M3;
U. Theißen, Dortmund: 216 M1;
Transfer Deutschland: 241 M7;
US-Border Patrol: 178/179 (Gerald L. Nino);
Vario-Images, Bonn: 148 M1;
Verlagsarchiv: 15 M2 (M. + u. r.), 22 M1, 26 M2, 30 M2, 32 M1 (r.), 51 (u.), 52 M2 (M. + u.), 57 M4, 93 M4 (1), 105 M6, 111 M2, 154 M1, 182 (M.), 228 M1, 235 M3 (o. l.), 240 M2, 252 M1, 266 M1 (r.), 281 (u. l + r.), 298 M1 (l.), 310 (u.), 317 M4, 318 M1, 318 M2, 320 M1 (2 + 4), 326 M3 (o. l. + o. r.);
Version, Köln: 150 M2 (r.) (Herby Sachs);
Volkswagen AG, Wolfsburg: 216 M2;
N. Wein, Kaarst: 329 M4;
Weiß, Bahlingen: 183 M4 (1);
Westhoff, Werne: 73 M4;
P. Widmann, Tutzing: 79 M6 (u.);
Wiese, Köln: 53 M4;
Wikimedia: 38 M3 (Bishkek Rocks), 300 M1 (Diliff/Lizenz: Creative Commons Attribution 2.5/http://creativecommons.org/licenses/by/2.5), 300 M5 (eborutta/ GNU FDL), 304 M1 (Joe Dunckley/Lizenz: Creative Commons Attribution – Share Alike license version 2,5/http://creativecommons.org/licenses/by-sa/2,5);
R. Wimmers, Emmerich: 250/251;
E. Wühl, Bochum: 77 M6;

Nicht in allen Fällen war es uns möglich, die Rechteinhaber der Abbildungen ausfindig zu machen. Berechtigte Ansprüche werden selbstverständlich im Rahmen der üblichen Vereinbarungen abgegolten.

Erde: Politische Gliederung

ALB.	= ALBANIEN	**LETT.**	= LETTLAND
ARM.	= ARMENIEN	**LIB.**	= LIBANON
AS.	= ASERBAIDSCHAN	**LIT.**	= LITAUEN
B.	= BELGIEN	**MAZ.**	= MAZEDONIEN
BD.	= BANGLADESCH	**MON.**	= MONTENEGRO
BH.	= BHUTAN	**MOL.**	= MOLDAU
B.-H.	= BOSNIEN-HERZEGOWINA	**NL.**	= NIEDERLANDE
BU.	= BURUNDI	**Ö.**	= ÖSTERREICH
DOM. REP.	= DOMINIKANISCHE REPUBLIK	**R.**	= RUANDA
EST.	= ESTLAND	**S.**	= SCHWEIZ
GE.	= GEORGIEN	**SERB.**	= SERBIEN
IS.	= ISRAEL	**SEN.**	= SENEGAL
JORD.	= JORDANIEN	**SLO.**	= SLOWENIEN
KAMB.	= KAMBODSCHA	**SLW.**	= SLOWAKEI
KIRG.	= KIRGISISTAN	**TSCH. R.**	= TSCHECHISCHE REP.
KRO.	= KROATIEN	**TAD.**	= TADSCHIKISTAN
L.	= LUXEMBURG	**V.A.E.**	= VEREINIGTE ARABISCHE EMIRATE

Besitzungen europäischer Staaten in Übersee sind schraffiert.